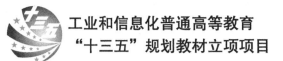

工业和信息化普通高等教育
“十三五”规划教材立项项目

21世纪高等院校信息与通信工程规划教材
21st Century University Planned Textbooks of Information and Communication Engineering

物联网系统设计及应用

赵小强 李晶 王彦本 编著

Design and Application of the Internet of Things System

人民邮电出版社
北京

高校系列

图书在版编目（CIP）数据

物联网系统设计及应用 / 赵小强，李晶，王彦本编著. -- 北京 : 人民邮电出版社，2015.9
21世纪高等院校信息与通信工程规划教材
ISBN 978-7-115-39579-5

Ⅰ. ①物… Ⅱ. ①赵… ②李… ③王… Ⅲ. ①互联网络—应用—高等学校—教材②智能技术—应用—高等学校—教材 Ⅳ. ①TP393.4②TP18

中国版本图书馆CIP数据核字(2015)第169526号

内 容 提 要

本书结合国家物联网专业学生培养的目标及物联网新兴产业的发展，从面向实际应用及培养大学生实践能力出发，由浅入深讲解物联网系统的软硬件设计。教材包括 6 章，分别是物联网系统概论、物联网设计所需基本仪器使用方法、物联网电路设计与仿真、物联网系统的印制电路板设计、物联网系统软件设计、典型物联网系统设计。本书各章节内容逐步深入，符合大学生的实践创新能力培养规律。本书融入了编者多年教学科研成果，书中多个例程均来自其负责主持的科研项目及指导的学生科技竞赛项目——“基于物联网的废气监测仪的设计”和“基于物联网的水质远程分析科学决策智能化环保系统”，这些项目分别获得过 2013 年和 2011 年全国大学生“挑战杯”竞赛陕西赛区特等奖及全国二等奖。

本书可作为高等院校电子信息类专业物联网设计及应用的教材，也可作为电子通信类、计算机类、仪器仪表类、环境类专业学生及电子爱好者的学习参考用书。

◆ 编　　著　赵小强　李　晶　王彦本
责任编辑　张孟玮
执行编辑　李　召
责任印制　沈　蓉　彭志环

◆ 人民邮电出版社出版发行　　北京市丰台区成寿寺路 11 号
邮编　100164　　电子邮件　315@ptpress.com.cn
网址　http://www.ptpress.com.cn
北京捷迅佳彩印刷有限公司印刷

◆ 开本：787×1092　1/16
印张：22　　　　2015 年 9 月第 1 版
字数：540 千字　　　　2024 年 8 月北京第 12 次印刷

定价：49.80 元

读者服务热线：(010)81055256　印装质量热线：(010)81055316
反盗版热线：(010)81055315

前言

物联网作为国家倡导的新兴战略性产业，备受各界重视，并成为就业前景广阔的热门领域。掌握物联网系统设计及应用是物联网工程、信息工程、测控仪器等专业的基本要求，也是培养信息类专业高技能人才必须具备的基本技能。

本书结合国家物联网专业学生培养及物联网新兴产业的发展，从面向实际应用及培养大学生实践能力出发，由浅入深，以例程为章节，连贯性及实践性强。教材首先对物联网系统进行概述，让学生对于物联网系统有个大概的了解；其次，从最简单的物联网设计所需基本仪器的使用方法讲起，沿着物联网电路设计及仿真、物联网系统软件设计逐步进行深入，然后完成多个完整物联网系统的设计。本书分为 6 个章节，具体内容如下。

第 1 章：物联网系统概论，该部分主要介绍物联网系统的定义、组成、特点、体系结构以及应用前景。

第 2 章：物联网设计所需基本仪器使用方法，主要介绍示波器、频谱仪、信号发生器的使用方法，为后继的硬件设计打下基础。

第 3 章：物联网电路设计与仿真，结合 Altium Designer 2014 软件主要介绍了物联网电路原理图设计、物联网电路仿真等内容。

第 4 章：物联网系统的印制电路板设计，结合 Altium Designer 2014 软件主要介绍了物联网印制电路板设计等内容。

第 5 章：物联网系统软件设计，主要包括虚拟仪器编程技术和虚拟仪器的硬件编程技术，阐述的例程包括“PC 与单个单片机串口通信”“短信接收与发送”。

第 6 章：典型物联网系统设计，分别给出在线超声波测距仪的设计、基于物联网的废气监测仪、基于 NRF2401 无线模块的温度远程传输系统、水质远程智能化监测系统设计 4 个例程。该部分主要锻炼学生的物联网系统基本设计及应用能力。

本书的参考学时为 48 学时，建议采用理论与实验相结合的教学模式，理论和实验课时各占一半，各章节的参考学时见下面的学时分配表。

章节	课程内容	课时分配	
		讲授	实践训练
第 1 章	物联网系统概论	4	0
第 2 章	物联网设计所需基本仪器使用方法	2	4

续表

章节	课程内容	课时分配	
		讲授	实践训练
第 3 章	物联网电路设计与仿真	4	4
第 4 章	物联网系统的印制电路板设计	2	2
第 5 章	物联网系统软件设计	6	6
第 6 章	典型物联网系统设计	6	8
课时总计		24	24

本书由赵小强任主编，并编写第 3 章、第 4 章、第 6 章，王彦本编写第 1 章、第 2 章，李晶编写第 5 章，学生刘云云、陈升伟、冯勋、雷雪、马士雄、薛晓婷、魏文旭、彭威也参与了本书部分章节的资料整理及实验数据处理工作。此外，本书获得了 2014 年陕西省教育厅服务地方专项计划项目（项目名称：“水质远程分析科学决策智能化环保系统的研制”，项目编号：14JF022）及 2015 年陕西省社会发展攻关项目（项目名称：基于物联网的大气质量预测预警系统的研究，项目编号：2015-SF-284）的资助，在此表示感谢。

由于编者水平有限，书中难免存在错误和不妥之处，恳切希望广大读者批评指正。

编　者

2015 年 4 月

目 录

第 1 章 物联网系统概论

本章主要介绍物联网的定义、体系架构、射频识别（RFID）技术、ZigBee 技术、无线传感网络技术、无线传感器网络定位技术、物联网通信技术及物联网系统的应用前景等内容。本章知识要点为物联网的框架结构、RFID 的工作原理及无线传感器网络的定位算法。

本章建议安排理论讲授 4 课时。

1.1 物联网的定义

从“智慧地球”到“感知中国”的提出，随着全球一体化、工业自动化和信息化进程的不断深入，物联网（Internet of Things）悄然来临。物联网被看作是信息领域的一次重大发展与变革，其广泛应用将在未来 5～15 年中为解决现代社会问题作出极大的贡献。

物联网被称为继计算机、互联网之后，世界信息产业的第三次浪潮。2009 年以来，美国、欧盟、日本等纷纷出台物联网发展计划，进行相关技术产业的前瞻布局，我国的“十二五”规划也将物联网作为战略性新兴产业予以重点关注和推进。但整体而言，物联网在全球的研究和开发还处于起步阶段，不同领域的专家学者对物联网的研究方向各异，关于物联网的定位及特征的认识还未能统一，对于其框架模型、标准体系和关键技术都还缺乏清晰化的界定。

1．国际电信联盟的定义

2005 年 11 月 17 日，在突尼斯举行的信息社会世界峰会（WSIS）上，国际电信联盟（ITU）发布了《ITU 互联网报告 2005：物联网》，正式提出了“物联网”的概念。报告指出，无所不在的“物联网”通信时代即将来临，世界上所有的物体从轮胎到牙刷、从房屋到纸巾都可以通过因特网主动进行交换。射频识别技术（RFID）、传感器技术、纳米技术、智能嵌入技术将得到更加广泛的应用。根据 ITU 的描述，在物联网时代，通过在各种各样的日常用品上嵌入一种短距离的移动收发器，人类在信息与通信世界里将获得一个新的沟通维度，从任何时间任何地点的人与人之间的沟通连接扩展到人与物及物与物之间的沟通连接。

2．美国以 IBM“智慧地球”为代表的定义

2009 年 1 月 28 日，奥巴马就任美国总统后，与美国工商业领袖举行了一次“圆桌会议”。作为仅有的两名代表之一，IBM 首席执行官彭明盛首次提出“智慧地球”这一概念，建议新

政府投资新一代的智慧型基础设施。2009 年 2 月 24 日消息，IBM 大中华区首席执行官钱大群在 2009 IBM 论坛上公布了名为“智慧的地球”的最新策略。此概念一经提出，即得到美国各界的高度关注，甚至有分析认为 IBM 公司的这一构想极有可能上升至美国的国家战略，并在世界范围内引起轰动。IBM 认为，IT 产业下一阶段的任务是把新一代 IT 技术充分运用在各行各业之中，具体地说，就是把感应器嵌入和装备到电网、铁路、桥梁、隧道、公路、建筑、供水系统、大坝、油气管道等各种物体中，并且被普遍连接，形成物联网。

3. EPC 基于“RFID”的物联网定义

物联网是在计算机互联网的基础上，利用 RFID、无线数据通信等技术，构造一个覆盖世界上万事万物的“Internet of Things”。在这个网络中，物品能够彼此进行“交流”，而无需人的干预。其实质是利用射频自动识别（RFID）技术，通过计算机互联网实现物品的自动识别和信息的互联与共享。

4. 我国中科院基于传感网对物联网的定义

随机分布的集成有传感器、数据处理单元和通信单元的微小节点，通过一定的组织和通信方式构成的网络，是传感网，又叫物联网。

5. 电信运营商的物联网

我国物联网的整体架构就是要基于 RFID、GPRS 和高速宽带的无处不在的网络。现在运营商的责任在于找到每一个物，匹配相应的终端和网络，同时引入产业链上下游，形成完善的物联网体系。

目前比较流行，能够被各方所接受的物联网定义为：通过射频识别（RFID）、传感器、定位系统、嵌入式等信息传感设备，按约定的协议，把任何物品与互联网连接起来，进行信息交换和通信，以实现智能化识别、定位、跟踪、监控和管理的一种网络。其目的是让所有的物品都与网络连接在一起，方便识别和管理。

1.2 物联网的体系架构

1.2.1 物联网的框架结构

物联网分为软件、硬件两大部分。软件部分即为物联网的应用服务层，包括应用、支撑两部分。硬件部分分为网络传输层和感知控制层，分别对应传输部分、感知部分。软件部分大都基于互联网的 TCP/IP 通信协议，而硬件部分则有 GPRS、传感器等通信协议。

物联网作为一种形式多样的聚合性复杂系统，涉及了信息技术自上而下的每一层面，其体系结构分为感知控制层、网络传输层、应用服务层三个层面，如图 1.1 所示。其中，公共技术不属于物联网技术的某个特定层面，而是与物联网技术架构的三层都有关系，包括标识与解析、安全技术、网络管理和服务质量管理。

感知控制层由数据采集子层、短距离通信技术和协同信息处理子层组成。数据采集子层通过各种类型的传感器获取物理世界中发生的物理事件和数据信息，例如各种物理量、标识、音频和视频多媒体数据。物联网的数据采集涉及传感器、RFID、多媒体信息采集、二维码和实时定位等技术。短距离通信技术和协同信息处理子层将采集到的数据在局部范围内进行协同处理，以提高信息的精度，降低信息冗余度，并通过自组织能力的短距离传感网接入广域承载网络。感知层中间件技术旨在解决感知层数据与多种应用平台间的兼容性问题。

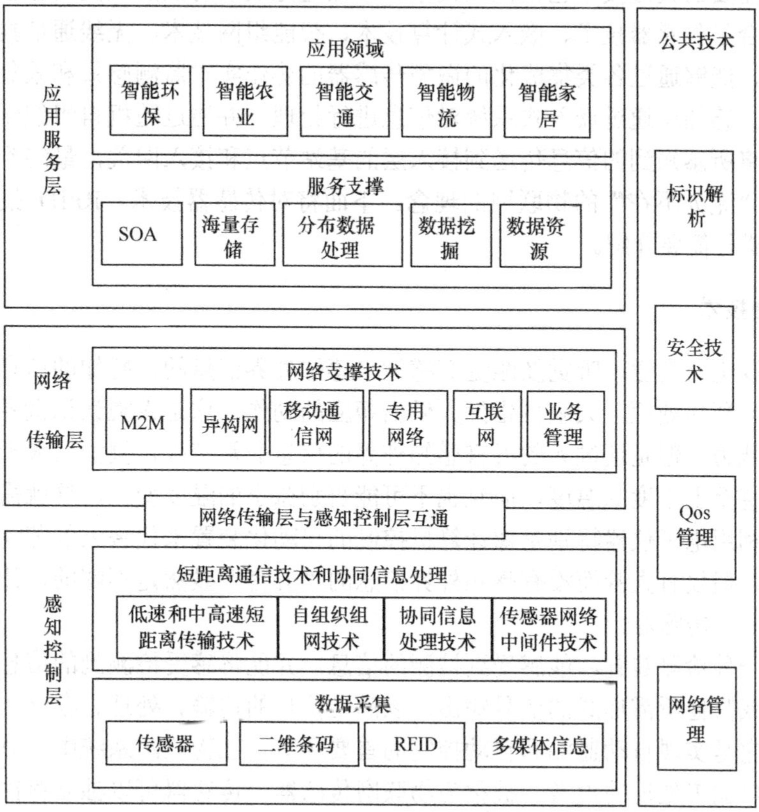

图1.1 物联网体系框架

网络传输层将来自感知层的各类信息通过基础承载网络传输到应用层，包括移动通信网、互联网、卫星网、广电网、行业专网及形成的融合网络等。根据应用需求，其可作为透明传送的网络层，也可升级以满足未来不同内容传输的要求。

经过十余年的快速发展，移动通信、互联网等技术已比较成熟，在物联网的早期阶段基本能够满足物联网中数据传输的需要。

应用服务层主要将物联网技术与行业专业系统相结合，实现广泛的物物互联的应用解决方案，主要包括业务中间件和行业应用领域。其中，物联网服务支撑子层用于支撑跨行业、跨应用、跨系统之间的信息协同、共享、互通的功能。物联网应用服务子层包括智能环保、智能交通、智能农业、智能家居、智能物流等行业应用。

1.2.2 感知层

物联网在传统网络的基础上，从原有网络用户终端向“下”延伸和扩展，扩大通信的对象范围，即通信不仅仅局限于人与人之间的通信，还扩展到人与现实世界的各种物体之间的通信。

物联网感知层解决的就是人类世界和物理世界的数据获取问题，即各类物理量、标识、音频、视频数据。感知层处于三层架构的最底层，是物联网发展和应用的基础，具有物联网全面感知的核心能力。作为物联网的最基本一层，感知层具有十分重要的作用。

感知层所需要的关键技术包括检测技术、中低速无线或有线短距离传输技术等。具体来说，感知层综合了传感器技术、嵌入式计算技术、智能组网技术、无线通信技术、分布式信息处理技术等，能够通过各类集成化的微型传感器的协作实时监测感知和采集各种环境或监测对象的信息。感知层通过嵌入式系统对信息进行处理，并通过随机自组织无线通信网络以多跳中继方式将所感知到的信息传送到接入层的基站节点和接入网关，最终到达用户终端，从而真正实现“无处不在”的物联网的理念。下面将对传感器技术、RFID 技术、二维码技术等关键技术进行简要介绍。

1. 传感器技术

人是通过视觉、嗅觉、听觉及触觉等感觉来感知外界信息的，感知的信息输入大脑并由大脑进行分析判断和处理，大脑再指挥人做出相应的动作，这是人类认识世界和改造世界具有的最基本的能力。但是通过人的五官感知外界的信息非常有限，例如，人无法利用触觉来感知超过几十甚至上千度的温度，而且也不可能辨别微小的温度变化，这就需要电子设备的帮助。同样，利用电子仪器特别是像计算机控制的自动化装置来代替人的劳动时，计算机类似于人的大脑，但仅有大脑而没有感知外界信息的“五官”显然是不够的，计算机还需要它们的“五官”——传感器。

传感器是一种检测装置，能感受到被测的信息，并能将感受检测到的信息按一定的规律转变成电信号或其他所需形式的信号输出，以满足信息的传输、处理、存储、显示、记录和控制等要求。它是实现自动监测和自动控制的首要环节。在物联网系统中，对各种参数进行信息采集和简单加工处理的设备，被称为物联网传感器。传感器可以独立存在，也可以与其他设备以一体方式呈现，但无论哪种形式，它都是物联网中的感知和输入部分。在未来的物联网中，传感器及其组成的传感器网络将在数据采集前端发挥重要的作用。

传感器的分类方法多种多样，比较常用的有按传感器的物理量、工作原理和输出信号三种方式来分类。此外，按照是否具有信息处理能力来分类的意义越来越重要，特别是在未来的物联网时代。按照这种分类方式，传感器可分为一般传感器和智能传感器。一般传感器采集信息需要计算机进行处理；智能传感器带有微处理器，本身具有采集、处理、交换信息的能力，具备高精度、高可靠性和高稳定性、高信噪比与高分辨率、强自适应性、高价格性能比等优点。

2. RFID 技术

RFID 是射频识别（Radio Frequency Identification）的英文缩写，是 20 世纪 90 年代开始兴起的一种自动识别技术，它利用射频信号通过空间电磁涡合实现无接触信息传递并通过所传递的信息实现物体识别。我们既可以将其看成是一种设备标识技术，也可以归类它为短距离传输技术。

RFID 是一种能够让物品“开口说话”的技术，也是物联网感知层的一个关键技术。在对物联网的构想中，RFID 标签中存储着规范而具有互用性的信息，我们可以通过有线或无线的方式，把它们自动采集到中央信息系统，实现物品（商品）的识别，进而通过开放式的计算机网络实现信息交换和共享，实现对物品的“透明”管理。

由于 RFID 具有无需接触、自动化程度高、耐用可靠、识别速度快、适应各种工作环境、可实现高速和多标签同时识别等优势，因此应用领域广泛，如物流和供应链管理、门禁安防系统、道路自动收费、航空行李处理、文档追踪/图书馆管理、电子支付、生产制造和装配、物品监视、汽车监控、动物身份标识等。以简单 RFID 系统为基础，结合已有的网络技术、数据库技术、中间件技术等，构筑一个由大量联网的读写器和无数移动的标签组成的、比 Internet 更为庞大的物联网，已成为 RFID 技术发展的趋势。

3. 二维码技术

二维码（2-dimensional bar code）技术是物联网感知层实现过程中最基本和关键的技术之一。二维码也叫二维条码或二维条形码，是用某种特定的几何形体按一定规律在平面上分布（黑白相间）的图形来记录信息的应用技术。从技术原理来看，二维码在代码编制上巧妙地利用构成计算机内部逻辑基础的“0”和“1”比特流的概念，使用若干与二进制相对应的几何形体来表示数值信息，并通过图像输入设备或光电扫描设备自动识读以实现信息的自动处理。

与一维条形码相比，二维码有着明显的优势，归纳起来主要有以下几个方面：数据容量更大，二维码能够在横向和纵向两个方位同时表达信息，因此能在很小的面积内表达大量的信息；超越了字母数字的限制；条形码相对尺寸小；具有抗损毁能力。此外，二维码还可以引入保密措施，其保密性较一维码要强很多。

二维码可分为堆叠式/行排式二维码和矩阵式二维码。其中堆叠式/行排式二维码形态上是由多行短截的一维码堆叠而成；矩阵式二维码以矩阵的形式组成，在矩阵相应元素位置上用“点”表示二进制“1”，用“空”表示二进制“0”，并由“点”和“空”的排列组合成代码。

二维码具有条码技术的一些共性：每种码制有其特定的字符集；每个字符占有一定的宽度；具有一定的校验功能等。

与 RFID 相比，二维码最大的优势在于制作成本比较低，一条二维码的成本仅为几分钱，而 RFID 标签因其芯片成本比较高，工艺制造复杂，价格较高。RFID 与二维码功能比较，如表 1.1 所示。

表 1.1　　RFID 与二维码功能比较

功能	RFID	二维码
读取数量	可同时读取多个 RFID 标签	一次只能读取一个二维码
读取条件	RFID 标签不需要光线就可以读取或更新	二维码读取时需要光线
容量	存储资料的容量大	存储资料的容量小
读写能力	电子资料可以重复读写	资料不可更新
读取方便性	RFID 标签可以很薄，且在包内仍可读取资料	二维码读取时需要清晰可见
资料准确性	准确性高	需靠人工读取，有人为疏失的可能性
坚固性	RFID 标签在严酷、恶劣和肮脏的环境下仍可读取资料	当二维码污损时将无法读取，无持久耐性
高速读取	在高速运动中仍可读取	移动中读取有所限制

4．ZigBee 技术

ZigBee 是一种短距离、低功耗的无线传输技术，是一种介于无线标记技术和蓝牙之间的技术，它是 IEEE 802.15.4 协议的代名词。ZigBee 采用分组交换和跳频技术，并且可使用 3 个频段，分别是 2.4GHz 的公共通用频段、欧洲的 868MHz 频段和美网的 915MHz 频段。ZigBee 主要应用在短距离范围并且数据传输速率不高的各种电子设备之间。与蓝牙相比，ZigBee 更简单、速率更慢、功率及费用也更低。同时，由于 ZigBee 技术的低速率和通信范围较小的特点，也决定了 ZigBee 技术只适合于承载数据流量较小的业务。

5．蓝牙

蓝牙（Bluetooth）是一种无线数据与话音通信的开放性全球规范，和 ZigBee 一样，也是一种短距离的无线传输技术。其实质内容是为固定设备或移动设备之间的通信环境建立通用的短距离无线接口，将通信技术与计算机技术进一步结合起来，是各种设备在无电线或电缆相互连接的情况下，能在短距离范围内实现相互通信或操作的一种技术。

蓝牙采用高速跳频（Frequency Hopping）和时分多址（Time Division Multiple Access，TDMA）等先进技术，支持点对点及点对多点通信。其传输频段为全球公共通用的 2.4 GHz 频段，能提供 1 Mbit/s 的传输速率和 10 m 的传输距离，并采用时分双工传输方案实现双工传输。

蓝牙除具有和 ZigBee 一样，可以全球范围适用、功耗低、成本低、抗干扰能力强等特点外，还有许多它自己的特点。①同时可传输话音和数据。蓝牙采用电路交换和分组交换技术，支持异步数据信道、三路话音信道以及异步数据与同步话音同时传输的信道。②可以建立临时性的对等连接（Ad-Hoc Connection）。③开放的接口标准。为了推广蓝牙技术，蓝牙技术联盟（Bluetooth SIG）将蓝牙的技术标准全部公开，全世界范围内的任何单位和个人都可以进行蓝牙产品的开发，只要最终通过 Bluetooth SIG 的蓝牙产品兼容性测试，就可以推向市场。

蓝牙作为一种电缆替代技术，主要由以下三方面应用：话音/数据接入、外围设备互连和个人局域网（PAN）。在物联网的感知层，主要是用于数据接入。蓝牙技术有效地化简了移动通信终端设备之间的通信，也能够成功地化简设备与互联网之间的通信，从而数据传输变得更加迅速、高效，为无线通信拓宽了道路。

1.2.3 网络层

物联网的网络层是在现有网络的基础上建立起来的，它与目前主流的移动通信网、国际互联网、企业内部网、各类专网等网络一样，主要承担着数据传输的功能，特别是当三网融合后，有线电视网也能承担数据传输的功能。

物联网要求网络层能够把感知层感知到的数据无障碍、高可靠性、高安全性地进行传送，它解决的是感知层所获得的数据在一定范围内，尤其是远距离的传输问题。同时，物联网的网络层将承担比现有网络更大的数据量和面临更高的服务质量要求，所以现有网络尚不能满足物联网的需求，这就意味着物联网需要对现有网络进行融合和扩展，利用新技术以实现更加广泛和高效的互联功能。

物联网的网络层是建立在 Internet 和移动通信网络等现有网络基础上的，除具有目前已经比较成熟的如远距离有线、无线通信技术和网络技术外，为实现“物物相连”的需求，物联网的网络层将综合使用 IPv6、3G、4G、Wi-Fi 等通信技术，实现有线与无线的结合、宽带与窄带的结合、感知网与通信网的结合。同时，网络层中的感知数据管理与处理技术是实现以数据为中心的物联网的核心技术。感知数据管理与处理技术包括物联网数据的存储、查询、分析、挖掘、理解以及基于感知数据决策和行为的技术。

下面将对物联网依托的 Internet、移动通信网络和无线传感器网络三种主要网络形态以及涉及的 IPv6 等关键技术进行简单介绍。

1. Internet

Internet，中文译为因特网，广义的因特网叫互联网，是以相互交流信息资源为目的，基于一些共同的协议，并通过许多路由器和公共互联网连接而成，它是一个信息资源和资源共享的集合。Internet 采用了目前最流行的客户机/服务器工作模式，凡是使用 TCP/IP 协议，并能与 Internet 中任意主机进行通信的计算机，无论是何种类型、采用何种操作系统，均可看成是 Internet 的一部分，可见 Internet 覆盖范围之广。物联网也被认为是 Internet 的进一步延伸。

Internet 将作为物联网主要的传输网络之一。然而为了让 Internet 适应物联网大数据量和多终端的要求，业界正在发展一系列新技术。其中，由于 Internet 中 IP 地址对节点进行标识，而目前的 IPv4 受制于资源空间耗竭，已经无法提供更多的 IP 地址，所以 IPv6 以其近乎无限的地址空间将在物联网中发挥重大作用。引入 IPv6 技术，使网络不仅可以为人类服务，还将服务于众多硬件设备，如家用电器、传感器、远程照相机、汽车等，它将使物联网无所不在、无处不在地深入社会的每个角落。

2. 移动通信网络

移动通信就是移动体之间的通信，或移动体与固定体之间的通信。通过有线或无线介质将这些物体连接起来进行话音及图像等服务的网络就是移动通信网络。

移动通信网络由无线接入网、核心网和骨干网三部分组成。无线接入网主要为移动终端提供接入网络服务，核心网和骨干网主要为各种业务提供交换和传输服务。从通信技术层面看，移动通信网络的基本技术可分为传输技术和交换技术两大类。

在物联网中，终端需要以有线或无线方式连接起来，发送或者接收各类数据；同时，考虑到终端连接的方便性、信息基础设施的可用性（不是所有地方都有方便的固定接入能力）以及某些应用场景本身需要监测的目标就是在移动状态下，因此，移动通信网络以其覆盖广、建设成本低、部署方便、终端共备移动性等特点将成为物联网重要的接入手段和传输载体，为人与人之间、人与网络之间、物与物之间的通信提供服务。

3. 无线传感器网络

无线传感器网络（WSN）的基本功能是将一系列空间分散的传感器单元通过自组织的无线网络进行连接，从而将各自采集的数据通过无线网络进行传输汇总，以实现对空间分散范围内的物理或环境状况的协作检测，并根据这些信息进行相应的分析和处理。

如果说 Internet 构成了逻辑上的虚拟数字世界，改变人与人的沟通方式，那么，无线传感器网络就是将逻辑上的数字世界与客观上的物理世界融合在一起，改变人类与自然的交互方式。

1.2.4 应用层

应用是物联网发展的驱动力和目的。应用层的主要功能是把感知和传输来的信息进行分析和处理，做出正确的控制和决策，实现智能化的管理、应用和服务。这一层解决的是信息处理和人机界面的问题。

具体地讲，应用层将网络层传输来的数据通过各类信息系统进行处理，并通过各种设备与人进行交互。这一层也可按形态直观地划分为两个子层：一个是应用程序层；另一是终端设备层。应用程序层进行数据处理，完成跨行业、跨应用、跨系统之间的信息协同共享、互通的功能，包括电力、医疗、银行、交通、环保、物流、工业、农业、城市管理、家居生活等，可用于政府、企业、社会组织、家庭、个人等，这正是物联网作为深度信息化网络的重要体现。而终端设备层主要是提供人机界面，物联网虽然是"物物相连的网"，但最终还是需要人的操作与控制，不过这里的人机界面已远远超出现在人与计算机交互概念，而是泛指与应用程序相连的各种设备与人的反馈。

物联网的应用层能够为用户提供丰富多彩的业务体验，然而，如何合理、高效地处理从网络层传来的海量数据，并从中提取有效信息，仍是物联网应用层要解决的一个关键问题。下面将对应用层的M2M、云计算等关键技术进行简单介绍。

1．M2M

M2M是Machine-to-Machine（机器对机器）的缩写，根据不同应用场景，往往也被解释为 Man-to-Machine（人对机器）、Machine-to-Man（机器对人）、Mobile-to-Machine（移动网络对机器）、Machine-to-Mobile（机器对移动网络）。Machine 一般指的是人造的机器设备，而物联网（Internet of Things）中的 Things 则是指更抽象的物体，范围更广。

M2M 技术的目标是使所有机器设备都具备联网和通信能力，其核心理念就是网络一切（Network Everything）。随着科学技术的发展，越来越多的设备具备了通信和联网能力，网络一切逐步变得现实。

2．云计算

云计算（Cloud Computing）是分布式计算（Distributed Computing）、并行计算（Parallel Computing）和网络计算（Grid Computing）的发展，或者说是这些计算机科学概念的商业实现。云计算通过共享基础资源（硬件、平台、软件）的方法，将巨大的系统池连接在一起以提供各种 IT 服务，这样的企业与个人用户无需再投入昂贵的硬件购置成本，只需要通过互联网来租赁计算力等资源。用户可以在多种场合，利用各种终端，通过互联网接入云计算平台来共享资源。

云计算具有强大的处理能力、存储能力、宽带及极高的性价比，可以有效用于物联网应用与业务，也是应用层能提供众多服务的基础。它可以为各种不同的物联网应用系统提供统一的服务交互平台，可以为物联网应用提供海量的计算和存储资源，还可以提供统一的数据存储格式和数据处理方法。利用云计算可大大简化应用的交付过程，降低交付成本，并能提高处理效率。同时，物联网也将成为云计算最大的用户，促使云计算取得更大的商业成功。

3．人工智能

人工智能（Artificial Intelligence）是探索、研究使各种机器模拟人的某些思维过程和智能行为（如学习、推理、思考、规划等），使人类的智能得以物化与延伸的一门学科。目前对人工智能的定义大多可划分为四类，即机器“像人一样思考”“像人一样行动”“理性地思考”和“理性地行动”。人工智能尝试了解智能的实质，并生产出一种新的能以与人类智能相似的方式做出反应的智能机器。该领域的研究包括机器人、语言识别、图像识别、自然语言处理和专家系统等。目前主要的方法有神经网络、进化计算和粒度计算三种。在物联网中，人工智能技术主要负责分析物品所承载的信息内容，从而实现计算机自动处理。

4．数据挖掘

数据挖掘（Data Mining）是从大量的、不完全的、有噪声的、模糊的及随机的实际应用数据中，挖掘出隐含的、未知的、对决策有潜在价值的数据的过程。数据挖掘主要基于人工智能、机器学习、模式识别、统计学、数据库、可视化技术等，高度自动化地分析数据，做出归纳性的推理。它一般分为描述型数据挖掘和预测型数据挖掘两种。描述型数据挖掘包括数据总结、聚类及关联分析等；预测型数据挖掘包括分类、回归及时间序列分析等。数据挖掘通过对数据的统计、分析、综合、归纳和推理，揭示事件间的相互关系，预测未来的发展趋势，为决策者提供决策依据。

在物联网中，数据挖掘只是一个代表性概念，它是一些能够实现物联网“智能化”“智慧化”的分析技术和应用的统称。细分起来，它包括数据挖掘和数据仓库（Data Warehousing）、决策支持（Decision Support）、商业智能（Business Intelligence）、报表（Reporting）、ETL（数据抽取、转换和清洗等）、在线数据分析（On-line Data Analysis）、平衡计分卡（Balanced Scoreboard）等技术和应用。

5．中间件

中间件是为了实现每个小的应用环境或系统的标准化以及它们之间的通信，在后台应用软件和读写器之间设置的一个通用的平台和接口。在许多物联网体系架构中，经常把中间件单独划分为一层，位于感知层与网络层或网络层与应用层之间。物联网中间件是在物联网中采用中间件技术，以实现多个系统或多种技术之间的资源共享，最终组成一个资源丰富、功能强大的服务系统，最大限度地发挥物联网系统的作用。具体来说，物联网中间件的主要作用在于将实体对象转换为信息环境下的虚拟对象，因此数据处理是中间件最重要的功能。同时，中间件具有数据的搜集、过滤、整合与传递等特性，以便将正确的对象信息传到后端的应用系统。

物联网的中间件的实现依托于中间件关键技术的支持，这些关键技术包括 Web 服务、嵌入式 Web、语义网（Semantic Web）技术、上下文感知技术、嵌入式设备等。

1.3 射频识别（RFID）技术

随着高科技的蓬勃发展，智能化管理已经走进了人们的生活，如一些门禁卡、第二代身份证、公交卡、超市的物品标签等，这些卡片正在改变人们的生活方式。其秘密就在这些卡片都使用了射频识别技术，可以说射频识别已成为人们日常生活中最简单的身份识别系统。RFID 技术是结合了无线电、芯片制造及计算机等学科的新技术。

射频识别是一种非接触式的自动识别技术，它利用射频信号及其空间耦合的传输特性，实现对静止或移动物品的自动识别。射频识别常称为感应式电子芯片或近接卡、感应卡、非接触卡、电子标签、电子条码等。一个简单的 RFID 系统由阅读器（Reader）、应答器（Transponder）或电子标签（Tag）组成，其原理是由读写器发射一特定频率的无线电波能量给应答器，用以驱动应答器电路，读取应答器内部的 ID 码。应答器其形式有卡、钮扣、标签等多种类型，电子标签具有免用电池、免接触、不怕脏污，且芯片密码为世界唯一，无法复制，具有安全性高、寿命长等特点。所以，RFID 标签可以贴在或安装在不同物品上，由安装在不同地理位置的读写器读取存储于标签中的数据，实现对物品的自动识别。RFID 的应用非常广泛，目前典型应用有动物芯片、汽车芯片防盗器、门禁管制、停车场管制、生产线自动化、物料管理、校园一卡通等。

1.3.1 RFID 的组成

射频识别系统因应用不同其组成会有所不同，但基本都是由电子标签、读写器和计算机网络这三大部分组成。电子标签附着在物体上，内部存储着物体的信息；电子标签通过无线电波与读写器进行数据交换，读写器将读写命令传送到电子标签，再把电子标签返回的数据传送到计算机网络；计算机网络中的数据交换与管理系统负责完成电子标签数据信息的存储、管理和控制。射频识别系统组成如图 1.2 所示。

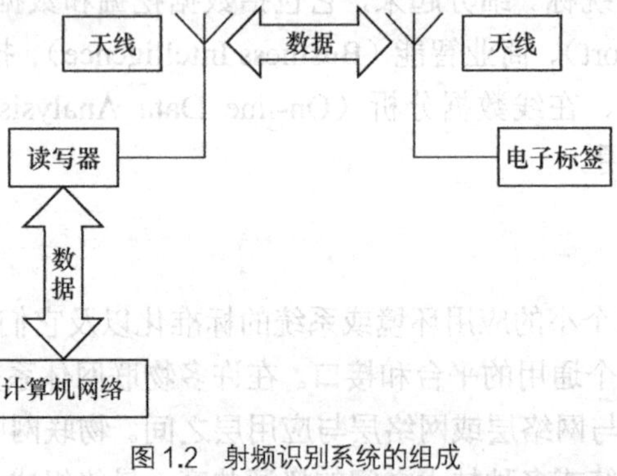

图 1.2 射频识别系统的组成

射频识别系统的组成如下。

1. 电子标签

电子标签由芯片及天线组成，附着在物体上标识目标对象。每个电子标签具有唯一的电子编码，编码中存储着被识别物体的相关信息。

2. 读写器

RFID 系统工作时，一般首先由读写器的天线发射一个特定的询问信号。当电子标签的天线感应到这个询问信号后，就会给出应答信号，应答信号包含有电子标签携带的物体数据信息。接收器接受应答信号并对其进行处理，然后将处理后的应答信号传递给外部的计算机网络。

3. 计算机网络

射频识别系统会有多个读写器，每个读写器同时要对多个电子标签进行操作，并要实时处理数据信息，这需要计算机来处理问题。读写器通过标准接口与计算机网路连接，在计算机网络中完成数据处理、传输和通信功能。

1.3.2　RFID 工作原理

读写器和电子标签之间射频信号的传输主要有两种方式，一种是电感耦合方式，另一种是电磁反向散射方式，这两种方式采用的频率不同，工作原理也不同。

工作在不同频段的射频识别系统采用不同的工作原理。其中，在低频和中频频段，读写器和电子标签之间采用电感耦合的工作方式；在高频和微波频段，读写器和电子标签之间采用电磁反向散射的工作方式。

1. 读写器于电子标签之间的传输方式

（1）电感耦合方式。

电感耦合方式的射频识别系统，工作能量通过电感耦合的方式获得，依据的是电磁感应定律。现在电感耦合方式的射频识别系统一般采用低频和中频频率，典型的频率为 125kHz、135kHz、6.78MHz、13.56MHz。电感耦合的工作方式如图 1.3 所示。

（2）电磁反向散射的方式。

电磁反向散射的射频识别系统，采用雷达原理模型，发射出去的电磁波碰到目标后反射，同时携带回来目标信息。该方式一般适用于高频、微波工作频率的远距离 RFID 系统，典型的工作频率有 800/900MHz、2.5GHz 和 5.8GHz。电磁反向散射的工作方式如图 1.4 所示。

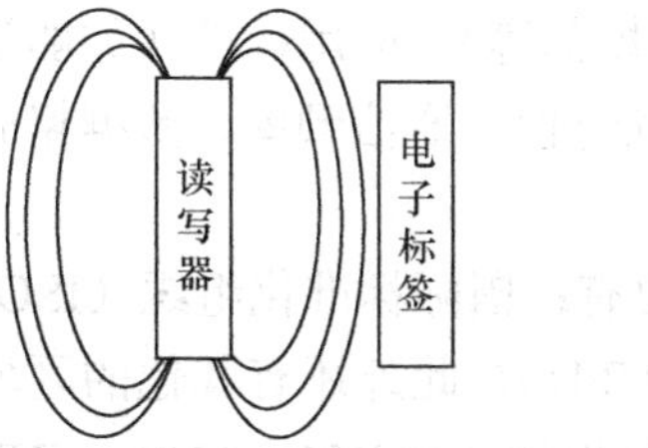

图 1.3　读写器线圈与电子标签线圈的电感耦合

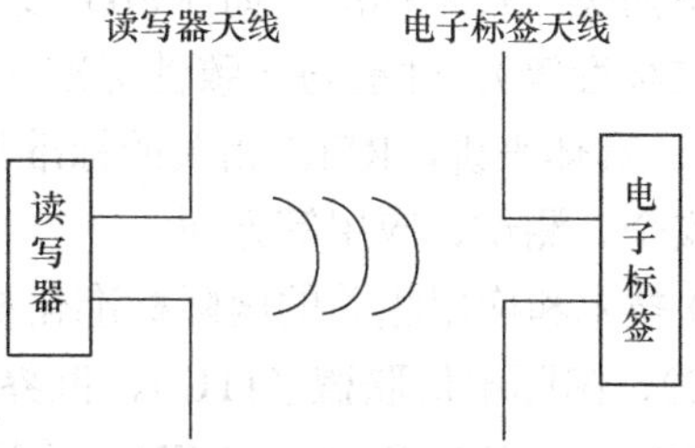

图 1.4　读写器天线与电子标签天线的电磁辐射

2. 低频频段的射频识别系统

RFID 低频电子标签一般为无源标签，电子标签与读写器传输数据时，电子标签需要位于读写器天线的近场区，电子标签的工作能量通过电感耦合的方式从读写器中获得。在这种工作方式中，读写器与电子标签间存在着变压器耦合作用，电子标签天线中感应的电压被整流，用做供电电压使用。低频电子标签可以应用于动物识别、工具识别、汽车电子防盗、酒店门锁管理和门禁安全管理等方面。

3. 高频频段的射频识别系统

高频频段 RFID 的工作原理与低频频段基本相同，电子标签通常无源，传输数据时电子标签需要位于读写器天线的近场区，电子标签的工作能量通过电感耦合的方式从读写器中获得。在这种工作方式中，电子标签的天线不再需要线圈绕制，可以通过腐蚀印刷的方式制作，电子标签一般通过负载调制的方式进行工作。高频电子标签通常做成卡片形状，典型的应用有我国的第二代身份证、电子车票和物流管理等。

4. 微波频段的射频识别系统

微波电子标签可以分为有源电子标签或无源电子标签。电子标签与读写器传输数据时，电子标签位于读写器天线的远场区，读写器天线的辐射场为无源电子标签提供射频能量，或将有源电子标签唤醒。微波电子标签的典型参数为是否无源、无线读写距离、是否支持多标签同时读写、是否适合高速物体识别、电子标签的价格以及电子标签的数据存储容量等。

微波电子标签的数据存储容量一般限定在 2kbit/s 以内，再大的存储容量似乎没有太大的意义。从技术及应用的角度来说，微波电子标签并不适合作为大量数据的载体，其主要功能在于标识物品并完成无接触的识别过程。微波电子标签典型的数据容量指标有 1kbit/s、128bit/s 和 64bit/s 等，由自动识别研究中心（Auto-ID Center）制定的电子产品代码 EPC 的容量为 90bit/s。

以目前的技术水平来说，微波无源电子标签比较成功的产品相对集中在 902～928MHz 工作频段。2.45GHz 和 5.8GHz 的 RFID 系统多以半无源微波电子标签的形式面世。半无源电子标签一般采用钮扣电池供电，具有较远的阅读距离。

1.3.3 RFID 的技术标准

由于 RFID 的应用牵涉到众多行业，因此其相关的标准非常复杂。从类别看，RFID 标准可以分为以下四类：技术标准（如 RFID 技术、IC 卡标准等）；数据内容与编码标准（如编码格式、语法标准等）；性能与一致性标准（如测试规范等）；应用标准（如船运标签、产品包装标准等）。具体来讲，RFID 相关的标准涉及电气特性、通信频率、数据格式和元数据、通信协议、安全、测试、应用等方面。

与 RFID 技术和应用相关的国际标准化机构主要有：国际标准化组织（ISO）、国际电工委员会（IEC）、国际电信联盟（ITU）、世界邮联（UPU），此外还有其他的区域性标准化机构（如 EPC Global、UID Center、CEN）。国家标准化机构（如 BSI、ANSI、DIN）和产业联盟（如 ATA、AIAG、EIA）等也制定了与 RFID 相关的区域、国家、产业联盟标准，并通过不同的渠道提升为国际标准。目前 RFID 系统主要频段标准与特性如表 1.2 所示。

表 1.2　RFID 系统主要频段标准与特性

	低频	高频	超高频	微波
工作频率	125～134kHz	13.56MHz	868～915MHz	2.45～5.8GHz
读取距离	1.2m	1.2m	4m（美国）	15m（美国）
速度	慢	中等	快	很快

续表

	低频	高频	超高频	微波
潮湿环境	无影响	无影响	影响很大	影响很大
方向性	无	无	部分	有
全球适用频率	是	是	部分	部分
现有 ISO 标准	11784/85，14223	14443，18000-3，15693	18000-6	18000-4/555

总体来看，目前 RFID 存在三个主要的技术标准体系：总部设在美国麻省理工学院（MIT）的自动识别研究中心（Auto-ID Center）、日本泛在中心（Ubiquitous ID Center，UIC）和 ISO 标准体系。

1.4 ZigBee 技术

1.4.1 ZigBee 技术概述

Zigbee 是 IEEE 802.15.4 协议的代名词，根据这个协议规定的技术是一种短距离、低功耗的无线通信技术。这一名称来源于蜜蜂的八字舞，由于蜜蜂（bee）是靠飞翔和“嗡嗡”（zig）地抖动翅膀的“舞蹈”来与同伴传递花粉所在方位信息，也就是说蜜蜂依靠这样的方式构成了群体中的通信网络。

ZigBee 联盟是一个高速增长的非营利业界组织，成员包括各国著名半导体生产商、技术提供者、代理生产商以及最终使用者。该组织成员正制定一个基于 IEEE 802.15.4 协议的，可靠、高性价比、低功耗的网络应用规格.

简单地说，ZigBee 是一种高可靠的无线数据传输网络，类似于 CDMA 和 GSM 网络。ZigBee 数据传输模块类似于移动网络基站。其通信距离从标准的 75 m 到几百米、几千米，并且支持无限扩展。ZigBee 是一个由多达 65 000 个无线数据传输模块组成的一个无线数据传输网络平台，在整个网络范围内，每一个 ZigBee 网络数据传输模块之间都可以相互通信。

简单的点到点、点到多点通信，包装结构比较简单，主要由同步序言、数据、循环冗余校验（CRC）等组成。ZigBee 是采用数据帧的概念，每个无线帧包括了大量无线包装，包含了大量时间、地址、命令、同步等信息，真正的数据信息只占很少部分，而这正是 ZigBee 可以实现网络组织管理、实现高可靠传输的关键。同时，ZigBee 采用了介质访问控制（MAC）技术和直接序列调制（Direct Sequence Spread Spectrum，DSSS）技术，能够实现高可靠、大规模网络传输。

ZigBee 定义了两种物理设备类型：全功能设备（Full Function Device，FFD）和精简功能设备（Reduced Function Device，RFD）。一般来说，FFD 支持任何拓扑结构，可以充当网络协调器（Netwok Coordinator），能和任何设备通信；RFD 通常只用于星形网络拓扑结构中，不能完成网络协调器功能，且只能与 FFD 通信，两个 RFD 之间不能通信，但它们的内部电路比 FFD 少，只有很少或没有消耗能量的内存，因此实现相对简单，也更利于节能。

在交换数据的网络中，有三种典型的设备类型：协调器、路由器和终端设备。一个 ZigBee 由一个协调器节点、若干个路由器和一些终端设备节点构成。设备类型并不会限制运行在特定设备上的应用类型。

协调器用于初始化一个 ZigBee 网络，它是网络中的第一个设备。协调器节点选择一个信道和一个网络标识符（也称为 PAN ID），然后启动一个网络。协调器节点也可以用来在网络中设定安全措施和应用层绑定。协调器的角色主要是启动并设置一个网络。一旦这一工作完成，协调器以一个路由器节点的角色运行（甚至去做其他事情）。由于 ZigBee 网络的分布式的特点，网络的后续运行不需要依赖于协调器的存在。

路由器的功能有：允许其他设备加入到网络中；多跳路由；协助电池供电的终端子设备的通信。路由器需要存储那些去往子设备的信息，直到其子节点醒来并请求数据。当一个子设备要发送一个信息，子设备需要将数据发送给它的父路由节点。此时，路由器就要负责发送数据，执行任何相关的重发，如果有必要还要等待确认。这样，自由节点就可以继续回到睡眠状态。有必要认识到的是，路由器允许成为网络流量的发送方或者接收方。由于这种要求，路由器必须不断准备转发数据，它们通常要用干线供电，而不是使用电池。如有某一工程不需要电池来给设备供电，那么可以将所有的终端设备作为路由器来使用。

一个终端设备并没有维持网络的基础结构的特定责任，所以它可以自己选择是休眠还是激活。终端设备仅在向它们的父节点接收或者发送数据时才会激活。因此，终端设备可以用电池供电来运行很长一段时间。

与移动通信的 CDMA 或 GSM 网络不同的是，ZigBee 网络主要是为工业现场自动化控制数据传输而建立的，因此它必须具有简单、使用方便、工作可靠、价格低的特点。移动通信网络主要是为语音通信而建立，每个基站价值一般都在百万元人民币以上，而每个 ZigBee“基站”却不到 1000 元人民币。每个 ZigBee 网络节点不仅本身可以作为监控对象，例如其所连接的传感器可以直接进行数据采集和监控，还可以自动中转别的网络节点传过来的数据资料。除此之外，每一个 ZigBee 网络节点（FFD）还可以在自己信号覆盖的范围内，和多个不成单网络的孤立子节点（RFD）无线连接。

ZigBee 采用的是自组织网络。ZigBee 在网络模块的通信范围内，通过彼此自动寻找，很快就可以形成一个互联互通的 ZigBee 网络。而且，由于成员的移动，ZigBee 彼此间的联络还会发生变化。因而，ZigBee 网络模块可以通过重新寻找通信对象，确定彼此间的联络，对原有网络进行刷新。

ZigBee 网络采用的是动态路由。所谓动态路由，是指网络中数据传输的路径并不是预先设定的，而是传输数据前通过对网络当时可利用的所有路径进行搜索，分析它们的位置关系以及远近，然后选择其中的一条路径进行数据传输。例如，路径的选择可以使用“梯度法”，即先选择路径最近的一条通道进行传输，如传不通，再使用另外一条稍远的通路进行传输，以此类推，直到数据送达目的地为止。在实际的传感和控制现场，预先确定的传输路径随时都有可能发生变化，或者因为各种原因路径被中断了，或者因为过于繁忙不能进行及时传送。动态路由可以很好地解决这个问题，从而保证数据的可靠传输。

ZigBee 网络层支持三种网络拓扑结构：星状（star）结构、簇状（cluster tree）结构和网状（mesh）结构。其中，簇状结构和网状结构都是属于点对点的拓扑结构，它们是点对点拓扑结构的复杂化形式。三种结构如图 1.5 所示。

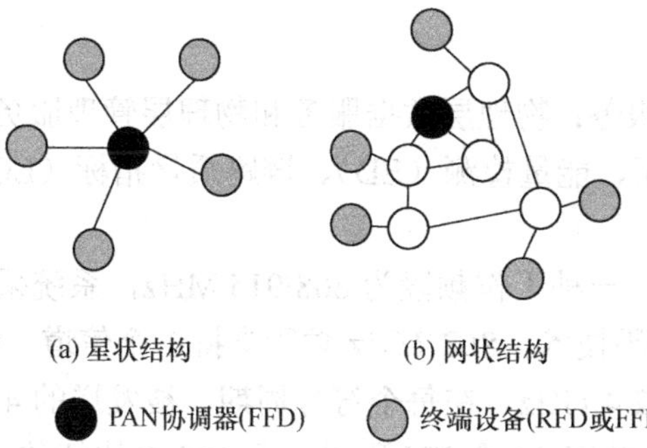

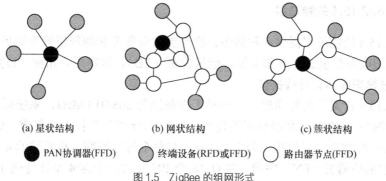

图 1.5 ZigBee 的组网形式

1.4.2 ZigBee 协议规范

ZigBee 网络节点要进行相互的数据交流，就要有相应的无线网络协议。ZigBee 协议的基础是 IEEE 802.15.4，但 IEEE 802.15.4 仅是处理物理层（PHY）和媒体接入层（MAC）的协议。ZigBee 联盟扩展了上述协议的范围，对 ZigBee 的网络层（NWK）协议和应用程序编程接口（API）进行了标准化。

1. ZigBee 的协议架构

ZigBee 采用了 IEEE 802.15.4 制定的物理层和媒体接入层作为 ZigBee 技术物理层和媒体接入层，ZigBee 联盟在此基础上又建立了它的应用层和应用层框架。其中，IEEE 802.15.4 标准符合开发系统互联模型（OSI），应用层架构包括应用支持子层（APS）、ZigBee 设备对象（ZDO）和制造商所定义的应用对象。ZigBee 的协议架构如图 1.6 所示。

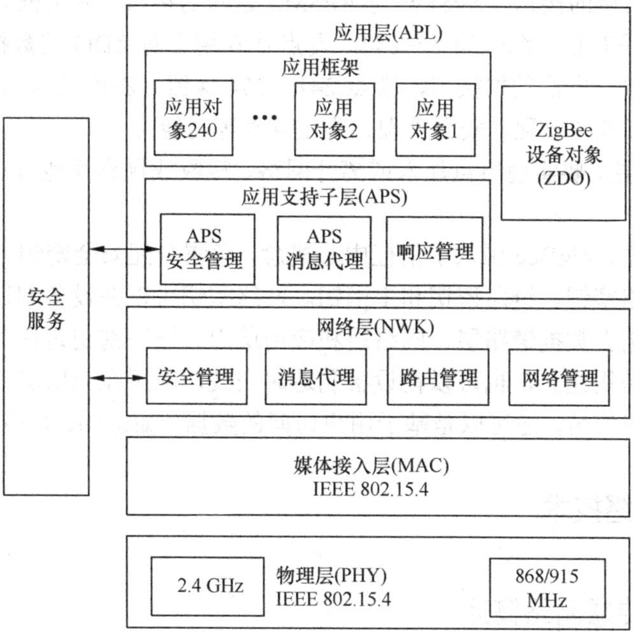

图 1.6 ZigBee 的协议架构

2. IEEE 802.15.4 的物理层

IEEE 802.15.4 的物理层提供两种服务：物理层数据服务和物理层管理服务。物理层的主要功能包括无限收发信机的开启和关闭、能量检测（ED）、链路质量指标（LQI）、信道评估（CCA）和通过物理媒体首发数据包。

IEEE 802.15.4 定义了两种物理层。一种工作频段为 868/915 MHz，系统采用直接序列扩频、双向频移键控（BPSK）和差分编码技术。868 MHz 频段支持 1 个信道，915 MHz 支持 10 个信道。另一种物理层工作频段为 2.4 GHz，在每个符号周期，被发送的 4 个信息比特转化为一个 32 位的伪随机（PN）序列，共有 16 个 PN 码对应于这 4 个比特的 16 种变化。这 16 个 PN 码进行正交，随后系统对 PN 码进行 O-QPSK 调制，支持 16 个信道。

3. IEEE 802.15.4 的 MAC 层

IEEE 802.15.4 的 MAC 层提供两类服务：MAC 层数据服务和 MAC 层管理服务。MAC 层的主要功能包括带冲突避免的载波侦听多路访问（Carrier Sense Multiple Access with Collision Avoidance，CSMA/CA）信道访问控制、信标帧发送、同步服务和提供 MAC 层可靠传输机制。

4. ZigBee 的上层协议

ZigBee 联盟负责制定 ZigBee 的上层协议，包括应用层、网络层和安全服务。

应用层包括三个组成部分，包括应用支持子层（Application Support Sublayer，APS）、应用框架和 ZigBee 设备对象（ZigBee Device Object，ZDO）。APS 内包含数据实体（APSDE）和管理实体（APSME），其中 APSDE 为网络中的两个或更多的应用实体之间提供数据通信，APSME 负责应用层的安全服务、绑定设备并维护应用层信息库。APS 的接口包括应用层与上层的接口、与网络层的接口、APSDE 与 APSME 之间的接口。应用框架中厂家最多可以定义 240 个独立的应用对象，编号为 1～240，端点号 0 用于对 ZDO 的数据接口，端点号 255 用于对所有应用对象的广播数据接口，端点 241～254 保留。ZDO 负责初始化 APS、网络层和安全服务、设备和业务发现、安全管理、绑定管理等功能。

ZigBee 的网络层主要实现节点加入或离开网络、接收或抛弃其他节点、路由查找及传送数据等功能。

在安全服务方面，ZigBee 引入了信任中心概念，负责分配安全密钥。ZigBee 中定义了三种密钥，分别是网络密钥、链路密钥和主密钥。网络密钥可以在设备制造时安装，也可以在密钥传输中得到，用在数据链路层、网络层和应用层中。链路密钥是在两端设备通信时共享的密钥，可以由主密钥建立，也可以在设备制造时安装，应用在应用层。主密钥可以在信任中心设置或在制造时安装，还可以是基于用户访问的数据，如密码、口令等，应用在应用层。

1.5 无线传感网络技术

1.5.1 无线传感网络概述

无线传感器网络（Wireless Sensor Network，WSN）由部署在监测区域内的传感器节点组成，这些节点数量很大、体积微小，通过无线通信方式形成一个多跳的自组织网络。WSN 是当前备受关注、涉及多个学科的前沿研究领域，其综合了传感器技术、嵌入式计算技术、无线通信技术、现代网络技术和分布式信息处理技术等多种技术，可以感知、采集和处理网络覆盖区域内的对象信息，并以无线的方式将信息发送出去。

WSN 是物联网的基本组成部分，可以将客观物理世界与信息世界融合在一起，能够改变人与自然界的交互方式，极大地扩展了现有网络的功能和人类认识世界的能力。WSN 作为一项新兴的技术，越来越受到学术界、工程界和各国政府的关注，在军事观察、环境监测、精细农业、医疗护理、空间探索、工业控制、智能家居等领域展现出了广阔的应用前景，被认为是 21 世纪最有影响的技术之一。

WSN 通常包括传感器节点（Sensor Node）、汇聚节点（Sink Node）和管理节点。大量传感器节点随机部署在检测区域（Sensor Field）内部或者附近，通过自组织的方式构成网络。传感器节点检测到的数据沿着其他节点逐跳地进行传输，在传输过程中检测数据可能被多个节点处理，经过多跳路由后到达汇聚节点，最后通过互联网或卫星到达管理节点。用户通过管理节点对传感器网络进行管理和配置发布检测任务，收集检测数据。无线传感器网络的结构如图 1.7 所示。

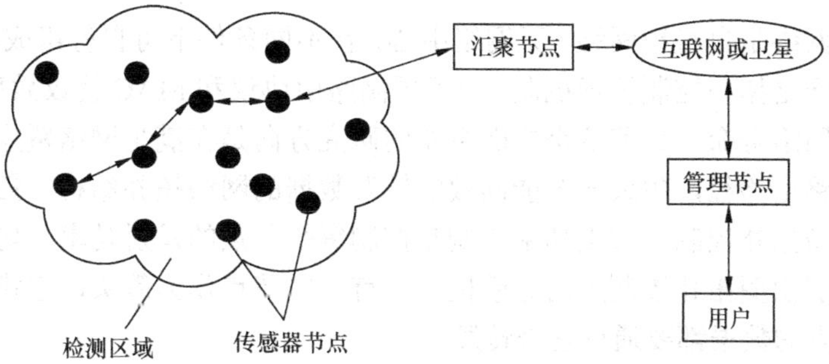

图 1.7 无线传感器网络的结构

传感器节点通常是一个微型的嵌入式系统，它的处理能力、存储能力和通信能力相对较弱，通过携带能量有限的电池供电。从网络功能上看，每个传感器节点兼有传统网络节点的终端与路由器双重功能，除了进行本地信息收集和数据处理外，还要对其他节点转发来的数据进行存储、管理和融合等处理，同时与其他节点协作完成一些特定任务。目前传感器节点的软硬件技术是传感器网络研究的重点。

汇聚节点的处理能力、存储能力与通信能力相对比较强，它连接传感器网络与因特网等外部网络，实现两种协议栈之间的通信协议转换，同时发布管理节点的监测任务，并把收集的数据转发到外部网络上。汇聚节点既可以是一个具有增强功能的传感器节点，有足够的能量供给和更多的内存与计算资源，又可以是没有监测功能仅带有无线通信接口的特殊网关设备。

传感器节点由传感器模块、处理器模块、无线通信模块和能量供应模块四部分组成，如图 1.8 所示。传感器模块负责监测区域内信息的采集和数据转换；处理器模块负责控制整个传感器节点的操作，存储和处理本身采集的数据以及其他节点发来的数据；无线通信模块负责与其他传感器节点进行无线通信，交换控制消息和收发采集数据；能量供应模块为传感器节点提供运行所需的能量，通常采用微型电池。

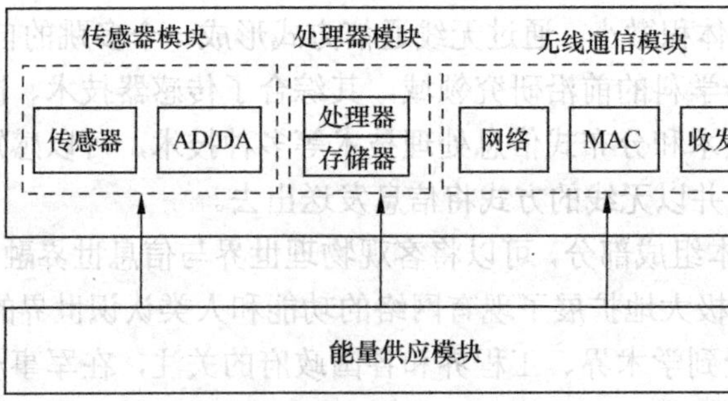

图 1.8　传感器节点体系结构

1.5.2　无线传感网络关键技术

无线传感器网络目前研究的难点涉及通信、组网、管理、分布式信息处理等多个方面。无线传感器网络有相当广泛的应用前景，但是也面临很多的关键技术需要解决。下面列出部分关键技术。

1．网络拓扑管理

无线传感器网络是自组织网络（无网络中心，在不同条件下可自行组成不同的网络），如果有一个很好的网络拓扑控制管理机制，对于提高路由协议和 MAC 协议效率是很有帮助的，而且有利于延长网络寿命。目前这个方面主要的研究方向是在满足网络覆盖度和连通度的情况下，通过选择路由路径，生成一个能高效的转发数据的网络拓扑结构。拓扑控制分为节点功率控制和层次型拓扑控制。节点功率控制是控制每个节点的发射功率，均衡节点单跳可达的邻居数目。而层次型拓扑控制采用分簇机制，有一些节点作为簇头，它将作为一个簇的中心，簇内每个节点的数据都要通过它来转发。

2．网络协议

因为传感器节点的计算能力、存储能力、通信能力和携带的能量有限，每个节点都只能获得局部网络拓扑信息，在节点上运行的网络协议也要尽可能地简单。目前研究的重点主要集中在网络层和 MAC 层上。网络层的路由协议主要控制信息的传输路径。好的路由协议不但能考虑到每个节点的能耗，还要能够关心整个网络的能耗均衡，使得网络的寿命尽可能地保持得长一些。MAC 层协议主要控制介质访问，控制节点通信过程和工作模式。设计无线传感器网络的 MAC 层协议首先要考虑的是节省能量和可扩展性，其次要考虑的是公平性和带宽利用率。由于能量消耗主要发生在空闲监听、碰撞重传和接收到不需要的数据等方面，MAC 层协议的研究也主要体现在如何减少上述三种情况，从而降低能量消耗，以延长网络和节点寿命。

3．网络安全

无线传感器网络除了考虑上面提出的两个方面的问题外，还要考虑到数据的安全性，这主要从两个方面考虑。一个方面是从维护路由安全的角度出发，寻找尽可能安全的路由，以保证网络的安全。如果路由协议被破坏导致传送的消息被篡改，那么对于应用层上的数据包来说没有任何的安全性可言。有人已经提出了一种叫“有安全意识的路由”的方法，其思想就是找出真实值与节点之间的关系，然后利用这些真实值来生成安全的路由。另一方面是把重点放在安全协议方面，在此领域也出现了大量研究成果。在具体的技术实现上，先假定基站总是正常工作的，并且总是安全的，满足必要的计算速度、存储器容量，基站功率满足加密和路由的要求；通信模式是点到点，通过端到端的加密保证了数据传输的安全性；射频层正常工作。基于以上前提，典型的安全问题可以总结为：信息被非法用户截获、一个节点遭破坏、识别伪节点和如何向已有传感器网络添加合法的节点等四个方面。

4．定位技术

位置信息是传感器节点采集数据中不可或缺的一部分，没有位置信息的监测消息可能毫无意义。节点定位就是确定传感器的每个节点的相对位置或绝对位置。节点定位在军事侦察、环境监测、紧急救援等应用中尤其重要。节点定位分为集中定位方式和分布定位方式。定位机制也必须要满足自组织性、鲁棒性、能量高效和分布式计算等要求。定位技术主要有基于距离的定位和与距离无关的定位两种方式。其中基于距离的定位对硬件要求较高，通常精度也比较高。与距离无关的定位对硬件要求较低，受环境因素的影响也较小，虽然误差较大，但是其精度已经足够满足大多数传感器网络应用的要求，所以这种定位技术是研究的重点。

5．时间同步技术

传感器网络中的通信协议和应用，比如基于 TDMA 的 MAC 协议和敏感时间的监测任务等，要求节点间的时钟必须保持同步。J.Elson 和 D.Estrin 曾提出了一种简单、实用的同步策略。其基本思想是，节点以自己的时钟记录事件，随后用第三方广播的基准时间加以校正，精度依赖于对这段间隔时间的测量。这种同步机制应用在确定来自不同节点的监测事件的先后关系时有足够的精度。设计高精度的时钟同步机制是传感网络设计和应用中的一个技术难点。普遍认为，考虑到精简 NTP（Network Time Protocol）协议的实现复杂度，将其移植到传感器网络中来应该是一个有价值的研究课题。

6．数据融合

传感器网络为了有效地节省能量，可以在传感器节点收集数据的过程中，利用本地计算和存储能力将数据进行融合，取出冗余信息，从而达到节省能量的目的。数据融合可以在多个层次中进行。在应用层中，可以应用分布式数据库技术，对数据进行筛选，达到融合效果。在网络层中，很多路由协议结合了数据融合技术，以减少数据的传输量。MAC 层也能通过减少发送冲突和头部开销来达到节省能量的目的。当然，数据融合是以牺牲延时等代价来换取能量的节约的。

1.5.3 无线传感网络协议

WSN 的数据链路层和网络层都有反映自身特点的协议。在 WSN 中，数据链路层用于构建底层的基础网络结构，控制无线信道的合理使用，确保点到点或点到多点的可靠连接；网络层则负责路由的查找和数据包的传送。

1. MAC 协议及设计原则

多址接入技术的一个核心问题是：对于一个共享信道，当信道的使用产生竞争时，如何采取有效的协调机制或服务准则来分配信道的使用权，这就是媒体访问控制（Medium Access Control，MAC）技术。

MAC 协议处于数据链路层，是无线传感器网络协议的底层部分，主要用于为数据的传输建立连接，以及在各节点之间合理有效地共享通信资源。MAC 协议对无线传感器网络的性能有较大的影响，是保证网络高效通信的关键协议之一。

根据 WSN 的特点，MAC 协议需要考虑很多方面的因素，包括节省能源、可扩展性、网络的公平性、实时性、网络的吞吐量、带宽的利用率，以及上述因素的平衡问题等，其中节省能源成为最主要的考虑因素。这些考虑因素与传统网络的 MAC 协议不同，当前主流的无线网络技术如蜂窝电话网络、Ad hoc、蓝牙技术等，它们各自的 MAC 协议都不适合 WSN。WSN 的 MAC 协议主要的设计原则如下。

（1）节省能量。

每个传感器节点都由电池供电，受环境和其他条件的限制，节点的电池能量通常难以进行补充。MAC 协议直接控制节点的节能问题，即让传感器节点尽可能地处于休眠状态，以减少能耗。

（2）可扩展性。

WSN 中的节点在数目、分布密度、分布位置等方面很容易发生变化，或者由于节点能量耗尽，新节点的加入也能引起网络拓扑结构的变化。因此 MAC 协议应具有可扩展性，以适应拓扑结构的动态性。

2. MAC 协议的分类

目前针对不同的传感器网络，研究人员从不同的方面提出了多种 MAC 协议，但目前对 WSN 的 MAC 协议还缺乏一个统一的分类方式。这里根据节点访问信道的方式，将 WSN 的 MAC 分为以下三类。

（1）基于竞争的 MAC 协议。

多数分布式 MAC 协议采用载波侦听或冲突避免机制，并采用附加的信令控制消息来处理隐藏和暴露节点的问题。基于竞争随机访问的 MAC 协议是节点需要发送数据时，通过竞争的方式使用无线信道。

IEEE802.11 MAC 协议采用带冲突避免的载波侦听多路访问（CSMA/CA），是典型的基于竞争的 MAC 协议。在 IEEE802.11 MAC 协议的基础上，研究人员提出了多种用于传感器网络的基于竞争的 MAC 协议，如 S-MAC 协议、T-MAC 协议、ARC-MAC 协议、Sift-MAC 协议、Wise-MAC 协议等。

（2）基于调度算法的 MAC 协议。

为了解决竞争的 MAC 协议带来的冲突，研究人员提出了基于调度算法的 MAC 协议。该类协议指出，在传感器节点发送数据前，根据某种调度算法把信道事先划分。这样，多个传感器节点就可以同时、没有冲突地在无线信道中发送数据，这也解决了隐藏终端的问题。

在这类协议中，主要的调度算法是时分复用 TDMA。时分复用 TDMA 是实现信道分配的简单成熟的机制，即将时间分成多个时隙，几个时隙组成一个帧，在每一帧中分配给传感器节点至少一个时隙来发送数据。这类协议的典型代表有 DMAC 协议、SMACS 协议、DE-MAC 协议、EMACS 协议等。

（3）非碰撞的 MAC 协议。

以数据为中心的 WSN 的一个重要评价标志是实时性。基于调度算法的 MAC 协议由于无法完全避免冲突，网络中端到端的延时无法预测，因而无法保证实时性。非碰撞的 MAC 协议由于在理论上完全避免了碰撞的产生，从而可以保证实时性。

非碰撞的 MAC 协议通过消除碰撞来节能。好的非碰撞协议能够潜在地提高吞吐量，减少时延。非碰撞的协议主要有 TRAMA 和 IP-MAC 等。

3. 路由协议及设计原则

在 WSN 中，路由协议主要负责路由的选择和数据包的转发。传统无线通信网络路由协议的研究重点是无线通信的服务质量。相对传统无线通信网络而言，WSN 路由协议的研究重点是如何提高效率，如何可靠地传输数据。

在 WSN 中，路由协议不仅关心单个节点的能量消耗，更关心整个网络能量的均衡消耗，这样才能延长整个网络的生存期。同时 WSN 是以数据为中心的，这在路由协议中表现得最为突出。每个节点没有必要采用全网统一的编址，选择路径可以不用根据节点的编址，更多的是根据感兴趣的数据建立数据源到汇聚节点之间的转发路径。路由协议的主要设计原则如下。

（1）能量优先。

由于 WSN 节点采用电池一类的可耗尽能源，因此能量受限是 WSN 的主要特点。WSN 的路由协议是以节能为目标，主要考虑节点的能量消耗和网络能量的均衡使用问题。

（2）以数据为中心。

传统的路由协议通常以地址作为节点的标识和路由的依靠；而 WSN 中大量的节点是随机部署的，WSN 所关注的是监测区域的感知数据，而不是信息是由哪个节点获取的。以数据为中心的路由协议要求采用基于属性的命名机制，传感器节点通过命名机制来描述数据。WSN 中的数据流通常是由多个传感器节点向少数汇集节点传输，按照对感知数据的需求、数据的通信模式和流向等，形成以数据为中心的信息转发路径。

（3）基于局部拓扑信息。

WSN 采用多跳的通信模式，但由于节点有限的通信资源和计算资源，使得节点不能储存大量的路由信息，不能进行太复杂的路由计算。在节点只能获取局部拓扑信息的情况下，WSN 需要实现简单、高效的路由机制。

4. 路由协议的分类

到目前为止，业界仍缺乏一个完整和清晰的路由协议分类方法。WSN 的路由协议可以从不同的角度进行分类，这里介绍三类路由协议：以数据为中心的路由协议、分层次的路由协议、基于地理位置的路由协议。

（1）以数据为中心的路由协议

这类协议与传统的基于地址的路由协议不同，是建立在对目标数据的命名和查询上，并通过数据聚合减少重复的数据传输。以数据为中心的路由协议主要有 SPIN 协议、DD 协议、Rumor 协议、Routing 协议等。

（2）分层次的路由协议。

层次路由也称为以分簇为基础的路由，用于满足传感器节点的低能耗和高效率通信。在层次路由中，高能量节点可用于数据转发、数据查询、数据融合、远程通信和全局路由维护等高耗能应用场合；低能量节点用于事件检测、目标定位和局部路由维护等低耗能应用场合。这样按照节点的能力进行分配，能使节点充分发挥各自的优势，以应付大规模网络的情况并有效提高整个网络的生存时间。分层次的路由协议主要有 LEACH 协议、TEEN 协议和 PEGASIS 协议等。

（3）基于地理位置的路由协议。

在 WSN 的实际应用中，尤其是在军事应用中，人们往往需要实现对传感器节点的定位，以获取监控区域的地理位置信息，因此位置信息也被考虑到 WSN 路由协议的设计中。

基于地理位置的路由协议利用位置信息指导路由的发现、维护和数据转发，能够实现定向传输，避免信息在整个网路中的洪泛，减少路由协议的控制开销，优化路径选择，通过节点的位置信息构建网络拓扑图，易于进行管理，实现网络的全局优化。基于地理位置的路由协议主要有 GPRS 协议与 GEM 协议等。

1.6 无线传感器网络定位技术

1.6.1 定位技术综述

在无线传感器网络中，位置信息是事件发生位置报告、目标跟踪、路由控制、网络管理的前提。无线传感器节点通常随机布放在不同的环境中执行各种监测和跟踪任务，以自组织的方式相互协调工作，最常见的例子是用飞机将传感器节点布放在指定的区域中，随机布防的传感器节点无法事先知道自己位置，传感器节点必须能够实时地进行定位。因此位置信息对传感器网络的监测活动至关重要。事件发生的位置或获取信息的节点位置是传感器节点监测消息中所包含的重要信息，对于大多数应用而言，没有具体位置信息的监测消息往往是毫无意义的。传感器节点必须先明确自身位置才能够详细说明“在什么区域或位置发生了特定事件”，来实现对外部目标的定位、追踪和覆盖。因此，确定事件发生的位置或获取信息的节点位置是传感器网络最基本的功能之一，对传感器网络应用的有效性起着关键的作用。

在传感器网络节点定位技术中，根据节点是否已知自身的位置，把传感器节点分为信标节点（Beacon Node）和未知节点（Unknown Node）。信标节点在网络节点中所占的比例很小，可以通过携带 GPS 定位设备等手段获得自身的精确位置。信标节点是未知节点定位的参考点。除了信标节点外，其他传感器节点就是未知节点，它们通过信标节点的位置信息来确定自身位置。在如图 1.9 所示的传感器网络中，M 代表信标节点，S 代表未知节点。S 节点通过与邻近 M 节点或经得到位置信息的 S 节点之间的通信，根据一定的定位算法计算出自身的位置。

传感器节点定位过程中，未知节点在获得对于邻近信标节点的距离，或获得邻近的信标节点与未知节点之间的相对角度后，通常使用下列方法计算自己的位置。

1．三边定位法

三边测量法(trilateration)如图 1.10 所示。已知 A、B、C 三个节点的坐标为(x_a, y_a),(x_b, y_b),(x_c, y_c)，以及它们到未知节点 D 的距离分别为 d_a,d_b,d_c，假设节点 D 的坐标为（ x，y ）。

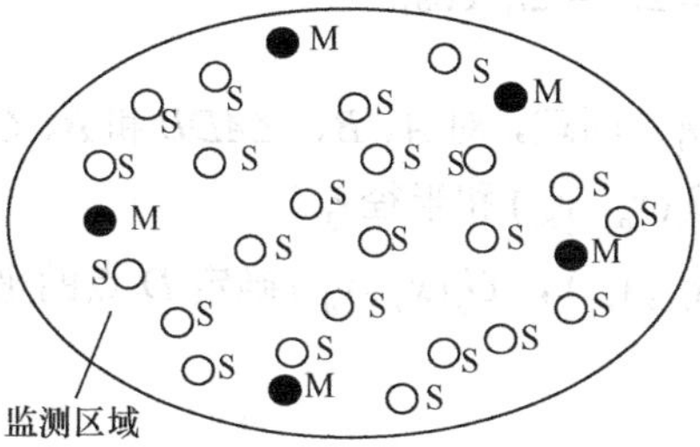

图 1.9 传感器网络中信标节点与未知节点

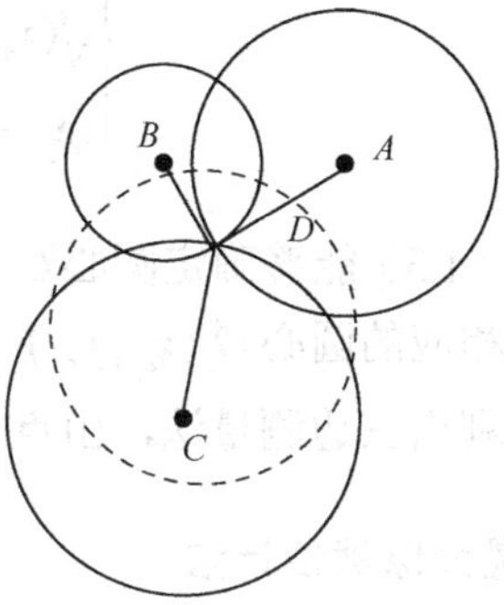

图 1.10 三边测量法图示

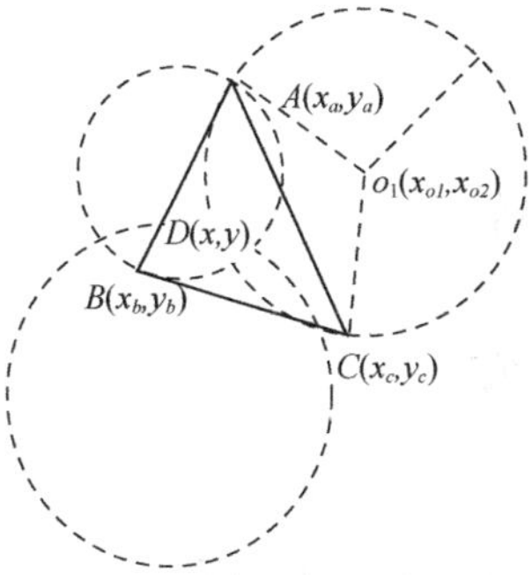

图 1.11 三角测量法图示

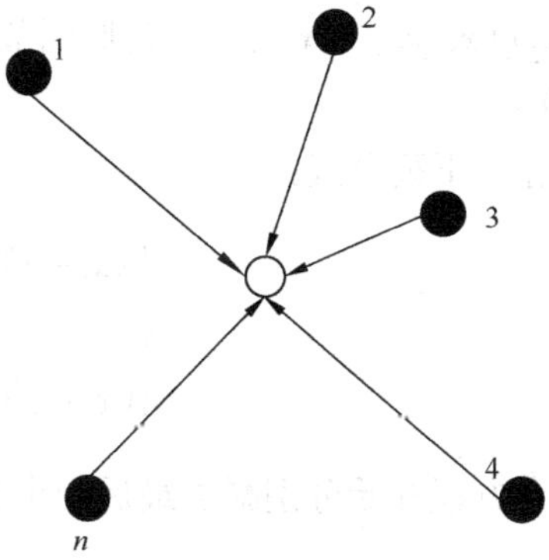

图 1.12 最大似然估计法图示

那么，存在下列公式：

$$\begin{cases}\sqrt{(x-x_a)^2+(y-y_a)^2}=d_a\\ \sqrt{(x-x_b)^2+(y-y_b)^2}=d_b\\ \sqrt{(x-x_c)^2+(y-y_c)^2}=d_c\end{cases} \tag{1.1}$$

由式（1.1）可以得到节点 D 的坐标为：

$$\begin{bmatrix}x\\ y\end{bmatrix}=\begin{bmatrix}2(x_a-x_c) & 2(y_a-y_c)\\ 2(x_b-x_c) & 2(y_b-y_c)\end{bmatrix}^{-1}\begin{bmatrix}x_a^{\ 2}-x_c^{\ 2}+y_a^{\ 2}-y_c^{\ 2}+d_c^{\ 2}-d_a^{\ 2}\\ x_b^{\ 2}-x_c^{\ 2}+y_b^{\ 2}-y_c^{\ 2}+d_c^{\ 2}-d_b^{\ 2}\end{bmatrix} \tag{1.2}$$

2．三角测量法

三角测量法（trianglation）如图 1.11 所示。已知 A、B、C 三个节点的坐标为（ x_a，y_a），（ x_b，y_b ），（ x_c，y_c ），以及它们到未知节点 D 的角度分别为 $\angle ADB,\angle ADC,\angle BDC$，假设节点

D 的坐标为（x，y）。

对于节点 A、C 和 $\angle ADC$，如果弧段 AC 在 ΔABC 内，那么能够唯一确定一个圆，设圆心为 $O_1(x_{o_1},y_{o_1})$，半径为 r_1，那么 $\alpha\angle AO_1C=(2\pi-2\angle ADC)$，并存在以下公式：

$$\begin{cases}\sqrt{(x_{o_1}-x_a)^2+(y_{o_1}-y_a)^2}=r_1\\ \sqrt{(x_{o_1}-x_b)^2+(y_{o_1}-y_b)^2}=r_1\\ (x_a-x_c)^2+(y_a-y_c)^2=2r_1^2-2r_1^2\cos\alpha\end{cases} \tag{1.3}$$

由式（1.3）能够确定圆心 O_1 点的坐标和半径 r_1。同理，对 A、B、$\angle ADB$ 和 B、C、$\angle BDC$ 分别确定相应的圆心 $O_2(x_{o_2},y_{o_2})$、半径 r_2、圆心 $O_3(x_{o_3},y_{o_3})$ 和半径 r_3。

最后利用三边测量法，由点 $O_1(x_{o_1},y_{o_1})$，$O_2(x_{o_2},y_{o_2})$，$O_3(x_{o_3},y_{o_3})$ 确定 D 点的坐标。

3．最大似然估计法

最大似然估计法如图 1.12 所示。已知 1、2、3、等 n 个节点的坐标分别为 $(x_1,y_1),(x_2,y_2),(x_3,y_3)$ (x_n,y_n)，它们到节点 D 的距离分别为 d_1,d_2,d_3, d_n，假设节点 D 的坐标为 (x,y)。

那么，存在下列公式：

$$\begin{cases}(x_1-x)^2+(y_1-y)^2=d_1^2\\ \\ (x_n-x)^2+(y_n-y)^2=d_n^2\end{cases} \tag{1.4}$$

从第一个方程开始分别减去最后一个方程，得：

$$\begin{cases}x_1^2-x_n^2-2(x_1-x_n)x+y_1^2-y_n^2-2(y_1-y_n)y=d_1^2-d_n^2\\ \\ x_{n-1}^2-x_n^2-2(x_{n-1}-x_n)x+y_{n-1}^2-y_n^2-2(y_{n-1}-y_n)y=d_{n-1}^2-d_n^2\end{cases} \tag{1.5}$$

式（1.5）的线性方程表示式为：$AX=b$，其中：

$$A=\begin{bmatrix}2(x_1-x_n) & 2(y_1-y_n)\\ \\ 2(x_{n-1}-x_n) & 2(y_{n-1}-y_n)\end{bmatrix},\ b=\begin{bmatrix}x_1^2-x_n^2+y_1^2-y_n^2+d_n^2-d_1^2\\ x_{n-1}^2-x_1^2+y_1^2-y_{n-1}^2+d_{n-1}^2-d_1^2\end{bmatrix},\ X=\begin{bmatrix}x\\ y\end{bmatrix},$$

使用标准的最小均方差估计法可以得到节点 D 的坐标为 $\hat{X}=(A^T-A)^{-1}A^Tb$。

1.6.2 基于距离的定位方法

基于测距的定位机制是通过测量相邻节点间的实际距离或方位进行定位。在基于测距的定位中，测量节点间距离或方位时采取的方法有 TOA，TDOA，RSSI 和 AOA 等。

1．基于到达时间 TOA（Time of Arrival）

基于到达时间（TOA）定位技术是已知信号的传播速度，通过测量信号传播时间来计算节点距离，然后利用三边测量法或最大似然估计法计算出自身的位置。最典型的使用 TOA 技术的定位系统是 GPS，其定位算法精度高，但要求节点间保持精确的时间同步，因此对传感器节点硬件和功耗提出了较高的要求，同时也由于 GPS 成本及功耗的制约，在实际应用中有极大的限制。

2．基于到达时间差 TDOA（Time Difference on Arrival）

发射节点同时发射两种不同传播速度的无线信号，接收节点根据两种信号到达的时间差以及已知这两种信号的传播速度，计算两个节点之间的距离。再通过已有的基本定位算法计算出节点的位置。如图 1.13 所示，发射节点同时发射无线射频信号和超声波信号，接收节点记录两种信号到达的时间 T_1、T_2。已知无线射频信号和超声波的传播速度为 c_1、c_2，那么两点之间的距离为 $(T_1-T_2)*S$，其中 $S=\dfrac{c_1c_2}{c_1-c_2}$。著名的 Cricket 系统和 AHLos 系统采用就是 TDOA 技术定位。

3．基于到达角 AOA（Angel of Arrival）

基于到达角（AOA）定位技术，通过阵列天线或多个接收器感知节点信号的到达方向，计算接收节点和发射节点之间的相对方向角度，再通过三角测距法计算出节点的位置。AOA 定位包括相邻节点之间方位角的测定、相对信标节点的方位角的测量、利用方位信息计算出节点的位置。其第三步利用前面介绍的三角测量算法来计算节点坐标，当信标节点数大于三个时，将三角测量算法转化为最大似然算法来提高定位精度。AOA 定位不仅能确定节点的坐标，还能提供节点的方位信息。该技术易受外界环境影响，且需要额外硬件，不适用于大规模的传感器网络。

4．基于接收信号强度 RSSI（Received Signal Strength Indicator）

在基于接收信号强度指示 RSSI 定位中，信标节点周期广播信标信息，信标信息被用于估计被测节点到这些信标节点的距离。接收信号的能量通过接收信号强度指示器（RSSI）得到。$R^{ij}(t)$ 表示 t 时刻从传感器节点 i 到节点 j 的 RSSI，其公式如下：

$$P_R^{ij}(t)=P_T^i-10\eta\log(d_{ij})+X_{ij}(t) \tag{1.6}$$

式中，P_T^i 是一个由传感器节点的发射功率和天线的增益决定的常量，η 是衰减常量（如 2 或 4），$X_{ij}(t)$ 是由多径衰落和遮挡影响决定的不确定因子。因为信标的发射功率 P_T^i 通常是固定的，并且汇聚节点已知，RSSI 可以被用来估计距离但会造成误差，这种误差是由不确定因子和 RSSI 的测量误差按比例造成的。

1.6.3 基于非测距的定位算法

虽然基于测距的定位能够实现精确定位，但往往对无线传感器节点的硬件要求高，且受外部因素影响大。于是人们提出与测距无关的定位技术。与测距无关的定位技术无需测量节点间的绝对距离或方位，降低了对节点硬件的要求，但是定位误差也相对增加。基于无测距的定位算法的精度在 40%左右，但能满足大多数应用的要求。非测距的定位算法主要有质心算法、DV-Hop 算法、DV-distance 算法、Amorphous 算法、APIT 算法，MDS-MAP 定位算。

1．质心算法（Centroid Algorithm）

多边形的几何中心称为质心，多边形顶点坐标的平均值就是质心节点的坐标。质心定位算法的核心思想是：信标节点周期性地向邻近节点广播信标信号，信号中包含信标节点自身的 ID 和位置信息。当未知节点接收到来自不同信标节点的信标信号数量超过一个预设门限或接收一定时间后，该节点确定自身位置为这些信标节点所组成的多边形的质心。该算法非常简单，完全基于网络连通性，无需信标节点与未知节点间的协同操作。但该算法仅能实现粗度的定位，只有达到较高的信标节点密度才能实现精确定位。

2．DV-Hop 算法

距离向量—跳段 DV-Hop（Distance Vector-Hop）定位机制非常类似于传统网络中的距离向量路由机制。DV-Hop 算法的定位过程分为以下三个阶段。①计算未知节点与每个信标节点的最小跳数。②计算未知节点与信标节点的实际跳段距离。如图 1.14 所示，信标节点 L_1，L_2，L_3 坐标分别为 (x_1,y_1),(x_2,y_2),(x_3,y_3) 根据这三个信标节点的位置信息和相互之间的相距跳数用公式 $Hopsize=\dfrac{\sum_{j\neq i}\sqrt{(x_i-x_j)^2+(y_i-y_j)^2}}{\sum_{j\neq i}h_j}$（其中 h_j 为信标节点 i 与 j（$j\neq i$）之间的跳段数），估计出平均每跳的实际距离，则未知节点 A 与三个信标节点间的距离分别为：相距跳数×平均每跳距离。③利用三边测量法计算出节点 A 的距离。

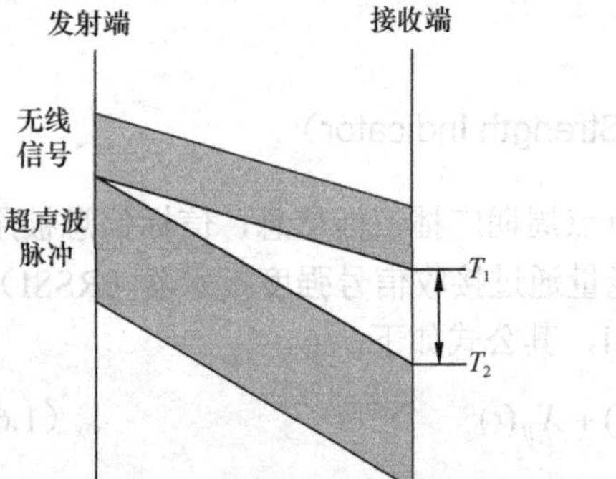

图 1.13 TDOA 定位原理图

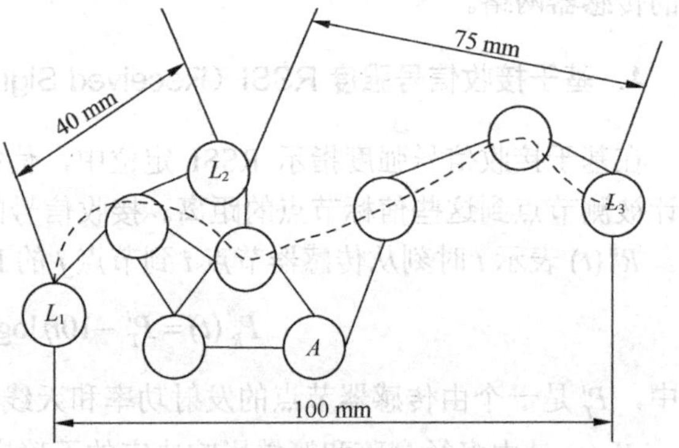

图 1.14 DV-HOP 定位原理图

3．DV-distance

DV-distance 和 DV-Hop 类似，所不同的是相邻节点使用微波信号（即 RSSI）来测量节点间点到点距离，然后利用类似于距离矢量路由的方法传播与锚节点的累计距离。当未知节点获得与三个或更多锚节点的距离后使用三边测量法计算。由于不是每跳都有相同的距离，所以 DV-distance 在精确度方面高于 DV-Hop，但另一方面 DV-distance 对测距误差敏感，它会随着测距误差增大，定位误差也急剧增大。

4. Amorphous 算法

Amorphous 算法与 DV-H 算法类似，但是它的平均每跳距离定为通信半径，定位误差较大。其计算过程是：未知节点先计算与每个信标节点的最小跳数，称为梯度值。其次，未知节点收集邻居节点的梯度值，计算关于某个信标节点的局部梯度平均值。当计算出三个或更多信标节点的梯度值之后，未知节点使用局部梯度平均值乘上 *Hopsize* 来计算与每个信标节点的距离，最后使用三边测量定位算法或最大似然估算自身位置。

5. APIT（Approximate point-in-triangulation Test）定位算法

APIT 算法是一种基于区域划分的节点定位算法，其主要思想是：首先未知节点收集所有邻近信标节点的信息，并通过测试求得未知节点是否位于不同的三个信标节点组成的三角形内，计算出所有符合上述条件的三角形的集合，取所有三角形公共区域的质心作为估计位置。相对于质心定位算法，APIT 定位精度高，对信标节点的分布要求较低，但对网络的连通性有较高的要求。

6. MDS-MAP（MultiDimensional scaling MAP）定位算法

MDS-MAP 是一种集中式定位算法，可在 Range-Based 和 Range-Free 两种方式下根据网络配置分别实现相对和绝对定位。它采用一种源自心理测量学和精神物理学的数据分析技术——多维定标 MDS，该技术常用于探索性数据分析或信息可视化。

1.7 物联网通信技术

1.7.1 无线接入网技术

无线接入网是以无线通信为技术手段，在局端到用户端进行连接的通信网。无线接入技术可以向用户提供各种电信业务，具有成本低廉、不受地理环境限制、支持用户移动性等优点。近年来随着 ZigBee、蓝牙、RFID、UWB、60 GHz、Wi-Fi、WiMAX、3G 等各种无线技术的相继出现，无线接入的需求与应用与日俱增。无线接入技术能够实现真正意义上的个人通信，是下一代网络通信的最大推动力，是物联网实现泛在化通信的关键。

迄今为止，没有任何一种单一的无线技术能够满足所有的场合和应用需要，因而技术的多元性是无线接入的一个基本特征。依通信覆盖范围的不同，无线网络从小到大依次为无线个域网（WPAN）、无线局域网（WLAN）、无线城域网（WMAN）和无线广域网（WWAN）。WPAN 覆盖的范围最小，ZigBee、蓝牙、UWB、60GHz 等都属于 WAN 的范畴；WLAN 覆盖的范围比 WPAN 大，Wi-Fi 属于 WLAN 的范畴；WMAN 覆盖的范围比 WLAN 大，WiMAX 属于 WMAN 的范畴；WWAN 覆盖的范围最大，既包括无线的空中接口部分，也包括有线的核心网，需要中心化的基站和核心网来支持和维护移动终端间的通信，第三代移动通信系统（3G）就属于 WWAN 的范畴。无线网络覆盖的范围如图 1.15 所示。

1. WPAN

在网络构成上，无线个域网（Wireless Personal Area Network，WPAN）位于整个网络链

的末端。WPAN 主要用于实现同一地点终端与终端之间的无线连接，是活动半径较小、业务类型丰富、面向特定群体、无线无缝的无线通信技术。WPAN 覆盖的范围一般在 10 m 半径以内，能够有效解决“最后几米电缆”的问题，设备具有价格便宜、体积小、易操作和功耗低等优点。WPAN 的初衷是实现各种外围设备小范围内的无缝互联。现在随着物联网概念的提出，WPAN 已经成为物联网通信到末梢的一种短距离无线通信方式。

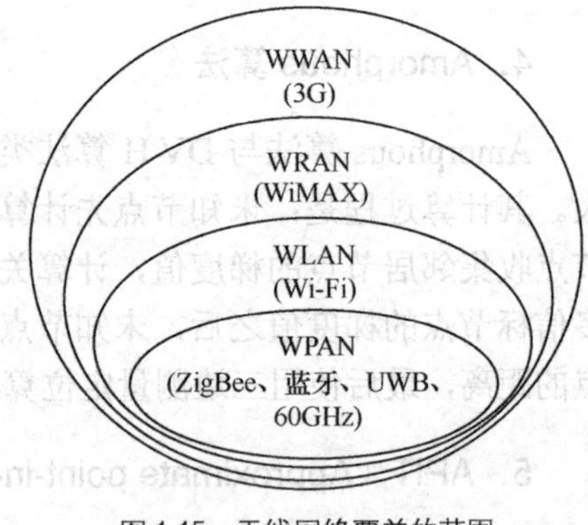

图 1.15　无线网络覆盖的范围

在过去的几年里，随着 ZigBee、蓝牙、RFID、UWB、60GHz 等各种 WPAN 技术的竞相提出，近距离无线通信技术得到了飞速的发展。近距离无线通信泛指在较小的区域内通过无线电波传输信息的通信方式。近距离无线通信满足了人们随时随地交互信息的愿望，实现了任何时候、任何地点、与任何人的信息通信。近距离无线通信的上述特点，与物联网中“通信无处不在”的特点正好契合。近距离无线通信是物联网通信的神经末梢，能够满足任何物体信息交互的需求，使物联网的通信触角无处不在，铺平了物联网的普及之路。

在当今的近距离无线通信领域，每种技术又各有优势。例如，ZigBee 适合应用在感测和控制场合，蓝牙拥有 QoS、UWB 和 60GHz 具备高速传输速率，RFID 则在现代物流和电子商务领域有广阔的天地。目前不同的近距离无线通信各自在功耗、成本、传输速率、传输距离、组网能力等方面都取得了很大的进展，而且各种技术相互融合已经成为一种发展趋势。

目前多个组织都致力于 WPAN 标准的研究，其中 WPAN 最主要的规范标准集中在 IEEE 802.15 系列。1998 年，IEEE 802.15 工作组成立，专门从事 WPAN 的标准化工作，任务是开发一套适用于短程无线通信的标准。

2．WLAN

无线局域网（Wireless Local Area Networks，WLAN）就是在局部区域内以无线方式进行通信的网络。所谓局部区域就是距离受限的区域，WLAN 是一种能在几十米到几百米范围内进行通信的无线网络。WLAN 主要在办公区域内、校园内或小范围公共场合内使用，用于解决用户终端的无线数据接入业务。WLAN 最突出的优势在于便携性，用户在一定范围内可以任意移动无线终端设备，不通过电缆就有进行数据的传输。WLAN 能在各种恶劣的环境下工作，具有设备价格便宜、传输速率较高、使用非授权的 ISM 频段等优点。

IEEE 802.11 是无线局域网的标准。为了促进 IEEE 802.11 的应用，1999 年工业界成立了 Wi-Fi 联盟，现在 IEEE 802.11 这个标准已被统称做 Wi-Fi。

3．WMAN

无线城域网（Wireless Metropolitan Area Networks，WMAN）的推出是为了满足日益增长宽带无线接入需求。虽然多年来 WLAN 的 IEEE 802.11 技术一直与许多其他专有技术一起被用宽带无线接入，并获得了很大的成功，但是 WLAN 的总体设计及其特点并不能很好地适用于室外。当 WLAN 用于室外时，在带宽和用户数量方面受到了限制，同时还存在着通信距离较近等其他一些问题。基于上述情况，IEEE 决定制定一种新的、更复杂的全球标准，这个标准能同时解决室外环境和 QoS 两方面的问题，能够满足几千米到几十千米的无线接入问题。

IEEE 802.16 是无线城域网的标准之一。为了促进 IEEE 802.16 的应用，2003 年工业界成立了 WiMAX 论坛，现在 IEEE 802.16 这个标准已被统称做 WiMAX。

4．WWAN

无线广域网（Wireless Wide Area Network，WWAN）是采用无线网络把物理距离极为分散的局域网（LAN）连接起来的通信方式。WWAN 连接的地理范围较大，常常是一个国家或一个洲，它的结构分为末端系统（两端的用户集合）和通信系统（中间链路）两部分。

IEEE 802.20 是 WWAN 的重要标准。IEEE 802.20 是由 IEEE 802.16 工作组于 2002 年 3 月提出的，并为此成立了专门的工作小组。IEEE802.20 是为了实现高速移动环境下的高速率数据传输，可以有效地解决移动性与传输速率相互矛盾的问题，是一种适用于高速移动环境下的宽带无线接入系统。

1.7.2 基于光传输的接入网技术

在用户接入网的建设中，虽然利用现有的电话网可以发挥铜缆的潜力，投资少、见效快，但从发展的趋势来看，光接入方式必然是宽带接入网的最理想解决方案。随着光纤覆盖的不断扩展，光纤技术也将日益增多地用于接入网，最终建成一个数字化、宽带化、智能化、综合化、个人化的用户光接入网络。

光纤接入网从技术上可分为两大类：有源光网络（Active Optical Network，AON）和无源光网络（Passive Optical Network，PON）。有源光网络分为基于同步数字系列（SDH）的 AON、基于准同步数字系列（PDH）的 AON，无源光网络分为宽带 PON 和窄带 PON。

1．有源光网络

有源光网络的局端设备和远端设备通过有源光传输设备相连，传输技术是骨干网中已大量采用的 SDH 和 PDH 技术，但以 SDH 技术为主。远端设备主要完成业务的收集、接口适配、复用和传输功能，局端设备主要完成接口适配、复用和传输功能。

有源光网络传输容量大，目前用在接入网的 SDH 传输设备一般提供 155Mbit/s 或 622Mbit/s 的接口，有的甚至提供 2.5Gbit/s 的接口。有源光网络传输距离远，在不加中继设备的情况下，传输距离可达 70～80km。有源光网络技术成熟，无论是 SDH 设备还是 PDH 设备，均已在以太网中大量使用。有源光网络在骨干传输网中大量使用，成本已大大下降，但在接入网中与其他接入技术相比，成本还是比较高。

2．无源光网络

无源光网络并不是所有设备都工作在不需要外接馈电的条件下。在无源光网络中，光分路器的工作方式是无源的，光分路器根据光的发送方向，将进来的光信号分路并分配到多条光纤上，或是组合到一条光纤上。其余部分还是工作在有源方式下，需要外接电源才能正常工作，主要完成业务的收集、接口适配、复用和传输功能。

ATM 无源光网络（ATM-PON）综合了 ATM 技术和无源光网络技术，可以提供从窄带到宽带的各种业务。ATM-PON 采用无源点到多点的网络结构，现有产品的典型线路是下行 622Mbit/s，上行 155Mbi1/s。由于无源光分路器会导致光功率的损耗，所以 ATM-PON 的传输距离一般不超过 20km，覆盖范围有限。ATM-PON 既可以用来解决企事业用户的接入，也可以解决住宅用户的接入，有的运营商还利用 ATM-PON 与 ADSL 混合接入方案，解决住宅用户或企事业用户的宽带接入。

窄带无源光网络的网络拓扑结构与 ATM-PON 一样，但窄带 PON 是窄带接入技术，只支持窄带业务，给用户提供的接入速率最大为 2Mbit/s。窄带 PON 的线路速率远小于 ATM-PON，其线路速率一般在 20Mbit/s 到 50Mbit/s 之间，服务范围不超过 20km。窄带 PON 的传输采用电路方式，而 ATM-PON 采用分组方式。窄带 PON 的设备价格近年来下降很快，主要面向住宅用户，也可用来解决中小型企事业用户的接入。

3. 混合光纤/同轴接入技术

混合光纤/同轴（HFC）是一种基于频分复用的宽带接入技术，它的主干网使用光纤，采用频分复用方式传输多种信息，分配网则采用树状拓扑和同轴电缆，用于传输和分配用户信息。HFC 是将光纤逐渐推向用户的一种新的演进策略，可实现多媒体通信和交互式视频图像业务。目前，包括 ITU-T 在内的很多国际组织和论坛正在对下一代的 HFC 系统进行标准化，这必将进一步推动其发展。

1.8 物联网系统的应用前景

物联网可以广泛应用于经济社会发展的各个领域，引发和带动生产力、生产方式和生活方式的深刻变革，成为经济社会绿色、智能、可持续发展的关键基础和重要引擎。

物联网可应用于农业生产、管理和农产品加工，打造信息化农业产业链，从而实现农业的现代化。物联网的工业应用可以持续提升工业控制能力与管理水平，实现柔性制造、绿色制造、智能制造和精益生产，推动工业转型升级。物联网应用于零售、物流、金融等服务行业，将大大促进服务产品、服务模式和产业形态的创新和现代化，成为服务业发展创新和现代化升级的强大动力。物联网在电网、交通、公共安全、气象、遥感勘测和环境保护等国家基础设施领域的应用，将有力地推动基础设施的智能化升级，实现能源资源环境的科学利用和科学管理。物联网应用于教育、医疗卫生、生活家居、旅游等社会生活领域，可以扩展服务范围、创新服务形式、提升服务水平，有力推进基本公共服务的均等化，不断提高人民生活质量和水平。物联网的这几方面应用实际上是实现智慧城市的主要技术手段。物联网应用于国防和战争中的监视、侦查、定位、通信、计算、指挥等方面，将有效提升信息化条件下的国防与军事斗争能力，适应全球性的新军事变革。

1. 城市管理维护

在网格化管理中，利用智能终端、通信基站、显示屏等设备，深化城市部件监控，优化数据流程，提高对现场信息的采集、处理和监督，将信息化城市管理部件接入物联网，对城市管理的兴趣点进行统一标示，可以进一步明确网格化的权属责任，加强对城市管理部件状态的实时监控，降低信息化城市管理中对人工巡查的依赖程度，提高问题发现和处置的效率，进而提升网格化管理水平。应用物联网可以于对城市水、电、热力、燃气等重点设施和地下管线实施监控，提高城市生命线的管理水平和加强事故的预防预测，降低事故的发生概率和烈度，提高事故的处置效率；通过视频监控、传感器、通信系统、GPS定位导航系统等手段掌握各类作业车辆、人员的状况，对日常环卫作业、扫雪铲冰、垃圾渣土消纳进行有效地监控；通过统一的射频识别和数据库系统，建立户外广告牌匾、城市家具、棚亭阁、城市地井的管理体系，以方便进行相关规划管理、信息查询和行政监管。

2. 环境监测

通过智能感知并传输信息，在大气和土壤治理、森林和水资源保护、应对气候变化和自然灾害中，物联网可以发挥巨大的作用，帮助改善生存环境。利用物联网技术，形成对污染排放源的监测、预警、控制的闭环管理；利用传感器加强对空气质量、城市噪音监测，在公共场所进行现场信息公示，并利用移动通信系统加强与监督检查部门的联动；加强对水库河流、居民楼二次供水的水质检测网络体系建设，形成实时监控；加强对森林绿化带、湿地等自然资源的传感系统建设，并结合地理空间数据库，及时掌控绿化资源情况；利用传感器技术、通信技术等手段，完善对热力能源、楼宇温度等系统的监测、控制和管理；通过完善智能感知系统，合理调配和使用水利、电力、天然气、燃煤、石油等资源。

3. 公共安全

通过传感技术，物联网可以监测环境的不稳定性，根据情况及时发出预警，协助撤离，从而降低天灾对人类生命财产的威胁。将物联网技术嵌入城市智能管理系统，加强对重点地区、重点部位的视频监测监控及预警，增强网络传输和数据分析能力，实现公共安全事件监控；利用电子标签、视频监控、红外感应等手段，加强对危险物品监控、垃圾监测处理、可燃物排放、有毒气体排放、医疗废物、疾病预防控制等的全流程过程监测和控制；利用公共显示屏幕、感应器等设备，增强对建筑工地、矿山开采、水灾火警等现场的信息采集、分析和处理；加强监察执法管理的现场信息监测，提高行政效能；通过智能司法管理系统，实现对矫正对象的监控、管理、定位、矫正，帮助各地各级司法机构降低刑罚成本，提高刑罚效率。

4. 智能交通

应用物联网技术，可以节约能源、提高效率、减少交通事故的损失。道路交通状况的实时监控可以减少拥堵，提高社会车辆运行效率；道路自动收费系统可以提升车辆通行效率；智能停车系统可以节约时间和能源，并降低污染排放；实时的车辆跟踪系统能够帮助救助部门迅速准确地发现并抵达交通事故现场，及时处理事故清理现场，在黄金时间内救助伤员，将交通事故的损失降到最低。通过监控摄像头、传感器、通信系统、导航系统等手段掌握交通状况，进行流量预测分析，完善交通引导与信息提示，缓解交通拥堵等事件的发生，并快速响应突发状况；利用车辆传感器、移动通信技术、导航系统、集群通信系统等增强对城市公交车辆的身份识别，以及运营信息的感知能力，降低运营成本、降低安全风险和提高管理效率。增强对交通“一卡通”数据的分析与监测，优化公共交通服务；对出租车辆加强实时定位、车况等信息监测，丰富和完善出租车信息推送服务；通过传感器增强对桥梁道路健康状况、交通流、环境灾害、安全事故等全寿命监测评估；完善停车位智能感知，加强引导与信息显示，基本形成全市停车诱导服务平台；建设和完善城市交通综合计费系统。针对全市的交通企业、从业人员和运行车辆，统一配发电子标签，加强对身份的自动识别，提高管理水平。

思考题

1. 简述物联网的定义。
2. 物联网体系结构主要包含哪三层？简述每层的内容。
3. 什么是 RFID？RFID 的组成有哪些？
4. 简述 ZigBee 技术。
5. ZigBee 网络与移动通信的 CDMA 或 GSM 网络有哪些不同？
6. 无线传感网络包括哪三种节点？简述其作用。
7. 无线传感网络的关键技术有哪些？
8. 无线传感网络定位技术主要包括哪些？
9. 简述 DV-Hop 算法。
10. 简述无线网络的覆盖范围。
11. 简述物联网的应用前景。

第2章 物联网设计所需基本仪器使用方法

本章主要介绍在物联网设计中所用到的示波器、信号发生器、频谱仪等常用仪器的使用办法。本章知识要点为示波器及频谱仪的工作原理及测量步骤。

本章建议安排理论讲授 2 课时，实践训练 4 课时。

2.1 示波器

对设计、制造或维修电子设备的任何人来说，示波器都是一种不可或缺的工具。示波器能把肉眼看不见的电信号变换成看得见的图像，便于人们研究各种电现象的变化过程。用示波器能观察各种不同电信号幅度随时间变化的波形曲线，在这个基础上示波器可以应用于测量电压、时间、频率、相位差和调幅度等参数。

示波器可以分为模拟示波器、数字示波器、基于 PC 的数字示波器、手持数字示波器，其中数字示波器又包括数字荧光示波器、数字存储示波器等。对于大多数的电子应用，无论模拟示波器还是数字示波器都是可以胜任的。示波器虽然分成好几类，每类又有多种型号，但不同的示波器在使用方法上基本是相同的。下面介绍用示波器观察电信号波形的使用步骤。

当您拿到一款示波器时，首先需要了解示波器前操作面板。下面以 RIGOL DS1000D 系列示波器为例介绍前面板的操作及功能，使您能在最短的时间熟悉示波器的使用。

如图 2.1 所示，DS1000D 系列向用户提供简单而功能明晰的前面板，面板上包括旋钮和功能按键。显示屏右侧的一列 5 个灰色按键为菜单操作键。通过它们，您可以设置当前菜单的不同选项；其他按键为功能键，通过它们，您可以进入不同的功能菜单或直接获得特定的功能应用。液晶显示屏的显示界面如图 2.2 所示。

2.1.1 功能检查

在使用前，先做一次快速功能检查，以核实本仪器运行是否正常。示波器提供一个频率为 1kHz、电压为 3V 的校准信号，其作用是用于检查示波器自身的测量是否准确，也可以检查输入探头是否完好。

接通仪器电源，并且请按照如下步骤接入信号。

（1）如图 2.3 所示，用示波器探头将信号接入通道 1（CH1）：将探头上的开关设定为 10X，并将示波器探头与通道 1 连接。将探头连接器上的插槽对准 CH1 同轴电缆插接件（BNC）上的插口并插入，然后向右旋转以拧紧探头。

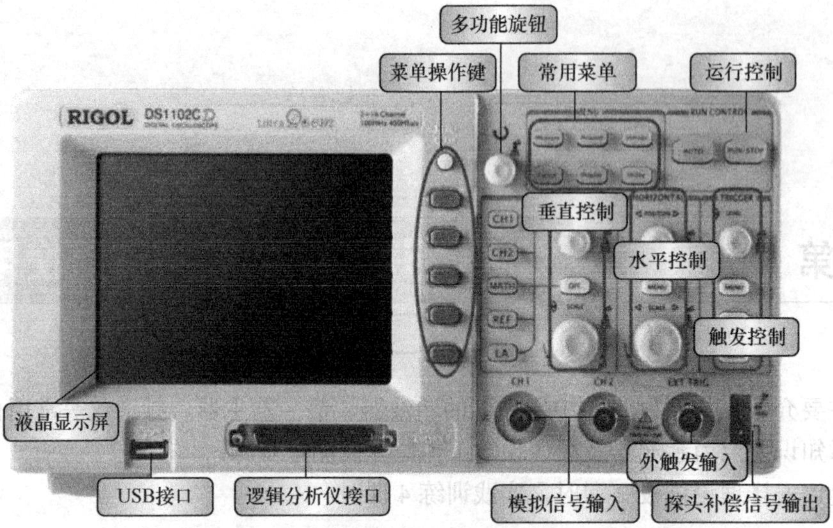

图 2.1　认识前面板

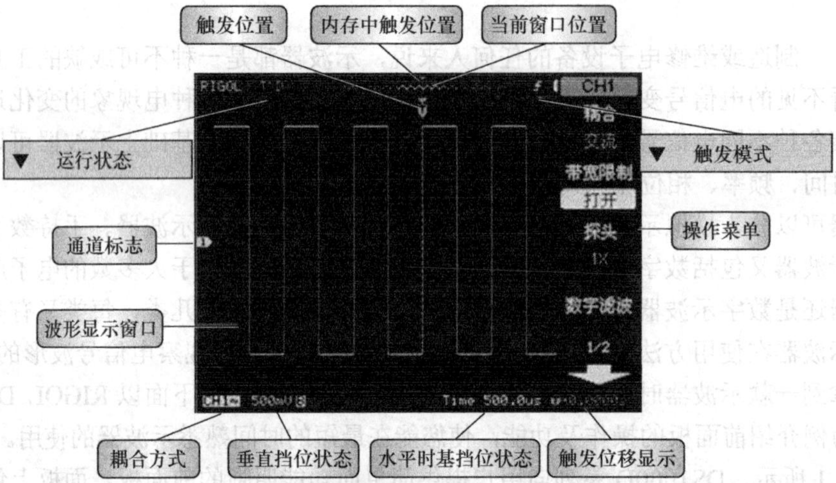

图 2.2　显示界面

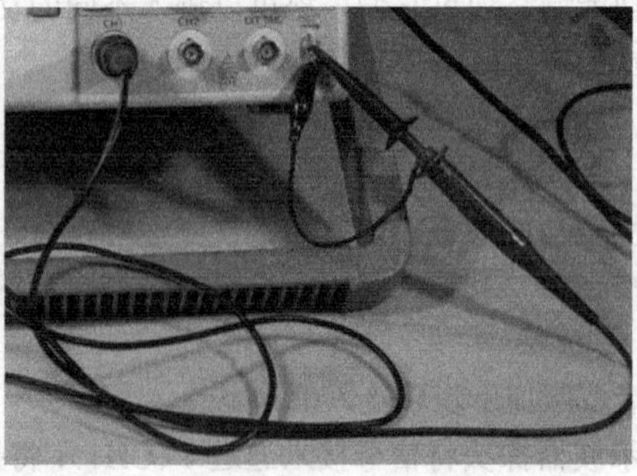

图 2.3　信号接入

（2）示波器需要输入探头衰减系数。此衰减系数改变仪器的垂直挡位比例，使得测量结果正确反映被测信号的电平（默认的探头衰减系数设定值为 1X）。设置探头衰减系数的方法如下：如图 2.4 所示，按 CH1 功能键显示通道 1 的操作菜单，应用与探头项目平行的 3 号菜单操作键，选择与您使用的探头同比例的衰减系数，此时设定应为 10X。

（3）把探头端部和接地夹接到探头补偿器的连接器上，然后按 AUTO（自动设置）按钮。几秒钟内，可见到方波显示。

（4）以同样的方法检查通道 2（CH2）。按 OFF 功能按钮或再次按下 CH1 功能按钮以关闭通道 1，按 CH2 功能按钮以打开通道 2，重复步骤 2 和步骤 3，检查通道 2 功能是否正常。

如有必要，用非金属质地的改锥调整探头上的可变电容，直到屏幕显示的波形如图 2.5 “补偿正确”所示。

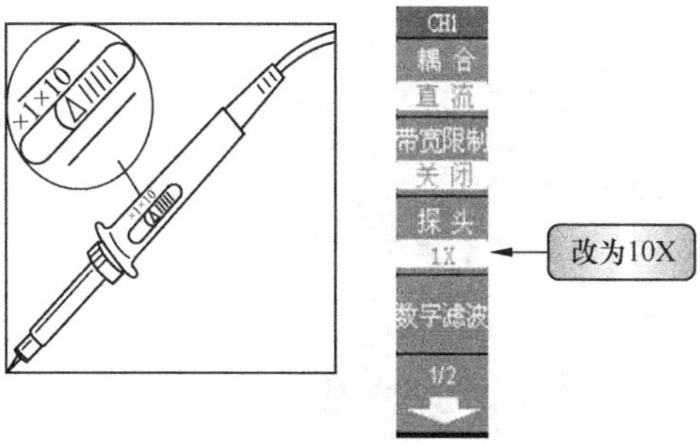

图 2.4　设置探头衰减系数

图 2.5　探头补偿后的波形

2.1.2　设置垂直系统

利用示波器自带校正信号，了解垂直控制区（VERTICAL）的按键旋钮对信号的作用。

（1）将 CH1 或 CH2 的输入连线接到探头补偿器的连接器上。

（2）按下 AUTO 按钮，波形清晰显示于屏幕上，如图 2.6 所示。

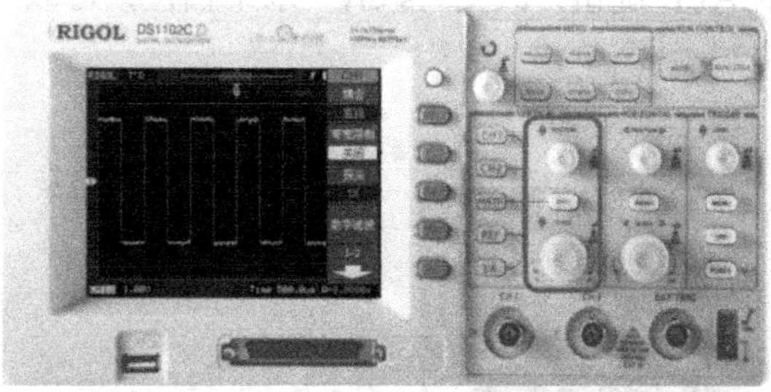

图 2.6　垂直系统按钮

（3）转动垂直 POSITION 旋钮，通道的标识跟随波形而上下移动，如图 2.7 所示。

（4）转动垂直 SCALE 旋钮，改变 Volt/div 垂直挡位，可以发现状态栏对应通道的挡位显示发生了相应的变化，按下垂直 SCALE 旋钮，可设置输入通道的粗调/细调状态，如图 2.8 所示。

（5）按 CH1、CH2、MATH、REF，屏幕显示对应通道的操作菜单、标志、波形和挡位状态信息。按 OFF 按键，关闭当前选择的通道。OFF 按键具备关闭菜单的功能，当菜单未隐藏时，按 OFF 按键可快速关闭菜单。如果在按 CH1 或 CH2 后立即按 OFF，则同时关闭菜单和相应的通道。

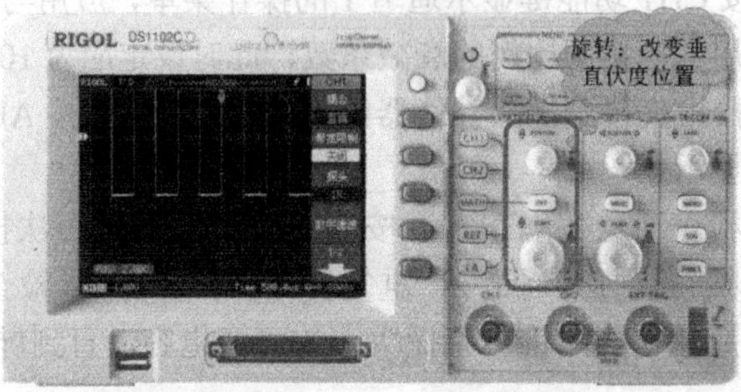

图 2.7 旋转 POSITION 旋钮改变垂直位置

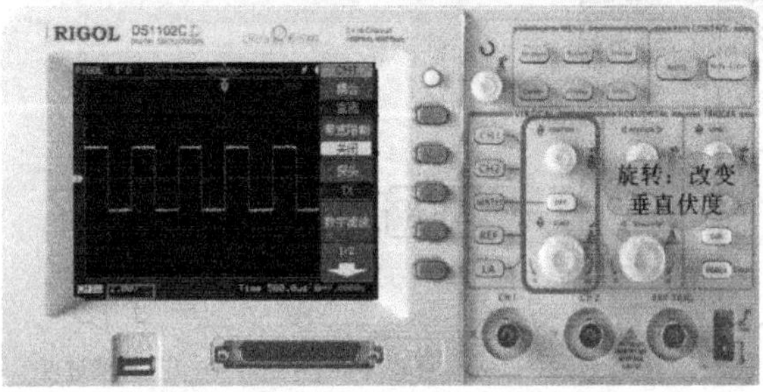

图 2.8 旋转 SCALE 旋钮改变垂直幅度

2.1.3 设置水平系统

了解水平控制区（HORIZIONTAL）按键、旋钮的使用方法。

（1）在 CH1 接入校正信号。

（2）旋转水平 SCALE 旋钮，改变挡位设置，观察屏幕下方“Time-->”的信息变化，如图 2.9 所示。转动水平 SCALE 旋钮，改变“s/div”水平挡位，可以发现状态栏对应通道的挡位显示发生了相应的变化。

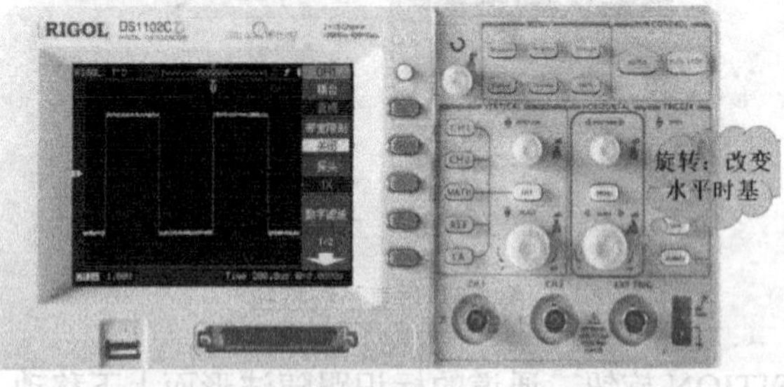

图 2.9 旋转 SCALE 旋钮改变水平时基

（3）使用水平 POSITION 旋钮调整信号在波形窗口的水平位置。水平 POSITION 旋钮控制信号的触发位移，转动水平 POSITION 旋钮时，可以观察到波形随旋钮而水平移动，如图 2.10 和图 2.11 所示，实际上水平移动了触发点。

（4）按 MENU 按钮，显示 TIME 菜单。在此菜单下，可以开启/关闭延迟扫描或切换

Y—T、X—T 显示模式，还可以设置水平 POSITION 旋钮的触发位移或触发释抑模式。触发释抑指重新启动触发电路的时间间隔。转动水平 POSITION 旋钮，可以设置触发释抑时间。

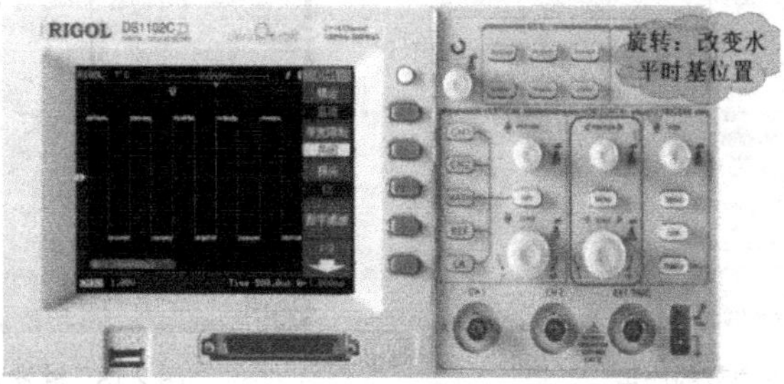

图 2.10　旋转 POSITION 旋钮改变水平位置

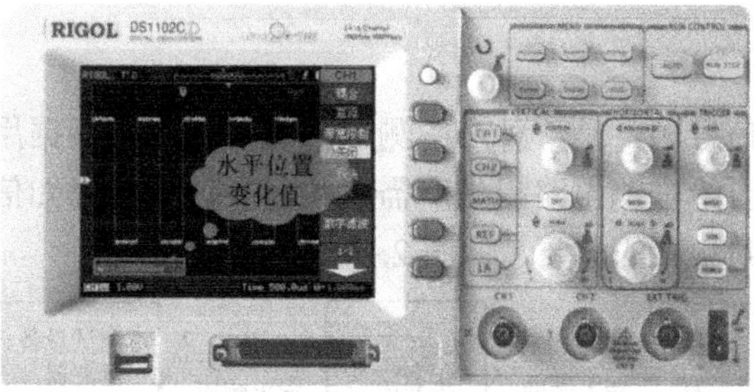

图 2.11　旋转 POSITION 旋钮后水平位置变化

2.1.4　设置触发系统

当触发调节不当时，显示的波形将出现不稳定现象。所谓波形不稳定，是指波形左右移动不能停止在屏幕上，或者出现多个波形交织在一起，无法清楚地显示波形。如图 2.12 所示，下方的波形稳定，静止清晰；上方的波形不稳定，轻则波形或向左或向右移动不止，重则多个波形交织重叠在一起。

触发调节是示波器操作的难点和易错点，其操作方法如下。

（1）在 CH1 接入校正信号。

（2）使用 LEVEL 旋钮改变触发电平设置：使用 LEVEL 旋钮使触发电平线进入被测信号电压范围内，可使波形稳定，如图 2.13 所示；屏幕上出现一条黑色的触发线以及触发标志，随旋钮转动而上下移动，停止转动旋钮，此触发线和触发标志会在几秒后消失。在移动触发线的同时可观察到屏幕上触发电平的数值或百分比显示发生了变化，要波形稳定显示一定要使触发线在信号波形范围内。

（3）使用 MENU 跳出触发操作菜单，改变触发的设置，一般使用如下设置：“触发类型”为“边沿触发”，“信源选择”为“CH1”，“边沿类型”为“上升沿”，“触发方式”为“自动”，“耦合”为“直流”。

（4）按 FORCE 按钮，强制产生触发信号，主要应用于触发方式中的“普通”和“单次模式”。

（5）按 50%按钮，设定触发电平在触发信号幅值的垂直中点。按 50%按钮可使触发电平自动调整到被测电压值的中点，从而使波形稳定，如图 2.13 所示。

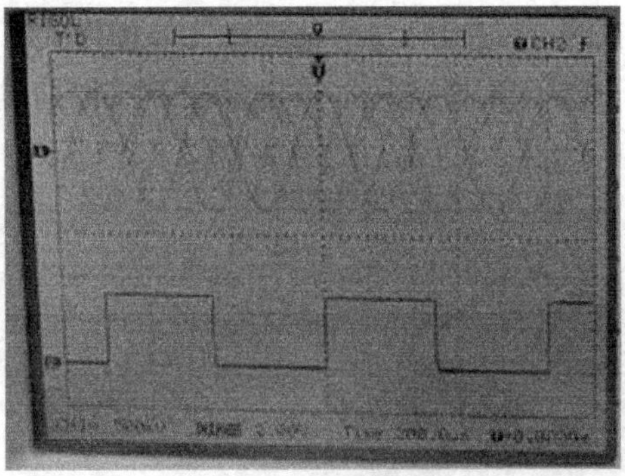

图 2.12　触发调节的作用

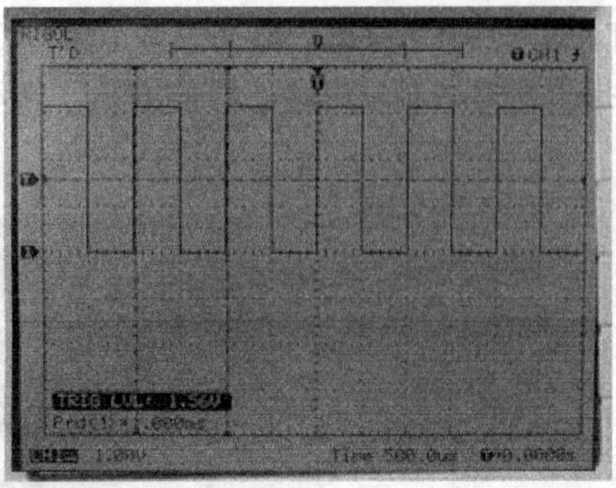

图 2.13　触发调节后波形稳定

2.2　信号发生器

信号发生器也称为信号源，是一种产生测试信号的仪器，根据用户对其波形的命令来产生信号。信号发生器主要给被测电路提供所需要的各种波形的已知信号，然后用其他仪表测量感兴趣的参数，以达到测试的需要，如图 2.14 所示。

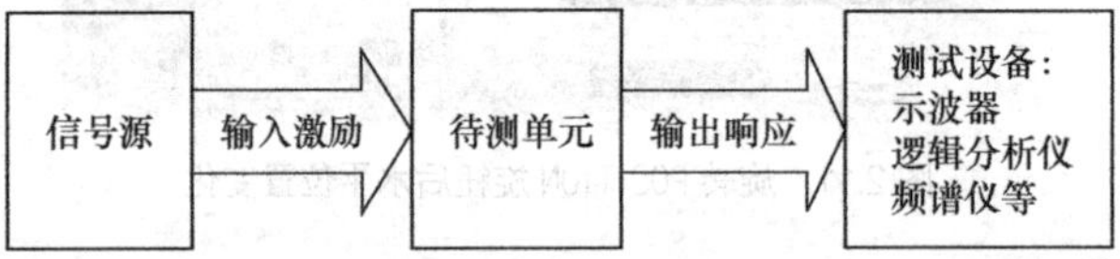

图 2.14　信号发生器的作用

信号发生器在生产实践和科技领域中有着广泛的应用。信号发生器能够产生多种波形，如三角波、锯齿波、矩形波（含方波）、正弦波。在测试、研究或调整电子电路及设备时，为测定电路的一些电参量，要求提供符合所定技术条件的电信号，以模拟在实际工作中使用的待测设备的激励信号；当要求进行系统的稳态特性测量时，需使用振幅、频率已知的正弦信号；当测试系统的瞬态特性时，又需使用前沿时间、脉冲宽度和重复周期已知的矩形脉冲。并且要求信号源输出信号的参数，如频率、波形、输出电压或功率等，能在一定范围内进行精确调整，有很好的稳定性，有输出指示。因此信号发生器的作用主要有三种：激励源、信号仿真、校准源。

随着科技的发展，实际应用到的信号形式越来越多，越来越复杂，频率也越来越高，所以信号发生器的种类也越来越多，同时信号发生器的电路结构形式也不断向着智能化、软件化、可编程化发展。信号发生器如图 2.15 所示。

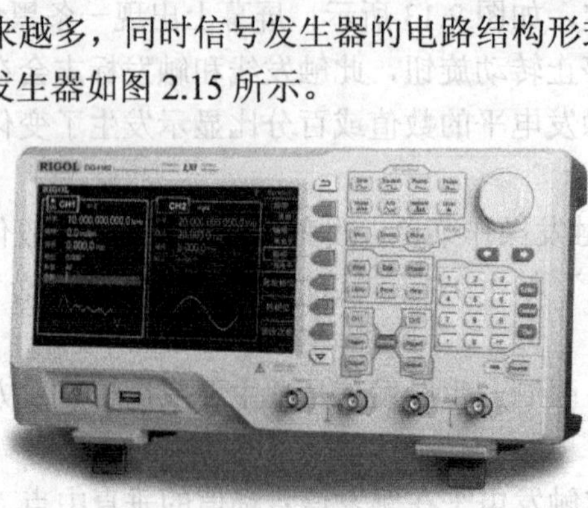

图 2.15　RIGOL 双通道函数/任意波形发生器

2.2.1　信号发生器面板介绍

信号发生器种类较多，性能各有差异，但它们都可以产生不同频率的正弦波、调幅波、调频波信号，以及各种频率的方波、三角波、锯齿波和正负脉冲波信号等，使用方法基本是相同的。下面以函数信号发生器为例介绍其使用方法。首先我们先了解信号发生器的面板，如图 2.16 所示。

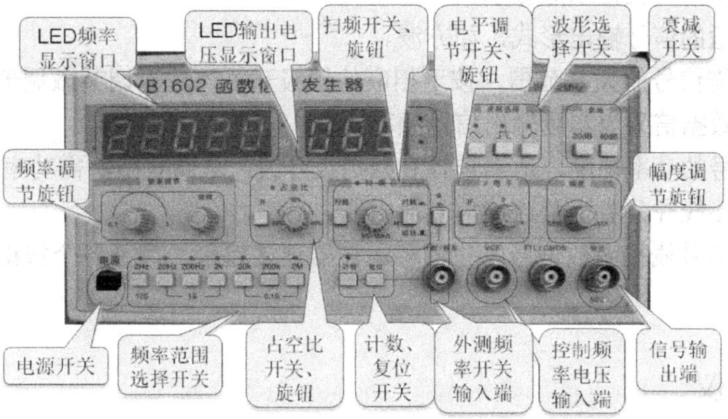

图 2.16　函数信号发生器的面板

（1）电源开关。将电源开关按键压入或弹出可开关电源。

（2）LED 显示窗口。显示输出信号的频率，当外测开关按入时，显示外测信号的频率。如超出测量范围，则溢出指示灯亮。

（3）频率范围选择开关。根据所需要的信号频率范围，按其中的任意一键。

（4）频率调节旋钮。它分粗调和细调两个旋钮。调节此旋钮改变输出信号频率，顺时针旋转，频率增大，逆时针旋转，频率减小。

（5）波形选择开关。按对应波形的某一键，可选择需要的波形，有三角波、方波、正弦波三种。

（6）衰减开关。按入为衰减，二挡开关组合有 20dB、40dB 和 60dB。

（7）电平调节开关/旋钮。按入电平调节开关，电平指示灯亮，此时调节电平调节旋钮，可改变直流偏置电流。

（8）幅度调节旋钮。顺时针调节此旋钮，增大电压输出幅度；逆时针调节此旋钮，减小电压输出幅度。

（9）占空比调节开关/旋钮。将占空比开关按入，占空比指示灯亮，调节占空比旋钮，可改变波形的占空比。

（10）扫频开关/旋钮。按入扫频开关，输出信号为扫频信号；调节速率旋钮，可改变扫频速度；改变线性/对数开关可产生线性扫频或对数扫频。

2.2.2　信号发生器的使用

信号发生器的信号输出幅度有多种表示单位，有电压单位 V、mV、μV，也可以表示为 dBμV 和 dBmV，功率单位 dBm，它们之间的换算可以通过查表或者计算求得。现在很多中高档信号发生器输出幅度设定的单位是可以选择的，方便用户应用。一般信号发生器和综合测试仪常用 dBm 作为测量单位。

普通信号发生器使用比较简单，首先是设置工作频率，高频信号发生器一般采用“MHz”作为单位，工作频率较低的信号发生器，如函数信号发生器，也有以“kHz”作为单位的。其次是选择调制方式或波形，就是选择 AM 还是 FM，或者选择正弦波还是方波。再次按需设定调制频率，最后设定信号输出幅度。基本操作步骤如下。

（1）开启电源，开关指示灯显示。

（2）选择合适的信号输出形式，如方波。

（3）选择所需信号的频率范围，按下相应的挡级开关，适当调节微调器，此时微调器所指示数据同挡级数据倍乘为实际输出信号频率。

（4）调节信号的功率幅度，适当选择衰减挡级开关，从而获得所需功率的信号。

（5）从输出接线柱分清正负连接信号输出线。

然后可以用信号线把函数信号发生器和示波器连接起来，调节各个按键和旋钮，看示波器上波形的变化。

2.3 频谱分析仪

我们已经习惯用时间作为参照来记录某时刻发生的事件，这种方法当然也适用于电信号。于是我们可以用示波器来观察某个电信号的瞬时值随时间的变化，也就是在时域中用示波器观察信号的波形。

但在某些测量场合中，要求我们考察信号的全部信息——频率、幅度和相位。傅立叶理论告诉我们，时域中的任何电信号都可以由一个或多个具有适当频率、幅度和相位的正弦波叠加而成。也就是说，任何时域信号都可以变换成相应的频域信号，通过频域测量可以得到信号在某个特定频率上的能量值。通过适当的滤波，我们能将一个波形分解成若干个独立的正弦波或频谱分量，然后就可以对它们进行单独分析。现代频谱分析仪能够支持非常广泛的矢量信号测量应用，即使不知道各正弦分量间的相位关系，我们也同样能实施许多的信号测量，这种分析信号的方法称为信号的频谱分析。频谱分析更容易理解，而且非常实用。

频谱是一组正弦波，经适当组合后，形成被考察的时域信号。图 2.17 同时在时域和频域显示了一个复合信号。频域图形描绘了频谱中每个正弦波的幅度随频率的变化情况。如图 2.17 所示，信号频谱正好由多个正弦波组成，我们便知道了为何原始信号不是纯正弦波，因为它还包含其他正弦分量。

目前，信号分析主要从时域、频域和调制域三个方面进行。如图 2.18 所示，信号分析的仪器在时域、频域和调制域分别是示波器、频谱分析仪、矢量分析仪。示波器用来测量信号的波形信息，包括幅度、周期、频率。频谱分析仪用来测量信号的频率分布信息，包括频率、功率、谐杂波、噪声、干扰、失真。矢量分析仪用来测量信号的矢量信息，包括幅度误差、矢量误差、相位误差。

频谱分析仪简称为频谱仪。频谱仪与示波器属于两种类型的仪器，示波器主要显示时域信号幅度的变化，而频谱仪显示的是频域信号幅度的变化。对于工程师来说，频谱仪是工作的好帮手，它可以形象地展示一定频率范围内信号的幅度，可以据此发现信号的存在和不同类型信号的特征。随着科技的发展，现代频谱分析仪能以模拟方式或数字方式显示分析结果，能分析 1Hz 以下的甚低频到亚毫米波段的全部无线电频段的电信号。

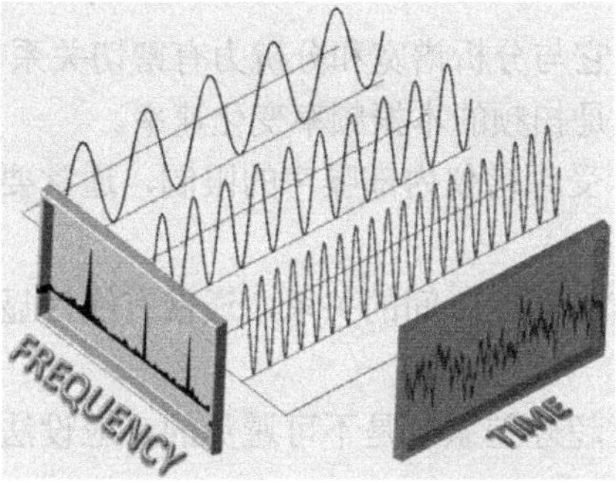

图 2.17 从时域和频域观察信号

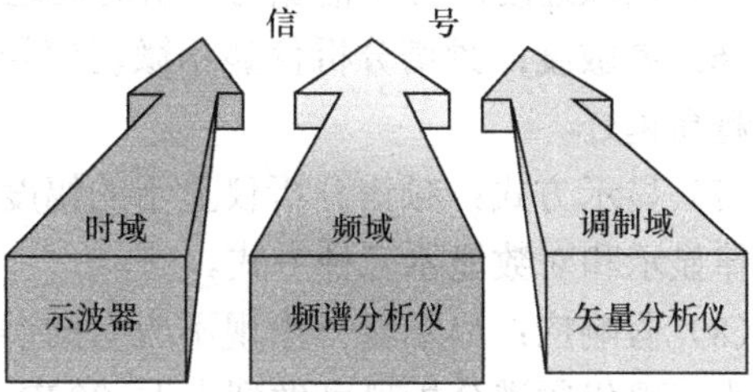

图 2.18 信号分析的几种仪器

频谱分析仪从发明以来，经历了模拟线路频谱仪、单片机程控频谱仪、电脑数字化频谱仪的发展历程。随着集成电路和微处理器电路的迅猛发展以及对信号测量要求的提高，频谱仪的工作频率不断提高，精度不断提升，体积和重量不断缩减。从早期巨大笨重的台式频谱仪，发展到广泛使用的便携式频谱仪，以及近年来现场应用越来越多的手持式频谱仪，频谱仪正向着数字化、高精度化、小型化发展。

国际市场上最有名的频谱仪品牌是 Agilent、Rohde&Schwarz、Tektronix，如图 2.19、图 2.20 所示。国产频谱仪方面，安泰信提供了 AT5000 系列低端频谱仪，用户可以以非常低廉的价格获得初级性能的频谱仪产品，满足初级应用的基本需要。在国内以示波器闻名的“普源 RIGOL”也推出了频谱分析仪产品，RIGOL 以中档频谱仪应用领域为切入点，提供性能不错的频谱仪，在性价比方面，可以与洋品牌产品一较高下。

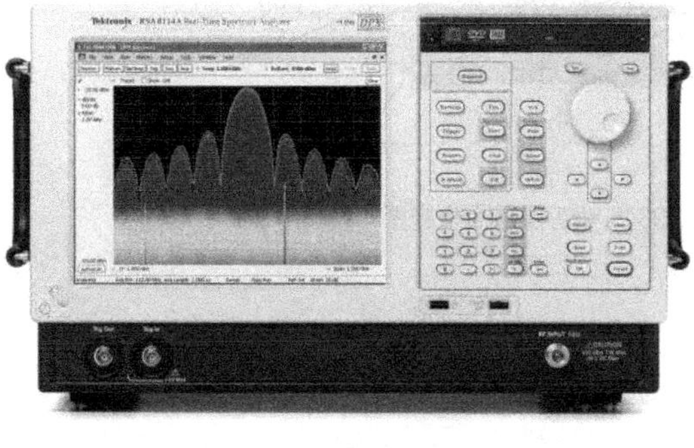

图 2.19 Tektronix 实时频谱仪

图 2.20 Rohde&Schwarz 手持频谱仪

2.3.1 频谱分析仪的技术指标

在学习如何使用频谱仪之前，我们先了解频谱分析仪的主要技术指标，主要有频率范围、分辨力、分析谱宽、分析时间、扫频速度、灵敏度、显示方式和假响应。

（1）频率范围：频谱分析仪的工作频率范围是指频谱仪最高工作频率和最低工作频率，标志着频谱仪可以显示频谱的最大范围。现代频谱仪的频率范围能从低于 1Hz 至 300GHz。

（2）分辨力：频谱分析仪在显示器上能够区分最邻近的两条谱线之间频率间隔的能力，

是频谱分析仪最重要的技术指标。

（3）分析谱宽：又称频率跨度。频谱分析仪在一次测量分析中能显示的频率范围，可等于或小于仪器的频率范围，通常是可调的。

（4）分析时间：完成一次频谱分析所需的时间，它与分析谱宽和分辨力有密切关系。

（5）扫频速度：分析谱宽与分析时间之比，也就是扫频的本振频率变化速率。

（6）灵敏度：频谱分析仪显示微弱信号的能力，受频谱仪内部噪声的限制，通常要求灵敏度越高越好。

（7）显示方式：频谱分析仪显示的幅度与输入信号幅度之间的关系，通常有线性显示、平方律显示和对数显示三种方式。

（8）假响应：显示器上出现不应有的谱线。这对超外差系统是不可避免的，应设法抑止到最小，现代频谱分析仪可做到小于-90dBmW。

2.3.2 频谱分析仪的使用方法

不同频谱分析仪的使用方法基本是相同的，下面以 Agilent N9340B 频谱分析仪为例介绍其使用方法，如图 2.21 所示是频谱仪的前面板。

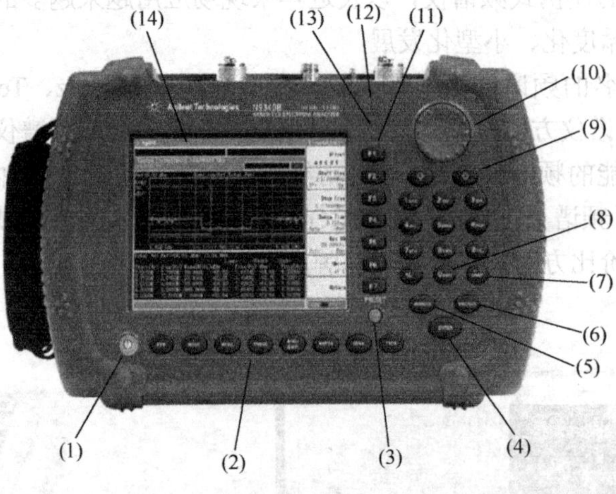

图 2.21 Agilent N9340 频谱仪前面板视图

如图 2.21 所示，各按键的名称如下。

（1）电源开关（power switch）。

（2）功能键（function keys）。

（3）复位键（preset）。

（4）确认键（enter）。

（5）标记键（marker）。

（6）退出当前操作或清屏（ESCAPE/CLEAR）。

（7）极限线（limit）。

（8）储存键（save）。

（9）上下键（Arrow Keys）。

（10）旋钮（knob）。

（11）软键（softkeys）。

（12）喇叭（speaker）。

（13）内置式光传感器（built-in light sensor）。

（14）屏幕（screen）。

如图 2.22 所示，N9340 频谱分析仪侧面板的接口名称如下。

（1）电源口（外部直流电源连接器：External DC power connector）。

（2）指示灯（LED indicator）。

（3）充电指示灯（LED indicator charging）。

（4）通用串行总线接口装置（接电脑）（USB interface device）。

（5）USB 接口装置（接存储设备）（marker）。

（6）耳机（headphone）。

（7）局域网接口（LAN interface）。

（8）射频输出连接端口（RF out connector）。

（9）外部触发信号输入口（BNC 接口）。

（10）射频输入连接端口（RF in connector）。

如图 2.23 所示，频谱分析仪的其他配件包括大功率衰减器、大功率耦合器、软跳线、双阴头、双阳头等。

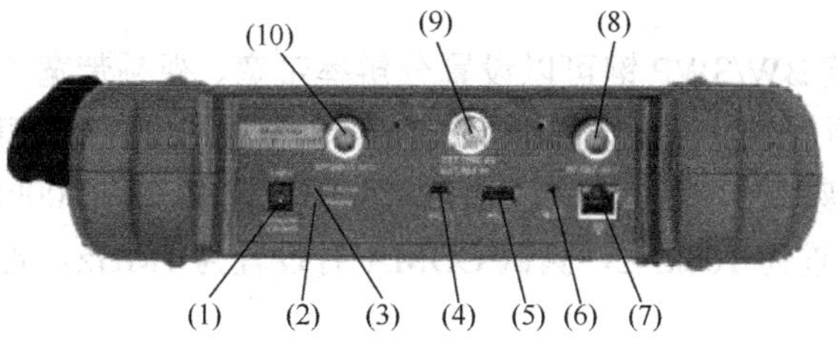

图 2.22　N9340 频谱分析仪侧面板视图

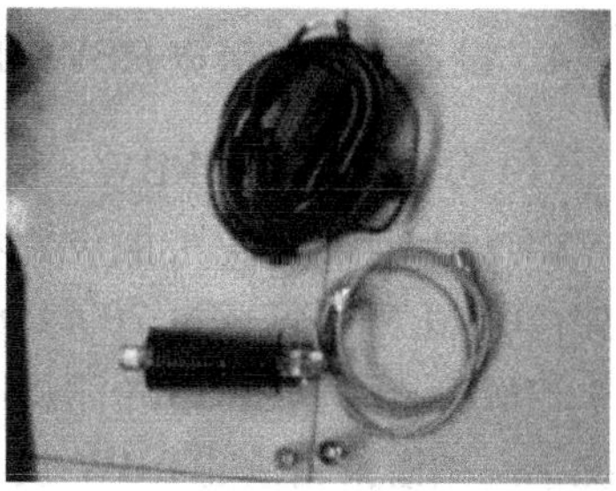

图 2.23　N9340 频谱分析仪配件

2.3.3　测试流程

1．连接频谱仪

估算一下测试信号的强弱，如果测试主机输出的信号在 0dBm 以上，需要外接大功率衰减器，防止输入信号过强而损害仪表，如图 2.24 所示。实际测试信号强度为频谱仪读数再加上大功率衰减器衰减值。如果测试信号较弱，可直接接到频谱仪的射频输入口直接测量。

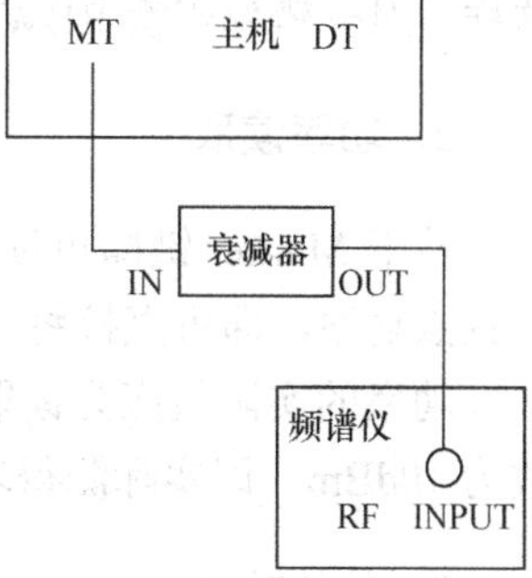

图 2.24　频谱分析仪连接示意图

这里的衰减器有以下三方面的作用。

（1）保护频谱仪不受损坏。测量高电平信号时，为了不烧坏频谱分析仪，必须对信号进行衰减。

（2）提高测试的准确性。混频器是非线性器件，当输入混频器的信号电平较高时，会产生许多产物，而且电平太高会干扰测试结果。

（3）提高频谱仪动态范围。通过设置步进衰减器调节进入混频器的电平，可以得到较大的动态范围。

2．频率设置

N9340 频谱仪可测频率范围为 100kHz～3000MHz。接上测试信号后，先确认测量信号的频段，调整频谱仪的频段和测试信号的频段相同。功能键 FREQ 键可设置中心频率、起始频率和终止频率。

3．调整参考电平和内部衰减值

（1）参考电平：是指频谱图最上方的刻度电平值，设置时先估算一下测试信号强弱，将参考电平设置大小和测试信号的强度差不多。功能键 AMPLITD 键设置参考电平、内部衰减值。参考电平单位：dBm、-dBm、mV。

（2）内部衰减：主要目的是为了防止进入仪表的滤波器信号太强，在设备内部设置的衰减，该值对设备读数没有影响。

当参考电平改变时，衰减通常是自动耦合并自动调整。但是当衰减改变时，参考电平不改变。输入混频器的最大信号为-30dBm 或更小，衰减器应该进行调整。例如：参考电平为 20dBm，对于输入为-30dBm 的信号，衰减应该是 50dB，这样可以防止信号压缩。

4．设置分辨率带宽 RBW 和视频带宽 VBW

（1）分辨率带宽（RBW）设置。功能键 BW/SWP 键可以设置分辨率带宽、视频带宽（单位：MHz、kHz、Hz）。一般设置和测试的频点带宽相同，若不相同会影响信号测量的准确度。例如，GSM 频点带宽为 200kHz，CDMA 频点的带宽为 1.23MHz，由于频谱仪没有 200kHz 和 1.23MHz，所以在 GSM 测试时 RBW 设置为 100kHz，测试 CDMA 时设置为 1MHz。通常情况下，频谱仪测量的 RBW 设为 30kHz。

（2）视频带宽（VBW）的作用。频谱仪通常在检波后使用另一种被称为 VIDEO FILTERING 的滤波器。视频滤波器的作用是“平滑”信号的噪声，改变 VBW 不能改善灵敏度，但在测量小功率信号时，VBW 改善了识别能力和再现性。简单的理解，VBW 只是调整显示带宽，调整曲线的圆滑度，对测量信号没有影响。

作为一个常用的规则，频谱仪测量所选的 VBW 与 RBW 的比例因子为 1∶10 到 1∶100，这样，对分辨率带宽 RBW 设为 30kHz 时，VBW 的典型选择是 3kHz 或 300Hz。

5．功率读取

按下 Marker 键即可读取功率，要读取最大值可直接按标记到波峰，也可直接输入需读取的频点功率，即可直接将频点对应的频率输入来读取该信道的功率。

功率的实际值应为读取的功率数值加上外部衰减的量。例如，外部衰减为 30dB，仪表读数为 10dBm，即实际测得功率应为 20dBm。

6．其他功能

MODE 键：模式选择菜单。

SYS 键：激活跟系统功能相关的菜单。

SPAN 键：扫频宽度。例如，设置带宽为 50MHz，即当前带宽显示范围为 50MHz。

TRACE：激活和跟踪有关的功能键。其功能包括显示轨迹、刷新数据、保持最大值、保持最小值，常用的是保持最大值、保持最小值功能。

SAVE 键：屏幕保存。该功能便于详细地记录测试结果，可通过数据线导出测试数据，避免手动记录误差。

LIMIT 键：可调节分割界线，调节限制线，使得显示屏变得特别清晰，设置报警线。

思考题

1. 使用示波器前，如何检查该仪器是否运行正常？
2. 观察正弦波图形时，波形不稳定时如何调节？
3. 用示波器测量待测信号电压的峰—峰值时，如何准确从示波器屏幕上读数？
4. 简述示波器水平系统、垂直系统、触发系统的设置方法。
5. 正弦信号发生器的主要性能指标有哪些？
6. 使用信号发生器的基本步骤是什么？
7. 简述如何用信号发生器产生正弦波和方波。
8. 示波器、信号发生器和频谱分析仪功能有何不同？
9. 台式频谱分析仪和手持式频谱分析仪各用在什么场合？
10. 频谱分析仪的技术指标有哪些？
11. 用频谱仪测量时，什么时候需要使用衰减器？使用衰减器后如何读数？
12. 简述如何用信号发生器产生 1000 Hz 的方波，如何用频谱仪测量该方波的频谱，并进行实践操作。

第3章 物联网电路设计与仿真

本章主要结合 Altium Designer 2014 软件介绍物联网电路原理图设计、物联网电路仿真等内容。知识要点是结合 Altium Designer 2014 软件进行电路原理图、电路仿真图设计。

本章建议安排理论讲授 4 课时，实践训练 4 课时。

3.1 物联网电路原理图设计

3.1.1 项目说明

本节我们将教大家如何使用 Altium Designer 2014 绘制电路原理图。

3.1.2 电路原理图设计的流程

电路设计流程如图 3.1 所示。

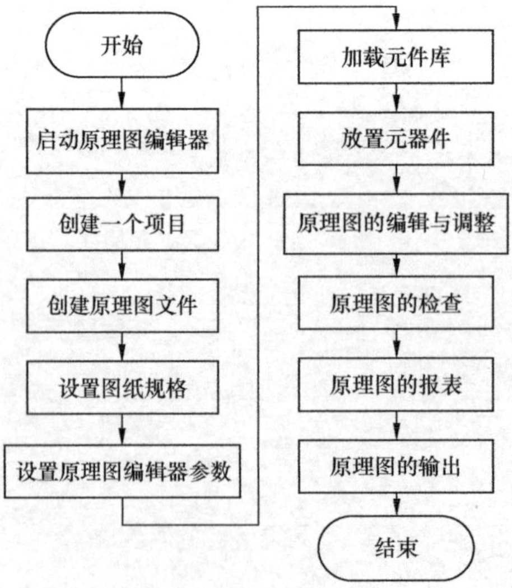

图 3.1 原理图设计流程图

3.1.3 原理图设计编辑界面

在进行介绍以前我们先把软件英文界面切换成中文界面以帮助大家快速画出原理图，在后面小节再重新切换回英文。【DXP】/【Preferences】/【general】/【Location】勾选“Use Localized Resources”。

在打开或新建原理图设计文件时，可以将 Altium Designer 2014 的原理图编辑器启动，随即进入原理图编辑环境，如图 3.2 所示。

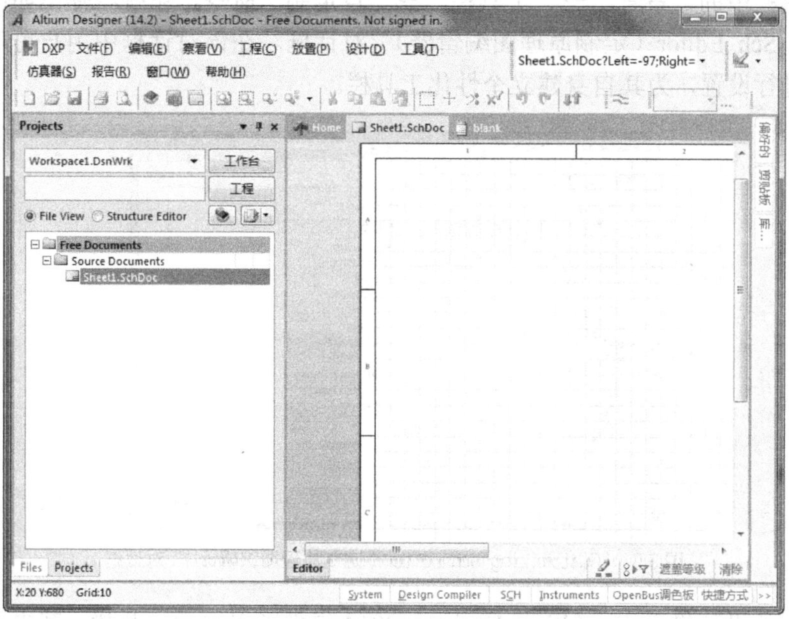

图 3.2 原理图的编辑环境

3.1.4 原理图菜单栏、工具栏及工作面板

1. 菜单栏

在使用 Altium Designer 2014 对不同类型的文件进行操作时，菜单栏的内容会有所不同。在原理图的编辑环境中，菜单栏如图 3.2 所示。在设计过程中，对原理图进行各种编辑操作都可以通过菜单栏中的相应选项来完成。

（1）“文件”菜单：用于执行文件的新建、打开、关闭、保存和打印等操作。

（2）“编辑”菜单：用于执行对象的选取、复制、粘贴、删除和查找等操作。

（3）“察看”菜单：用于执行视图的管理操作，如窗口的大小缩放，各种工具、状态栏及节点的显示与隐藏等。

（4）“工程”菜单：用于执行与项目有关的操作，如项目文件的建立、打开、保存与关闭、工程项目的编译及比较等。

（5）“放置”菜单：用于放置原理图的各种组成部分。

（6）“设计”菜单：用于对元件库进行操作、生成网络报表等操作。

（7）“工具”菜单：用于为原理图设计提供各种操作工具，如元器件快速定位等操作。

（8）“报告”菜单：用于执行生成原理图的各种报表的操作。

（9）“窗口”菜单：用于对窗口进行各种操作。

（10）“帮助”菜单：用于打开帮助菜单。

（11）“仿真器”菜单：用于生成仿真文件。

2．工具栏

单击菜单栏中的“察看”→“工具栏”→“自定制”命令，系统将弹出如图 3.3 所示的“Customizing Sch Editor（定制原理图编辑器）”对话框。在该对话框中用户可以对工具栏中的功能按钮进行设置，为其自身建立个性化工具栏。

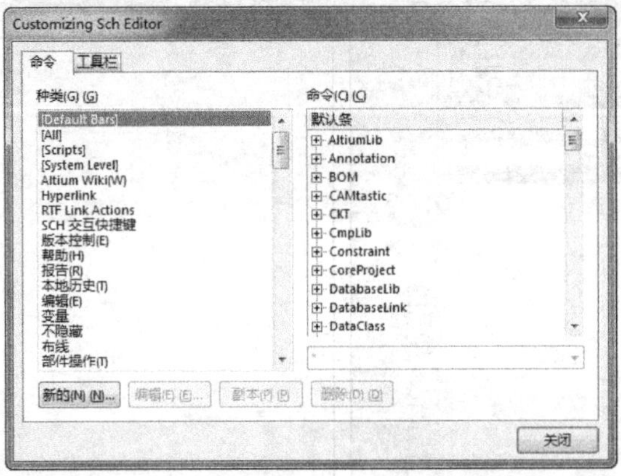

图 3.3 “Customizing Sch Editor（定制原理图编辑器）”对话框

在原理图的设计界面中，Altium Designer 2014 提供了丰富的工具栏，其中原理图设计常用的工具栏如下。

（1）标准工具栏。

标准工具栏中为用户提供了一些常用的文件夹操作快捷方式，如打印、缩放、复制、粘贴等，以按钮图标的形式表示出来，如图 3.4 所示。如果将光标悬停在某个按钮图标上，则该图标按钮所要完成的功能就会在图标下方显示出来，以便用户操作。

（2）连线工具栏。

连线工具栏主要用于放置原理图中的元件、电源、接地、端口、图纸符号、未用引脚标志等，同时完成连线操作，如图 3.5 所示。

图 3.4 原理图编辑环境中的标准工具栏

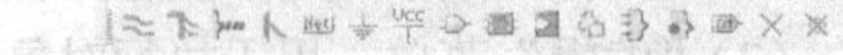

图 3.5 原理图编辑环境中的连线工具栏

（3）绘图工具栏。

绘图工具栏用于在原理图中绘制所需要的标注信息，不代表电气连接，如图 3.6 所示。

用户可以尝试操作其他的工具栏。总之，在“察看”菜单下“工具栏”命令的子菜单中列出了所有原理图设计中的工具栏，在工具栏名称左侧有“√”标记则表示该工具栏已经被打开了，否则该工具栏是被关闭了，如图 3.7 所示。

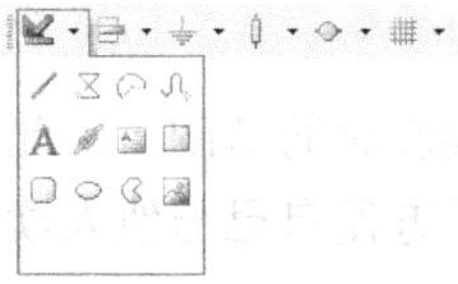

图 3.6　原理图编辑环境中的绘图工具栏

图 3.7　“察看”命令子菜单

3. 工作窗口和工作面板

工作窗口是进行电路原理图设计的操作平台。在该窗口中，用户可以新绘制一个原理图，也可以对原理图进行编辑、修改。

在原理图设计中经常用到的工作面板有“Project（项目）”面板、“Libraries（元件库）”面板及“Navigator（导航）”面板。

（1）Projects（项目）面板。

“Projects（项目）”面板如图 3.8 所示。在该面板中列出了当前打开项目的文件列表及所有的临时文件，提供了关于项目操作的所有功能，如打开、关闭和新建各种文件，以及在项目中导入文件、比较项目中的文件等。

（2）Libraries（元件库）面板。

“Libraries（元件库）”面板如图 3.9 所示。这是一个浮动面板，当光标移动到其标签上时，就会显示该面板，也可以通过单击标签在几个浮动面板间进行切换。用户在该面板中可以浏览当前加载的所有元件库，可以在原理图上放置元件，还可以对元件的封装、3D 模型、SPICE 模型和 SI 模型进行预览，同时还能够查看元件供应商、单价、生产商等信息。

图 3.8　Project 面板

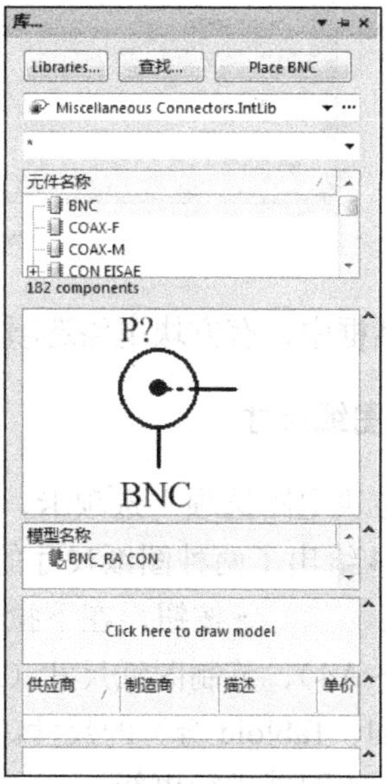

图 3.9　“Libraries”面板

（3）Navigator（导航）面板。

“Navigator（导航）”面板能够在分析和编译原理图后提供关于原理图的所有信息，通常用于检查原理图。

3.1.5 绘制仪用 AD 转换电路原理图

原理图设计是电路设计的第一步，是仿真、制板等后续步骤的基础。因此，一幅原理图正确与否，直接关系到整个设计的成功与失败。另外，为了方便自己与他人读图，原理图的美观、清晰和规范也是十分重要的。

在原理图的绘制前，用户可以考虑所要设计的原理图的复杂程度，先对原理图纸进行设置。由于在进入原理图的编辑环境时，图纸的默认参数设置，在大多数情况下不一定适合用户的需求，尤其是图纸尺寸。用户可以根据设计对象的复杂程度来对图纸的尺寸及其他相关参数进行重新定义。

单击菜单栏中的“设计”\“文档选项”命令，或按快捷键 D+O，系统将弹出“文档选项”对话框，如图 3.10 所示。

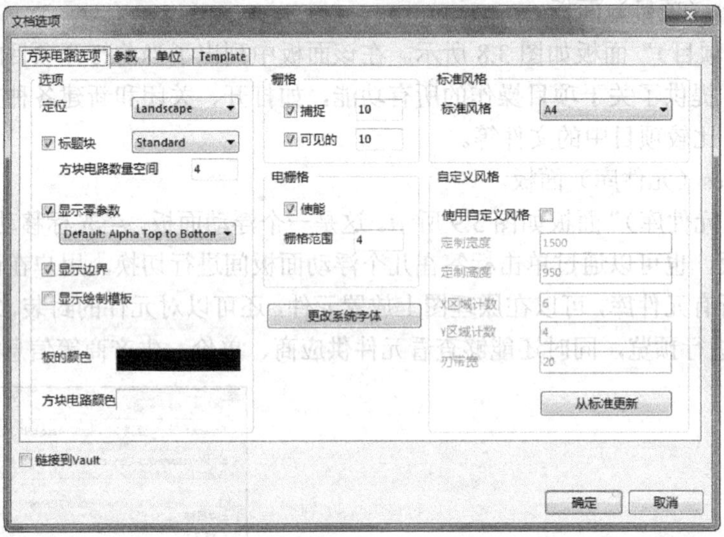

图 3.10 “文档选项”对话框

在该对话框中，有方块电路选项、参数、单位和 Template 四个选项卡。

1. 设置图纸尺寸

单击“方块电路选项”选项卡，这个选项卡的右半部分为图纸尺寸的设置区域。Altium Designer 2014 给出了两种图纸尺寸的设置方式。一种是 Standard Style（标准样式），单击其右侧的按钮，在下拉列表框中可以选择已定义的图纸标准尺寸，包括公制图纸尺寸（A0～A4）、英制图纸尺寸（A～E）、CAD 标准尺寸（CAD A～CAD E）及其他格式（Letter、Legal、Tabloid 等）的尺寸。然后，单击对话框右下方的“从标准更新”按钮，对目前编辑窗口中的图纸进行更新。

另一种是自定义样式，勾选“使用自定义风格”复选框，则激活自定义功能。在定制宽度、定制高度、X 区域计数、Y 区域计数及刃带宽五个文本框中可以分别输入自定义的图纸尺寸。用户可以根据设计需要选择设置方式，默认为标准样式。

用户除了对图纸的尺寸进行设置外，往往还需要对图纸的其他选项进行设置，如图纸的方向、标题栏样式和图纸的颜色等。这些设置可以在图 3.10 所示左侧的“选项”选项组中完成。

2. 设置图纸方向

图纸方向可通过“定位”下拉列表框设置，可以设置水平方向（Landscape），也可以设置垂直方向（Portrait）。一般在绘制和显示时设为横向，在打印输出时可根据需要设为横向或纵向。

3. 设置图纸标题栏

图纸标题栏是对设计图纸的附加说明，可以在标题栏中对图纸进行简单的描述，为以后图纸标准化时提供信息。在 Altium Designer 2014 中提供了两种预先定义好的标题栏格式，即 Standard（标准格式）和 ANSI（美国国家标准标准格式）。勾选“标题块”复选框，即可进行格式设计，相应的图纸编号功能被激活，可以对图纸进行编号。

4. 设置图纸参考说明区域

在“方块电路选项”选项卡中，通过“显示零参数”复选框可以设置是否显示说明区域。勾选该复选框表示显示参考说明区域，否则不显示参考说明区域。

5. 设置图纸边框

在“方块电路选项”选项卡中，通过“显示边界”复选框可以设置是否显示边框。勾选该复选框表示显示边框，否则不显示边框。

6. 设置显示模板图形

在“方块电路选项”选项卡中，通过“显示绘制模板”复选框可以设置是否显示模板图形。勾选该复选框表示显示模板图形，否则表示不显示模板图形。所谓显示模板图形，就是显示模板内的文字、图形、专用字符串等，如自己定义的标准区块或者公司标志。

7. 设置边框颜色

在“方块电路选项”选项卡中，单击“板的颜色”显示框，然后在弹出的“选择颜色”对话框中选择边框的颜色如图 3.11 所示，单击“确定”按钮即可完成修改。

8. 设置图纸颜色

在“方块电路选项”选项卡中，单击“方块电路颜色”显示框，然后在弹出的“选择颜色”对话框中选择图纸颜色，如图 3.11 所示，单击“确定”按钮即可完成修改。

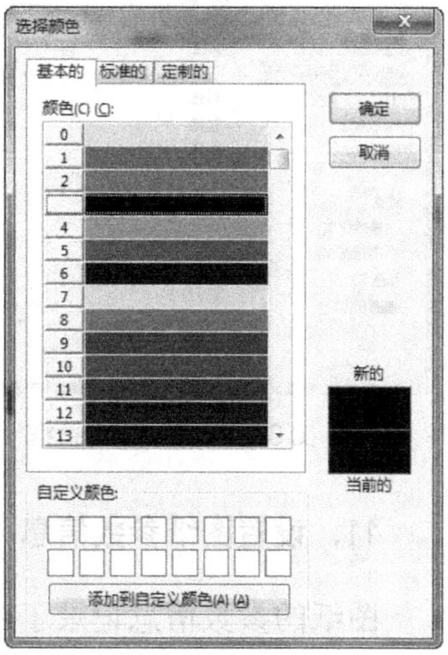

图 3.11 “选择颜色”对话框

9. 设置图纸网格点

进入原理图编辑环境后，编辑窗口的背景是网格型的，这种网格就是可视网格，是可以改变的。网格为元器件的放置和线路的链接带来了极大的方便，使用户可以轻松地排列元件、整齐地走线。Altium Designer 2014 提供了捕获网格、可视网格和电气网格三种网格。

在如图 3.10 所示的“文档选项”对话框中，“栅格”和“电栅格”选项组用于对网格进行设置。

（1）“捕捉”复选框：用于控制是否启用捕获网格。所谓捕获网格，就是光标每次移动的距离大小。勾选该复选框后，光标移动时，以右侧文本框的设置值为单位，系统默认值为 10 个像素点，用户可根据设计的要求输入新的数值来改变光标每次移动的最小间隔距离。

（2）“可视”复选框：用于控制是否启用可视网格，即在图纸上是否可以看到的网格。勾选该复选框后，可以对图纸上网格间的距离进行设置，系统默认值为 10 个像素点。若不勾选该复选框，则表示图纸上将不显示网格。

（3）“使能”复选框：如果勾选了该复选框，则在绘制连线时，系统会以光标所在位置为中心，以“栅格范围”文本框中的设置值为半径，向四周搜索电气节点。如果在搜索半径内有电气节点，则光标将自动移动到该节点上，并在该节点上显示一个圆亮点，搜索半径的值可以自行设定。如果不勾选该复选框，则取消系统自动寻找电气节点的功能。

10. 设置图纸所用字体

在“方块电路选项”选项卡中，单击“改变系统字体”按钮，系统将弹出如图 3.12 所示的“字体”对话框。在该对话框中对字体进行设置，将会改变整个原理图中的所有文字，包括原理图中的元件引脚文字和原理图的注释文字等。通常字体采用默认设置即可。

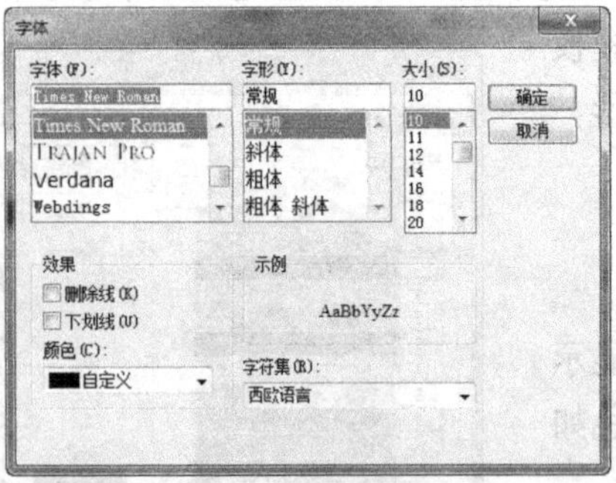

图 3.12 “字体”对话框

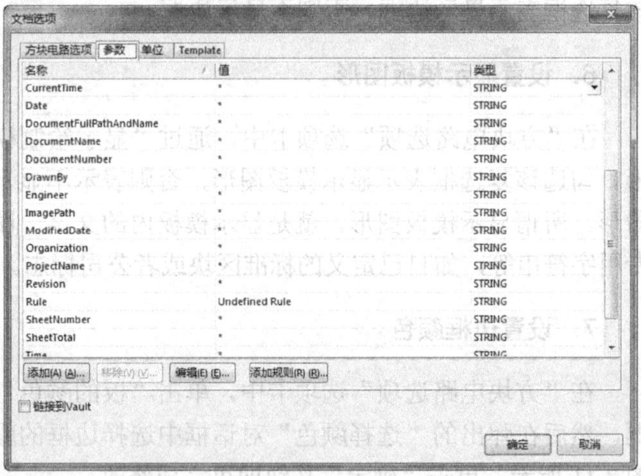

图 3.13 “参数”选项卡

11. 设置图纸参数信息

图纸的参数信息记录了电路原理图的参数信息和更新记录。这项功能可以使用户更新系统，更有效地对自己设计的图纸进行管理。建议用户对此项进行设置。当设计项目包含很多的图纸时，图纸参数信息就显得非常有用了。

在“文档选项”对话框中，单击“参数”选项卡，如图 3.13 所示，即可对图纸参数信息进行设置，如图 3.14 所示。

图 3.14　“参数属性”对话框

完成图纸设置后，单击“文档选项”对话框中的“确定”按钮，进入原理图绘制的流程。

现在我们通过一个应用实例来讲解电路原理图设计的基本过程。图 3.15 即是一个仪用 AD 转换电路。

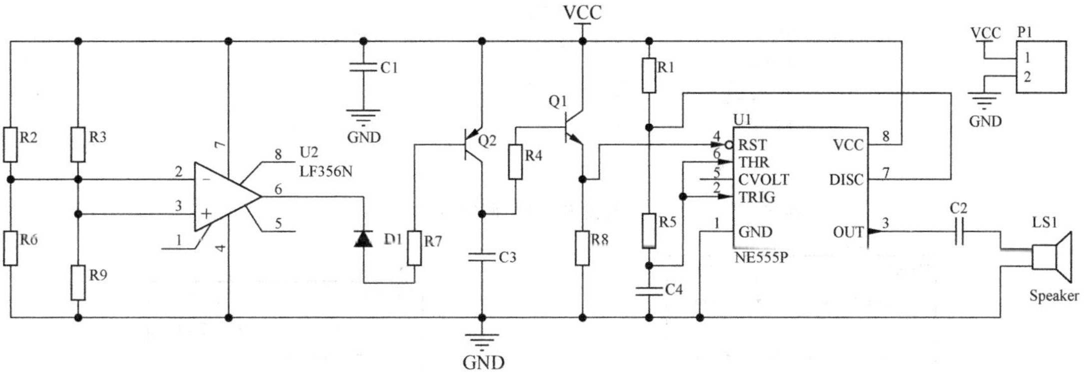

图 3.15　仪用 AD 转换电路

例：创建一个项目

（1）启动 Altium Designer 2014 系统。

（2）执行菜单命令【文件】/【新建】/【工程】/【PCB 工程】，弹出项目面板，如图 3.16 所示。

项目面板中显示的是系统以默认名称创建的新项目文件，如图 3.17 所示。执行菜单命令【文件】/【保存工程为…】，在弹出的对话框中选择保存的路径并在保存文件的对话框中输入文件名，如“仪用 AD 转换电路”，单击【保存】按钮，项目即以名称“仪用 AD 电路.PrjPcb”保存在指定路径的文件夹中，如图 3.18 所示。

（3）创建原理图文件。

前面创建的项目中没有任何文件，下面在项目中创建原理图文件。

① 执行菜单命令【文件】/【新建】/【原理图】，在项目“仪用 AD 转换电路.PrjPcb”中创建一个新原理图文件，此时项目面板中“仪用 AD 转换电路.PrjPcb”项目下出现“Sheet1.SchDoc”文件名称，这就是系统以默认名称创建的原理图文件，同时原理图编辑器

启动，原理图文件名作为文件标签显示在编辑窗口上方。

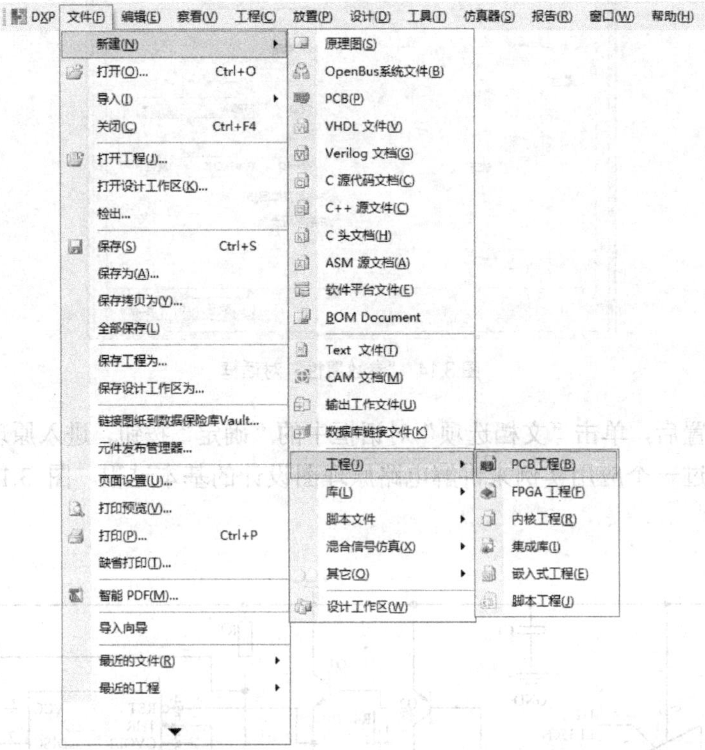

图 3.16　项目面板

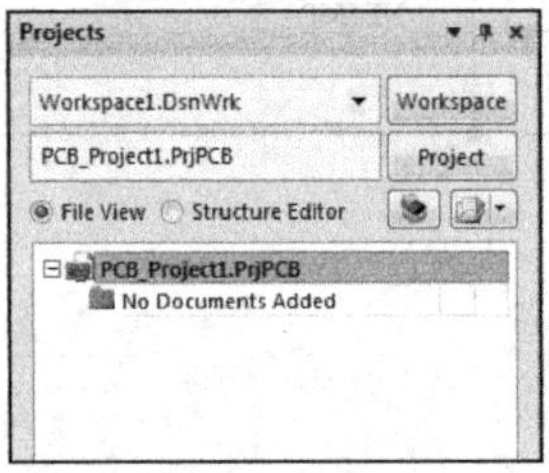

图 3.17　新建项目面板

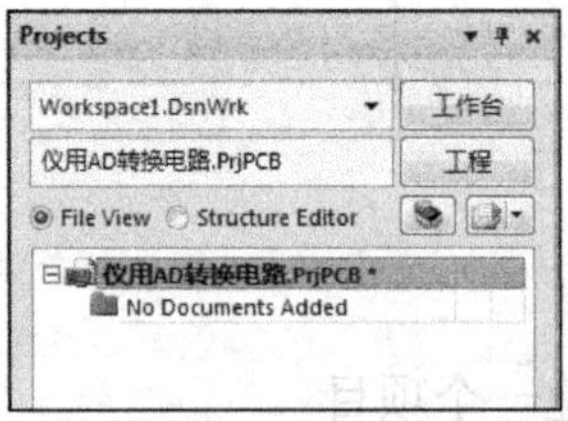

图 3.18　更名保存的项目面板

② 执行菜单命令【文件】/【保存】，在弹出的保存文件对话框中输入文件名，如“仪用AD 转换电路.”，单击【保存】按钮，原理图设计即以名称“仪用 AD 转换电路.SchDoc”保存在指定路径文件夹中；同时项目面板中原理图文件名和编辑窗口文件标签也相应更名，如图 3.19 所示。

本例中的图纸规格和系统参数均使用系统默认设置，所以不用设置这两项，有需要的同学看本节原理图纸设计。

（4）加载元件库。

在原理图纸上放置元件前，必须先打开其所在元件库（也称打开元件库或加载元件库）。

Altium Designer 系统默认打开的集合元件库有两个：常用分立元器件库 Miscellaneous Devices.Intlib 和常用接插件库 Miscellaneous Connectors.Intlib。一般常用的分立元件原理图符号和常用接插件符号都可以在这两个元件库中找到。本例中的 ADS1256 和 REF3225 不在这两个元件库中，需要手动绘制，绘制作为习题请用户自行查阅。

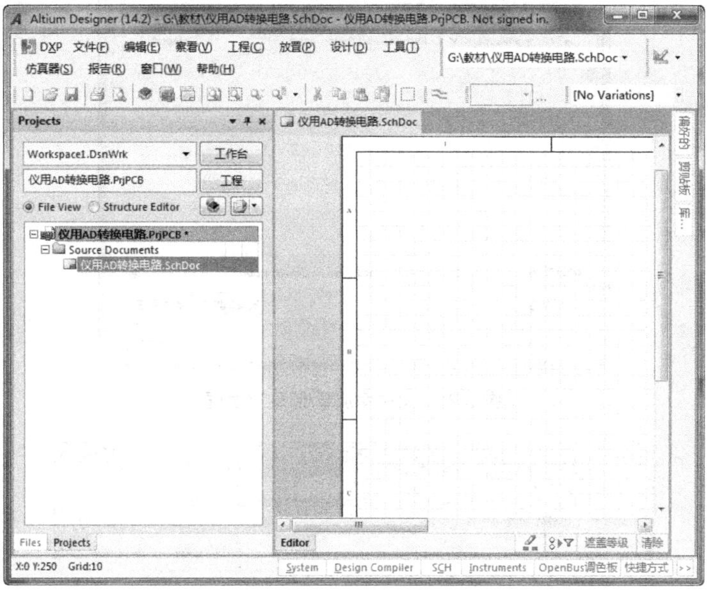

图 3.19 新建项目和原理图文件的原理图编辑器

加载元件库命令在菜单【设计】中，如图 3.20 所示。

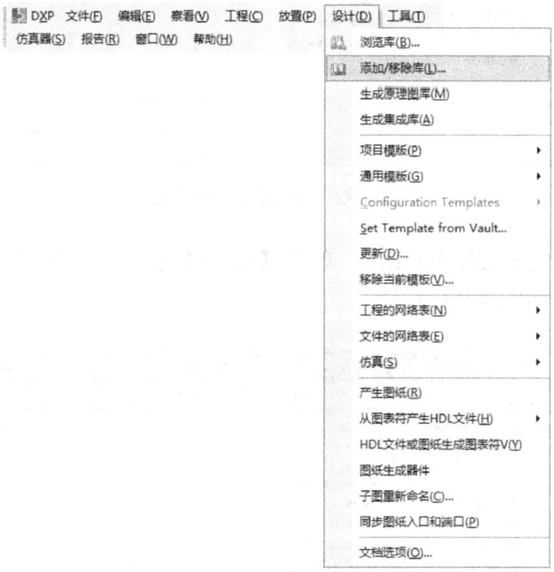

图 3.20 【设计】菜单

执行菜单命令【设计】/【添加/移除库】，弹出元件库加载/卸载元件库对话框，如图 3.21 所示。

元件库加载/卸载对话框的已安装窗口中显示系统默认加载的两个集合元件库。

在元件库加载/卸载对话框中，单击【Install】按钮，弹出打开库文件对话框，如图 3.22 所示。默认执行系统安装目录下的 Altium\AD14\Library。

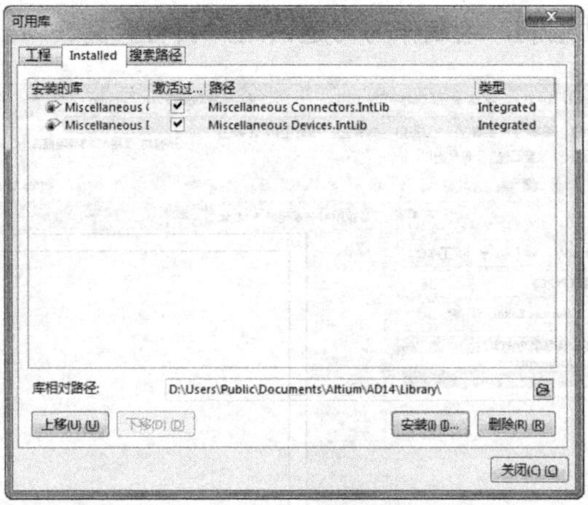

图 3.21 元件库加载/卸载对话框

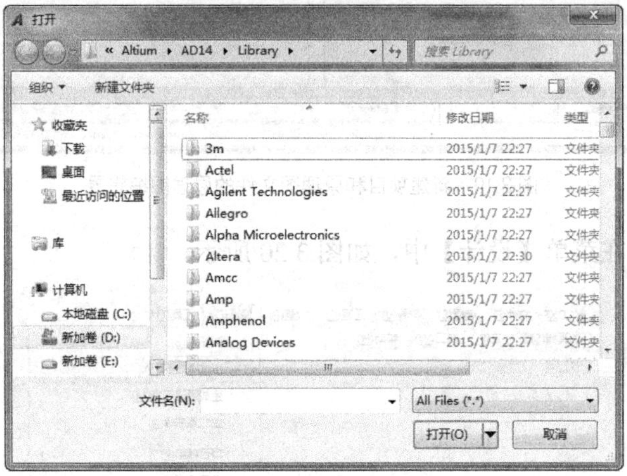

图 3.22 打开库文件对话框

选中图 3.23 中的 ADS1256.SchLib，单击【打开】按钮，在元件库加载/卸载对话框中显示刚才加载的元件库，如图 3.24 所示。

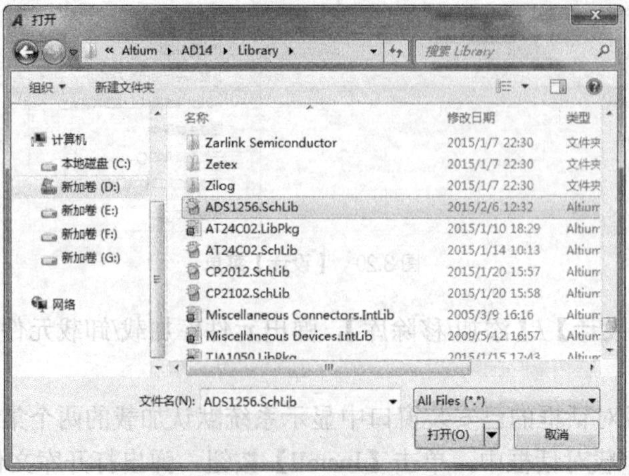

图 3.23 选中 ADS1256.SchLib

用同样的方法将 REF3225.SchLib 加载到系统中。

在元件库加载/卸载对话框中单击【Close】按钮，关闭对话框。此时就可以在原理图纸上放置已加载元件库中的元件符号了。

（5）放置元件。

① 打开库文件面板（Libraries）。

- 单击面板标签【System】，选中库文件面板【库…】，弹出库文件面板，如图 3.25 所示。

图 3.24 加载元件库后的加载/卸载对话框

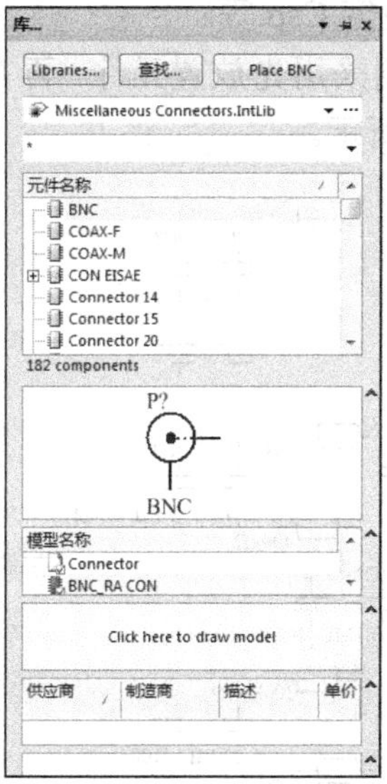

图 3.25 库文件面板

- 在库文件面板中，单击当前库文件文本框右侧的向下按钮，在其列标框中单击 ADS1256.SchLib 原理图库，将其设置为当前元件库。单击元件名称可以在原理图元件符号框内看到元件的原理图符号。

② 利用库文件面板放置元件。

- 在库文件面板的元件列表框中双击 ADS1256，库文件面板变为透明状态，同时元件 ADS1256 的符号附在鼠标光标上，跟随光标移动，如图 3.26 所示。此时，每按一次键盘的空格键，元件将逆时针旋转 90°。按 X 键左右翻转，按 Y 键上下翻转。

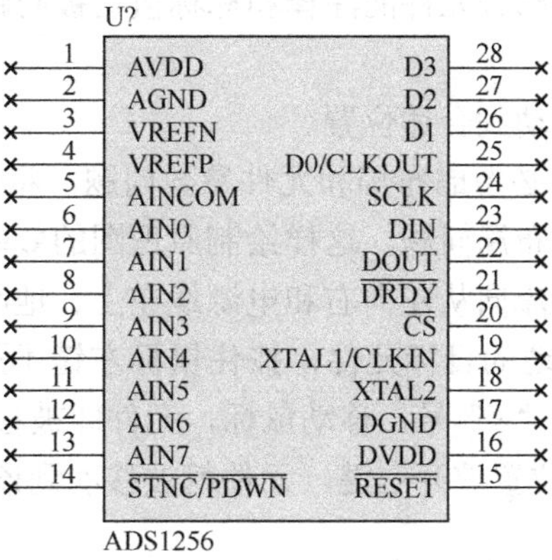

图 3.26 原件放置状态

- 将元件移动到图纸的适当位置，单击元件放置到该位置。
- 此时系统仍处于元件放置状态，光标上仍有同一个待放的元器件，再次单击又会放置一个相同的元件，这就是相同的符号元件的连续放置。
- 单击鼠标右键即可退出元件放置状态。

用同样的方法，将 Miscellaneous Connectors.Intlib 集合库置为当前库，放置 Header4 和 Header8；将 Miscellaneous Devices.Intlib 集合库置为当前库，放置其他分立元件，如电阻 Res2、无极性电容 Cap 等。

本例采用先放置元件，再布局和放置导线的方法绘制原理图，放置元件后的原理图如图 3.27 所示。

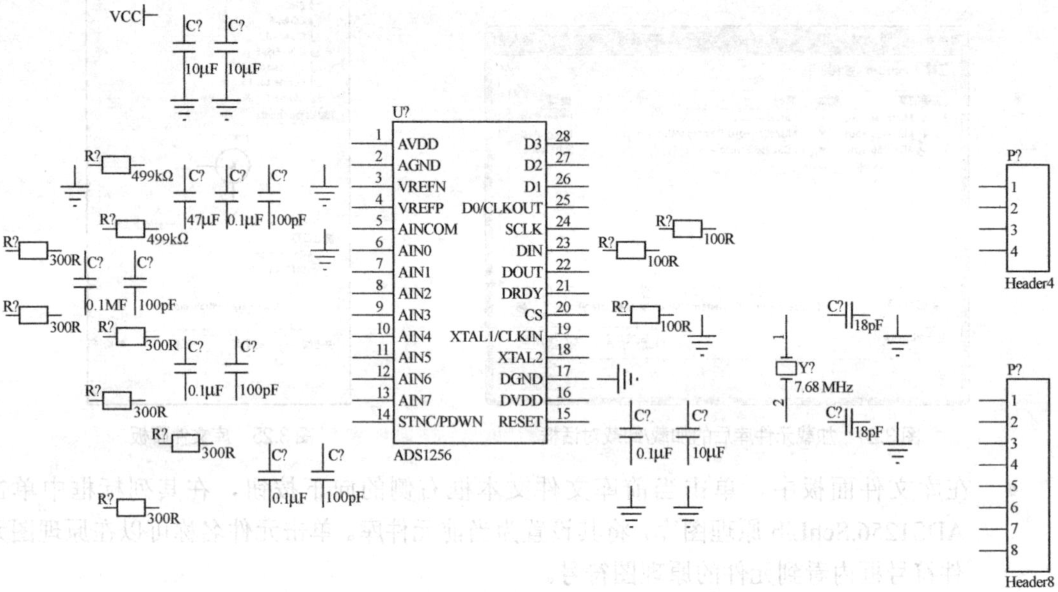

图 3.27 放好元件的原理图编辑区

需要特别注意的是，库文件面板放置元件时，系统不提示给定元件的标注信息（如元件标识、标称值大小、封装符号等)，除封装符号系统自带外，其余的参数均为默认值，在完成放置后都需要编辑。本例中大部分元件的注释和标称值均被隐藏。

③ 移动元件及布局。

原理图布局是指将符号移动到合适位置。

一般放置元件时，可以不必考虑布局和元件参数问题，将所有元件放置在图纸中即可。元件放置完成后我们再来考虑布局问题，这样绘制原理图的效率比较高。

原理图布局时应按信号的流向从左向右和电源线在上、地线在下的原则布局。

- 将鼠标光标指向要移动的目标元件，按住鼠标左键不放，出现大十字光标，元件的电气连接点显示有虚“×”号，移动鼠标，元件即被移走。
- 把元件移动到合适的位置放开左键，元件就被移动到该位置。

（6）放置导线。

导线是指元件电气点之间的连线 Wire。Wire 具有电气特性，而绘图工具中的 Line 不具有电气特性，不要把两者搞混。操作具体步骤如下。

① 执行菜单命令【放置】/【线】可看到出现大十字光标。

② 光标移动到元件的引脚端（电气点）时，光标中心的“×”号变为一个红“米”字型符号，表示导线的端点与元件引脚的电气点可以正确连接。

- 单击，导线的起点就与元件的引脚连接在一起了，同时确定了一条导线的起点。移动光标，在光标和导线起点之间会有一条线出现，这就是所要放置的导线。此时，利用快捷键 Shift+空格键可以在 90°、45°、任意角度和点对点自动布线的四种导线放置模式间切换。
- 将光标移到连接的元件引脚上单击，这两个引脚的电气点就用导线连接起来了。如需要改变导线方向时，在转折点单击，然后就可以继续放置导线到下一个需要连接在一起的元件引脚上。
- 系统默认放置导线时，用鼠标单击的两个电气点为导线的起点和终点即第一个电气点为导线的起点，第二个电气点为终点。起点和终点之间放置的导线为一条完整的导线，无论中间是否有转折点。一条导线放置完成后，光标上不再有导线与图件相连，回到初始的导线放置状态，此时可以开始放置下一条导线。如果不再放置导线，右击就可以取消系统的导线放置状态。以图 3.27 所示的布局和导线连接方式将原理图中所有的元件、电源端子用导线连接起来，如图 3.28 所示。

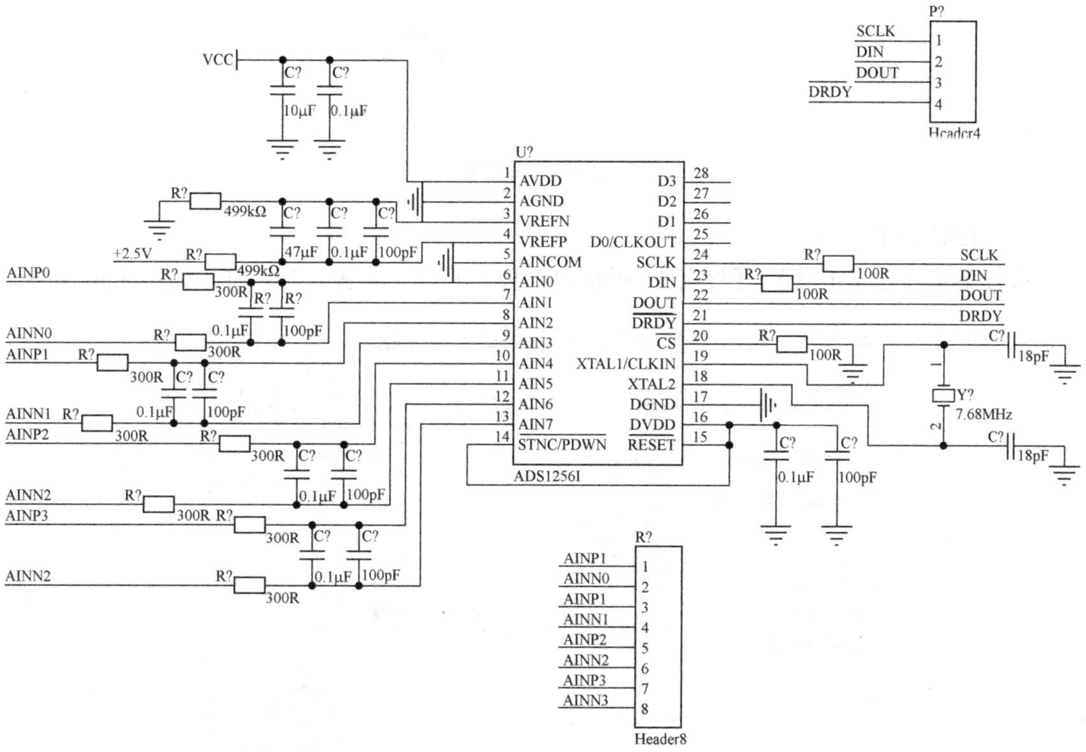

图 3.28　完成导线连接的原理图

（7）原理图的编辑与调整。

原理图图件的放置工作完成后，还不认为原理图已经绘制完毕，因为图中元件的属性还不符合要求（主要指元件标识和标称值），下面来完成这些工作。

给原理图中的元件添加标识符是绘制原理图一个重要步骤。元件标识也称为元件序号，自动标识通称为自动编号。为简单起见，我们采用自动标识的办法进行标识。

① 工具菜单。

自动标识元件命令在工具菜单中，如图3.29所示。

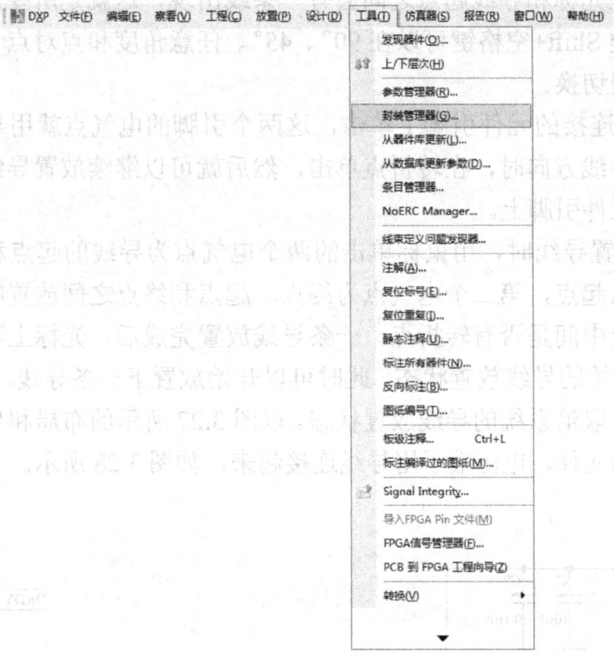

图3.29 工具菜单

② 自动标识的操作。

执行菜单命令【工具】/【注解】，弹出自动标识元件（注解）对话框，如图3.30所示。

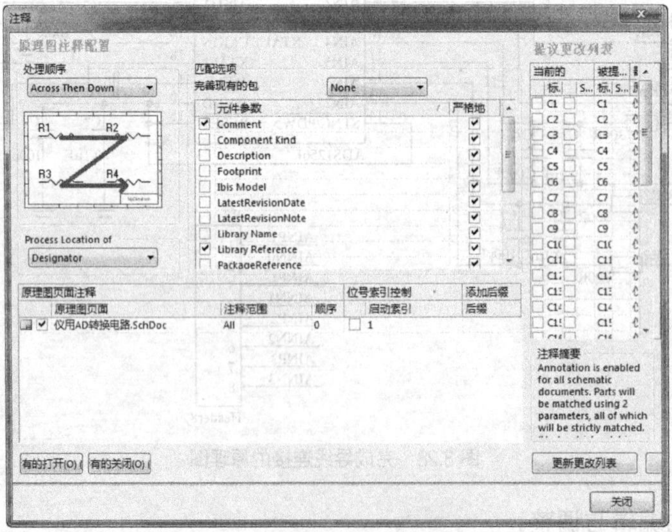

图3.30 自动标识元件对话框

- 选择标识顺序。表示顺序的方式有四种，如图 3.31 所示。在这里选元件标识方案（先上后下、从左到右，这是电子电路设计中常用的一种方案）。

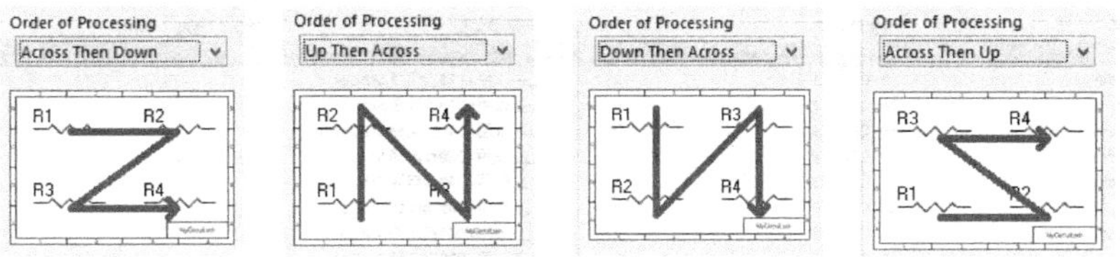

图 3.31　自动标识顺序方式

- 勾选操作匹配为元件“Comment”。
- 勾选当前图纸名称“仪用 AD 转换电路.SchDoc”（系统默认为选中）。
- 使用索引控制，勾选起始索引，系统默认的起始号为 1，习惯上不必改动，如需改动可以单击右侧的增减按钮，或直接在其文本框内输入起始号码。对于单张图纸来说，此项可以不选。改变起始索引号码主要是针对一个项目设计中有多张原理图图纸时，保证各张图纸元件标识的连续性而言的。
- 单击更新列表按钮【更新列表】，弹出如图 3.32 所示信息框。单击【OK】按钮确认后，建议更改列表中的建议编号列表即按要求的顺序进行编号，如图 3.33 所示。在图 3.30 中，可以单击【Designator】使元件标识列表排序。

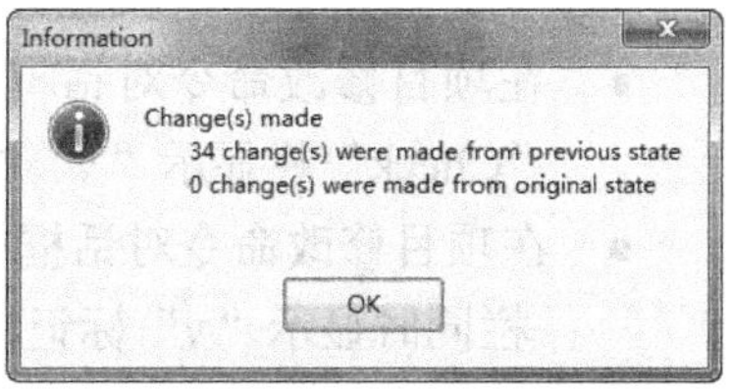

图 3.32　更新元件标识信息框

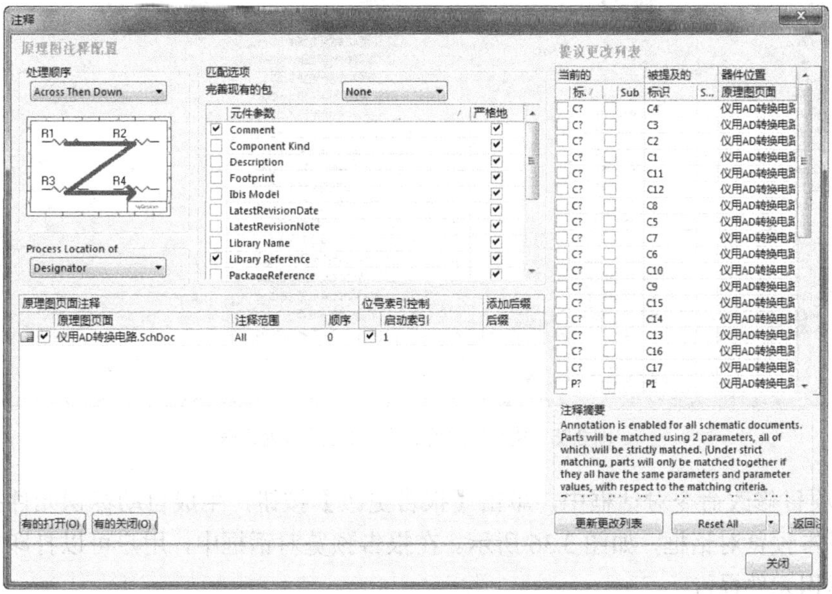

图 3.33　更新标识的部分元件列表

- 单击【接受更改创建（ECO）】按钮，弹出项目修改命令对话框（Engineering Change Order），如图 3.34 所示。在项目修改命令对话框中显示自动标识元件前后元件标识变化情况。左下角的三个命令按钮分别用来校验编号是否修改正确、执行编号修改使修改生效、生成自动表示元件报告。

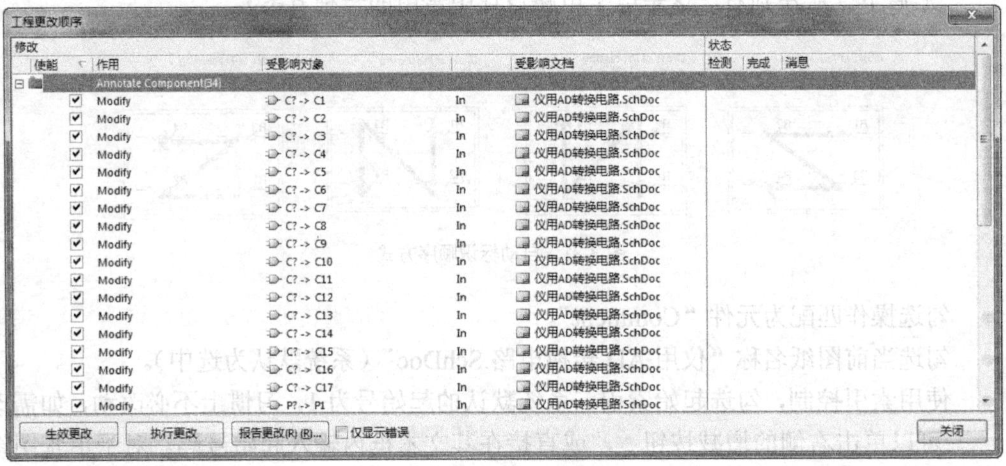

图 3.34 项目修改命令对话框

- 在项目修改命令对话框中，单击校验修改【生效修改】按钮，验证修改是否正确，“Check”栏显示“√”标记，表示很正确。
- 在项目修改命令对话框中，单击执行修改【执行修改】按钮，“Check”和“Done”栏同时显示“√”标记，说明修改成功，如图 3.35 所示。

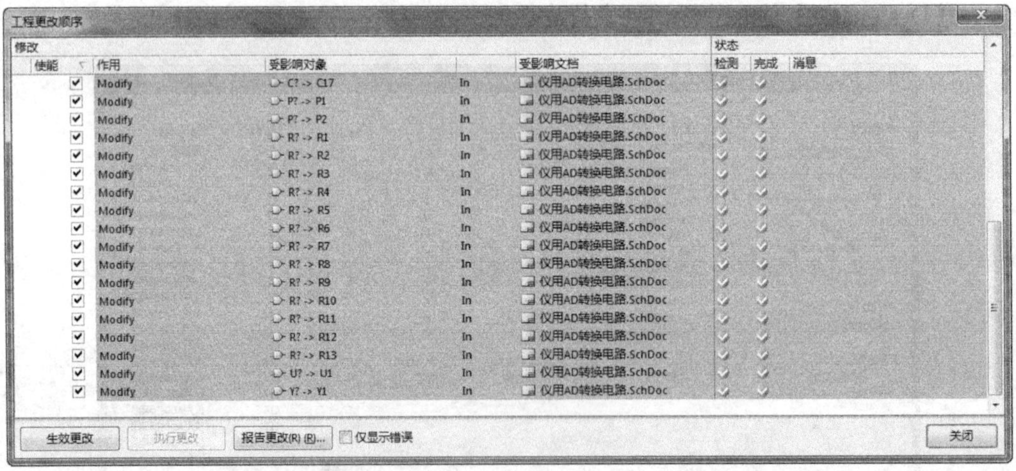

图 3.35 执行修改后的项目修改命令对话框

- 在项目修改命令对话框中，单击【报告更改】按钮，生成自动标识元件报告，弹出报告预览对话框，如图 3.36 所示。在报告预览对话框中，用户可以打印或保存自动标识元件报告。
- 在自动标识元件报告预览对话框中，单击【关闭】按钮，退回到项目修改命令对话框。
- 在项目命令对话框中，单击【关闭】按钮，完成自动标识元件，退回到自动标识元件对话框，单击【关闭】按钮，结果排序，如图 3.37 所示。

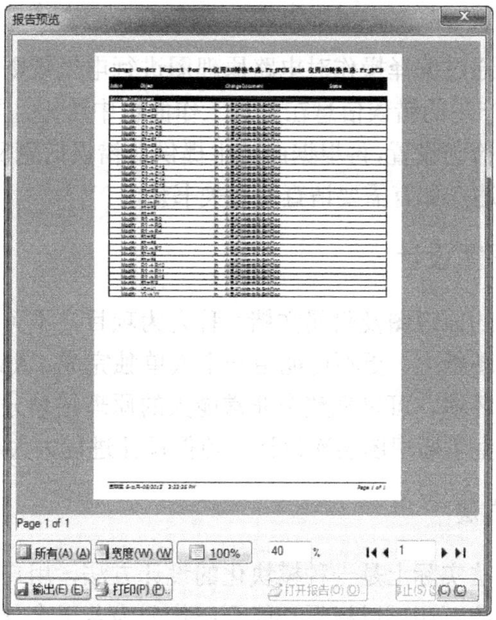

图 3.36 自动标识元件报告预览对话框

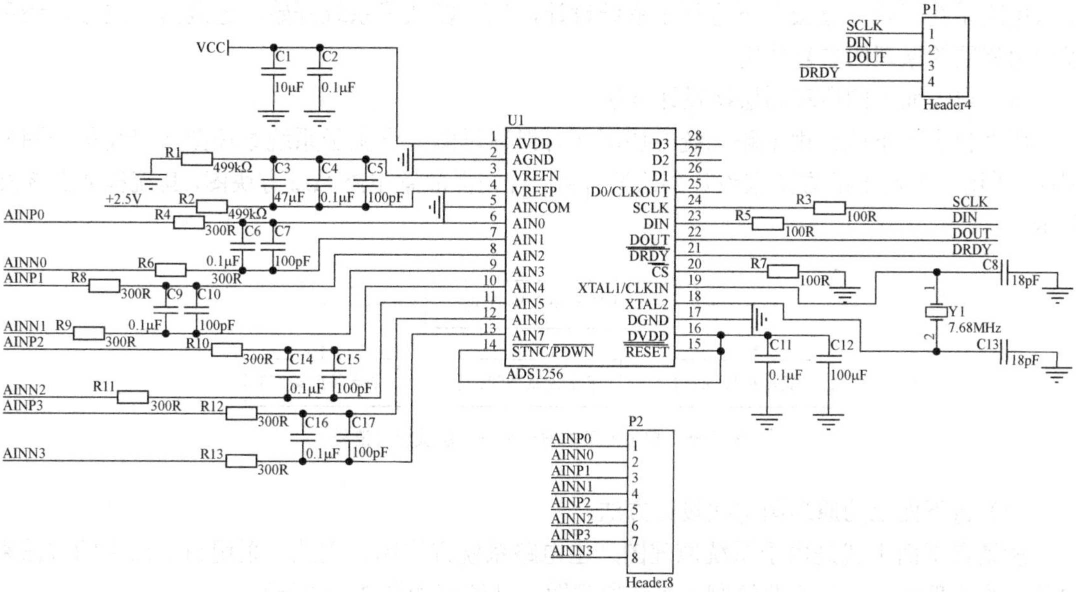

图 3.37 完成自动标识元件的原理图

原理图绘制完成后，要进行检查。因为原理图与其他图的内容不同，不是简单的电路的点和线，而是代表着实际电气元件和它们之间的相互连接。因此，它们不仅仅具有一定的拓扑结构，还必须遵循一定的电气规则（Electrical Rules）。电气规则检查（Electrical Rules Check，ERC）是进行电路原理图设计过程中非常重要的步骤之一：原理图的电气规则检查是发现一些不应该出现的短路、开路、多个输出端子短路和未连接的输入端子等。

电气规则检查中还对原理图中所用元件里，若有元件输入端有定义，则对该元件的该输入端进行是否有输入信号源的检查；若没有直接信号源，系统会提出警告。最好的办法是在该端放置“No ERC”。

Altium Designer 主要通过编译操作对电路原理图进行电气规则和电气连接特性等参数进行自动检查，并将检查后产生的错误信息在信息工作面板中给出，同时在原理图中标注出来。用户可以对检查规则进行恰当设置，再根据面板中提供的错误信息反过来对原理图进行修改。由于篇幅有限这里不再赘述，如有需要请查阅有关书籍。

3.1.6 层次化原理图设计

对于一个非常庞大的的原理图及附属文档，称之为项目，不可能一次将它完成，也不可能将这个原理图画在一张图纸上，更不可能由一个人单独完成。Autium Designer2014 提供了一个很好的项目设计工作环境，可以把整个非常庞大的原理图划分为几个基本原理图，进行分层次并行设计，由此产生了原理图层次设计，使得设计进程大大加快。

1. 原理图层次设计方法

原理图的层次设计方法实际上是一种模块化的设计方法，用户可以将电路系统根据功能划分为多个子系统，子系统下还可以根据功能再细化分为若干个基本子系统。设计好子系统原理图，定义好子系统之间的连接关系，即可完成整个电路系统设计过程。设计时，用户可以从电路系统开始，逐级向下进行子系统设计，也可以从子系统开始，逐级向上进行，还可以调用相同的原理图重复使用。

（1）自上而下的原理图层次设计方法。

所谓自上而下就是由电路系统方块图（习惯称母图）产生子系统原理图（习惯称子图）。因此，采用自上而下的方法来设计层次原理图，首先得放置电路系统方块图，其流程如图 3.38 所示。

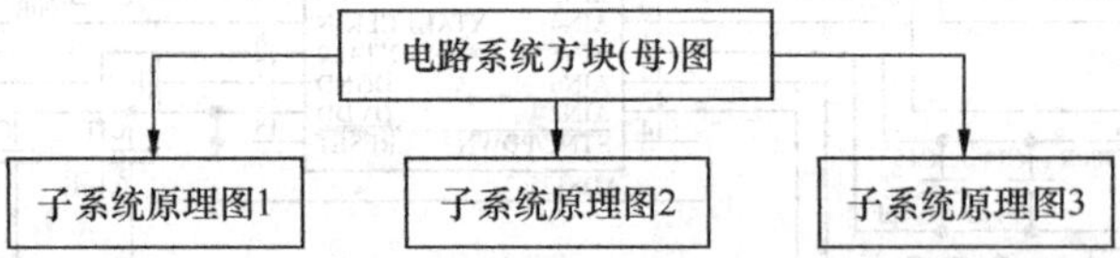

图 3.38 自上而下的方法来进行层次设计流程

（2）自下而上的原理图层次设计方法。

所谓自下而上就是由子系统原理图产生电路系统方块图。因此，采用自下而上的方法来设计层次原理图，首先需要绘制子系统原理图，其流程如图 3.39 所示。

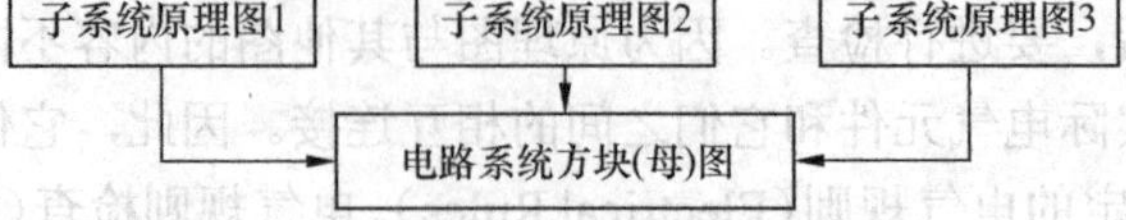

图 3.39 自下而上的方法来进行层次设计流程

2. 自上而下的方法来层次设计

下面通过一个例子来学习自上而下的原理图层次设计方法及其相关图件的放置方法。光盘附带资料中我们绘制的“接触式防盗报警电路”没有设计电源电路，现在用层次化设计的方法为其增加电源电路，如图 3.40 所示。

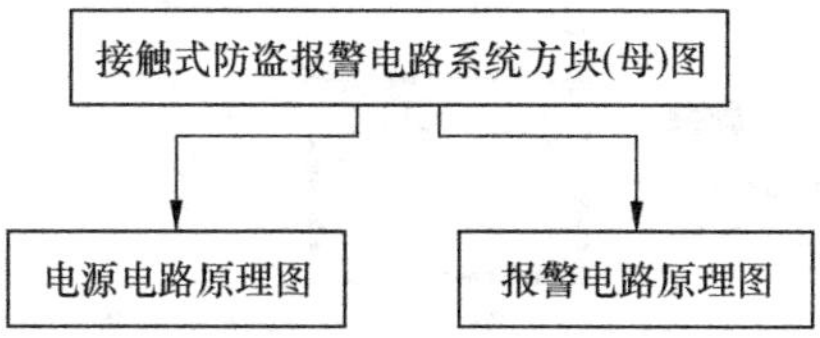

图 3.40 自上而下的接触式防盗报警电路层次系统

自上而下的原理图层次设计方法是先创建电路系统方块图，以下称母图；再产生子系统原理图，以下称子图；然后在子图中添加元件、导线等元件，即绘制原理图。

（1）建立母图。

① 执行菜单命令【文件】/【新建】/【工程】/【PCB 工程】，建立项目并保存为“接触式防盗报警电路设计.PrjPcb”。

② 执行菜单命令【文件】/【新建】/【原理图】，为项目添加一张原理图纸并保存为“母图.SchDoc”。

（2）建立子图。

在母图中绘制代表电源和声控变频电路的两个子图符号。首先放置子图符号（Sheet Symbol）。

① 放置子图图框。

- 单击布线工具栏中的 按钮，出现十字光标并带有方框图形，如图 3.41（a）所示。
- 单击确定方框图符号的左上角，如图 3.41（b）所示，移动光标确定方块的大小，单击确定方框图形的右下角，如图 3.41（c）所示，一个子图图框就放置好了。

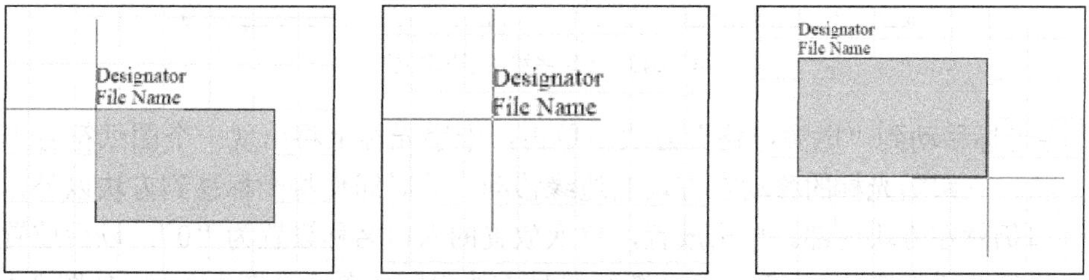

（a） （b） （c）

图 3.41 放置子图图框

用同样的方法再放置一个，本例中共需电源和报警电路两个子图图框。

② 定义子图名称并设置属性。

双击图中已放置的子图图框，弹出其属性设置对话框，编辑图纸符号的属性，如图 3.42 所示。

图纸符号属性设置对话框中的选项大多没必要修改，需要修改的两项是标示符和文件名称，直接在它们的文本框中输入即可。这里将标示符用汉语拼音标注，将文件名用中文标注，将图纸标识符编辑为“Dianyuan”，文件名称为“电源电路”；另一个图纸标示符编辑为“Baojing”，文件名称为“报警电路”，如图 3.43 所示。

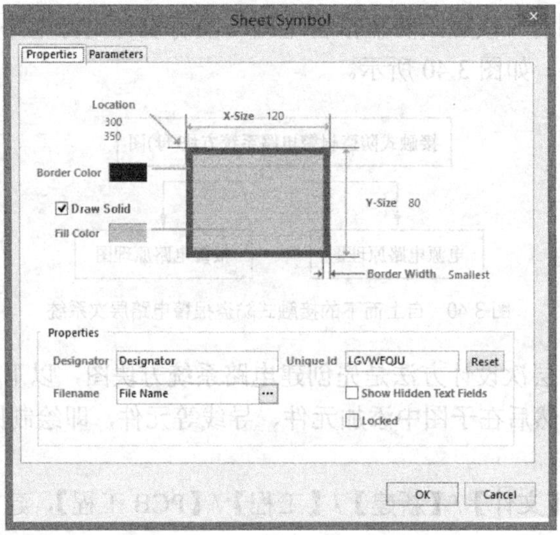

图 3.42　图纸符号属性设置对话框

③ 添加子图入口。

单击布线工具栏中的▣按钮，出现十字形光标，系统处于放置图纸入口状态。图纸入口只能在电路图纸符号中放置，此时如果在图纸符号方块外单击，系统会发出操作错误警告声。

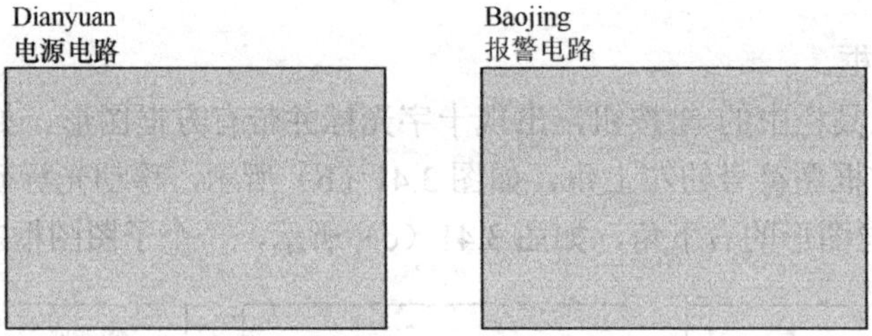

图 3.43　给定名称的子图图框

- 将光标移动到“电源电路”方块中单击，十字光标上将出现一个图纸符号入口的形状，它跟随光标的移动在方块的边缘移动。此时即使将光标移到方块以外，图纸入口仍然在方块内部。单击放置，首次放置的入口名称设置为“0”，以后放置的入口系统会递增名称。本例中每个图纸符号方块中需放置两个图纸入口，如图 3.44 所示。

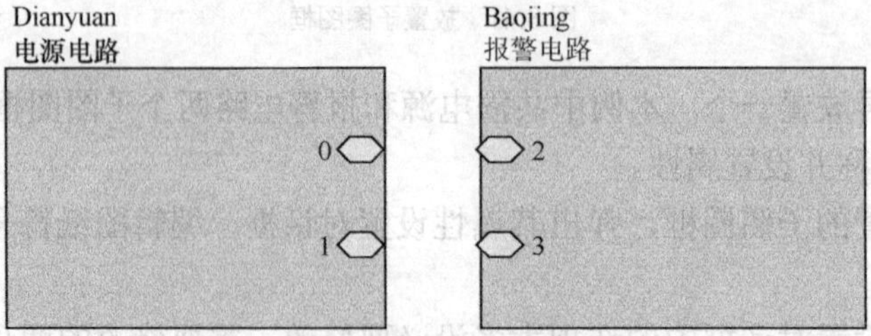

图 3.44　放置图纸入口的图纸符号

④ 编辑子图入口属性。

子图入口放置好后，需要对其进行编辑，以便满足设计要求。子图符号和子图入口构成了完整的子图符号，一个子图符号中的图纸入口要想与另一个子图符号的图纸入口实现电气连接，那么这两个图纸入口的名称必须相同。图纸入口的作用与网络标号的作用基本相同，它实际上也是一种特殊的网络标号。

双击图中已放置好的图纸入口，进入其属性设置对话框（处于放置状态时按 Tab 键也可以），编辑图纸入口的属性，如图 3.45 所示。

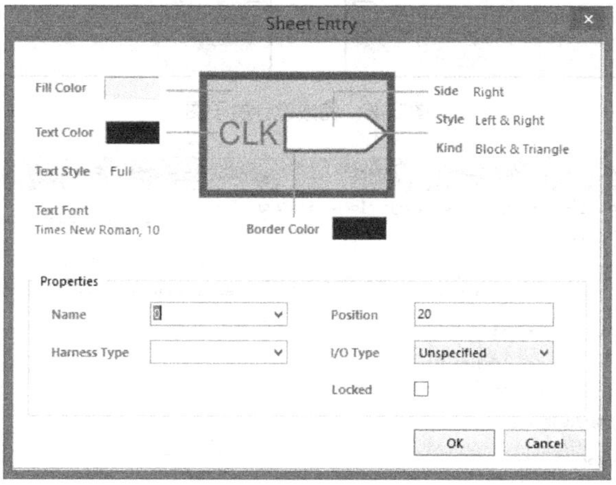

图 3.45 图纸入口属性设置对话框

在图 3.45 图纸入口属性设置对话框中较特殊的参数设置如下。

- Side——放置位置，是指图纸入口与图纸符号边框连接点的位置，共有四种（从下拉列表中选择）：左侧、右侧、顶部和底部。通常图纸中用鼠标移动更方便。
- Style——形状，是指图纸入口的形状，共有八种选择，分为两组。前四个为水平组，后四个为垂直组。水平组的选项用来设置水平方向的入口(放置位置为左侧或右侧)，垂直组的选项用来设置垂直方向的入口（放置位置为顶部或底部）。其中，“None”是将入口设置为没有箭头的矩形，但其连接点仍然在图纸符号的边框上，“Left”是将入口设置为左侧有箭头的形状，箭头端为连接点并连接在图纸符号的边框上，其他各项的用法类似。
- Position——同边位置序号，是指在图纸符号的一个边上系统自动给定的入口位置顺序号。每条边除端点外以 10mil 为间隔单位，顺时针方向从小到大给定位置序号，入口只能在位置序号上放置，其他点不能放置。同一图纸符号中各边的位置序号互相独立，即都是从 1 开始的。
- Name——名称，是图纸入口的网络标号，两块或多块图纸符号的入口要实现电气连接必须同名。
- I/O Type——I/O 类型，是图纸入口的信号类型。本例中 VCC，I/O 类型根据电流流向确定为 Output 和 Input，即箭头向外为输出，箭头向内为输入；GND 的 I/O 类型为 Unspecified，形状不变，如图 3.46 所示。

（3）由子图符号建立同名原理图。

① 执行菜单命令【设计】/【产生图纸】，出现十字光标。

② 在子图符号“电源”上单击，系统生成电源.SchDoc 原理图文件，并将“电源”子图

符号中的图纸入口转换为I/O端口添加到电源.SchDoc原理图中，如图3.47所示。

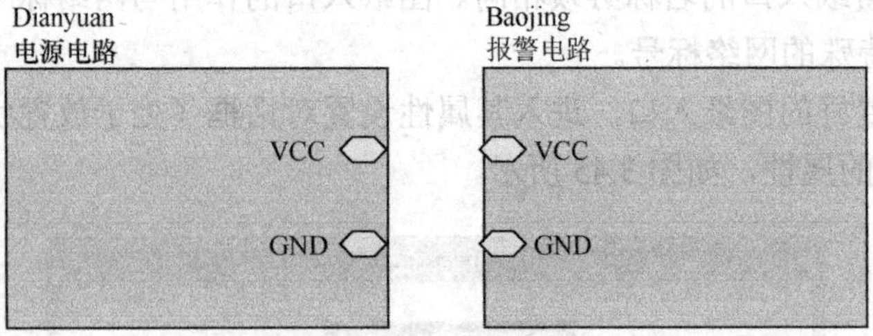

图3.46　完成设计的子图

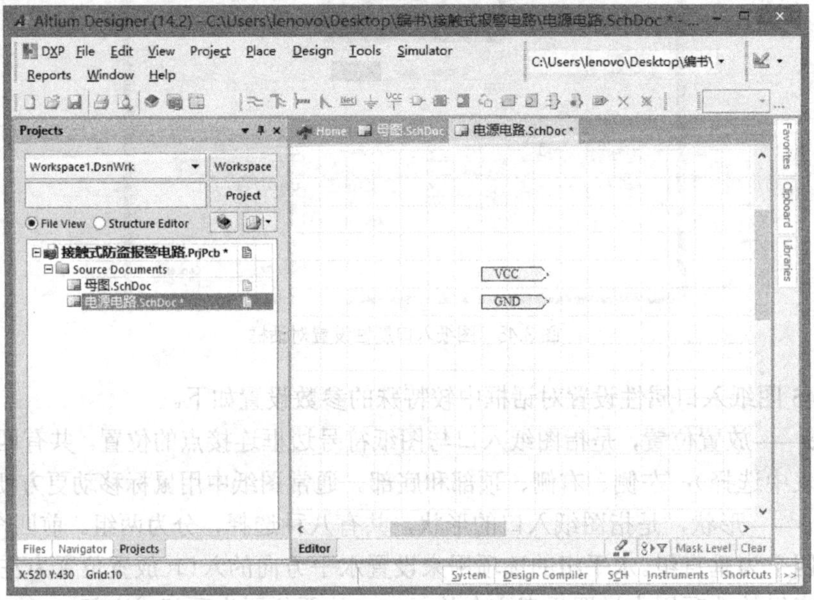

图3.47　只有I/O端口的电源.SchDoc原理图

同样的方法在子图符号原理图报警电路.SchDoc添加I/O端口。

（4）绘制子系统原理图。

分别在电源电路和报警电路子图中放置元件和导线，完成子图的绘制。完成自动标识后，如图3.48、图3.49所示。

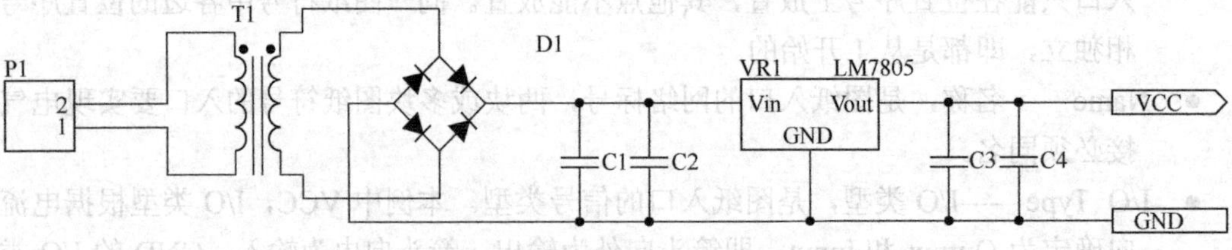

图3.48　电源电路.SchDoc子图

（5）确立层次关系。

对所建的层次项目进行编译，就可以确立母、子图的关系，具体操作如下：执行菜单命令【工程】/【Compile PCB Project 层次接触式防盗报警电路设计.PrjPcb】命令，系统产生层次设计母、子图关系，如图 3.50 中项目面板所示。

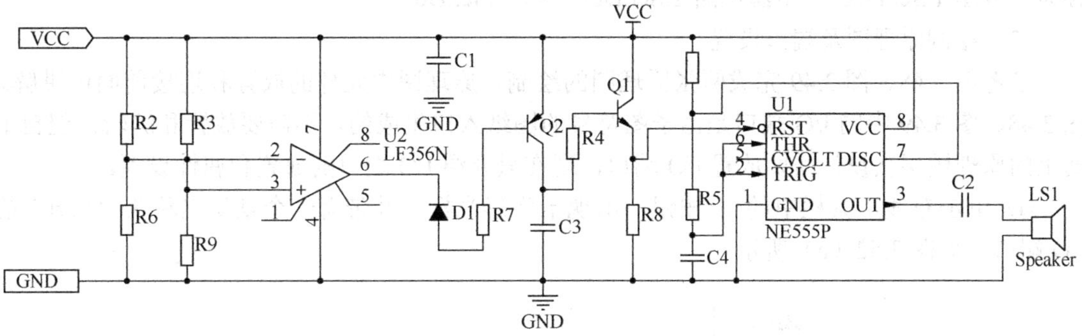

图 3.49 报警电路.SchDoc 原理图

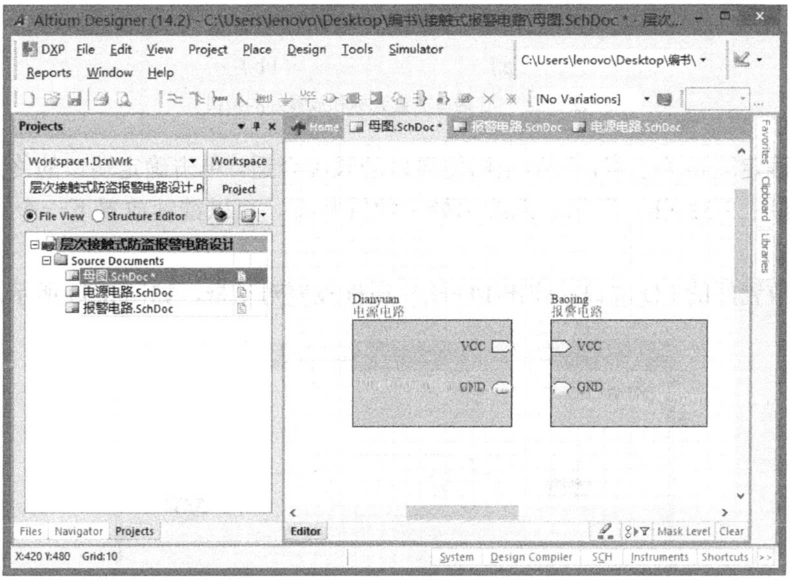

图 3.50 层次接触式防盗报警电路设计层次关系

3. 自下而上的原理图层次设计

自下而上的原理图层次设计方法是先绘制实际电路图作为子图，再由子图生成子图符号，如图 3.51 所示。子图中需要放置各子图建立连接关系用的 I/O 端口（输入/输出端口）。

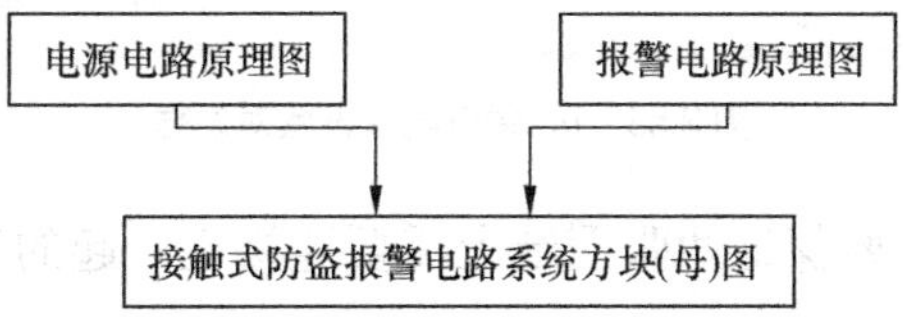

图 3.51 自下而上的层次接触式防盗报警电路系统

（1）建立项目和原理图图纸。

① 执行菜单命令【文件】/【新建】/【工程】/【PCB 工程】，建立项目并保存为“层次接触式防盗报警电路设计 1.PrjPcb”。

② 执行菜单命令【文件】/【新建】/【原理图】，为项目新添加三张原理图纸并分别保存为“母图 1.SchDoc”“电源电路 1.SchDoc”和“.SchDoc”。

（2）绘制原理图及端口设置。

参考图 3.48、图 3.49 完成两张原理图的绘制。原理图中元件的放置和连接前面已讲解。图 3.48、图 3.49 中的 I/O 端口是由子图符号的图纸入口生成的，不需要放置和编辑；但自下而上的原理图层次设计需要放置 I/O 端口，现在只介绍 I/O 端口的放置和属性设置。

① 单击布线工具栏中的 按钮，出现十字形光标，并带有一个默认名称为“Port”的 I/O 端口，如图 3.52（a）所示。

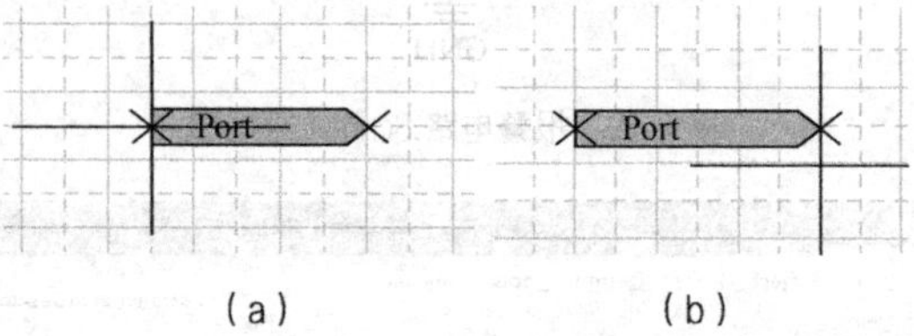

图 3.52 I/O 端口放置光标和放置好的端口

② 单击确定端口的起点，移动光标使端口的长度合适，单击确定端口的终点，一个端口放置完毕，如图 3.52（b）所示。系统仍处于放置状态，可以继续放置下一个，右击退出放置状态。

③ 双击放置好的 I/O 端口，弹出 I/O 端口属性设置对话框，如图 3.53 所示。

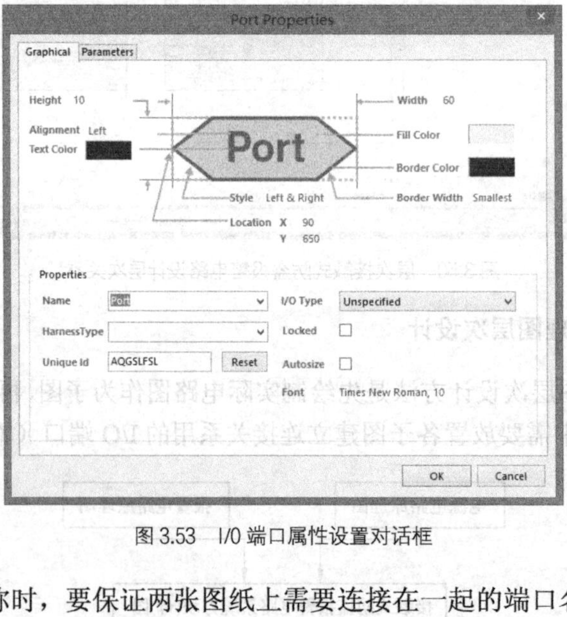

图 3.53 I/O 端口属性设置对话框

设置 I/O 端口名称时，要保证两张图纸上需要连接在一起的端口名称相同。绘制完成后保存项目。

（3）由原理图生成子图符号

① 将“母图 1.SchDoc”置为当前文件。

② 执行菜单命令【设计】/【HDL 或图纸生成图表符】，弹出选择文档对话框，如图 3.54 所示。

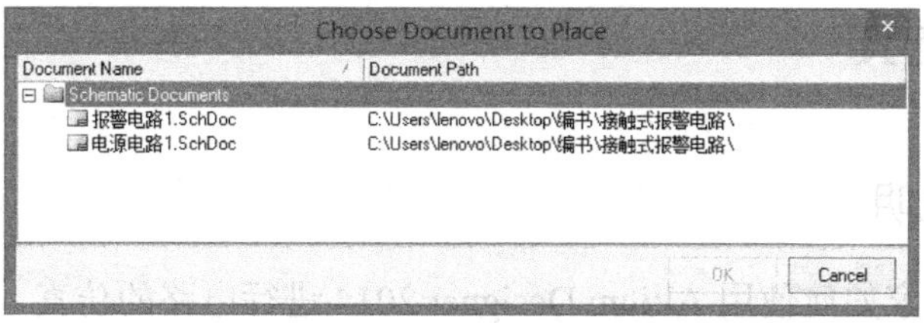

图 3.54 选择文档对话框

③ 将光标移至文件名“电源电路 1.SchDoc”上，单击选中文件（高亮状态）。单击【OK】按钮确认，系统生成代表该原理图的子图符号，如图 3.55 所示。

④ 在图纸上单击，将其放置在图纸上。用同样的方法将“报警电路 1.SchDoc”生成的子图符号放置在图纸上，如图 3.56 所示。

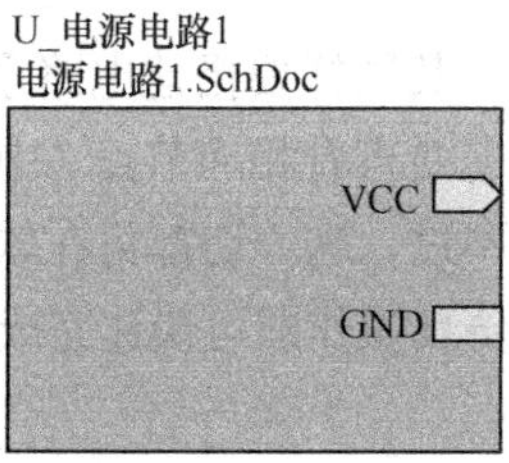

图 3.55 由电源电路 1.SchDoc 生成的子图符号

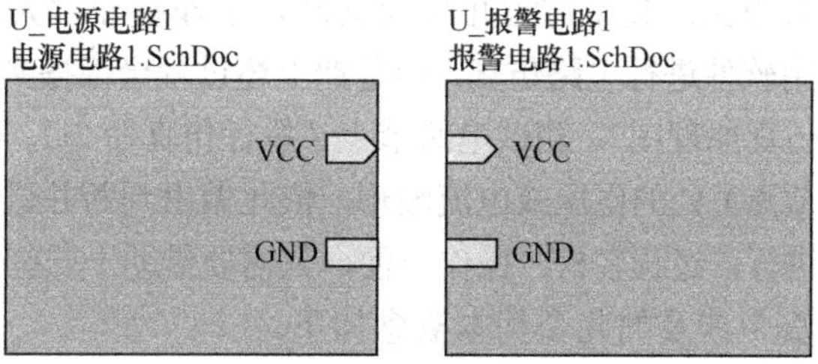

图 3.56 由原理图生成的子图符号

（4）确立层次关系。

执行菜单【工程】/【Compile PCB Project 层次接触式防盗报警电路设计 1.PrjPcb】命令，系统产生层次设计母、子图关系，如图 3.57 中项目面板所示。

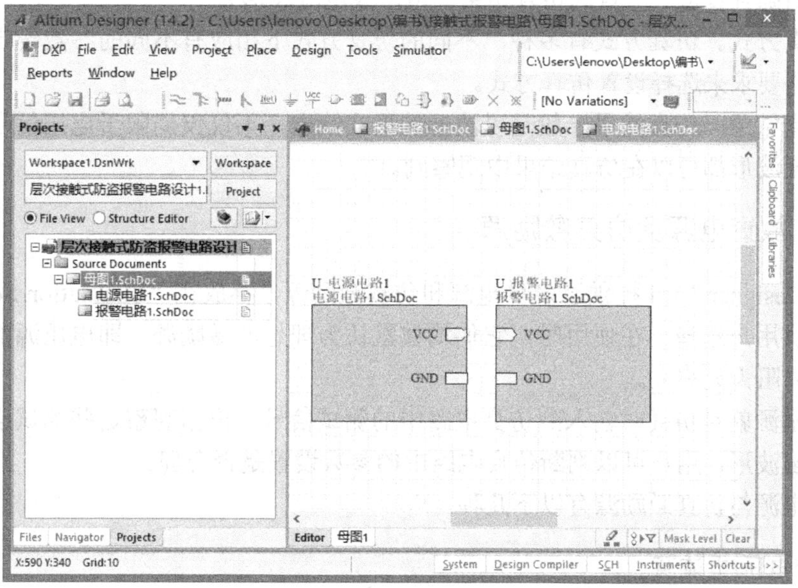

图 3.57 层次接触式防盗报警电路设计 1.Pr jPcb 层次关系

3.2 物联网电路仿真

3.2.1 项目说明

本节我们将教大家如何使用 Altium Designer 2014 进行电路的仿真。

3.2.2 电路仿真的基本概念

在具有仿真功能的 EDA 软件出现之前，设计者为了对自己所设计的电路进行验证，一般是使用面包板来搭建实际的电路系统，之后对一些关键的电路节点进行逐点测试，通过观察示波器上的测试波形来判断相应的电路部分是否达到了设计要求。如果没有达到，则需要对元器件进行更换，有时甚至要调整电路结构，重建电路系统，然后再进行测试，直到达到设计要求为止。整个过程冗长而繁琐，工作量非常大。

使用软件进行电路仿真，则是把上述过程全部搬到了计算机中。其同样要搭建电路系统（绘制电路仿真原理图）、测试电路节点（执行仿真命令），而且也同样需要查看相应节点（中间节点和输出节点）处的电压或电流波形，依此做出判断并进行调整。只不过，这一切都将在软件仿真环境中进行，过程轻松，操作方便，只需要借助于一些仿真工具和仿真操作即可快速完成。

仿真中涉及的几个基本概念如下。

（1）仿真元器件。用户进行电路仿真时使用的元器件，要求具有仿真属性。

（2）仿真原理图。用户根据具体电路的设计要求，使用原理图编辑器及具有仿真属性的元器件所绘制而成的电路原理图。

（3）仿真激励源。用于模拟实际电路中的激励信号。

（4）节点网络标签。对一电路中要测试的多个节点，应该分别放置一个有意义的网络标签名，便于明确查看每一节点的仿真结果（电压或电流波形）。

（5）仿真方式。仿真方式有多种，不同的仿真方式下相应有不同的参数设定，用户应根据具体的电路要求来选择设置仿真方式。

（6）仿真结果。仿真结果一般是以波形的形式给出，不仅仅局限于电压信号，每个元件的电流及功耗波形都可以在仿真结果中观察到。

3.2.3 放置电源及仿真激励源

Altium Designer 2014 提供了多种电源和仿真激励源，存放在“Simulation Sources.Intlib”集成库中，供用户选择。在使用时，它们均被默认为理想的激励源，即电压源的内阻为零，而电流源的内阻为无穷大。

仿真激励源就是仿真时输入到仿真电路中的测试信号，根据观察这些测试信号通过仿真电路后的输出波形，用户可以判断仿真电路中的参数设置是否合理。

常用的电源与仿真激励源有以下几种。

1. 直流电压/电流源

直流电压源“VSRC”与直流电流源“ISRC”分别用来为仿真电路提供一个不变的电压

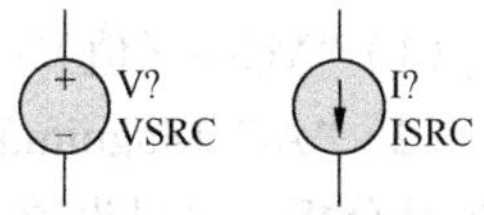

图 3.58 直流电压/电流源符号

信号或不变的电流信号，符号形式如图 3.58 所示。

这两种电源通常在仿真电路上电时，或者需要为仿真电路输入一个阶跃激励信号时使用，以便用户观测电路中某一节点的瞬态响应波形。

需要设置的仿真参数是相同的，双击新添加的仿真直流电压源，在出现的对话框中设置其属性参数，如图 3.59 所示。

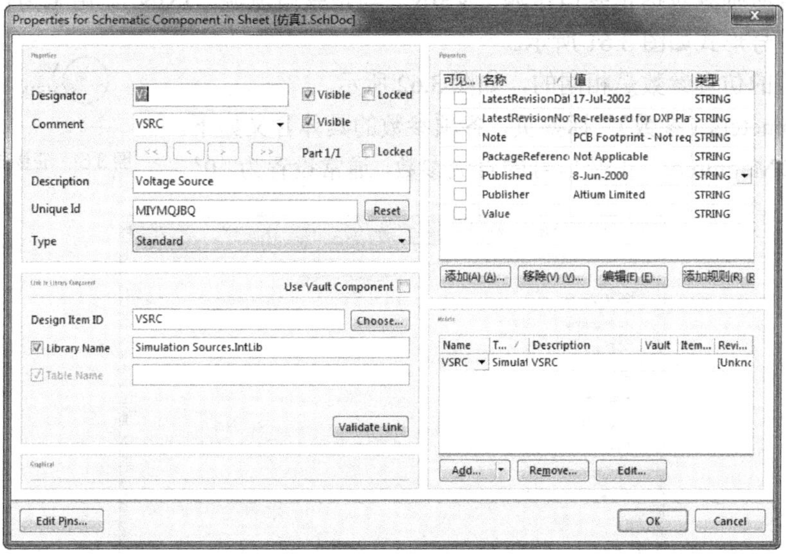

图 3.59 属性设置对话框

在图 3.59 所示的窗口双击“Models（模型）”栏下的“Simulation（仿真）”选项，即可出现“Sim Model-Voltage Source/DC Source”对话框，通过该对话框可以查看并修改仿真模型，如图 3.60 所示。

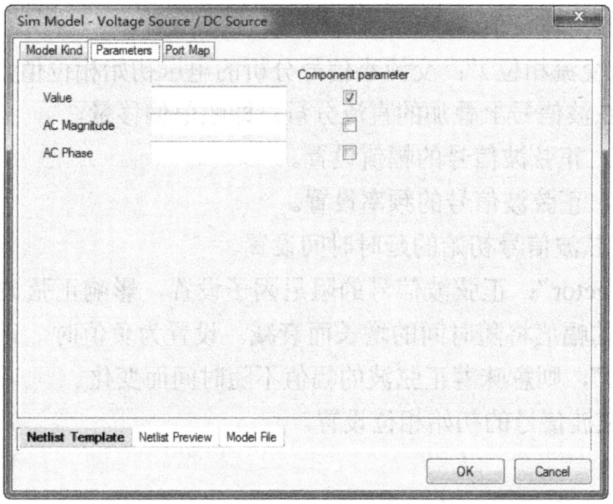

图 3.60 “Sim Model-Voltage Source/DC Source”对话框

在“Parameters（参数）”标签页，各项参数的具体含义如下。

（1）“Value（值）”：用于设置直流电压或电流值。

（2）“AC Magnitude”：交流小信号分析的电压值，通常设置为“1V”，如果不进行交流小信号分析，可以设置为任意值。

（3）“AC Phase（交流相位）”：交流小信号分析的电压初始相位值，通常设置为“0”。

2．正弦信号激励源

正弦信号激励源包括正弦电压源“VSIN”与正弦电流源“ISIN”，用来为仿真电路提供正弦信号，符号形式如图 3.61 所示。

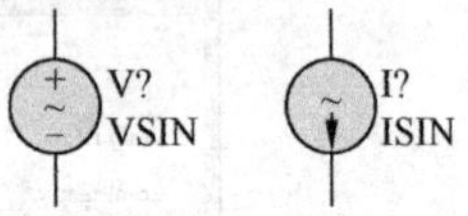

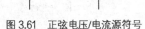

图 3.61　正弦电压/电流源符号

需要设置的仿真参数是相同的，如图 3.62 所示。

在“Parameters（参数）”标签页，各项参数的具体含义如下。

（1）“DC Magnitude”正弦信号的直流参数，通常设置为“0”。

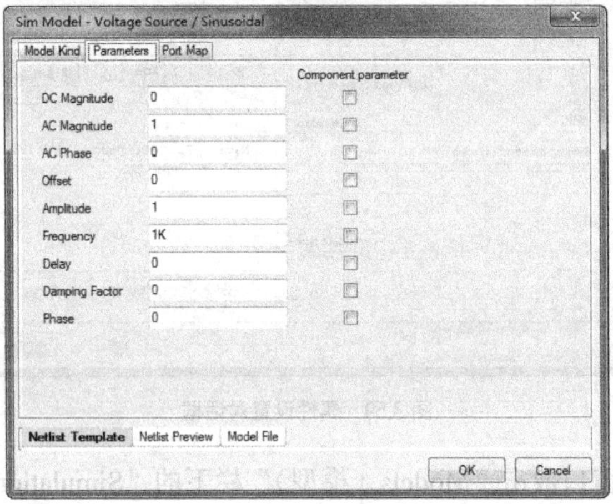

图 3.62　正弦信号激励源的仿真参数

（2）“AC Magnitude”：交流小信号分析的电压值，通常设置为“1V”，如果不进行交流小信号分析，可以设置为任意值。

（3）“AC Phase（交流相位）”：交流小信号分析的电压初始相位值，通常设置为“0”。

（4）“Offset”正弦波信号上叠加的直流分量，即幅值偏移量。

（5）“Amplitude”：正弦波信号的幅值设置。

（6）“Frequency”：正弦波信号的频率设置。

（7）“Delay”：正弦波信号初始的延时时间设置。

（8）“Damping Factor”：正弦波信号的阻尼因子设置，影响正弦波信号幅值的变化。设置为正值时，正弦波的幅值将随时间的增长而衰减。设置为负值时，正弦波的幅像则随时间的增长。若设置为“0”，则意味着正弦波的幅值不随时间而变化。

（9）“Phase”正弦波信号的初始相位设置。

3．周期脉冲源

周期脉冲源包括脉冲电压激励源“VPULSE”与脉冲电流激励源“IPULSE”，可以为仿真电路提供周期性的连续脉冲激励。其中脉冲电压激励源“VPULSE”在电路的瞬态特性分析中用得比较多，两种激励源的符号形式如图 3.63 所示，相应要设置的仿真参数也是相同的，如图 3.64 所示。

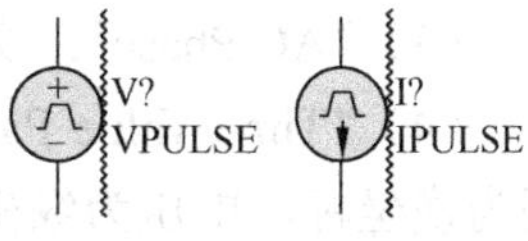

图 3.63　脉冲电压/电流源符号

在“Parameters（参数）”标签页，各项参数的具体含义如下。

（1）“DC Magnitude”:脉冲信号的直流参数，通常设置为“0”。

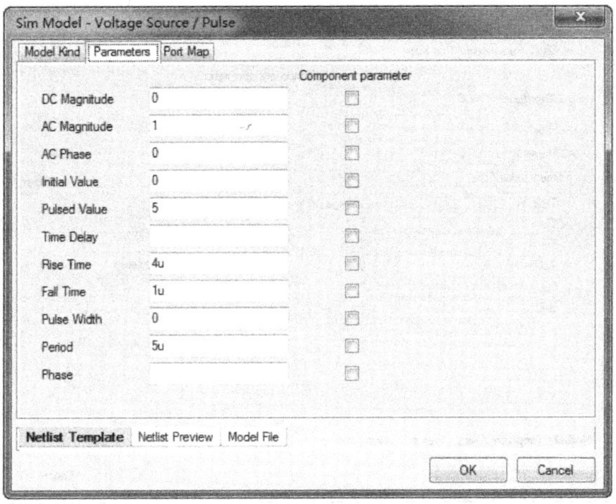

图 3.64　脉冲信号激励源的仿真参数

（2）“AC Magnitude”：交流小信号分析的电压值，通常设置为“1V”，如果不进行交流小信号分析，可以设置为任意值。

（3）“AC Phase”：交流小信号分析的电压初始相位值，通常设置为“0”。

（4）“Initial Value”：脉冲信号的初始电压值设置。

（5）“Pulsed Value”：脉冲信号的电压幅值设置。

（6）“Time Delay”：初始时刻的延迟时间设置。

（7）“Rise Time”：脉冲信号的上升时间设置。

（8）“Fall Time”：脉冲信号的下降时间设置。

（9）“Pulse Width”：脉冲信号的高电平宽度设置。

（10）“Period”：脉冲信号的周期设置。

（11）“Phase”：脉冲信号的初始相位设置。

4．分段线性激励源

分段线性激励源所提供的激励信号是由若干条相连的直线组成，是一种不规则的信号激励源，包括分段线性电压源“VPWL”与分段线性电流源“IPWL”两种，符号形式如图 3.65 所示。

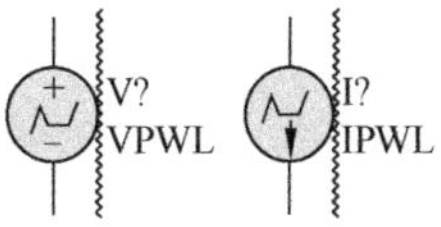

图 3.65　分段电压/电流源符号

这两种分段线性激励源的仿真参数设置是相同的，如图 3.66 所示。

在“Parameters（参数）”标签页，各项参数的具体含义如下。

（1）“DC Magnitude”：分段线性电压信号的直流参数，通常设置为“0”。

（2）“AC Magnitude”：交流小信号分析的电压值，通常设置为“1V”如果不进行交流小信号分析，可以设置为任意值。

（3）“AC Phase”：交流小信号分析的电压初始相位值，通常设置为“0”。

（4）“Time/Value Pairs”：分段线性电压信号在分段点处的时间值及电压值设置。其中时间为横坐标，电压为纵坐标，如图 3.66 所示，共有五个分段点。单击一次右侧的“Add”按钮，可以添加一个分段点，而单击一次“Delete”按钮，则可以删除一个分段点。

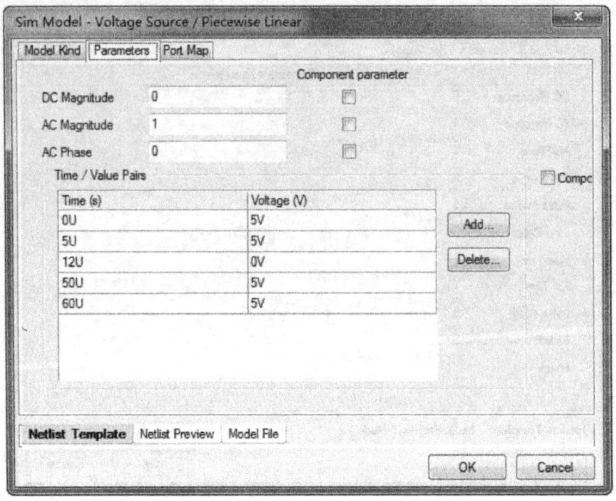

图 3.66　分段信号激励源的仿真参数

5．指数激励源

指数激励源包括指数电压激励源“VEXP”与指数电流激励源“IEXP”，用来为仿真电路提供带有指数上升沿或下降沿的脉冲激励信号，通常用于高频电路的仿真分析，符号形式如图 3.67 所示。两者所产生的波形形式是一样的，相应的仿真参数设置也相同，如图 3.68 所示。

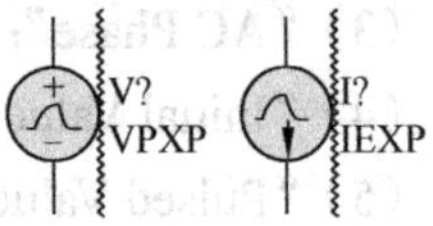

图 3.67　指数电压/电流源符号

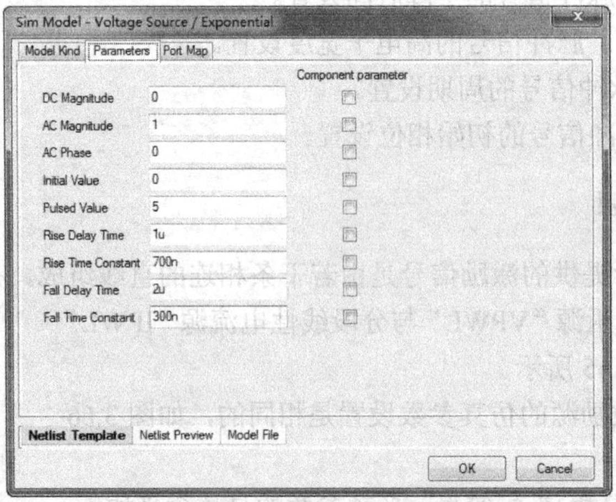

图 3.68　指数信号激励源的仿真参数

在“Parameters（参数）”标签页，各项参数的具体含义如下。

（1）“DC Magnitude”分段线性电压信号的直流参数，通常设置为“0”。

（2）“AC Magnitude”：交流小信号分析的电压值，通常设置为“1V”，如果不进行交流小信号分析，可以设置为任意值。

（3）“AC Phase”:交流小信号分析的电压初始相位值，通常设置为“0”。

（4）“Initial Value”:指数电压信号的初始电压值。

（5）“Pulsed Value”:指数电压信号的跳变电压值。

（6）“Rise Delay Time"：指数电压信号的上升延迟时间。

（7）“Rise Time Constant”：指数电压信号的上升时间。

（8）“Fall Delay Time”：指数电压信号的下降延迟时间。

（9）“Fall Time Constant”：指数电压信号的下降时间。

6．单频调频激励源

单频调频激励源用来为仿真电路提供一个单频调频的激励波形，包括单频调频电压源“VSFFM”与单频调频电流源“ISFFM”两种，符号形式如图 3.69 所示，相应需要设置的仿真参数如图 3.70 所示。

图 3.69　单频调频电压/电流源符号

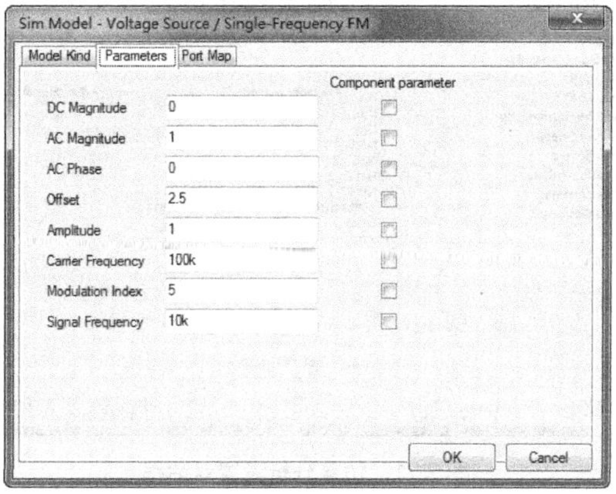

图 3.70　单频调频激励源的仿真参数

在“Parameters（参数）”标签页，各项参数的具体含义如下。

（1）“DC Magnitude”:分段线性电压信号的直流参数，通常设置为“0”。

（2）“AC Magnitude”：交流小信号分析的电压值，通常设置为“1V”。如果不进行交流小信号分析，可以设置为任意值。

（3）“AC Phase”：交流小信号分析的电压初始相位值，通常设置为“0”

（4）“Offset”：调频电压信号上叠加的直流分量，即幅值偏移量。

（5）“Amplitude”：调频电压信号的载波幅值。

（6）“Carrier Frequency”：调频电压信号的载波频率。

（7）“Modulation Index”：调频电压信号的调制系数。

（8）“Signal Frequency”：调制信号的频率。

根据以上的参数设置，输出的调频信号表达式为：

$$V(t) = V_O + V_A \times \sin[2\pi F_c t + M \sin(2\pi F_s t)]$$

V_O="offest"，V_A="Amplitude"，

F_c="Carrier Frequency"，F_s="Signal Freguency"

这里介绍了几种常用的仿真激励源及仿真参数的设置。此外，在 Altium Designer 2014 中还有线性受控源、非线性受控源等，在此不再一一赘述，用户可以参照上面所述的内容，自己练习使用其他的仿真激励源并进行有关仿真参数的设置。

3.2.4 仿真分析的参数设置

在电路仿真中，选择合适的仿真方式并对相应的参数进行合理的设置，是仿真能够正确运行并能获得良好的仿真效果的关键保证。

一般来说，仿真方式的设置包含两部分：一是各种仿真方式都需要的通用参数设置，二是具体的仿真方式所需要的特定参数设置，二者缺一不可。

在原理图编辑环境中，执行“设计”→“仿真”→“Mixed Sim（混合仿真）”菜单命令，则系统弹出如图 3.71 所示的分析设定对话框。

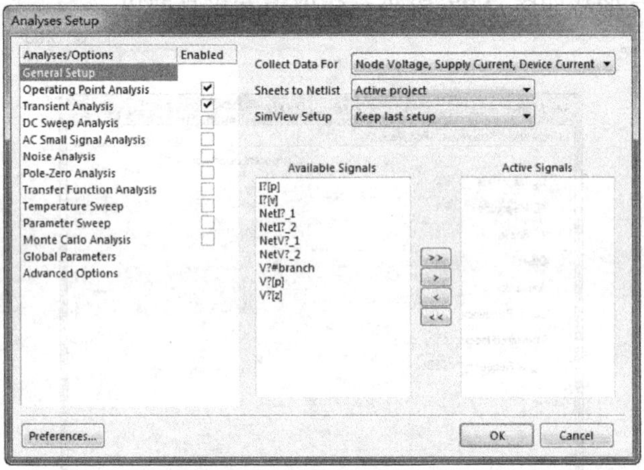

图 3.71 仿真分析设置对话框

在该对话框左侧的“Analyses/Option（分析/选项）”栏中，列出了若干选项供用户选择，包括各种具体的仿真方式。而对话框的右侧则用来显示与选项相对应的具体设置内容。系统的默认选项为“General Setup（通用设置）”，即仿真方式的通用参数设置，如图 3.71 所示。

1. 通用参数的设置

通用参数的具体设置内容有以下几项。

（1）“Collect Data For（为了收集数据）”：该下拉列表框用于设置仿真程序需要计算的数据类型。

① Node Voltage and Supply Current：将保存每个节点电压和每个电源电流的数据。

② Node Voltage、Supply and Device Current：将保存每一个节点电压、每个电源和器件电流的数据。

③ Node Voltage、Supply Current，Device Current and Power：将保存每节点电压、每个电源电流以及每个器件的电源和电流的数据。

④ Node Voltage、Supply Current and Subcircuit VARs:将保存每个节点电压、来自每个电源的电流源以及子电路变量中匹配的电压/电流的数据。

⑤ Active Signals：仅保存在 Active Signals 中列出的信号分析结果。由于仿真程序在计算上述这些数据时要占用很长的时间，因此，在进行电路仿真时，用户应该尽可能少地设置需要计算的数据，只需要观测电路中节点的一些关健信号波形即可。

单击右侧的“Collect Data For（为了收集数据）”下拉列表，可以看到系统提供十几种需要计算的数据组合，用户可以根据具体仿真的要求加以选择，系统默认为“Nude Voltage，Supply Current，Device Current any Power”。

一般来说，应设置为“Active Signals（积极的信号）”，这样一方面可以灵活选择所要观测的信号，另一方面也减少了仿真的计算量，提高了效率。

（2）“Sheets to Netlist（网表薄片）”：该下拉列表框用于设置仿真程序作用的范围。

①“Active sheet”：当前的电路仿真原理图。

②“Active project”：当前的整个项目。

（3）“Sim View Setup”（仿真视图设置）：该下拉列表框用于设置仿真结果的显示内容。

①“Keep last setup”:按照上一次仿真操作的设置在仿真结果图中显示信号波形，忽略“Active Signals”栏中所列出的信号。

②“Show active signals”：按照“Active Signals”栏中所列出的信号，在仿真结果图中进行显示。一般应设置为“Show active signals”。

（4）“Available Signals（存用的信号）”：该列表框中列出了所有可供选择的观测信号，具体内容随着“Collect Data For”列表框的设置变化而变化，即对于不同的数据组合，可以观测的信号是不同的。

（5）“Active Signals（积极的信号）”：该列表框列出了仿真程序运行结束后，能够立刻在仿真结果图中显示的信号。

在“Active Signals（积极的信号）”列表框中选中某一个需要显示的信号后，如选择“IN”，单击 > 按钮，可以将该信号加入到“Active Signals（积极的信号）”列表框，以便在仿真结果图中显示。单击 < 按钮则可以将“Active Signals（积极的信号）”列表框中某个不需要显示的信号移回“Available Signals（有用的信号）”列表框。或者，单击 >> 按钮，将全部可用的信号加入到“Active Signals（积极的信号）”列表框中。单击 << 按钮，则将全部活动信号移回“Available Signals（有用的信号）”列表框中。

上面讲述的是在仿真运行前需要完成的通用参数设置。而对于用户具体选用的仿真方式，还需要进行一些特定参数的设定。

2. 仿真方式的具体参数设置

在 Altium Designer 2014 系统中，共提供了 11 种仿真方式。

（1）静态工作点分析（Operating Point Analysis）。

（2）瞬态分析和傅立叶分析（Transient/Fourier Analysis）。

（3）直流扫描分析（DC Sweep Analysis）。

（4）交流小信号分析（AC Small Signal Analysis）。

（5）噪声分析（Noise Analysis）。

（6）零-极点分析（Pole-Zero Analysis）。

（7）传递函数分析（Transfer Functoin Analysis）。

（8）蒙特卡罗分析（Monte Carlo Analysis）。

（9）参数扫描（Parameter Sweep）。

（10）温度扫描（Temperature Sweep）。

（11）仿真高级参数（Advanced Options）。

3．“Operating Point Analysis”（工作点分析）

所谓工作点分析，就是静态工作点分析，这种方式是在分析放大电路时提出来的。当把放大器的输入信号短路时，放大器就处在无信号输入状态，即静态。若静态工作点选择不合适，则输出波形会失真，因此设置合适的静态工作点是放大电路正常的前提。

在该分析方式中，所有的电容都将被看做开路，所有的电感都被看做短路，之后计算各个节点的对地电压，以及流过每一元器件的电流。由于方式比较固定，因此，不需要用户再进行特定参数的设置，使用该方式时，用户只需要选中即可运行，如图 3.72 所示。

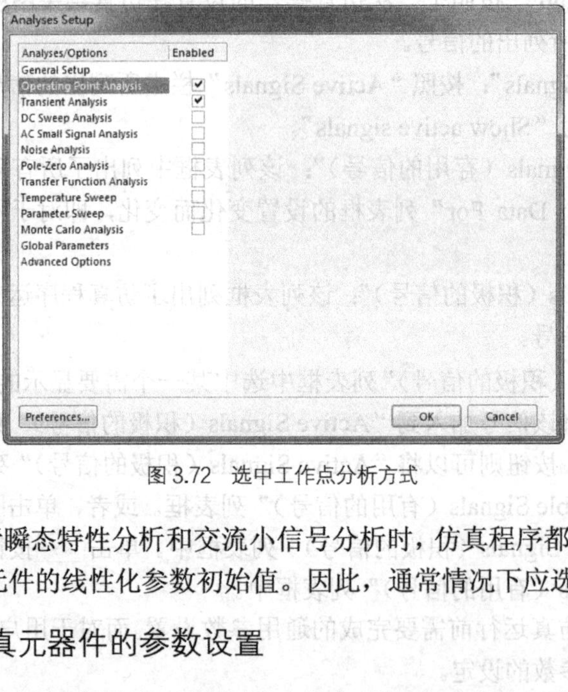

图 3.72　选中工作点分析方式

一般来说，在进行瞬态特性分析和交流小信号分析时，仿真程序都会先执行工作点分析，以确定电路中非线件元件的线性化参数初始值。因此，通常情况下应选中该项。

3.2.5　特殊仿真元器件的参数设置

在仿真过程中，有时还会用到一些专用于仿真的特殊元器件，它们存放在系统提供的“Simulation Sources.IntLib”集成库中，这里做一个简单的介绍。

1．节点电压初值

节点电压初值“.IC”主要用于为电路中的某一节点提供电压初值，与电容中的“Intial Voltage”参数的作用类似。设置方法很简单，只要把该元件放在需要设置电压初值的节点上，通过设置该元件的仿真参数即可为相应的节点提供电压初值，如图 3.73 所示。

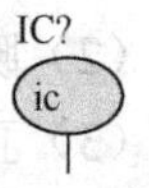

图 3.73　放置的“.IC”元件

需要设置的“.IC”元件仿真参数只有一个，即节点的电压初值。左键双击节点电压初值元件，系统弹出如图 3.74 所示的属性设置对话框。

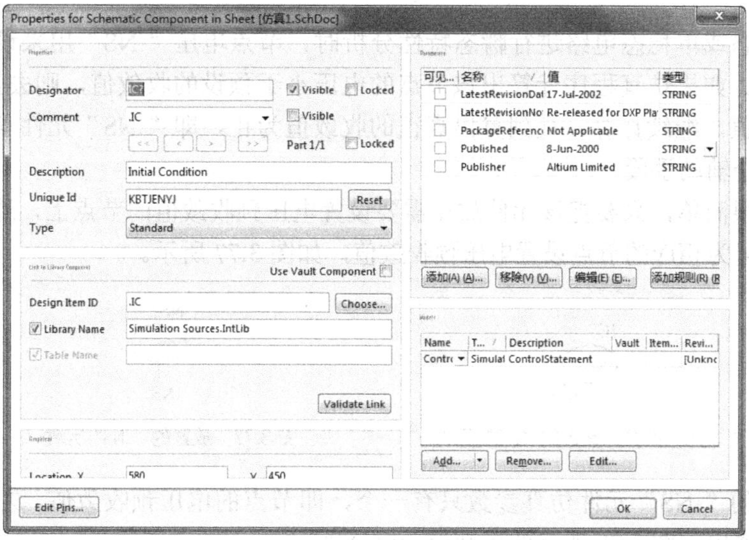

图 3.74 “.IC”元件属性设置对话框

左键双击“Model（模式）”栏下面“Type（类型）”列下的“Simulation”项，系统弹出如图 3.75 所示的“.IC”元件仿真参数设置对话框。

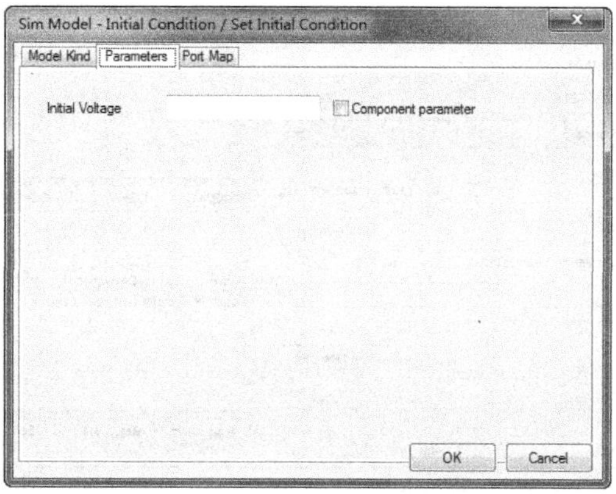

图 3.75 “.IC”元件仿真参数设置对话框

在“Parameter（参数）”标签页.中，只有一项仿真参数“Intial Voltage”，用于设定相应节点的电压初值，这里设置为“0V”。设置了有关参数后的“.IC”元件，如图 3.76 所示。

使用“.IC”元件为电路中的一些节点设置电压初值后，用户采用瞬态特性分析的仿真方式时，若选中了“Use Intial Conditions”复选框，则仿真程序将直接使用“ .IC”元件所设置的初始值作为瞬态特性分析的初始条件。

当电路中有储能元件（如电容）两端设置了电压初始值，而同时在与该电容连接的导线上也放置了“.IC”元件，并设置了参数值，那么此时进行瞬态特性分析时，系统将使用电容两端的电压初始值，而不会使用“.IC”元件的设置值，即一般元器件的优先级高

于“.IC”元件

2. 节点电压

在对双稳态或单稳态电路进行瞬态特性分析时，节点电压“.NS”用来设定某个节点的电压预收敛值。如果仿真程序计算出该节点的电压小于预设的收敛值，则去掉“.NS”元件所设置的收敛值，继续计算，直到算出真正的收敛值为止，即“.NS”元件求节是求节点电压收敛值的一个辅助手段。

设置方法很简单，只要把该元件放在需要设置电压预收敛值的节点上，通过设置该元件的仿真参数即可为相应的节点设置电压预收敛值，如图 3.77 所示。

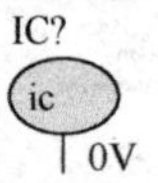

图 3.76 设置完参数的“.IC”元件

图 3.77 放置的“.NS”元件

需要设置的“.NS”元件仿真参数只有一个，即节点的电压预收敛值。左键双击节点电压元件，系统弹出如图 3.78 所示的属性设置对话框。

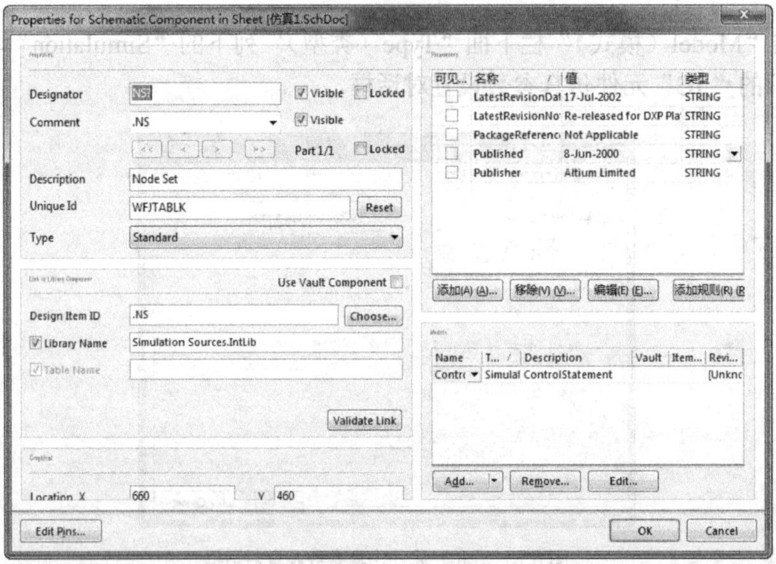

图 3.78 “.NS”元件属性设置

左键双击“Model（模式）”栏下面“Type（类型）”列下的“Simulation”项，系统弹出如图 3.79 所示的“.NS”元件仿真参数设置对话框。

在“Parameter（参数）标签页中，只有一项仿真参数"Initial Voltage"，用于设定相应节点的电压预收敛值，这里设置为“10V”。设置了有关参数后的“.NS"元件如图 3.80 所示。

若在电路的某一节点处，同时放置了“.IC”元件与“.NS" 元件，则仿真时“.IC”元件的设置优先级将高于“.NS”元件。

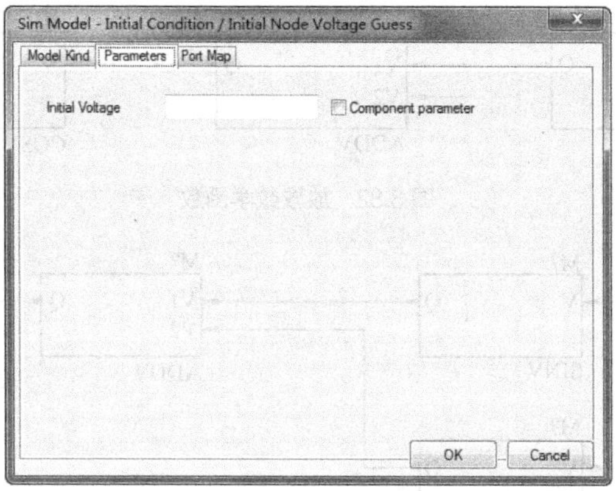

图 3.79　“.NS”元件仿真参数设置

3．仿真数学函数

在 Altium Designer 2014 的仿真器中还提供了若干仿真数学函数，它们同样作为一种特殊的仿真元器件，可以放置在电路仿真原理图中使用。其主要用于对仿真原理图中的两个节点信号进行各种合成运算，以达到一定的仿真目的，包括节点电压的加、减、乘、除，以及支路电流的加、减、乘、除等运算，也可以用于对一个节点信号进行各种变换，如：正弦变换、余弦变换和双曲线变换等。

仿真数学函数存放在“Simulation Math Function.IntLib”，仿真时只需要把相应的函数功能模块放到仿真原理图中需要进行信号处理的地方即可，仿真参数不需要用户自行设置。图 3.81 是对两个节点电压信号进行相加运算的仿真数学函数“ADDV”。

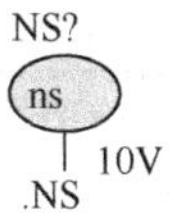

图 3.80　设置完参数的“.NS”元件

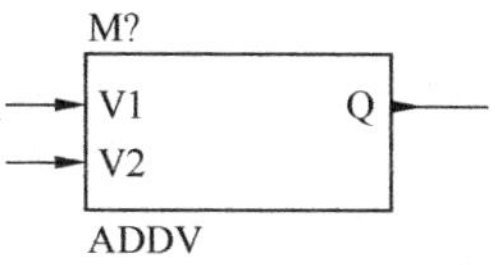

图 3.81　仿真数学函数“ADDV”

4．实例一：正弦函数和余弦函数

本例使用相关的仿真数学函数，对某一输入信号进行正弦变换和余弦变换，然后叠加输出。具体的操作步骤如下。

（1）新建一个原理图文件，另存为“仿真数学函数.SchDoc“。

（2）在系统提供的集成库中，选择“Simulation Sourees.IntLib”和“Stimulation Math Function.IntLib”进行加载。

（3）在库面板中，打开集成库“Simulation.MathFunction.IntLib”，选择正弦变换函数“SINV”“余弦变换函数 COSV”及电压相加函数“ADDV”，将其分别放置到原理图中，如图 3.82 所示。

（4）在“库”面板中，打开集成库“Miscellaneous Devices.IntLib”，选择元件 Res3，在原理图中放置两个接地电阻，并完成相应电气连接，如图 3.83 所示。

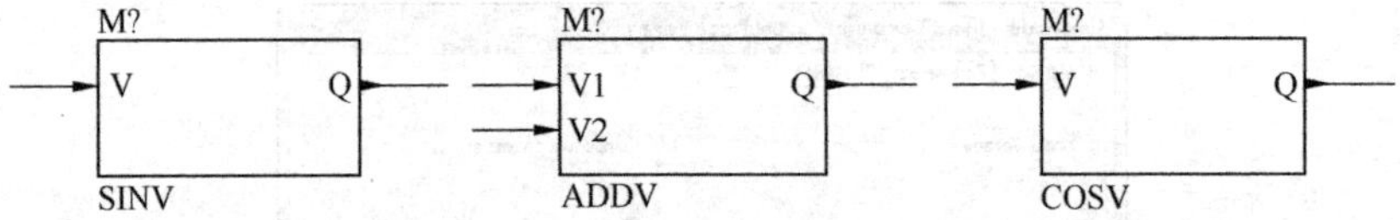

图 3.82 放置数学函数

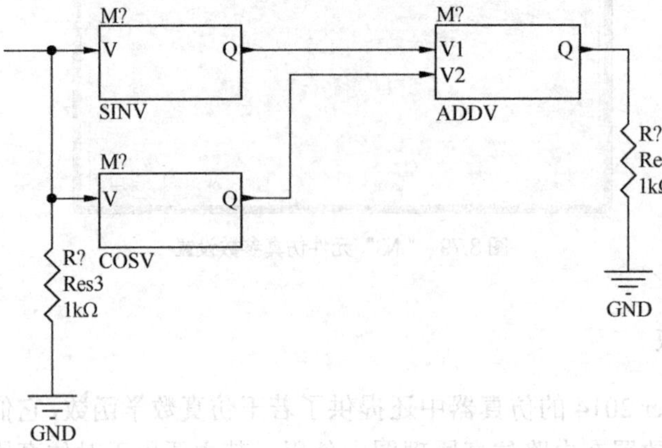

图 3.83 放置接地电阻并连接

（5）双击电阻，系统弹出属性设置对话框，相应的电阻值设置为 1K。

（6）双击每一个仿真数学函数，进行参数设置。在弹出“Properties for Schematic Component in Sheet（电路图中的元件属性）”对话框中，只需设置标识符，如图 3.84 所示。

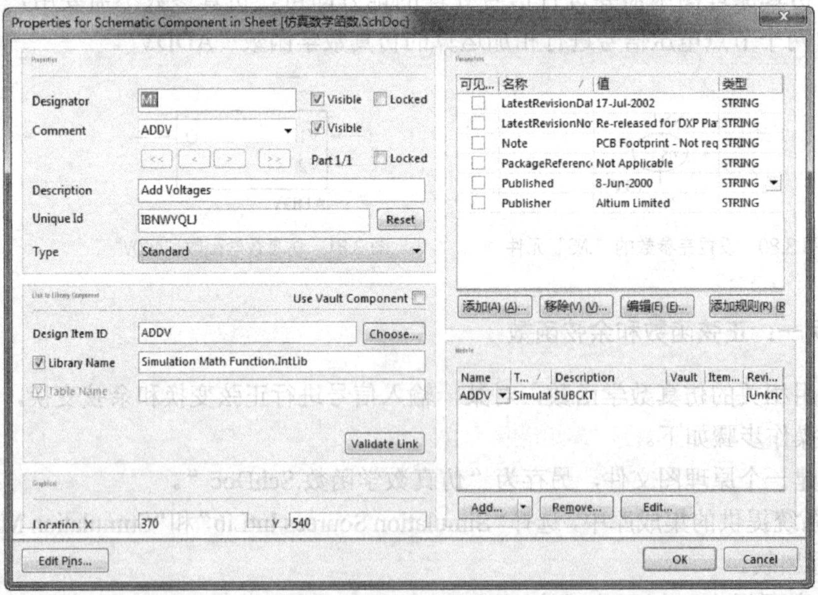

图 3.84 “Properties for Schematic Component Sheet”对话框

设置好的原理图如图 3.85 所示。

（7）在“库”面板中，打开集成库"Simulation Sources.IntLib”，找到正弦电压源“VSIN”，放置在仿真原理图中，并进行接地连接，如图 3.86 所示。

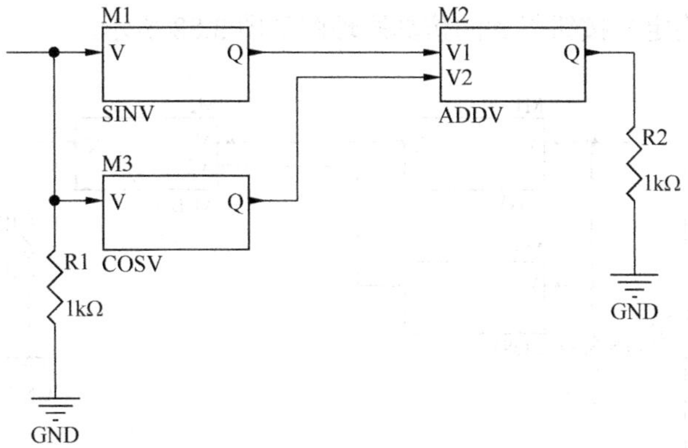

图 3.85　设置好的原理图

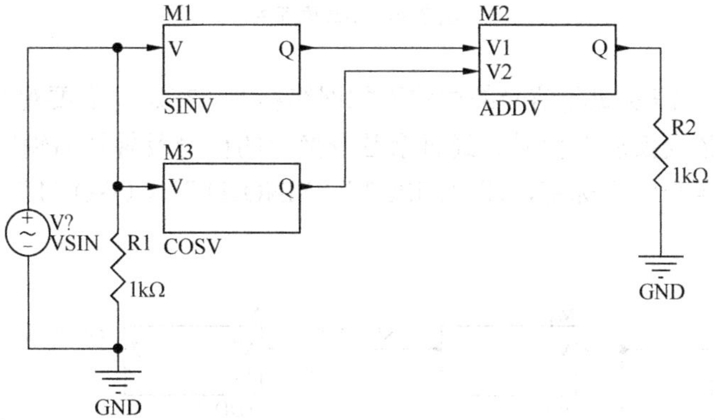

图 3.86　放置正弦电压源并连接

（8）双击正弦电压源，弹出相应的属性对话框，设置其基本参数及仿真参数，如图 3.87 所示。标识符输入为其他各项仿真参数均采用系统的默认值。

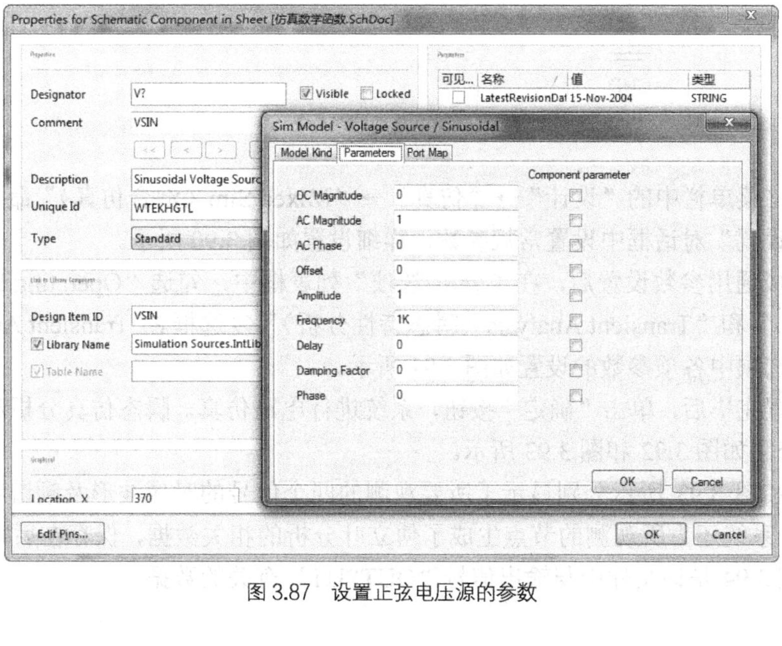

图 3.87　设置正弦电压源的参数

（9）单击 OK（确定）按钮得到的仿真原理图如图 3.88 所示。

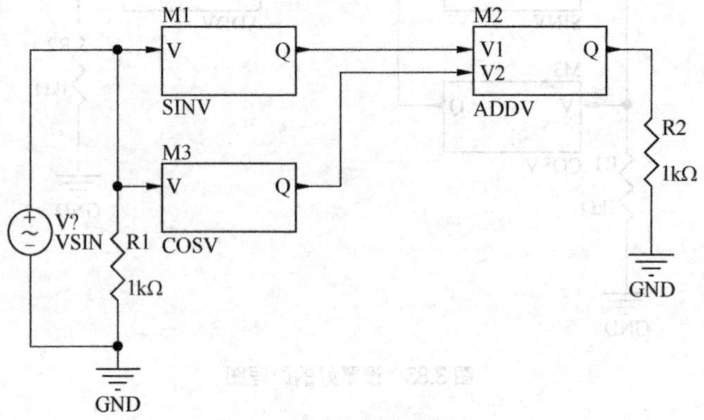

图 3.88 仿真原理图

（10）在原理图中需要观测信号的位置添加网络标签。在这里需要观测的信号有四个，即输入信号、经过正弦变换后的信号、经过余弦变换后的信号及叠加后输出的信号。因此，在相应的位置处放置四个网络标签，即“INPUT”“SINOUT”“COSOUT”和“OUTPUT”，如图 3.89 所示。

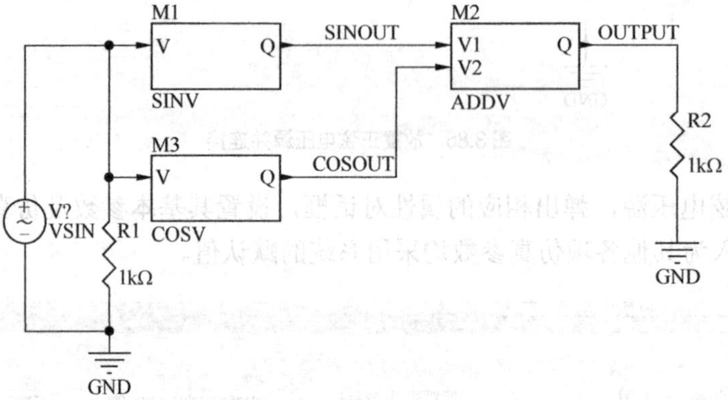

图 3.89 添加网络标签

（11）单击菜单栏中的“设计”→“仿真”→“Mixed Sim（混合仿真）”命令，在系统弹出的 “分析设置”对话框中设置常规参数，详细设置如图 3.90 所示。

（12）完成通用参数设置后，在“分析/选项”列表框中，勾选“Operating Point Analysis（工作点分析）”和“Transient Analysis（瞬态特性分析）”复选框。“Transient Analysis（瞬态特性分析）”选项中各项参数的设置如图 3.91 所示。

（13）设置完毕后，单击“确定”按钮，系统进行电路仿真。瞬态仿真分析和傅立叶分析的仿真结果分别如图 3.92 和图 3.93 所示。

图 3.92 和图 3.93 所示分别显示了所要观测的四个信号的时域波形及频谱组成。在给出波形的同时，系统还为所观测的节点生成了傅立叶分析的相关数据，保存在后缀名为“.sim”的文件中，图 3.94 是该文件中与输出信号“OUTPUT”有关的数据。

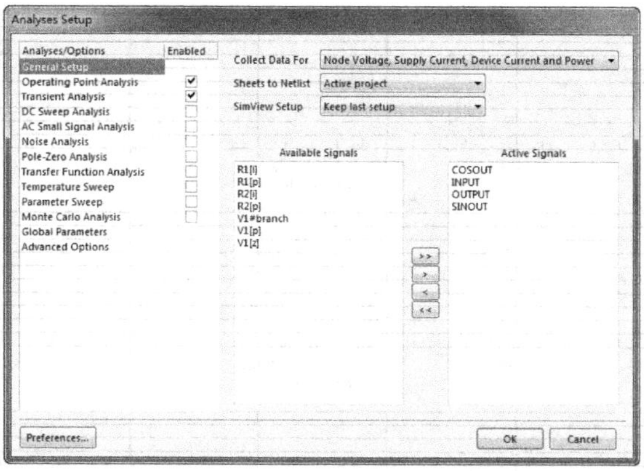

图 3.90 “分析设置”对话框

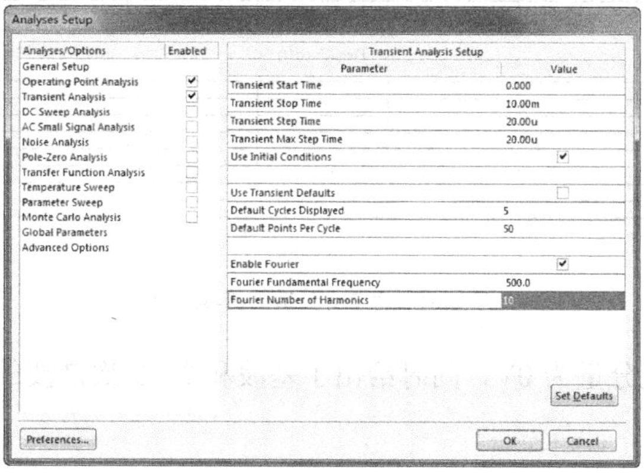

图 3.91 “Transient Analysis”选项的参数设置

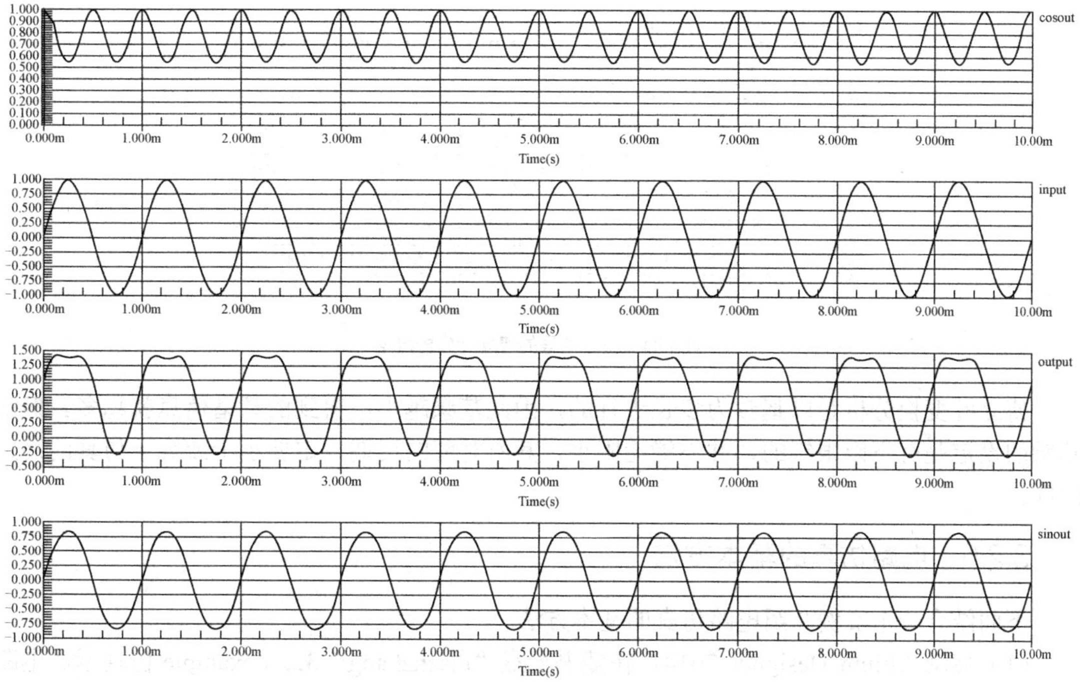

图 3.92 瞬态仿真分析的仿真结果

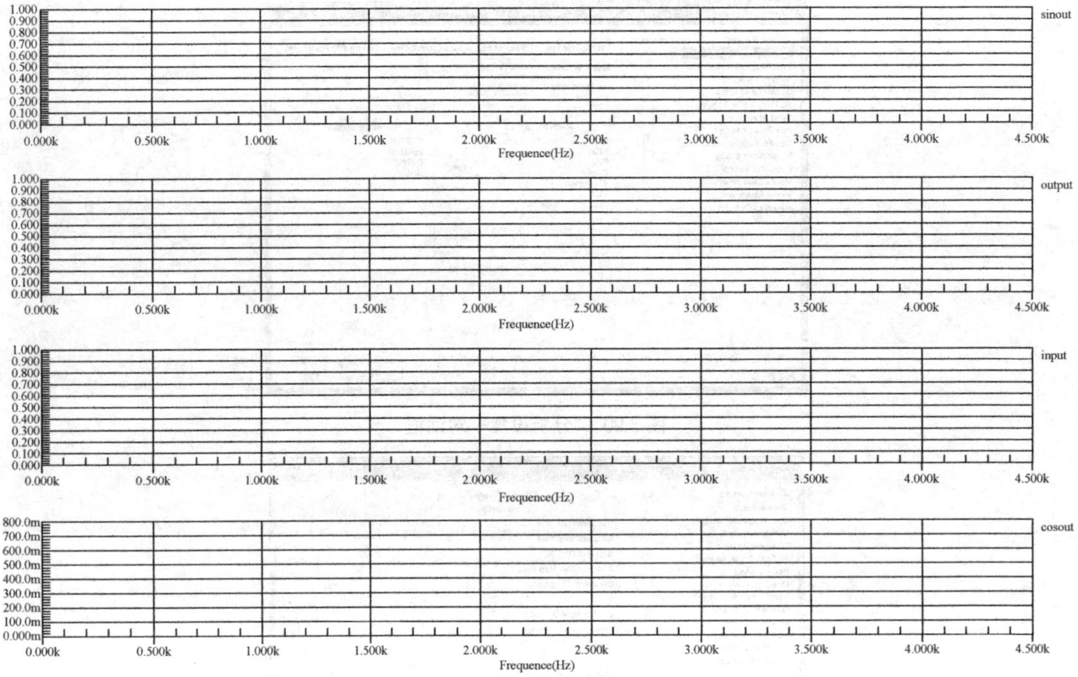

图 3.93　傅立叶分析的仿真结果

图 3.94 表明了直流分量为 0V，同时给出了基波和 2～9 次谐波的幅度、相位值，以及归一化的幅度、相位值等。

Circuit: [illegible]
Date: 周二一月20 10:05:54 2015

Fourier analysis for @v1[p]:
No. Harmonics: 10, THD: 5.12059E006 %, Gridsize: 200, Interpolation Degree: 1

Harmonic	Frequency	Magnitude	Phase	Norm. Mag	Norm. Phase
0	0.00000E+000	4.99995E-004	0.00000E+000	0.00000E+000	0.00000E+000
1	5.00000E+002	9.70727E-009	-8.82000E+001	1.00000E+000	0.00000E+000
2	1.00000E+003	9.70727E-009	-8.64000E+001	1.00000E+000	1.80000E+000
3	1.50000E+003	9.70727E-009	-8.46000E+001	1.00000E+000	3.60000E+000
4	2.00000E+003	4.97070E-004	-9.00004E+001	5.12059E+004	-1.80042E+000
5	2.50000E+003	9.70727E-009	-8.10000E+001	1.00000E+000	7.20000E+000
6	3.00000E+003	9.70727E-009	-7.92000E+001	1.00000E+000	9.00000E+000
7	3.50000E+003	9.70727E-009	-7.74000E+001	1.00000E+000	1.08000E+001
8	4.00000E+003	9.70727E-009	-7.56000E+001	1.00000E+000	1.26000E+001
9	4.50000E+003	9.70727E-009	-7.38000E+001	1.00000E+000	1.44000E+001

图 3.94　输出信号的傅立叶分析数据

傅立叶变换分析是以基频为步长进行的，因此基频越小，得到的频谱信息就越多。但是基频的设定是有下限限制的，并不能无限小，其所对应的周期一定要小于或等于仿真的终止时间。

3.2.6　电路仿真的基本方法

下面结合一个实例介绍电路仿真的基本方法。

（1）启动 Altium Designer 2014，在随书光盘“disanzhang\3\3.2.6\example 仿真示例电路图”中打开如图 3.95 所示的电路原理图。

（2）在电路原理图编辑环境中，激活“Projects（工程）”面板，单击鼠标右键面板中的电路原理图，在弹出的右键快捷菜单中单击“Compile Document（编译文件）”命令，如图 3.96 所示。单击该命令后，系统将自动检查原理图文件是否有错，如有错误应该予以纠正。

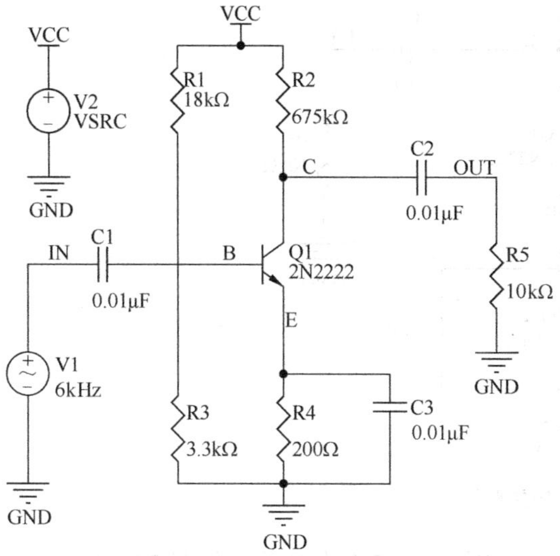

图 3.95　电路原理图

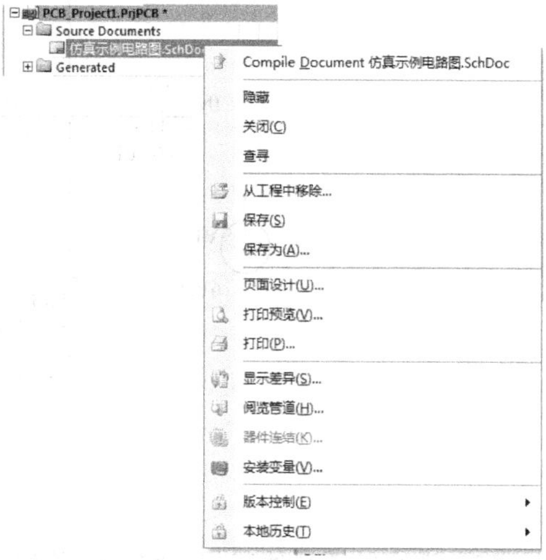

图 3.96　右键快捷菜单

（3）激活“库”面板，单击其中的“Libraries（库）”按钮，系统将弹出“可用库”对话框。

（4）单击“添加库”按钮，在弹出的“打开”对话框中选择 Altium Designer 安装目录“AD14/Library/Simulation"中所有的仿真库，如图 3.97 所示。

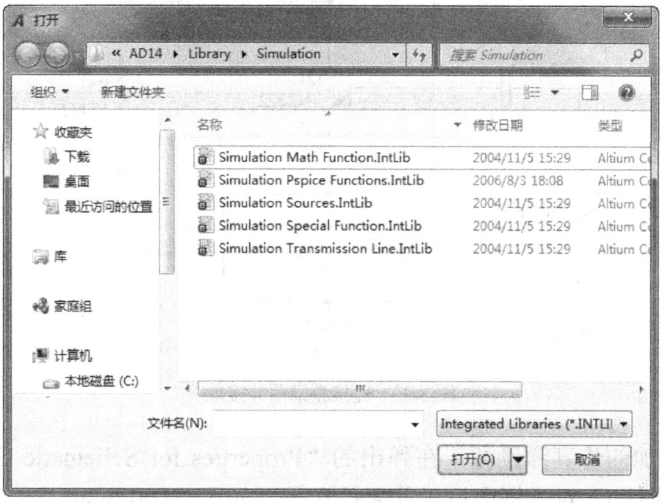

图 3.97　选择仿真库

（5）单击“打开”按钮，完成仿真库的添加。

（6）在“库”面板中选择“Simulation Sources.IntLib”集成库，该仿真库包含了各种仿真电源和激励源。选择名为“VSIN”的激励源，然后将其拖到原理图编辑区中，如图 3.98 所示。

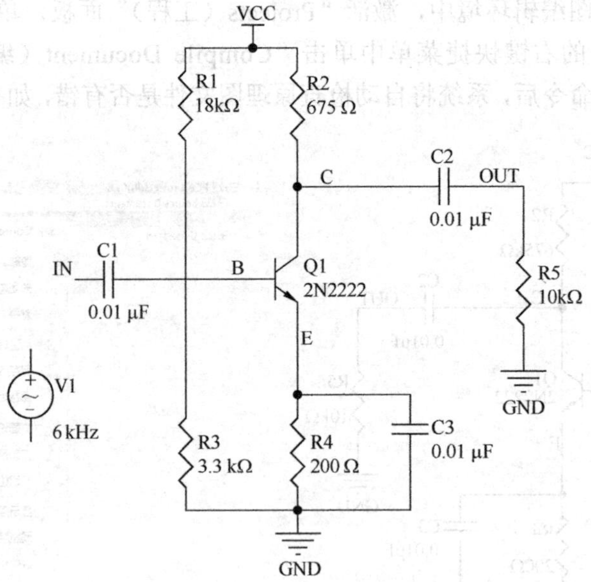

图 3.98　添加仿真激励源

（7）选择放置导线工具，将激励源和电路连接起来，并接上电源地，如图 3.99 所示。

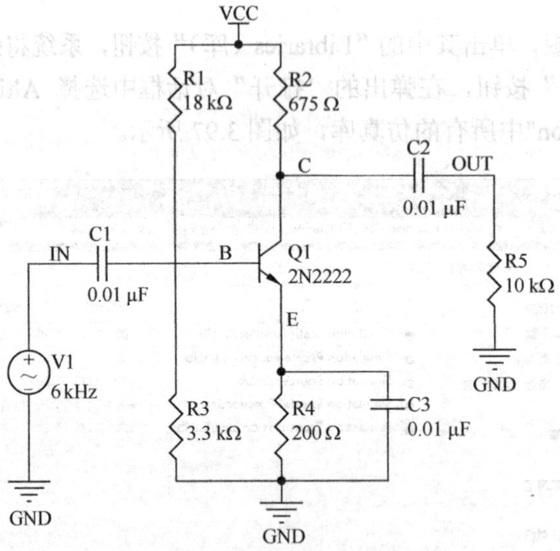

图 3.99　连接激励源并接地

（8）双击新添加的仿真激励源，在弹出的“Properties for Scliematic Component in Sheet（电路图中的元件属性）”对话框中设置其属性参数，如图 3.100 所示。

（9）在“Properties for Schematic Component in Sheet（电路图中的元件属性）”对话框中，双击“Model（模型）”栏“Type（类型）”列下的“Simulation（仿真）”选项，弹出如图 3.101 所示的“Model-Voltage Source/Sinusoidal（仿真模型-电压源/正弦曲线）”对话框，通过该对话框可以查看并修改仿真模型。

（10）单击“Model Kind（模型种类）”选项卡，可查看器件的仿真模型种类。

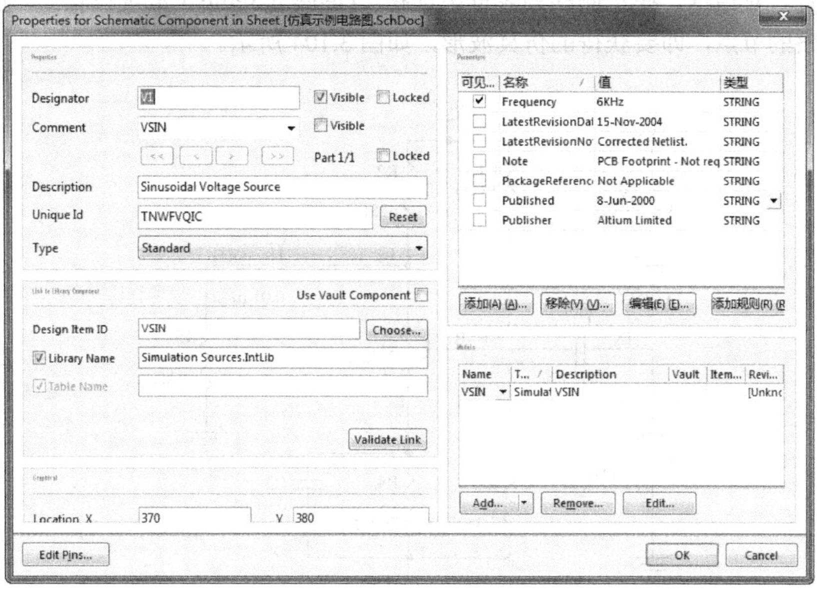

图 3.100　设置仿真激励源的参数

（11）单击“Port Map（端口图）”选项卡，可显示当前器件的原理图引脚和仿真模型引脚之间的映射关系，并进行修改。

（12）对于仿真电源或激励源，也需要设置其参数。在“Sim Model-Voltage Source/Sinusoidal（仿真模型-电压源/正弦曲线）”对话框中单击“Parameters（参数）”选项卡，如图 3.102 所示，按照电路的实际需求设置相差参数。

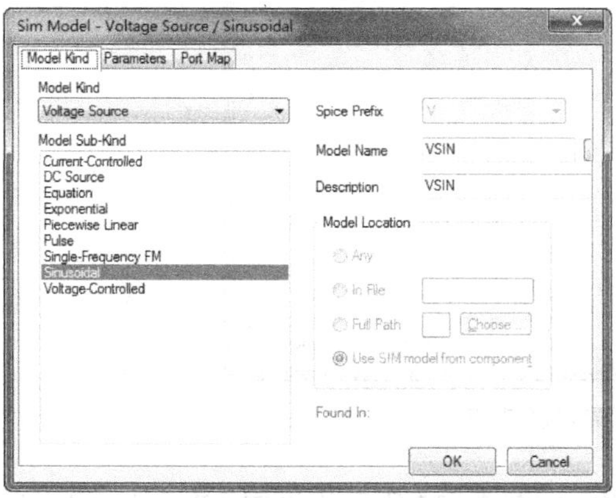

图 3.101　“Model-Voltage Source/Sinusoidal”对话框

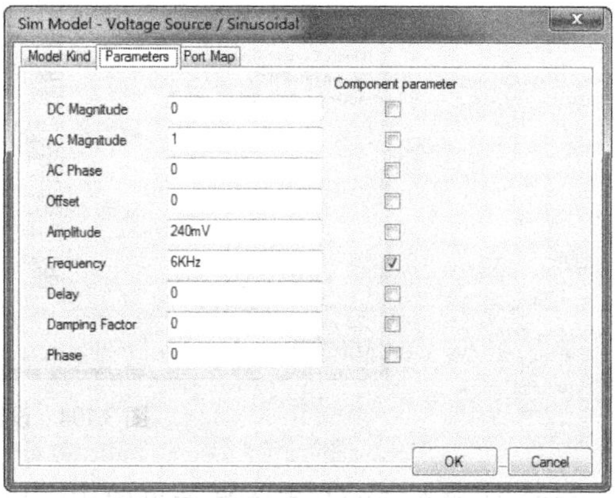

图 3.102　“Parameters”选项卡

（13）设置完毕后，单击“OK（确定）”按钮，返回到电路原理图编辑环境。

（14）采用相同的方法，再添加一个仿真电源并设置参数，如图 3.103 所示。

（15）设置完毕后，单击“OK（确定）”按钮，返回到原理图编辑环境。

（16）单击菜单栏中的“工程”→“Compile Document（编译文件）”命令，编译当前的原理图，编译无误后分别保存原理图文件和项目文件。

（17）单击菜单栏中的“设计”→“仿真”→“Mixed Sim（混合仿真）”命令，系统将弹出“分析设置”对话框。在左侧的列表框中选择“General Setup（常规设置）”选项，在右侧设置需要观察的节点，即要获得的仿真波形，如图 3.104 所示。

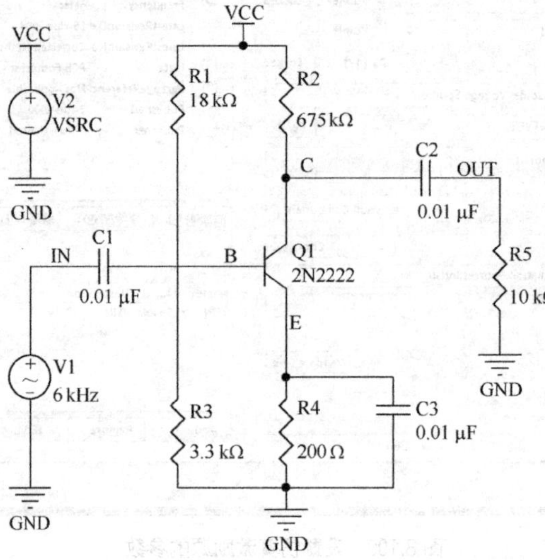

图 3.103　添加仿真电源

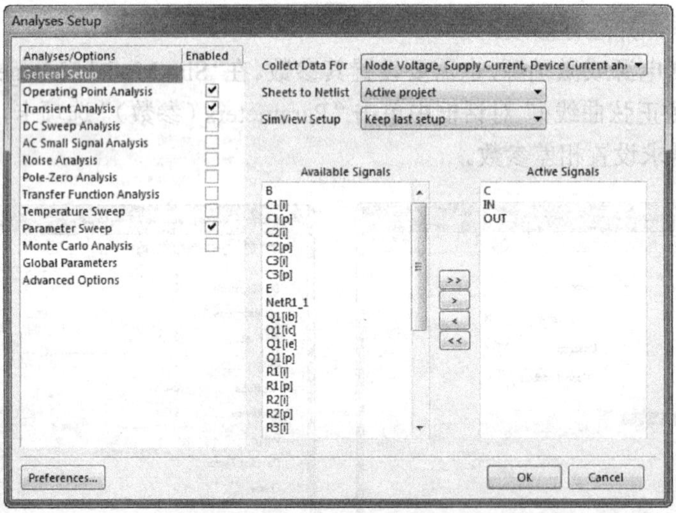

图 3.104　设置需要观察的节点

（18）选择合适的分析方法并设置相应的参数。如图 3.105 所示为设置“Transient Analysis（瞬态特性分析）”选项。

（19）设置完毕后，单击“确定”按钮，得到如图 3.106 所示的仿真波形。

（20）保存仿真波形图，然后返回到原理图编辑环境。

（21）单击菜单栏中的“设计”→“仿真”→“Mixed Sim（混合仿真）”命令，系统将弹出“分析设置"对话框。选择“Parameter Sweep（参数扫描）”选项，设置需要扫描的元件及参数的初始值、终止值和步长等，如图 3.107 所示。

（22）设置完毕后，单击“确定”按钮，得到如图 3.108 所示的仿真波形。

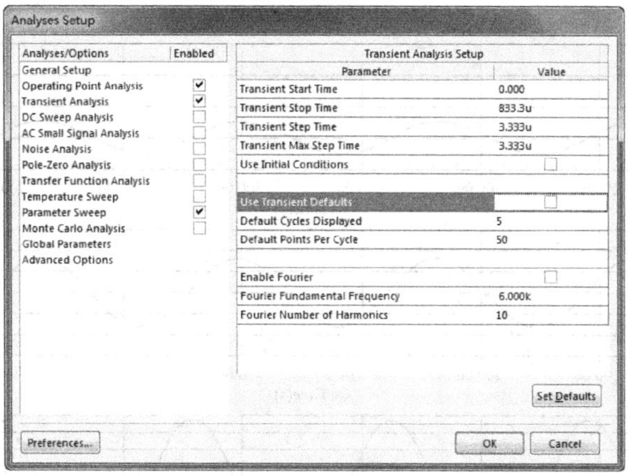

图 3.105 “Transient Analysis”选项的参数设置

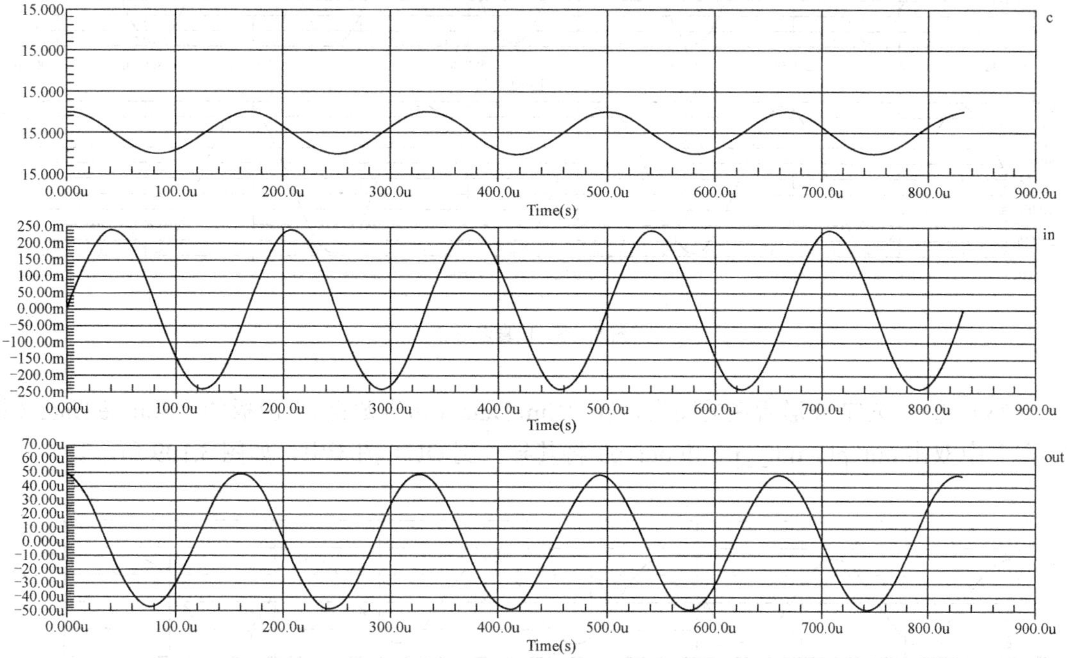

图 3.106 仿真波形 1

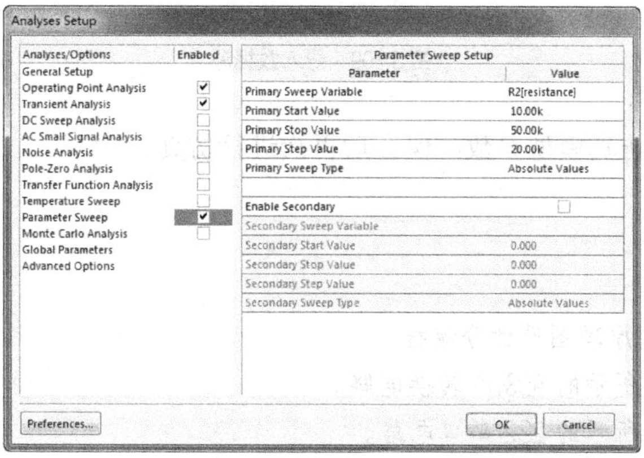

图 3.107 设置“Parameter Sweep”（参数扫描）选项

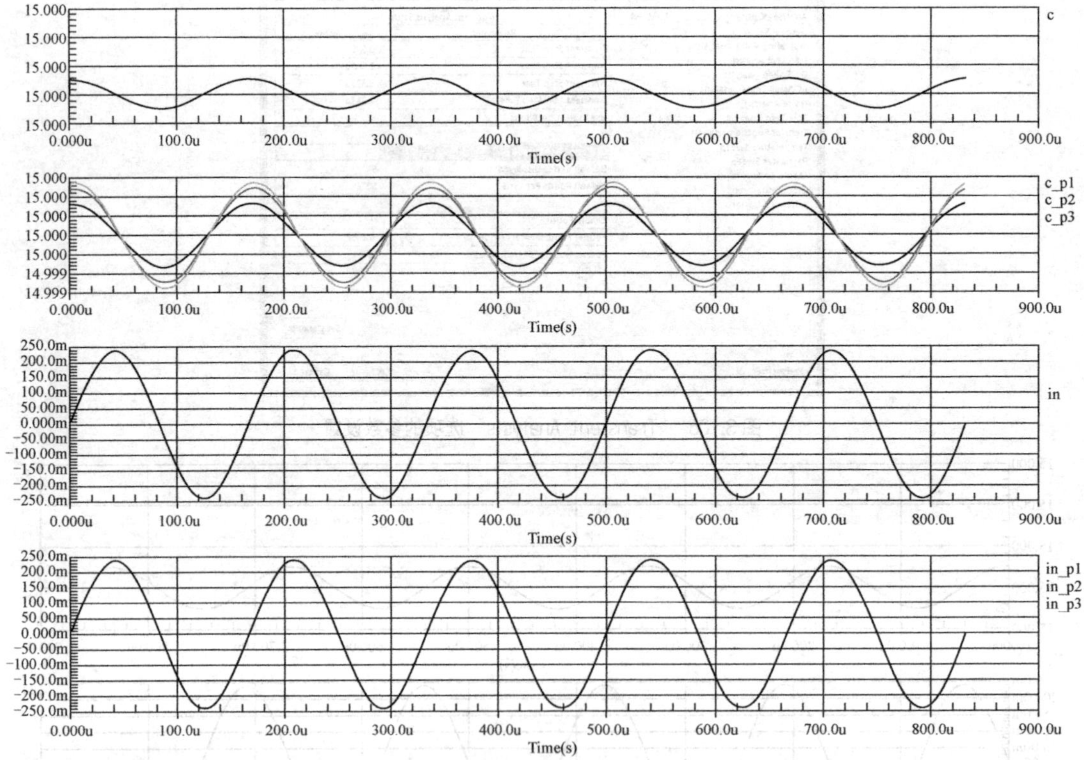

图 3.108 仿真波形 2

（23）选中 OUT 波形所在的图表，在“Sim Data（仿真数据）”面板的“Source Data（数据源）”中双击 out_pl、out__p2 和 out_p3 将其导入到 OUT 图表中，如图 3.109 所示。

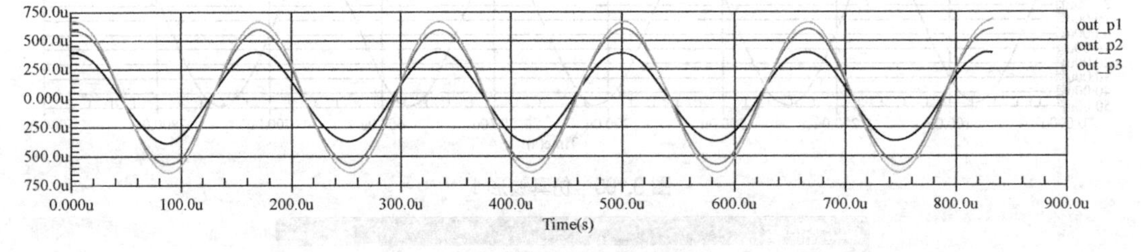

图 3.109 导入数据源

（24）还可以修改仿真模型参数，保存后再次进行仿真。

思考题

1. 请用流程图描述原理图设计分流程。
2. 绘制如图 3.110 所示的 AD&DA 转换电路。
3. 绘制如图 3.111 所示的 232 串口电路。
4. 绘制如图 3.112 所示的 JTAG 调试接口电路。

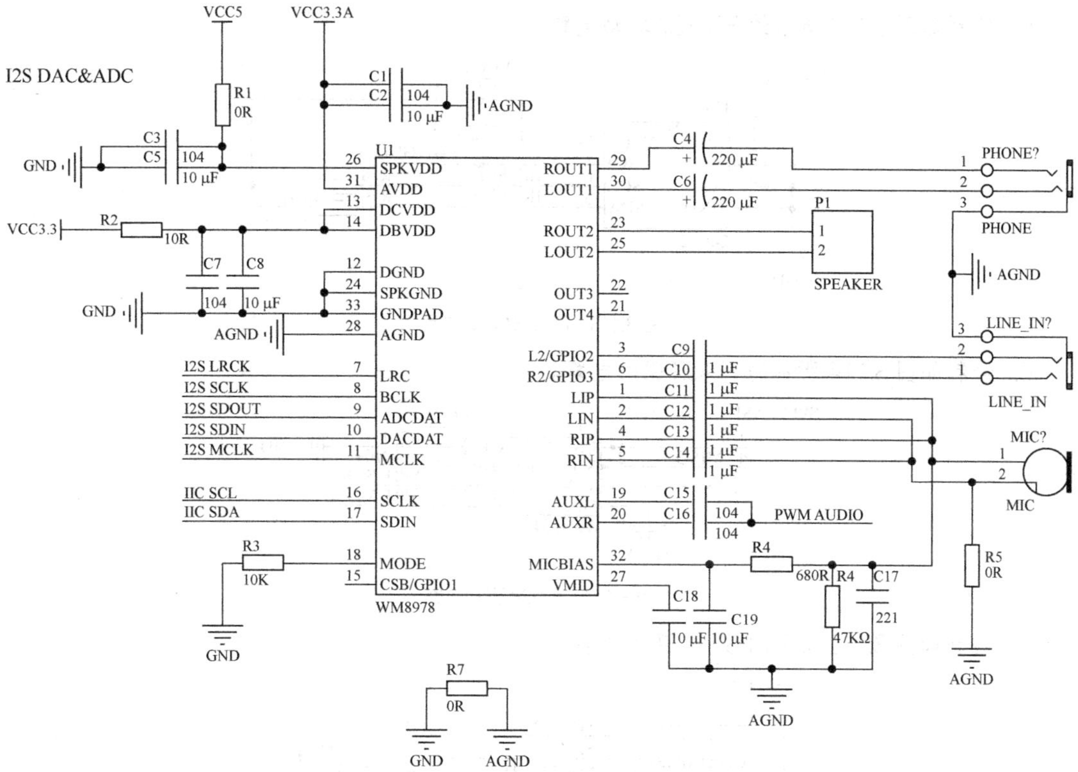

图 3.110　AD&DA 转换电路

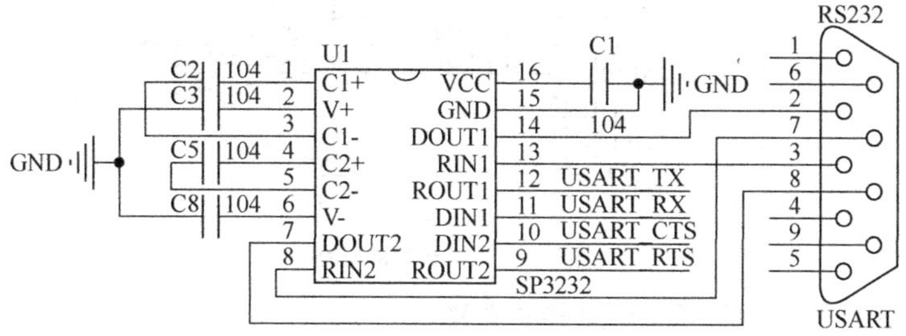

图 3.111　232 串口电路

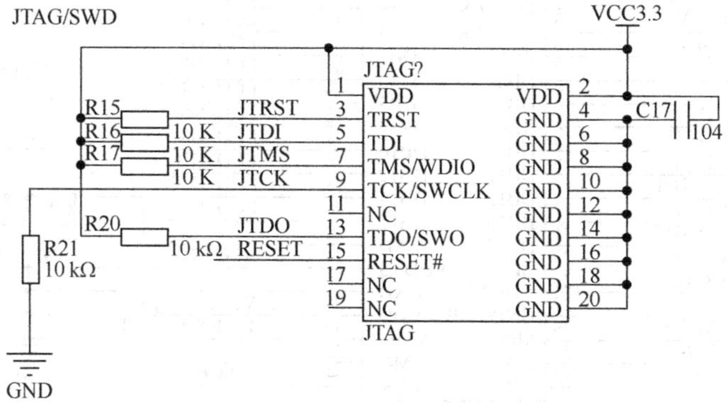

图 3.112　JTAG 调试接口电路

5. 绘制如图 3.113 所示的 EEPROM 驱动电路。

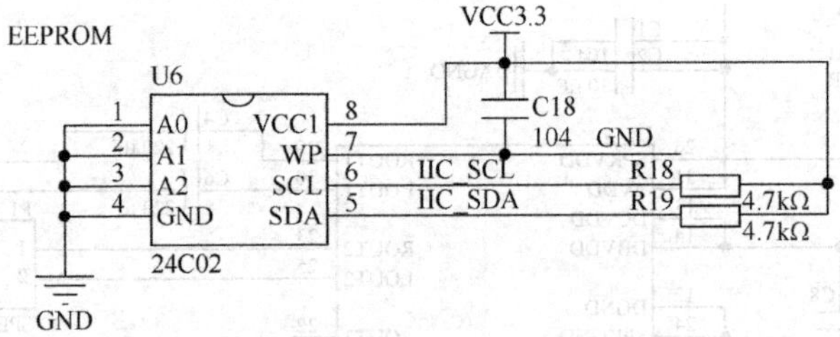

图 3.113 EEPROM 驱动电路

6. 绘制如图 3.114 所示的 FLASH 驱动电路。

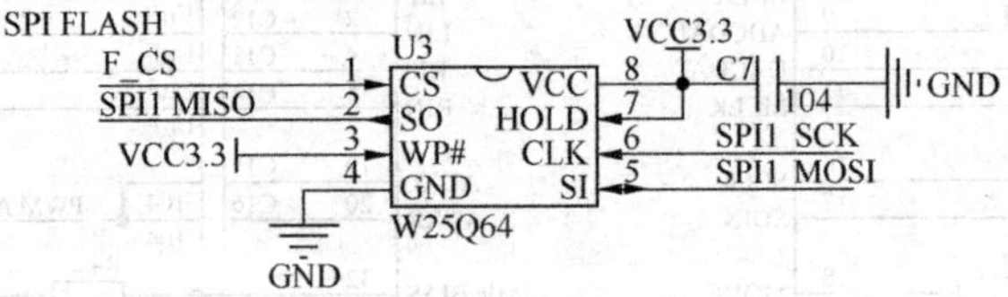

图 3.114 FLASH 驱动电路

7. 绘制如图 3.115 所示的 SD 卡驱动电路。

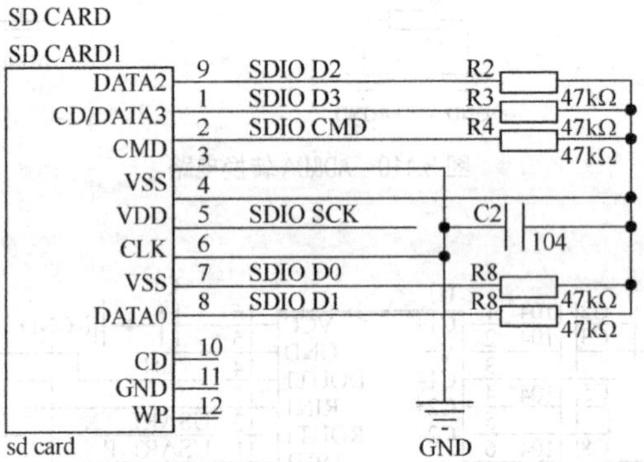

图 3.115 SD 卡驱动电路

8. 绘制如图 3.116 所示的 LCD/OLED 接口电路。

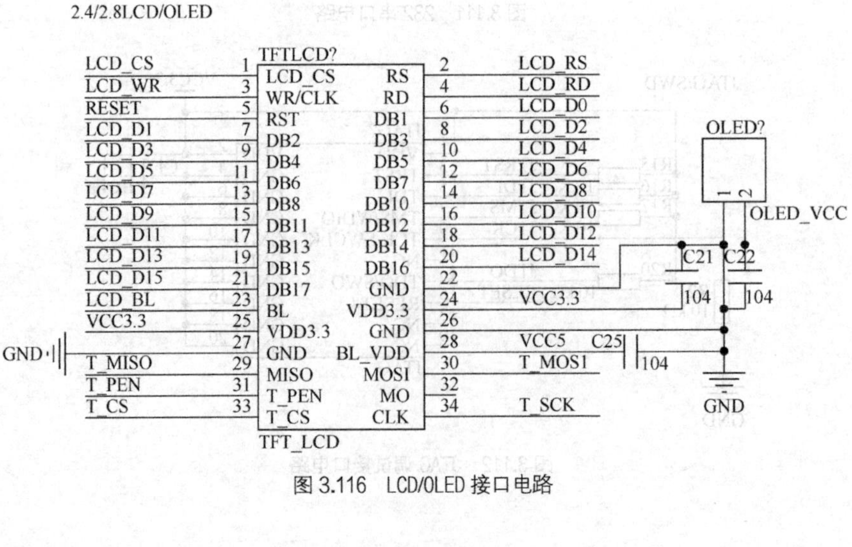

图 3.116 LCD/OLED 接口电路

9. 绘制如图 3.117 所示的放大电路并进行混合仿真。

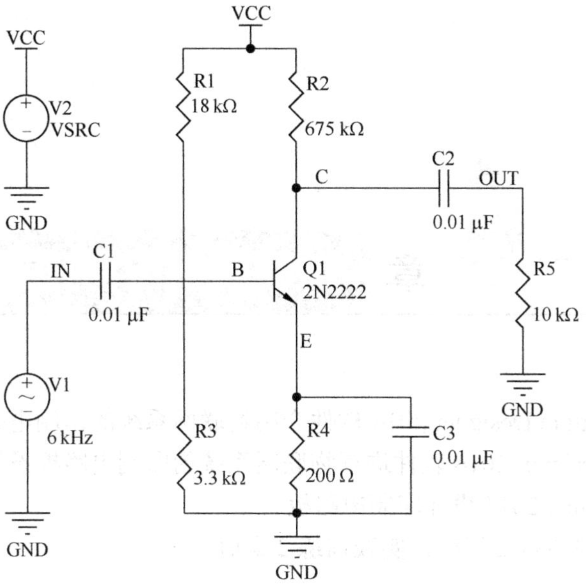

图 3.117 放大电路及混合仿真

10. 本章所用的快捷键有哪些?

11. 层次化原理图设计包括哪两类? 简述区别。

第4章 物联网系统的印制电路板设计

本章主要结合 Altium Designer 2014 软件介绍物联网系统的印制电路板设计等内容。知识要点是结合 Altium Designer 2014 软件进行物联网系统的印制电路板设计。本章我们将教大家如何使用 Altium Designer 2014 设计印制电路板。

本章建议安排理论讲授 2 课时，实践训练 2 课时。

4.1 PCB 编辑器的功能特点

Altium Designer 2014 的 PCB 设计能力非常强，能够支持复杂 PCB 设计，但是在每一个设计中无须使用所有的层次。本书中项目的规模都比较小，双面 PCB 板就能提供足够的走线空间，只需启动 Top Layer 和 Bottom Layer 的信号层以及对应的机械层、丝印层等层次即可，无需任何其他的信号层和内部电源层。

Altium Designer 2014 的 PCB 编辑器提供了一条设计印制电路板的捷径。PCB 编辑器通过它的交互性编辑环境将手动设计和自动化设计完美融合。PCB 的底层数据结构最大限度地考虑了用户对速度的要求，通过对功能强大的设计法则的设置，用户可以有效地控制印制电路板的设计过程。对于特别复杂的、有特殊布线要求的、计算机难以自动完成的布线工作，用户可以选择手动布线。总之，Altium Designer 2014 的 PCB 设计系统功能强大而方便，它具有以下的功能特点。

（1）丰富的设计法则。电子工业的飞速发展对印制电路板的设计人员提出了更高的要求。为了能够成功设计出一块性能良好的电路板，用户需要仔细考虑电路板阻抗匹配、布线间距、走线宽度、信号反射等各项因素，而 Altium Designer 2014 强大的设计法则极大地方便了用户。

（2）易用的编辑环境。和 Altium Designer 2014 的原理图编辑器一样，PCB 编辑器完全符合 Windows 应用程序风格，操作简单，编辑工作直观。

（3）合理的元件自动布局功能。Altium Designer 2014 提供了好用的元件自动布局功能，通过元件自动布局，计算机将根据原理图生成的网络报表对元件进行初步布局。用户的布局工作仅限于元件位置的调整。

（4）高智能的基于形状的自动布线功能。Altium Designer 2014 在印制电路板的自动布线技术上有了长足的进步。在自动布线的过程中，计算机将根据定义的布线规则，并基于网络形状对电路板进行自动布线。对于有特殊布线要求的网络或者特别复杂的电路设计，Altium

Designer 2014 提供了易用的手动布线功能。电气格点的设置使得用户在手动布线时能够快速定位连线点，操作起来简单而准确。

（5）强大的封装绘制功能。Altium Designer 2014 提供了常用的元件封装，对于超出 Altium Designer 2014 自带元件封装库的元件，在 Altium Designer 2014 的封装编辑器中可以方便地绘制出来。此外，Altium Designer 2014 采用库的形式来管理新建封装，使得在一个设计项目中绘制的封装，在其他的设计项目中能够得到引用。

（6）恰当的视图缩放功能。Altium Designer 2014 提供了强大的视图缩放功能，方便了大型的 PCB 绘制。

（7）强大的编辑功能。Altium Designer 2014 的 PCB 设计系统有标准的编辑功能，用户可以方便地使用编辑功能，提高工作效率。

（8）万无一失的设计检验。PCB 文件作为电子设计的最终结果，是绝对不能出错的。Altium Designer 2014 提供了强大的设计法则检验器（DRC），用户可以通过对 DRC 的规则进行设置，然后由计算机自动检测整个 PCB 文件。此外，Altium Designer 2014 还能够给出各种关于 PCB 的报表文件，方便用户后续的工作。

（9）高质量的输出。Altium Designer 2014 支持标准的 Windows 打印输出功能，其 PCB 输出质量无可挑剔。

4.2 PCB 界面简介

PCB 界面主要由菜单栏、工具栏和工作面板三部分组成，如图 4.1 所示。

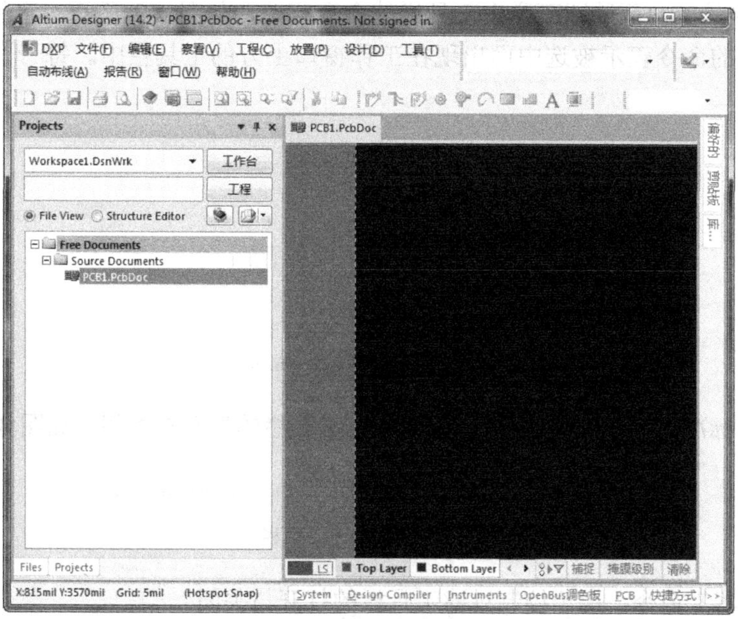

图 4.1 PCB 编辑器界面

1. 菜单栏

菜单栏中的各菜单命令功能简要介绍如下。

（1）“文件”菜单：用于文件的新建、打开、关闭、保存与打印等操作。

（2）“编辑”菜单：用于对象的复制、粘贴、选取、删除、导线切割、移动、对齐等编辑操作。

（3）“察看”菜单：用于实现对视图的各种管理，如工作窗口的放大与缩小，各种工具、面板、状态栏及节点的显示与隐藏等，以及3D模型、公英制转换等。

（4）“工程”菜单：用于对工程项目文件进行编译、添加等操作。

（5）“放置”菜单：包含了在PCB中放置导线、字符、焊盘、过孔等各种对象，以及放置坐标、标注等命令。

（6）“设计”菜单：用于添加或删除元件库、导入网络表、原理图与PCB间的同步更新及印制电路板的定义，以及电路板形状的设置、移动等操作。

（7）“工具”菜单：用于为PCB设计提供各种工具，如DRC检查、元件的手动与自动布局、PCB图的密度分析及信号完整性分析等操作。

（8）“自动布线”菜单：用于执行与PCB自动布线相关的各种操作。

（9）“报告”菜单：用于执行生成PCB设计报表及PCB板尺寸测量等操作。

（10）“窗口”菜单：用于对窗口进行各种操作。

（11）“帮助”菜单：用于打开帮助菜单。

2. 主工具栏

工具栏中以图标按钮的形式列出了常用菜单命令的快捷方式，用户可根据需要对工具栏中包含的命令进行选择，对摆放位置进行调整。

右击菜单栏的空白区域即可弹出工具栏的命令菜单，如图4.2所示。它包含六个命令，带有“√”标志的命令表示被选中而出现在工作窗口上方的工具栏中。每一个命令代表一系列工具选项。

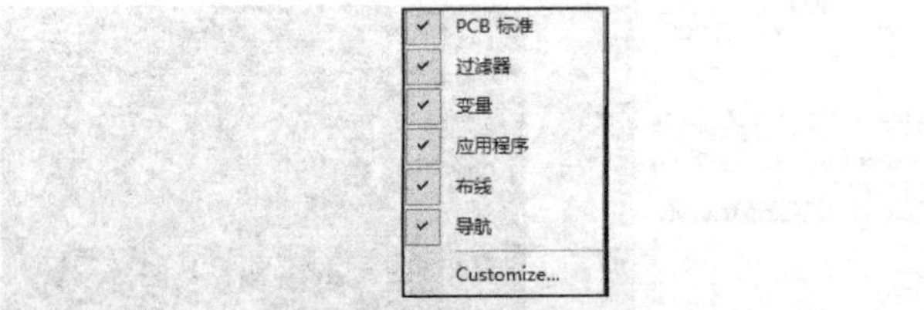

图4.2 工具栏的命令菜单

（1）“PCB标准”命令：用于控制PCB标准工具栏的打开与关闭，如图4.3所示。

图4.3 PCB标准工具栏

（2）“过滤器”命令：用于控制过滤工具栏的打开与关闭。

（3）“变量”命令：用于切换过滤器件。

（4）“应用程序”命令：用于控制实用工具栏打开与关闭。

（5）“布线”命令：用于控制连线工具栏的打开与关闭。

（6）“导航”命令：用于控制导航工具栏的打开与关闭。

（7）“Customize（用户定义）”命令：用于用户自定义设置。

4.3　电路板物理结构及环境参数设置

对于手动生成的 PCB，在进行 PCB 设计前，先要对电路板的各种属性进行详细的设置，如边框线的设置、板形的设置、PCB 图纸的设置等。下面主要介绍边框线的设置与板形的设置。

1．边框线的设置

电路板的物理边界为 PCB 的实际大小和形状，板形的设置是在“Mechanical 1（机械层）”上进行的。根据所设计的 PCB 在产品中的安装位置、所占空间的大小、形状及与其他部件的配合来确定 PCB 的外形与尺寸。具体的操作步骤如下。

（1）新建一个 PCB 文件，使之处于当前的工作窗口中，如图 4.4 所示，默认其包括以下几个工作层面。

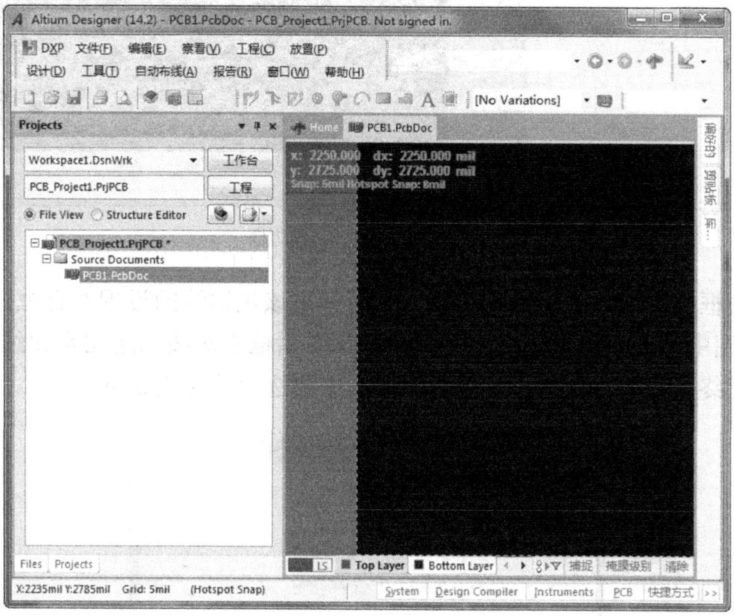

图 4.4　新建的 PCB 文件

① 两个信号层 Top Layer（顶层）和 Bottom Layer（底层）：用于建立电气连接的铜箔层。

② Mechanical 1（机械层）：用于设置 PCB 与机械加工相关的参数，以及用于 PCB 3D 模型放置与显示。

③ Top-Over Layer（丝印层）：用于添加电路板的说明文字。

④ Keep-Out Layer（禁止布线层）：用于设立布线范围，支持系统的自动布局和自动布线功能。

⑤ Multi-Layer（多层同时显示）：可实现多层叠加显示，用于显示与多个电路板层相关的 PCB 细节。

（2）单击工作窗口下方“Mechanical 1（机械层）”标签，使该层面处于当前工作窗口中。

（3）单击菜单栏中的“放置”\“走线”命令，此时光标变成十字形状。将光标移到合适的位置，单击即可进行线的放置操作，每单击一次就确定一个固定点。通常将板的形状定义为矩形，但在特殊的情况下，也可以将板形定义为圆形、椭圆形或者不规则的多边形。

（4）当放置的线组成了一个封闭的边框时，就结束了边框的绘制，右击退出该操作。绘制好的 PCB 边框，如图 4.5 所示。

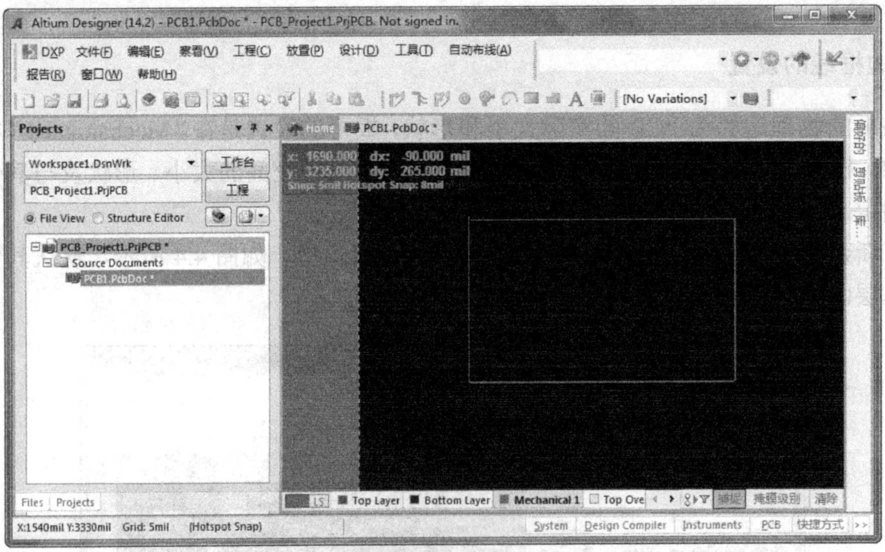

图 4.5 绘制好的 PCB 边框

（5）设置边框线属性。双击任一边框线即可弹出该边框线的设置对话框，如图 4.6 所示。为了确保 PCB 图中边框线为封闭状态，可以在该对话框中对线的起始点和结束点进行设置，使一段边框线的终点为下一段边框线的起点。其主要选项的含义如下。

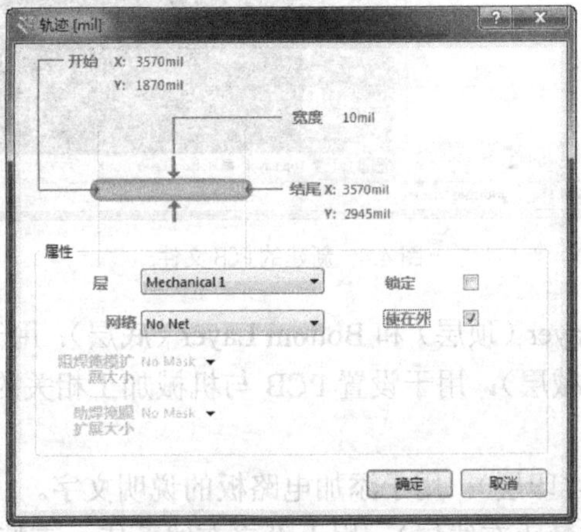

图 4.6 设置边框线

①“层”下拉列表框：用于设置该线所在的电路板层。用户在开始画线时可以不选择“Mechanical 1”层，在此处进行工作层的修改也可以实现上述操作所达到效果，只是这样需

要对所有边框线段进行设置，操作起来比较麻烦。

②“网络”下拉列表框：用于设置边框线所在的网络。通常边框线不存在任何电气特性，因此，不属于任何网络。

③“锁定”复选框：勾选该复选框时，边框线将被锁定，无法对该线进行移动等操作。

④“使在外”复选框：用于定义该边框线属性是否为板外对象，板外对象将不出现在系统生成的“Gerber”文件中。单击“确定”按钮，完成边框线的属性设置。

2. 板形的设置

对边框线进行设置的主要目的是给制板商提供加工电路板的依据。用户也可以在设计时直接修改板形，即在工作窗口中可直接看到自己所设计的电路板的外观形状，然后对板形进行修改。板形的设置与修改主要通过“设计”菜单中的“板子形状”子菜单来完成，如图 4.7 所示。

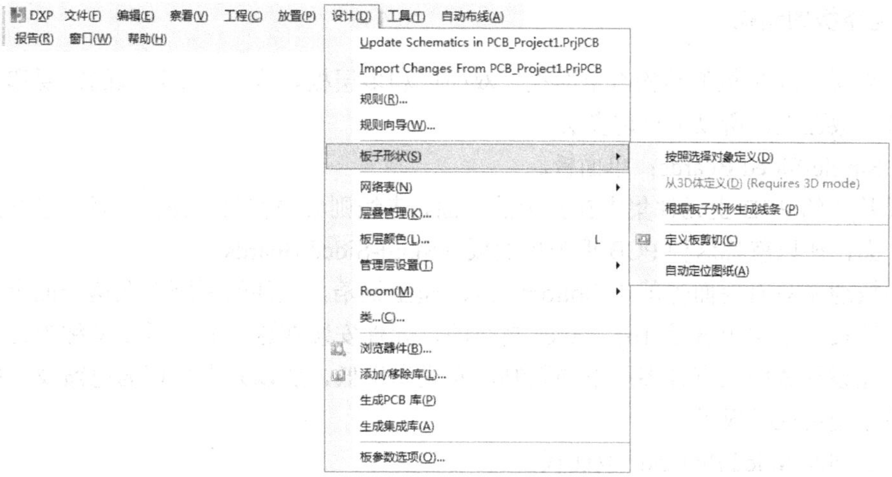

图 4.7 “板子形状”子菜单

4.4 PCB 的设计流程

笼统地讲，在进行印制电路板的设计时，首先要确定设计方案，并进行局部电路的仿真或实验，完善电路性能。之后根据确定的方案绘制电路原理图，并进行 ERC 检查。最后完成 PCB 的设计，输出设计文件，送交加工制作。设计者在这个过程中尽量按照设计流程进行设计，这样可以避免一些重复的操作，同时也可以防止一下不必要的错误出现。

PCB 设计的操作步骤如下。

（1）绘制电路原理图。确定选用的元件及其封装形式，完善电路。

（2）规划电路板。全面考虑电路板的功能、部件、元件封装形式、连接器及安装方式等。

（3）设置各项环境参数。

（4）载入网络表和元件封装。搜集所有的元件封装，确保选用的每个元件封装都能在 PCB 库文件中找到，将封装和网络表载入到 PCB 文件中。

（5）元件自动布局。设定自动布局规则，使用自动布局功能，将元件进行初步布置。

（6）手工调整布局。手工调整元件布局使其符合PCB板的功能需要和元器件电气要求，还要考虑到安装方式，放置安装孔等。

（7）电路板自动布线。合理设定布线规则，使用自动布线功能为PCB板自动布线。

（8）手工调整布线。自动布线结果往往不能满足设计要求，还需要做大量的手工调整。

（9）DRC校验。PCB板布线，需要经过DRC校验无误，否则，根据错误提示进行修改。

（10）文件保存，输出打印。保存、打印各种报表文件及PCB制作文件。

（11）加工制作。将PCB制作文件送交加工单位。

4.5 设置电路板工作层面

在使用PCB设计系统进行印制电路板设计前，首先要了解一下工作层面，而碰到的第一个概念就是PCB板的结构。

1. 电路板的结构

一般来说，PCB板的结构有单面板、双面板和多层板。这里由于篇幅的需要和我们目前只用到单、双面板，所以不再讲多层板。

（1）Single-Sided Boards：单面板。

在最基本的PCB上元件集中在其中的一面，走线则集中在另一面上。因为走线只出现在其中的一面，所以就称这种PCB板为单面板（Singl-Sided Boards）。

单面板通常只有底面也就是Bottom Layer覆上铜箔，元件的引脚焊在这一面上，主要完成特性的连接。顶层也就是Top Layer是空的，元件安装在这一面，所以又称为元件面。因为单面板在设计线路上有许多严格的限制，布通率很低，所以只有早期的电路及一些比较简单的电路才使用这类板子。

（2）Double-Sided Boards：双面板。

这种电路板的两面都有布线，不过要用上两面的布线则必须要在两面之间有适当的电路连接才行。这种电路间的“桥梁”叫做过孔（via）。过孔是在PCB上充满或涂上金属的小洞，它可以与两面的导线相连接。双层板通常无所谓元件面和焊接面，因为两个面都可以焊接或安装，但习惯称Bottom Layer为焊接面，Top Layer为元件面。因为双面板的面积比单面板大了一倍，而且因为布线可以互相交错（可以绕到另一面），因此它适合用在比单面板复杂的电路上。相对于多层板而言，双面板的制作成本不高，在给定一定面积的时候通常都能100%布通，因此一般的印制板都采用双面板。

2. 工作层面的的类型

PCB一般包括很多层，不同的层包含不同的设计信息。制板通常是将各层分开做，后期经过压制、处理，最后生成各种功能的电路板。Altium Designer 2014提供了以下六种类型的工作层。

（1）Signal Layers（信号层）：即铜箔层，用于完成电气连接。

（2）Mechanical Layers（机械层）：用于描述电路板机械结构、标注及加工等生产和组装信息所使用的层面，不能完成电气连接，但其名称可以由用户定义。

（3）Mask Layers（阻焊层）：用于保护铜线，也可以防止焊接错误。

（4）Other Layers（其他层）。

① Drill Guides（钻孔）和 Drill Drawing（钻孔图）：用于描述钻孔图和钻孔位置。

② Keep-Out Layer（禁止布线层）：用于定义布线区域，基本规则是元件不能放置于该层上或进行布线。只有在这里设置了闭合的布线范围，才能启动元件自动布局和自动布线功能。

③ Multi-Layer（多层）：该层用于放置穿越多层的 PCB 元件，也用于显示穿越多层的机械加工指示信息。

单击菜单栏中的“设计”\“电路板层和颜色”命令，弹出“视图配置”对话框，如图 4.8 所示。

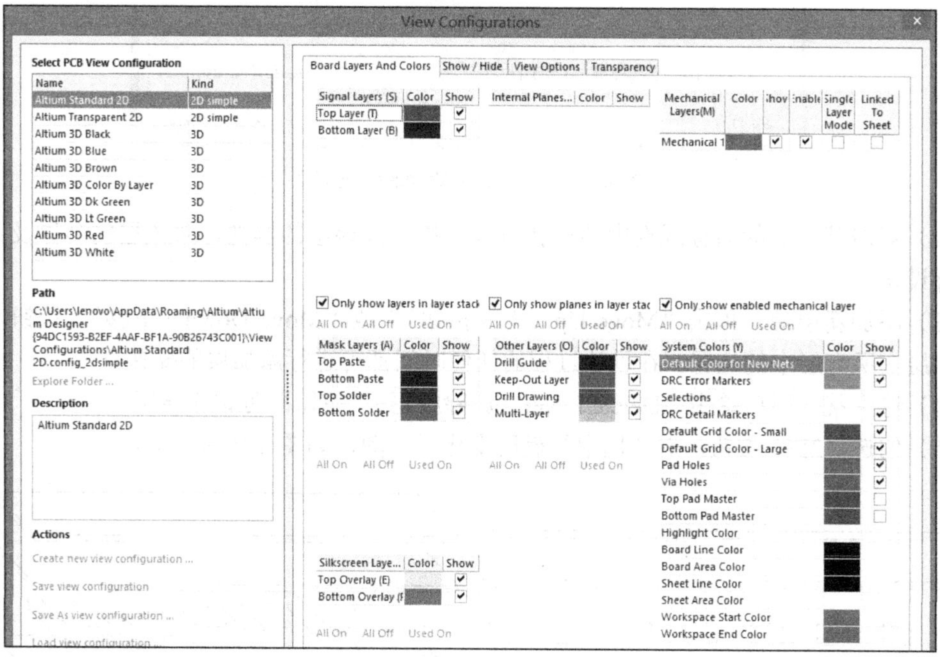

图 4.8 “视图配置”对话框

3. 电路板层数设置

在对电路板进行设计前可以对电路板的层数及属性进行详细的设置，这里所说的层主要是指 Signal Layers（信号层）、Internal Plane Layers（电源层和地线层）和 Insulation（Substrate）Layers（绝缘层）。

电路板层数设置的具体操作步骤如下：

单击菜单栏中的“设计”\“电路板层堆栈管理”命令，系统将弹出如图 4.9 所示的“Layer Stack Manager（电路板层堆栈管理）”对话框。

在该对话框中可以增加层、删除层、移动层所处的位置以及对各层的属性进行编辑。

（1）对话框的中心显示了当前 PCB 图的层结构。默认设置为双层板，即只包括 Top Layer（顶层）和 Bottom Layer（底层）两层。用户可以单击 Add Layer（添加层）按钮添加信号层、电源层和地层，单击“Add Plane（添加平面）”按钮添加中间层。选定某一层为参考层，执行添加新层的操作时，新添加的层将出现在参考层的下面。当勾选“Bottom Layer（底层）”复选框时，添加层则出现在底层的上面。

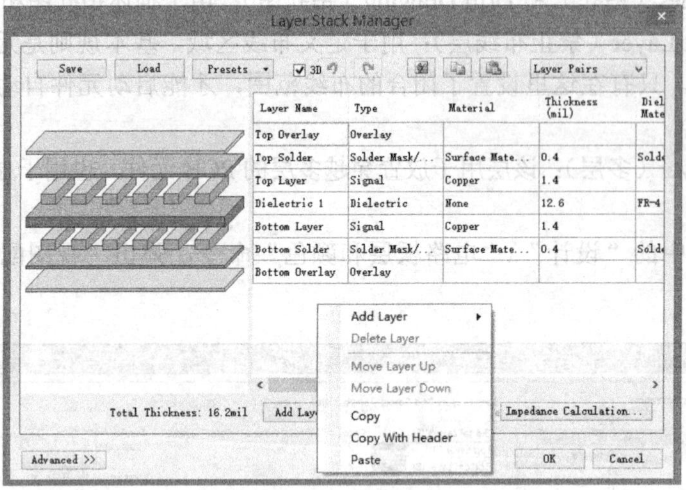

图 4.9 “Layer Stack Manager”对话框

（2）双击某一层的名称或选中该层就可以直接修改该层的属性，对该层的名称及铜箔厚度进行设置。

（3）添加新层后，单击“Move Up（上移按钮）”或“Move Down（下移）”按钮，可以改变该层在所有层中的位置。在设计过程的任何时间都可进行添加层的操作。

（4）选中某一层后单击“Delete Layer（删除板层）”按钮即可删除该层。

（5）勾选“3D”按钮，对话框中的板层变化示意图，如图 4.10 所示。

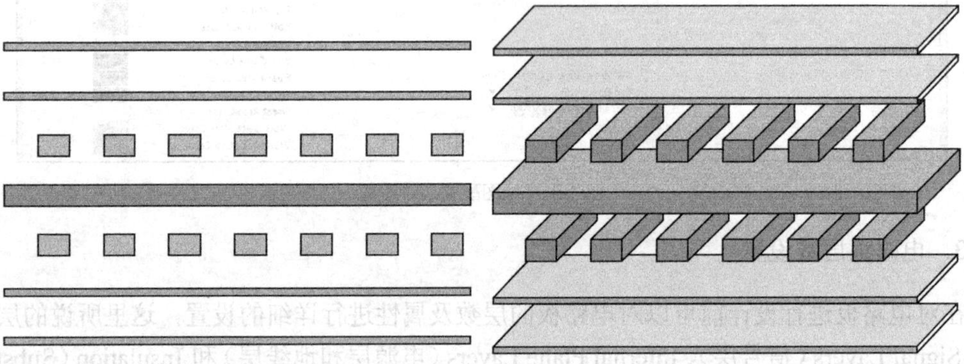

变化前　　变化后

图 4.10　板层变化

（6）在该对话框的任意空白处单击鼠标右键即可弹出一个菜单，如图 4.9 所示。此菜单项中的大部分选项也可以通过对话框下方的按钮进行操作。

（7）“Presets”下拉菜单项提供了常用不同层数的电路板层数设置，可以直接选择进行快速板层设置。

（8）PCB 设计中最多可添加 32 个信号层、26 个电源层和地线层。各层的显示与否可在“试图配置”对话框中进行设置，选中各层中的“显示”复选框即可。

（9）单击“Advanced”按钮，对话框发生变化，增加了电路板堆叠特性的设置，如图4.11所示。

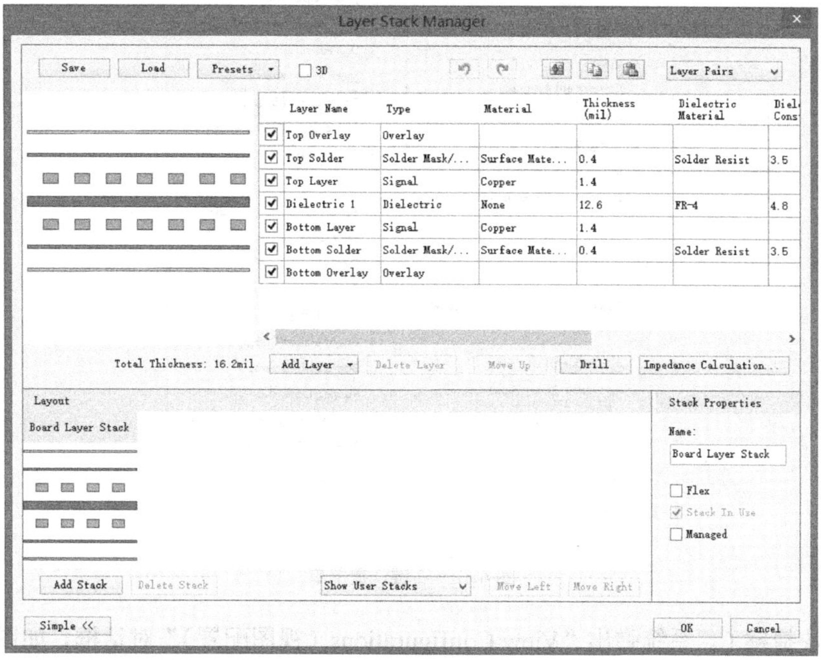

图4.11 板堆叠特性的设置

电路板的层叠结构中不仅包括拥有电气特性的信号层，还包括无电气特性的绝缘层，两种典型的绝缘层主要是指“Core（填充层）”和“Prepreg（塑料层）”。

层的堆叠类型主要是指绝缘层在电路板中的排列顺序，默认的三种堆叠类型包括Layer Pairs（Core层和Prepreg层自上而下间隔排列）、Internal Layer Pairs（Prepreg层和Core层自上而下间隔排列）和Build-up（顶层和底层为Core层，中间全部为Prepreg层）。改变层的堆叠类型将会改变Core层和Prepreg层在层栈中的分布，只有在信号完整性分析需要用到盲孔或深埋过孔的时候才需要进行层的堆叠类型的设置。

（10）“Drill”按钮用于钻孔设置。

（11）“Impedance Calculation...”按钮用于阻抗计算。

为了使读者能熟悉软件英文界面，我们把软件切换回英文，【DXP】/【参数选择】/【general】勾选“使用本地资源”。

4. 电路板层显示与颜色设置

PCB编辑器采用不同的颜色显示各个电路板层，以便于区分。用户可以根据个人习惯进行设置，并且可以决定是否在编辑器内显示该层。下面通过实际操作介绍PCB层颜色的设置。首先打开“View Configuraitions（视图配置）”对话框，有以下三种方法。

（1）单击菜单栏中的“Design（设计）”\“Board Layers & Colors（电路板层和颜色设置）”命令。

（2）在工作窗口右击，在弹出的右键快捷菜单中单击“Options（选项）”\“Board Layers

& Colors”命令，如图 4.12 所示。

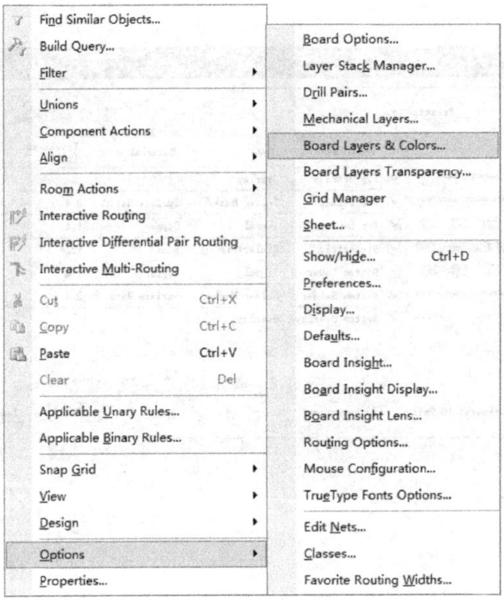

图 4.12 右键快捷菜单

（3）按快捷键 L。系统弹出“View Configurations（视图配置）”对话框，如图 4.13 所示。该对话框包括电路板层颜色设置和系统默认设置颜色的显示两部分。

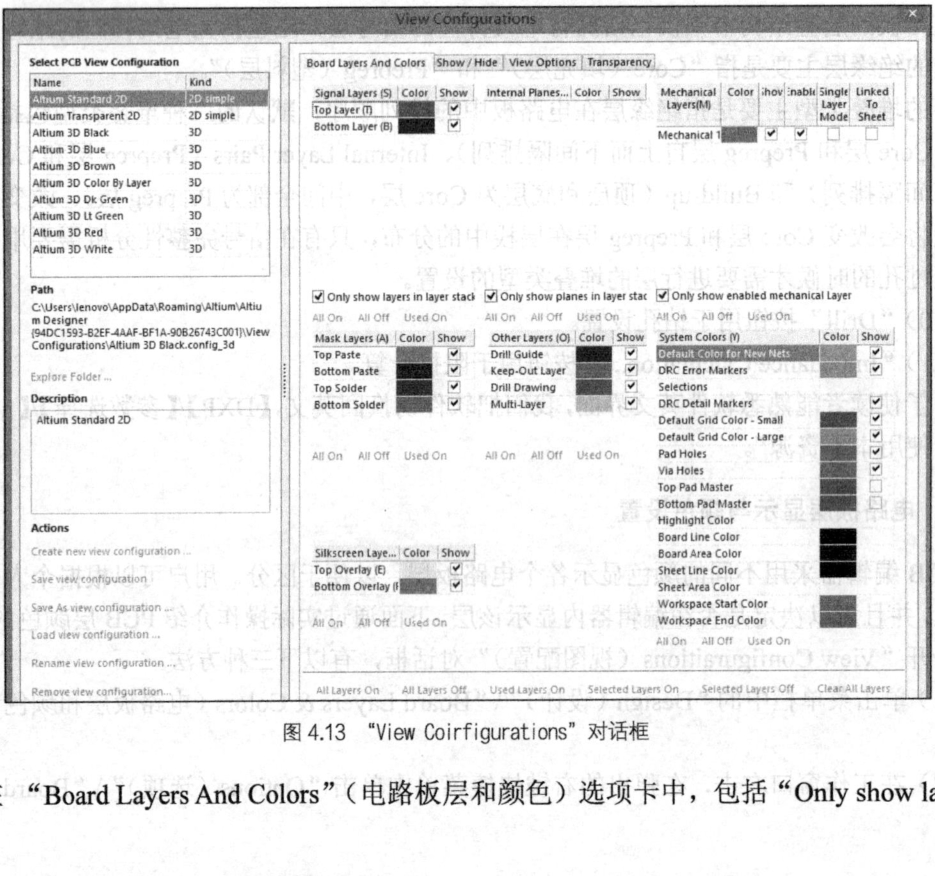

图 4.13 “View Coirfigurations”对话框

在“Board Layers And Colors”（电路板层和颜色）选项卡中，包括“Only show layers in layer stack（只显示层叠中的层）”“Only show planes in layer stack（只显示平面中的层和“Only show enabled mechanical layers（只显示激活的机械层）”三个复选框它们分别对应其上方的信号层、电源层和地线层、机械层。这三个复选框决定了在“View Configurations（视图配置）”对话框中是显示全部的层面，还是只显示图层堆栈管理器中设置的有效层面。一般为使对话框简洁明了，勾选这三个复选框只显示有效层面，对未用层面可以忽略其颜色设置。

在各个设置区域中，“Color（颜色）”设置栏用于设置对应的电路板层的颜色。“Show（显示）”复选框用于决定此层是否在 PCB 编辑器内显示。如果要显示某层的颜色，单击其对应的“Color（颜色）”设置栏中的颜色显示框，即可在弹出的“2D System Colors（二维系统颜色）”对话框中进行修改。图 4.14 是修改“Keep-Out Layer（层外）”颜色的“2D System Colors（二维系统颜色）”对话框。

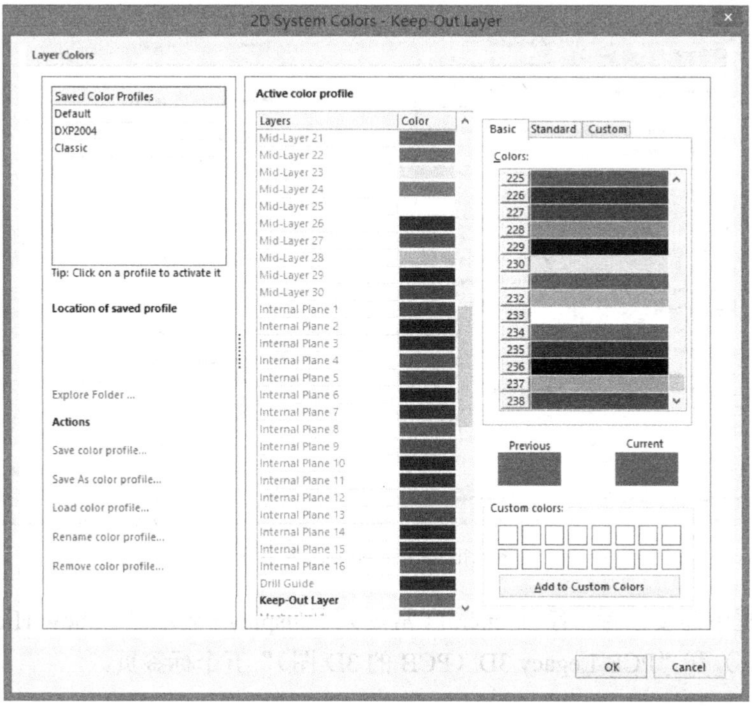

图 4.14 “2D System Colors”对话框

在图 4.13 中，单击“All-On（打开所有）”按钮，则所有层的“Show（显示）”复选框都处于勾选状态。相反，如果单击 A11-Off（关闭所有）”按钮，则所有层的“Show（显示）” 复选框都处于未勾选的状态，单击“Used On（惯用）”按钮，则当前工作窗口中所有使用层的“Show（显示）”复选框处于勾选状态。在该对话框中选择某一层，然后单击“Selected Layer Off（被选层打开）”按钮，即可勾选该层的 Show（显示）”复选框；如果单击“Selected Layer Off（被选层关闭）”按钮，即可取消对该层“Show（显示）”复选框的勾选；如果单击“Clear All Layer（清除所有层）”按钮，即可清除对话框层中的勾选状态。

在“2D System Colors”栏中可以对系统的两种类型可视格点的显示或隐藏进行设置，还可以对不同的系统对象进行设置。

单击“OK”按钮即可完成对“View Configurations（视图配置）”对话框的设置。

4.6 “Preferences”的设置

在“Preferences（优选参数）”对话框中可以对一些与 PCB 编辑窗口相关的系统参数进行设置。设置后的系统参数将用于当前工程的设计环境，并且不会随 PCB 文件的改变而改变。

单击菜单栏中的“Tools（工具）”\“Preferences...（优选参数）”命令，系统将弹出如图 4.15 所示的“Preferences（优选参数）”对话框。

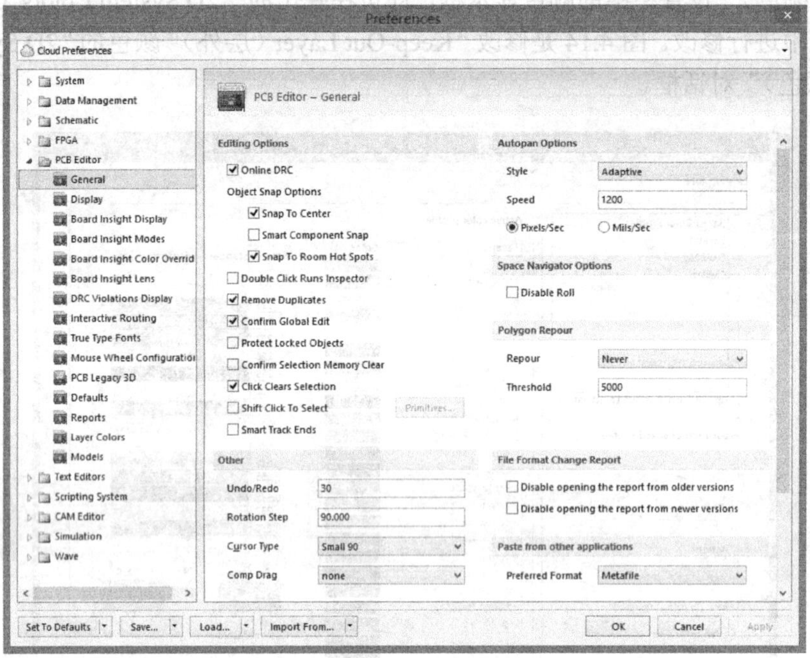

图 4.15 “Preferences”对话框

在该对话框中需要设置，有“General（常规）”“Display（显示）”“Show/Hide 显示/隐藏）”“Defaults（默认）和“PCB Legacy 3D（PCB 的 3D 图）”五个标签页。

4.7 在 PCB 文件中导入原理图网络表信息

网络表是原理图与 PCB 图之间的联系纽带，原理图的信息可以通过导入网络表的形式完成与 PCB 之间的同步。在进行网络表的导入之前，需要装载元件的封装库及对同步比较器的比较规则进行设置。

原理图和 PCB 图之间的信息可以通过在相应的 PCB 文件中导入网络表的方式完成同步。在执行导入网络表的操作之前，需要在 PCB 设计环境中装载元件的封装库及对同步比较器的比较规则进行设置。

1. 装载元件封装库

由于 Altium Designer 2014 采用的是集成的元件库，因此对于大多数设计来说，在进行原理图设计的同时便装载了元件的 PCB 封装模型，一般可以省略该项操作。但 Altium Designer 2014 同时也支持单独的元件封装库，只要 PCB 文件中有一个元件封装不是在集成的元件库中，用户就需要单独装载该封装所在的元件库。元件封装库的添加与原理图中元件库的添加步骤相同，这里不再赘述。

2．设置同步比较规则

同步设计是 Protel 系列软件中实现绘制电路图最基本的方法，这是一个非常重要的概念。对同步设计概念最简单的理解就是原理图文件和 PCB 文件在任何情况下保持同步。也就是说，不管是先绘制原理图再绘制 PCB 图，还是同时绘制原理图和 PCB 图，最终都要保证原理图中元件的电气连接意义必须和 PCB 图中的电气连接意义完全相同，这就是同步。同步并不是单纯的同时进行，而是原理图和 PCB 图两者之间电气连接意义的完全相同。实现这个目的的最终方法是用同步器来实现，这个概念就称之为同步设计。

如果说网络表包含了电路设计的全部电气连接信息，那么 Altium Designer 2014 则是通过同步器添加网络报表的电气连接信息来完成与 PCB 图之间的同步更新。同步器的工作原理是检查当前的原理图文件和 PCB 文件，得出它们各自的网络报表并进行比较，比较后得出的不同网络信息将作为更新信息，然后根据更新信息便可以完成原理图设计与 PCB 设计的同步。同步比较规则能够决定生成的更新信息，因此要完成原理图与 PCB 图的同步更新，同步比较规则的设置是至关重要的。

单击菜单栏中的“Project（项目）”\“Project Options...（项目选项）”命令系统将弹出“Options for PCB Project…（PCB 项目选项）”对话框，然后单击“Comparator（比较器）”选项卡，在该选项卡中可以对同步比较规则进行设置，如图 4.16 所示。

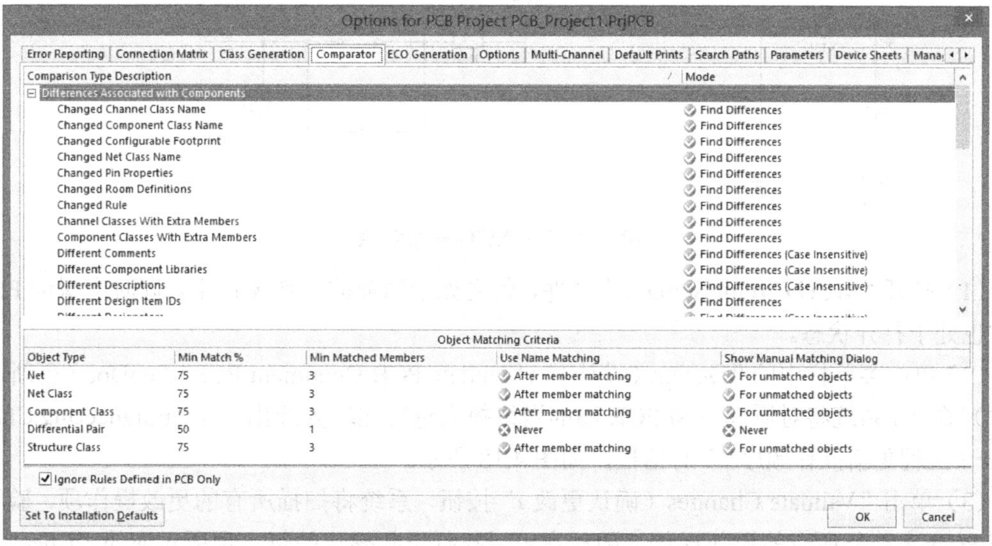

图 4.16 “Comparator” 选项卡

单击“Set To Installation Defaults（设置成安装默认值）”按钮，将恢复软件安装时同步器的默认设置状态。

单击“OK（确定）”按钮，即可完成同步比较规则的设置。

同步器的主要作用是完成原理图与 PCB 图之间的同步更新，但这只是对同步器的狭义理解。广义上的同步器可以完成任何两个文档之间的同步更新，可以是两个 PCB 文档之间、网络表件和 PCB 之间，也可以是两个网络表文件之间的同步更新。用户可以在“Differences（不同）”面板中查看两个文件之间的不同之处。

3. 导入网络报表

完成同步比较规则的设置后，即可进行网络表的导入工作。打开光盘中“第三章\配套电路图\最小系统”文件夹中最小单片机系统项目文件“MCU.PrjPCB”，打开原理图文件“MCU Circuit. SchDoc”原理图，如图 4.17 所示，将原理图的网络表导入到当前的 PCB1 文件中。操作步骤如下。

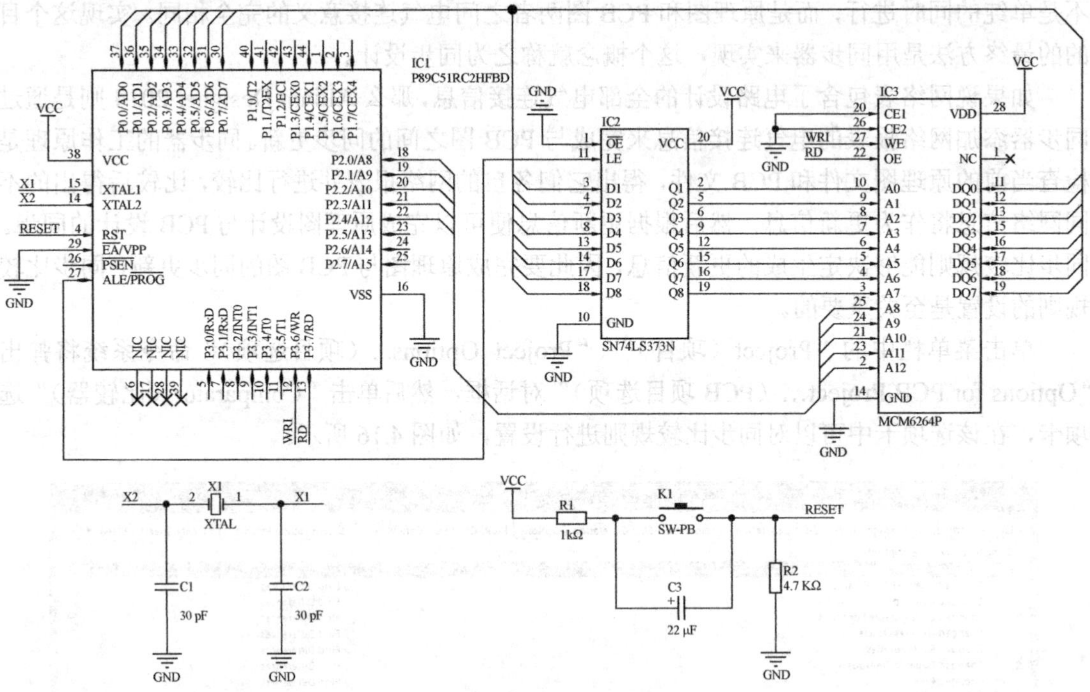

图 4.17　要导入网络表的原理图

（1）打开“MCU Circuit.SchDoc”文件，使之处于当前的工作窗口中，同时应保证 PCB 1 文件也处于打开状态。

（2）单击菜单栏中的“Design（设计）”\“Update PCB Document PCB1.PcbDoc（更新 PCB 文件）”命令，系统将对原理图和 PCB 图的网络报表进行比较并弹出一个“Enigneering Change Order（工程更新操作顺序）”对话框，如图 4.18 所示。

（3）单击“Validate Changes（确认更改）”按钮，系统将扫描所有的更改操作项，验证能否在 PCB 上执行所有的更新操作。随后在可以执行更新操作的每一项所对应的“Check（检查）”栏中将显示✓标记，如图 4.19 所示。

- 标记：说明该项更改操作项都是合乎规则的。
- 标记：说明该项更改操作是不可执行的，需要返回到以前的步骤中进行修改，然后重新进行更新验证。

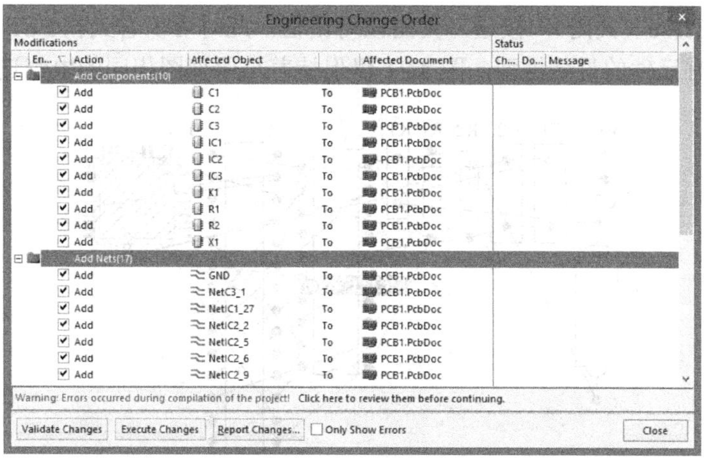

图 4.18 “Engineering Change Order” 对话框

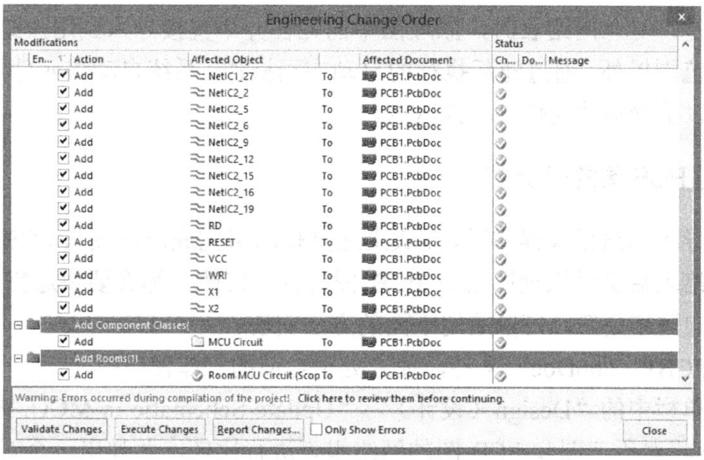

图 4.19 PCB 中能实现的合乎规则的更新

（4）进行合法性校验后单击“Execute Changes（执行更改）”按扭，系统将完成网络表的导入，同时在每一项“Done（完成）”栏中显示 标记提示导入成功，如图 4.20 所示。

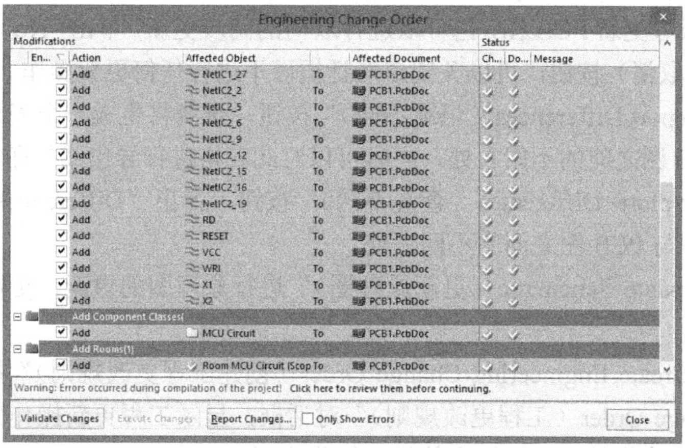

图 4.20 执行更新命令

（5）单击“Close（关闭）”按钮，关闭该对话框。此时可以看到在 PCB 图布线框的右侧出现了导入的所有元件的封装模型，图 4.21 仍保持着与原理图相同的电气连接特性。

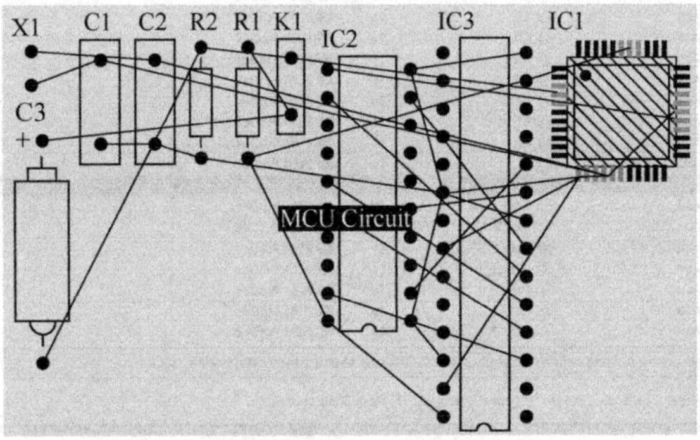

图 4.21 导入网络表后的 PCB 图

需要注意的是，导入网络表时，原理图中的元件并不直接导入到用户绘制的布线区内，而是位于布线区范围以外。通过随后执行的自动布局操作，系统自动将元件放置在布线区内。当然，用户也可以手动拖动元件到布线区内。

4．原理图与 PCB 图的同步更新

第一次执行导入网络报表操作时，完成上述操作即可完成原理图与 PCB 图之间的同步更新。如果导入网络表后又对原理图或者 PCB 图进行了修改，那么要快速完成原理图与 PCB 图设计之间的双向同步更新，可以采用下面的方法实现。

（1）打开“PCB1．PobDoc”文件，使之处于当前的工作窗口中。

（2）单击菜单栏中的“Design（设计）”\“Update Schematic in MCU. PrjPcb（更新原理图）”命令，系统将对原理图和 PCB 图的网络报表进行比较，并弹出一个对话框，比较结果并提示用户确认是否查看二者之间的不同之处，。

（3）单击“Yes（是）”按钮，进入查看比较结果信息对话框，在该对话框中可以查看详细的比较结果，了解二者之间的不同之处。

（4）单击某一项信息的“Update（更新）”选项，系统将弹出一个小的对话框。用户可以选择更新原理图或者更新 PCB 图，也可以进行双向的同步更新。单击“No Updates（不更新）”按钮或“Cancel（取消）按钮，可以关闭该对话框而不进行任何更新操作。

（5）单击“Report Differences（记录不同）”按钮，系统将生成一个表格，从表格中可以预览原理图与 PCB 图之间的不同之处，同时可以对此表格进行导出或打印等操作。

（6）单击“Explore Differentes（查看不同）”按钮，弹出“Differences（不同）”面板，从中可查看原理图与 PCB 图之间的不同之处。

（7）选择“Update Schematic（更新原理图）”进行原理图的更新，更新后对话框中将显示更新信息。

（8）单击 “Create Engineering Change Order（创建工程更改规则）”按钮，系统将弹出“Engineering Change Qrder（工程更改规则）”对话框，显示工程更新操作信息，完成原理图与 PCB 图之间的同步设计。与网络表的导入操作相同，单击“Validate Changes（确认更改）”

按钮和“Execute Changes（执行更改）”按钮，即可完成原理图的更新。

除了通过单击菜单栏中的“Design（设计）\“Update Schematic in My Project.PrjPcb”命令来完成原理图与 PCB 图之间的同步更新之外，单击菜单栏中的“Project（项目）”\“Show Differences...（显示文档差别）”命令，如图 4.22 所示，也可以完成同步更新。

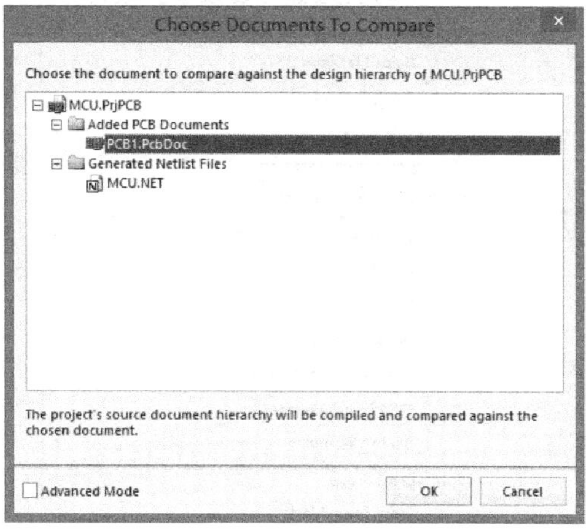

图 4.22 “Choose Documents To Compare”对话框

4.8 元件的自动布局

装入网络表和元件封装后，我们要把元件封装放入工作区，这就需要我们对元件封装进行布局。

Altium Designer 2014 提供了强大的 PCB 自动布局功能，PCB 编辑器根据一套智能算法可以自动地将元件分开，然后放置到规划好的布局区域内并进行合理的布局。由于平时自动布局无法满足我们的需要，对比只做简略讲解，在大多数情况下我们采取手动布局的方式。

1. 自动布局的菜单命令

Altium Designer 2014 提供了强大的 PCB 自动布局功能，PCB 编辑器根据一套智能的算法可以自动地将元件分开，然后放置到规划好的布局区域内并进行合理的布局。单击“Tools”\“Component Placement”菜单项即可打开与自动布局有关的菜单项，如图 4.23 所示。

（1）“Arrange Within Room（空间内排列）”命令：用于在指定的空间内部排列元件。单击该命令后，光标变为十字形状，在要排列元件的空间区域内单击，元件即自动排列到该空间内部。

（2）“Arrange Within Rectangle（矩形区域内排列）”命令：用于将选中的元件排列到矩形区域内。使用该命令前，需要先将要排列的元件选中。此时光标变为十字形状，在要放置元件的区域内单击，确定矩形区域的一角，拖动光标，至矩形区域的另一角后再次单击，确定该矩形区域后，系统会自动将已选择的元件排列到矩形区域中来。

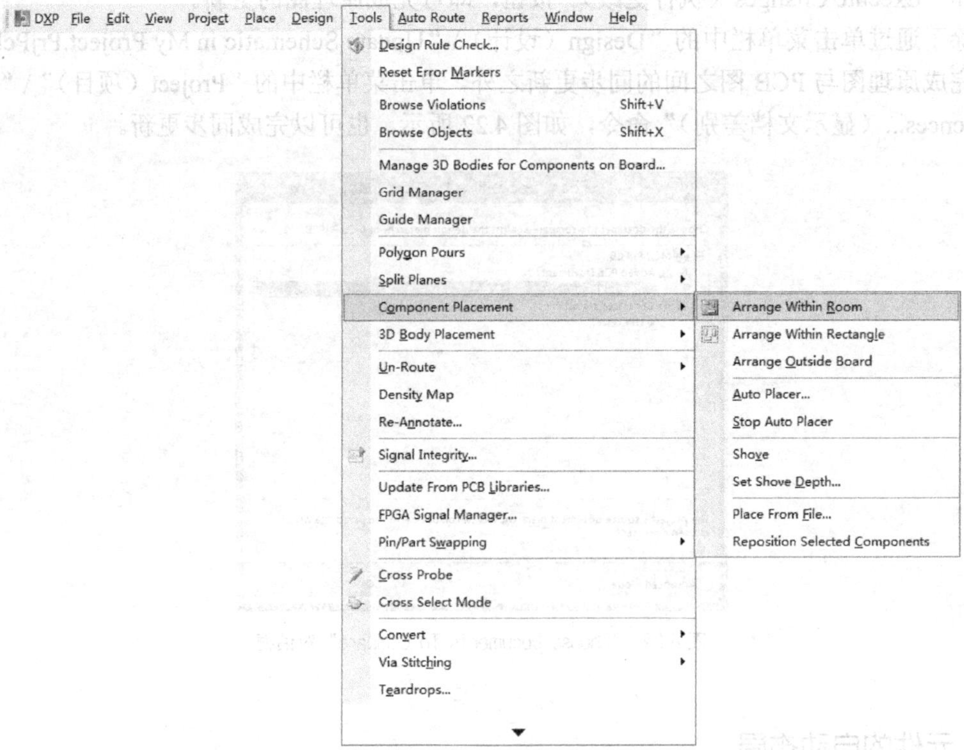

图 4.23 "Auto Placerawnt" 菜单项

（3）“Arrange Outside Board（板外排列）”命令：用于将选中的元件排列在 PCB 板的外部。使用该命令前，需要先将要排列的元件选中，系统自动将选择的元件排列到 PCB 范围以外的右下角区域内。

（4）“Auto Placer”菜单命令：进行自动布局。

（5）“Stop Auto Placer”菜单命令：停止自动布局。

（6）“Shove”菜单命令：推挤布局。推挤布局的作用是将重叠在一起的元件推开。可以这样理解：选择一个基准元件，当周围元件与基准元件存在重叠时，则以基准元件为中心向四周推挤其他的元件。如果不存在重叠则不执行推挤命令。

（7）“Set Shove Depth”菜单命令：设置推挤命令的深度，可以为 1～1000 之间的任何一个数字。

（8）“Place From File”菜单命令：导入自动布局文件进行布局。

2．自动布局约束参数

在自动布局前，首先要设置自动布局的约束参数。合理地设置自动布局参数，可以使自动布局的结果更加完善也就相对地减少了手动布局的工作量，节省了设计时间。

自动布局的参数在“PCB Rules and Constraints Editor（PCB 规则和约束编辑器）”对话框中进行设置。单击菜单栏的“Design（设计）”\“Rules（规则）”命令，系统将弹出“PCB Rules and Constraints Editor（PCB 规则和约束编辑器）”对话框。单击该对话框中的“Placement”（设置）标签，逐项对其中的选项进行参数设置。

（1）“Room Definition（空间定义规则）”选项：用于在 PCB 板上定义元件布局区域，如图 4.24 所示为该选项的设置对话框。在 PCB 板上定义的布局区域有两种，一种是区域中不允许出现元件，一种则是某些元件一定要在指定区域内。在该对话框中可以定义该区域的范围（包括坐标范围与工作层范围）和种类。该规则主要用在线 DRC、批处理 DRC 和 ClusterPlacer（分组布局）自动布局的过程中。

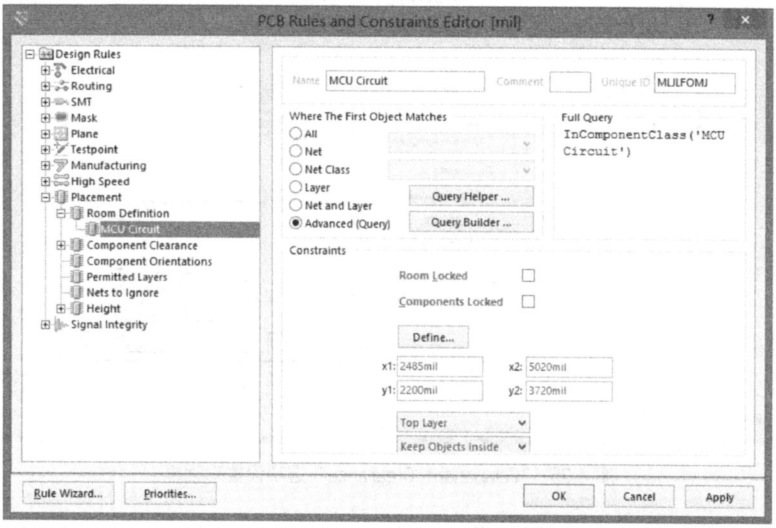

图 4.24 “Room Definition”选项设置对话框

其中各选项的功能如下。

① “Room Locked（区域锁定）”勾选该复选框时，将锁定 Room 类型的区域，以防止在进行自动布局或手动布局时移动该区域。

② “Components Locked（元件锁定）”复选框：勾选该复选框时，将锁定区域中的元件，以防止在进行自动布局或手动布局时移动该元件。

③ “Define（定义）”按钮：单击该按钮，光标将变成十字形状，移动光标到工作窗口中，单击可以定义 Room 的范围和位置。

④ “x1”“y1”文本框：显示 Room 最左下角的坐标。

⑤ “x2”“y2”文本框：显示 Room 最右上角的坐标。

⑥ 最后两个下拉列表框中列出了该 Room 所在的工作层及对象与此 Room 的关系。

（2）“Component Clearance（元件间距限制规则）”选项：用于设置元件间距，如图 4.25 所示为该选项的设置对话框。在 PCB 板可以定义元件的间距，该间距会影响到元件的布局。

① “Infinite（无穷大）”单选钮：用于设定最小水平间距，当元件间距小于该数值时将视为违例。

② “Specified（指定）”单选钮：用于设定最小水平和垂直间距，当元件间距小于这个数值时将视为违例。

（3）“Component Orientations（元件布局方向规则）”选项：用于设置 PCB 板上元件允许旋转的角度，如图 4.26 所示为该选项设置内容，在其中可以设置 PCB 板上所有元件允许使用的旋转角度。

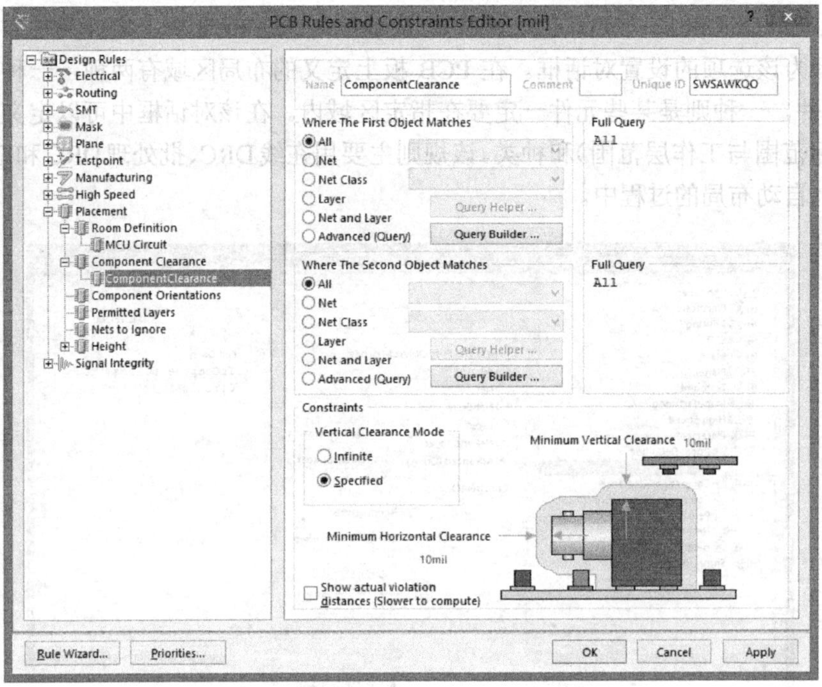

图 4.25 “Component Clearance”选项设置对话框

（4）“Permitted Layers（电路板工作层设置规则）”选项：用于设置 PCB 板上允许放置元件的工作层，如图 4.27 所示为该选项设置内容。PCB 板上的底层和顶层本来是都可以放置元件的，但在特殊情况下放置元件，通过设置该规则可以实现这种需求。

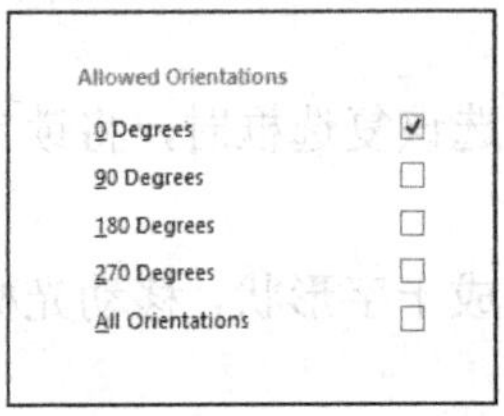

图 4.26 “component orientations”选项设置

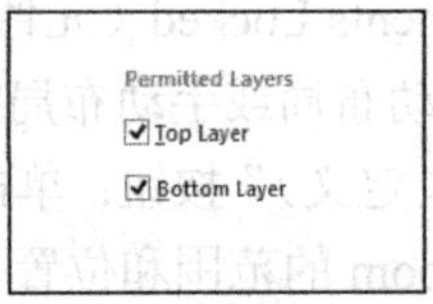

图 4.27 “Permitted Layers” 选项设置

（5）“Nets To Ignore（网络忽略规则）”选项：用于设置在采用 Cluster Placer（分组布局）方式执行元件自动布局时需要忽略布局的网络。忽略电源网络将加快自动布局的速度，提高自动布局的质量。如果设计中有大量连接到电源网络的双引脚元件，设置该规则可以忽略电源网络的布局并将与电源相逢的各个元件归类到其他网络中进行布局。

（6）“Height（高度规则）”选项：用于定义元件的高度。在一些特殊的电路板上进行布局操作时，电路板的某一区域可能对元件的高度要求很严格，此时就需要设置该规则。如图 4.28 所示为该选项的设置对话框，主要有 Minimum（最小高度）、Preferred（首选高度）和 Maximum（最大高度）三个可选择的设置选项。

元件布局的参数设置完毕后，单击“OK（确定）按钮，保存规则设置，返回 PCB 编辑环境。接着就可以采用系统提供的自动布局功能进行 PCB 板元件的自动布局了。

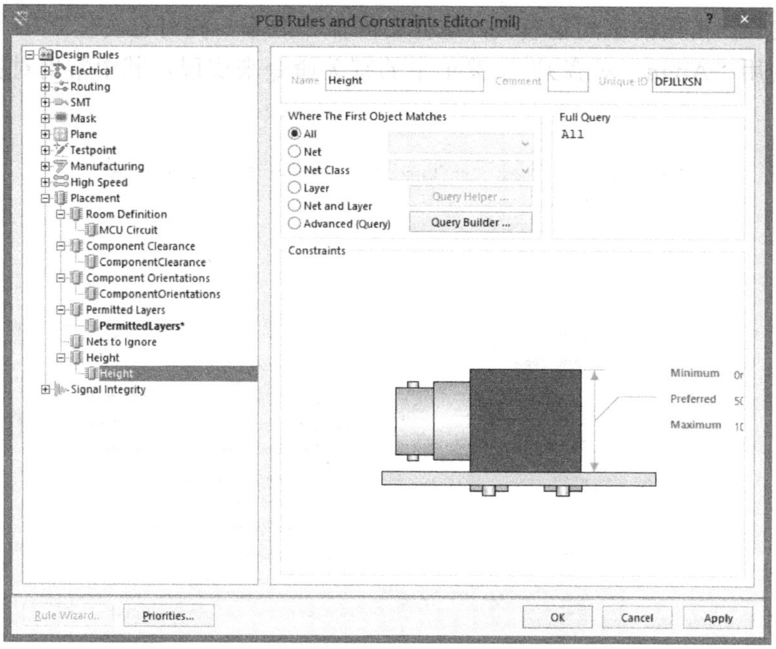

图 4.28 “Height”选项设置对话框

4.9 元件的手动调整布局

元件的手动布局是指手动确定元件的位置。在前面介绍的元件自动布局的结果中，虽然设置了自动布局的参数，但是自动布局只是对元件进行了初步的放置，自动布局中元件的摆放并不整齐，走线的长度也不是最短，PCB 布线效果也不够完美，因此需要对元件的布局做进一步调整。

在 PCB 板上，可以通过对元件的移动来完成手动布局的操作，但是单纯的手动移动不够精细，不能非常整齐地摆放好元件。为此 PCB 编辑器提供了专门的手动布局操作，可以通过“Edit（布局）”菜单下“Align（对齐）”命令的子菜单来完成，如图 4.29 所示。

1. 元件说明文字的调整

对元件说明文字进行调整，除了可以手动拖动外，还可以通过菜单命令实现。单击菜单栏中的“Edit（布局）”\“Align（对齐）”\“Position Component Text（设置元件文字位置）”命令，系统将弹出如图 4.30 所示的“Component Text Position（元件文字位置）”对话框。在该对话框中，用户可以对元件说明文字（标号和说明内容）的位置进行设置。该命令是对所有元件文字的全局编辑，每一项都有九种不同的摆放位置。选择合适的摆放位置后，单击“OK（确定）”按钮，即可完成元件说明文字的调整。

2. 元件的对齐操作

元件的对齐操作可以使 PCB 布局更好地满足“整齐、对称”的要求。这样不仅使 PCB 看起来美观，而且也有利于进行布线操作。对元件未对齐的 PCB 进行布线时会有很多转折，走线的长度较长，占用的空间也较大，这样会降低布通率，同时也会使 PCB 信号的完整性较差。可以利用“Align（对齐）”子菜单中的有关命令来实现，其中常用对齐命令功能介绍如下。

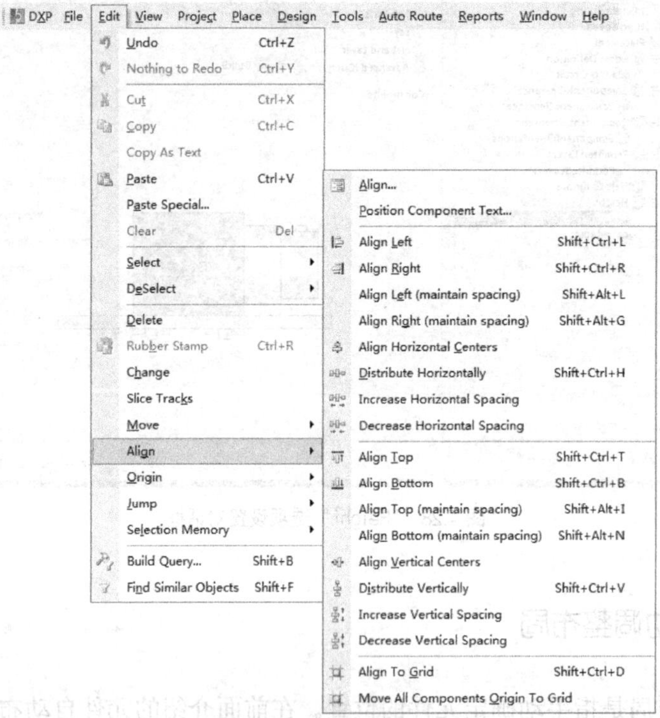

图 4.29 “Align”命令子菜单

（1）“Align（对齐）”命令用于使所选元件同时进行水平和垂直方向上的对齐排列。具体的操作步骤如下，其他命令同理。选中要进行对齐操作的多个对象，单击菜单栏中的“Edit（布局）”\“Align（对齐）”\“Align...（对齐）”命令，系统将弹出如图 4.31 所示的“Align Objects（对齐对象）”对话框。

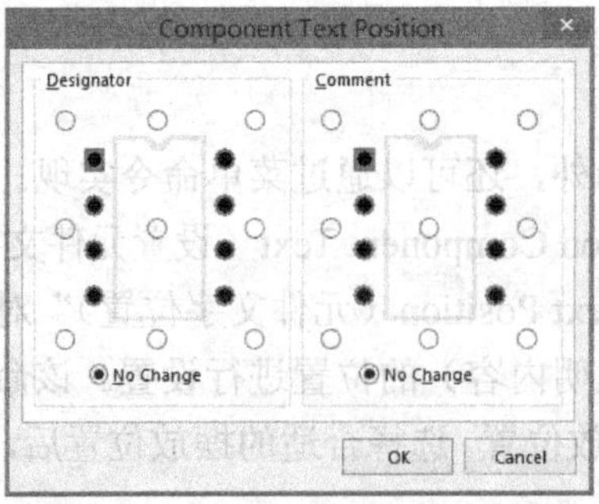

图 4.30 “Component Text Position”对话框

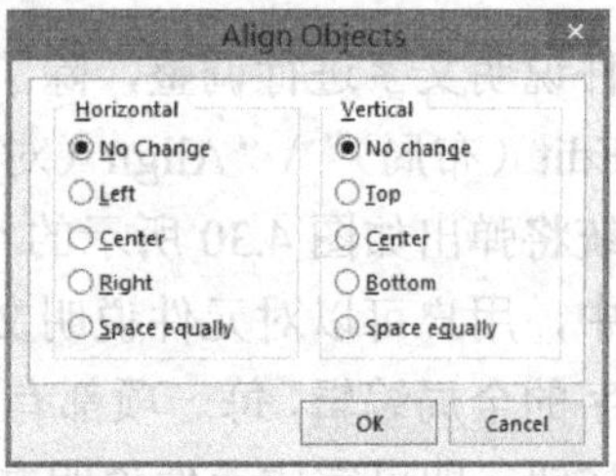

图 4.31 “Align Objects”对话框

（2）“Space equally（均匀分布）”单选钮用于在水平或垂直方向上平均分布各元件。如果所选择的元件出现重叠的现象，对象将被移开当前的格点直到不重叠为止。水平和垂直两个方向设置完毕后，单击“OK（确定）”按钮，即可完成对所选元件的对齐排列。

（3）“Align Left（左对齐）”命令：用于使所选的元件按左对齐方式排列。

（4）“Align Right（右对齐）”命令：用于使所选元件按右对齐方式排列。

（5）“Align Horizontal Center（水平居中）”命令：用于使所选元件按水平居中方式排列。

（6）“Align Top（顶部对齐）”命令：用于使所选元件按顶部对齐方式排列。

（7）“Align Bottom（底部对齐）”命令：用于使所选元件按底部对齐方式排列。

（8）“Align Vertical Center（垂直居中）”命令：用于使所选元件按垂直居中方式排列。

（9）“Align To Grid（栅格对齐）”命令：用于使所选元件以格点为基准进行排列。

3．元件间距的调整

元件间距的调整主要包括水平和垂直两个方向上间距的调整。

（1）“Distribute Horizontally（水平分布）”命令：单击该命令，系统将以最左侧和最右侧的元件为基准，元件的 *Y* 坐标不变，*X* 坐标上的间距相等。当元件的间距小于安全间距时，系统将以最左侧的元件为基准对元件进行调整，直到各个元件间的距离满足最小安全间距的要求为止。

（2）“Increase Horizontal Spacing（增大水平间距）命令：用于将增大选中元件水平方向上的间距。增大量为“Board Opt ions（电路板选项）对话框中“Component Grid（元件栅格）”的 *X* 参数。

（3）“Decrease Horizontal Spacing（减小水平间距）”命令：用于将减小选中元件水平方向上的间距，减小量为“Board Options（电路板选项）对话框中“Component Grid（元件栅格）”的 *X* 参数。

（4）“Distribute Vertically（垂直分布）”命令：单击该命令，系统将以最顶端和最底端的元件为基准，使元件的 *X* 坐标不变，*Y* 坐标上的间距相等。当元件的间距小于安全间距时，系统将以最底端的元件为基准对元件进行调整，直到各个元件间的距离满足最小安全间距的要求为止。

（5）“Increase Vertical Spacing（增大垂直间距）”命令：用于将增大选中元件垂直方向上的间距，增大量为“Board Options（电路板选项）”对话框中“Component Grid（元件栅格）”的 *Y* 参数。

（6）“Decrease Vertical Spacing（减小垂直间距）”命令：用于将减小选中元件垂直方向上的间距，减小量为“Board Options（电路板选项）”对话框中“Component Grid（元件栅格）”的 *Y* 参数。

4．移动元件到格点处

格点的存在能使各种对象的摆放更加方便，更容易满足对 PCB 布局的“整齐、对称”的要求。手动布局过程中移动的元件往往并不是正好处在格点处，这时就需要使用“Move All Components Origin To Grid（移动所有元件的原点与栅格对齐）”命令。单击该命令时，元件的原点将被移到与其最靠近的格点处。

在执行手动布局的过程中，如果所选中的对象被锁定，那么系统将弹出一个对话框询问是否继续。如果用户选择继续的话，则可以同时移动被锁定的对象。

5．元件手动布局的具体步骤

下面就利用元件自动布局的结果，继续进行手动布局调整。自动布局结果，如图 4.32 所示。

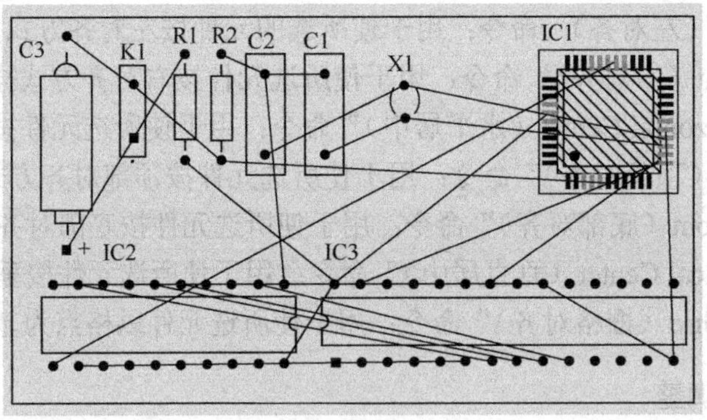

图 4.32　自动布局结果

元件手动布局的操作步骤如下。

（1）选中三个电容器，将其拖动到 PCB 板的左部重新排列，在拖动过程中按 Space 键，使其以合适的方向放置，如图 4.33 所示。

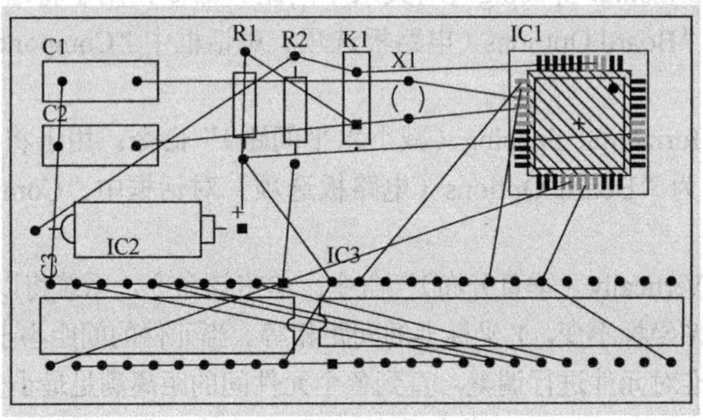

图 4.33　放置电容器

（2）调整电阻位置，使其按标号并行排列。由于电阻分布在 PCB 板上的各个区域内，依次调整会很费劲，因此，我们使用查找相似对象命令。

（3）单击菜单栏中的“Edit（编辑）”\“Find Similar Objects（查找相似对象）”命令，此时光标变成十字形状，在 PCB 区域内单击选取一个电阻，弹出“Find Similar Objects（查找相似对象）”对话框，如图 4.34 所示。

（4）在“Objects Specitic”选项组的“Footprint（轨迹）”下拉列表中选择“Same（相同）”选项，单击“Apply（应用）”按钮，再单击“OK（确定）”按钮，退出该对话框。此时所有电阻均处于选中状态。

（5）单击菜单栏中的“Tools（工具）”\“Component Placement（元件放置）”\“Arrange Outside Board（板外排列）”命令，则所有电阻元件自动排列到 PCB 板

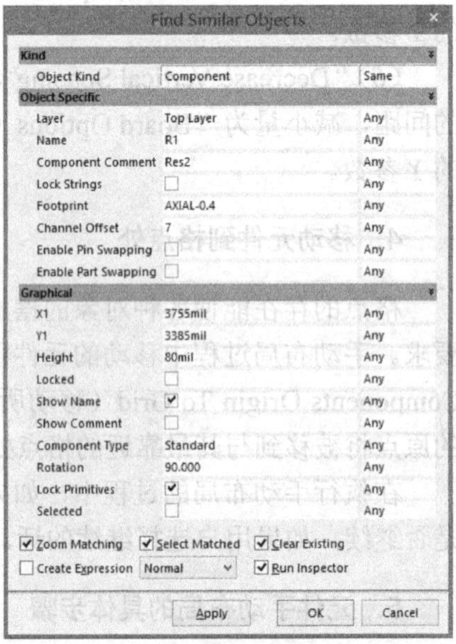

图 4.34 “Find Similar Objects”对话框

外部。

（6）单击菜单栏中的“Tools（工具）”\“Component Placement（元件放置）”\“Arrange Within Rectangle（区域内排列）”命令，用十字光标在 PCB 板外部画出一个合适的矩形，此时所有电阻自动排列到该矩形区域内，如图 4.35 所示。

（7）由于标号重叠，为了清晰美观，单击“Distribute Horizontally（水平分布）”和“Increase Horizontal Spacing（增大水平间距）”命令，调整电阻元件之间的间距，结果如图 4.36 所示。

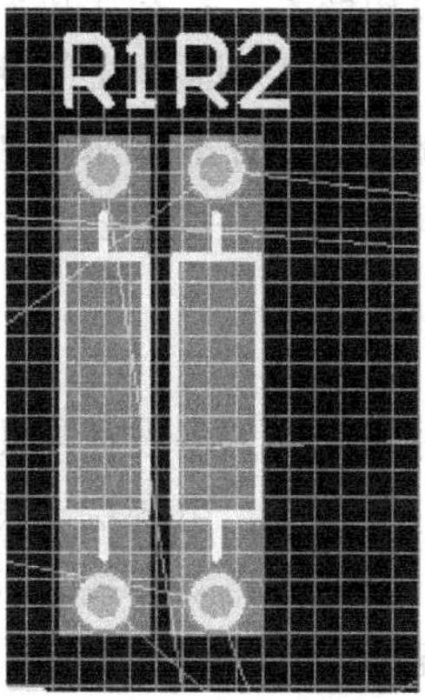

图 4.35　在矩形区内排列电阻

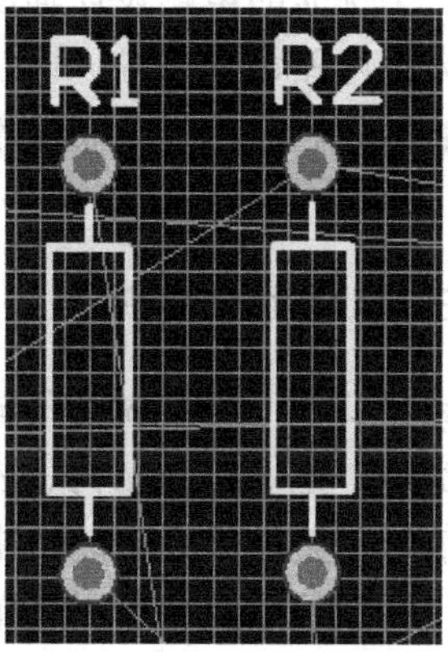

图 4.36　调整电阻元件间距

（8）将排列好的电阻元件拖动到电路板中合适的位置。按照同样的方法，对其他元件进行排列。

（9）单击菜单栏中的 “Edit（编辑）”\“Align（对齐）”\“Distribute Horizontally（水平分布）”命令，将各组器件排列整齐。

（10）手动调整后的 PCB 板布局如图 4.37 所示。布局完毕后会发现，我们原来定义的 PCB 形状偏大，需要重新定义 PCB 板形状。这些内容前面已有介绍，这里不再赘述。

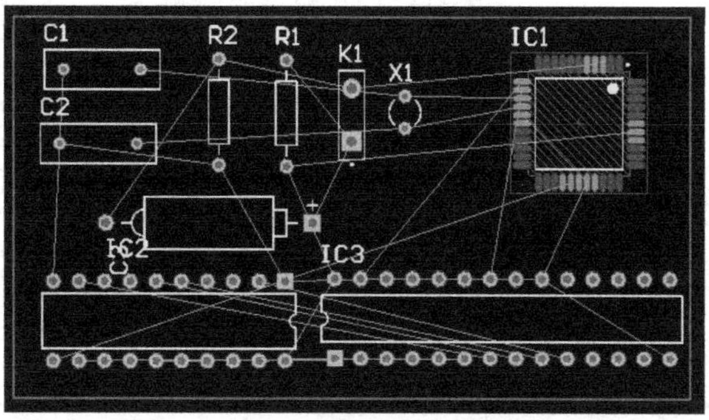

图 4.37　手动调整后的 PCB 板布局

4.10　电路板的自动布线

在 PCB 板上走线的首要任务就是要在 PCB 板上走通所有的导线，建立起所有需要的电气连接，这在高密度的 PCB 设计中很具有挑战性。在能够完成所有走线的前提下，布线的要求如下。

（1）走线长度尽量短和直，在这样的走线上电信号完整性较好。

（2）走线中尽量少地使用过孔。

（3）走线的宽度要尽量宽。

（4）输入输出端的边线应避免相邻平行，一面产生反射干扰，必要时应该加地线隔离。

（5）两相邻层间的布线要互相垂直，平行则容易产生耦合。

自动布线是一个优秀的电路设计辅助软件所必须的功能之一，对于散热、电磁干扰及高频等要求较低的大型电路设计来说，采用自动布线操作可以大大地降低布线的工作量，同时，还能减少布线时的漏洞。如果自动布线不能够满足实际工程设计的要求，可以通过手工布线进行调整。

1．设置 PCB 自动布线的规则

Altium Designer 2014 在 PCB 电路板编辑器中为用户提供了多设计规则，覆盖了元件的电气特性、走线宽度、走线拓扑结构、表面安装焊盘、阻焊层、电源层、测试点、电路板制作、元件布局、信号完整性等设计过程中的方方面面。在进行自动布线之前，用户首先应对自动布线规则进行详细的设置。单击菜单栏中的“Design（设计）”\“Rules（规则）”命令，系统将弹出如图 4.38 所示的“PCB Rules and Constraints Editor（PCB 设计规则和约束编辑器）”对话框。

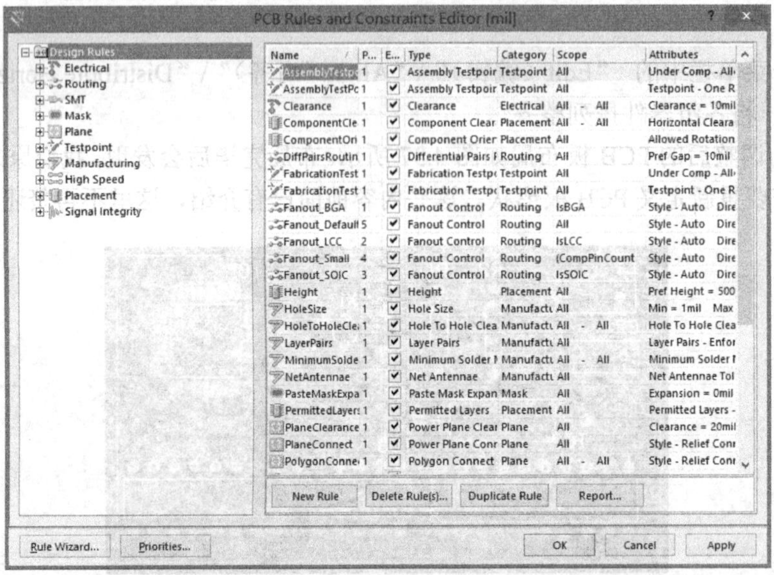

图 4.38 “PCB Rules and Constraints Editor”对话框

（1）“Electrical（电气规则）”类设置。

该类规则主要针对具有电气特性的对象，用于系统的 DRC（电气规则检查）功能。当布线过程中违反电气特性规则（共有四种设计规则）时，DRC 检查器将自动报警提示用户。单击“Electrical（电气规则）”选项，对话框右侧将只显示该类的设计规则，如图 4.39 所示。

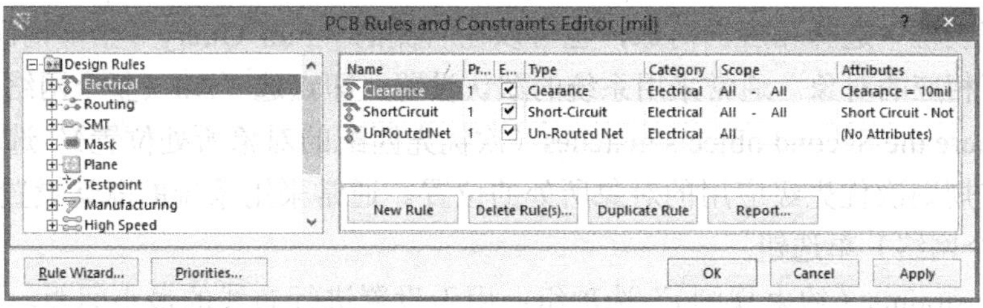

图 4.39 "Electrical"选项设置界面

①"Clearance（安全间距规则）"：单击该选项，对话框右侧将列出该规则的详细信息，如图 4.40 所示。

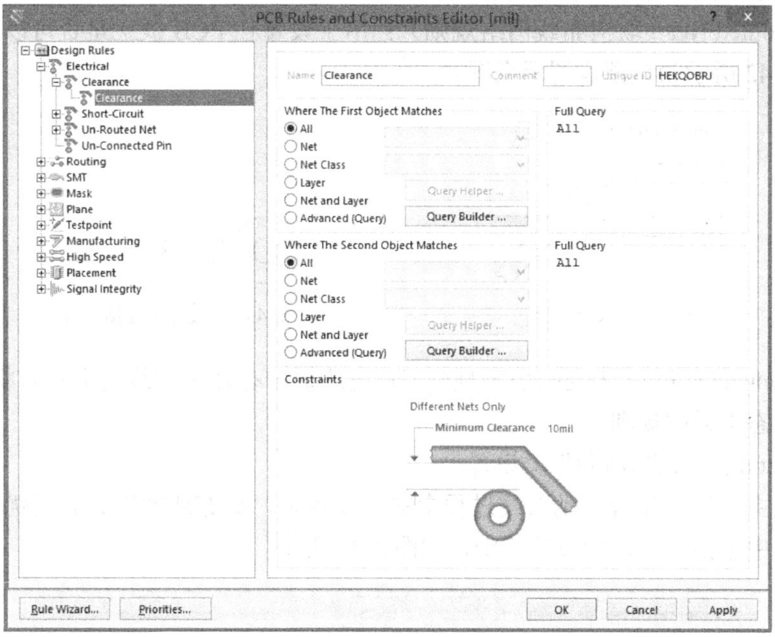

图 4.40 安全间距规则设置界面

该规则用于设置具有电气特性的对象之间的间距。在 PCB 板上具有电气特性的对象包括导线、焊盘、过孔和铜箔填充区等，在间距设置中可以设置导线与导线之间、导线与焊盘之间、焊盘与焊盘之间的间距规则，在设置规则时可以选择适用该规则的对象和具体的间距值。

通常情况下安全间距越大越好，但是太大的安全间距会造成电路不够紧凑，同时也将造成制板成本的提高。因此安全间距通常设置在 10～20mil，根据不同的电路结构可以设置不同的安全间距。用户可以对整个 PCB 板的所有网络设置相同的布线安全间距，也可以对某一个或多个网络进行单独的布线安全间距设置。

其中各选项组的功能如下。

- "Where the First objects matches（优先匹配的对象所处位置）"选项组：用于设置该规则优先应用的对象所处的位置。应用的对象范围为 All（整个网络）、Net（某一个网络）、Net Class（某一网络类）、Layer（某一个工作层）、Net and Layer（指定工作层的某一网络）和 Advanced（高级设置）。选中某一范围后，可以在该选项后的下拉列表框中选择相应的对象，也可以在右侧的“Full Query（全部询问）”列表框中填写相应的对象。通常采用系统的默认设置，即点选“All（整个网络）”单选钮。

- “Where the Second objects matches（次优先匹配的对象所处位置）”选项组：用于设置该规则次优先级应用的对象所处的位置。通常采用系统的默认设置，即点选 All（整个网络）单选钮。
- “Constraints（约束规则）”选项组：用于设置进行布线的最小间距。这里采用系统的默认设置。

②“Short-Circuit（短路规则）”：用于设置在 PCB 板上是否可以出现短路，如图 4.41 所示为该项设置示意图，通常情况下是不允许的。设置该规则后，拥有不同网络标号的对象相交时如果违反该规则，系统将报警并拒绝执行该布线操作。

③“UnRouted Net（取消布线网络规则）”：用于设置在 PCB 板上是否可以出现未连接的网络，如图 4.42 所示为该项设置示意图。

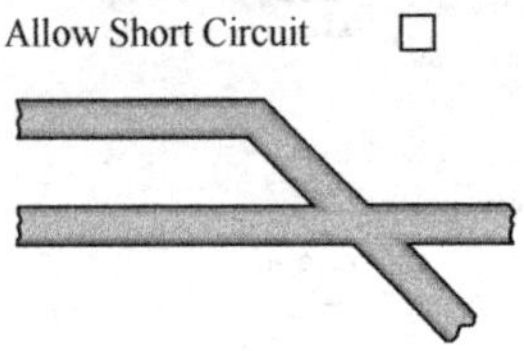

图 4.41 设置短路

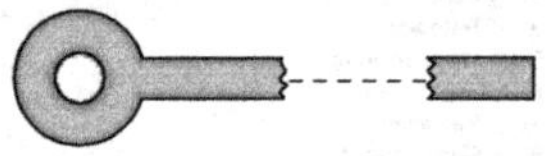

图 4.42 设置未连接网络

④“Unconnected Pin（未连接引脚规则）”：电路板中存在未布线的引脚时将违反该规则。系统在默认状态下无此规则。

（2）“Routing（布线规则）”类设置。

该类规则主要用于设置自动布线过程中的布线规则，如布线宽度、布线优先级、布线拓扑结构等。其中包括以下八种设计规则，如图 4.43 所示。

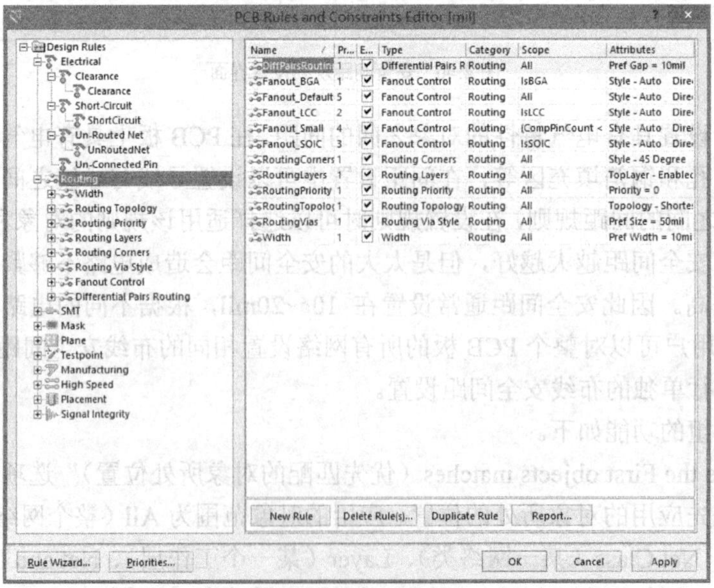

图 4.43 “Routing”（布线规则）选项

①“Width（走线宽度规则）”：用于设置走线宽度，如图 4.44 所示为该规则的设置界面。走线宽度是指 PCB 铜膜走线（即我们俗称的导线）的实际宽度值，包括最大允许值、最小允许值和首选值三个选项。与安全间距一样，走线宽度过大也会造成电路不够紧凑，将造成制板成本的提高。因此，走线宽度通常设置在 10～20mil，应该根据不同的电路结构设置不同的走线宽度。用户可以对整个 PCB 板的所有走线设置相同的走线宽度，也可以对某一个或多个网络单独进行走线宽度的设置。

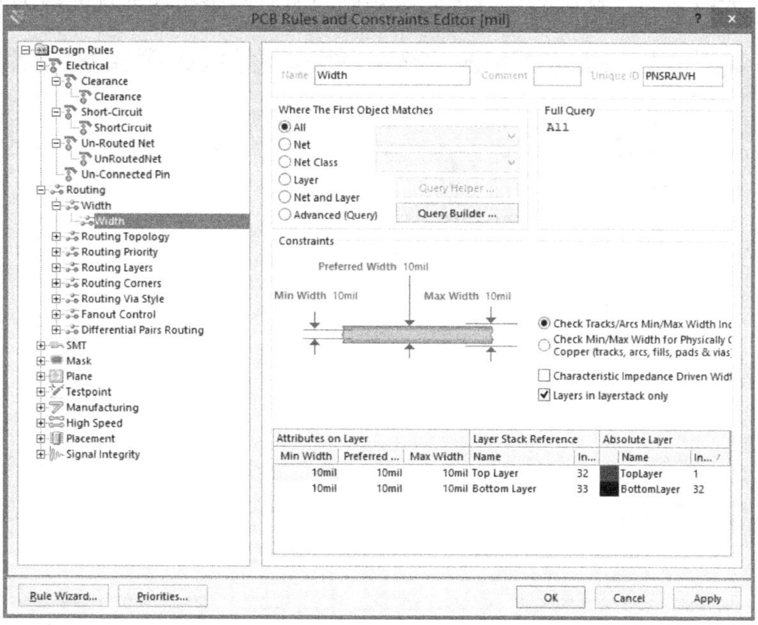

图 4.44 “Width”设置界面

- “Where the First objects matches（优先匹配的对象所处位置）”选项组：用于设置布线宽度优先应用对象所处的位置，包括 All（整个网络）、Net（某一个网络）、Net Class（某一网络类）、Layer（某一个工作层）、Net and Layer（指定工作层的某一网络）和 Advanced（高级设置）六个单选钮。点选某一单选钮后，可以在该选项后的下拉列表框中选择相应的对象，也可以在右侧的“Fuil Query（全部询问）”列表框中填写相应的对象。通常采用系统的默认设置，即点选“All（整个网络）”单选钮。
- “Constraints（约束规则）”选项组：用于限制走线宽度。勾选“Layers in layerstack（层栈中的层）”复选框，将列出当前层栈中各工作层的布线宽度规则设置。否则将显示所有层的布线宽度规则设置。布线宽度设置分为 Maximum（最 大）、Minimum（最小）和 Preferred（首选）三种，其主要目的是方便在线修改布线宽度。勾选“Characteristic Impedance Driven Width（典型驱动阻抗宽度）”复选框时，将显示其驱动阻抗属性，这是高频高速布线过程中很重要的一个布线属性设置。驱动阻抗属性分为 Maximum Impedance（最大阻抗）、Miniimum Impedance（最小阻抗）和 Preferred Impedance（首选阻抗）三种。

②“Routing Topology（走线拓扑结构规则）”：用于选择走线的拓扑结构，如图 4.45 所示为该项设置的示意图。

③“Rounting Priority（布线优先级规则）”：用于设置布线优先级，如图 4.46 所示为该规则的设置界面。在对话框中可以每一个网络设置布线优先级。PCB 板上的空间有限，需要在同一块区域内走线才能得到最佳的走线效果，通过设置走线的优先级可以决定导线占用空间的先后。设置规则时可以针对单个网络设置优先级。系统提供了 0～100 共 101 种优先级选择，0 表示优先级最低，100 表示优先级最高，默认的布线优先级规则为所有网络布线的优先级为 0。

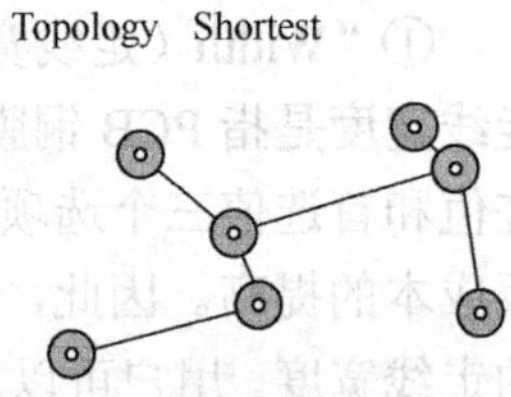

图 4.45　设置走线拓扑结构

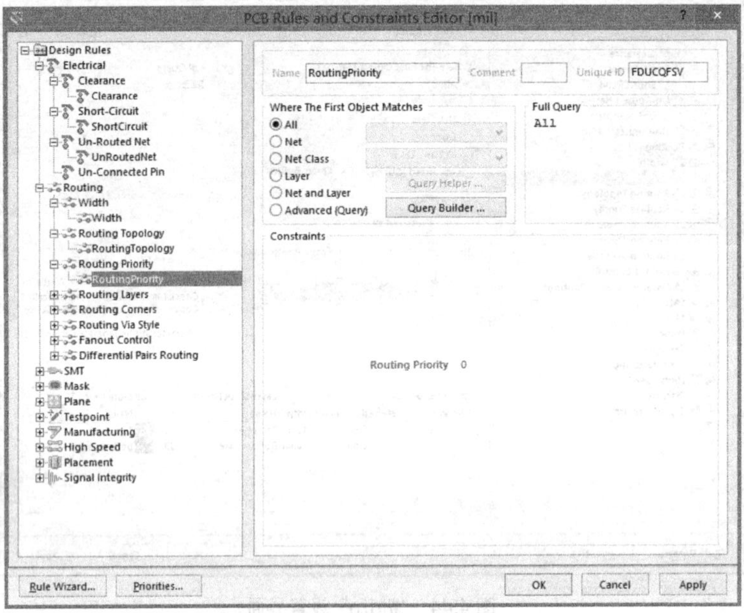

图 4.46　“Routing Priority”设置界面

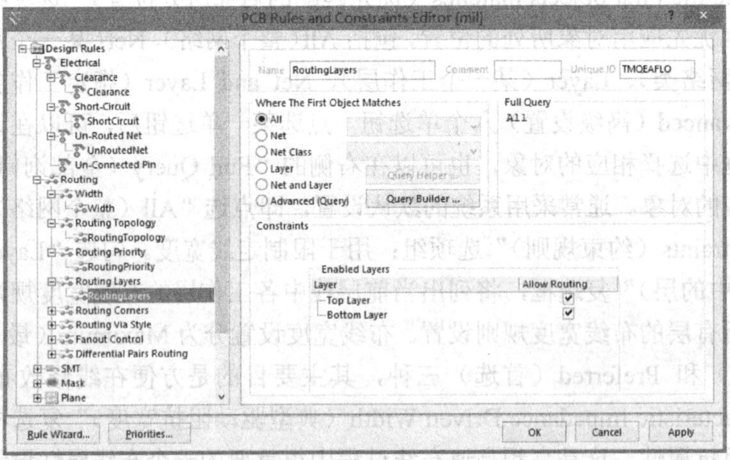

图 4.47　“Routing Layers”设置界面

④“Routing Layers（布线工作层规则）”：用于设置布线规则可以约束的工作层，如图 4.47 所示为该规则的设置界面。

⑤“Routing Corners（导线巧角规则）”：用于设置导线拐角形式，如图 4.48 所示为该规

则的设置界面。PCB 上的导线有三种拐角方式，如图 4.49 所示，通常情况下采用 45° 拐角形式。设置规则可以针对每个连接、每个网络直至整个 PCB 设置导线拐角形式。

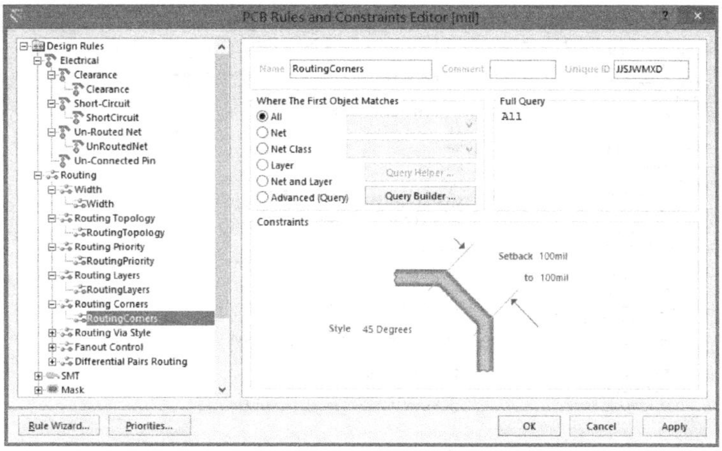

图 4.48 “Routing Corners” 设置界面

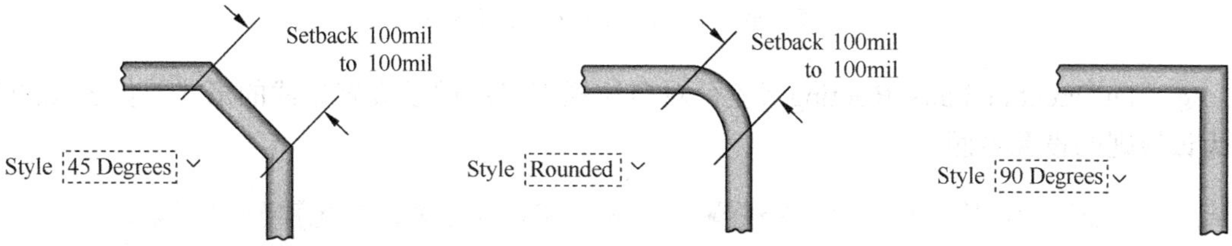

图 4.49 PCB 上导线的三种拐角方式

⑥“Routing Via Style（布线过孔样式规则）”：用于设置走线时所用过孔的样式，如图 4.50 所示为该规则的设置界面。在该对话框中可以设置过孔的各种尺寸参数。过孔直径和钻孔孔径都包括 Maximum（最大）、Minimum（最小）和 Preferred（首选）三种定义方式。默认的过孔直径为 50mil，过孔孔径为 28mil。在 PCB 的编辑过程中，用户可以根据不同的元件设置不同的过孔大小，钻孔尺寸应该参考实际元件引脚的粗细进行设置。

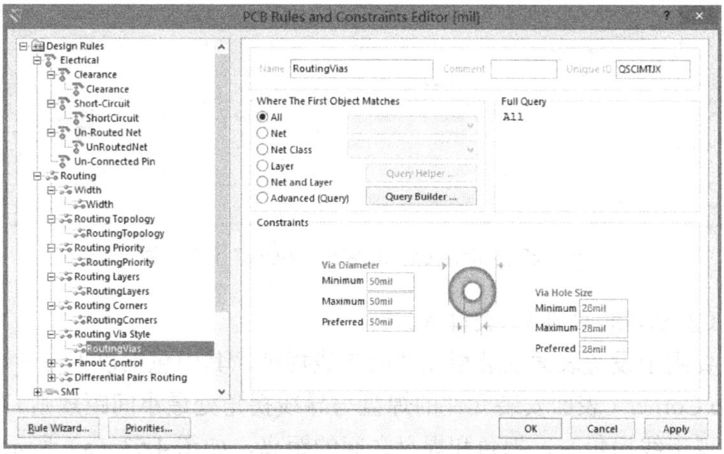

图 4.50 “Routing Via Style” 设置界面

⑦“Fanout Control（扇出控制布线规则）”：用于设置走线时的扇出形式，如图 4.51 所示为该规则的设置界面。可以针对每一个引脚、每一个元件甚至整个 PCB 板设置扇出形式。

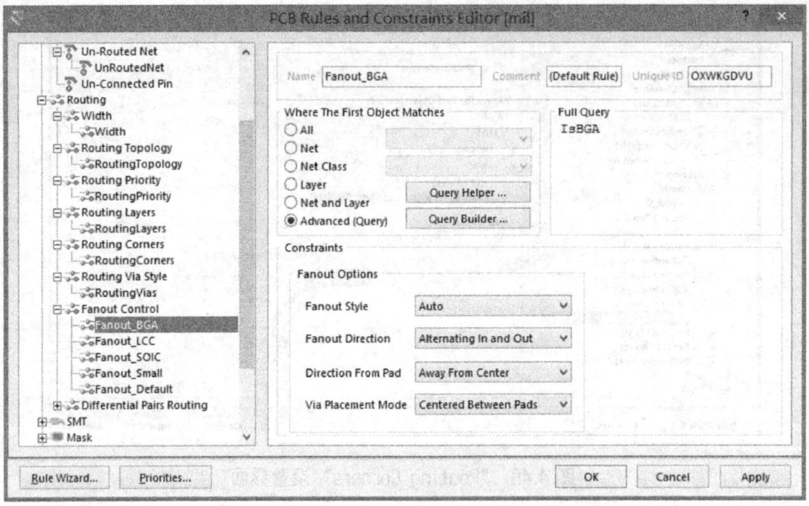

图 4.51 “Fanout Control”设置界面

⑧“Differential Pairs Routing（差分对布线规则）”：用于设置走线的形式，如图 4.52 所示为该规则的设置界面。

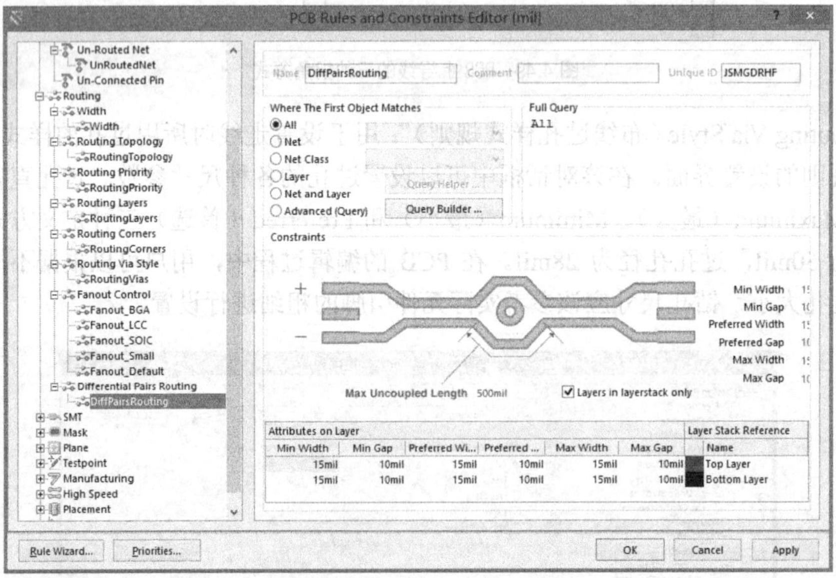

图 4.52 “Differential Pairs Routing”设置界面

（3）“SMT（表贴封装规则）”类设置。

该类规则主要用于设置表面安装型元件的走线规则，其中包括以下三种设计规则。

①“SMD To Corner（表面安装元件的焊盘与导线拐角处最小间距规则）”：用于设置面安装元件的焊盘出现走线拐角时，拐角和焊盘之间的距离，如图 4.53（a）所示。

通常，走线时引入拐角会导致电信号的反射，引起信号之间的串扰，因此需要限制从焊盘引出的信号传输线至拐角的距离，以减小信号串扰。可以针对每一个焊盘、每一个网络直至整个 PCB 设置拐角和焊盘之间的距离，默认间距为 0 mil。

② “SMD To Plane（表面安装元件的焊盘与中间层间距规则）”：用于设置表面安装元件的焊盘连接到中间层的走线距离。该项设置通常出现在电源层向芯片的电源引脚供电的场合。可以针对每一个焊盘、每一个网络直至整个 PCB 板设置焊盘和中间层之间的距离，默认间距为 0 mil。

③ “SMD Neck Down（表面安装元件的焊盘颈缩率规则）”：用于设置表面安装元件的焊盘连线的导线宽度，如图 4.53（b）所示。在该规则中可以设置导线线宽上限占据焊盘宽度的百分比，通常走线总是比焊盘要小。用户可以根据实际需要对每一个焊盘、每一个网络甚至整个 PCB 板设置焊盘上的走线宽度与焊盘宽度之间的最大比率，默认值为 50%。

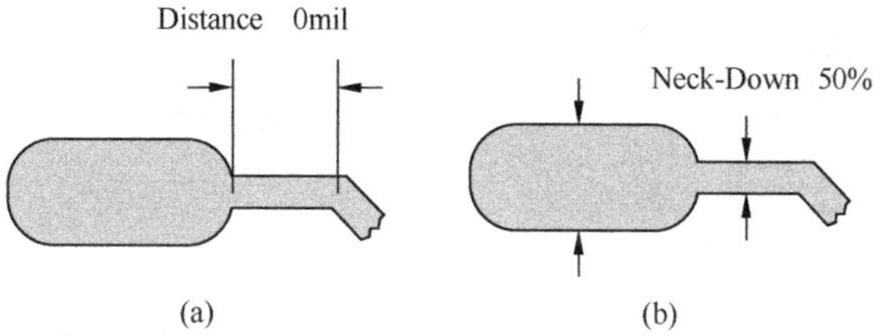

图 4.53　“SMT”（表贴封装规则）的设置

（4）“Mask（阻焊规则）”类设置。

该类规则主要用于设置阻焊剂铺设，主要用在 Output Generation（输出阶段）进程中。系统提供了 Top Paster（顶层锡膏防护层）、Bottom Paster（底层锡膏防护层）、Top Solder（顶层阻焊层）和 Bottom Solder（底层阻焊层）四个阻焊层，其中包括以下两种设计规则。

① “Solder Mask Expansion（阻焊层和焊盘之间的间距规则）”：通常，为了焊接的方便，阻焊剂铺设范围与焊盘之间需要预留一定的空间。图 4.54 为该规则的设置界面。用户可以根据实际需要对每一个焊盘、每一个网络甚至整个 PCB 板设置该间距，默认距离为 4mil。

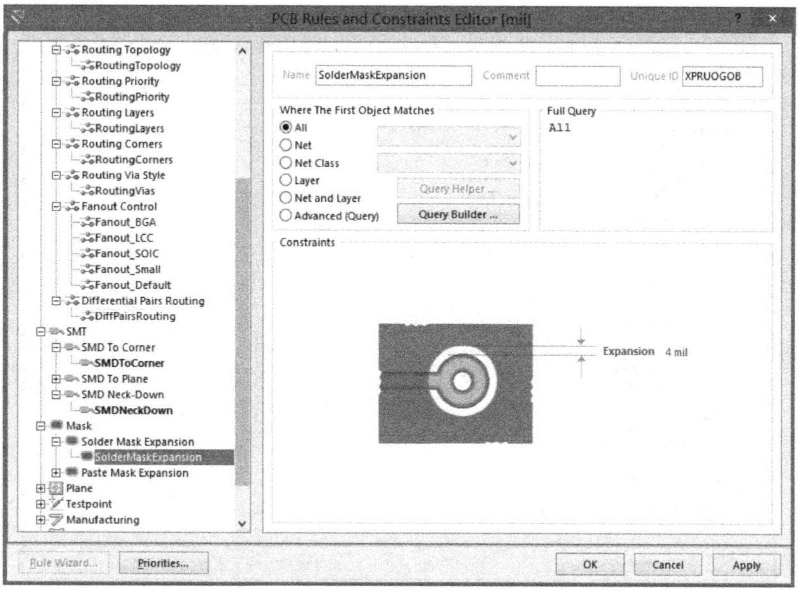

图 4.54　“Solder Mask Expansion”设置界面

②“Paste Mask Expansion（锡膏防护层与焊盘之间的间距规则）”：图 4.55 为该规则的设置界面。用户可以根据实际需要对每一个焊盘、每一个网络甚至整个 PCB 设置该间距默认距离为 0mil。

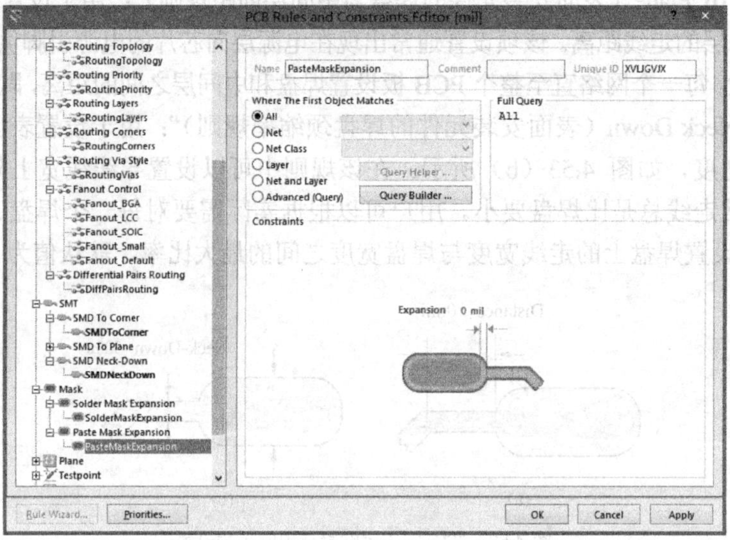

图 4.55 “Paste Mask Expansion”设置界面

阻焊层规则也可在焊盘的属性对话框中进行设置，可以针对不同的焊盘进行单独的设置。在属性对话框中，用户可以选择遵循设计规则中的设置，也可以忽略规则中的设置而采用自定义设置。

（5）“Plane（中间层布线规则）”类设置。

该类规则主要用于设置中间电源层布线相关的走线规则，其中包括以下三种设计规则。

①“Power Plane Connect Style（电源层连接类型规则）”：用于设置电源层的连接形式，图 4.56 为该规则的设置界面，在该界面中用户可以设置中间层的连接形式和各种连接形式的参数。

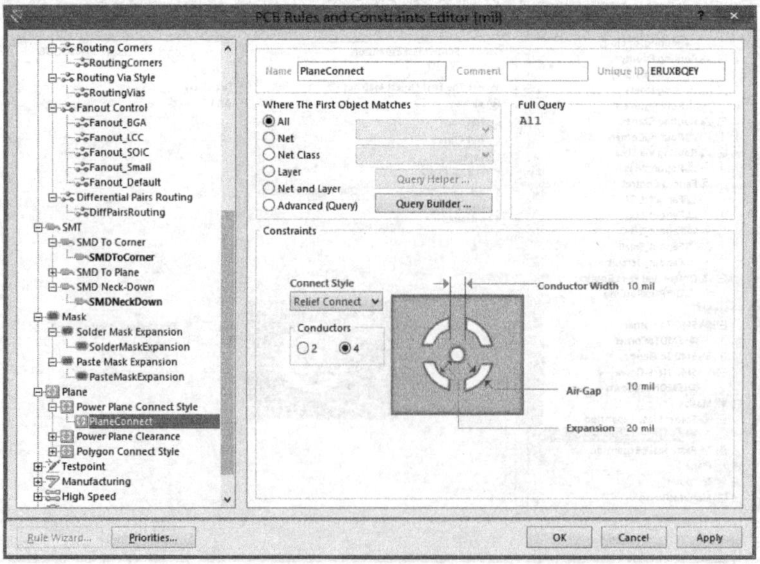

图 4.56 “Power Plane Connect Style” 设置界面

- “Connect Style（连接类型）”下拉列表框：连接类型可分为 No Connect（电源层与元件引脚不相连）、Direct Connect（电源层与元件的引脚通过实心的铜箔相连）和 Relief Connect（使用散热焊盘的方式与焊盘或钻孔连接）三种。默认设置为 Relief Connect（使用散热焊盘的方式与焊盘或钻孔连接）。
- “Conductors（导体）”选项：散热焊盘组成导体的数目，默认值为 4。
- “Conductor Width（导体宽度）”选项：散热焊盘组成导体的宽度，默认值为 10mil。
  “Air-Gap（空气隙）”选项：散热焊盘钻孔与导体之间的空气间隙宽度，默认值为 10mil。
- “Expansion（扩张）”选项：钻孔的边缘与散热导体之间的距离，默认值为 20mil。

②“Power Plane Clearance（电源层安全间距规则）”：用于设置通孔通过电源层时的间距，图 4.57 为该规则的设置示意图。在该示意图中可以设置中间层的连接形式和各种连接形式的参数。通常，电源层将占据整个中间层，因此在有通孔（通孔焊盘或者过孔）通过电源层时需要一定的间距。考虑到电源层的电流比较大，这里的间距设置也比较大。

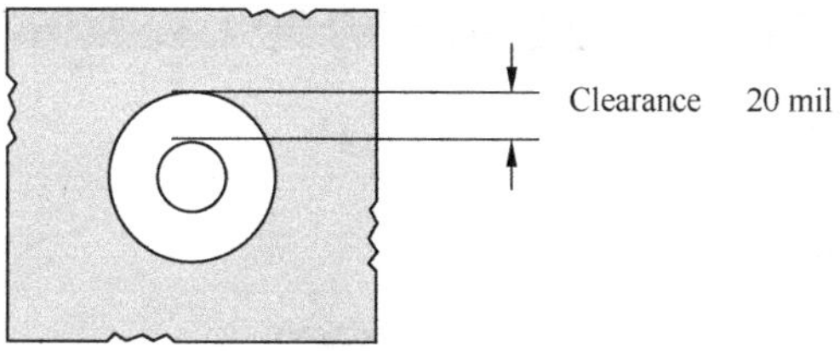

图 4.57　设置电源层安全间距规则

③“Polygan Connect Style（焊盘与多边形覆铜区域的连接类型规则）”：用于描述元件引脚焊盘与多边形覆铜之间的连接类型，图 4.58 为该规则的设置界面。

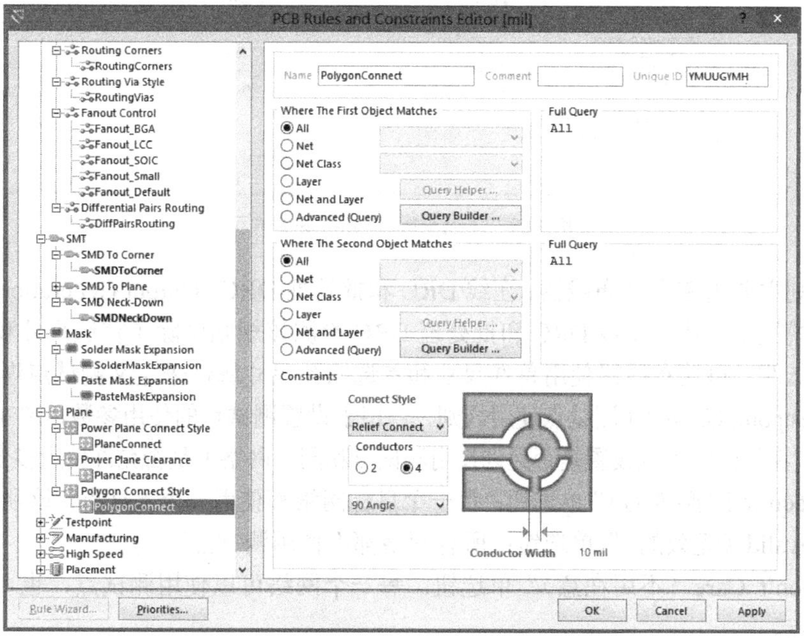

图 4.58 “Polygan Connect Style” 设置界面

- “Connect Style（连接类型）”下拉列表框：连接类型可分为 No Connect（覆铜与焊盘不相连）、Direct Connect（覆铜与焊盘通过实心的铜箔相连）和 Relief Connect（使用散热焊盘的方式与焊盘或孔连接）三种。默认设置为 Relief Connect（使用散热焊盘的方式与焊盘或钻孔连接）。
- “Conductors（导体）”选项：散热焊盘组成导体的数目，默认值为 4。
- “Conductor Width（导体宽度）”选项：散热焊盘组成导体的宽度，默认值为 10mil。
- “Angle（角度）”选项：散热焊盘组成导体的角度，默认值为 90。

（6）“Testpoint”（测试点规则）类设置。

该类规则主要用于设置测试点布线规则，其中包括以下两种设计规则。

①“Testpoint Style（测试点样式规则）”：用于设置测试点的形式，图 4.59 为该规则的设置界面。用户在该界面中可以设置测试点的形式和各种参数。为了方便电路板的调试，在 PCB 板上引入了测试点。测试点连接在某个网络上，形式和过孔类似，在调试过程中可以通过测试点引出电路板上的信号，可以设置测试点的尺寸以及是否允许在元件底部生成测试点等各项选项。

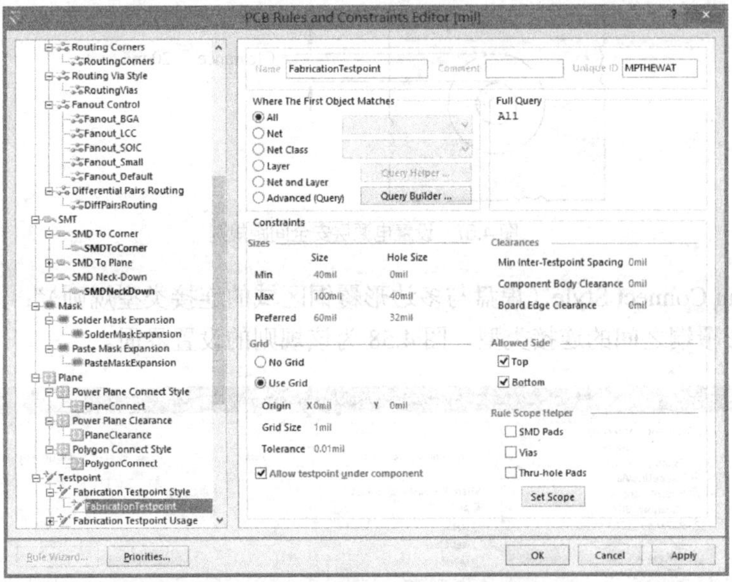

图 4.59 “Testpoint Style”设置界面

该项规则主要用在自动布线器、在线 DRC 和批处理 DRC、Output Generation（输出阶段）等系统功能模块中，其中在线 DRC 和批处理 DRC 检测该规则中除了首选尺寸和首选钻孔尺寸外的所有属性。自动布线器使用首选尺寸和首选钻孔尺寸属性来定义测试点焊盘的大小。

② “Testpoint Usage”（测试点使用规则）”：用于设置测试点的使用参数，图 4.60 为该规则的设置界面，在界面中可以设置是否允许使用测试点和同一网络上是否允许使用多个测试点。

- “Required（必需的）”单选钮：每一个目标网络都使用一个测试点。该项为默认设置。
- “Invalid（无效的）”单选钮：所有网络都不使用测试点。
- “Don’t Care（不用在意）”单选钮：每一个网络可以使用测试点，也可以不使用测试点。
- “Allow multiple testpoints on same net（在同一个网络中允许有多点）” 复选框：勾

选该复选框后，系统将允许在一个网络上使用多个测试点。默认设置为取消对该复选框的勾选。

（7）“Manufacturing”（生产制造规则）类设置。

该类规则是根据 PCB 制作工艺来设置有关参数，主要用在在线 DRC 和批处理 DRC 执行过程中，其中包括以下四种设计规则。

① “Minimum Annular Ring（最小环孔限制规则）”：用于设置环状图元内外间距下限，图 4.61 为该规则的设置界面。在 PCB 设计时引入的环状图元（如过孔）中，如果内径和外径之间的差很小，在工艺上可能无法制作出来，此时的设计，际上是无效的。通过该项设置可以检查出所有工艺无法达到的环状物。默认值为 10 mil。

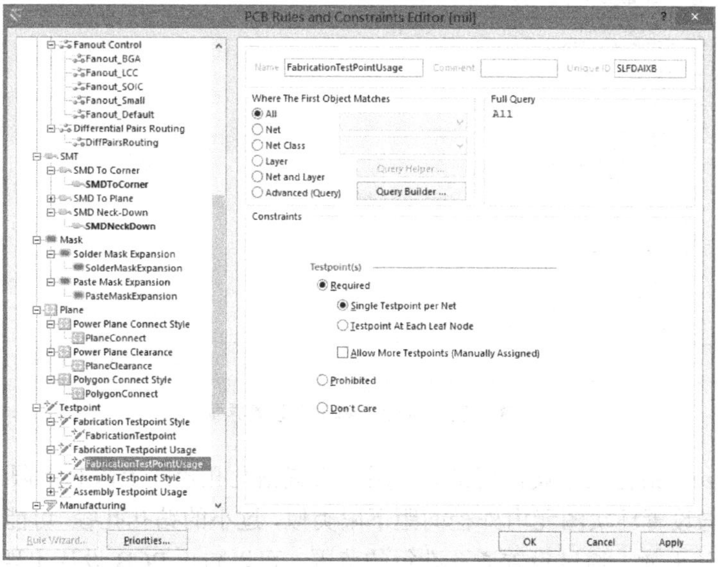

图 4.60 “Testpoint Usage”界面

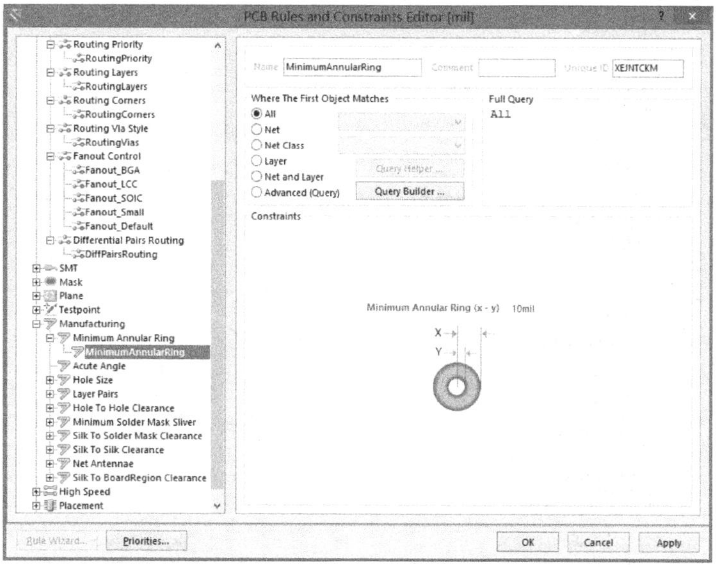

图 4.61 “Minimum Annular Ring”设置界面

②“Acute Angle（锐角限制规则）”：用于设置锐角走线角度限制，图 4.62 为该规则的设置界面。在 PCB 设计时如果没有规定走线角度最小值，则可能出现拐角很小的走线，工艺上可能无法做到这样的拐角，此时的设计实际上是无效的。通过该项设置可以检查出所有工艺无法达到的锐角走线。默认值为 90。

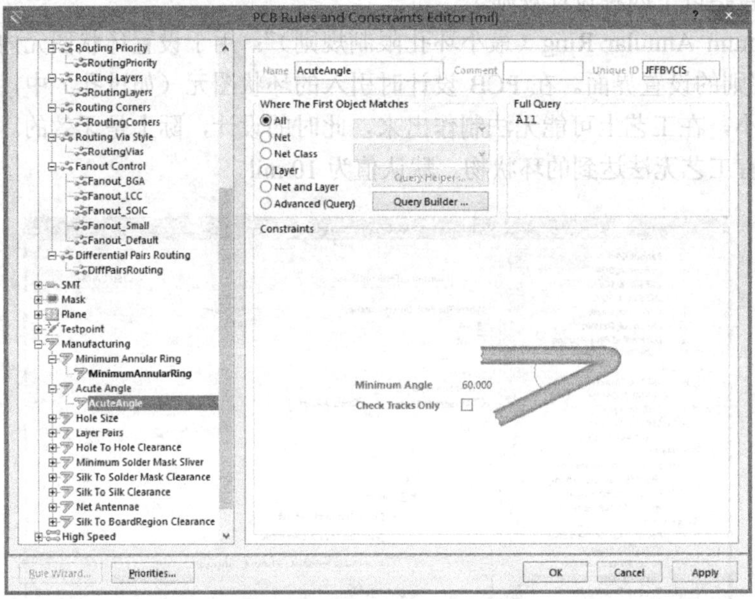

图 4.62 “Acute Angle”设置界面

③“Hole Size（钻孔尺寸设计规则）”：用于设置钻孔孔径的上限和下限，图 4.63 为该规则的设置界面。与设置环状图元内外径间距下限类似，过小的钻孔孔径 可能在工艺上无法实现，从而导致设计无效。通过设置通孔孔径的范围，可以防止 PCB 设计出现类似错误。

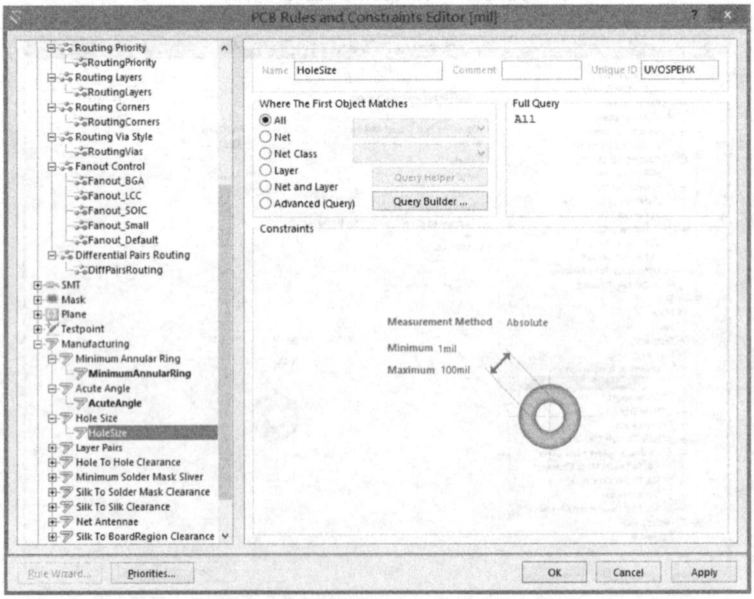

图 4.63 “Hole Size”设置界面

● “Measurement Method（度量方法）”选项：度量孔径尺寸的方法有 Absolute（绝对值）和 Percent（百分数）两种。默认设置为 Absolute（绝对值）。

● “Minimum（最小值）”选项：设置孔径最小值。Absolute（绝对值）方式的默认值为 1mil，Percent（百分数）方式的默认值为 20%。

● “Maximum（最大值）”选项：设置孔径最大值。Absolute（绝对值）方式的默认值为 100mil，Percent（百分数）方式的默认值为 80%。

④“Layer Pairs（工作层对设计规则）”：用于检查使用的 Layer-pairs（工作层对）是否与当前的 Drill-pairs（钻孔对）匹配。使用的 Layer-pairs（工作层对）是由板上的过孔和焊盘决定的，Layer-pairs。（工作层对）是指一个网络的起始层和终止层。该项规则除了应用于在线 DRC 和批处理 DRC 外，还可以应用在交互式布线过程中。“Enforce layer pairs settings（强制执行工作层对规则检查设置）”复选框：用于确定是否强制执行此项规则的检查。勾选该复选框时，将始终执行该项规则的检查。

（8）“High Speed（高速信号相关规则）”类设置。

该类工作主要用于设置高速信号线布线规则，其中包括以下六种设计规则。

①“Parallel Segment（平行导线段间距限制规则）”：用于设置平行走线间距限制规则，图 4.64 为该规则的设置界面。在 PCB 的高速设计中，为了保证信号传输正确，需要采用差分线对来传输信号，与单根线传输信号相比可以得到更好的效果。在该对话框中可以设置差分线对的各项参数，包括差分线对的层、间距和长度等。

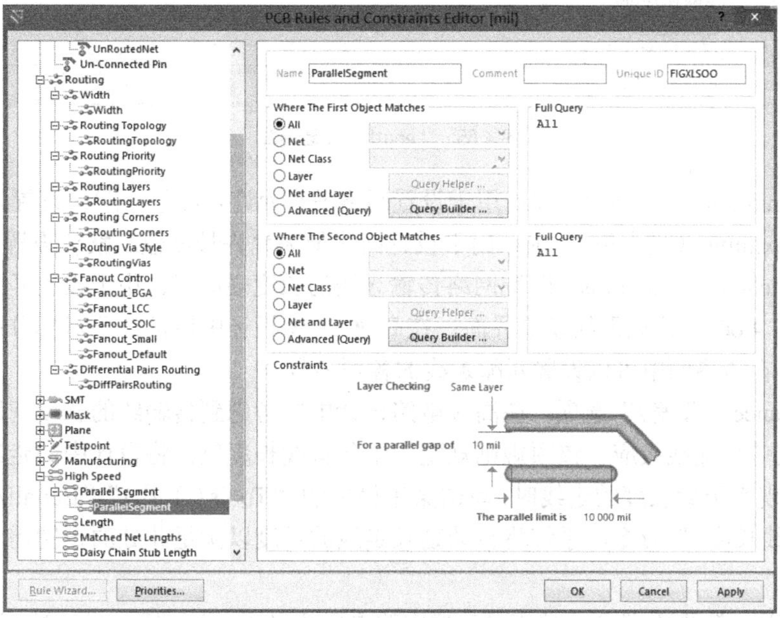

图 4.64 “Parallel Segment”设置界面

● “Layer Checking（层检查）”选项：用于设置两段平行导线所在的工作层面属性，有 Same Layer（位于同一个工作层）和 Adjacent Layers（位于相邻的工作层）两种选择。默认设置为 Same Layer（位于同一个工作层）。

● “For a parallel gap of（平行线间的间隙）”选项：用于设置两段平行导线之间的距离。

默认设置为 10 mil。

- "The parallel limit is（平行线的限制）"选项：用于设置平行导线的最大允许长度（在使用平行走线间距规则时）。默认设置为 10 000 mil。

② "Length（网络长度限制规则）"：用于设置传输高速信号导线的长度，图 4.65 为该规则的设置界面。在高速 PCB 设计中，为了保证阻抗匹配和信号质量，对走线长度也有一定的要求。在该对话框中可以设置走线的下限和上限。

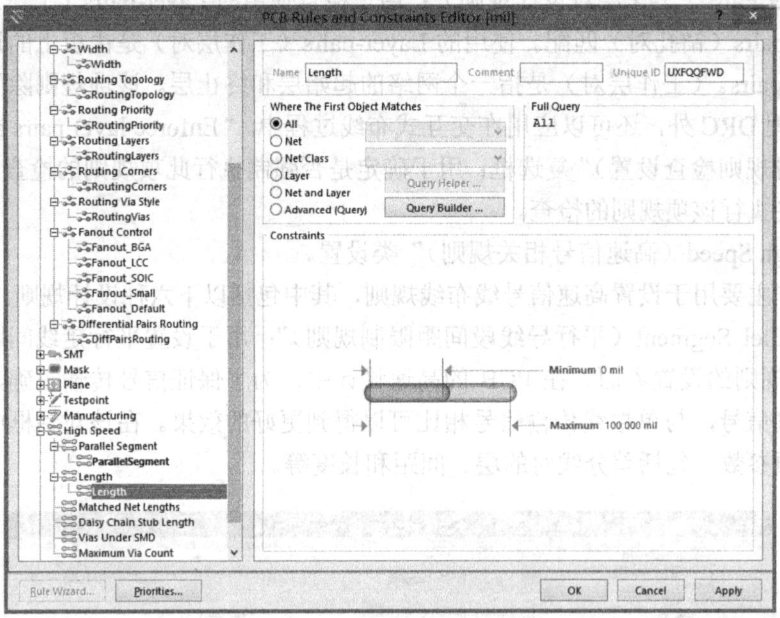

图 4.65 "Length"设置界面

- "Minimum（最小值）"项：用于设置网络最小允许长度值。默认设置为 0 mil。
- "Maximum（最大值）"项：用于设置网络最大允许长度值。默认设置为 10 000 mil。

③ "Matched Net Lengths（匹配网络传输导线的长度规则）"：用于设置匹配网络传输导线的长度，图 4.66 为该规则的设置界面。在高速 PCB 设计中通常需要对部分网络的导线进行匹配布线，在该界面中可以设置匹配走线的各项参数。

- "Tolerance（公差）"选项：在高频电路设计中要考虑到传输线的长度问题，传输线太短将产生串扰等传输线效应。该项规则规定一个传输线长度值，将设计中的走线与此长度进行比较，当出现小于此长度的走线时，单击菜单栏中的"Tools（工具）"\"Equalize Net Lengths（延长网络走线长度）"命令，系统将自动延长走线的长度以满足此处的设置需求。默认设置为 1000 mil。

- "Style（类型）"选项：单击菜单栏中的"Tools（工具）\ "Equalize Net Lengths（延长网络走线长度）"命令，添加延长导线长度时的走线类型。可选择的类型有 90 Degrees（90°，为默认设置）、45 Degrees（45°）和 Rounded（圆形）三种。其中，90 Degrees（90°）类型可添加的走线容量最大，45 Degrees（45°）类型可添加的走线容量最小。
- "Gap（间隙）"选项：如图 4.66 所示，默认值为 20 mil。
- "Amplitude（振幅）"选项：用于定义添加走线的摆动幅度值，默认值为 200 mil。

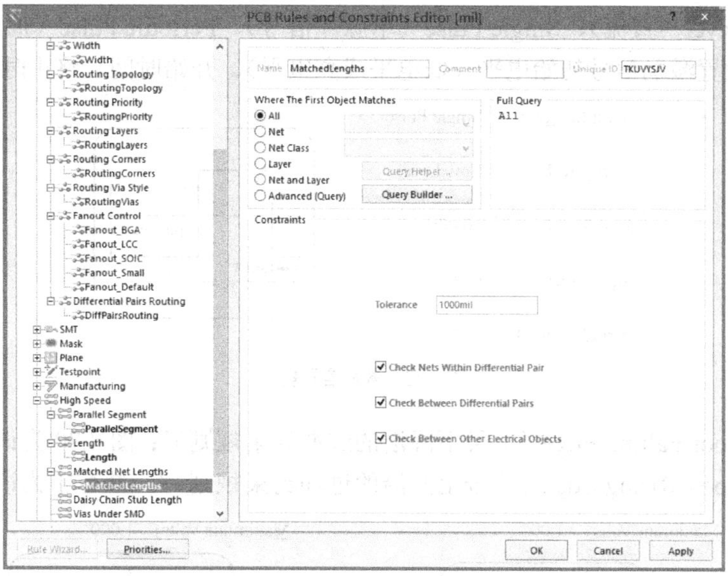

图 4.66 “Matched Net Lengths”设置

④“Daisy Chain Stub Length（菊花状布线主干导线长度限制规则）”：用于设置 90°拐角和焊盘的距离，图 4.67 为该规则的设置示意图。在高速 PCB 设计中，通常情况下为了减少信号反射是不允许出现 90°拐角的，在必须有 90°拐角的场合中将引入焊盘和拐角之间距离的限制。

⑤“Vias Under SMD（SMD 焊盘下过孔限制规则）”：用于设置表面安装元件焊盘下是否允许出现过孔，图 4.68 为该规则的设置示意图。在 PCB 中需要尽量减少表面安装元件焊盘中引入过孔，但是在特殊情况下（如中间电源层通过过孔向电源引脚供电）可以引入过孔。

⑥“Maximun Via Count（最大过孔数量限制规则）”：用于设置布线时过孔数量的上限。默认设置为 1000mil。

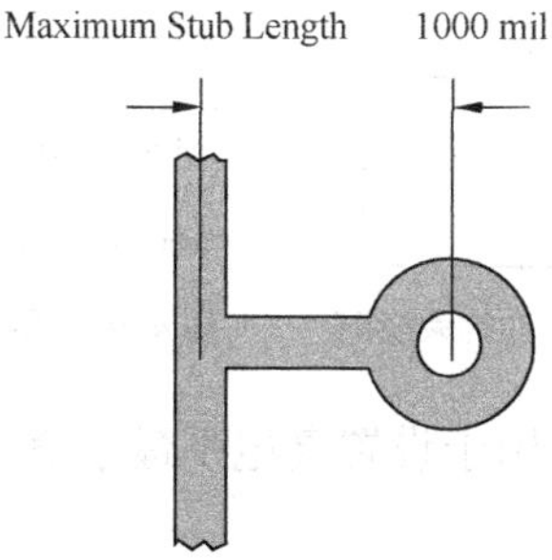

图 4.67 设置菊花状布线主干导线长度限制规则

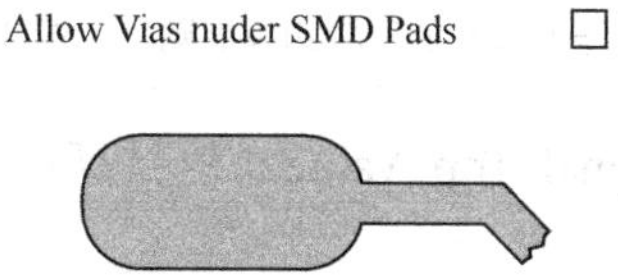

图 4.68 设置 SMD 焊盘下过孔限制规则

（9）“Placement（元件放置规则）”类设置。

该类规则用于设置元件布局的规则。在布线时可以引入元件的布局规则，这些规则一般只在对元件布局有严格要求的场合中使用。前面已经有详细介绍这里不赘述。

（10）“Signal Integrity（信号完整性规则）”类设置。

该类规则用于设置信号完整性所涉及的各项要求，如对信号上升沿、下降沿等的要求。这里的设置会影响到电路的信号完整性仿真，对其进行简单介绍。

①“Signal Stimulus（激励信号规则）”：图 4.69 为该规则的设置示意图。激励信号的类

型有 Constant Level（直流）、Single Puise（单脉冲信号）、Periodic Pulse（周期性脉冲信号）三种。还可以设置激励信号初始电平（低电平或高电平）、开始时间、终止时间和周期等。

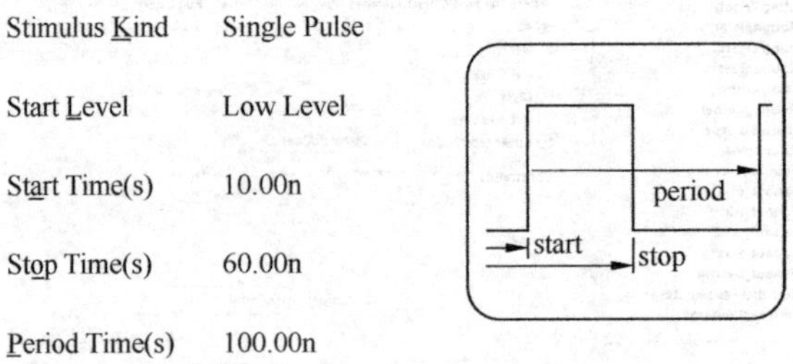

图 4.69　激励信号规则

②“Overshoot-Falling Edge（信号下降沿的过冲约束规则）”：图 4.70 为该项设置示意图。

③“Overshoot- Rising Edge（信号上升沿的过冲约束规则）”：图 4.71 为该项设置示意图。

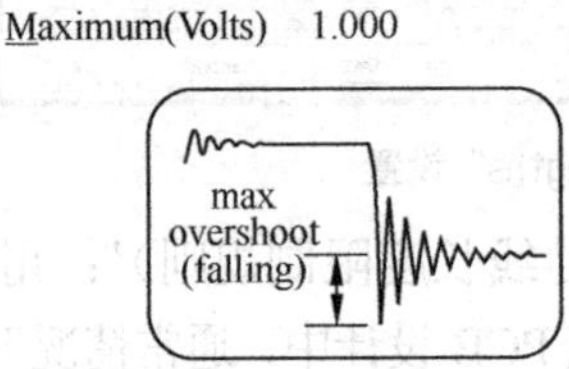

图 4.70　信号下降沿的过冲约束规则

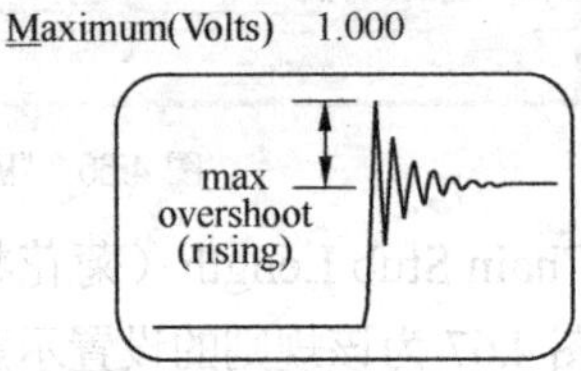

图 4.71 信号上升沿的过约束规则

④“Undershoot-Falling Edge（信号下降沿的反冲约束规则）”：图 4.72 为该项设置示意图。

⑤“Undershoot-Rising Edge（信号上升沿的反冲约束规则）”：图 4.73 为该项设置示意图。

⑥“Impedance（阻抗约束规则）”：图 4.74 为该规则的设置示意图。

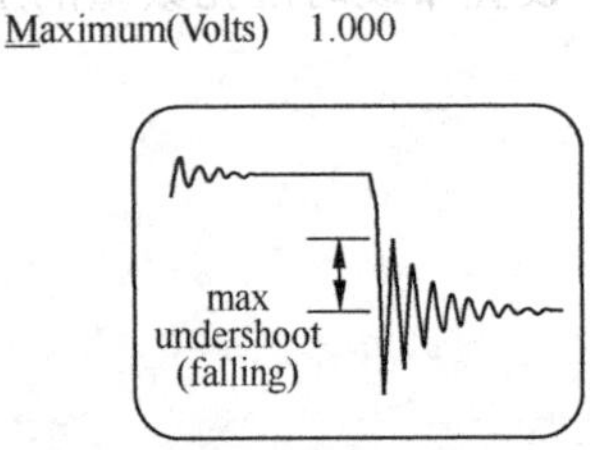

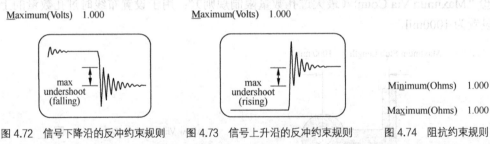

图 4.72　信号下降沿的反冲约束规则

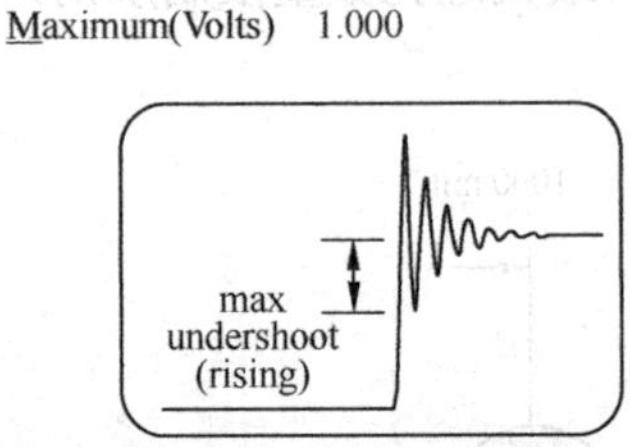

图 4.73　信号上升沿的反冲约束规则

Minimum(Ohms)　1.000

Maximum(Ohms)　1.000

图 4.74　阻抗约束规则

⑦ “Signal Top Value（信号高电平约束规则）”：用于设置高电平最小值。图 4.75 为该项设置示意图。

⑧“Signal Base Value（信号基准约束规则）”：用于设置低电平最大值。图 4.76 为该项设置示意图。

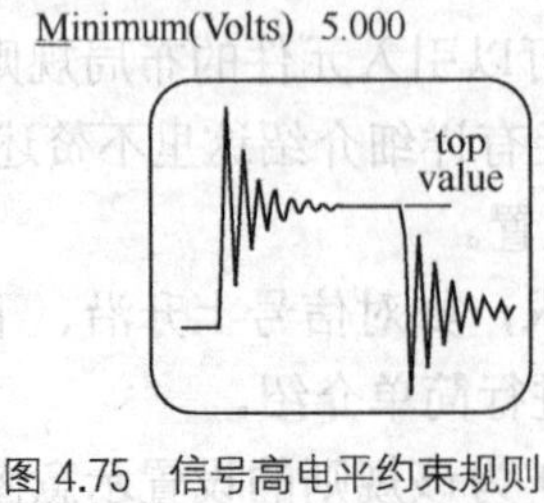

图 4.75　信号高电平约束规则

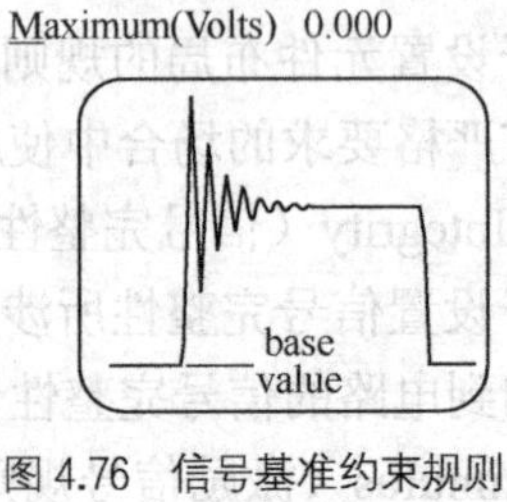

图 4.76　信号基准约束规则

⑨ “Flight Time-Rising Edge（上升沿的上升时间约束规则）”：图 4.77 为该规则设置示意图。

⑩ “Flight Time-Falling Edge（下降沿的下降时间约束规则）”：图 4.78 为该规则设置示意图。

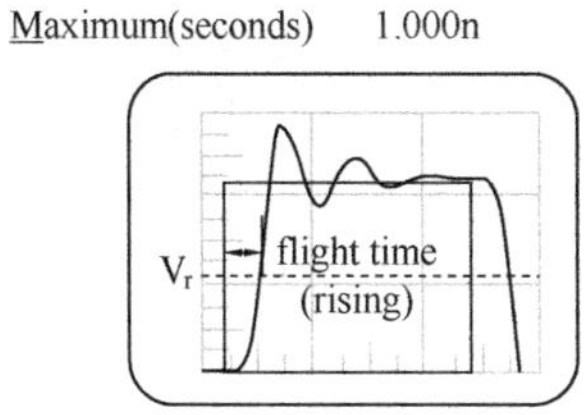

图 4.77　上升沿的上升时间约束规则

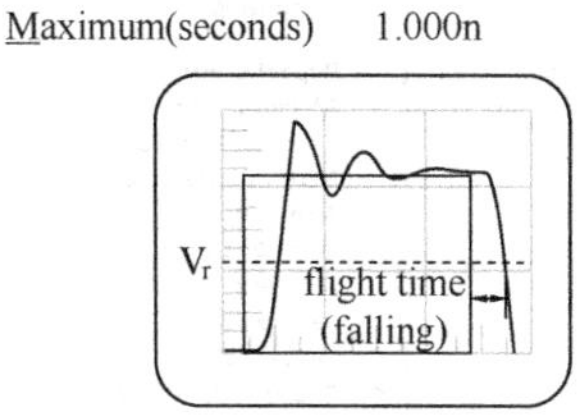

图 4.78　下降沿的下降时间约束规则

⑪ “Slope-Rising Edge（上升沿斜率约束规则）”：图 4.79 为该规则的设置示意图。

⑫ “Slope-Falling Edge（下降沿斜率约束规则）”：图 4.80 为该规则的设置示意图。

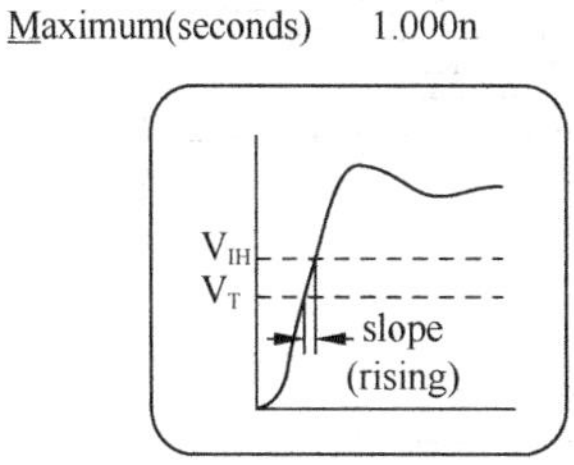

图 4.79　上升沿斜率约束规则

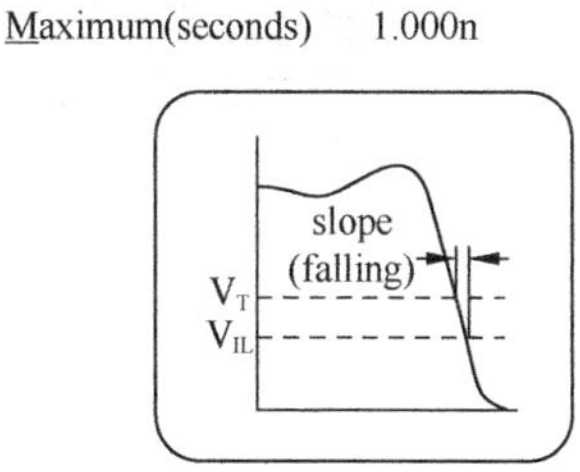

图 4.80　下降沿斜率约束规则

⑬ “Supply Nets”：用于提供网络约束规则。

从以上对 PCB 布线规则的说明可知，Altium Designer 2014 对 PCB 布线做了全面规定。这些规定只有一部分运用在元件的自动布线中，而所有规则将运用在 PCB 的 DRC 检测中。在对 PCB 手动布线时可能会违反设定的 DRC 规则，在对 PCB 板进行 DRC 检测时将检测出所有违反这些规则的地方。

2．设置 PCB 自动布线的策略

（1）单击菜单栏中的“Auto Route（自动布线）”\“Setup（设置）”命令，系统将弹出如图 4.81 所示的“Situs Routing Strategies（布线位置策略）”对话框。在该对话框中可以设置自动布线策略。布线策略是指印制电路板自动布线时所采取的策略，如探索式布线、迷宫式布线、推挤式拓扑布线等。其中，自动布线的布通率依赖于良好的布局。

在“Situs Routing Strategies（布线位置策略）”对话框中列出了默认的五种自动布线策略，功能分别如下。对默认的布线策略不允许进行编辑和删除操作。

① Cleanup（清除）：用于清除策略。

② Default 2 Layer Board（默认双面板）：用于默认的双面板布线策略。

③ Default 2 Layer With Edge Connectors（默认具有边缘连接器的双面板）：用于默认的具有边缘连接器的双面板布线策略。

④ Default Multi Layer Board（默认多层板）：用于默认的多层板布线策略。

⑤ Via Miser（少用过孔）：用于在多层板中尽量减少使用过孔策略。

勾选“Lock All Pre-routes（锁定所有先前的布线）”复选框后，所有先前的布线将被锁定，

重新自动布线时将不改变这部分的布线。

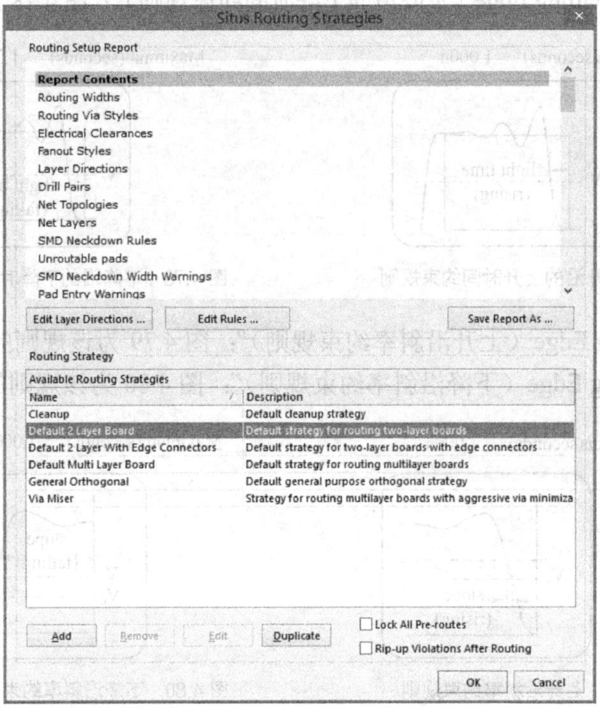

图 4.81 “Situs Routing Strategies”对话框

单击“Add（添加）”按钮，系统将弹出如图 4.82 所示的“Situs Strategies Editor（位置策略编辑器）”对话框。在该对话框中可以添加新的布线策略。

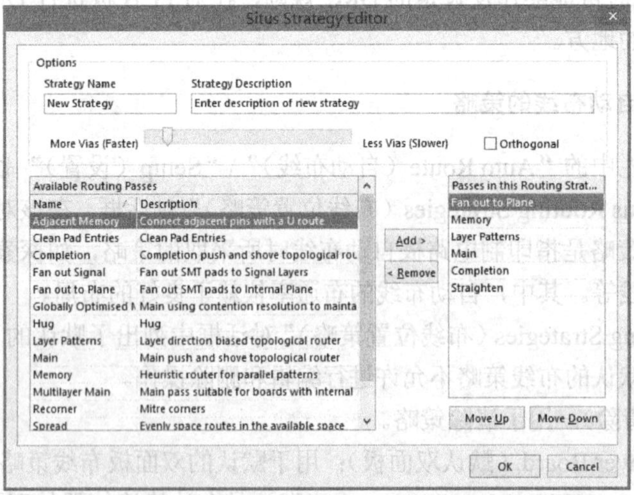

图 4.82 “Situs Strategies Editor”对话框

（2）在“Strategy Name（策略名称）”文本框中填写添加的新建布线策略的名称，在“Strategy Description（策略描述）”文本框中填写对该布线策略的描述。用户可以通过拖动文本框下面的滑块来改变此布线策略允许的过孔数目，过孔数目越多自动布线越快。

（3）选择左边的 PCB 布线策略列表框中的一项，然后单击“Add（应用）”按钮，此布线策略将被添加到右侧当前的PCB布线策略列表框中，作为新创建的布线策略中的一项。如果想要删除右侧列表框中的某一项，则选择该项后单击“Remove（移除）”按钮即可删除。单击“Move Up（上移）”按钮或“Move Down（下移）”按钮可以改变各个布线策略的优先级，位于最上方的布线策略优先级最高。

Altium Designer 2014 布线策略列表框中主要有以下几种布线方式。

①“Adjacent Memory（相邻的存储器）”布线方式：U 形走线的布线方式。采用这种布线方式时，自动布线器对同一网络中相邻的元件引脚采用 U 形走线方式。

②“Clean Pad Entries（清除焊盘走线）”布线方式：清除焊盘冗余走线。采用这种布线方式可以优化 PCB 的自动布线，清除焊盘上多余的走线。

③“Completion（完成）”布线方式：竞争的推挤式拓扑布线。采用这种布线方式时，布线器对布线进行推挤操作，以避开不在同一网络中的过孔和焊盘。

④“Fan Out Signal（扇出信号）”布线方式：表面安装元件的焊盘采用扇出形式连接到信号层。当表面安装元件的焊盘布线跨越不同的工作层时，采用这种布线方式可以先从该焊盘引出一段导线，然后通过过孔与其他的工作层连接。

⑤“Fan Out to Plane（扇出平面）”布线方式：表面安装元件的焊盘采用扇出形式连接到电源层和接地网络中。

⑥“Globally Optimized Main（全局主要的最优化）”布线方式：全局最优化拓扑布线方式。

⑦“Hug（环绕）”布线方式：采用这种布线方式时，自动布线器将采取环绕的布线方式。

⑧“Layer Patterns（层样式）”布线方式：采用这种布线方式将决定同一工作层中的布线是否采用布线拓扑结构进行自动布线。

⑨“Main（主要的）”布线方式：主推挤式拓扑驱动布线。采用这种布线方式时，自动布线器对布线进行推挤操作，以避开不在同一网络中的过孔和焊盘

⑩“Memory（存储器）”布线方式：启发式并行模式布线。采用这种布线方式将存储器元件上的走线方式进行最佳的评估。对地址线和数据线一般采用有规律的并行走线方式。

⑪“Multilayer Main（主要的多层）”布线方式：多层板拓扑驱动布线方式。

⑫“Spread（伸展）”布线方式：采用这种布线方式时，自动布线器自动使位于两个焊盘之间的走线处于正中间的位置。

⑬“Straighten（伸直）”布线方式：采用这种布线方式时，自动布线器在布线时将尽量走直线。

（4）单击“Situs Routing Strategies”对话框中的“Edit Rules（编辑规则）”按钮，对布线规则进行设置。

（5）布线策略设置完毕单击“OK（确定）”按钮。

3．启动自动布线服务器进行自动布线

布线规则和布线策略设置完毕后，即可进行自动布线操作。自动布线操作主要是通过“Auto Route（自动布线）”菜单进行的。用户不仅可以进行整体布局，也可以对指定的区域、网络及元件进行单独的布线。执行自动布线的方法非常多，如图 4.83 所示。

图 4.83 自动布线的方法

（1）“All（所有）”命令用于为全局自动布线，其操作步骤如下。

① 单击菜单栏中的“Auto Route（自动布线）”\“All...（所有）”命令，系统将弹出“Situs Routing Strategies（布线位置策略）”对话框。在该对话框中可以设置自动布线策略。

② 选择一项布线策略，单击“Route All（布线所有）”按钮即可进入自动布线状态。这里选择系统默认的“Default 2 Layer Boaord（默认双面板）”策略。布线过程中将自动弹出“Messages（信息）”面板，提供自动布线的状态信息，如图 4.84 所示。由最后一条提示信息可知，此次自动布线全部布通。

③ 全局布线后的 PCB 图如图 4.85 所示。

当器件排列比较密集或者布线规则设置过于严格时，自动布线可能不会完全布通。即使完全布通的 PCB 电路板仍会有部分网络走线不合理，如绕线过多、走线过长等，此时就需要进行手动调整了。

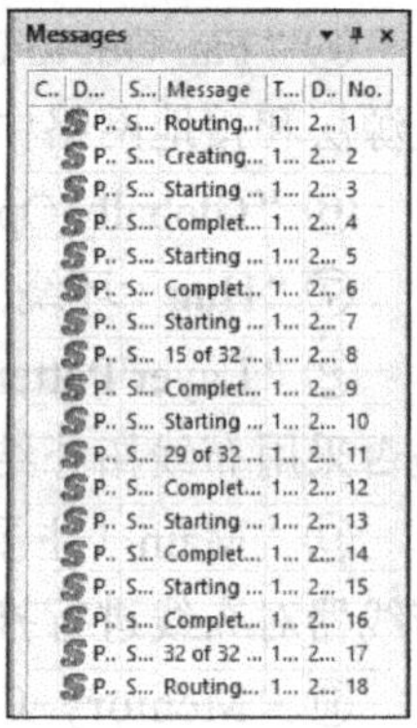

图 4.84 “Messages”面板

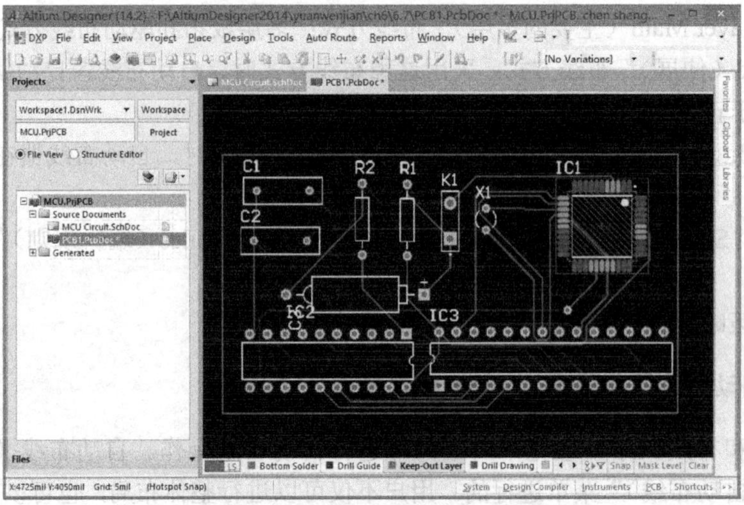

图 4.85 全局布线后的 PCB 图

（2）“Net（网络）”命令用于为指定的网络自动布线，其操作步骤如下。

① 在规则设置中对该网络布线的线宽进行合理的设置。

② 单击菜单栏中的“Auto Route（自动布线）”\“Net（网络）”命令，此时光标将变成十字形状。移动光标到该网络上的任何一个电气连接点（飞线或焊盘处），这里选 C1 引脚 1 的焊盘处。单击，此时系统将自动对该网络进行布线。

③ 光标仍处于布线状态，可以继续对其他的网络进行布线。

④ 右击或者按 Esc 键即可退出该操作。

（3）“Net Class（网络类）”命令用于为指定的网络类自动布线，Net Class（网络类）是多个网络的集合，可以在“Objects Class Explorer（对象类管理器）”对话框中对其进行编辑管理。其操作步骤如下。

① 单击菜单栏中的“Design（设计）”\“Classes（类）”命令，系统将弹出如图 4.86 所示的“Objects Class Explorer（对象类管理器）”对话框。

② 系统默认存在的网络类为 All Nets（所有网络），不能进行编辑修改。用户可以自行定义新的网络类，将不同的相关网络加入到某一个定义好的网络类中。

③ 单击菜单栏中的“AutoRoute（自动布线）”\“Class（类）”命令后，如果当前文件中没有自定义的网络类，系统会弹出提示框提示未找到网络类，否则系统会弹出“Choose Objects Class（选择对象类）”对话框，列出当前文件中具有的网络类。在列表中选择要布线的网络类，系统即将该网络类内的所有网络自动布线。

④ 在自动布线过程中，所有布线器的信息和布线状态、结果会在“Messages（信息）”面板中显示出来。

⑤ 右击或者按 Esc 键即可退出该操作。

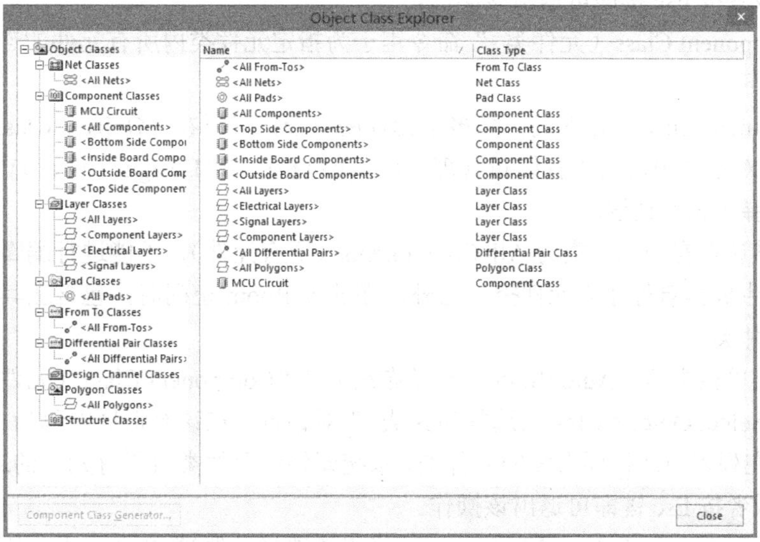

图 4.86 “Objects Class Explorer”对话框

（4）“Connection（连接）”命令用于为两个存在电气连接的焊盘进行自动布线，其操作步骤如下。

① 如果对该段布线有特殊的线宽要求，则应该先在布线规则中对该段线宽进行设置。

② 单击菜单栏中的“Auto Route（自动布线）”\“Connection（连接）”命令，此时光标将变成十字形状。移动光标到工作窗口，单击某两点之间的飞线或单击其中的一个焊盘，然后选择两点之间的连接，此时系统将自动在该两点之间布线。

③ 光标仍处于布线状态，可以继续对其他的连接进行布线。

④ 右击或者按 Esc 键即可退出该操作。

（5）“Area（区域）”命令用于为完整包含在选定区域内的连接自动布线，其操作步骤如下。

① 单击菜单栏中的“Auto Route（自动布线）”\“Area（区域）”命令，此时光标将变成十字形状。

② 在工作窗口中单击确定矩形布线区域的一个顶点，然后移动光标到合适的位置，再一次单击确定该矩形区域的对角顶点。此时，系统将自动对该矩形区域进行布线。

③ 光标仍处于放置矩形状态，可以继续对其他区域进行布线。

④ 右击或者按 Esc 键即可退出该操作。

（6）“Room（空间）”命令用，用于为指定 Room 类型的空间内的连接自动布线。该命令只适用于完全位于 Room 空间内部的连接，即 Room 边界线以内的连接，不包括压在边界线上的部分。单击该命令后，光标变为十字形状，在 PCB 工作窗口中单击选取 Room 空间即可。

（7）“Component（元件）”命令用于为指定元件的所有连接自动布线，其操作步骤如下。

① 单击菜单栏中的“AutoRoute（自动布线）”\“Component（元件）”命令，此时光标将变成十字形状。移动光标到工作窗口，单击某一个元件的焊盘，所有从选定元件的焊盘引出的连接都被自动布线。

② 光标仍处于布线状态，可以继续对其他元件进行布线。

③ 右击或者按 Esc 键即可退出该操作。

（8）“Component Class（元件类）”命令用于为指定元件类内所有元件的连接自动布线，其操作步骤如下。

① Component Class（元件类）是多个元件的集合，可以在“Objects Class Explorer（对象类管理器）”对话框中对其进行编辑管理。单击菜单栏中的“Design”（设计）\“Classes（类）”命令，系统将弹出该对话框。

② 系统默认存在的元件类为 All Components（所有元件），不能进行编辑修改。用户可以使用元件类生成器自行建立元件类。另外，在放置 Room 空间时，包含在其中的元件也自动生成一个元件类。

③ 单击菜单栏中的“Auto Route（自动布线）”\“Component Class（元件类）”命令后，系统将弹出“Select Objects Class（选择对象类）”对话框。在该对话框中包当 前文件中的元件类别列表。在列表中选择要布线的元件类，系统即将该元件类内所有元件的连接自动布线。

④ 右击或者按 Esc 键即可退出该操作。

（9）“Connections on Selected Components（连接选择元件）”命令用于为所选元件的所有连接自动布线。单击该命令之前，要先选中欲布线的元件。

（10）“Connections between Selected Components（在所选元件之间连接）”命令用于为所选元件之间的连接自动布线。单击该命令之前，要先选中欲布线元件。

（11）“Fanout（扇出）”命令。在 PCB 编辑器中，单击菜单栏中的“Auto Route（自动布线）”\“Fanout（扇出）”命令，弹出的子菜单如图 4.87 所示。

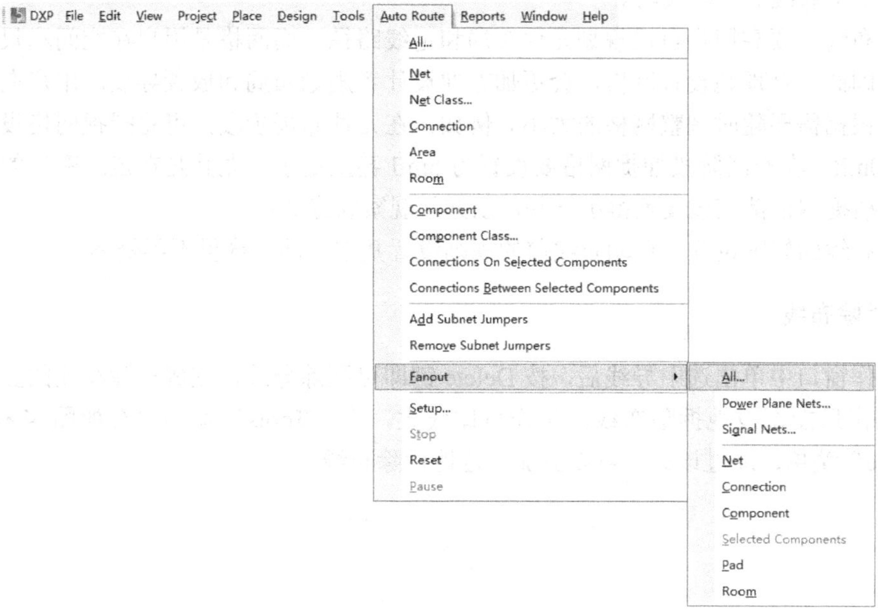

图 4.87　“Fanout”命令子菜单

采用扇出布线方式可将焊盘连接到其他的网络中。其中各命令的功能分别介绍如下。

① All…（所有）：用于对当前 PCB 设计内所有连接到中间电源层或信号层网络的表面安装元件执行扇出操作。

② Power Plane Nets…（电源层网络）：用于对当前 PCB 设计内所有连接到电源层网络的表面安装元件执行扇出操作。

③ Signal Nets…（信号网络）：用于对当前 PCB 设计内所有连接到信号层网络的表面安装元件执行扇出操作。

④ Net（网络）：用于为指定网络内的所有表面安装元件的焊盘执行扇出操作。单击该命令后，用十字光标点取指定网络内的焊盘，或者在空白处单击，在出的“Net Name（网络名称）”对话框中输入网络标号，系统即可自动为选定网络内的所有表面安装元件的焊盘执行扇出操作。

⑤ Connection（连接）：用于为指定连接内的两个表面安装元件的焊盘执行扇出操作。单击该命令后，用十字光标点取指定连接内的焊盘或者飞线，系统即可自动为选定连接内的表贴焊盘执行扇出操作。

⑥ Room（空间）：用于为指定的 Room 类型空间内的所有表面安装元件执行扇出操作。单击该命令后，用十字光标点取指定的 Room 空间，系统即可自动为空间内的所有表面安装元件执行扇出操作。

4.11　电路板的手动布线

自动布线会出现一些不合理的布线情况，如有较多的绕线、走线不美观等。此时，用户可以通过手工布线进行一定的修正，对于元件网络较少的 PCB 板也可以完全采用手工布线。下面介绍手工布线的一些技巧。

手工布线，要靠用户自己规划元件布局和走线路径，而网格是用户在空间和尺寸上的重要依据。因此，合理地设置网格，会更加方便设计者规划布局和放置导线。用户在设计的不同阶段可根据需要随时调整网格的大小。例如，在元件布局阶段，可将捕捉网格设置的大一点，如 20mil。在布线阶段捕捉网格要设置为 5mil 甚至更小，尤其是在走线密集的区域，视图网格和捕捉网格都应该设置得小一些，以方便观察和走线。

手工布线的规则设置与自动布线前的规则设置基本相同，这里不再赘述。

1．拆除布线

在工作窗口中单击选中导线后，按 Delete 键即可删除导线，完成拆除布线的操作。但是这样的操作只能逐段地拆除布线，工作量比较大，在“Tools”菜单中有如图 4.88 所示的“Un-Route”菜单，通过该菜单可以更加快速地拆除布线。

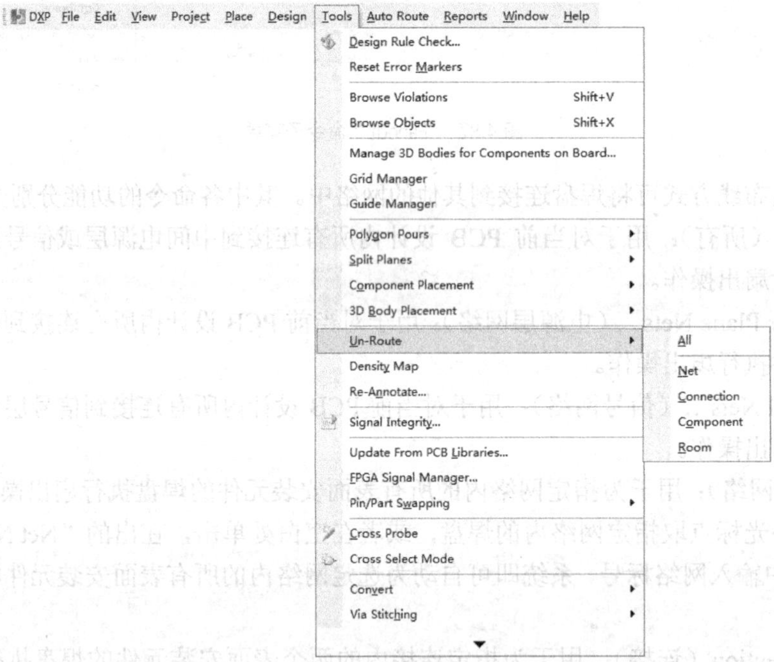

图 4.88 “Un-Route”菜单

（1）“All”菜单项：拆除 PCB 板上的所有导线。

执行“Tools”\“Un-Route”\“All”菜单命令，即可拆除 PCB 板上的所有导线。

（2）“Net”菜单项：拆除某一个网络上的所有导线。

① 执行“Tools”\“Un-Route”\“Net”菜单命令，鼠标将变成十字形状。

② 移动鼠标到某根导线上，单击鼠标左键，该导线所在网络的所有导线将被删除，即可完成对该网络的拆除布线操作。

③ 鼠标仍处于拆除布线状态，可以继续拆除其他网络上的布线。

④ 单击鼠标右键或者按下 Esc 键即可退出拆除布线操作。

（3）“Connection”菜单项：拆除某个连接上的导线。

① 执行“Tools”\“Un-Route”\“Connection”菜单命令，鼠标将变成十字形状。

② 移动鼠标到某根导线上，单击鼠标左键，该导线建立的连接将被删除，即可完成对该连接的拆除布线操作。

③ 鼠标仍处于拆除布线状态，可以继续拆除其他连接上的布线。

④ 单击鼠标右键或者按 Esc 键即退出拆除布线操作。

（4）“Component”菜单项：拆除某个元件上的导线。

① 执行“Tools”\“Component”菜单命令，鼠标将变成十字形状。

② 移动鼠标到某个元件上，单击鼠标左键，该元件所有管脚所在网络的所有导线将被删除，即可完成对该元件上的拆除布线操作。

③ 鼠标仍处于拆除布线状态，可以继续拆除其他连接上的布线。

④ 单击鼠标右键或者按下 Esc 键即可退出拆除布线操作。

2. 手动布线

（1）手动布线也将遵循自动布线时设置的规则。具体的手动布线步骤如下。

① 执行“Place”\“Interactive Routing”菜单命令，鼠标将变成十字形状。

② 移动鼠标到元件的一个焊盘上，单击鼠标左键放置布线的起点。

手工布线模式主要有五种：任意角度、90°拐角、弧形拐角、45°拐角和 45°弧形拐角。按“shift+空格”快捷键即可在五种模式间切换，按“空格”键可以在每一种和结束两种模式间切换。

③ 多次单击鼠标左键确定多个不同的控点，完成两个焊盘之间的布线。

（2）手动布线中层的切换。在进行交互式布线时，按“*”快捷键可以在不同的信号层之间切换，这样可以完成不同层之间的走线。在不同的层间进行走线时，系统将自动地为其添加一个过孔。

4.12　添加安装孔

电路板布线完成之后，就可以开始着手添加安装孔。安装孔通常采用过孔形式，并和接地网络连接，以便于后期的调试工作。

添加安装孔的操作步骤如下。

（1）单击菜单栏中的“Place（放置）”\“Via”（过孔）命令，或者单击“Wirtijg（连线）”工具栏中的（放置过孔）按钮，或用快捷键 P+V，此时光标变成十字形状，并带有一个过孔图形。

（2）按 Tab 键，系统将弹出如图 4.89 所示的“Via（过孔）”对话框。

①“Hole Size（钻孔内径）”选项：这把里将过孔作为安装孔使用，因此过孔内径比较大，设置为 100mil。

②“Diameter（过孔外径）”选项：这里的过孔外径设置为 150 mil。

③“Location（过孔的位置）”选项：这里的过孔作为安装孔使用，过孔的位置将根据需要确定。通常，安装孔放置在电路板的四个角上。

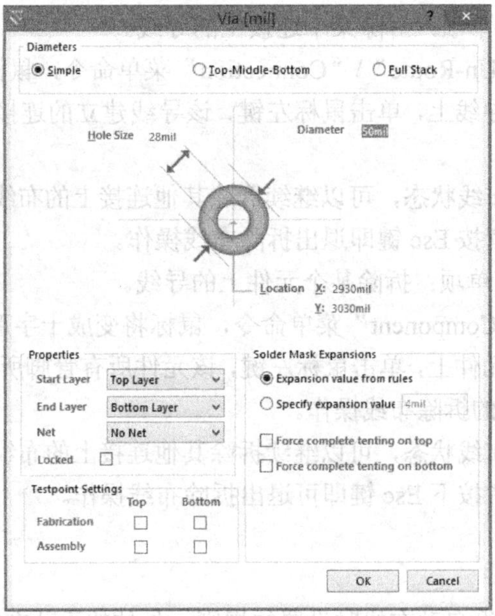

图 4.89 “Via”对话框

④“Properties（过孔的属性设置）”选项：包括设置过孔起始层、网络标号、测试点等。

（3）设置完毕单击“OK（确定）”按钮，即可放置一个过孔。

（4）光标仍出于节放置过孔状态，可以继续放置其他的过孔。

（5）右击或者按 Esc 键即可退出该操作。

图 4.90 所示为放置完安装孔的电路板。

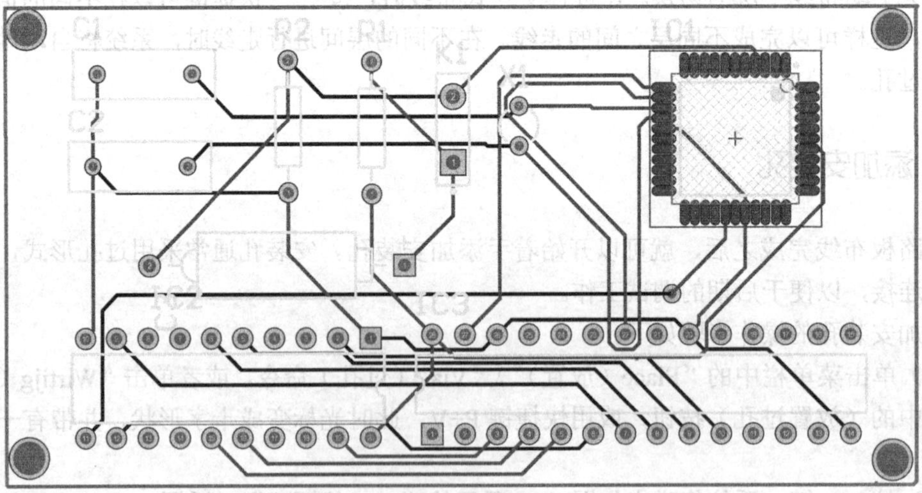

图 4.90 放置完安装孔的电路板

4.13 覆铜和补泪滴

覆铜由一系列的导线组成，可以完成电路板内不规则区域的填充。在绘制 PCB 图时，覆铜主要是指把空余没有走线的部分用导线全部铺满。用铜箔铺满部分区域和电路的一个网络相连，多数情况是和 GND 网络相连，单面电路板覆铜可以提高电路的抗干扰能力，经过覆铜处理后制作的印制板会显得十分美观。同时，通过大电流的导电通路也采用覆铜的方法来加大过电流的能力。通常覆铜的安全间距应该在一般导线安全间距的两倍以上。

1. 执行覆铜命令

单击菜单栏中的“Place（放置）” \ “Polygon（多边形覆铜）”命令，或者单击“Wiring（连线）”工具栏中的（放置多边形覆铜）按钮，或用快捷键<P>+<G>，即可执行放置覆铜命令。系统弹出的“Polygon Pour（多边形覆铜）”对话框如图 4.91 所示。

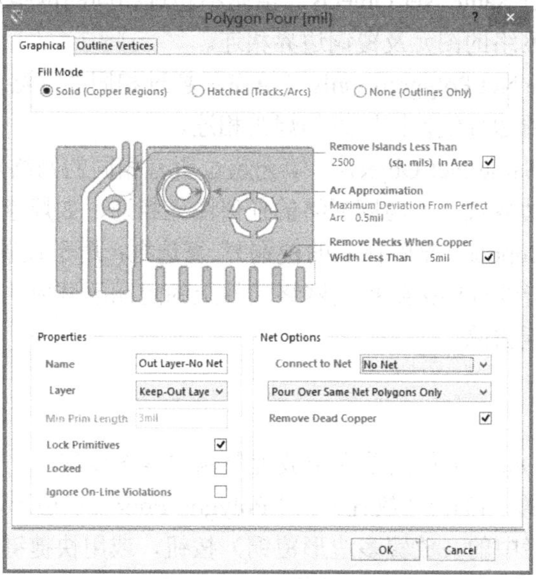

图 4.91 “Polygon Pour” 对话框

2. 设置覆铜属性

执行覆铜命令之后，或者双击已放置的覆铜，系统将弹出“Polygon Pour”（多边覆铜）对话框。其中各选项组的功能分别介绍如下。

（1）Fill Mode（填充模式）选项组。

该选项组用于选择覆铜的填充模式，包括三个单选钮，Solid（Copper Regions），即覆铜区域内为全铜敷设；Hatched（tracks/Arcs），即向覆铜区域内填入网络状的覆铜；None（Outlines Only），即只保留覆铜边界，内部无填充。

在对话框的中间区域内可以设置覆铜的具体参数，针对不同的填充模式，有不同的设置参数选项。

①“Solld（Copper Regions）”（实体）单选钮：用于设置删除孤立区域覆铜的面积限制值，以及删除凹槽的宽度限制值。需要注意的是，当用该方式覆铜后，在 Protel99SE 软件中不能显示，但可以用 Hatched（tracks/Arcs）（网络状）方式覆铜。

②“Hatched（tracks/Arcs）”（网络状）单选钮：用于设置网格线的宽度、网络的大小、

围绕焊盘的形状及网格的类型。

③“None（Outlines Only）”单选钮：用于设置覆铜边界导线宽度及围绕焊盘的形状等。

（2）Properties（属性）选项组。

①“Layer（层）”下拉列表框：用于设定覆铜所属的工作层。

②“Min Prim Length（最小图元长度）”文本框：用于设置最小图元的长度。

③“Lock Primitives（锁定原始的）”复选框：用于选择是否锁定覆铜。

（3）Net Options（网络选项）选项组。

①“Connect to Net（连接到网络）”下拉列表框：用于选择覆铜连接到的网络。通常连接到 GND 网络。

②“Don't Pour Over Same Net Objects（填充不超过相同的网络对象）”选项：用于设置覆铜的内部填充不与同网络的图元及覆铜边界相连。

③“Pour Over Same Net Polygons Only（填充只超过相同的网络多形）”选项：用于设置覆铜的内部填充只与覆铜边界线及同网络的焊盘相连。

④“Pour Over All Same Net Objects（填充超过所有相同的网络对象）”选项：用于设置覆铜的内部填充与覆铜边界线，并与同网络的任何图元相连，如焊盘、过孔、导线等。

⑤“Remove Dead Copper（删除孤立的覆铜）”复选框：用于设置是否删除孤立区域的覆铜。孤立区域的覆铜是指没有连接到指定网络元件上的封闭区域内的覆铜，若勾选该复选框，则可以将这些区域的覆铜去除。

3．放置覆铜

下面以“PCB1.PcbDoc”为例简单介绍放置覆铜的操作步骤。

（1）单击菜单栏中的“Place（放置）”\“Polygon Pour（多边形覆铜）”命令，或者单击“Wiring（连线）”工具栏中的（放置多边形覆铜）按钮，或用快捷键 P+G，即可执行放置覆铜命令。将弹出“Polygon Pour（多边形覆铜）”对话框。

（2）在“Polygon Pour（多边形覆铜）”对话框中进行设置，点选“Hatched（tracks/Arcs）（网络状）”单选钮，填充模式设置为 45°，连接到网络 GND，层面设置为 Top Layer（顶层），勾选“Remove Dead Copper（删除孤立的覆铜）”复选框，如图 4.92 所示。

（3）单击“OK（确定）”按钮，关闭该对话框。此时光标变成十字形状，准备开始覆铜操作。

（4）用光标沿着 PCB 的 Keep-Out 边界线画一个闭合的矩形框。单击确定起点，移动至拐点处单击，直至确定矩形框的四个顶点，右击退出。用户不必手动将矩形框线闭合，系统会自动将起点和终点连接起来构成闭合框线。

（5）系统在框线内部自动生成了 Top Layer（顶层）的覆铜。

（6）执行覆铜命令，选择层面为 Bottom Layer（底层），其他设置相同，为底层覆铜。PCB 覆铜效果如图 4.93 所示。

4．补泪滴

在导线和焊盘或者过孔的连接处，通常需要补泪滴，以去除连接处的直角，加大连接面。这样做有两个好处，一是在 PCB 的制作过程中，避免因钻孔定位偏差导致焊盘与导线断裂；

二是在安装和使用中，可以避免因用力集中导致连接处断裂。

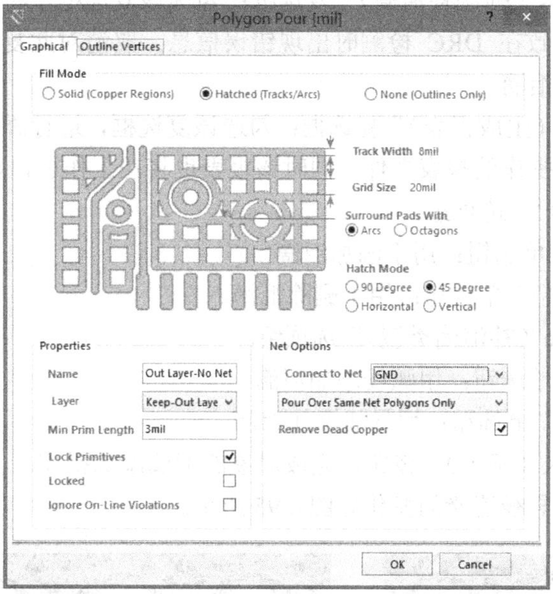

图 4.92 “Polygon Pour（多边形覆铜）”对话框

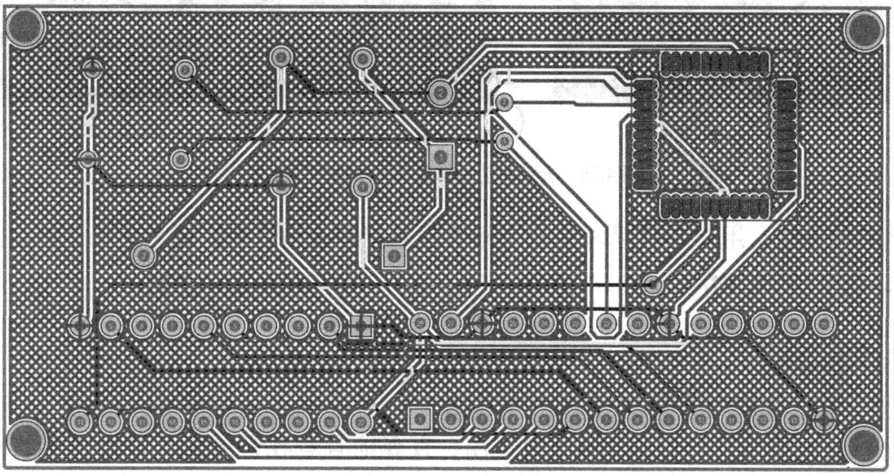

图 4.93 PCB 覆铜效果

单击菜单栏中的“Tool（工具）”\“Teardrop（补泪滴）”命令，或用快捷键<T>+<E>，即可执行补泪滴命令。系统弹出的“Teardrop Options（补泪滴选项）”对话框如图 4.94 所示。

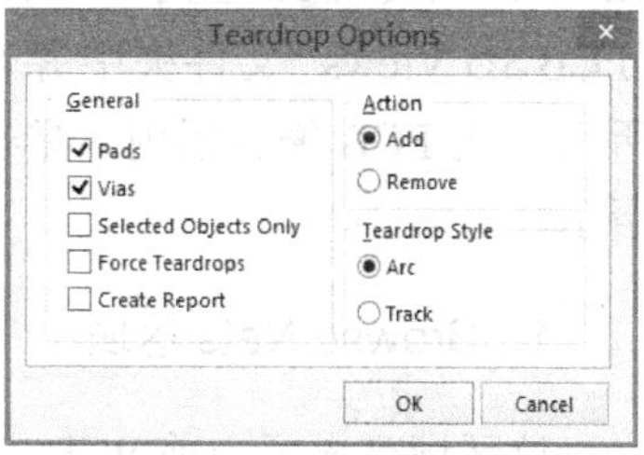

图 4.94 “Teardrop Options”对话框

（1）“General（常规）”选项组。

①“A11 Pads（所有焊盘）”复选框：勾选该复选框，将对所有的焊盘添加泪滴。

②“A11 Vias（所有过孔）”复选框：勾选该复选框，将对所有的过孔添加泪滴。

③“Selected Objects Only（仅对所选对象）”复选框：勾选该复选框，将对选中的对象添

加泪滴。

④“Force Teardrops（强制补泪滴）”复选框：勾选该复选框，将强制对所有焊盘或过孔添加泪滴，这样可能导致在 DRC 检测时出现错误信息。取消对此复选框的勾选，则对安全间距太小的焊盘不添加泪滴。

⑤“Creat Report（生成报表）”复选框：勾选该复选框，进行添加泪滴的操作后将自动生成一个有关添加泪滴操作的报表文件，同时该报表也将在工作窗口显示出来。

（2）“Action（作用）”选项组。

①“Add（添加）”单选钮：用于添加泪滴。

②“Remove（删除）”单选钮：用于删除泪滴。

（3）“Teardrop Style（补泪滴类型）”选项组。

①“Arc（弧形）”单选钮：用弧线添加泪滴。

②“Track（导线）”单选钮：用导线添加泪滴。

设置完毕单击“OK（确定）”按钮，完成对象的泪滴添加操作。

补泪滴前后焊盘与导线连接的变化如图 4.95 所示。

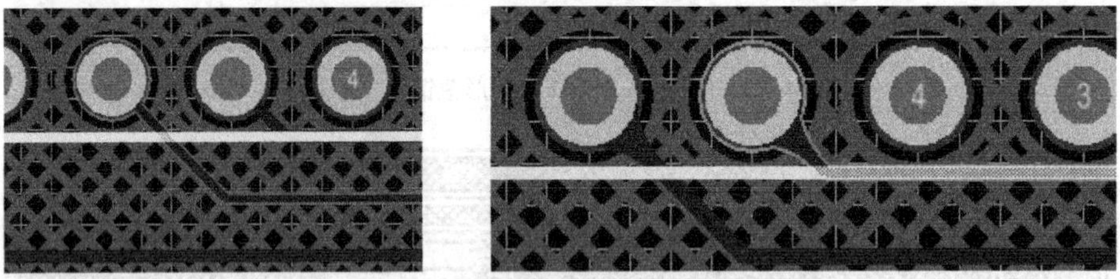

前　　　　后

图 4.95　补泪滴前后焊盘与导线连接的变化

按照此种方法，用户还可以对某一个元件的所有焊盘和过孔，或者某一个特定网络的焊盘和过孔进行补泪滴操作。

4.14　3D 效果图

手动布局完毕后，可以通过 3D 效果图，直观地查看视觉效果，以检查手动布局是否合理。

在 PCB 编辑器内，单击菜单栏中的“Tool（工具）”\“Legacy Tools（传统工具）”\“Legacy 3D View（传统 3D 显示）”命令，则系统生成该 PCB 板的 3D 效果图，加入到该项目生成的“PCB 3D Views”文件夹中并自动打开。“PCB1.PcbDoc”PCB 板生成的 3D 效果图如图 4.96 所示。在 PCB 编辑器内，单击右下角的 PCB 3D 面板按钮，打开 PCB 3D 面板，如图 4.97 所示。

1. Browse Nets 区域

该区域列出了当前 PCB 文件内的所有网络。选择其中一个网络之后，单击 HighLight 按钮，则此网络呈高亮状态；单击 Clear 按钮，可以取消高亮状态。

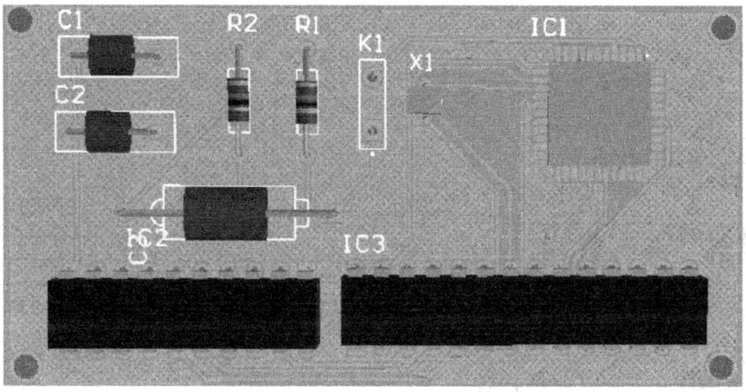

图 4.96　PCB 板生成的 3D 效果图

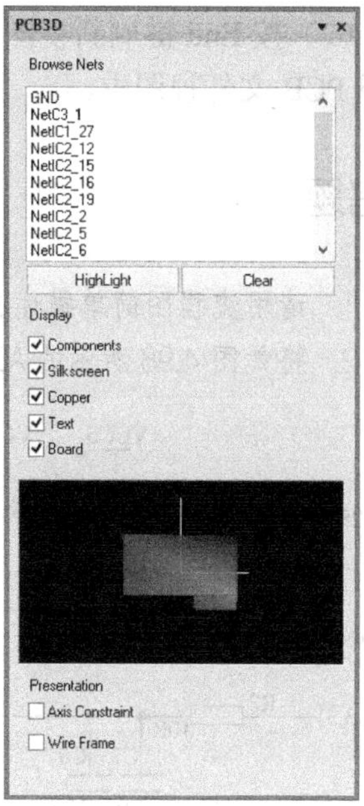

图 4.97　PCB 3D 面板

2. Display 区域

该区域用于控制 3D 效果图中的显示方式，分别可以对元器件、丝印层、铜、文本以及电路板进行控制。

3. 预览框区域

将光标移到该区域中以后，单击左键并按住不放，拖动光标，3D 图将跟着旋转，展示不同方向上的效果。

4. Presentation 区域

用于设置约束轴和连线框。

4.15　网络密度分析

网络密度分析是利用 Altium Designer 2014 系统提供的密度分析工具，对当前 PCB 文件的元件放置及其连接情况进行分析。密度分析生成一个临时的密度指示图（Density Map），覆盖在原 PCB 图上面。在图中，绿色的部分表示网络密度较低。元件越密集、连线越多的区域，颜色就会呈现一定的变化趋势，红色表示网络密度较高的区域。密度指示图显示了 PCB 板布局的密度特征，可以作为各区域内布线难度和布通率的指示信息。

用户根据密度指示图进行相应的布局调整，有利于提高自动布线的布通率，降低布线难度。下面以布局好的电脑麦克风电路原理图的 PCB 文件为例，进行网络密度分析。

（1）在 PCB 编辑器中，单击菜单栏中的“Tools（工具）”\“Density Map（密度指示图）”命令，系统自动执行对当前 PCB 文件的密度分析。

（2）按 End 键刷新视图，或者通过单击文件标签切换到其他编辑器视图中，即可恢复到普通 PCB 文件视图中。

思考题

1. 请用流程图简单描述 PCB 板设计分哪几个步骤？
2. 将如图 4.98 所示的 AD&DA 转换电路生成 PCB 图。

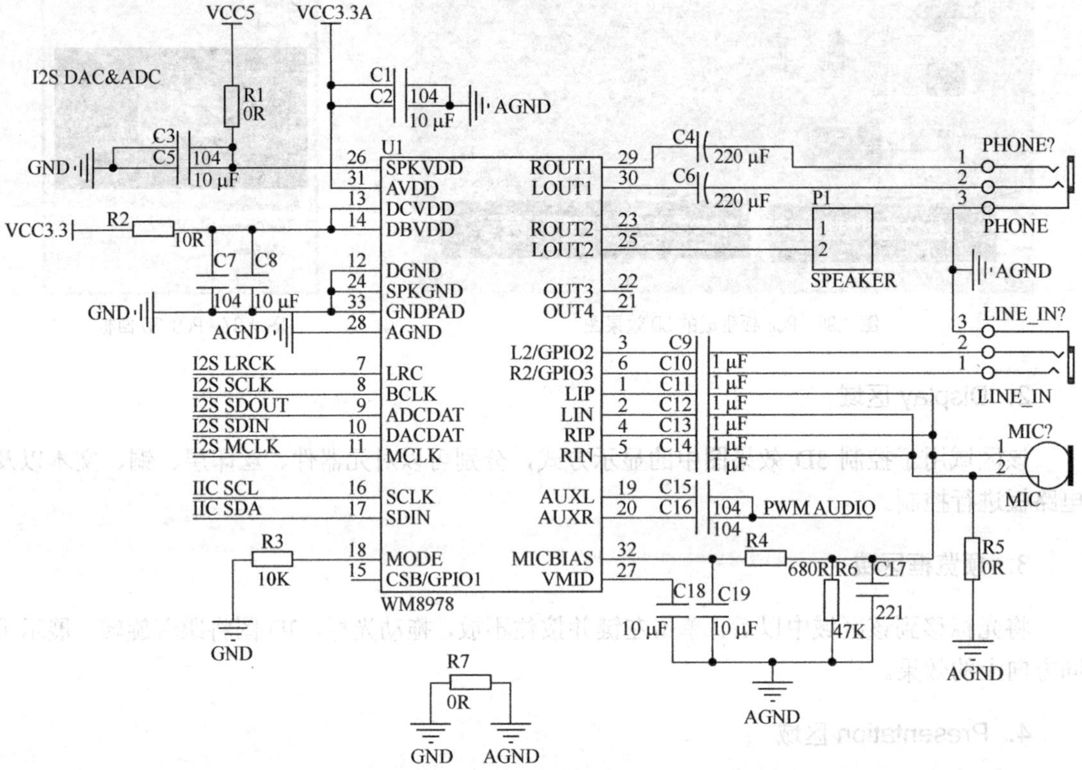

图 4.98　AD&DA 转换电路

3. 将如图 4.99 所示的 232 串口电路生成 PCB 图。

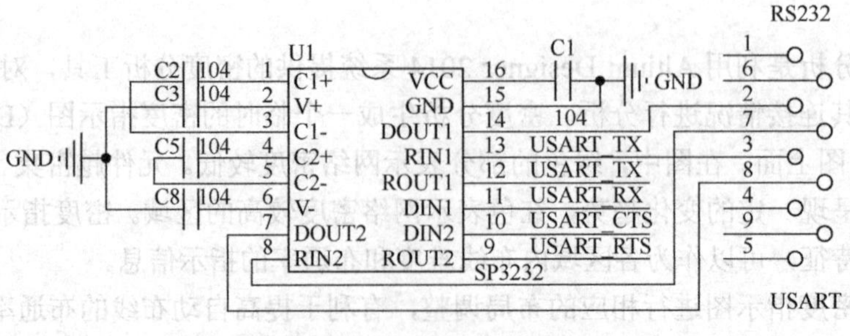

图 4.99　232 串口电路生成 PCB 图

4. 将如图 4.100 所示的 JTAG 调试接口电路生成 PCB 图。

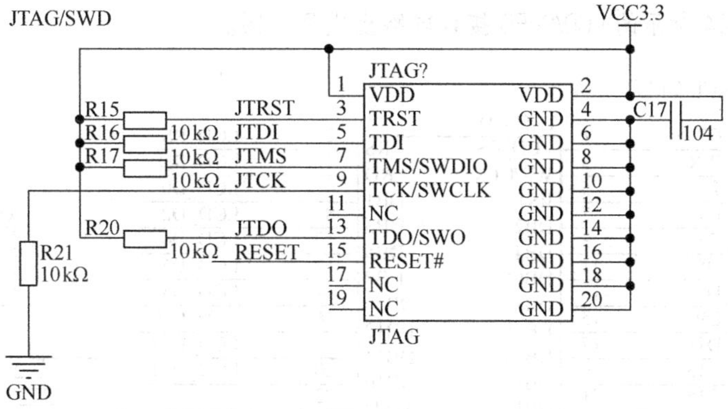

图 4.100　JTAG 调试接口电路生成 PCB 图

5. 将如图 4.101 所示的 EEPROM 驱动电路生成 PCB 图。

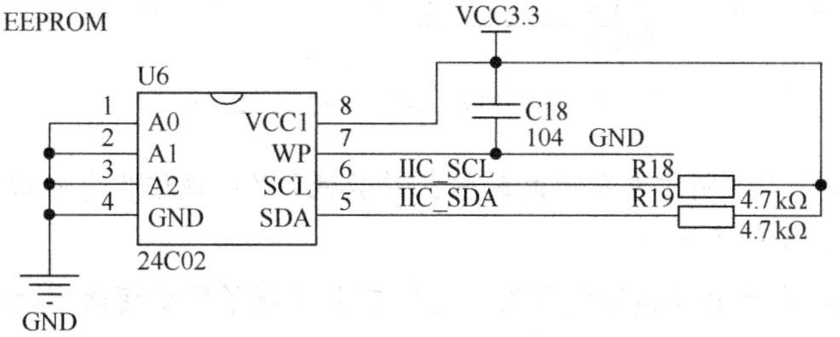

图 4.101　EEPROM 驱动电路生成 PCB 图

6. 将如图 4.102 所示的 FLASH 驱动电路生成 PCB 图。

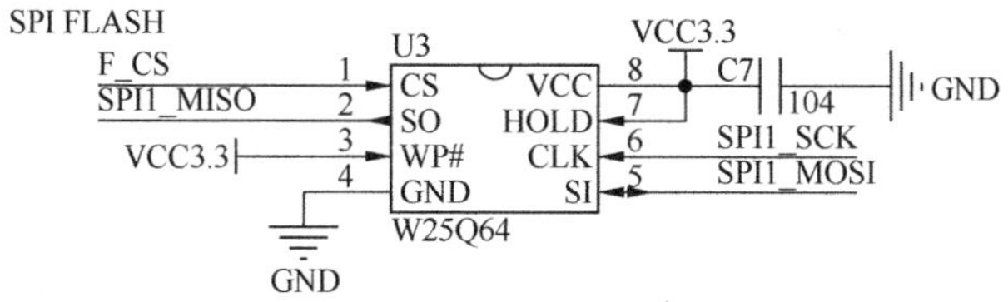

图 4.102　FLASH 驱动电路生成 PCB 图

7. 将如图 4.103 所示的 SD 卡驱动电路生成 PCB 图。

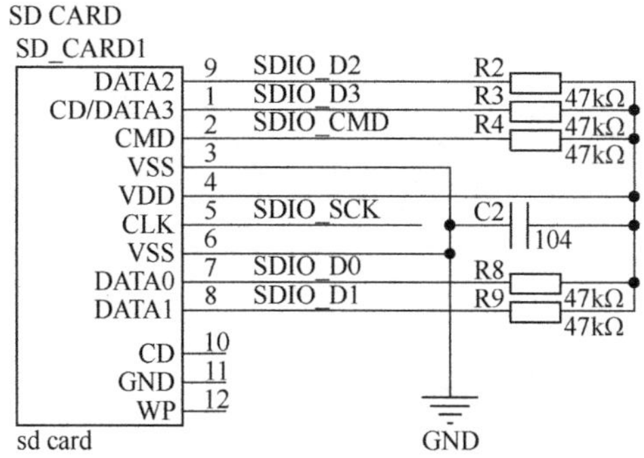

图 4.103　SD 卡驱动电路生成 PCB 图

8. 将如图 4.104 所示的 LCD/OLED 接口电路生成 PCB 图。

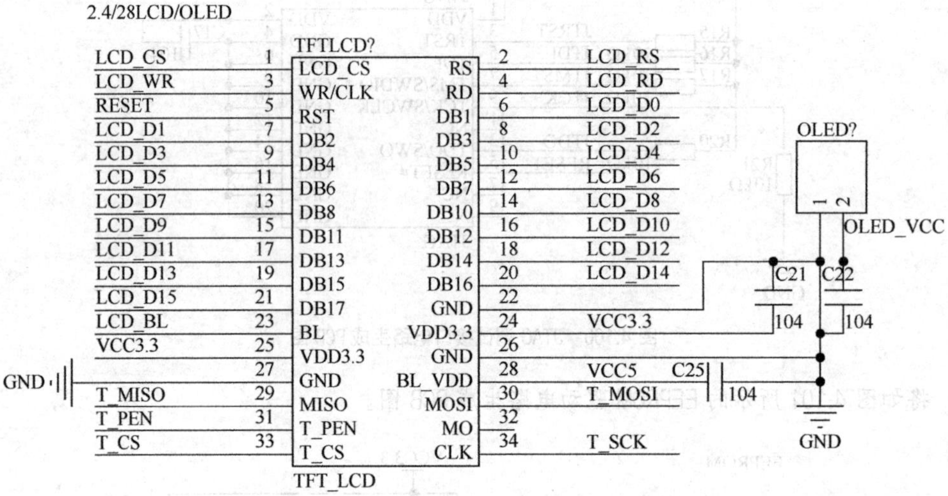

图 4.104 LCD/OLED 接口电路生成 PCB 图。

9. 在网上搜索关于 DIY 制作电路板的教程，并尝试 DIY 一块硬件电路板。
10. 本章所用的快捷键有哪些?
11. 简述 PCB 设计中大面积覆铜的作用，查阅有关书籍了解如何数字地和模拟地布线。

第5章 物联网系统软件设计

本章主要结合 LabVIEW 2010 软件介绍软件的安装、操作环境、程序结构、图像显示、文件系统、数学计算及六个简单的 LabVIEW 应用实例。本章知识要点是通过 LabVIEW 软件编写物联网系统的上位机。

本章建议安排理论讲授 6 课时，实践训练 6 课时。

5.1 虚拟仪器及 LabVIEW 概述

虚拟仪器（Virtual Instrumention）是基于计算机技术和仪器技术的一种集合体。它将计算机的处理器、存储器和仪器的数模转换、信号调理等元素结合在一起，实现数据的采集、处理、显示及传输等，是现在智能仪器的一个重要发展方向。

虚拟仪器将传统的仪器软件化，尽可能建立一个统一的平台实现，将传统仪器的软件和硬件集中到计算机的平台上去实现。虚拟仪器具有很丰富的信号采集、信号分析及处理能力。虚拟仪器目前使用广泛的是美国 NI 公司的 LabVIEW。

虚拟仪器的起源可以追溯到 20 世纪 70 年代，那时计算机测控系统在国防、航天等领域已经有了相当的发展。PC 机出现以后，仪器级的计算机化成为可能，对虚拟仪器和 LabVIEW 长期、系统、有效的研究开发使得该公司成为业界公认的权威。

LabVIEW（Laboratory Virtual Instrument Engineering）是一种图形化的编程语言，它广泛地被工业界、学术界和研究实验室所接受，被视为一个标准的数据采集和仪器控制软件。LabVIEW 集成了与满足 GPIB、VXI、RS-232 和 RS-485 协议的硬件及数据采集卡通信的全部功能。它还内置了便于应用 TCP/IP、ActiveX 等软件标准的库函数。这是一个功能强大且灵活的软件，利用它可以方便地建立自己的虚拟仪器，其图形化的界面使得编程及使用过程都生动有趣。

图形化的程序语言，又称为 G 语言。使用这种语言编程时，基本上不写程序代码，取而代之的是流程图或流程图。它尽可能利用技术人员、科学家、工程师所熟悉的术语、图标和概念，因此，LabVIEW 是一个面向最终用户的工具。它可以增强用户构建自己的科学和工程系统的能力，提供了实现仪器编程和数据采集系统的便捷途径。使用它进行原理研究、设计、测试并实现仪器系统，可以大大提高工作效率。

5.2 LabVIEW 软件的安装

LabVIEW 2010 可以安装在 Windows、Linux、Mac Os 等操作系统上，将 LabVIEW 安装好了后再根据需要安装相应的驱动。NI 提供针对科研院所和学生提供了学生版软件，具体的安装过程如下。

（1）双击 Setup.exe 出现如图 5.1 所示界面。

（2）单击下一步按钮进入产品选择界面，我们可以根据需求选择我们想要的组件安装，如图 5.2 所示。

图 5.1 LabVIEW 安装界面

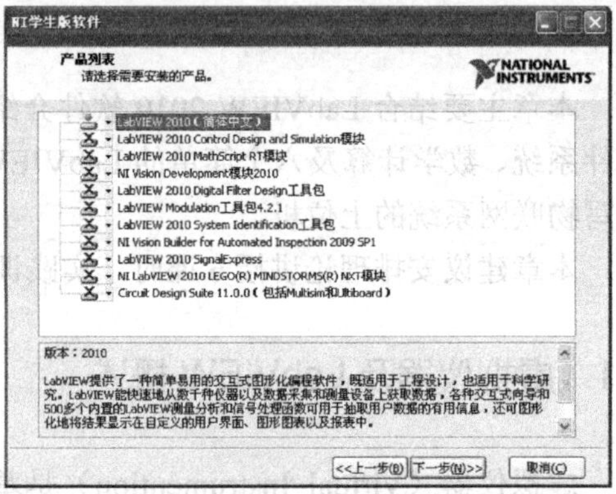

图 5.2 LabVIEW 组件界面

（3）单击“下一步”按钮进入用户界面，填写序列号，如图 5.3 所示。

（4）单击“下一步”按钮进入路径选择界面，填写软件安装的路径，如图 5.4 所示。

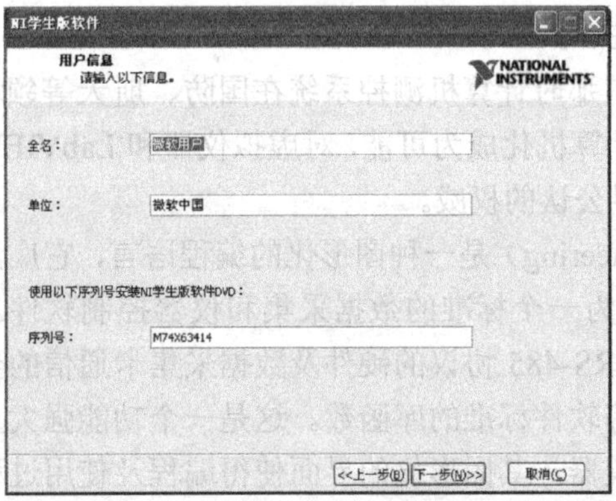

图 5.3 用户信息界面

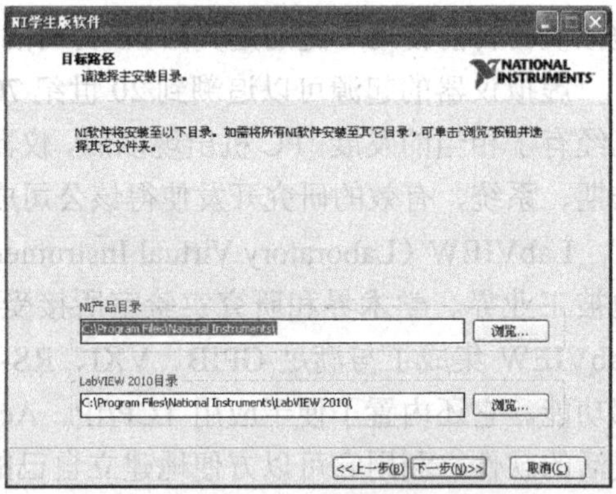

图 5.4 路径选择界面

（5）单击“下一步”按钮进入许可协议界面，接受两条许可协议，如图 5.5 所示。

（6）单击“下一步”按钮进入安装过程界面，如图 5.6 所示。

（7）单击“下一步”按钮进入激活过程界面，如图 5.7 所示。

（8）单击开始/程序/National Instruments LabVIEW 2010，启动 LabVIEW 程序，如图 5.8 所示。这表明我们可以正式使用 LabVIEW 了。

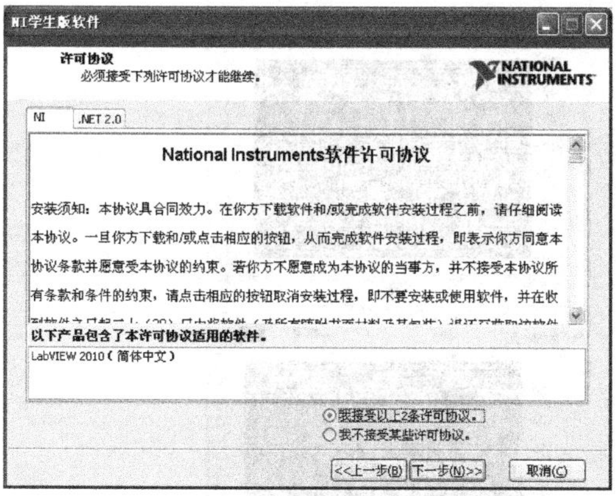

图 5.5　许可协议界面

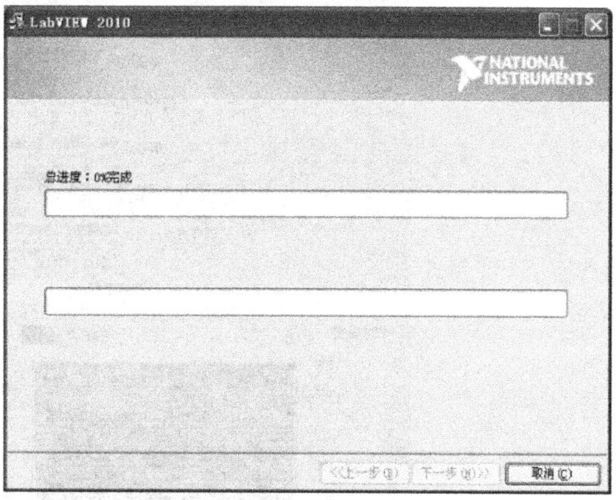

图 5.6　安装过程界面

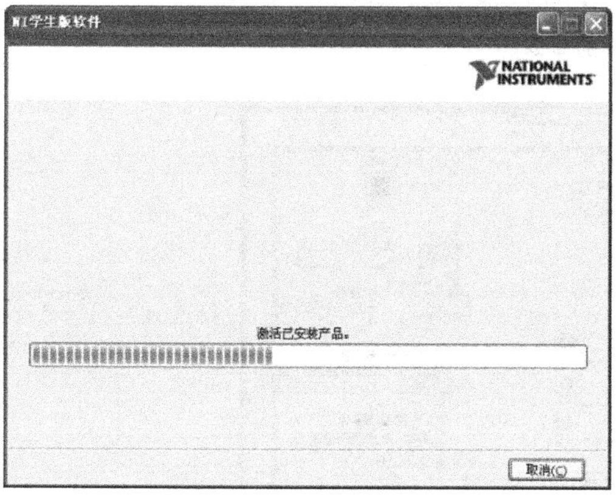

图 5.7　LabVIEW 激活界面

图 5.8　进入 LabVIEW 界面

5.3　LabVIEW 的操作环境

5.3.1　编辑面板

所有的 LabVIEW 应用程序，包括前面板和程序框图两个模块。

前面板是图形用户界面，也就是 VI 的虚拟仪器面板，这一界面上有用户输入和显示输出两类对象，具体表现有滑杆、旋钮、波形图形以及其他各式各样的控件，如图 5.9 所示。它显示了一个虚拟示波器的前面板设计，在前面板后还有一个与之配套的程序框图。

程序框图是定义其 VI 的图形化源代码，它除了包括前面板中的图形控件外还包括函数、结构、常量及连线端子等。由此可见虚拟仪器这种思想体现了界面与逻辑功能的分离，将界面的编程通过前面板来实现，而其逻辑功能通过程序框图来实现，这在很大的程度上减轻了工程师为了实现繁杂的界面所付出的劳动，而将精力放在程序逻辑功能上的设计。图 5.10 显示了图 5.9 虚拟示波器对应的程序框图。

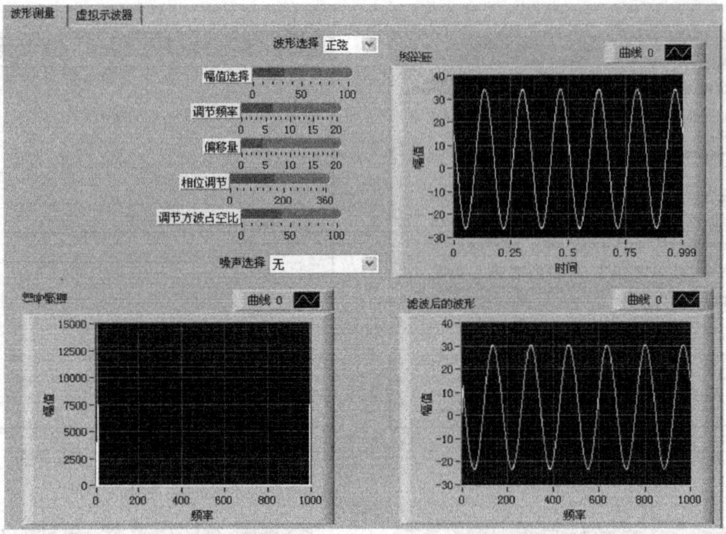

图 5.9 LabVIEW 前面板

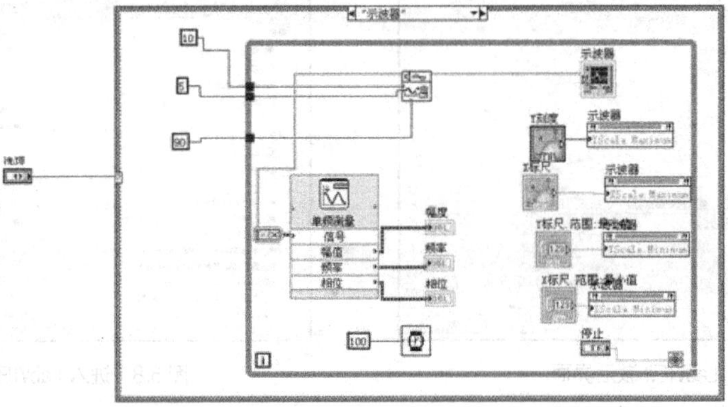

图 5.10 LabVIEW 前面板（程序框图）

5.3.2 工具栏

在 LabVIEW 的前面板和程序框图中，各有一个工具栏，如图 5.11 所示。通过工具栏可以快速访问程序的功能，常用的工具栏有文件、编辑、查看、项目、操作、工具、窗口、帮助等项目。

图 5.11 LabVIEW 工具栏

5.3.3 工具模板（Tools Palette）

工具模板提供了各种用于创建、修改和调试 VI 程序的工具。如果该模板没有出现，则可以在查看菜单下选择工具选板命令以显示该模板。当从模板内选择了任一种工具后，鼠标箭头就会变成该工具相应的形状，如图 5.12 所示。

本节主要介绍了 LabVIEW 的概述、LabVIEW 2010 的安装及其启动，并介绍了基本的操作编程，为后续深入学习打下基础。

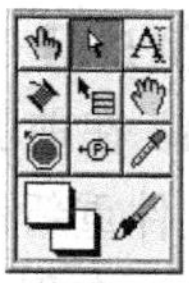

图 5.12　LabVIEW 工具栏

5.4　LabVIEW 基础

5.4.1　数据运算

LabVIEW 是一门独特的编程语言，提供了丰富的数据运算功能，除了基本的数据运算符外，还有许多功能强大的函数节点。LabVIEW 是图形化过程，运算是按照从左到右沿数据流的方向顺序执行的。

如图 5.13 所示，数值函数选板不仅包含了加、减、乘、除等基本运算函数，还包括常用的高级运算函数，如平方、随机数、常量和类型转换等。数值函数是最常用的函数选板，算术运算符的输入端会根据输入数据类型的不同自动匹配，并且能自动进行强制数据类型转换。

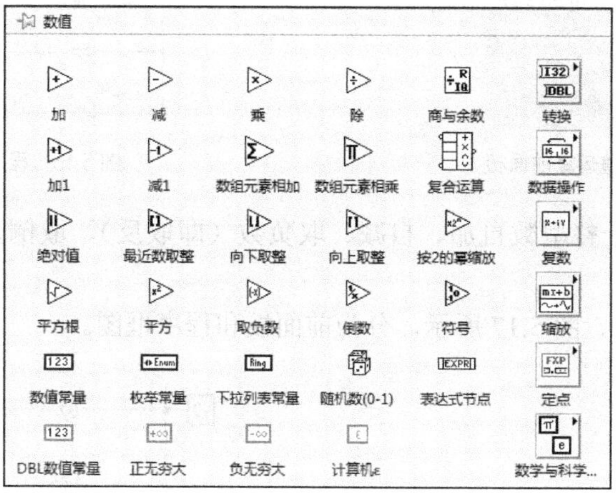

图 5.13　数值函数选板

下面举例说明 LabVIEW 基本算术运算符的含义与功能。

(1) (*x*+*y*):

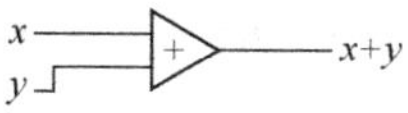

(2) (*x*−*y*):

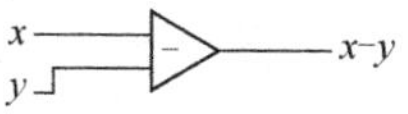

(3) (*x**y*):

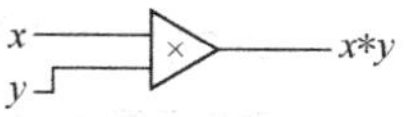

(4) (*x*/*y*):

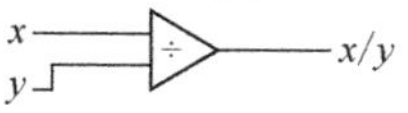

(5) (*x*%*y*):

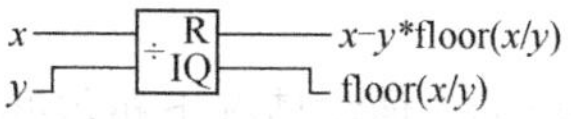

(6) (*x*+1):

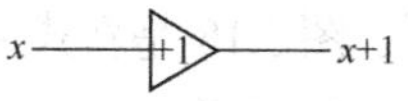

(7) (*x*-1):

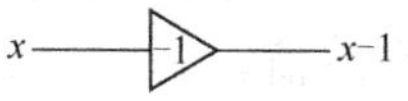

【例 5.1】 将一个整型数进行加、减、乘、除、乘方、开方、求余运算。

（1）在前面板放置八个数值显示控件，途径为新式|数值|数值显示控件，然后将这些数值显示控件重新命名，如图 5.14 所示。

（2）在程序框图中放置数值常量，途径为编程|数值|数值常量，再放置相应运算的函数，这些函数均可通过编程|数值实现，如图 5.15 所示。

（3）单击运行，结果如图 5.14 所示。

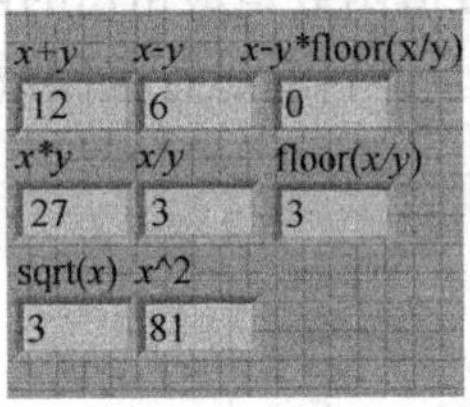

图 5.14 数值运算前面板

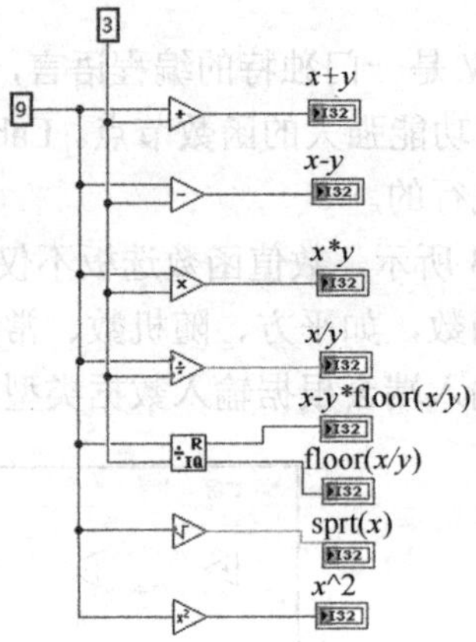

图 5.15 程序框图

【例 5.2】 将一个整型数自加、自减、取负数（即取反）、取倒数、判断正负，取绝对值。

示例结果如图 5.16、图 5.17 所示，分为前面板和程序框图。

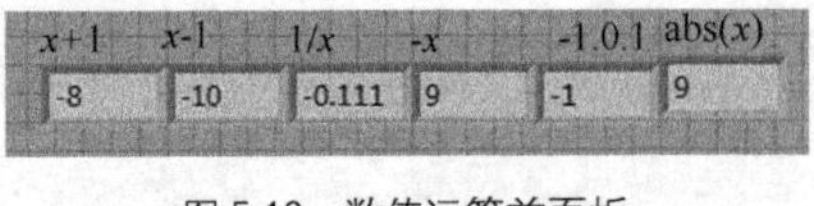

图 5.16 数值运算前面板

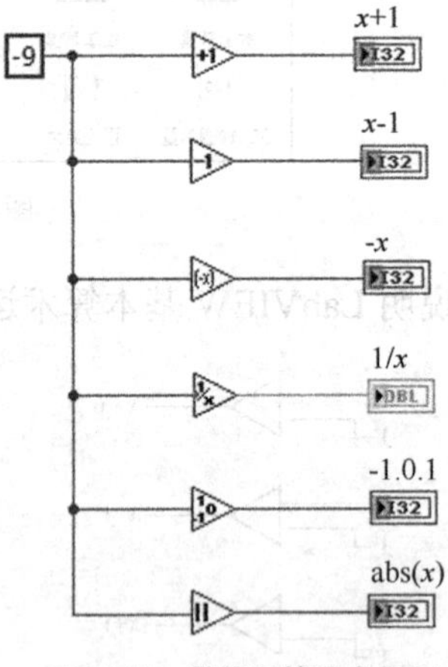

图 5.17 数值运算程序框图

5.4.2 布尔型

布尔型的值为 1 或者 0，即真（True）或者假（False），通常情况下布尔型即为逻辑型。在前面板上单击右键或者直接从“查看”下拉菜单中选择控件选板。图 5.18 是新式风格下的布尔模板。

在图 5.18 中可以看到各种布尔型输入控件与显示控件，如开关、按钮、指示灯等，用户可以根据需要选择合适的控件。布尔控件用于输入并显示布尔值。

在前面板的布尔控件上单击鼠标右键，从弹出的快捷菜单中选择属性菜单项，则可打开如图 5.19 所示的布尔属性配置对话框。这里仅对外观页面及操作页面进行简单的说明。

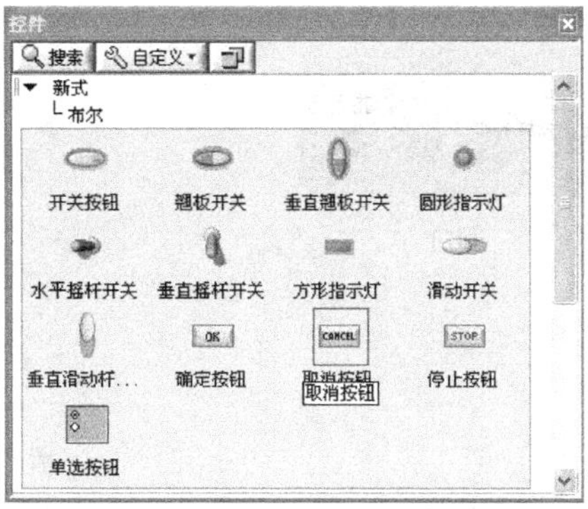

图 5.18 布尔子选板

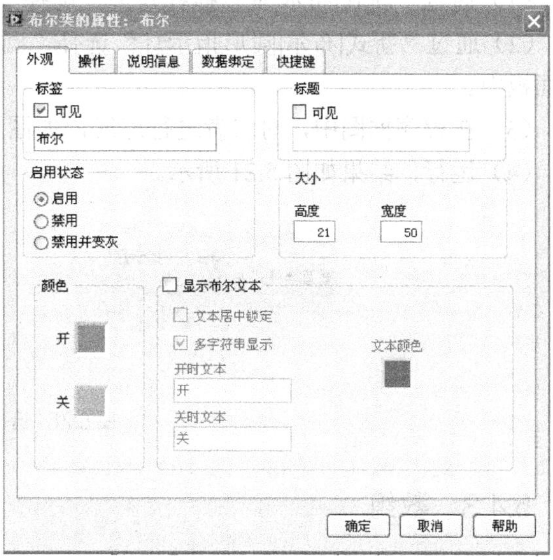

图 5.19 布尔属性

1. 外观页面

打开布尔控件属性配置对话框，外观界面为默认页面。我们可以看到该页面与数值外观配置页面基本一致。

（1）开：设置布尔对象状态为 True 时的颜色。

（2）关：设置布尔对象状态为 False 时的颜色。

（3）显示布尔文本：在布尔对象上显示用于指示布尔对象状态的文本，同时使用户能够对开时文本和关时文本文本框进行编辑。

（4）文本居中锁定：将显示布尔对象状态的文本居中显示。也可使用锁定布尔文本居中属性，通过编程将布尔文本锁定在布尔对象的中部。

（5）多字符串显示：允许为布尔对象的每个状态显示文本。如取消勾选，在布尔对象上将仅显示关时文本文本框中的文本。

（6）开时文本：布尔对象状态为 True 时显示的文本。

（7）关时文本：布尔对象状态为 False 时显示的文本。

（8）文本颜色：说明布尔对象状态的文本颜色。

2. 操作页面

该页面用于为布尔对象指定按键时的机械操作。该页面包括以下部分。

（1）按钮动作：设置布尔对象的机械动作，共有六种机械动作可供选择，用户可以在联系中对各种动作按钮的区别加以体会。

（2）动作解释：描述选中的按钮动作。

（3）所选动作预览：显示具有所选动作的按钮，用户可测试按钮的动作。

（4）指示灯：当预览按钮的值为 True 时，指示灯变亮。

【例 5.3】 用开关按钮控制指示灯的亮暗。

（1）通过“新式|布尔|垂直摇杆开关”选择“垂直摇杆开关”控件放置在前面板中。

（2）通过“新式|布尔|圆形指示灯”选择“圆形指示灯”控件放置在前面板中。

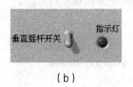

（3）在程序框图中，对二者进行连线，如图 5.20 所示。

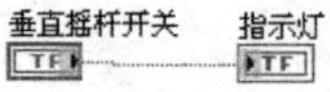

图 5.20　程序框图

（4）运行，结果如图 5.21 所示。

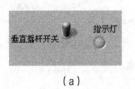

（a）　　　　（b）

图 5.21　运行结果

5.4.3　数组

数组是对一些数据的组合，是同一类型数据元素组成的集合。它的大小可变，最大的特点是所有数据以一种特定的方式存放并读取。它是一种数据的集成和概括。本节将对数组的建立和操作进行讲解。

1．数组的建立

数组可以是一维，也可以是多维。一维数组可以是行数据，也可以是列数据。二维数据由行和列组成。多维数组由页组成，在每一个页内又是一个二维数组。

在前面板上创建数组，在 LabVIEW 的前面板中，右击新式 | 函数 | 数组、矩阵与簇，可建立数组，插入数值输入则完成数组的创建，如图 5.22、图 5.23 所示。

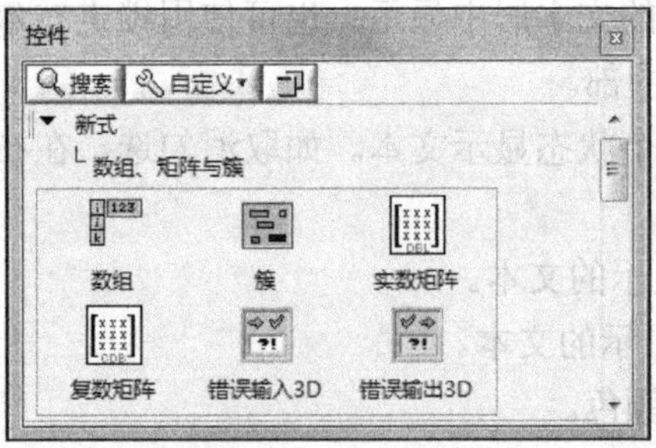

图 5.22　数组的建立

图 5.23　数组的显示

对数组维数的设置可直接右击前面板数组 | 添加维数。

2．数组的函数

函数选板的“数组”分类中提供了大量的针对数组操作的函数。这些函数的功能十分强大，使用也十分灵活，参数也有很多变化，以下举例说明，如图 5.24 所示。

【例 5.4】 “初始化数组”函数。

此函数用于数组的初始化，该函数连接元素大小和维数大小，输出初始化后的数组，如图 5.25 所示。

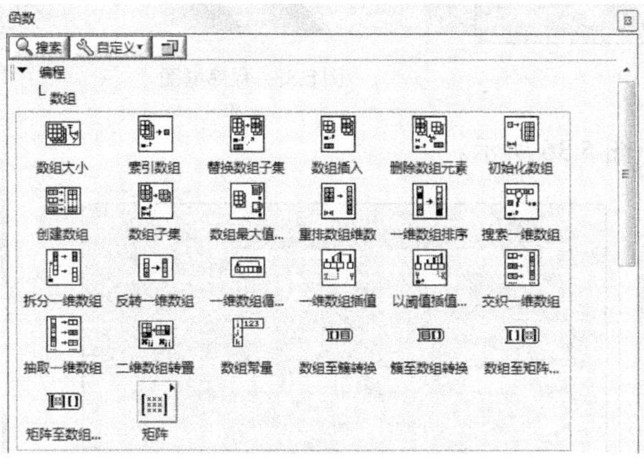

图 5.24　数组函数选板

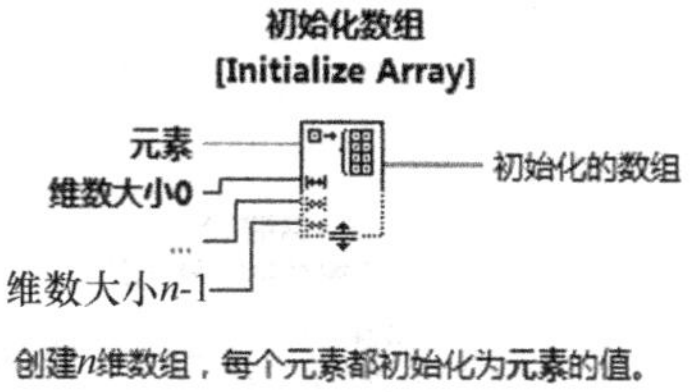

图 5.25　初始化数组

前面板和程度框图如图 5.26、图 5.27 所示。

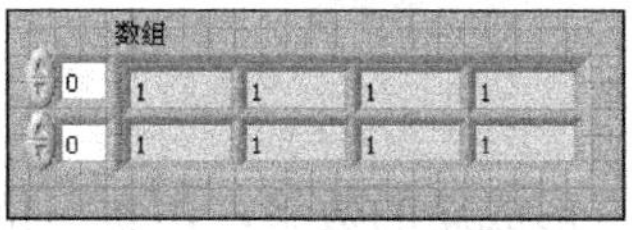

图 5.26　前面板

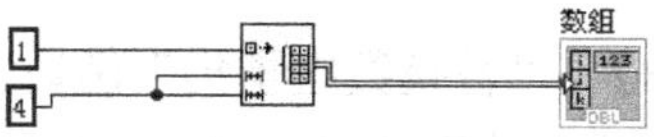

图 5.27　程序框图

【例 5.5】 “数组大小”函数。

该函数若输入为一维数组，则返回 I32 数据，表示数组的长度；若输入为多维数组，则返回 I32 类型的数组，每一个元素对应维数的大小，如图 5.28 所示。

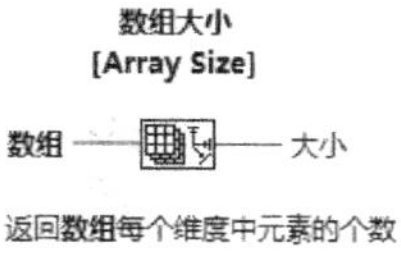

图 5.28　数组大小

前面板和程度框图如图 5.29、图 5.30 所示。

【例 5.6】 “索引数组”函数。

在编程 | 数组中选择“索引数组”控件，具体使用方法，如图 5.31 所示。

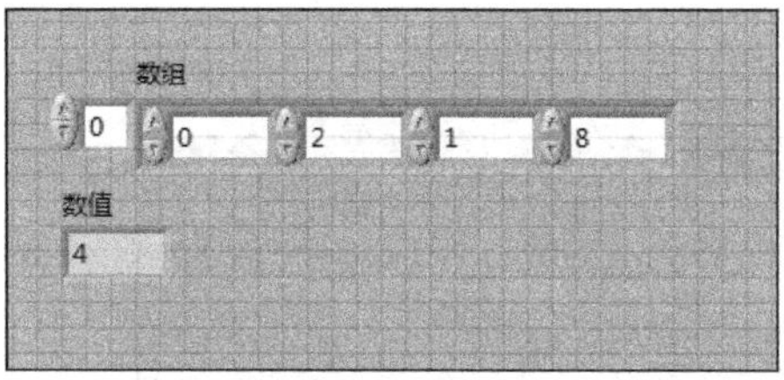

图 5.29　前面板

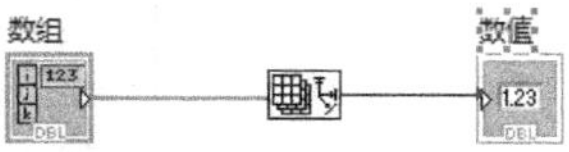

图 5.30　程序框图

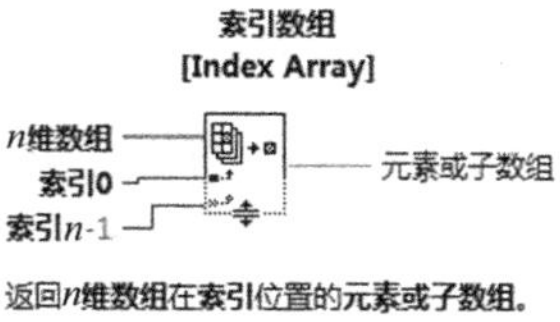

图 5.31　索引数组

前面板和程序框图如图 5.32、图 5.33 所示。

【例 5.7】 “数组插入”函数。

此函数用于将子函数插入到数组中，插入位置为输入的索引位置，若未指定索引，则插入到数组的末尾，如图 5.34 所示。

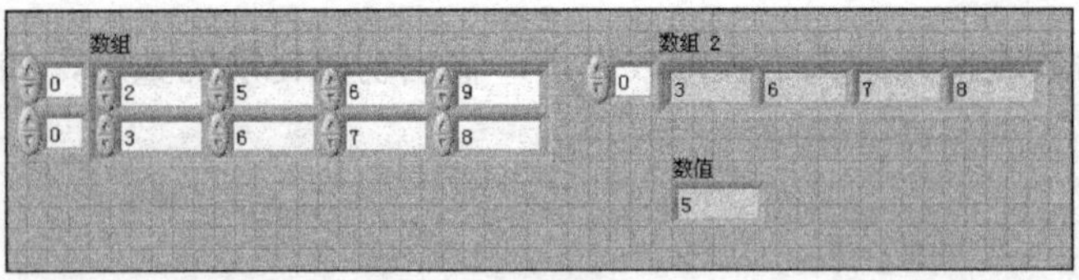

图 5.32　前面板

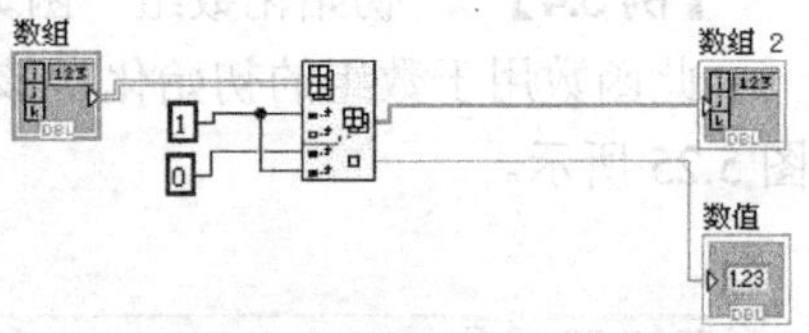

图 5.33　程序框图

前面板显示结果和程序框图如图 5.35、图 5.36 所示。

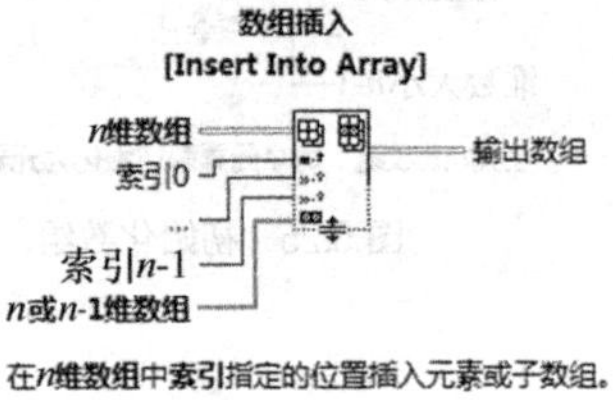

图 5.34　数组插入

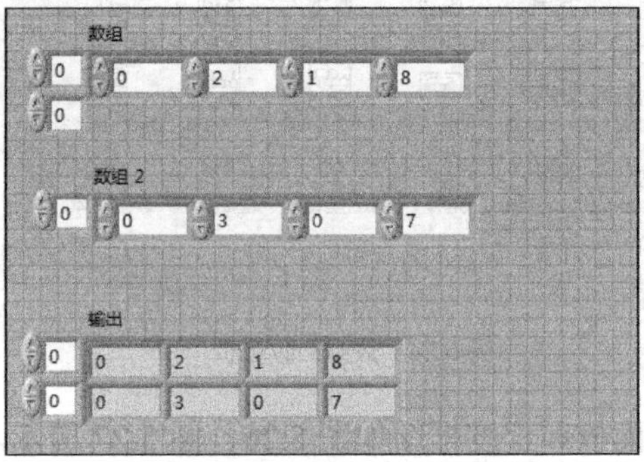

图 5.35　前面板

【例 5.8】“替换数组子集”函数。

此函数用于数组的部分替换，将子数组替换到数组中形成新的数组，由索引位置决定替换的部分，如图 5.37 所示。示例如图 5.38 所示。

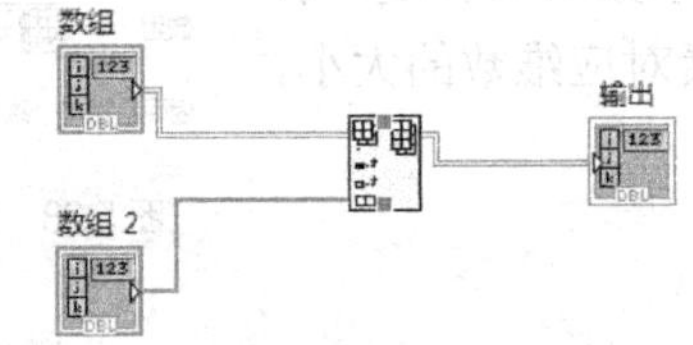

图 5.36　程序框图

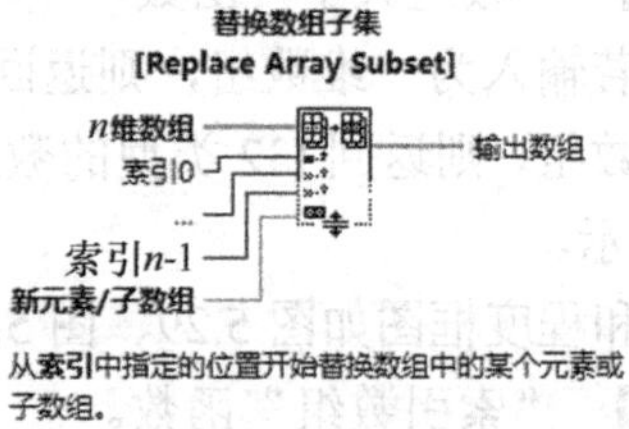

图 5.37　替换数组子集

前面板显示结果如图 5.39 所示。

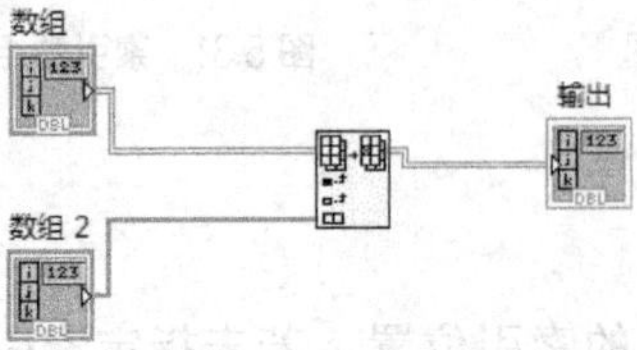

图 5.38　程序框图

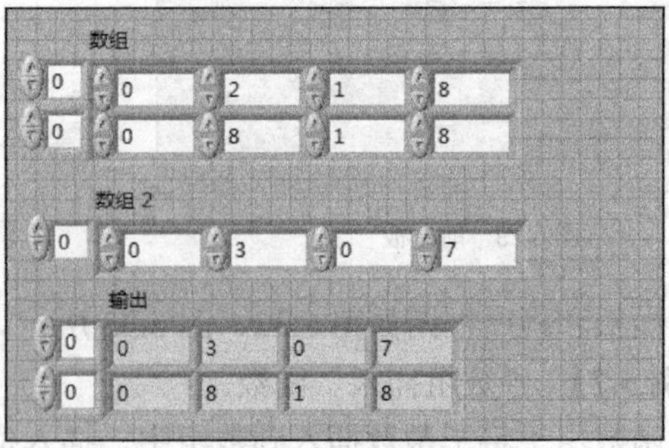

图 5.39　前面板显示结果

【例 5.9】 “删除数组元素”函数。

该函数用于删除一个子数组或者元素，由索引决定删除的位置，索引为空时从末尾处删除，返回删除后的数组以及删除了的元素或子集，如图 5.40 所示。

注：从 *n* 维数组删除元素或子数组，通过已删除元素的数组子集返回编辑后的数组，通过已删除的部分返回已删除的元素或子数组。示例如图 5.41 所示。

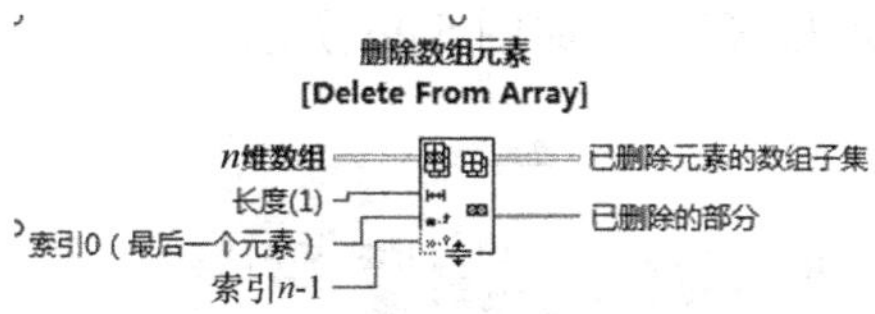

图 5.40　删除数组元素

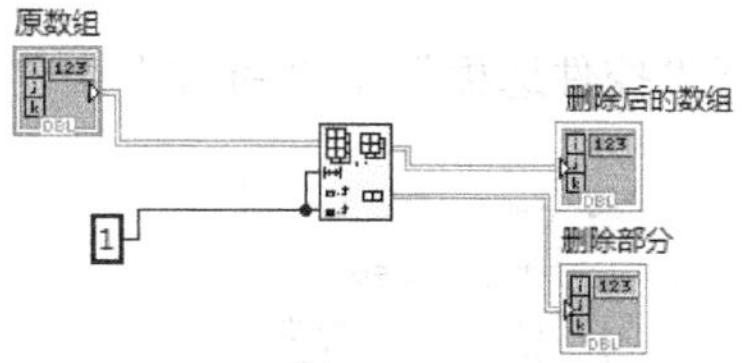

图 5.41　程序框图

前面板显示结果如图 5.42 所示。

【例 5.10】 “一维数组排序”函数。

该函数返回元素按照升序排列的数组。注意：此函数输入端仅为一维数组，且输出为升序排列；若要降序排列，则可通过反转来得到。如图 5.43、图 5.44 所示。

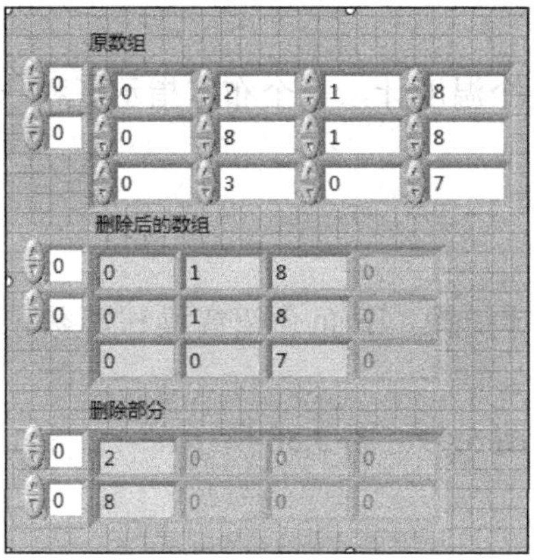

图 5.42　前面板显示结果

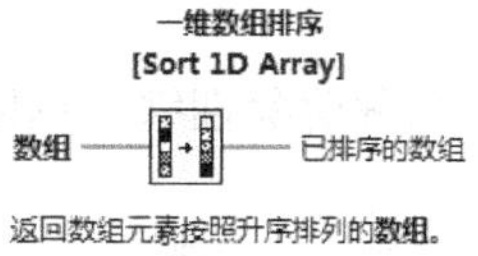

图 5.43　一维数组排序

前面板显示结果如图 5.45 所示。

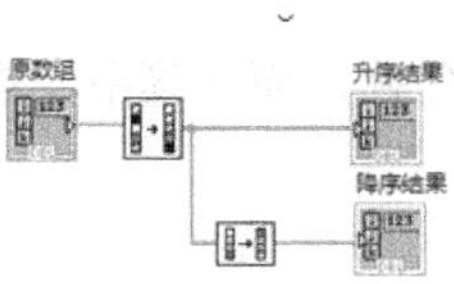

图 5.44　程序框图

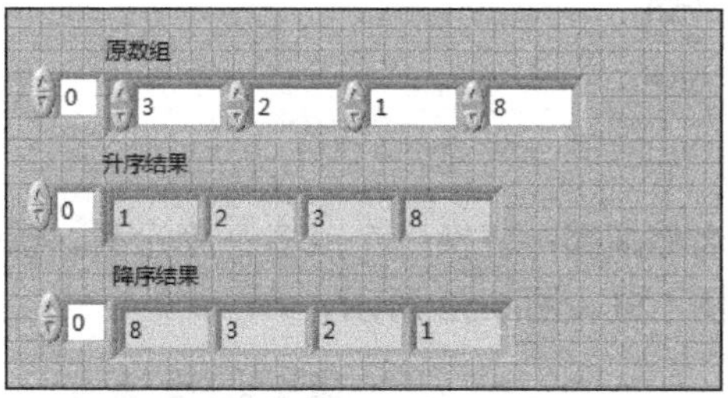

图 5.45　前面板显示结果

5.4.4　簇

簇是 LabVIEW 中比较独特的一个概念，但实际上它对应于 C 语言等文本编程语言中的结构体变量。它能包含任意数目任意类型的元素，包含数组和簇。不同的是，数组只能包含同一类型的元素，而簇可以同时包含多种不同类型的元素。如果簇中的元素类型相同，它还能够与数组相互转换。因此很多情况下当显示控件繁多而单一的时候，若用簇来排版界面而用数组来编程会使程序非常简洁漂亮。

1．簇的创建

打开“控件选板”|“新式”|“数组、矩阵与簇”，如图 5.46 所示。

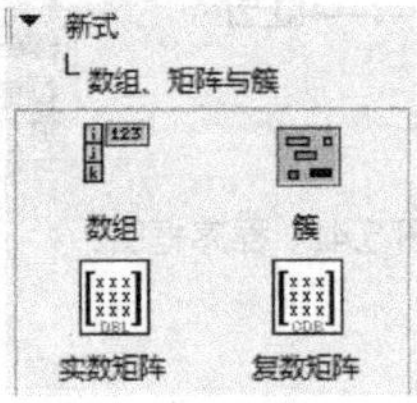

图 5.46 簇的位置

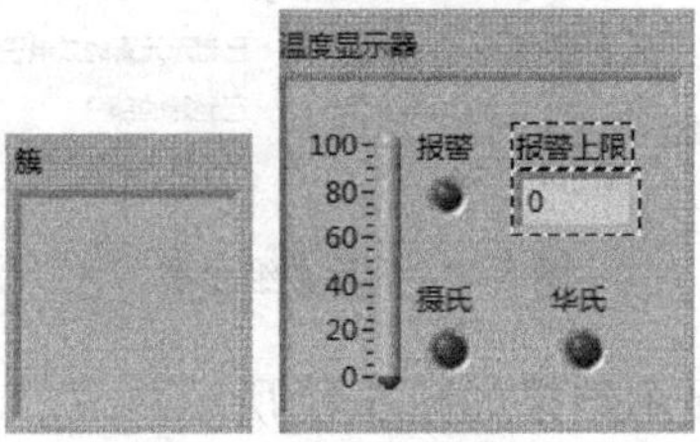

图 5.47 温度显示器的创建

【例 5.11】 创建一个温度显示器，如图 5.47 所示。

（1）单击控件选板中簇控件，随着鼠标移动出现一个虚框，在合适的位置单击前面板，这样簇的框架就建立起来了。

（2）右击簇的框架，即出现控件选板，选择一个温度计，三个布尔指示灯和一个数值显示控件，修改名称并调整好位置。

2．簇操作函数

完成簇的创建后，就需要开始对簇进行赋值等操作。下面介绍簇操作函数，如图 5.48 所示。

（1）按名称解除捆绑：返回指定的簇元素。如图 5.49、图 5.50 所示。

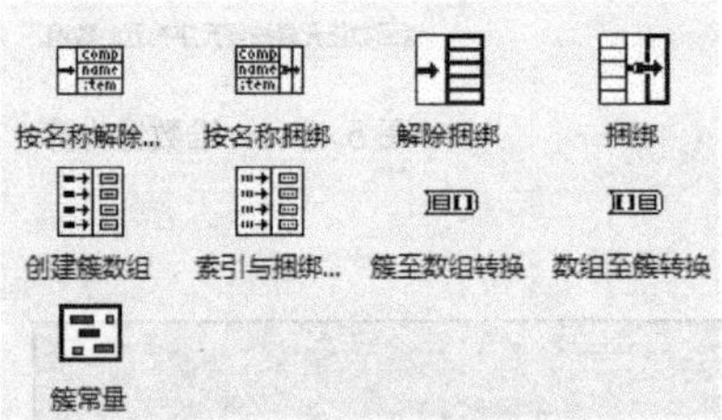

图 5.48 簇操作函数

图 5.49 按名称解除捆绑

（2）按名称捆绑：替换一个或多个簇元素。该函数依据名称，而非簇中元素的位置引用簇元素。如图 5.51、图 5.52 所示。

图 5.50 程序框图和前面板示例

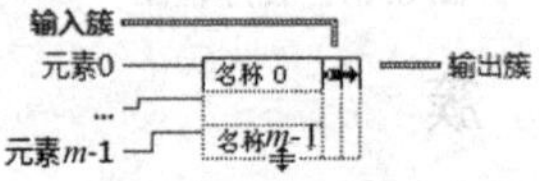

图 5.51 按名称捆绑

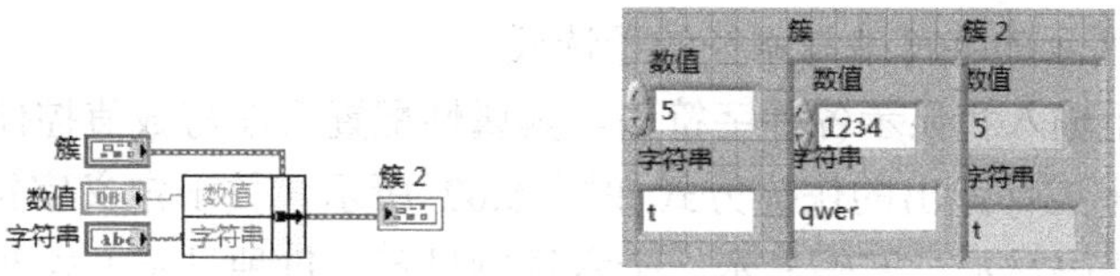

图 5.52 程序框图和前面板示例

（3）解除捆绑：使簇分解成为独立的元素。如图 5.53、图 5.54 所示。

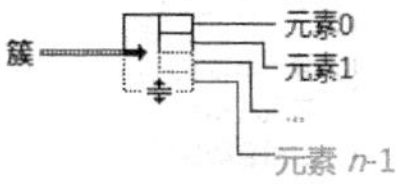

图 5.53 解除捆绑

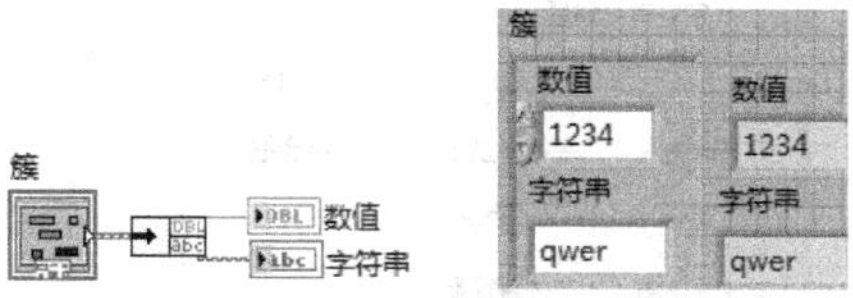

图 5.54 程序框图和前面板示例

（4）捆绑：使独立元素组合成为簇。如图 5.55、图 5.56 所示。

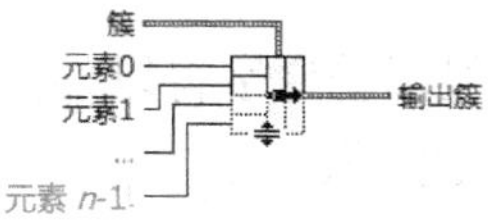

图 5.55 捆绑

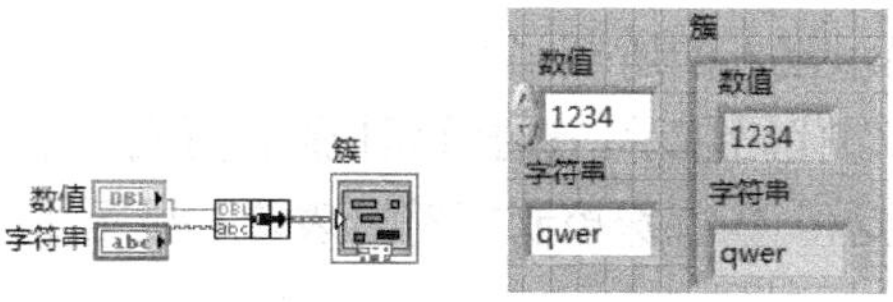

图 5.56 程序框图和前面板示例

（5）创建簇数组：使每个元素输入捆绑为簇，然后使所有的元素簇组成以簇为元素的数组，如图 5.57 所示。

（6）索引与捆绑簇数组：对多个数组建立索引，并创建簇数组，第 i 个元素包含每个输入数组的第 i 个元素，如图 5.58 所示。

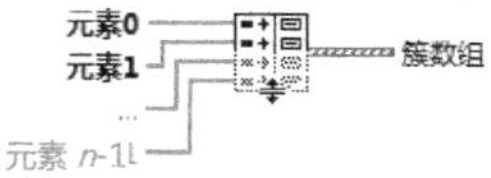

图 5.57 创建簇数组

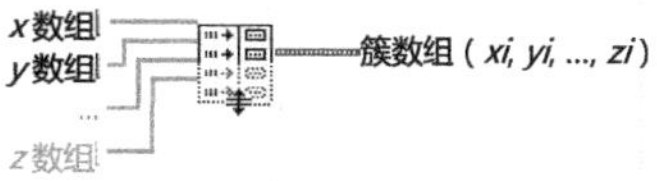

图 5.58 索引与捆绑数组

（7）簇与数组相互转换使相同数据类型的簇和一维数组相互转换，如图 5.59、图 5.60 所示。

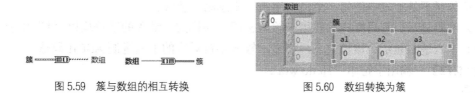

图 5.59 簇与数组的相互转换

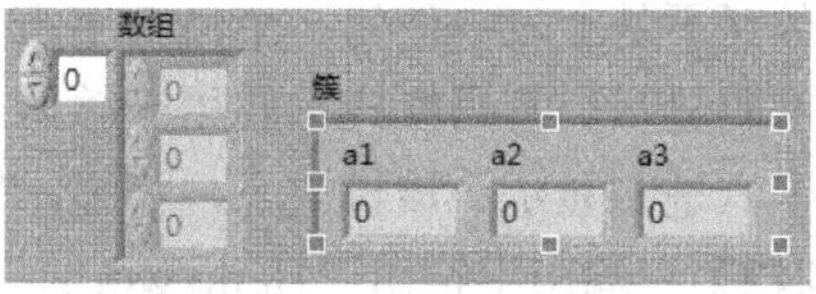

图 5.60 数组转换为簇

5.4.5 字符串

字符串是 LabVIEW 中一种基本的数据类型。LabVIEW 为用户提供了功能强大的字符串控件和字符串运算功能函数。在前面板单击鼠标右键，打开控件选板，若选择“新式”风格，即可看到如图 5.61 所示的字符串与路径的子选板。

字符串控件用于输入和显示各种字符串。其属性配置页面与数值控件、布尔控件相似。

右键单击字符串控件弹出的快捷方式如图 5.62 所示。关于定义字符串的显示方式有四种，即正常显示、代码显示、密码显示、十六进制显示，每种显示方式及其含义如下。

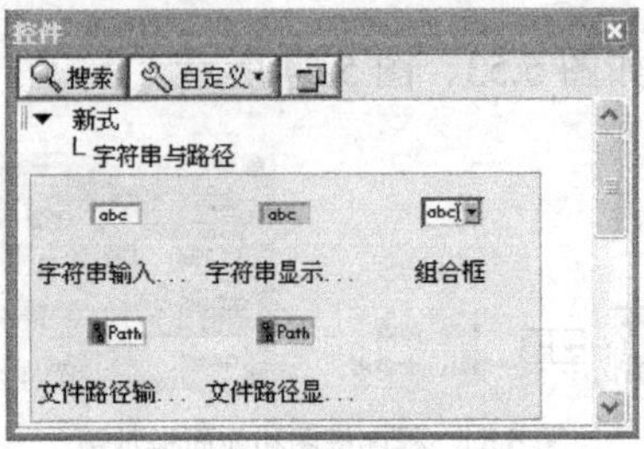

图 5.61 字符串与路径的子选板

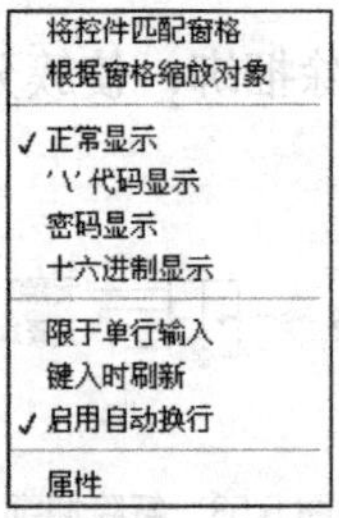

图 5.62 字符串控件的快捷方式

（1）正常显示。在这种显示模式下，出来一些不可显示的字符如制表符、声音、Esc 等，字符空间显示键入的所有字符。

（2）“\”代码显示。选择这种显示模式，字符串控件除了显示普通字符以外，用“\”形式还可以显示一些特殊控制字符，表 5.1 显示了一些常见的转义字符。

表 5.1　　代码转义字符列表

字符	ASCII	控制字符	功能含义
\n	10	LF	换行
\b	8	BS	退格
\f	12	FF	换页
\s	20	DC4	空格
\r	13	CR	回车
\t	9	HT	制表位
\\	39		反斜线\

应当注意的是，在 LabVIEW 中，如果反斜线后接的是大写字符，并且是一个合法的十六进制整数，则把它理解为一个十六进制的 ASCII 码值；如果反斜线后接的是小写字符，而且是表中的一个命令字符，则把它理解为一个控制字符；如果反斜线后接的既不是合法的十六进制整数又不是上表中任何一个命令字符，则忽略反斜线。

（3）密码显示。密码模式主要用于输入密码。该模式下键入的字符均以“*”显示。

（4）十六进制显示。该模式下，将显示输入字符对应的十六进制 ASCII 码值。

【例 5.12】 输出字符串“Hello word！”。

步骤：

（1）通过新式|字符串与路径|字符串输入控件，在前面板中放置“字符串输入控件”，如图 5.63 所示。

（2）通过新式|字符串与路径|字符串显示控件，在前面板中放置“字符串显示控件”，如图 5.63 所示。此时前面板中的界面如图 5.64 所示。

（3）在程序框图中连接字符串输入控件和字符串显示控件，如图 5.64 所示。

（4）在字符串输入控件中输入“Hello word!”，单击运行，结果如图 5.65 所示。

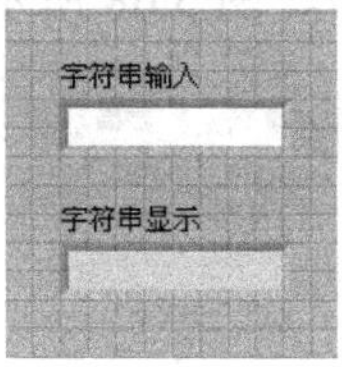

图 5.63　字符串输入及显示控件

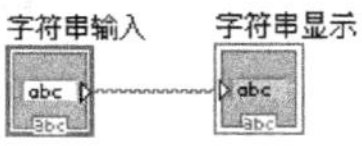

图 5.64　前面板显示界面图

图 5.65　运行结果

1. 字符串的位置

选择程序框图，打开控件选板 | 编程 | 字符串，如图 5.66 所示，这些 VI 函数基本上覆盖了字符串处理所需要的各种功能。

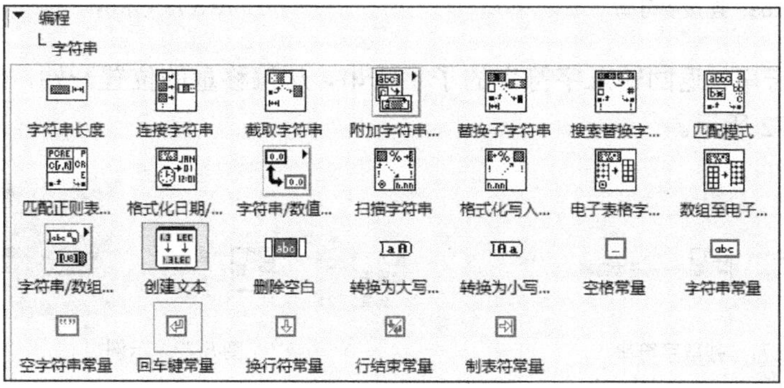

图 5.66　字符串的位置

2. 常量

该常量用于为程序提供字符空格。

可通过该常量为程序框图提供文本字符串常量。

由空字符串常量（长度为 0）组成。

由含有 ASCIISR 值的常量字符串组成。

由含有 ASCIIJF 值的常量字符串组成。

由包含基于平台的行结束值的常量字符串组成。

由含有 ASCIIHT 值的常量字符串组成。

3．字符串函数

（1）字符串长度：通过长度返回字符串的字符长度。如图 5.67、图 5.68 所示。

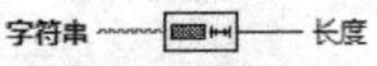

图 5.67　字符串长度函数

图 5.68　示例

（2）连接字符串：连接输入字符串和一维字符串数组作为输出字符串。对于数组输入，该函数连接数组中的每个元素。如图 5.69、图 5.70 所示。

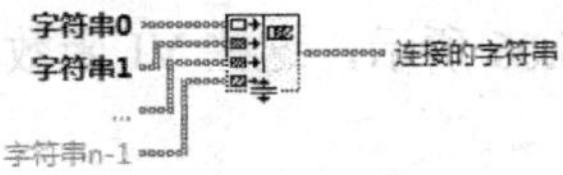

图 5.69　连接字符串

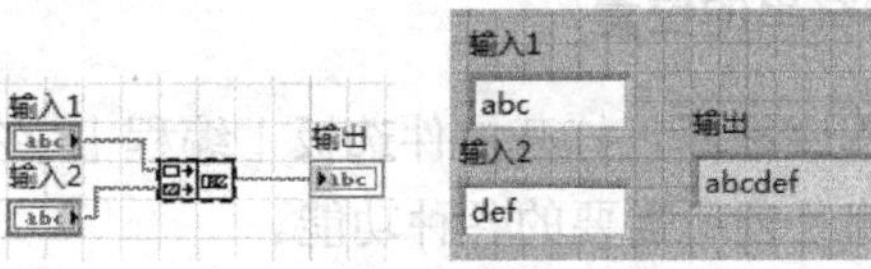

图 5.70　示例

（3）截取字符串：返回输入字符串的子字符串，从偏移量的位置开始，包含长度个字符。如图 5.71、图 5.72 所示。

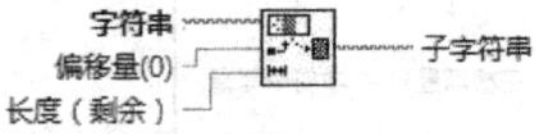

图 5.71　截取字符串

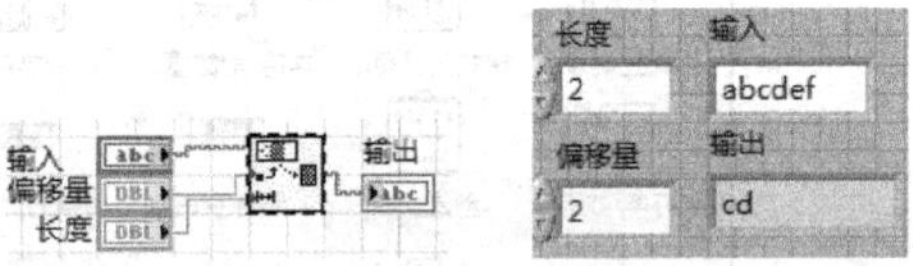

图 5.72　示例

（4）替换子字符串：插入、删除或替换子字符串，偏移量在字符串中指定。如图 5.73、图 5.74 所示。

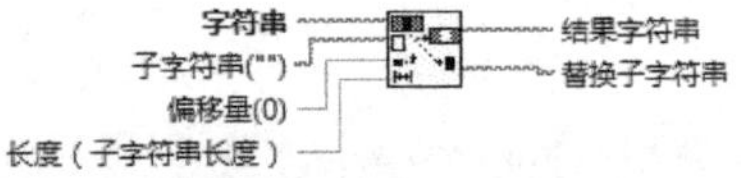

图 5.73　替换子字符串

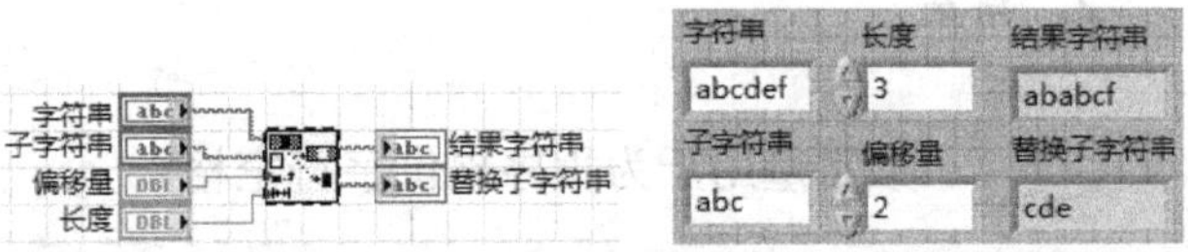

图 5.74　示例

（5）搜索替换字符串：使一个或者所有子字符串替换为另一个子字符串。如需包含多行布尔输入，则右键单击函数并选择正则表达式。如图 5.75、图 5.76 所示。

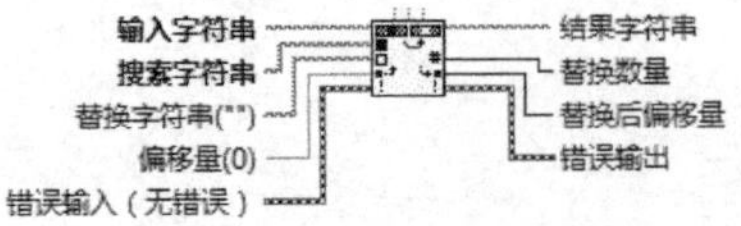

图 5.75　索引替换字符串

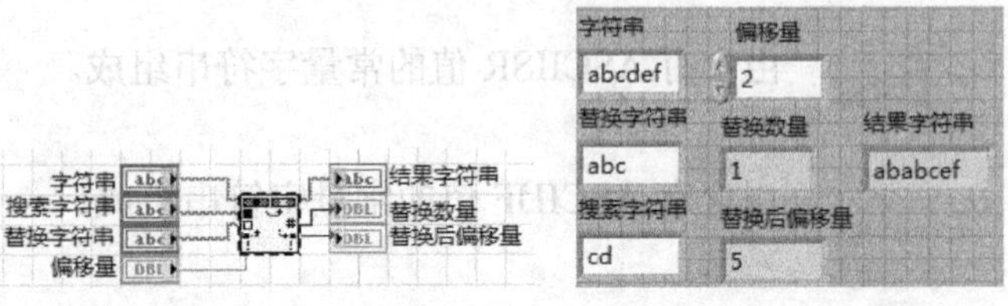

图 5.76　示例

（6）匹配模式：在字符串的偏移量位置开始搜索正则表达式，如找到匹配的表达式，字符串可分解为三个子字符串。正则表达式为特定的字符串的组合，用于模式匹配。如图 5.77、

图 5.78 所示。

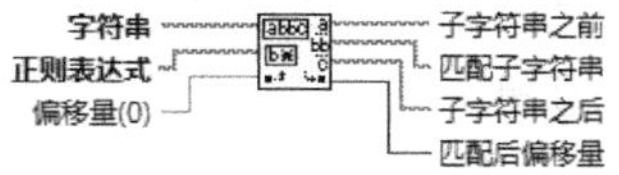

图 5.77　匹配模式

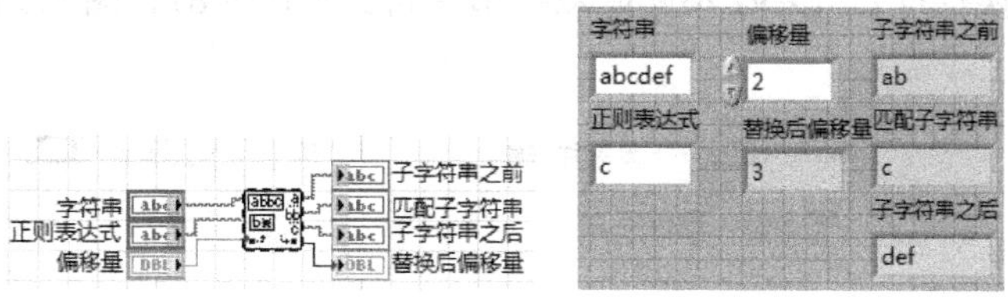

图 5.78　示例

（7）匹配则表达式：在输入字符串的偏移量位置开始搜索所需正则表达式，如找到匹配字符串，将字符串拆分成三个子字符串和任意数量的子匹配字符串。调整函数大小，以查看字符串中搜索到的所有部分匹配。如图 5.79、图 5.80 所示。

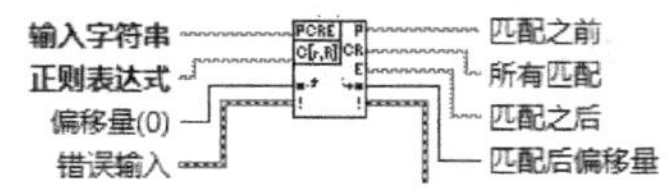

图 5.79　匹配则表达式

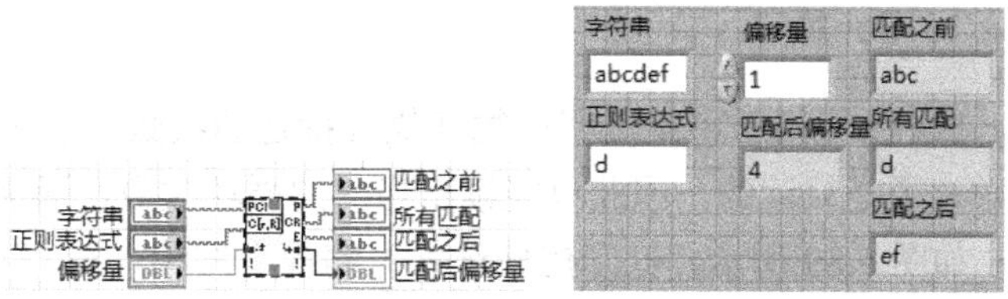

图 5.80　示例

（8）扫描字符串：扫描输入字符串，然后依据格式字符串进行转换。如图 5.81、图 5.82 所示。

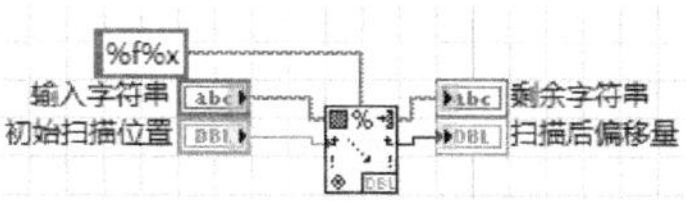

图 5.81　扫描字符串

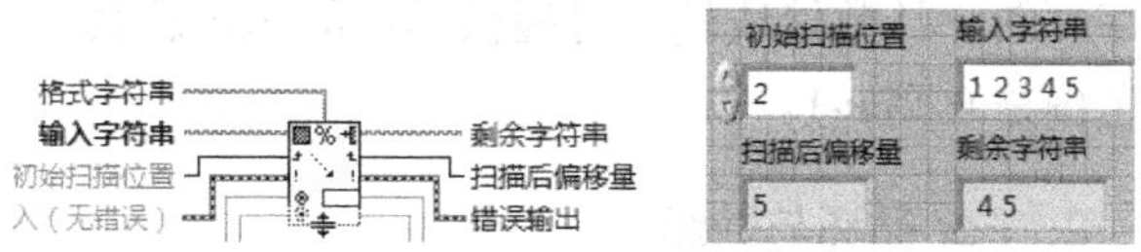

图 5.82　示例

（9）格式化写入字符串：使字符串路径、枚举型、时间标识、布尔或数值数据格式化为文本。如图 5.83、图 5.84 所示。

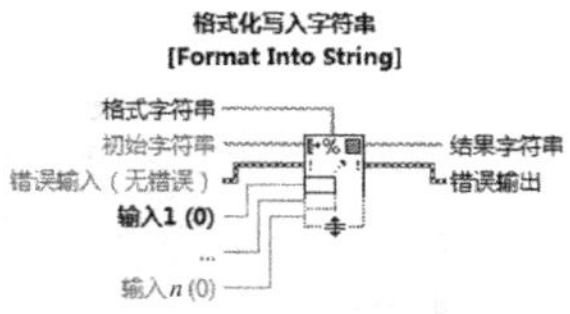

图 5.83　格式化写入字符串

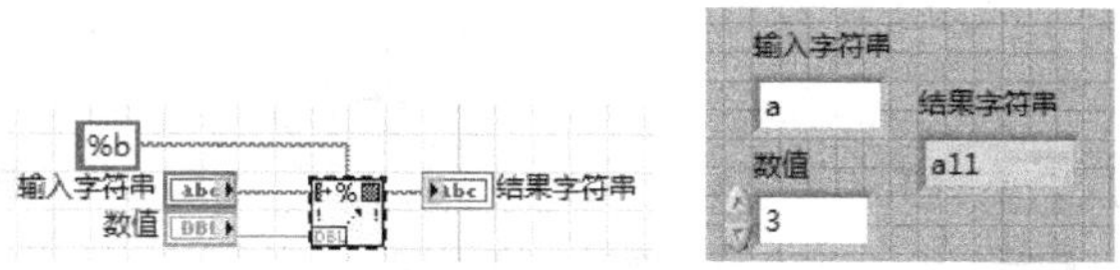

图 5.84　示例

（10）字符串的大小写转换：使字符串中的所有字母字符串转换为大（小）写字母，使字符串中的所有数字作为 ASCII 字符编码处理。该函数不影响非字符字母的字符。如图 5.85、图 5.86 所示。

图 5.85　字符串的大小写转换

图 5.86　示例

（11）删除空白：在字符串的起始、末尾或两端删除所有的空白（空格、制表符、回车符和换行符）。该 VI 不删除双字节字符。如图 5.87、图 5.88 所示。

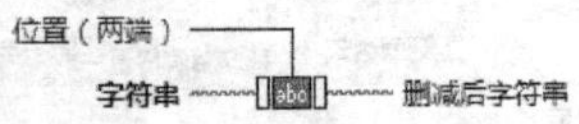

图 5.87　删除空白

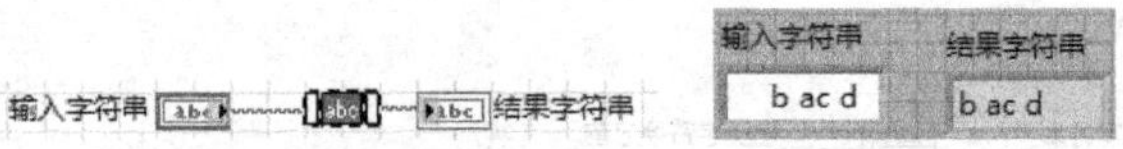

图 5.88　示例

5.5　程序结构

5.5.1　For 循环

1. For 循环

For 循环用于将某段程序循环执行指定的次数。它的循环次数是固定的，For 循环的循环计数端子是只读的，因此只能读出当前的循环次数，而无法改变它。

如图 5.89 所示，打开控件选板 | 编程 | 结构，左键单击“For 循环”的图标放置在合适的位置，按住鼠标左键往右下方拉动，到大小合适就可以放开鼠标。*N* 代表循环计数，*i* 代表当前是第几循环。

使用连线至总数 *N* 接线端的值作为执行次数的子程序框图。计数接线端 *i* 可提供当前的循环总数，取值范围是 0 到 *n*-1。

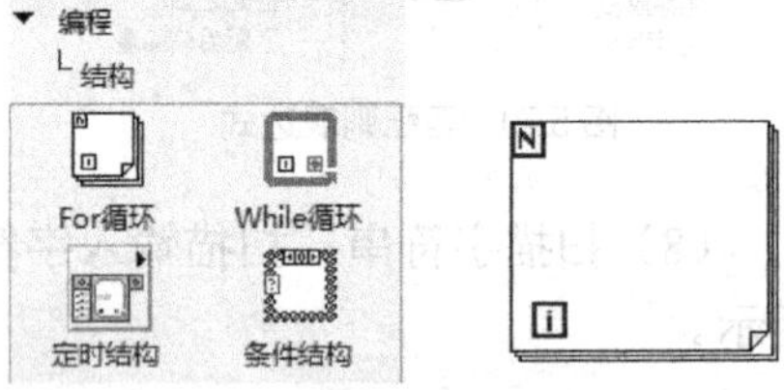

图 5.89　For 循环

2. For 循环与数组

For 循环与数组操作是密不可分的，For 循环最重要的功能就是处理数组数据。一般来说，如果直接将数组与内部数据连接，它默认就是自动索引，即数组元素一个个地输入、输出。一般情况下，不需要指定 *N*，它会自动根据数组的大小执行。如果指定 *N*，那么它会按最小的执行次数执行，如图 5.90 所示。

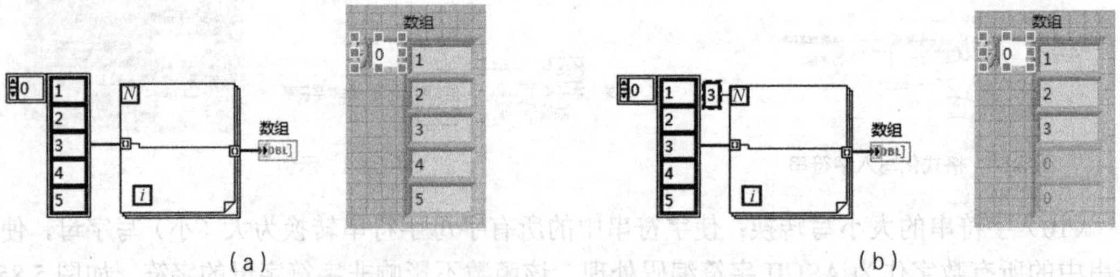

图 5.90　循环次数的比较

如果需要将数组一次性完整输入，则需要右击输入点选择“禁用索引”关闭索引，输出同理。这样的话，数组将一次性输入（或输出）For 循环，而不是一个个输入。

对于二维数组或多维数组，方法也是一样。如果采用索引的方法输入一个二维数组，则最外层循环按行输入，内层循环按照输入行的元素逐个输入。多维数组以此类推，如图 5.91 所示。

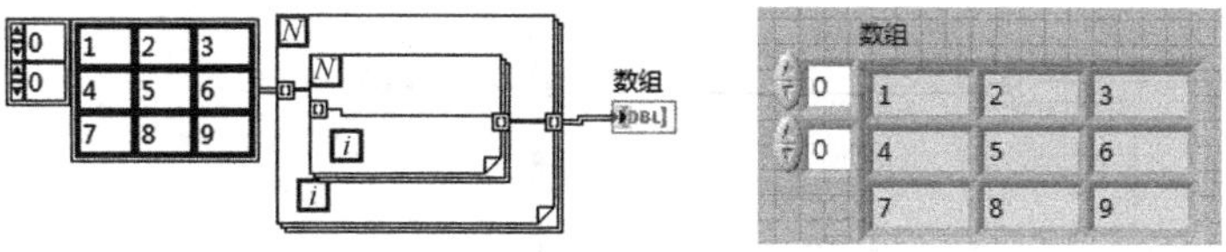

图 5.91　二维数组的输入和输出

3. For 循环和移位寄存器

移位寄存器，它是把上一次循环产生的结果“移动”到下一个循环的输入。

添加一个移位寄存器，只要右击 For 循环的边框，选择“添加移位寄存器”选项即可。

在运行程序前要给左侧的移位寄存器初始化，因为只要不退出 VI，移位寄存器便可记录上次运算完时的结果。如果没有初始化移位寄存器，就会导致在关闭 VI 前后的两次运行结果不一样。

【例 5.13】　通过移位寄存器实现 a++，如图 5.92 所示。

4. While 循环

For 循环的循环次数是固定的，而 LabVIEW 没有 Break 语句，用户在循环开始前要设定好循环次数。而 While 循环则可以实现随着用户自定义的条件，开始或者停止循环。While 循环既可以进行简单的计算，又可以完成复杂的设计，是 LabVIEW 编程的关键。

在 LabVIEW 的程序面板中单击查看 | 函数选板 | 结构 | While 循环，左击拖动鼠标，构造出如图 5.93 所示的 While 框架。

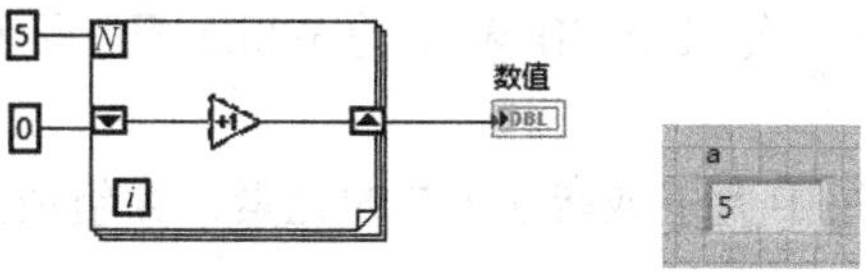

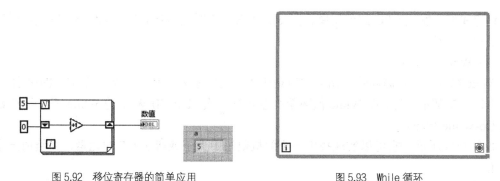

图 5.92　移位寄存器的简单应用

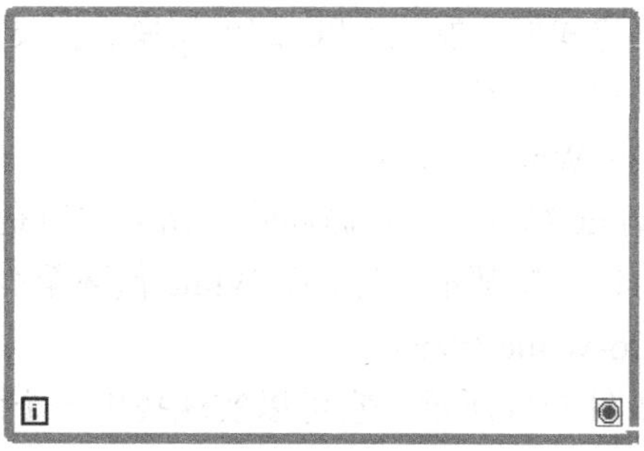

图 5.93　While 循环

如下是 LabVIEW 中对 While 循环控件进行的简单介绍。

重复执行内部的子程序框图，直至条件接线端（输入端）接收到特定的布尔值。连接布尔值至 While 循环的条件接线端。右键单击条件接线端，在快捷菜单中选择真（T）时停止或真（T）时继续。也可连线错误簇至条件接线端，右键单击条件接线端，在快捷菜单中选择真（T）时停止或真（T）时继续。While 循环至少执行一次。

【例 5.14】　使用 While 循环实现 5!。

示例如图 5.94 所示。

结果如图 5.95 所示。

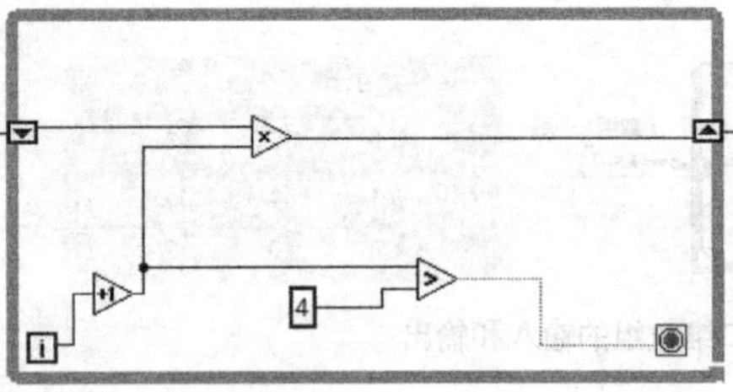

图 5.94　程序框图

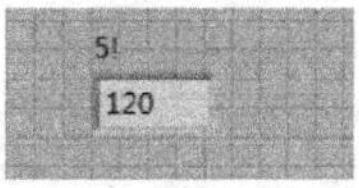

图 5.95　实验结果

（1）为 While 添加定时器。

LabVIEW 在执行 While 循环时，会以 CPU 的极限速度运行，用户通过任务管理器可以看得到 CPU 的工作效率被大大占用，如图 5.96 所示。

其实，没有必要让 While 循环以最大速度运行，我们可以给它加上一个等待时间，例如在函数选版中单击定时 | 等待（ms），将其加入 While 循环中，设置等待间隔时间，如图 5.97 所示。

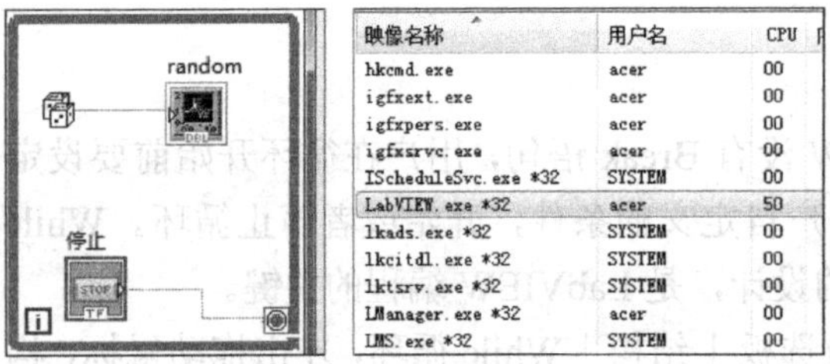

图 5.96　CPU 工作效率

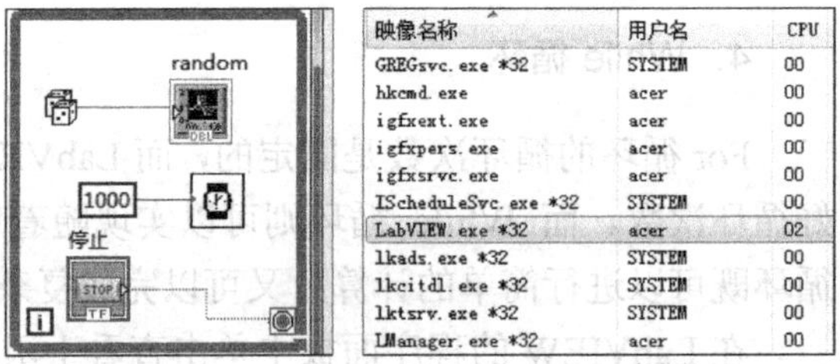

图 5.97　设置等待时间间隔

这样我们会发现 CPU 的使用率会降低到正常工作时的情况，因此在写 While 循环时千万别忘了加定时器。

（2）While 与 For。

While 循环与 For 循环除了循环次数是否固定的区别外，还存在另一个重要的区别：For 循环可以一次都不执行，而 While 循环至少会执行一次。LabVIEW 中的 While 相当于 C 语言中的 Do-While 循环。

如图 5.98 所示，它可以实现找出一个随机数组中大于或等于 0.7 的元素，并组成一个新的数组。

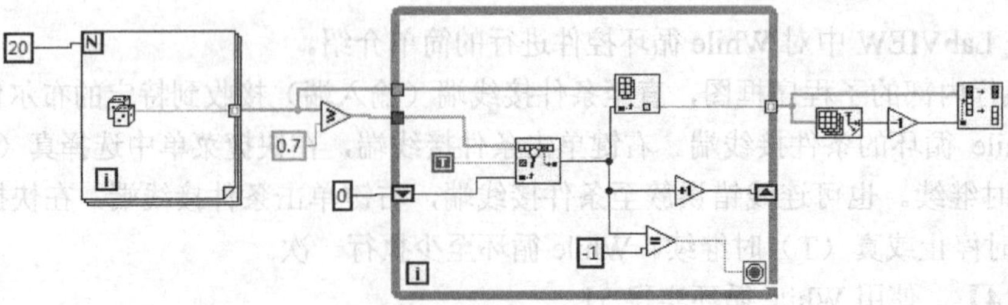

图 5.98　示例

5.5.2　条件结构

条件结构是 LabVIEW 一个重要结构，在 LabVIEW 中，条件结构只存在一种结构——条件分支结构。该结构可接收多种条件输入，如布尔、数值、枚举、字符串等。条件分支结构必须有 Default Case，并且其数据输出隧道要求所有条件分支必须连接，不允许有中断的数据流，如图 5.99 所示。

包括一个或多个子程序框图、分支、结构执行时，仅有一个子程序框图或分支执行。连接至选择器接线端的值可以是布尔、字符串、整数或枚举类型，用于确定要执行的分支。右键单击结构边框，可添加或删除分支。通过标签工具可输入条件选择器标签的值，并配置每个分支处理的值。

1. 布尔型输入

当输入为布尔型时，只存在真和假两个分支，相当于 IF ELSE 结构，如图 5.100 所示。

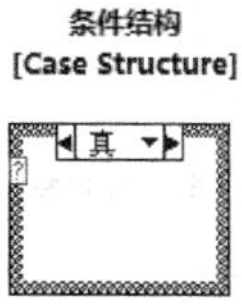

图 5.99　条件结构

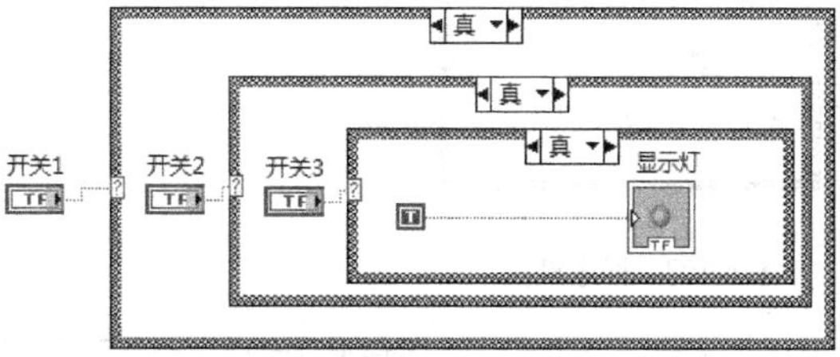

图 5.100　示例

运行结果如图 5.101 所示。

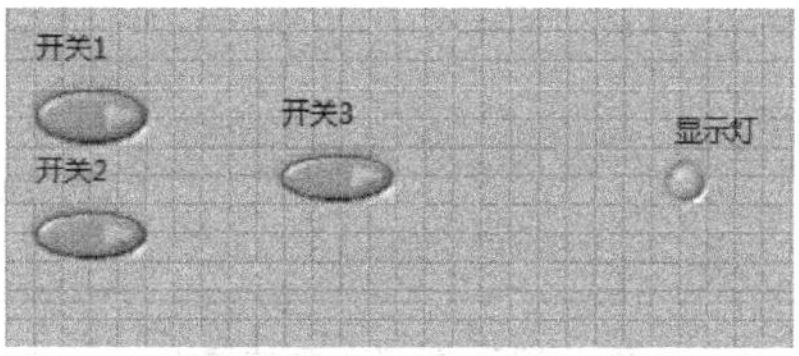

图 5.101　示例结果

2. 数值型输入

当输入为数值型时，仅允许有符号整数和无符号整数作为条件选择器的输入，单精度和双精度数作为输入时会自动转换成有符号整数，如图 5.102 所示。

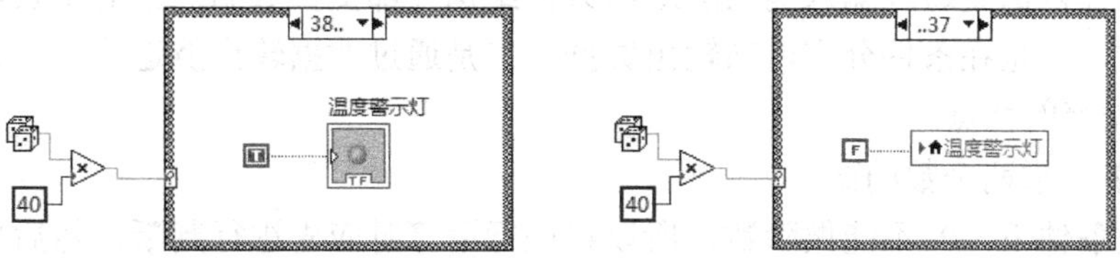

（a）　　（b）

图 5.102　示例

该程序为模拟温度报警程序，当随机出来的温度值小于等于 37 时，报警灯不亮；当温度值大于等于 38 时，报警灯会亮。（注：下方框图中的“温度警示灯”为前面警示灯的局部变量。）

3. 枚举型输入

枚举型输入的条件结构具有其他类型输入的条件结构无法比拟的特点。枚举类型虽然本质是数值型，但是在条件结构标签中显示的是枚举的字符串，因此这更加直观地说明了分支的具体用途。当严格定义类型的枚举发生改变时，会自动反映到条件结构中，因此，特别推荐使用严格定义类型的枚举作为条件结构的输入。

显然，该条件类型的各分支结构与枚举类型的各字符串显示完全一致，调用枚举类型的条件即可实现各分支的功能，如图 5.103～图 5.105 所示。

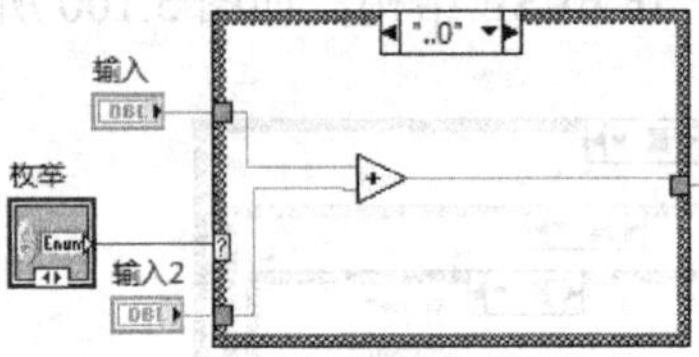

图 5.103　程序框图

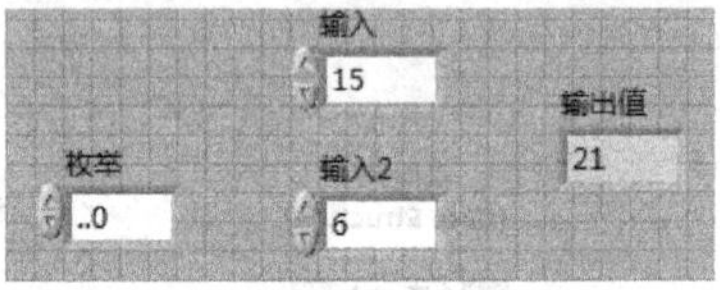

图 5.104　前面板

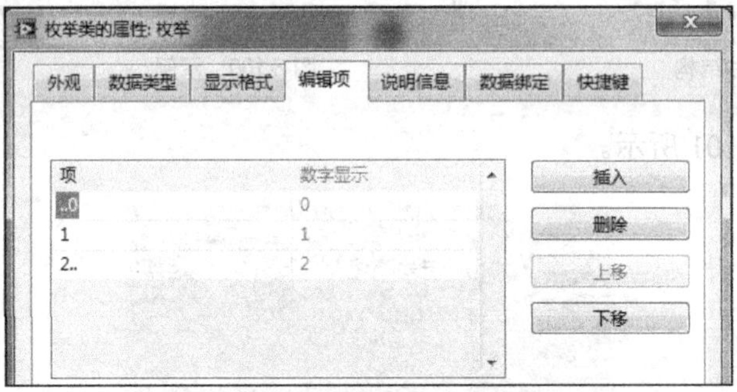

图 5.105　枚举类型的属性

4. 下拉列表输入

下拉列表输入的条件结构同数值类型的条件结构类似。这也表明了下拉列表的数据类型实质上就是数值型，在此不再赘述。

条件结构体内部是通过输入输出隧道与条件结构外部交换数据的。对于要输出的数据，存在两种方式，一是在条件分支内部输出数据；二是通过数据输出隧道输出，方式二更符合 LabVIEW 数据流的特点。

【例 5.15】　求两个数的商。

在有理数条件下，0 不能做除数，所以在进行运算时应先进行判断，然后再执行运算过程，如图 5.106 所示。

当被除数为 0 时，显示结果为 0，且指示灯亮，说明运算出现问题，如图 5.107 所示。

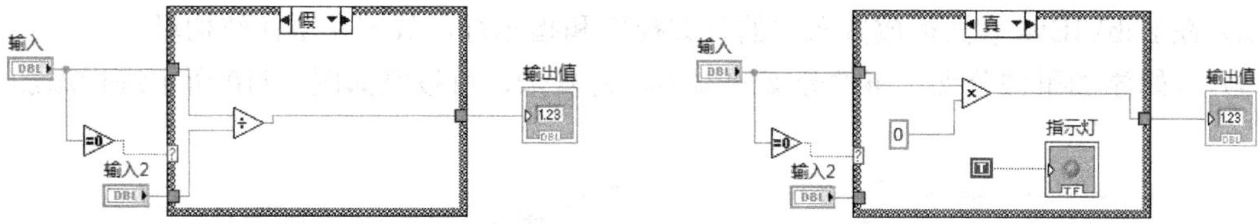

图 5.106　输入输出隧道

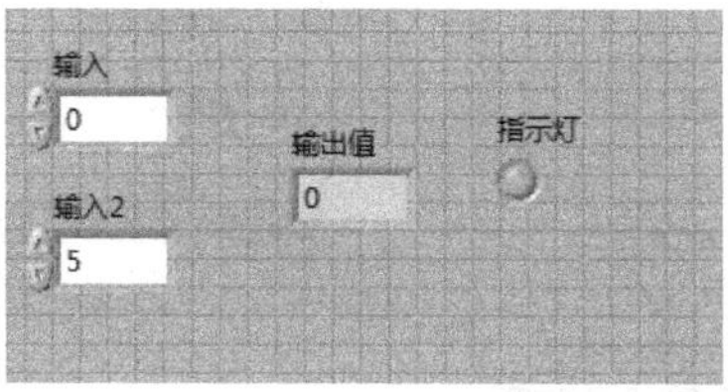

图 5.107　结果

5.5.3　事件结构

事件结构或消息驱动，是 Windows 操作系统和其他编程语言一直在使用的编程模式。它和 LabVIEW 推崇的数据流编程模式完全不同。事件驱动是被动等待的过程，必须在外部事件发生后才能触发程序运行，比如按键按下、鼠标移动等。时间发生时，自然触发一段程序，即回调函数，因此节省了 CPU 的资源。另外，事件采用了队列方式，也避免了事件的错漏，如图 5.108 所示。

事件结构包括一个或多个子程序框图或事件分支，结构执行时，仅有一个子程序框图或分支在执行。事件结构可等待直至事件发生，并执行相应条件分支，处理该事件。右键单击结构边框，可添加新的分支并配置要处理的事件。连线事件结构边框左上角的“超时”接线端，制定事件结构等待事件发生的时间，以毫秒为单位默认值为-1，即永不超时。

1．事件结构的基本构成和创建方法

由于事件的检测和处理一般是连续进行的，因此，事件结构也应该是被连续调用的。常见的事件结构用法是 While 循环+事件结构。事件结构的创建如图 5.109 所示。

图 5.108　事件结构

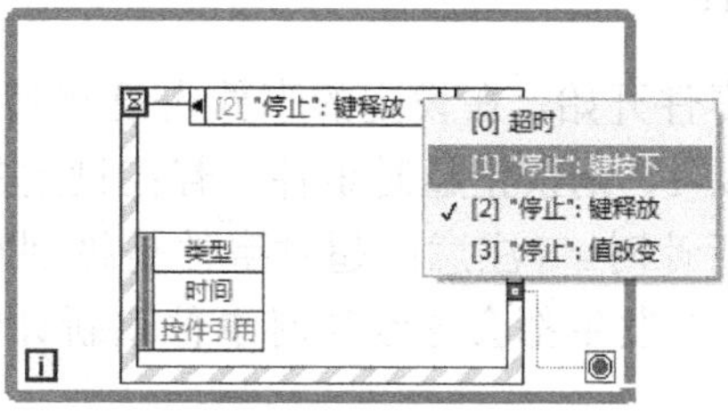

图 5.109　事件结构的创建

2．事件编程

（1）在程序面板中，从函数 | 编程 | 结构 | 事件结构选中“事件结构和 While 循环结构”，放置于程序面板，事件结构需嵌套在 While 循环内部。

（2）在 LabVIEW 前面板放置布尔的开关控件和指示灯，放置在事件结构里。

（3）开始添加事件分支，事件分支的添加较为复杂，可按照如图 5.110 所示进行添加。

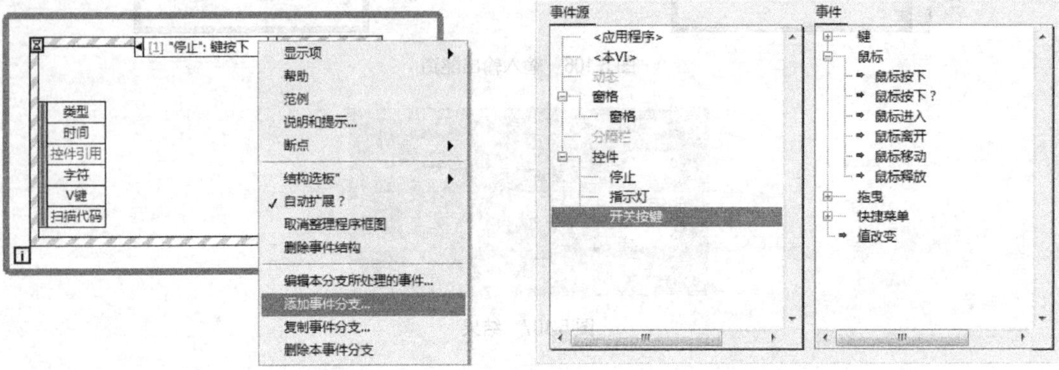

（a）　　　　　　　　　　　　　　　　（b）

图 5.110　添加事件结构的条件分支

（注意：事件源来源于我们在前面板添加的控件，若前面板未添加控件，则此处控件一栏为空。）

【例 5.16】　事件结果根据在程序框图中的设定而改变，如图 5.111、图 5.112 所示。

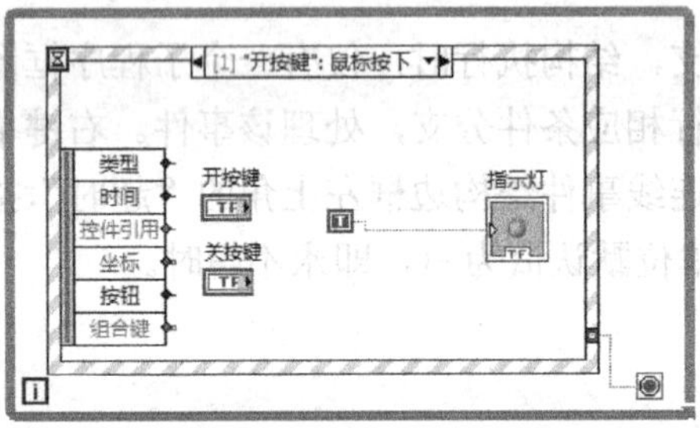

图 5.111　程序框图

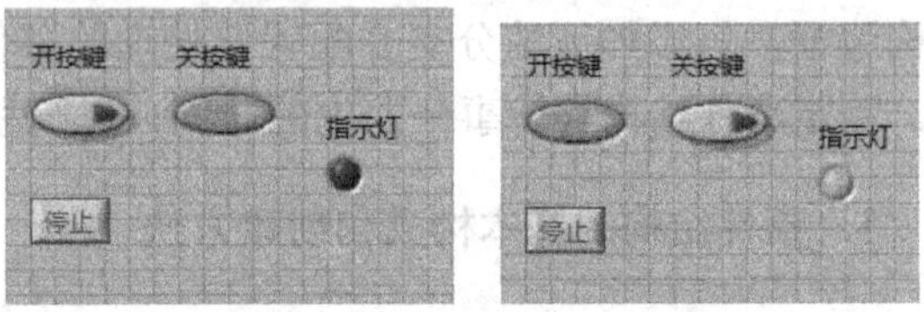

图 5.112　事件结构运行结果

3．超时事件

从上一个事件开始，在设定的事件内没有其他事件发生，则产生超时事件。如果“超时”连线端设成-1，则禁止超时事件。若在设定的时间内有事件发生，则新的超时计时从时间结束后重新计时。（注意：超时事件是级别较低的事件，相当于 Windows 中的 IdIe 事件，任何事件的发生都会导致超时事件重新计时，所以不宜在超时事件中处理实时性比较高的操作。）

4．鼠标事件

常用鼠标事件包括鼠标按下、鼠标移动、鼠标进入、鼠标移开等。对于用户界面而言，鼠标事件的使用是最频繁的。鼠标事件返回的参数比较多，不仅能返回鼠标当前的位置，而且还能返回 Shift、Ctrl、Alt 等键的状态，如图 5.113 所示。

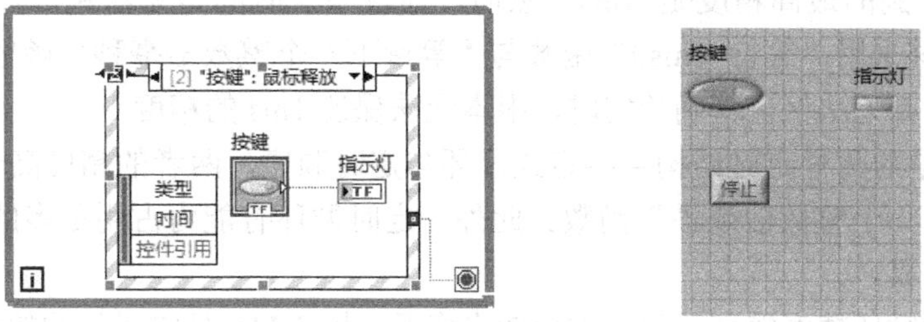

图 5.113 鼠标事件应用举例

5. 键盘事件

键盘事件也是一类重要的事件，键盘事件的种类较少，包括键按下、键释放和键重复。当连续按下某个键时会产生按键重复事件，如图 5.114 所示。

键盘事件除了返回组合值和平台组合键以外，同时返回键的 ASCII、虚拟键和键盘扫描码。提示语如图 5.115 所示。

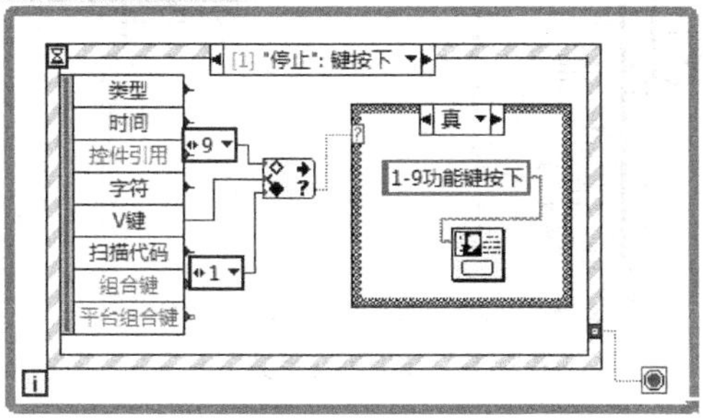

图 5.114 结构框图

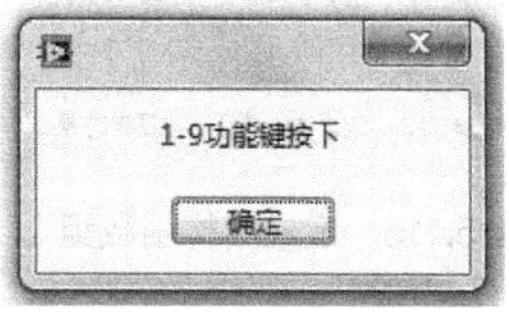

图 5.115 提示语

6. 关于事件发生的次序、过滤和转发

LabVIEW 的事件结构既可以处理窗格事件，也可以处理前面板上控件发生的事件。如果两个分支事件中同时包括窗格的鼠标按下事件和控件按下事件，一般先产生前面板窗格事件，然后产生控件事件。

关于鼠标事件，鼠标进入、鼠标离开、鼠标释放、鼠标按下、鼠标移动等，除了鼠标移动是持续事件，其他的都是一次性事件。持续时间一般耗费的资源比较多，若非必要不宜使用。

用户界面事件有两种类型：通知事件和过滤事件。

通知事件可以理解为事后事件。一般在改变了控件的值的事件发生之后，通知到前面板中，然后由前面板首先响应事件，然后产生"值变化"事件。过滤事件可以理解为事前事件，是 LabVIEW 在处理事件之前将权力交给编程者，由编程者决定是否继续或者终止。

5.5.4 定时结构

1. 定时结构与 Windows

精确的时间控制一直是编程者苦苦追求的目标。在没有硬件定时器的支持下，Windows

操作系统能够达到的最高精度是 1ms。然而，通过系统时间是无法精准控制循环间隔的，LabVIEW 中能够采用“等待（ms）”函数与“等待下一个整数倍毫秒”函数，后者的相对精度较高。但两者都无法保证精确的定时，根本无法保证 1ms 的精度。

LabVIEW 中的两种定时结构——定式循环与定时顺序，两者的精度高于“等待（ms）”函数和“等待下一个整数倍毫秒”函数。此外，定时循环有能力占用更多的系统资源，有一定系统分配优先权。

综上，定时循环精度较高，但是占用较多资源。图 5.116 是定时结构的总体函数框图。

2. 定时循环

定时循环是一种能在一定的时间内按指定的时间执行程序相关动作的结构。它的程序框图中有许多的条件窗口，如图 5.117 所示。

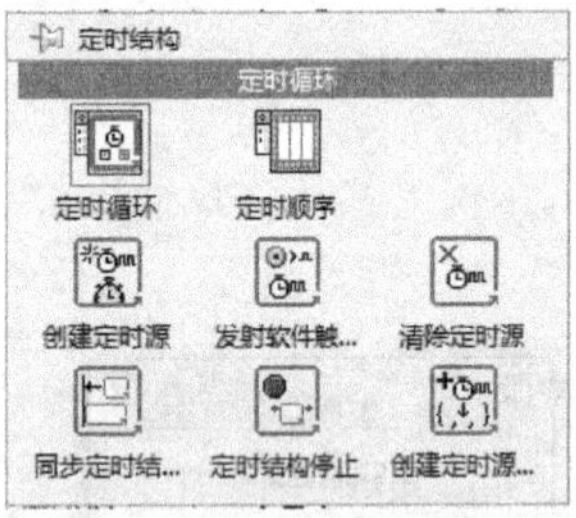

图 5.116　定式结构函数组

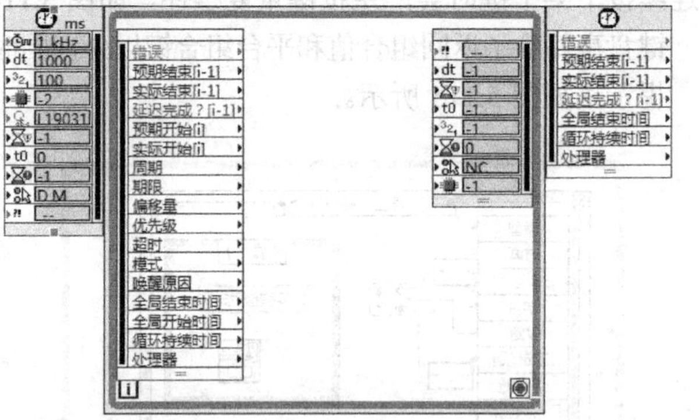

图 5.117　定时循环框架

从图 5.117 中可知，定时循环结构有两大端口模块，且都有两个输入和输出模块，框内模块可以通过右击快捷菜单来调节输入输出接线框的显示。

双击输入模块，如图 5.118 所示。在“配置输入节点”中调试执行中的定时源、周期、优先级及其他选项，配置下一次循环对话框用于配置后续迭代执行。也可以向定时循环加帧，从而按顺序执行每个循环中的程序框图。

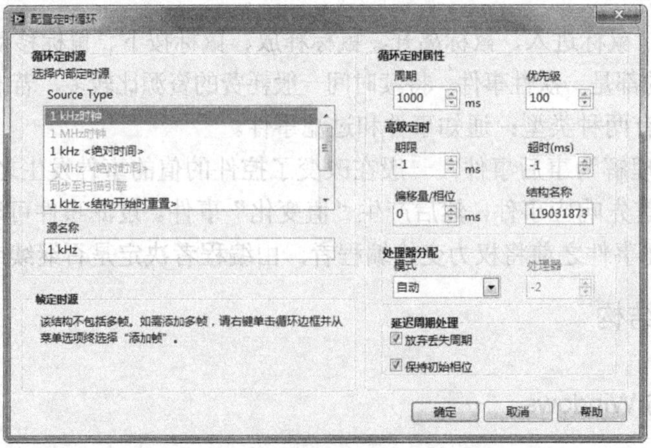

图 5.118　配置定时循环框图

定时循环分成两种方式，默认情况下创建的是类似于 While 的定时循环（单帧循环），另一种是包含平铺式顺序结构的定时循环，每一帧都可以单独设置（多帧循环）。

（1）单帧循环

【例 5.17】 在单个定时循环内实现两个随机数的捆绑波形图表，要求周期为 100 ms。示例如图 5.119 所示。

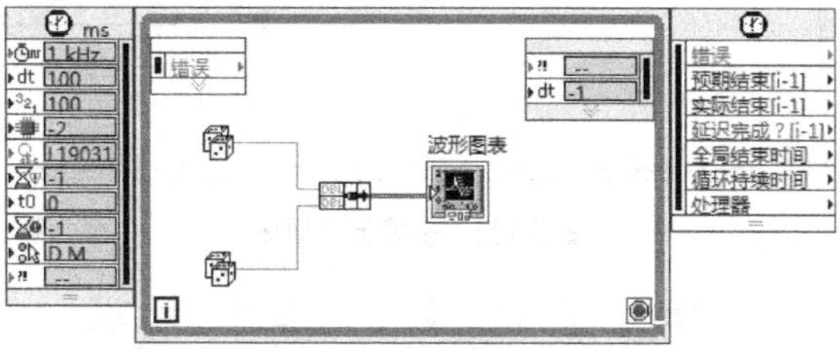

图 5.119 程序框图

首先创建一个单帧定时结构，双击左边框外的输入端口，进入“配置输入节点”，调节“循环定时属性”框中的周期为 100ms，如图 5.120 所示。接着在框内加入两个随机数，并且通过捆绑用波形图表显示出来，显示结果如图 5.121 所示。

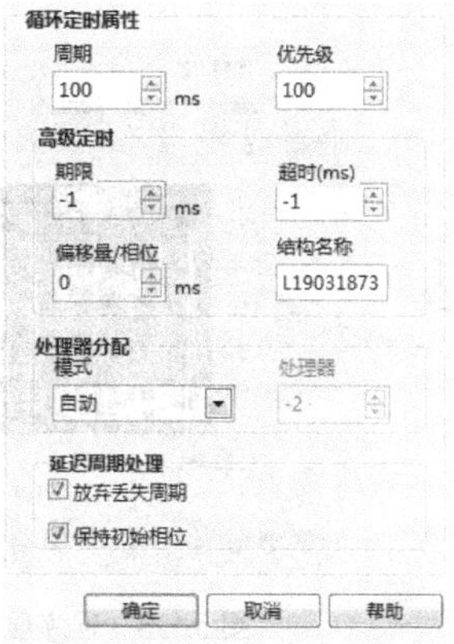

图 5.120 设置循环定时周期

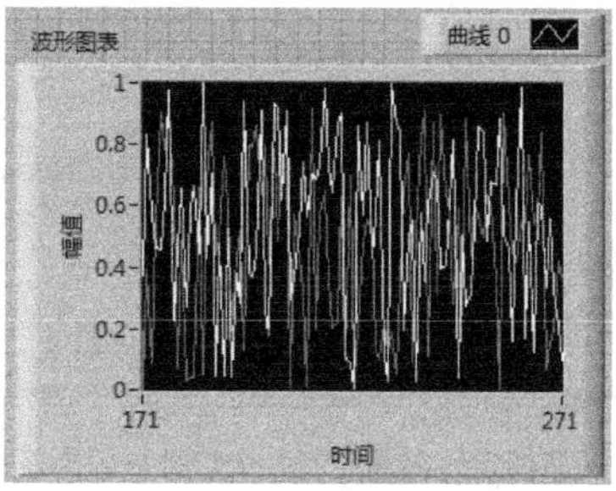

图 5.121 双随机数波形图表显示

（2）多帧定时循环

定时循环不仅可以实现单帧循环，还可实现多帧循环，相当于定时循环中嵌入一个平铺式顺序结构，每一帧都可以设定相对于上一帧的起始时间。下一帧的起始时间代表该帧要延迟的时间。注意，在每一帧均不超时的情况下，各帧延迟的时间之和等于一个循环周期。

如图 5.122 所示，整个循环周期为 1000ms，第二帧 400ms 启动，则第一帧延迟 400ms。第三帧启动时间为 200ms，则第二帧运行时间为 200ms，第三帧的延迟时间为 1000-400-200=400ms。以此类推，如图 5.123 所示，即各帧的实际运动时间流程为：0，400，600，1000，1400，1600……数组中相邻元素的差值为整个循环的周期 1000ms。

【例 5.18】 用多帧定时循环实现指数波形显示和九个小灯轮流闪烁，要求可以由用户自由控制波形刷新速度和小灯闪烁间隔。示例如图 5.124 所示。

在单体框架上右击选择“在后面添加帧”，调节每个帧的输出端，给第一帧输出的“开始”

端口连接可调的前面板数值控制控件，同时也使第二的输出的“周期（dt）”端口与之连接。然后可以在第一帧中加入循环显示控件组，之后可以运行程序，结果如图 5.125 所示。

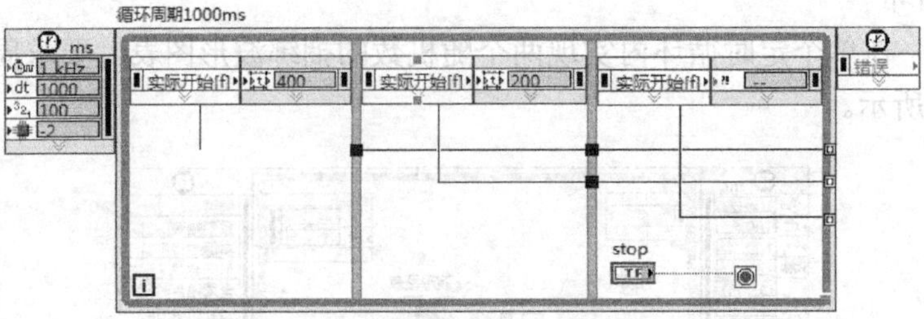

图 5.122　多帧定时循环

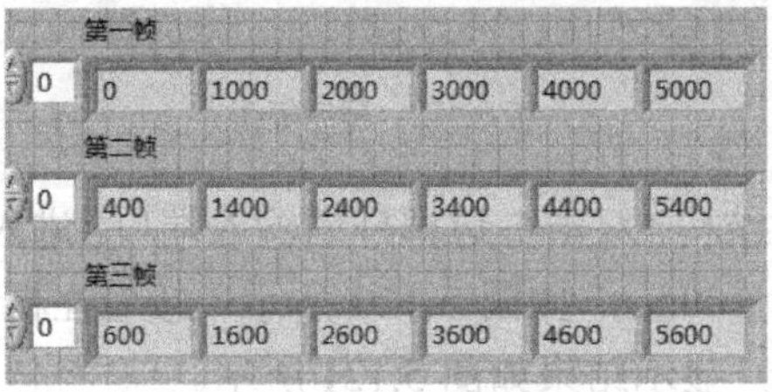

图 5.123　各帧实际运动时间流程

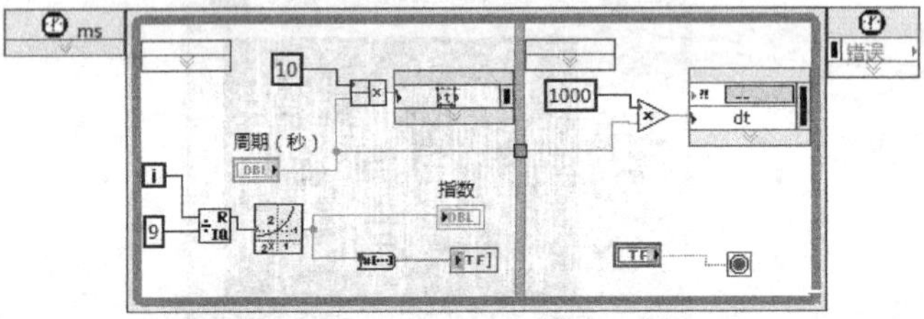

图 5.124　用多帧定时循环控制九个灯循环闪烁及指数刷新频率

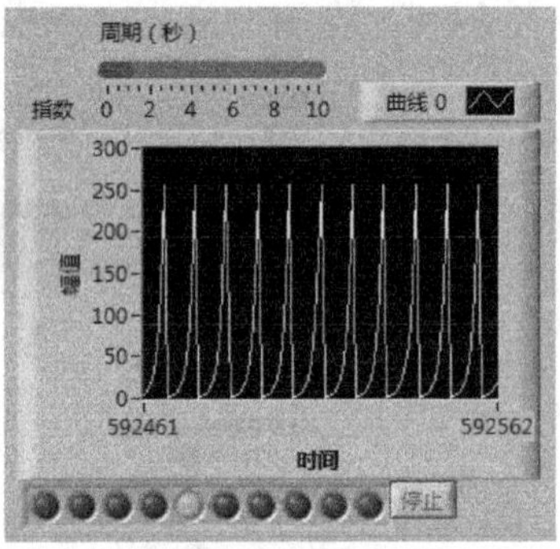

图 5.125　程序显示结果

5.6　图像显示

5.6.1　波形图表

波形图表是 LabVIEW 最常用的数据显示控件，数据显示控件的使用方法是否得当直接关系到采集和控制程序的成败，因此它们是需要重点关注的控件。

波形图表最大的特点就是控件内部含有一个先入先出的缓存区（FIFO）。波形图表默认的先入先出缓存区大小为 1024 个数据，在编辑环境下可以设置缓存区的大小，运行时无法改变。故此控件特别适合显示实时数据。

波形图表是显示一条或多条曲线的特殊数值显示控件，一般用于显示仪恒定速率采集到的数据。下列前面板显示了一个波形图表的范例，如图 5.126 所示。

波形图表会保留来源于此前更新的历史数据，又称缓冲区。右键单击图表，从快捷菜单中选择图表历史长度可配置缓冲区大小。波形图标的默认图表历史长度为 1024 个数据点。向图表传送数据的频率决定了图表重绘的频率。

1. 波形图表的基本组成要件

基本要件包括 X 标尺、Y 标尺、图例、标尺图例、图形工具选板、滚动条和数字显示，如图 5.127 所示。

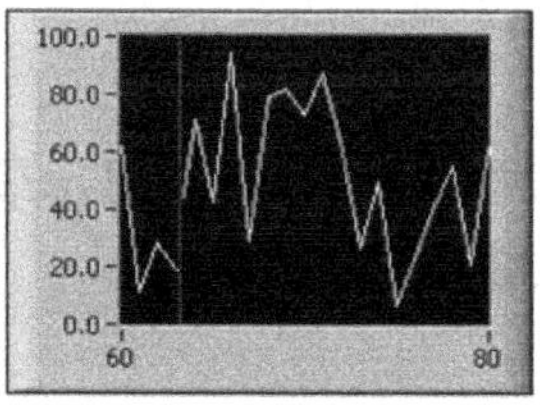

图 5.126　波形图表简介

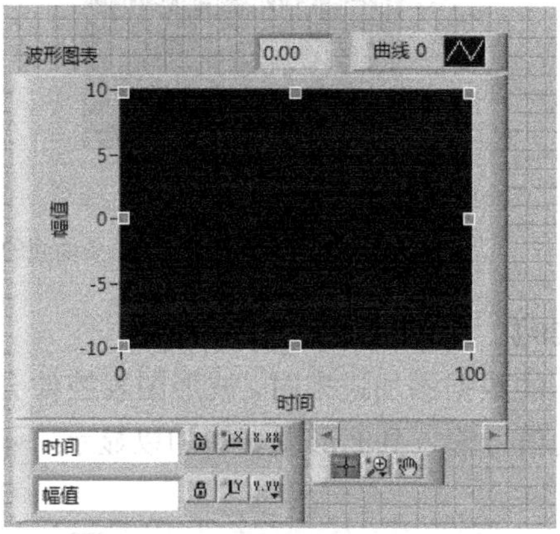

图 5.127　波形图表的主要部件

2. 图例要件

鼠标右击图例要件的任何一条曲线，弹出快捷菜单，即可设置选定曲线的颜色、点的形状、线形和线宽等，如图 5.128 所示。

(a)

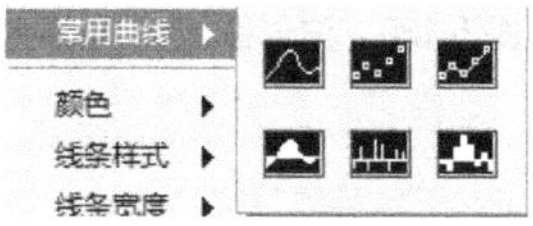

(b)

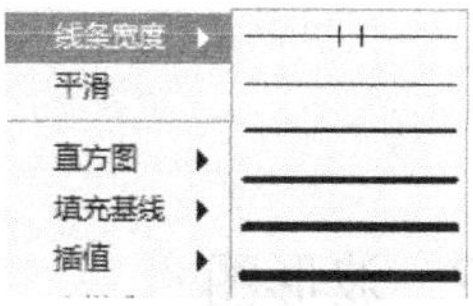

(c)

(d)

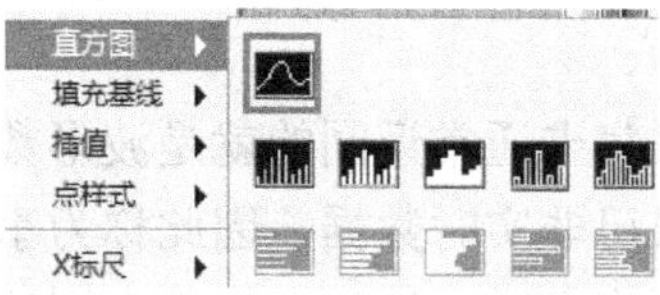

(e)

图 5.128　图例的功能

此外，其还包括颜色、点样式、X 标尺、Y 标尺，用户可对其进行设置。

3. 波形图表的输入类型

波形图表控件既可以显示单条曲线，也可以显示多条曲线。单条曲线和多条曲线的输入数据类型是不同的。对于单条曲线，可以接受标量型输入和标量构成的数组输入，也可以接受波形数据输入。多条曲线的输入类型为簇或簇的数组，簇中的每个元素代表相同时刻或者相同序号的点集合。波形图表具有实时刷新功能，故时间间隔要控制得当。

【例 5.19】 单条曲线的单点输入，示例如图 5.129 所示。

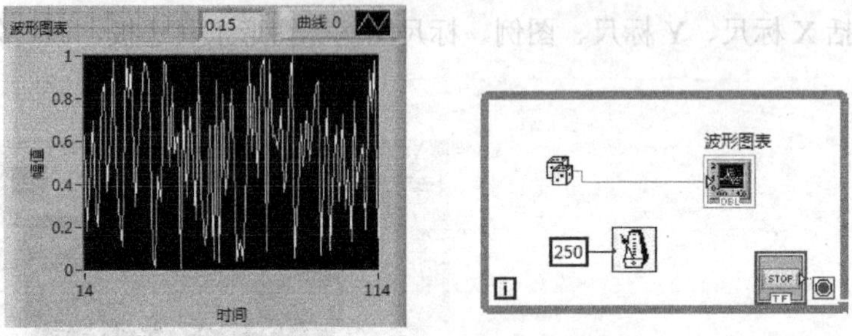

图 5.129 单条曲线的单点输入应用举例

【例 5.20】 波形图表应用举例。

当有新的数据添加进来时，波形图表控件会自动更新数据，并在图表中显示最新的数据。现将已知的信号输入到波形图表中加以显示，示例如图 5.130 所示。

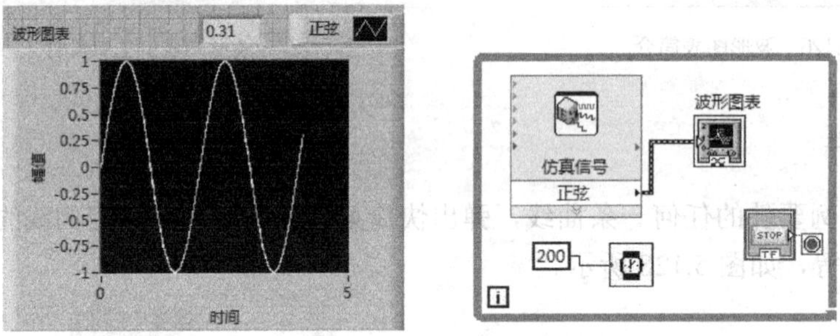

图 5.130 波形图表应用举例

5.6.2 波形图

波形图控件是数据采集程序中大量使用的控件。波形图是图形化显示波形数据的最佳方式。

一般的数据采集卡通常返回的就是波形数据，因此波形图控件特别适合显示数据采集的结果。采集的结果已非实时数据，因此称为事后波形图。波形图的横坐标是相对时间或者绝对时间。与波形图表不同，波形图控件也别适合显示采集间隔很短，而采集数量很大的波形数据。

波形图用于显示测量值为均匀采集的一条或多条曲线，波形图仅绘制单值函数，即在 $y=f(x)$ 中，各点沿 X 轴均匀分布。例如，一个随时间变化的波形。下列前面板显示了一个波形图的范例，如图 5.131 所示。

波形图可显示包含任意个数据点的曲线。波形图接收多种数据类型，从而最大程度地降低了数据在显示为图形前进行类型转换的工作量。

1．波形图控件的创建和组成要件

在前面板，右击新式 | 图形 | 波形图，可创建如图 5.132 所示波形图。

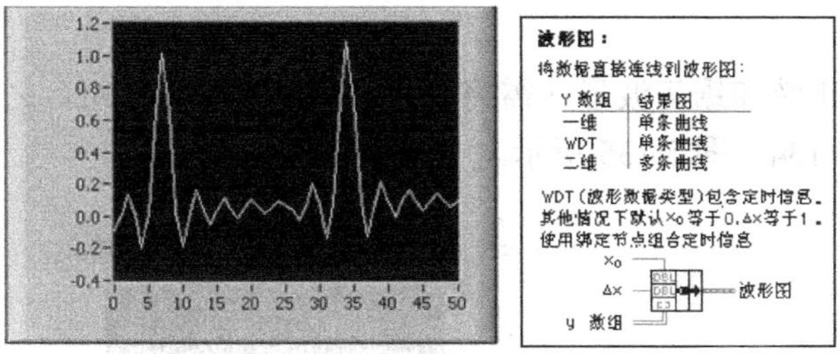

图 5.131　波形图简介

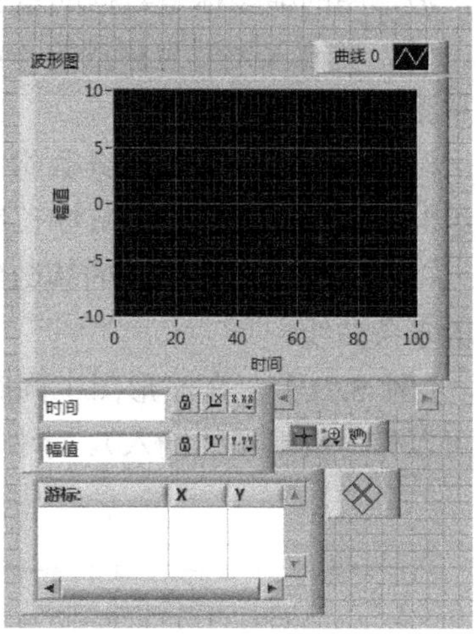

图 5.132　波形图要件

波形图除了具备波形图表的所有要件之外，还新增了游标和注释这两个重要的要件，如图 5.132 所示。

2．图例要件

同波形图表一样，波形图含有同样的图例要件。

鼠标右击图例要件的任何一条曲线，弹出快捷菜单，用户即可设置选定曲线的颜色、点的形状、线形和线宽等，如图 5.133 所示。

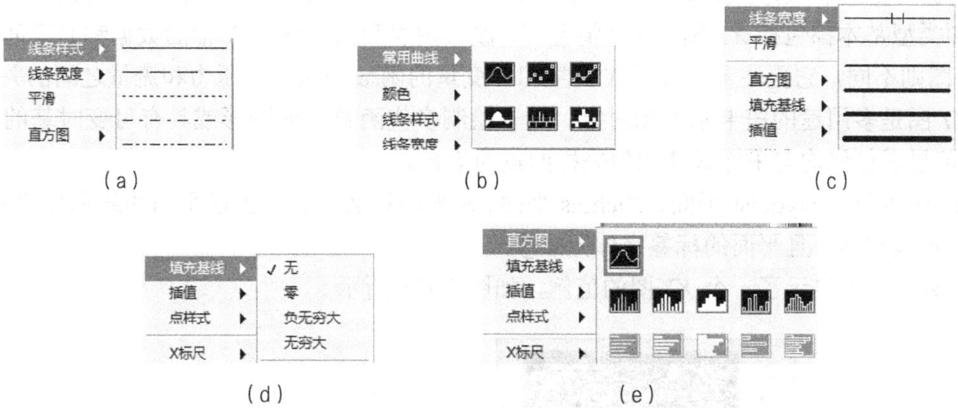

图 5.133　图例要件

此外，其还包括颜色、点样式、X 标尺、Y 标尺，用户可对其进行设置。

3．波形图的输入类型

波形图控件与波形数据是密切联系的。波形数据是特殊类型的簇，由开始时间、时间间隔和值数组这三个基本元素组成。由此可见，波形图的横坐标是绝对时间或者相对时间。时间间隔表示横坐标是等距排列的，纵坐标是波形幅值。

波形图控件的输入实际上不仅仅局限于波形数据，它可以直接显示一个数值型数组。此时，波形图的横坐标是数据的索引号，纵坐标是数组元素的值。

（1）当输入类型为标量的一维数组、波形数据或者包含时间信息的波形簇时，波形图显示单条曲线。

（2）当输入类型为二维数组、多个一维数组捆绑而成的簇数组或者多个波形数据创建的数组时，波形图显示相同数据长度的多条曲线。

（3）当输入为自定义的簇数组时，若持续时间不相同，则波形图可能会显示不同数据长度的多条曲线。

【例 5.21】 在波形图中同时显示正弦和锯齿波形（需将两种波形生成波形数组，之后才可以作为波形图的输入）。示例如图 5.134、图 5.135 所示。

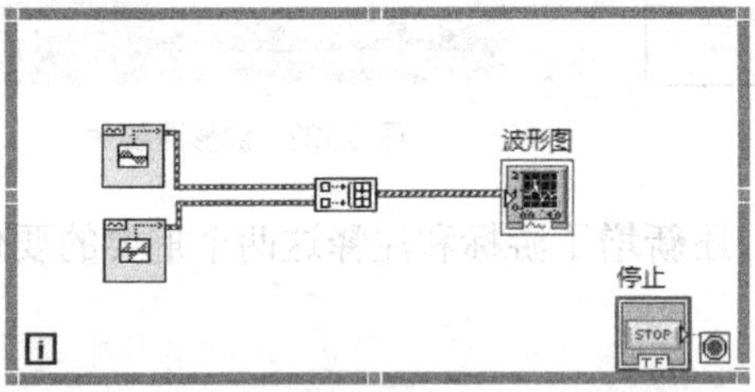

图 5.134 多个波形生成波形数组后显示

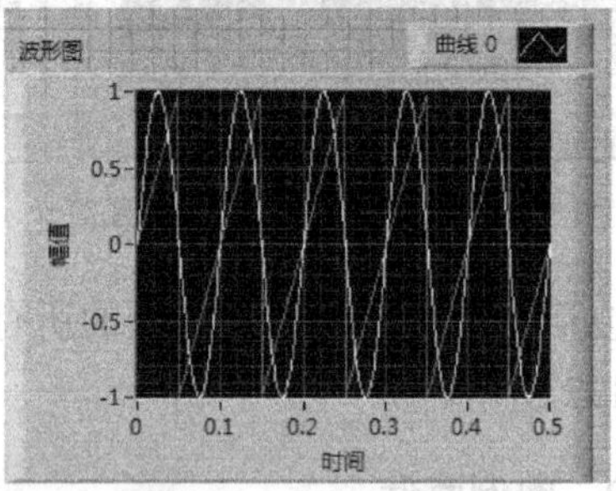

图 5.135 正弦和锯齿波形同时显示

5.6.3 *XY*图

与波形图表和波形图相比，*XY* 图的能力更为强大。常用的组态软件和控制类软件提供的数据图类型基本都包括 *XY* 图。通常情况下，波形图表和波形图的 *X* 轴的数据都是等间隔的，而 *XY* 图则不同，它更注重于显示 *X* 变量和 *Y* 变量的函数关系，如压力和流量之间的关系。

XY 图是多用途的笛卡尔绘图对象，用于绘制多值函数，如圆形或具有可变时基的波形。*XY* 图可显示任何均匀采样或非均匀采样的点的集合。

XY 图可显示 Nyquist 平面、Nichols 平面、S 平面和 Z 平面。上述平面的线和标签的颜色与笛卡尔线相同，且平面的标签字体无法修改。

下列前面板显示了一个 *XY* 图的范例，如图 5.136 所示。

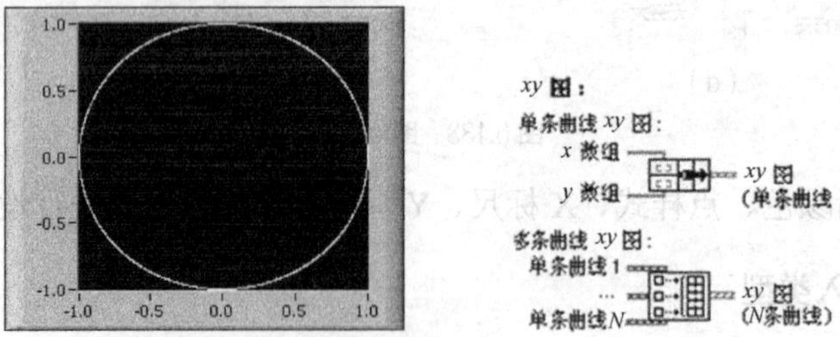

图 5.136 *XY*图

XY 图可显示包含任意个数据点的曲线。*XY* 图接收多种数据类型，从而将数据在显示为图形前进行类型转换的工作量减到最小。

1．XY 图的创建和组成要件

XY 图的创建和组成要件与波形图及波形图表完全类似，这里就不赘述了。

2．XY 图的输入数据类型

XY 图可以显示一条或者多条曲线，具有多种数据输入方式。曲线是由一系列的坐标点绘制而成，所以 *XY* 图的输入数据本质上都是点，这些点则有 *X*、*Y* 轴的坐标构成。

（1）复数数组输入。

（2）点簇数组输入。

（3）一维数组捆绑输入。

（4）使用系统时间作为 *X* 轴。

（5）利用复数数组构成的簇数组显示多条曲线。

（6）利用簇数组显示多条曲线。

【例 5.22】 *XY* 图的应用举例。

示例如图 5.137 所示。

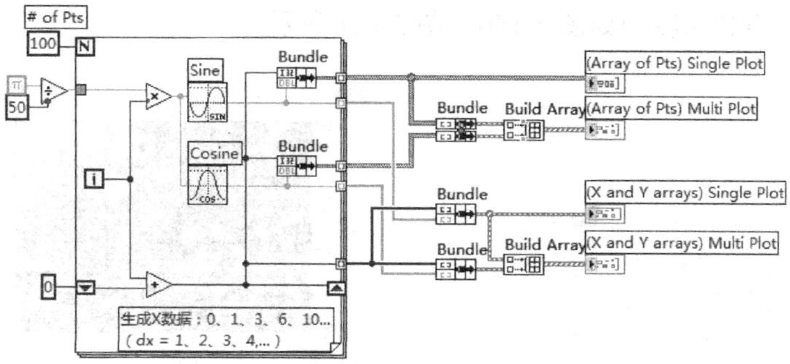

图 5.137　示例

示例结果如图 5.138 所示。

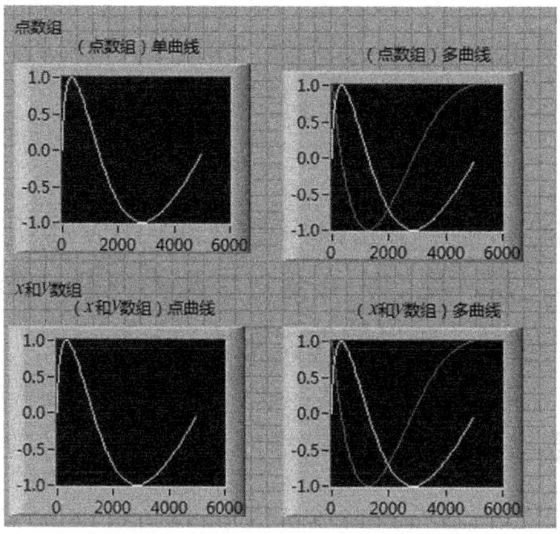

图 5.138　结果

5.6.4 强度图

强度图形包括强度图和强度图表。强度图和强度图表通过在笛卡尔平面上放置颜色块的方式在二维图上显示三维数据，比如强度图和图表可显示温度图和地形图(以量值代表高度)。强度图和图表接收三维数字数组，数组中的每一个数字代表一个特定的颜色。在二维数组中，元素的索引可设置颜色在图形中的位置。

强度图位于前面板的控件选板 | 新式 | 图形。

输入数据二维数组，可以从强度图中分辨数组不同位置值的大小。

【例 5.23】 创建一个 5×5 二维数组，并用强度图表示。

示例如图 5.139 所示。

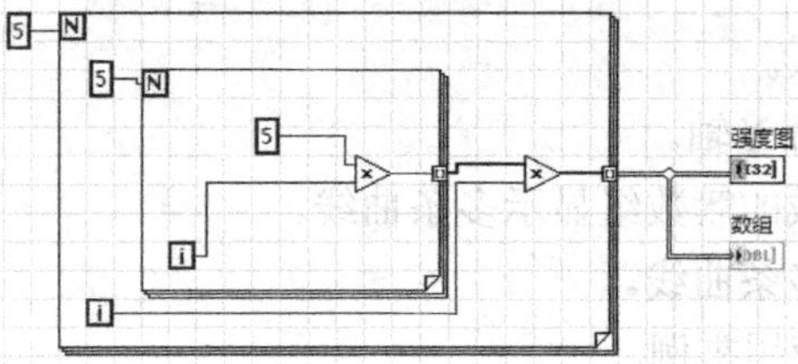

图 5.139 结构框图

得到的二维数组和强度图如图 5.140、图 5.141 所示。

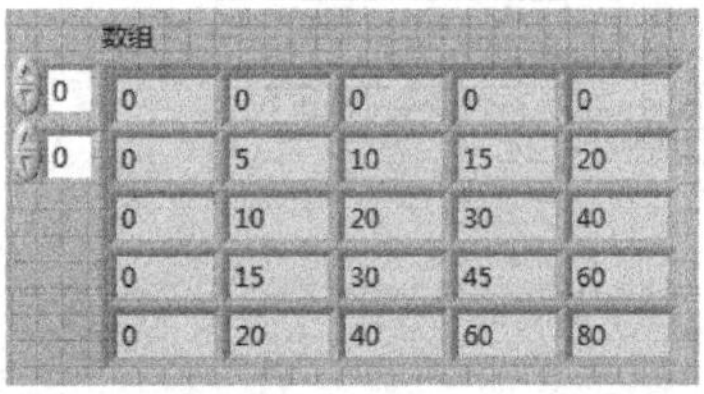

图 5.140 二维数组

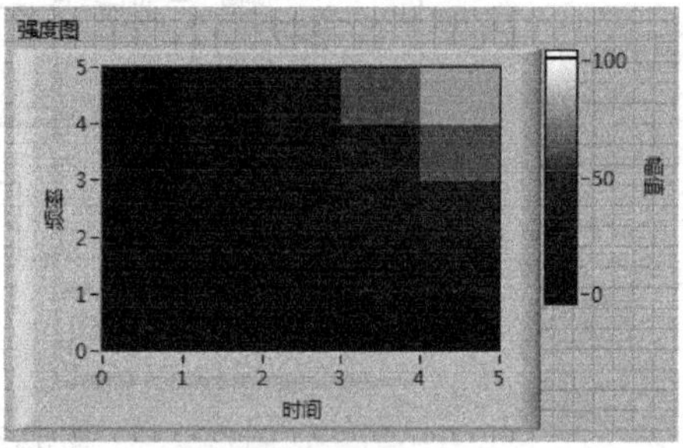

图 5.141 强度图

5.6.5 数字波形图

1. 数字数据

在数字电路设计中我们经常需要分析时序图，LabVIEW 也提供了数字波形图用来显示数字时序图。在介绍数字波形之前，我们先介绍数字数据类型。数据类型控件在 LabVIEW 前面板的控件选板 | I/O | 数字数据，选择控件如图 5.142 所示。

将此控件置于前面板上，像一张真值表，我们可以随意地添加或删除数据。

【例 5.24】 创建一组数字数据，要求采样序列为 5，信号数据自拟。

示例如图 5.143 所示。

如图 5.143 所示，在一个已经创建好的数字数据控件中，我们可以右击该控件的某一行

（列）选择“插入或删除行（列）”，也可以选中某一数值进行修改。

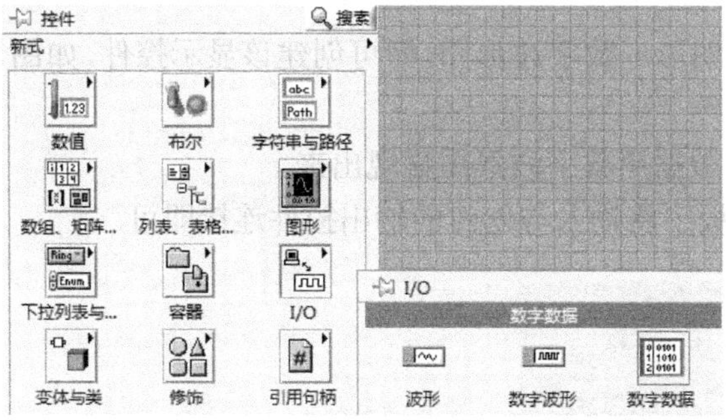

图 5.142 数字数据的点选

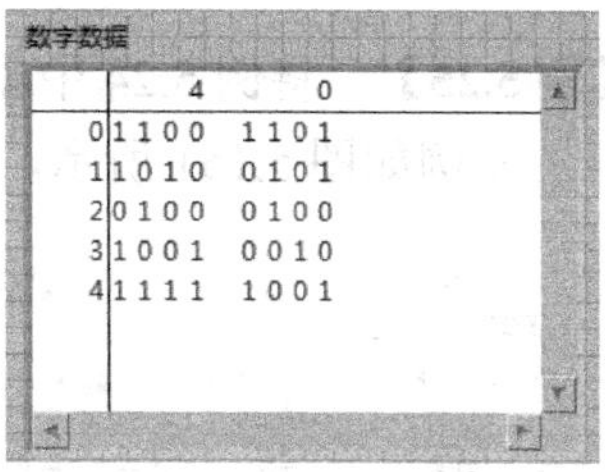

图 5.143 结果

其实，我们还可以通过二维布尔数或者一维数值数组，就可以动态创建数值表格数据。除此之外，还有其他方法，如图 5.144、图 5.145、图 5.146 所示。

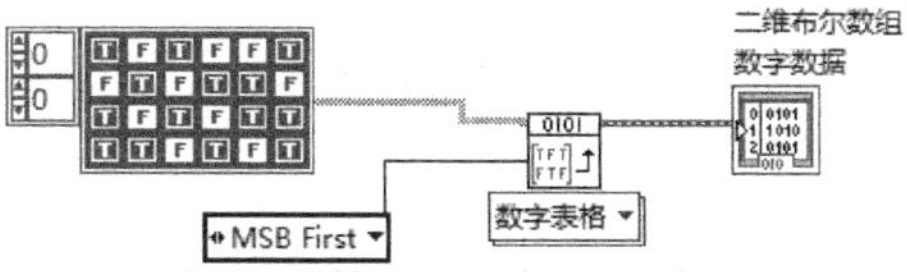

图 5.144 由二维布尔数组创建

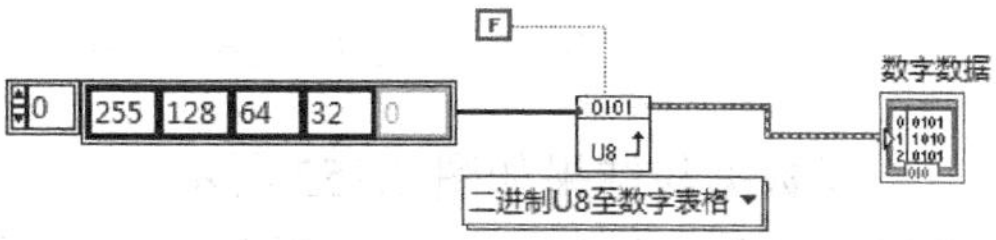

图 5.145 由一维数组创建

图 5.147 为数字数据创建所需控件说明。

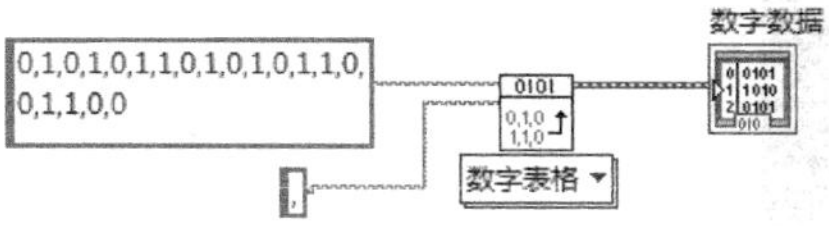

图 5.146 由电子表格创建

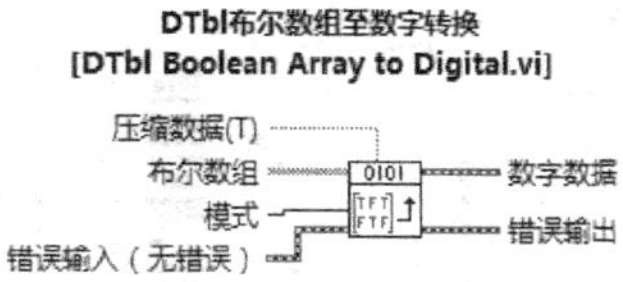

图 5.147 DTbl 布尔数组至数字转换

使二维数组转换为数字波形或数字数据，必须手动选择所需多态示例，如图 5.148 所示。

使二维无符号数组转换为数字波形或数字数据集，必须手动选择多态示例，如图 5.149 所示。

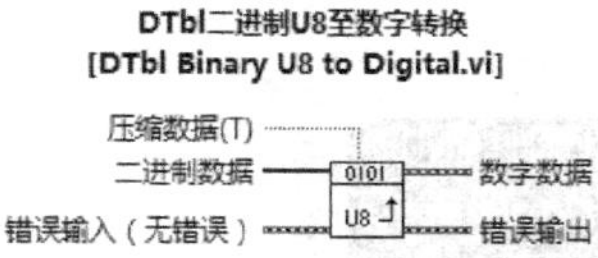

图 5.148 DTbl 二进制 U8 至数字转换

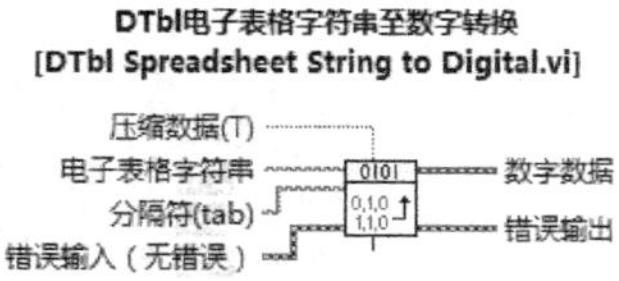

图 5.149 DTbl 电子表格字符串至数字转换

2. 数字波形图

数字波形数据就是附加了开始时间与时间间隔的数字表格，作用机理和其他的一般波形数据完全相同。由于数字波形数据的时间间隔一般非常短（ms 制），则采用相对时间显示方式，间隔为采样时间。

单击 LabVIEW 前面板的控件选板 | 图形 | 数字波形图，即可创建该显示控件，如图 5.150 所示。

【例 5.25】 将例 5.24 中创建的数字数据用数字波形图显现出来。

示例如图 5.151 所示，在程序面板中将输入与创建的输出控件连接即可。

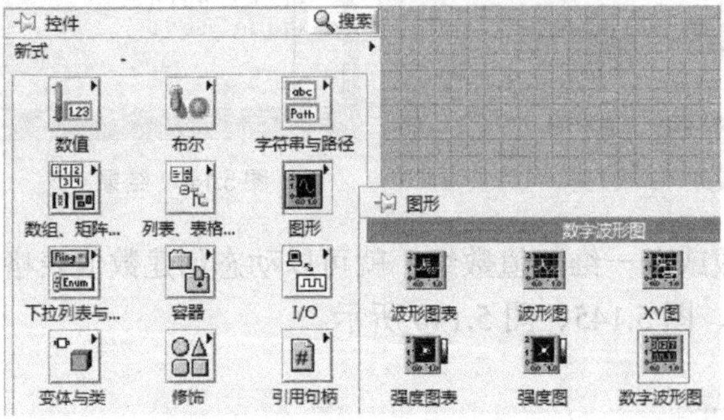

图 5.150 点选数字波形图控件

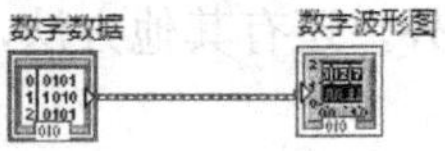

图 5.151 程序框图

源数据与结果如图 5.152 所示。

【例 5.26】 创建一个数字波形图，要求梯度显示，采样数为 32，取信号数为 4，梯度显示。

示例如图 5.153 所示。

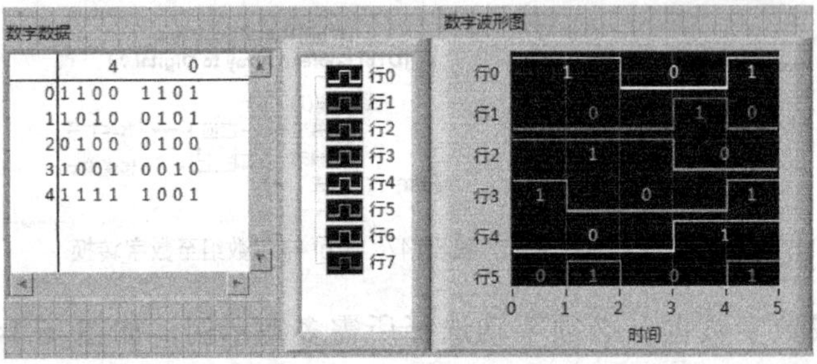

图 5.152 前面板

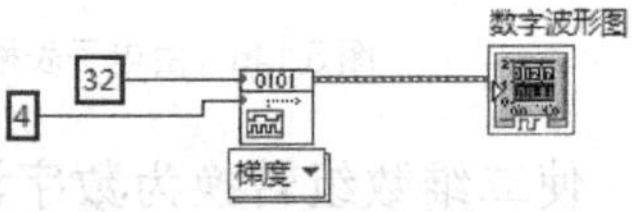

图 5.153 采样为 32 的数字波形

在程序面板 | 函数面板 | 波形 | 数字波形中选择“数字波形发生器”，置于面板中，为采样数赋值 32，信号数为 4，默认“梯度”选项，运行程序结果如图 5.154 所示。

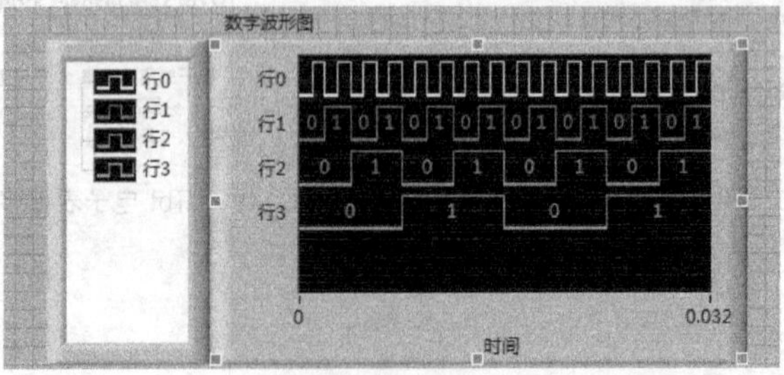

图 5.154 结果

5.7 文件系统

5.7.1 文件 I/O

在使用 LabVIEW 编写程序的过程中，我们经常需要将硬件的配置信息写入配置文件或者将采集到的数据以一定的格式储存在文件中，用来实现数据的存储和读取。

1. 文件的类型

LabVIEW 提供了丰富的文件类型用于满足不同的数据的存储格式和性能需求。

（1）文本文件

文本文件是一种最通用的文件类型，它将字符串以 ASCII 编码格式存储在文件中，如记事本、word 等文字处理软件。但相对于其他类型的文件，它消耗的硬盘空间相对较大，读写速度也较慢，也不能随意地在指定的位置写入或读取数据。因为用这种格式进行 I/O 操作时首先要将原数据转换为字符串格式才能存储。

（2）电子表格文件

电子表格文件输入的是一维或二维的数组，它将这些数据转换为 ASCII 编码存放在 Excel 等电子表格中，存储数组十分方便。

（3）二进制文件

二进制文件是最有效率的一种文件存储格式，占用的硬盘空间最少而且读写速度最快。

它的数据文件字节长度固定，容易实现数据定位查找。但不能被直接读懂，要经过翻译，恢复原有的数据才能被读懂。

（4）XML 文件

XML 语言是一种使用广泛的标记语言，用以存储数据，交换数据，共享数据。LabVIEW 中的任何数据类型都可以以 XML 文件方式读写。

（5）波形文件

波形文件专门用于存储波形数据类型，包含有起始时间、采样间隔、波形数据记录时间等，它将数据以一定的格式存储在二进制文件或电子表格文件中。

（6）配置文件

配置文件时标准的 Windows 配置文件，用于读写一些硬件配置信息。

（7）数据记录文件

数据记录文件是特殊的二进制文件，它可以以记录的形式存放任意类型的数据，如簇和数组等，经常用于存储各种复杂类型的数据。

（8）数据存储文件（TDMS 文件）

数据存储文件时将动态数据类型存储为二进制文件，同时可以为每一个信号添加有用的信息，如用户名、单位、注释等，通过这些描述信息来查询所需的数据。它被用来在 NI 软件之间数据交换。

（9）TDMS 文件

TDMS 文件是 TDM 文件的改进。它比 TDM 文件的读写速度更快，并且无容量限制。

2．文件的基本操作

文件操作函数位于控件选板 | 编程 | 文件 I/O，如图 5.155 所示。

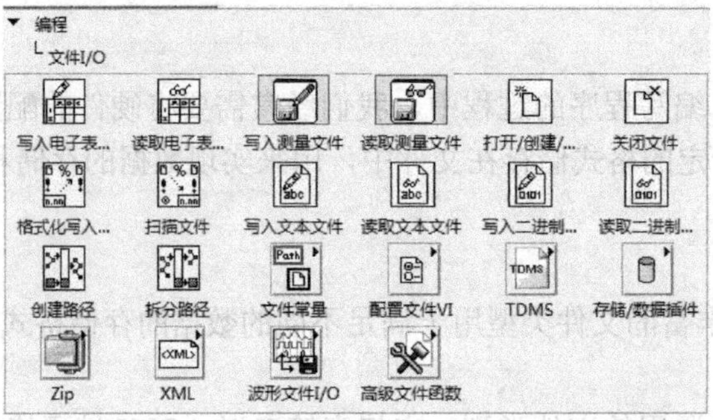

图 5.155　文件 I/O

（1）创建文件相对路径

文件路径可以由路径常数或控件指定，也可以通过打开文件选择对话框让用户选择文件从而返回文件路径。通过图 5.156 所示的控件选板 | 文件 I/O | 文件常量面板下的各种常量获得当前 VI 路径，默认文件路径和临时文件路径等。再通过拆分路径和创建路径函数实现相对路径，如图 5.157 所示。

图 5.156　文件常量面板

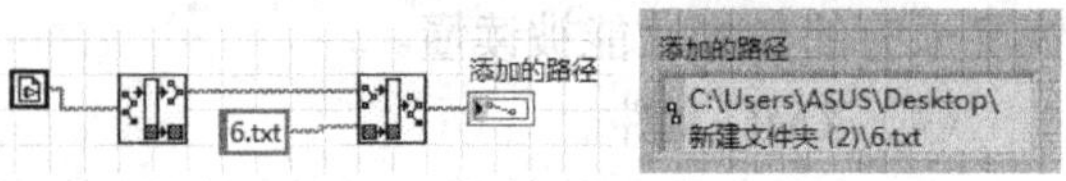

图 5.157　文件的相对路径

（2）打开/创建/替换文件函数

打开/创建/替换文件函数的连线如图 5.158 所示，它的功能是打开、创建、替换文件。打开文件操作端子，可以打开六种文件操作：①打开已有的文件；②替换已有的文件；③创建新的文件；④打开一个已有的文件，若没有就自动创建一个；⑤创建一个新的文件，若已经存在就自动替换掉旧的文件；⑥创建一个新的文件，若已经存在，必须有权限才能替换掉旧的文件。

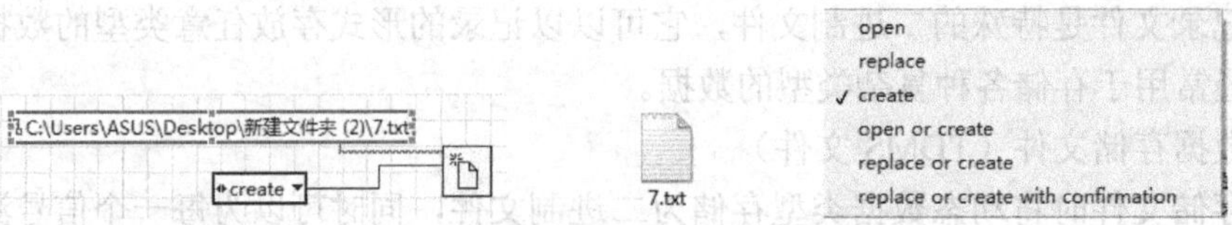

图 5.158　打开/创建/替换文件函数

3．关闭文件函数

关闭文件用于关闭引用句柄指定的打开文件，并返回至引用句柄相关文件的路径，如

图 5.159 所示。

4. 格式化写入文件函数

格式化写入文件可以使字符串、数值、路径或布尔数据格式化为文本并写入文件。如连线文件引用句柄至文件输入端，写入操作从当前文件位置开始。如需要在现有文件之后添加内容，可使设置文件位置函数，设置文件位置在文件结尾。否则，函数可打开文件在文件开始处写入文件，如图 5.160 所示。

双击“格式化写入文件”，可以选择不同格式化，如图 5.161 所示。

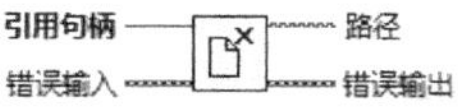

图 5.159　关闭文件函数

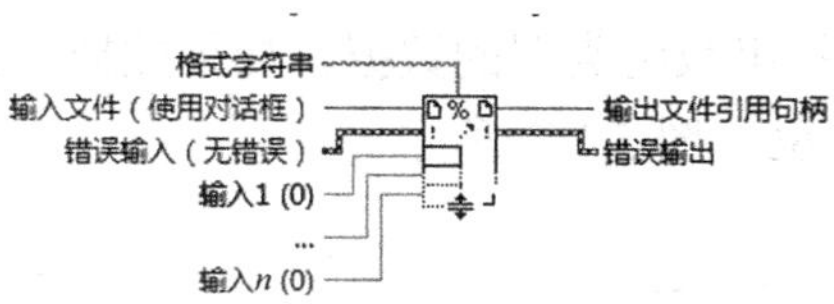

图 5.160　格式化写入文件函数

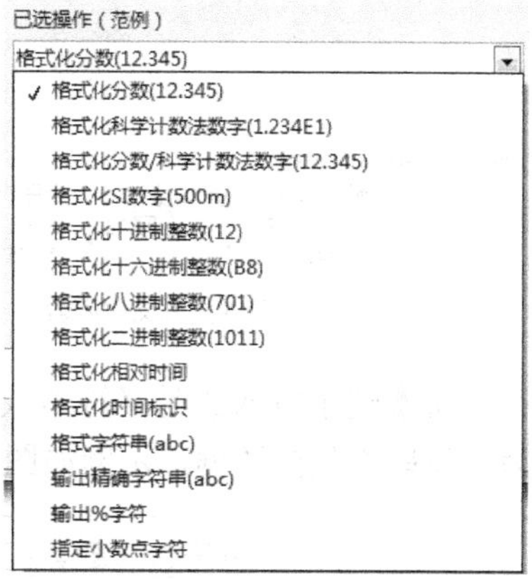

图 5.161　不同的格式化

5. 扫描文件函数

扫描函数文件可扫描文本中的字符串、数值、路径或布尔数据，使文本转换为数据类型，返回重复的引用句柄及转换后的输出，该输出结果以扫描的先后顺序排列，如图 5.162 所示。

双击“扫描文件函数”可以选择扫描不同类型的数据，如图 5.163 所示。

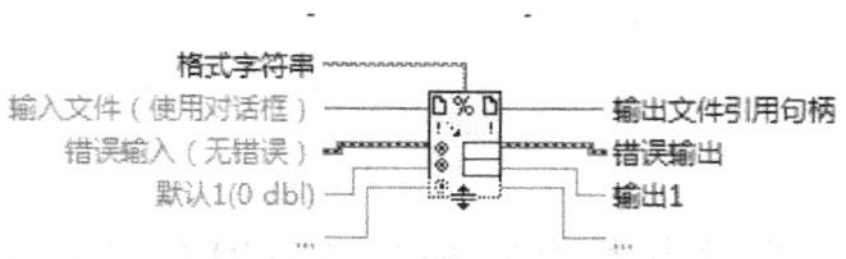

图 5.162　扫描文件函数

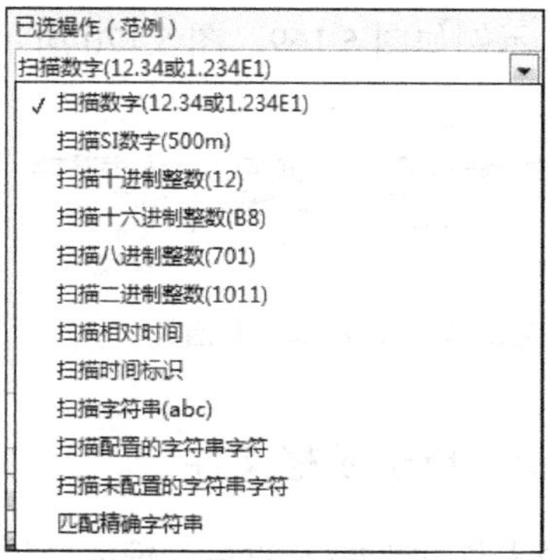

图 5.163　不同的扫描

5.7.2　文本文件

文本文件的操作主要有写入与读取，还有其他的操作如复制、删除等。文本文件也是最常见、最方便的一种数据操作方式，其扩展名是*.txt 格式，是大多数软硬件能识别的通用形式。

1. 写入文本文件函数

写入文本文件函数是将字符串或字符串数组写入已有的或新建的文件，如图 5.164 所示。

文件端子输入的可以是引用句柄或绝对文件路径，不可以输入空路径或相对路径。若没有指定文件路径，运行时会弹出一个文件选择对话框，如图 5.165 所示，可以替换已有的文件或新建一个。

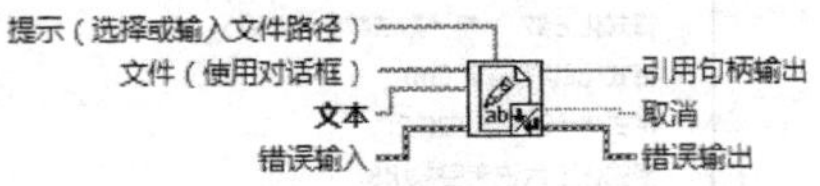

图 5.164 写入文本文件函数

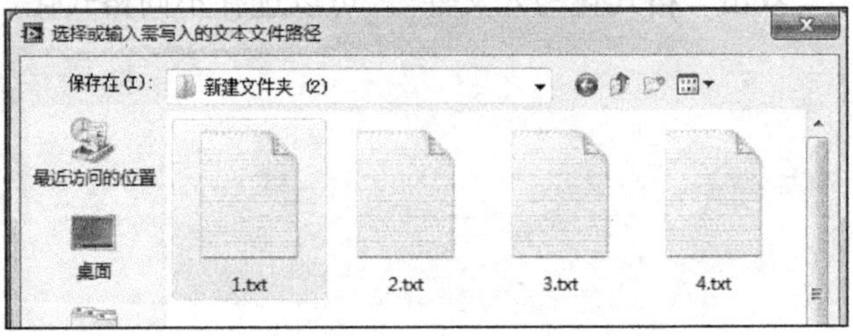

图 5.165 选择或输入需写入的文本文件路径

文本端子输入的是字符串或字符串数组类型的数据，如果数据为其他类型，必须先转换为字符串类型的数据，示例如图 5.166、图 5.167 所示。

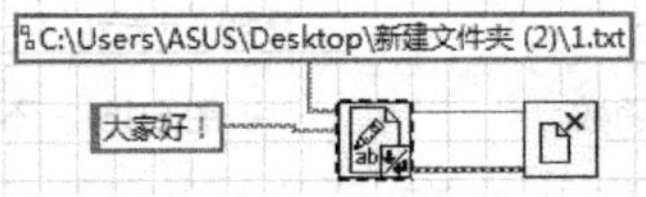

图 5.166 程序框图

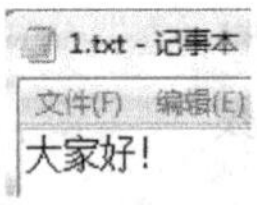

图 5.167 结果显示

2. 读取文本文件函数

读取文本文件函数是从字节流文件中读取指定数目的字符或行，如图 5.168 所示。

计数端子可以指定读取数据的字符或行的最大值。如果计数端子输入小于 0，将读取整个文件，示例如图 5.169、图 5.170 所示。

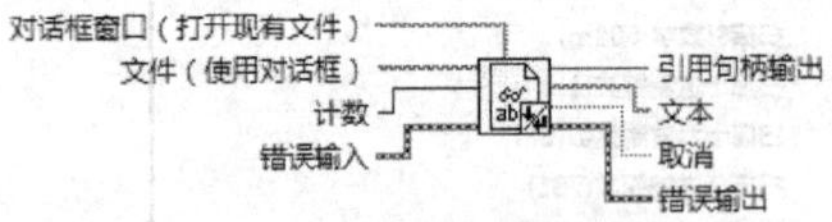

图 5.168 读取文本文件函数

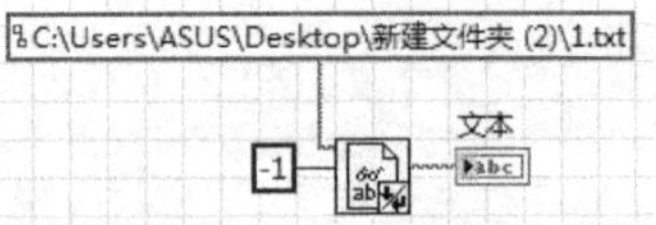

图 5.169 读取整个文件程序框图

图 5.170 前面板显示

5.7.3 电子表格文件

电子表格文件输入的是一维或二维的数组，它将这些数据转换为 ASCII 编码存放在 Excel 等电子表格中，存储数组十分方便。

1. 写入电子表格文件函数

使字符串、带符号整数或双精度数的二维或一维数组转换为文本字符串，写入字符串至新的字节流文件或添加字符串至现有文件，如图 5.171 所示。

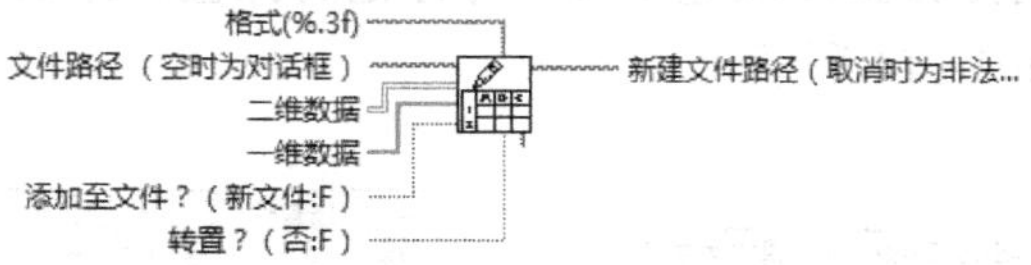

图 5.171　写入电子表格文件函数

格式端子可以使数字转化为字符。如格式为%.3f（默认），VI 可创建包含数字的字符串，小数点后有三位数字。如格式为%d，VI 可使数据转换为整数，使用尽可能多的字符包含整个数字。如格式为%s，VI 可复制输入字符串，示例如图 5.172 所示。

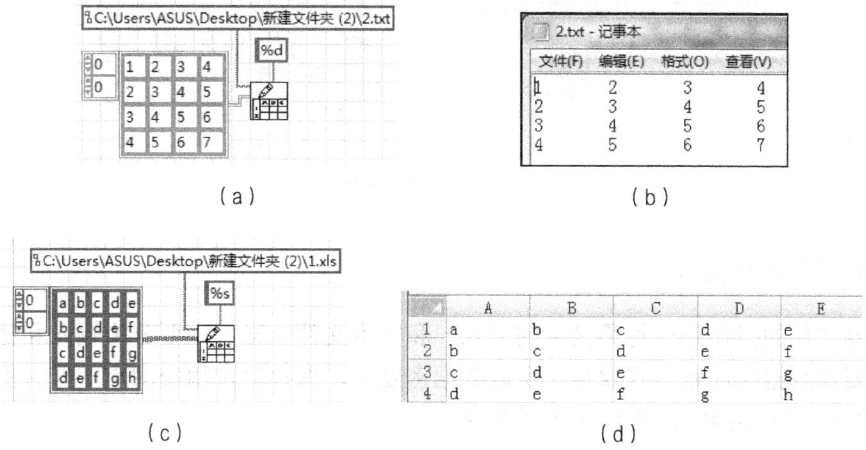

图 5.172　写入电子表格

2. 读取电子表格文件函数

在数值文本文件中从指定字符偏移量开始读取指定数量的行或列，并使数据转换为双精度的二维数组，数组元素可以是数字、字符串或整数，如图 5.173 所示。

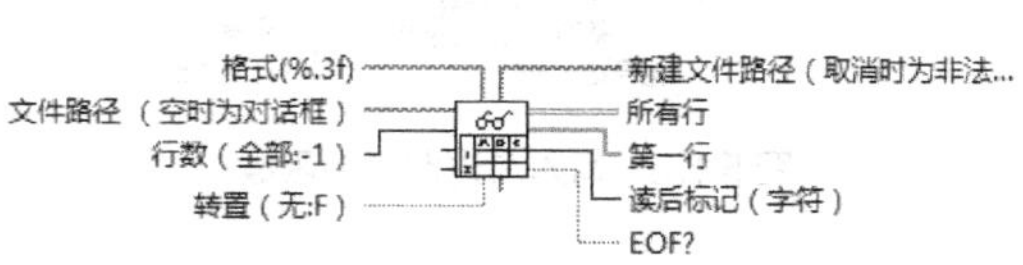

图 5.173　读取电子表格文件函数

行数端子输入的是 VI 读取行数的最大值。对于该 VI，行是由字符组成的字符串并以回车、换行或回车加换行结尾，以文件结尾终止的字符串，或字符数量为每行输入字符最大数量的字符串。如行数<0，VI 可读取整个文件。默认值为-1。

读取起始偏移量端子输入的是 VI 从文件中开始读取数据的位置，以字符（或字节）为单位。字节流文件中可能包含不同类型的数据段，因此偏移量的单位为字节而非数字。因此，如需读取包含 100 个数字数组，且数组头为 57 个字符，需设置读取起始偏移量为 57。

每行最大字符数端子输入的是在搜索行的末尾之前，VI 读取的最大字符数。默认值为 0，表示 VI 读取的字符数量不受限制。

读后标记端子输入的是数据读取完毕时文件标记的位置。标记指向文件中最后读取的字符之后的字符，示例如图 5.174 所示。

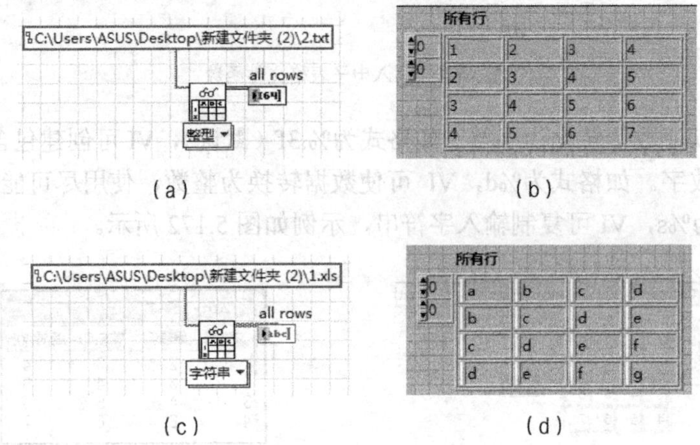

图 5.174　读取电子表格

5.7.4　二进制文件

二进制文件的操作是一种最简单的方式，和文本文件一样，主要分为输入和输出两类操作。它主要对数据按原始方式保存，所以数据密度大，保存时占用空间小，但它不能直接查阅，必须经过再次转换成正常代码才可查看。

1. 写入二进制文件函数

写入二进制数据至新文件，添加数据至现有文件，或替换文件的内容。二进制文件的文件结构与数据类型无关，因而输入数据的类型可以是任意类型的，如图 5.175 所示。

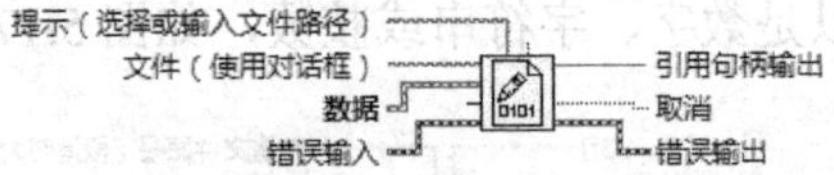

图 5.175　写入二进制文件函数

字节顺序：设置结果数据的字节顺序或 endian 形式，表明在内存中整数是否按照从最高有效字节到最低有效字节的形式表示，或者相反。函数必须按照数据写入的字节顺序读取数据，示例如图 5.176、图 5.177 所示。

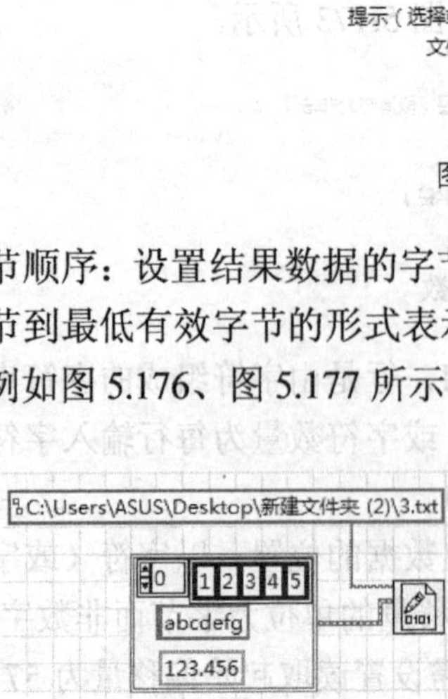

图 5.176　写入二进制

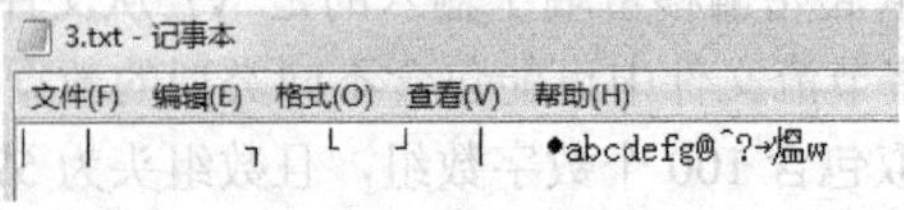

图 5.177　显示

2．读取二进制文件函数

从文件中读取二进制数据，在数据中返回。读取数据的方式由指定文件的格式确定，如图 5.178 所示。

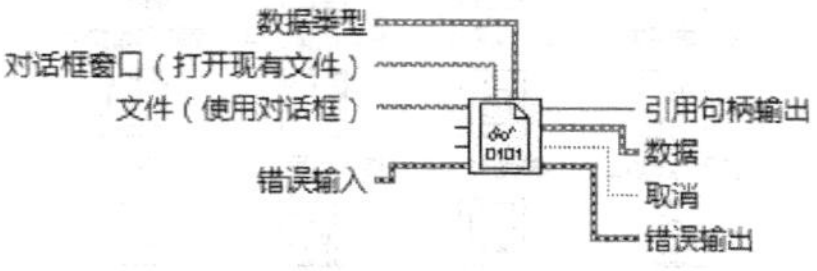

图 5.178　读取二进制文件函数

数据类型端子设置函数用于读取二进制文件的数据类型。函数把从当前文件位置开始的数据字符串作为数据类型的总数个实例。如数据类型是数组、字符串，或者包含数组或字符串的簇，函数将假定该数据类型的每个实例都包括大小信息。如实例不包括大小信息，函数将无法解析数据。如 LabVIEW 确定数据与类型不匹配，函数将把数据设置为指定类型的默认值并返回错误。

总数端子输入的是要读取的数据元素的数量。数据元素可以是数据类型的字节或实例。函数可在数据中返回总数个数据元素，如到达文件结尾，函数可返回已经读取的全部完整数据元素和文件结尾错误。默认状态下，函数返回单个数据元素。如总数为–1，函数可读取整个文件。如总数小于–1，函数可返回错误。

数据端子包含从指定数据类型的文件中读取的数据。依据读取的数据类型和总数的设置，可由字符串、数组、数组簇或簇数组构成，示例如图 5.179、图 5.180 所示。

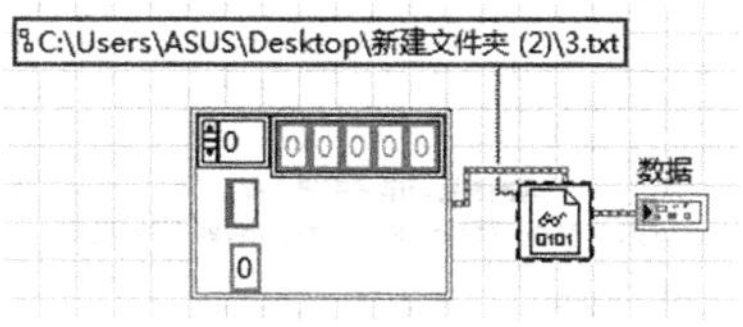

图 5.179　读取二进制

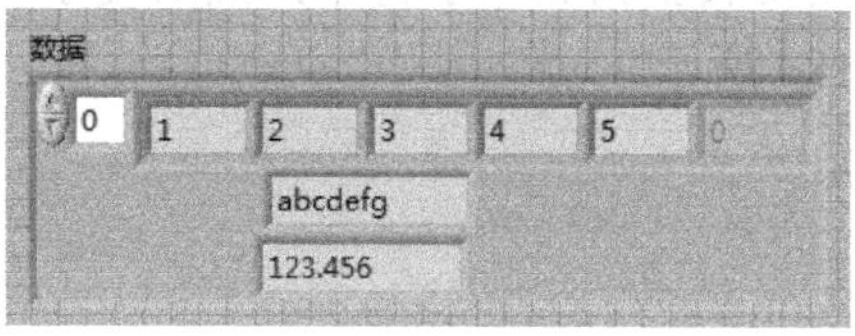

图 5.180　结果

5.7.5　波形文件

波形文件专门用于存储波形数据类型，它将波形数据以一定的格式存储在二进制文件或表单文件之中。

波形文件函数控件组位于程序框图中的函数选板｜文件 I/O｜波形文件 I/O 之中，如图 5.181 所示。

控件“写入波形至文件”“从文件读取波形”“到处波形至电子表格文件”，具体介绍如图 5.182、图 5.183、图 5.184 所示。

1．写入波形至文件

创建新文件或添加至现有文件，在文件中写入指定数量的记录，然后关闭文件，检查是否发生错误。每条记录都是波形数组通过连线数据至波形输入端可确定要使用的多态实例，也可手动选择实例。保存的波形数据文件可用任意扩展名（例如，.dat 或.txt 文件），如图 5.182 所示。

2．从文件读取波形

打开使用写入波形至文件 VI 创建的文件，每次从文件中读取一条记录。每条记录可能含有一个或多个独立的波形。该 VI 可返回记录中所有波形和记录中第一波形，单独输出。

如需获取文件中的所有记录，可在循环中调用该 VI，直到文件结束，如图 5.183 所示。

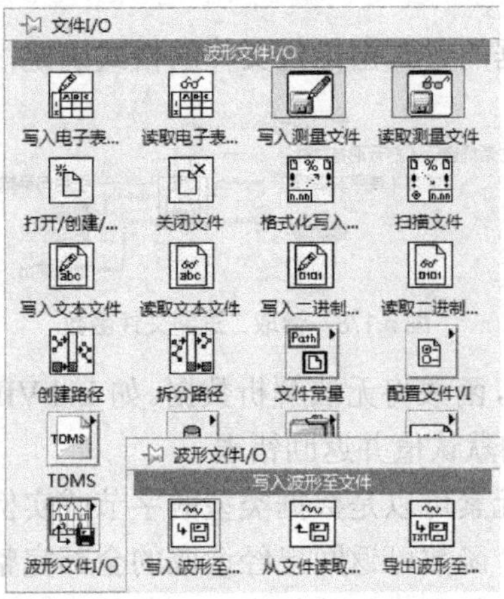

图 5.181　波形文件控件组

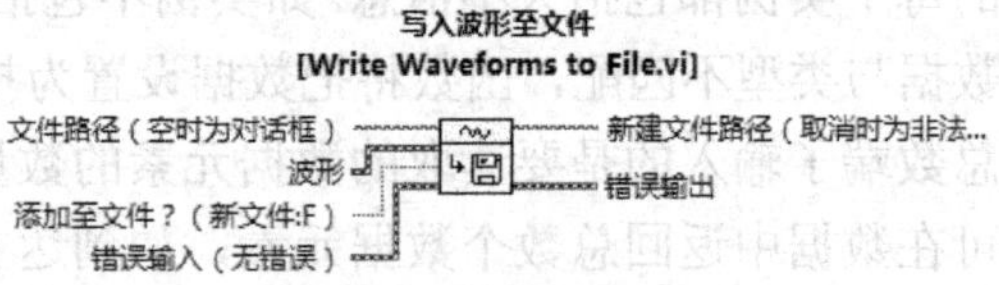

图 5.182　写入波形至文件

3. 导出波形至电子表格文件

使波形转换为文本字符串，然后使字符串写入新字节流文件或添加字符串至现有文件，如图 5.184 所示。

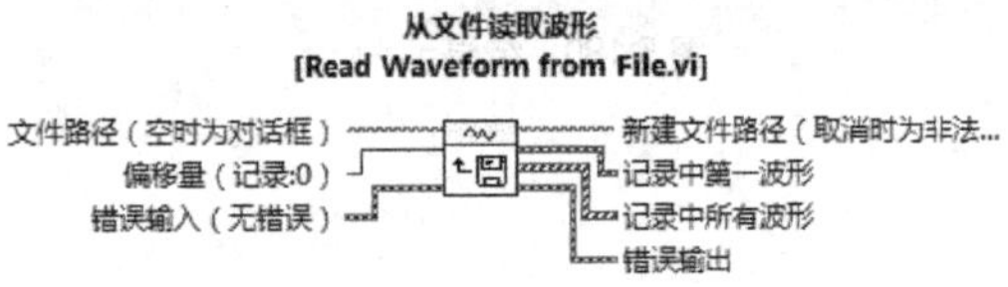

图 5.183　从文件读取波形

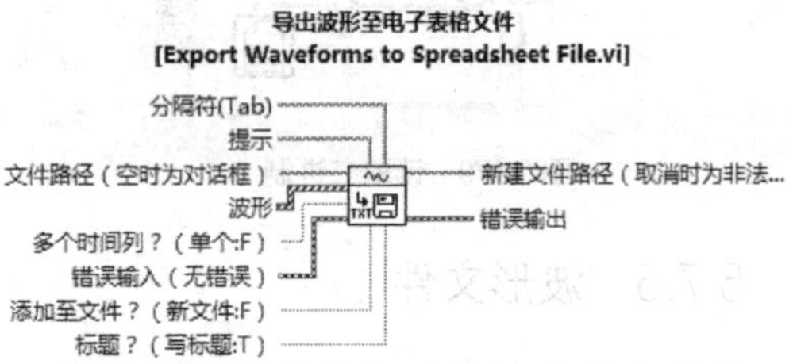

图 5.184　到处波形至电子表格文件

【例 5.27】　将正弦信号写入一个 .dat 文件中，再将文件中的波形显示波形图，而且存入另一个表格文件中。

示例如图 5.185 所示，给写入与导出控件连接正确的文件路径及文件名，而且写入控件的新建文件路径可以直接和读取控件连接。可用波形图表显示读取的波形，而读取的波形又可以导入表格文件中。

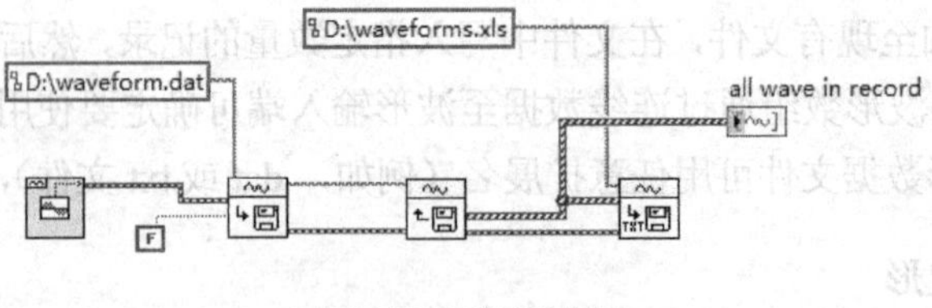

图 5.185　程序框图

生成的文件和结果如图 5.186 所示。

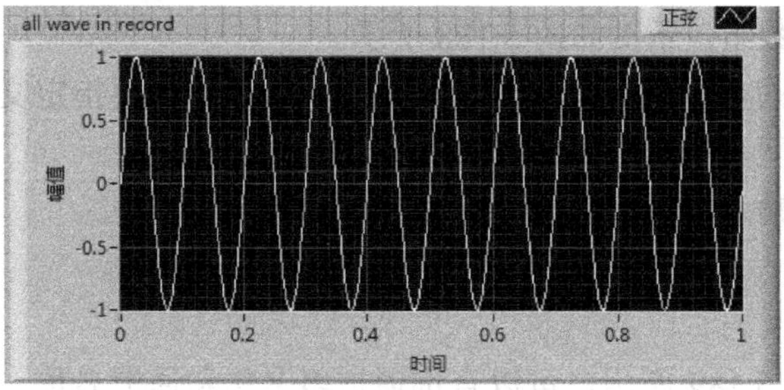

（a）

（b）

图 5.186　结果

5.7.6　TDMS 文件

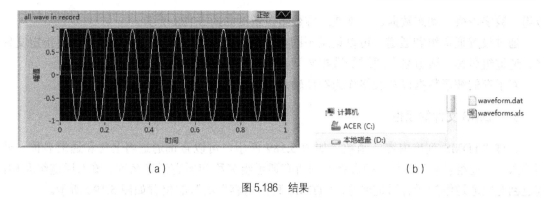

TDMS 文件是 NI 公司推出的数据管理系统。TDMS 文件以二进制方式存储数据，所以文件更小，速度更快。因此，它在具备二进制文件特点的同时，又具备关系型数据库的一些优点。据 NI 公司测试，TDMS 文件的存储速度能达到 600 MB/s。这样的存储速度能满足绝大多数数据采集系统存储的需要，如图 5.187 所示。

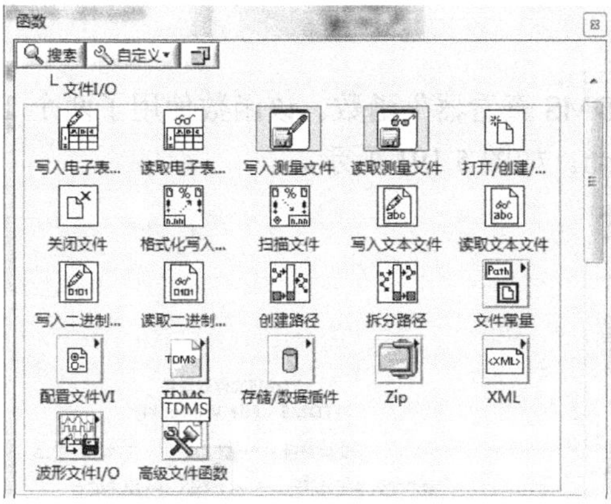

（a）

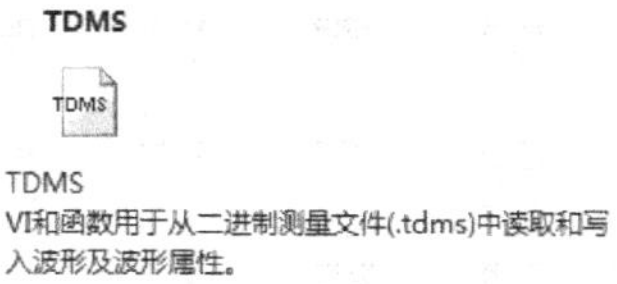

（b）

图 5.187　文件的类型

1．TDMS 的基本构成

TDMS 与 TDM 一样，采用三层的逻辑结构，但是它们的物理结构是完全不同的。

与 TDM 类似，TDMS 分为文件、通道组和通道三部分。三种对象的关系是逻辑层次结构，处于顶层的是文件对象。文件对象包含固定的属性信息和用户自定义的属性信息。每个文件对象可以包含任意数量的通道组对象。同样的，通道组也包含属性信息，每个通道组对象可以包含任意数量的通道对象。通道对象也有自己的属性信息。在三层不同属性中，只有通道属性包含原始数据，通常是一维数组。

TDMS 的读/写与一般格式的文件操作基本相同，也包括打开、文件读写、关闭三个步骤。

2．简单文件读/写

“TDMS 写入”函数可以接受各类数据类型作为输入，包括：波形或者一维、二维波形数组、数字表格、动态数据、一维或二维数组，示例如图 5.188 所示。

通过设置通道组和通道，可以记录不同类型的数据；读取 TDMS 文件时，需要指定文件名、通道组名称、通道名和通道的数据类型。

对于存储波形数据以及表格作为存储输入读者可自行尝试使用，这里不再举例。

3. TDMS 文件的属性

通过“TDMS 列出内容”函数，如图 5.189 所示，可以查询通道组名称和通道名称。若不输入“通道组名称”参数，函数将返回所有通道组名称和所有通道名称。输入通道组名称，则返回对应通道组的所有通道名称。“TDMS 列出内容”函数的位置如图 5.190 所示。

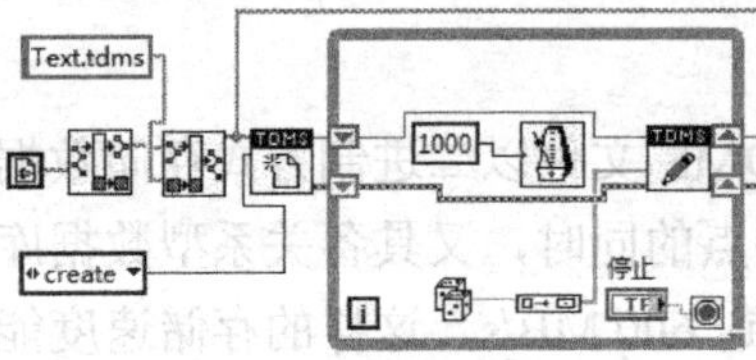

图 5.188 利用 TDMS 文件存储随机数

图 5.189 TDMS 列出内容

4. TDMS 文件的内置属性

TDMS 文件存在其固有属性，跟踪“TDMS 查看器”函数。该函数使用了两个 TDMS 的内置属性：NI_DataType 和 NI_ChannelLength。如图 5.191 所示。

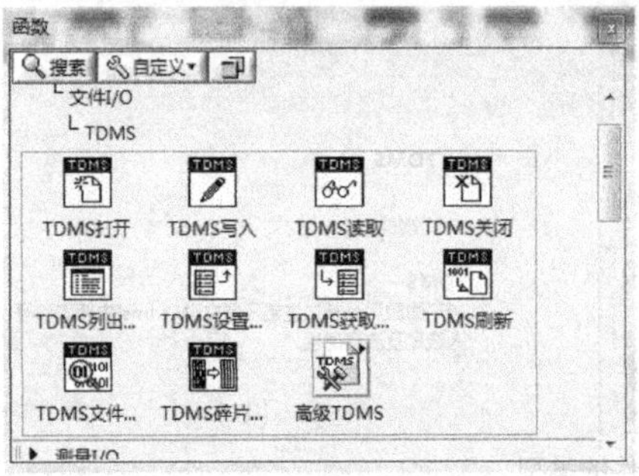

图 5.190 TDMS 文件的位置

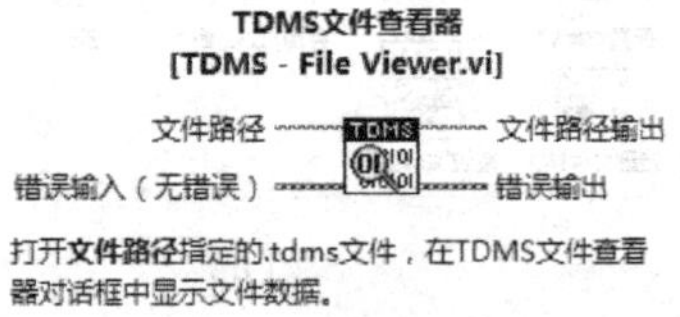

图 5.191 TDMS 文件的内置属性

NI_DataType 返回通道存储数据的类型码，通过类型码可以判断通道存储的数据类型。

NI_ChannelLength 返回通道包含元素的个数，即长度，通过长度可以判断是否读取到通道尾部。

5.8 数学计算

5.8.1 分析中的数学计算

1. 数值积分与微分

（1）数值积分与不定积分。

从数学角度来看，函数的积分处理的是连续的变量，积分从几何上看，是函数曲线与自变量轴之间围成的面积，所以离数量的积分可以用细化的梯形来逼近。LabVIEW 的原理与之基本相同，不过除了细化梯形积分，还可以提供 Simpson、Simpson 3/8 以及 Bode 三种积分法则。

数值积分与微分控件位于函数选板的数学 | 积分与微分中，如图 5.192 所示。

接下来是数值积分控件的端口介绍，如图 5.193 所示。

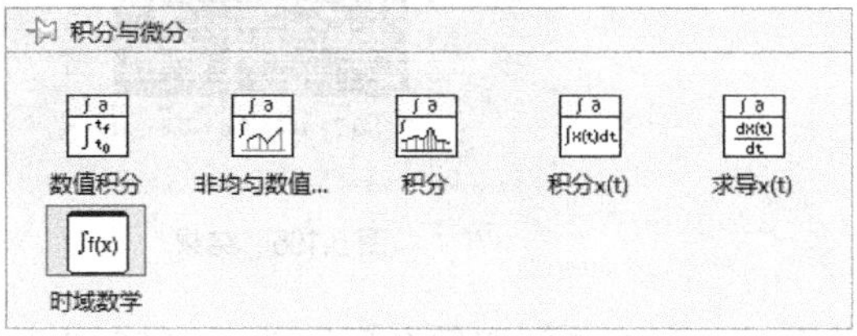

图 5.192　积分与微分控件

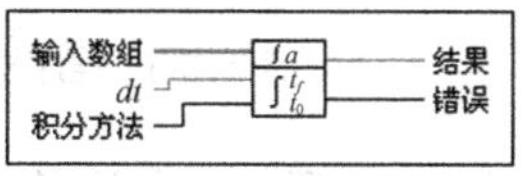

图 5.193　一元数值积分

输入数组包含要进行积分的数据，可通过在多个 *dt* 对已经积分的 *f*（*t*）进行采样得到，*f*（0），*f*（*dt*），*f*（2*dt*）……

dt 是间隔的大小，用于表示获取函数的输入数组中数据的采样步长。如 *dt* 为负数，VI 使用绝对值。

积分方法制定进行数值积分的方法，如表 5.2 所示。

表 5.2　积分法则类型

0	梯形法则（默认）
1	Simpson 法则
2	Simpson 3/8 法则
3	Bode 法则

结果返回数值类型。

接着是多维积分控件，如图 5.194 所示。

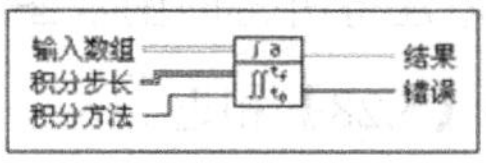

图 5.194　二维数值类型

输入数组包含要进行积分的数据，可通过被积函数 *f*（*x*，*y*）在 *dx* 和 *dy* 采样得到，*f*（0，0），*f*（*dx*，0），*f*（0，*dy*），*f*（*dx*，*dy*）……

积分步长包含 *dx* 和 *dy* 的积分步长。

dx 是积分变量 *x* 的积分步长。默认值为 1。

dy 是积分变量 *y* 的积分步长。默认值为 1。

积分方法制定进行数值积分的方法。

结果返回数值类型。

【例 5.28】　求 $f(x)=\int_0^1 2^x dx$ 的近似值，并且显示原函数图像。

示例如图 5.195 所示。

显示出结果和原函数，如图 5.196 所示。

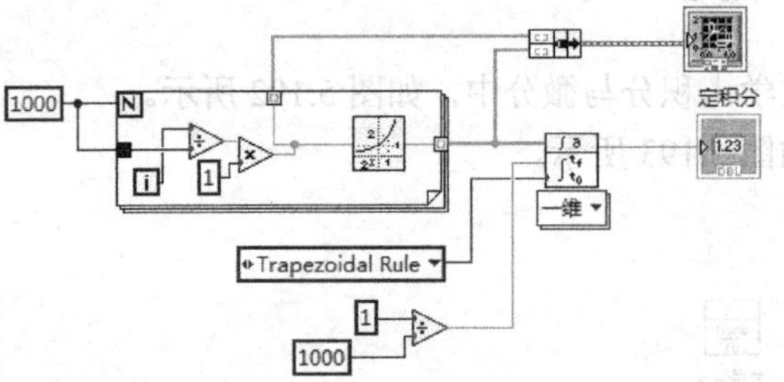

图 5.195　程序框图

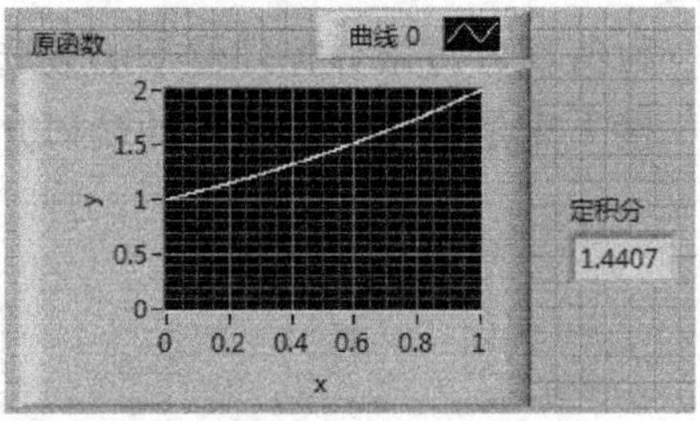

图 5.196　结果

如图 5.195 所示，左边的 For 循环相当于对 0 和 1 之间取等分间隔为 1/1000=0.001，并积分控件所取 dt 也为 0.001，则 For 循环以序列形式依次传 f（0）、f（dt）、f（2dt）等给积分控件，最后由控件得出积分数值。

接着看不定积分，其控件的端口介绍如图 5.197 所示。

DBL X 是从时间 0 至 n-1 的采样信号，n 是 X 中的元素数。

DBL 初始条件制定 X 在积分操作中的初始条件。如积分方法为梯形法则或 Simpson 法则，VI 使用初始条件中的第一个元素计算积分。如积分方法为 Simpson 3/8 法则或 Bode 法则，VI 使用初始条件中前两个元素计算积分。默认值为［0］。

DBL 初始条件制定 X 在积分操作中的最终条件。如积分方法为梯形法则，VI 忽略最终条件。如积分方法为 Simpson 法则或 Simpson 3/8 法则，VI 使用最终条件中的第一个元素计算积分。如积分方法为 Bode 法则，VI 使用最终条件中前两个元素计算积分。默认值为［0］。

DBL dt 是采样间隔并且必须大于 0，默认值为 1.0。如 dt 小于等于 0，VI 可设置积分 X 为空数组并返回错误。

I32 积分方法制定进行数值积分的方法。

[DBL] 积分 X 是 X 的离散积分。

【例 5.29】：求 $f(x)=\int e^{\sin x}dx$，并且将所得的函数图象显示出来，显示【0，π】区间。

示例如图 5.198 所示，原理与例【5.28】相近。

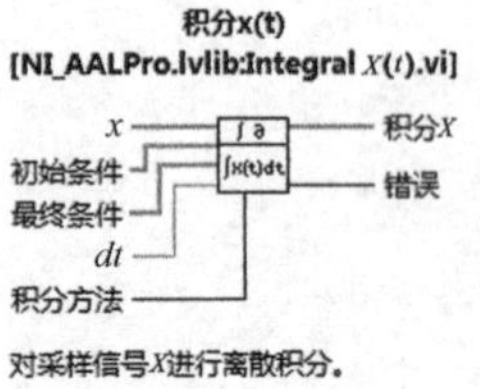

图 5.197　不定积分 $x(t)$

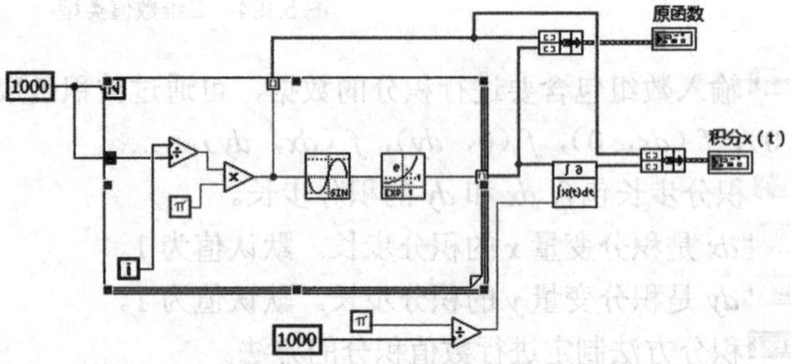

图 5.198　程序框图

得出原函数及其结果图像，如图 5.199 所示。

（2）数值微分。

函数微分控件同样位于“积分与微分”的控件组中，如图 5.200 所示。

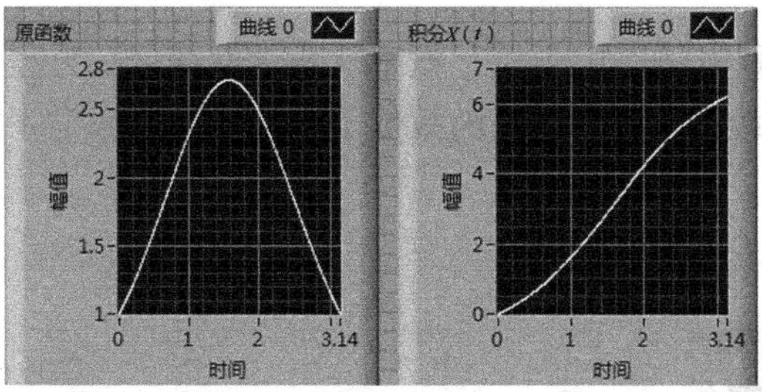

图 5.199　结果

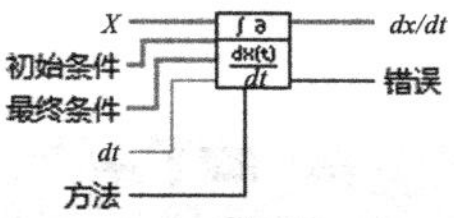

图 5.200　求导微分控件

求导是对采样信号 X 进行采样微分。

[DBL] X 是从时间 0 至 n-1 的采样信号，n 是 X 中的元素数。

[DBL] 初始条件制定 X 在微分操作中的初始条件。如方法为二阶中心或后向，VI 将使用初始条件中的第一个元素计算导数。如方法为四阶中心，VI 将使用初始条件中的前两个元素计算导数。默认值为 [0]。

[DBL] 最终条件是制定 X 在微分计算中的最终条件。如方法为二阶中心或前向，VI 使用初始条件中的第一个元素计算导数。如方法为四阶中心，VI 将使用最终条件中的前两个元素计算导数。默认值为 [0]。

[DBL] dt 是采样间隔，并且必须大于 0。默认值为 1.0。如 dt 小于等于 0，VI 可设置 dx/dt 为空数组并返回错误。

[U16] 方法指定微分方法，如表 5.3 所示。

表 5.3　微分方法类型

0	二阶中心（默认）
1	四阶中心
2	前向
3	后向

[DBL] dX/dt 是输入信号 X 的导数。

【例 5.30】　将函数 $f(x)=e^{\sin x}$ 的导数图像显现出来。

示例如图 5.201，再次强调 dt 值的设定，以及微分的方法（本例默认为二阶中心）。

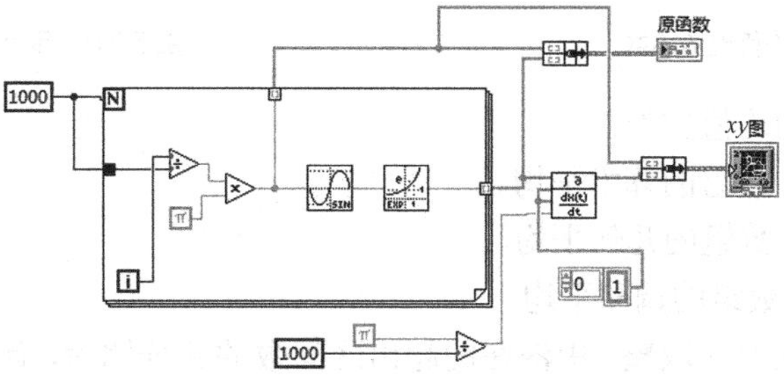

图 5.201　程序框图

原函数与结果导数图像如图 5.202 所示。

2．概率与统计

概率与统计是数据分析中常见的一种方法，用于执行概率、叙述性统计、方差分析和插值函数。LabVIEW 提供了大量的概率与统计函数。这些函数位于控件选板 | 数学 | 概率与统计，如图 5.203 所示。

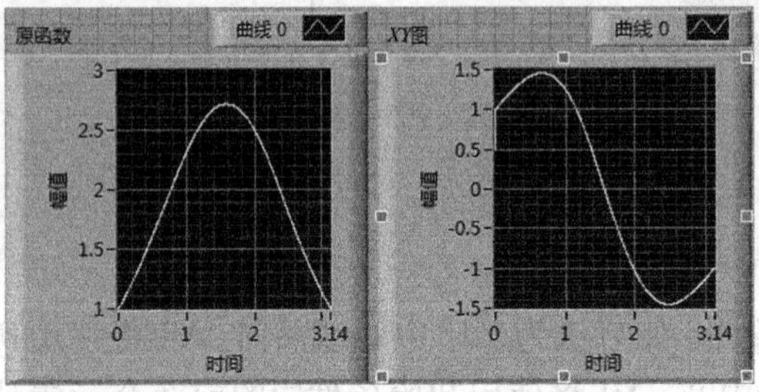

图 5.202 结果

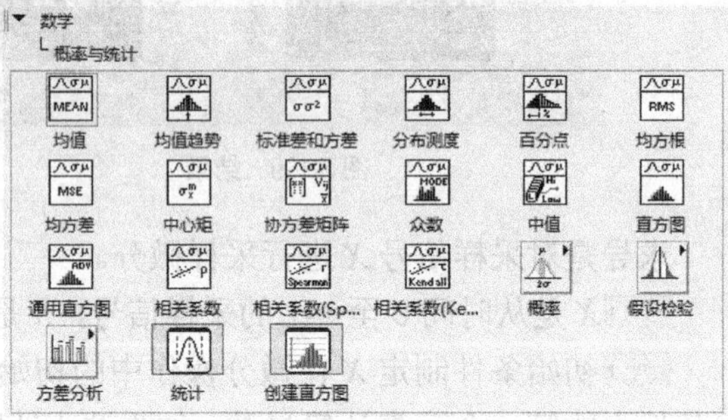

图 5.203 概率与统计

（1）均值。

计算输入序列 X 的均值，如图 5.204、图 5.205 所示。

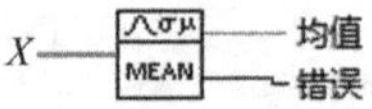

图 5.204 均值函数

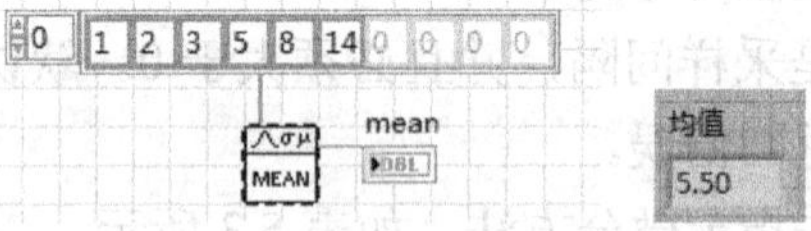

图 5.205 示例

（2）均值趋势。

计算 x 数组中数据值的中央趋势，如图 5.206 所示。

百分比（取整）指定计算取整均值时，要取整的范围外数据的总百分比。LabVIEW 在 x 数组的最小值中取整百分比（取整）的一半数据，然后在最大值中取整另一半数据，示例如图 5.207 所示。

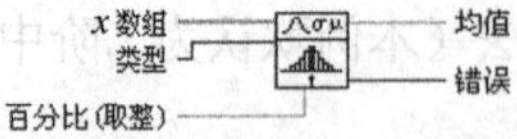

图 5.206 均值趋势函数

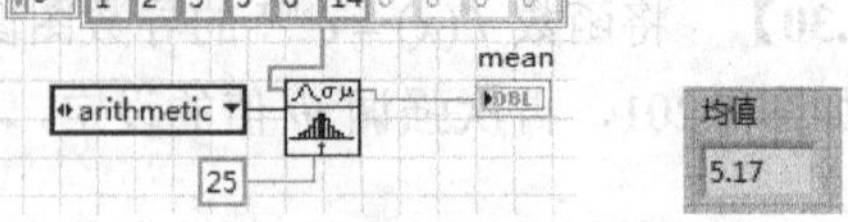

图 5.207 示例

类型指定要计算的均值类型：

arithmetic：计算 x 数组的算术平均。

geometric：计算 x 数组的几何平均。

harmonic：计算 x 数组的调和平均。

trimmed：删除百分比（取整）中潜在的超出区间数的百分比后，计算 x 数组的算术平均。

median：计算 x 数组的中值。中值是第 50 个百分点。

（3）标准差和方差。

计算输入序列 X 的均值、标准差和方差，如图 5.208、图 5.209 所示。

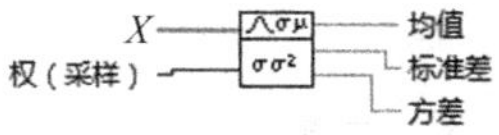

图 5.208　标准差和方差函数

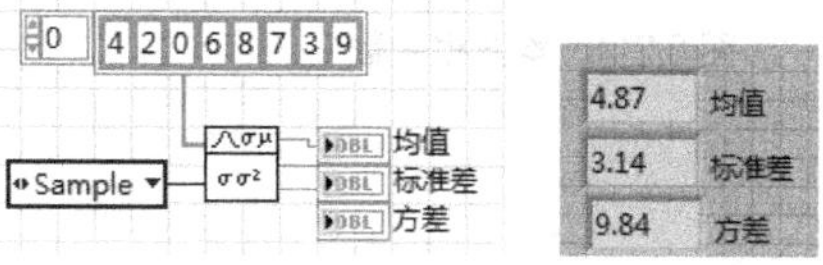

图 5.209　示例

（4）分布测度。

计算 X 数组中的数值分布，如图 5.210 所示。

图 5.210　分布测度函数

类型指定要计算的分布类型如下。

标准差：计算 X 数组的标准差，即方差的平方根。标准差是测量数据集合分布的最常见方式。

范围：计算 X 数组的范围，即最大值与最小值的差。

均值绝对偏差：由 X 数组的均值计算离差的绝对值的均值。

四分位数间距：计算 X 数据的第 25 个和第 75 个百分点的差。因此，该测量分布的方法比其他方法对超出区间数更加严格，示例如图 5.211 所示。

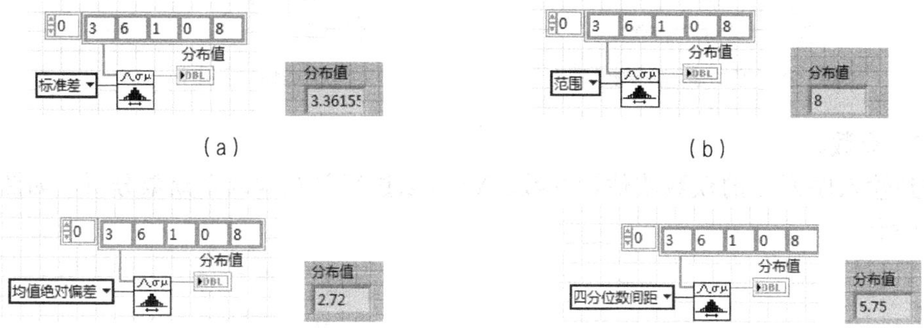

（a）　（b）　（c）　（d）

图 5.211　示例

（5）百分点。

计算比 X 数组中 p 个百分点的数值大的值，如图 5.212、图 5.213 所示。

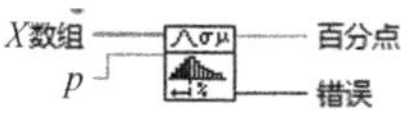

图 5.212　百分点函数

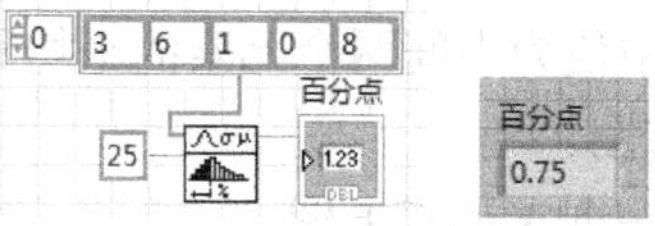

图 5.213　示例

（6）均方根。

计算输入序列 X 的均方根，如图 5.214、图 5.215 所示。

（7）均方差。

计算输入序列 X 值和 Y 值的均方差，如图 5.216、图 5.217 所示。

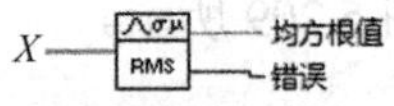

图 5.214 均方根函数

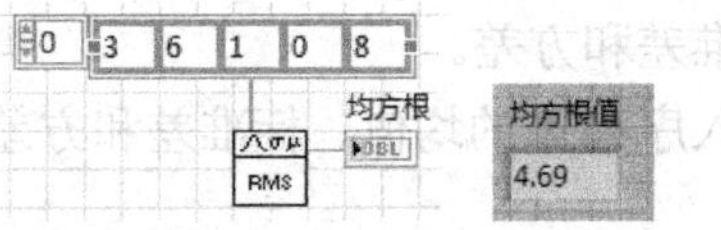

图 5.215 示例

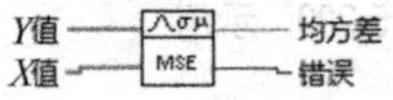

图 5.216 均方差函数

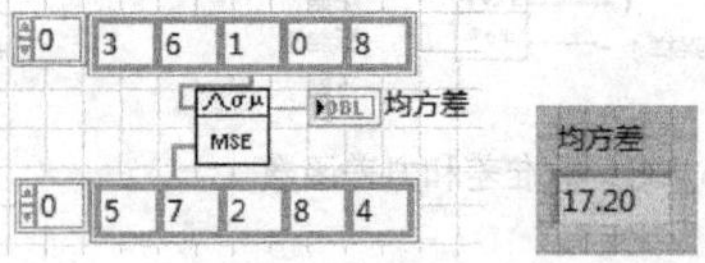

图 5.217 示例

（8）中心矩。

通过指定的阶数计算输入序列 *X* 的中心矩。

（9）协方差矩阵。

计算输入序列 *X* 的协方差矩阵，如图 5.218 所示。

阶数必须大于 0。如阶数小于等于 0，VI 可设置矩右端项为 NaN 并返回错误。默认值为 2，示例如图 5.219 所示。

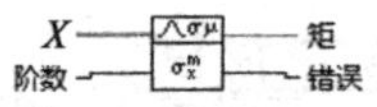

图 5.218 协方差矩阵函数

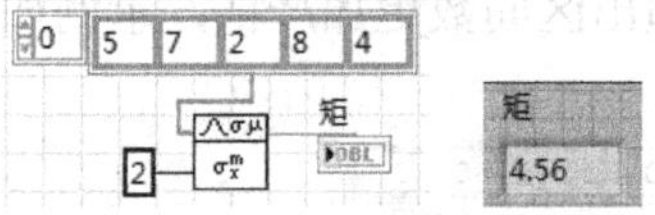

图 5.219 示例

（10）众数。

得到输入序列 *X* 的众数或估计众数。VI 可以进行单众数或多众数分析，如图 5.220、图 5.221 所示。

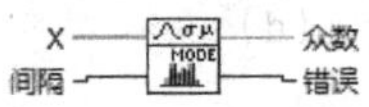

图 5.220 众数函数

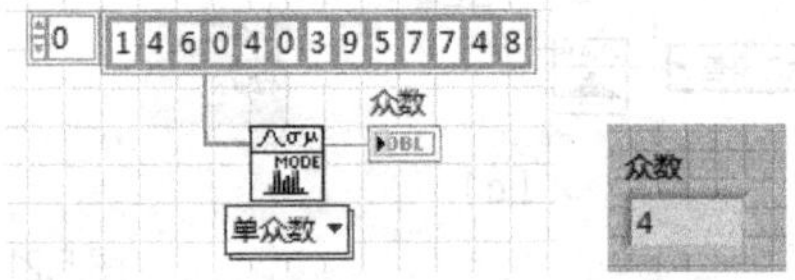

图 5.221 示例

（11）中值。

先对输入序列 *X* 排序，如输入序列包含奇数个元素，中值为中间元素；如输入序列包含偶数个元素，中值为中间两个元素的平均数，如图 5.222、图 5.223 所示。

（12）直方图。

得到输入序列 *X* 的直方图。

直方图：*h*（*x*）是输入序列 *X* 的离散直方图，如图 5.224、图 5.225 所示。

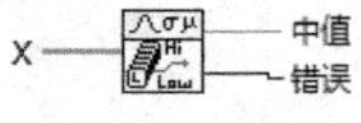

图 5.222 中值函数

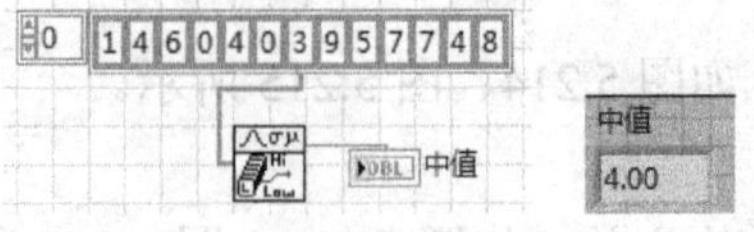

图 5.223 示例

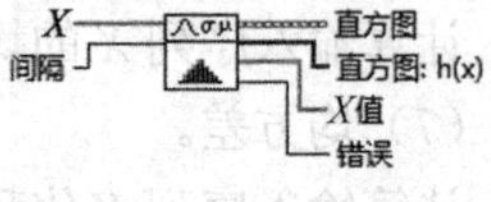

图 5.224 直方图函数

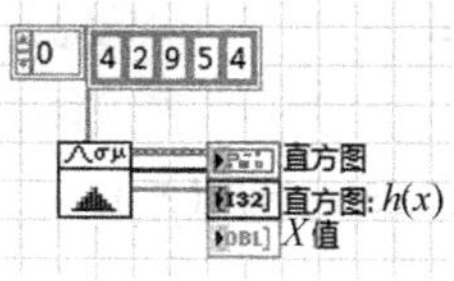

(a)

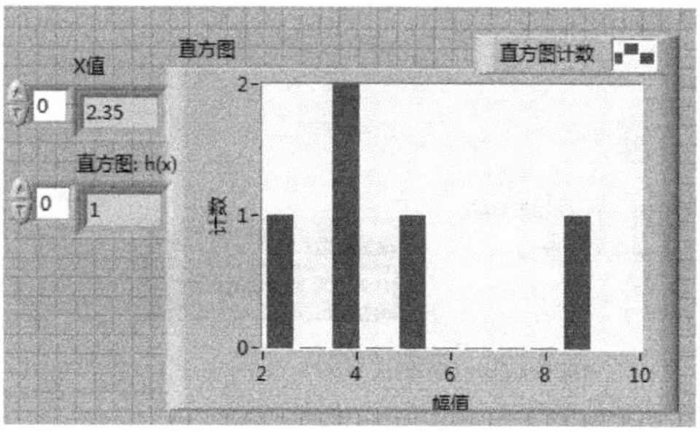

(b)

图 5.225　示例

（13）通用直方图。

依据指定区间说明得到输入序列 X 的离散直方图，如图 5.226 所示。

区间指定直方图每个区间的边界。区间输入是簇数组，数组中的每个簇用于定义边界的取值范围。

区间数量指定直方图区间的数量。区间数量输入数组非空时将忽略区间数量。默认状态下，依据 Sturges 公式确定区间的数量，区间数量= 1 + 3.3log（n）（n 为 X 包含的数据个数），示例如图 5.227 所示。

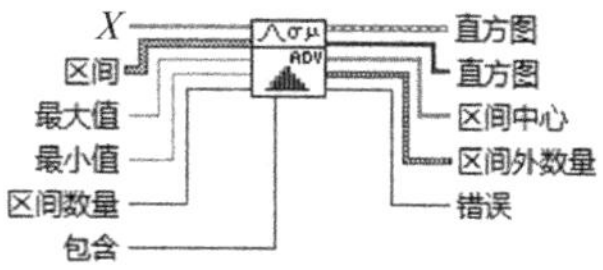

图 5.226　通用直方图函数

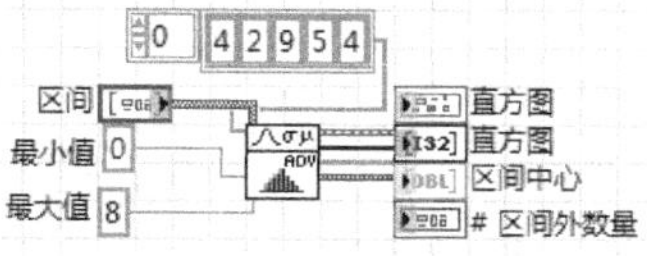

(a)

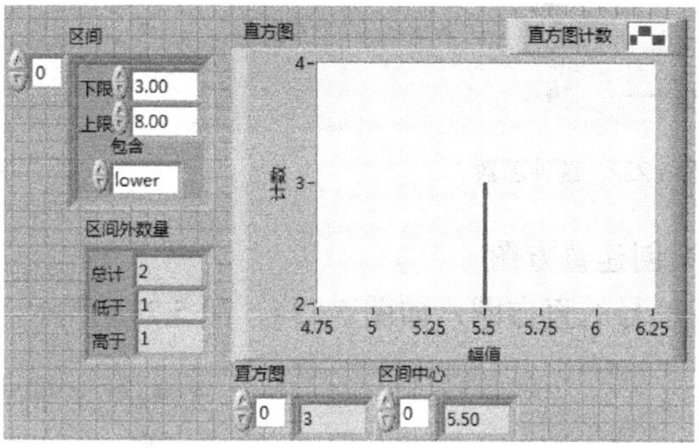

(b)

图 5.227　示例

（14）相关系数。

计算输入序列 X 和 Y 的线性相关系数，如图 5.228、图 5.229 所示。

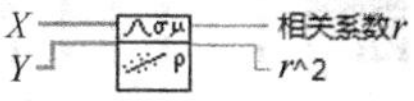

图 5.228　相关系数

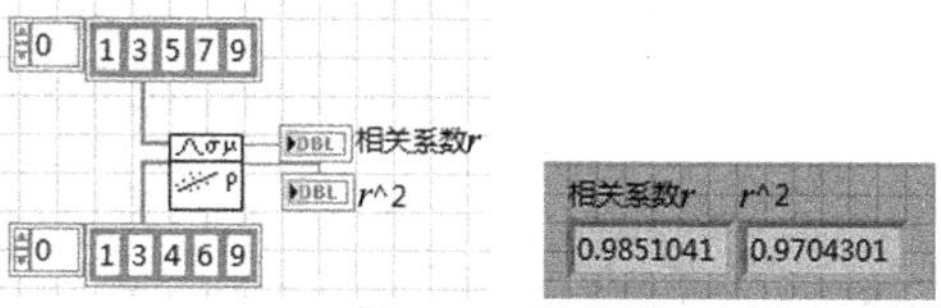

图 5.229　示例（一）

相关系数（Spearman）：计算输入序列 X 和 Y 的 Spearman 秩相关系数，如图 5.230 所示。

相关系数（Kendall' s Tau）：计算输入序列 X 和 Y 的 Kendall' s Tau 相关系数，如图 5.231

所示。

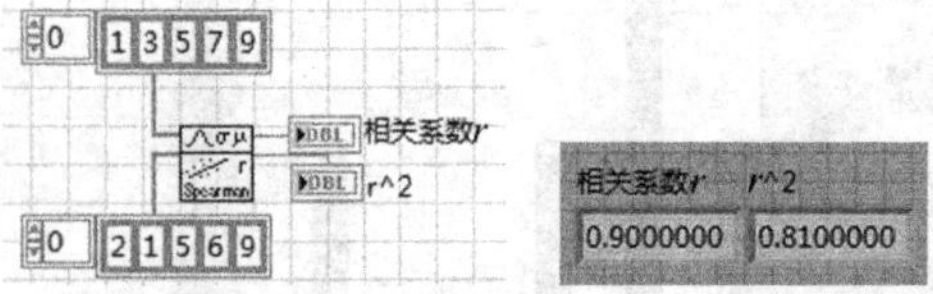

图 5.230　示例（二）

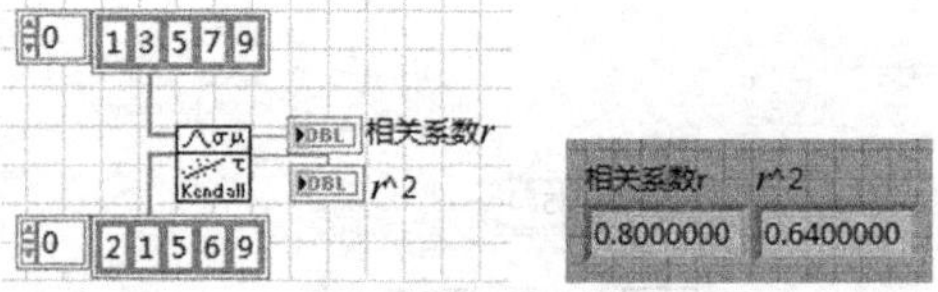

图 5.231　示例（三）

（15）统计。

返回波形中第一个信号的选定参数，如图 5.232、图 5.233 所示。

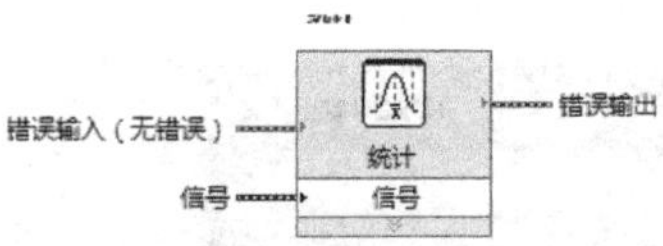

图 5.232　统计函数

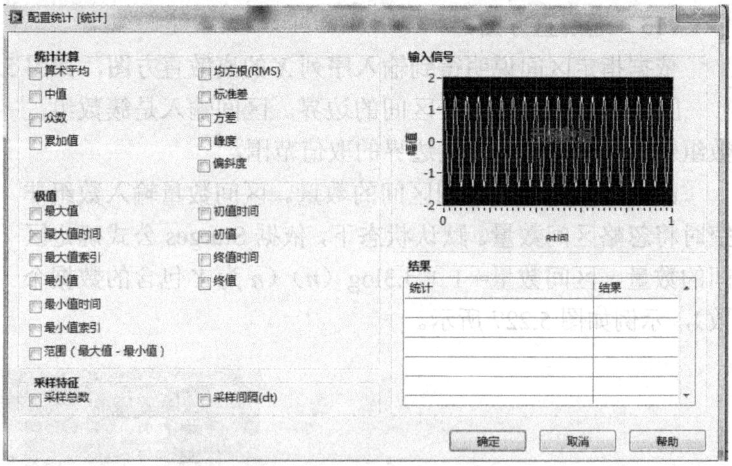

图 5.233　配置统计

（16）创建直方图。

创建信号的直方图，如图 5.234、图 5.235 所示。

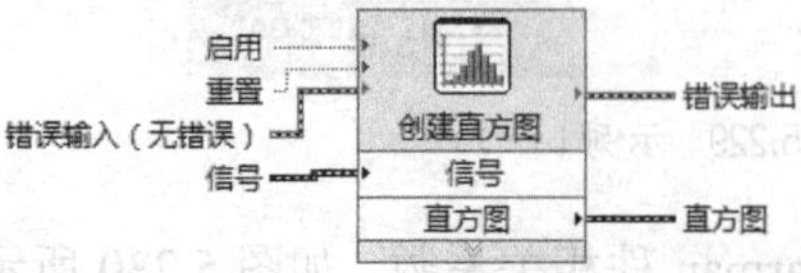

图 5.234　创建直方图函数

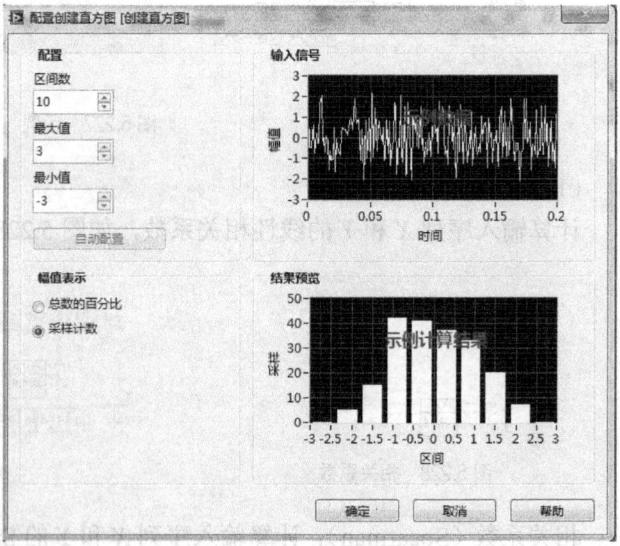

图 5.235　配置创建直方图

（17）概率密度函数。

计算各种分布的连续概率密度函数（PDF），分布类型如图 5.236 所示。

① 卡方分布的概率密度函数。

x 是服从自由度为 *k* 的卡方分布的随机变量。具有自由度 *k* 的卡方分布是 *k* 个相互独立的、服从标准正态分布的随机变量的平方和，如图 5.237 所示。

② 卡方分布（非中心）的概率密度函数。

x 是服从自由度为 *k*、偏态指数为 *d* 的非中心的卡方分布的随机变量。具有自由度 *k* 且偏态指数为 *d* 的卡方分布是 *k* 个相互独立的、均值为 *d*、标准差为 1 且服从正态分布的随机变量的平方和，如图 5.238 所示。

图 5.236　分布类型

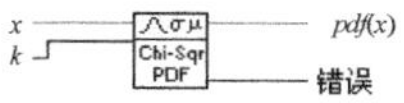

图 5.237　卡方分布的概率密度函数

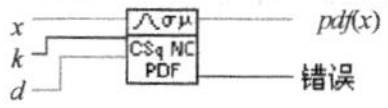

图 5.238　卡方分布（非中心）的概率密度函数

③ 三角分布的概率密度函数。

x 是服从下限为 xmin、上限为 xmax、模式为 xmode 的三角分布的随机变量，如图 5.239 所示。

④ 均匀分布的概率密度函数。

x 是服从连续均匀分布的随机变量，根据［xmin］和［xmax］定义的 *x* 区间中的每一个值都具有相同的发生概率。均匀随机数字通常为这类分布。连续均匀分布可作为从其他统计分布中生成随机数字的基本操作，如图 5.240 所示。

⑤ 正态分布的概率密度函数。

x 是服从位置参数为 mean、尺度参数为 std 的正态分布的随机变量。正态连续分布是统计学中最常用的一种分布，是在大范围内随机变量总体的渐进分布形式，如图 5.241 所示。

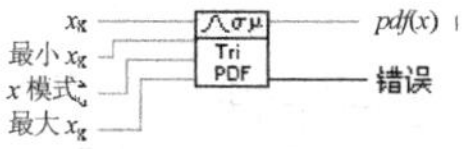

图 5.239　三角分布的概率密度函数

图 5.240　均匀分布的概率密度函数

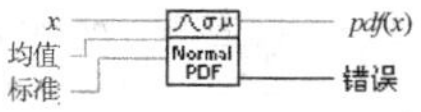

图 5.241　正态分布的概率密度函数

⑥ 对数正态分布的概率密度函数。

x 是服从对数分布的随机变量，它总是为非负数且有几个较大的值，如图 5.242 所示。

⑦ 拉普拉斯分布的概率密度函数。

x 是服从位置参数为 *a*、尺度参数为 *b* 的拉普拉斯分布的随机变量，如图 5.243 所示。

（18）概率函数（离散）。

计算离散概率函数（*PF*），即随机变量 *x* 的值为 *n* 的概率。*x* 为所选分布类型，分布类型如图 5.244 所示。

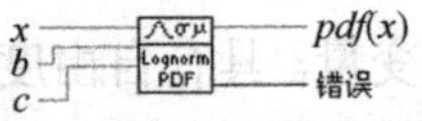

图 5.242　对数正态分布的概率密度函数

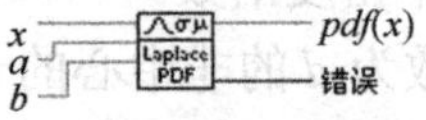

图 5.243　拉普拉斯分布的概率密度函数

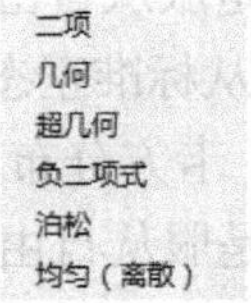

图 5.244　离散分布

① 二项分布的概率函数。

x 代表二项分布随机变量，即 *n* 次独立的 Bernoulli 试验中成功的次数。Bernoulli 概率参数 *p* 是单个时间或试验的成功概率，如图 5.245 所示。

② 几何分布的概率函数。

x 代表几何分布随机变量，有 *n* 次独立的 Bernoulli 试验序列，*x* 为第一次成功之前的所有试验（或失败）次数，如图 5.246 所示。

③ 超几何分布的概率函数。

x 代表超几何分布的随机变量，从大小为 *M*（包含 *k* 次成功）的总体中抽取 *n* 项，这些项中包含的成功次数，如图 5.247 所示。

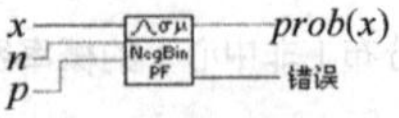

图5.245　二项分布的概率密度函数

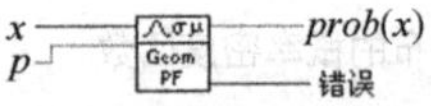

图5.246　几何分布的概率密度函数

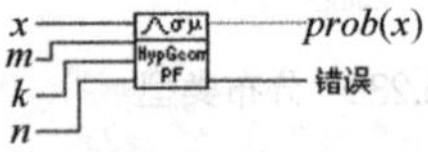

图5.247　超几何分布的概率密度函数

④ 负二项概率函数。

x 代表负二项分布随机变量，在 Bernoulli 试验中，第 *x* 次成功之前的失败次数，如图 5.248 所示。

⑤ Poisson 分布的概率函数。

x 是服从采用离散、非负数值（*x* = 0，1，2，3，…）的泊松分布的随机变量，通常用于表示在指定时间间隔中事件发生的次数。lambda 参数是在指定时间间隔内预期事件发生的平均次数，如图 5.249 所示。

⑥ 均匀分布的概率函数（离散）。

x 表示离散均匀分布变量，所有在［1，*n*］区间的整数出现概率相等，如图 5.250 所示。

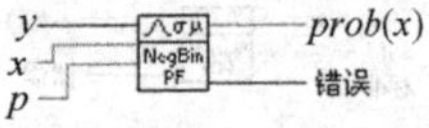

图 5.248　负二项分布的概率密度函数

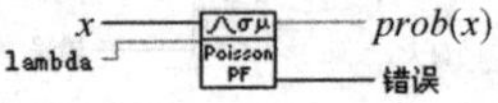

图 5.249　Poisson 分布的概率函数

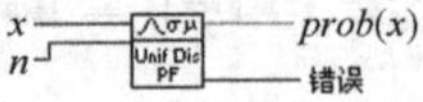

图 5.250　均匀分布的概率函数(离散)

3．线性代数

线性代数在现代工程和科学领域中有广泛的应用，LabVIEW 也提供了强大的线性代数的运算功能。

线性代数位于控件选板 | 数学，如图 5.251 所示。

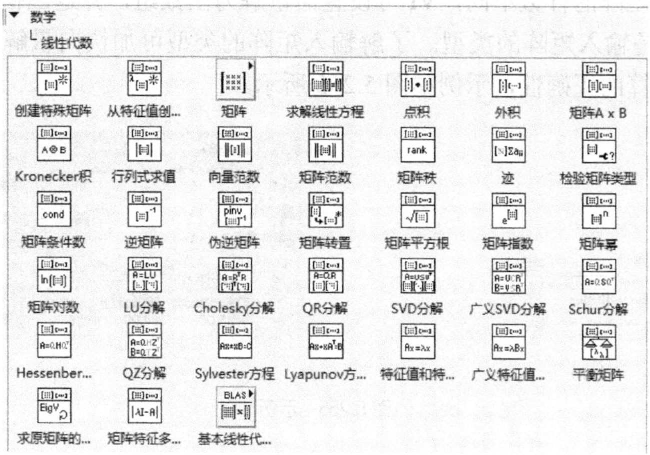

图 5.251　线性代数的强大运算功能

下面介绍几个常用的功能。

（1）矩阵乘法（矩阵 A×B）。

使两个输入矩阵或输入矩阵和输入向量相乘。连线至 A 和 B 输入端的数据类型可确定要使用的多态实例，如图 5.252 所示。

其中 A，B 分别可以是实数、复数和向量。

A 是第一个矩阵。A 的列数必须与 B 的行数相等，并且必须大于 0。如 A 的列数与 B 的行数不相等，则 VI 可设置 A×B 为空数组并返回错误。

B 是第二个矩阵。如 B 的行数与 A 的列数不相等，则 VI 可设置 A×B 为空数组并返回错误。

A×B 是矩阵 A 与矩阵 B 相乘的结果。

示例如图 5.253 所示。

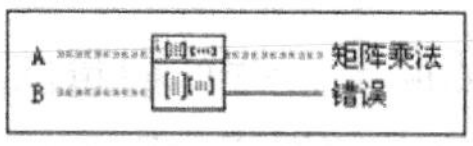

图 5.252　矩阵乘法

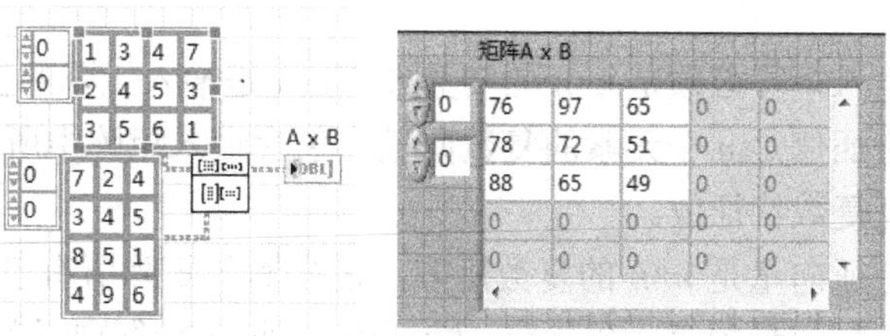

图 5.253　示例

（2）求解线性方程。

求解线性方程组 $AX = Y$。连线至输入矩阵和右端项输入端的数据类型可确定要使用的多态实例，如图 5.254 所示。

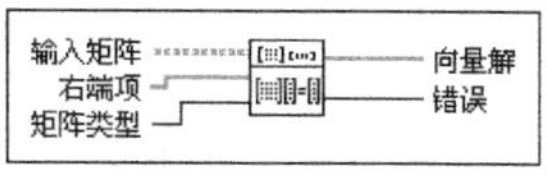

图 5.254　求解线性方程

输入矩阵是实数方阵或实数长方矩阵。右端项的元素数必须等于输入矩阵的行列。如右端项的元素数与输入矩阵的行数不同，VI 可设置向量解为空数组，并返回错误。输入矩阵为奇异矩阵时，如矩阵类型为 General，“求解线性方程”VI 可寻找最小二乘解。否则，VI 返回错误。

右端项是由因变量组成的数组。右端项的元素数必须等于输入矩阵的行数。如右端项的元素数与输入矩阵的行数不同，VI 可设置向量解为空数组，并返回错误。

矩阵类型是输入矩阵的类型。了解输入矩阵的类型可加快向量解的计算，减少不必要的计算，提高计算的正确性，示例如图 5.255 所示。

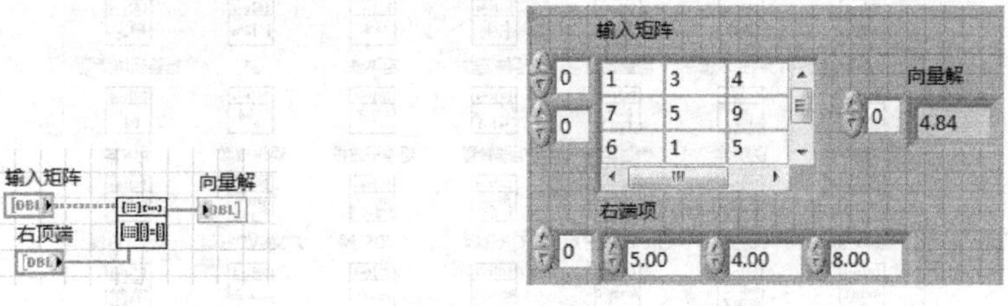

（a）　（b）

图 5.255　示例

（3）逆矩阵。

得到输入矩阵的逆矩阵，它的接线端口如图 5.256 所示。

输入矩阵必须为非奇异，且行和列的数量必须一致。如输入矩阵是奇异矩阵或不是方阵，VI 可设置逆矩阵为空数组并返回错误。非奇异矩阵是行或列不含有其他行或列的线性组合的矩阵。方程组较大时，无法事先确定矩阵是否为奇异。“逆矩阵”VI 检测到奇异矩阵后可返回错误，使用 VI 前无需确认方程组是否合法，示例如图 5.257 所示。

（4）特征值和特征向量。

得到方阵输入矩阵的特征值和右特征向量，它的接线端口如图 5.258 所示。

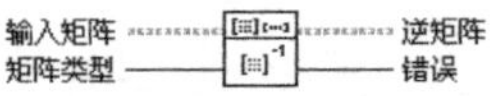

图 5.256　逆矩阵

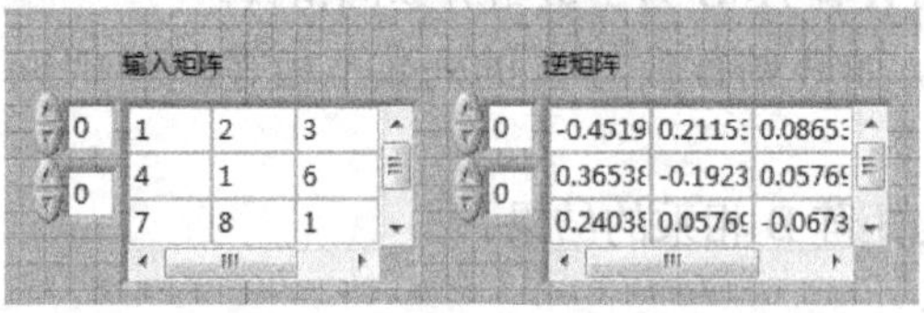

图 5.257　示例

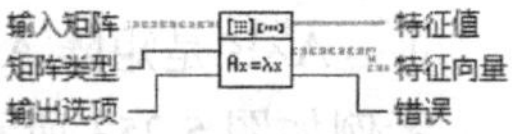

图 5.258　特征值和特征向量

输入矩阵必须是 $n \times n$ 的实数方阵，n 是输入矩阵的行和列的数量。

特征值是 n 个元素的复数向量，包含输入矩阵中所有已计算的特征值。非对称输入矩阵可以有复数特征值。

特征向量是 $n \times n$ 的复数矩阵，包含输入矩阵所有已计算的特征向量。特征向量的第 i 列对应于与向量的第 i 个分量（特征值）。每个特征向量都进行归一化，使得 Euclidean 范数为 1。如输入矩阵非对称，特征向量可以为复数，示例如图 5.259 所示。

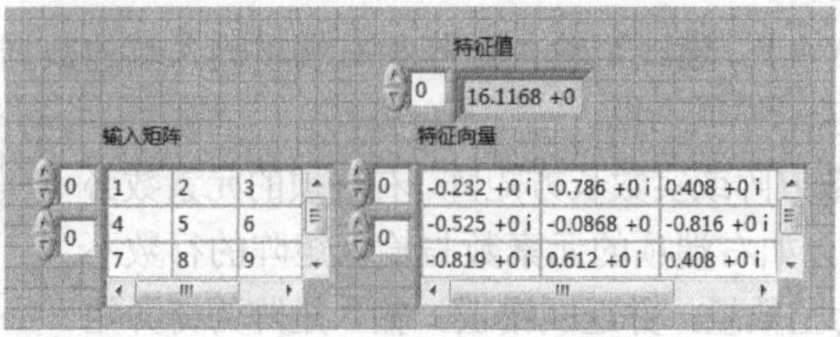

图 5.259　示例

4. 几何

几何 VI 用于进行坐标和三维运算，主要是对坐标进行处理，比如平移、变换。其控件通过函数选板 | 数学 | 几何下拉列表打开，如图 5.260 所示。它包含着多个几何操作及程序。

其包含的函数功能如下。

（1）二维直角坐标系平移：将二维直角坐标系沿 *X* 轴和 *Y* 轴平移。连接到 *X* 输入端的数据类型决定了所使用的多态实例。如图 5.261 所示。

X 指定输入的 *x* 坐标。

Y 指定输入的 *Y* 坐标。

移位指定每个轴的位移量。

dx 指定 *X* 轴的位置。

dy 指定 *y* 轴的位置。

X 输出返回移位后的 *x* 坐标。

Y 输出返回移位后的 *y* 坐标。

（2）二维直角坐标系旋转：将一个二维直角坐标系以逆时针方向旋转，如图 5.262 所示。

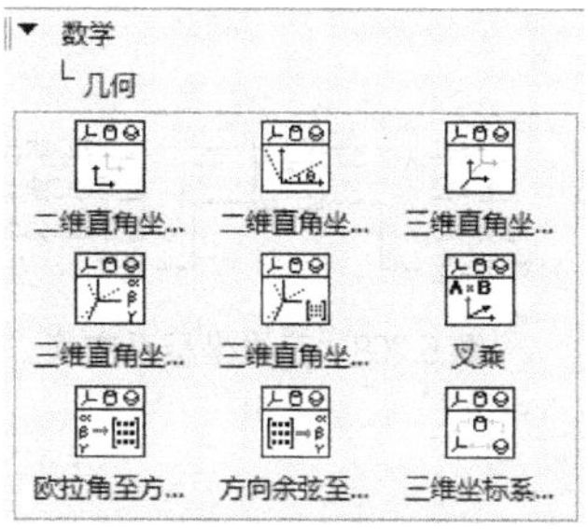

图 5.260 几何下拉列表

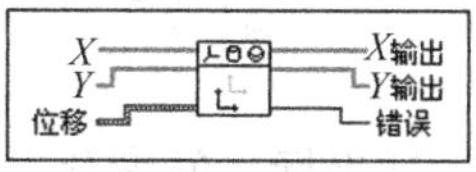

图 5.261 二维直角坐标系平移（数组）

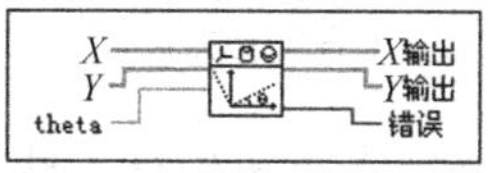

图 5.262 二维直角坐标系旋转（数组）

X 指定输入的 *x* 坐标。

Y 指定输入的 *y* 坐标。

theta 指定旋转的角度，以弧度为单位。

X 输出返回旋转后的 *x* 坐标。

Y 输出返回旋转后的 *y* 坐标。

（3）方向余弦至欧拉角转换：将 3*3 的方向余弦矩阵转换为欧拉角，如图 5.263 所示。

（4）欧拉角至方向余弦转换：将欧拉角转换为 3*3 的方向余弦矩阵。如图 5.264 所示。

（5）三维直角坐标系平移：将三维直角坐标系沿 *X* 轴、*Y* 轴和 *X* 轴。连接到 *X* 输入端的数据类型决定了所使用的多态实例，如图 5.265 所示。

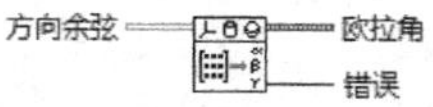

图 5.263 方向余弦至欧拉角转换

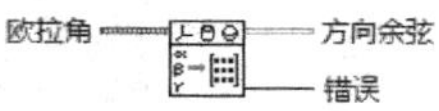

图 5.264 欧拉角至方向余弦转换

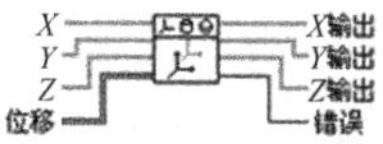

图 5.265 三维直角坐标系平移

X 指定输入的 *x* 坐标。

Y 指定输入的 *y* 坐标。

Z 指定输入的 z 坐标。

位移指定每个轴的位移量。

dY 指定 X 轴的位移。

dY 指定 Y 轴的位移。

dZ 指定 Z 轴的位移。

X 输出返回位移后的 x 坐标。

Y 输出返回位移后的 y 坐标。

Z 输出返回位移后的 z 坐标。

（6）三维直角坐标系旋转（方向余弦）：通过方向余弦的方法将一个三维直角坐标系以逆时针方向旋转，如图 5.266 所示。

（7）三维直角坐标系旋转（欧拉角）：通过欧拉角的方法将一个三维直角坐标系以逆时针方向，如图 5.267 所示。

通过欧拉角的方法是三维直角坐标系按逆时钟方向旋转。

通过连线数量至 X 输入端可确定要使用的多态实例，也可手动选择实例。

（8）三维坐标系变换：将坐标在直角坐标、球坐标和柱坐标之间转换。连接至坐标轴 1 输入端的数据类型决定了所使用的多态实例，如图 5.268 所示。

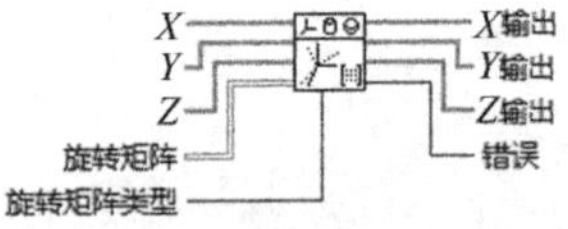

图 5.266　三维直角坐标系旋转（方向余弦）

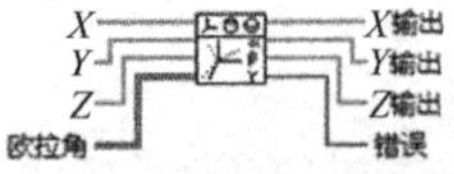

图 5.267　三维直角坐标系旋转（欧拉角）

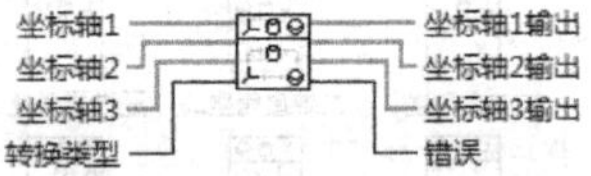

图 5.268　三维坐标系变换

使坐标在直角坐标、球坐标和、柱坐标之间变化。

通过连接数据至坐标轴 1 输入端可确定要使用的多态实例，也可手动选择实例。

（9）叉乘：计算两个向量的叉乘（正交值），如图 5.269 所示。

A 向量指定叉乘的第一个向量。A 向量必须包含 A 向量的 x、y 和 z 坐标。

B 向量指定叉乘的第一个向量。B 向量必须包含 B 向量的 x、y 和 z 坐标。

叉乘返回 A 向量和 B 向量的叉乘。叉乘必须包含向量的 x、y 和 z 坐标。

【例 5.31】　实现多个二维直角坐标的平移。

示例如图 5.270 所示。

其结果显示如图 5.271 所示，注意位移输入的是对应于 X 和 Y 的矩阵，图中为两个点的输出。

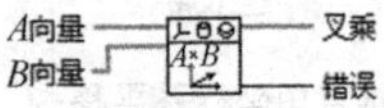

图 5.269　叉乘

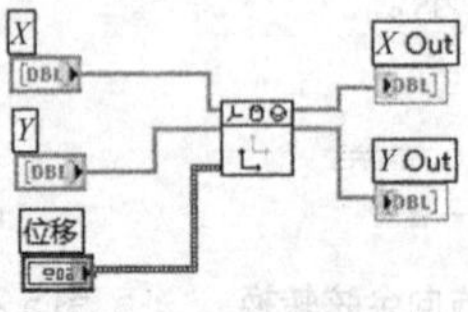

图 5.270　程序框图

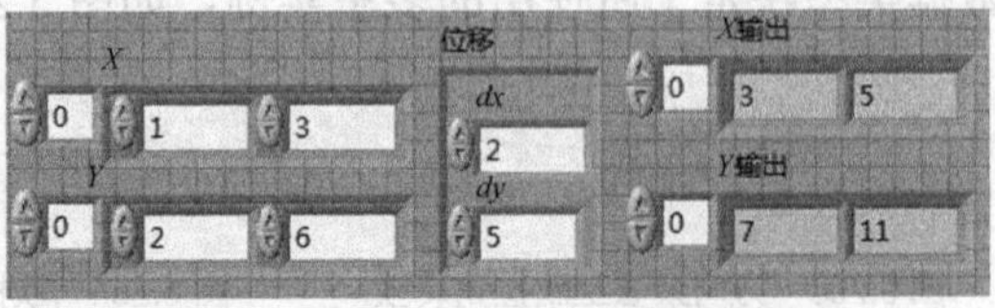

图 5.271　两点数组式输入与其平移输出

【例 5.32】　实现多个三维坐标系的平移。

示例如图 5.272 所示。

其结果如图 5.273 所示，与例【5.31】同理。

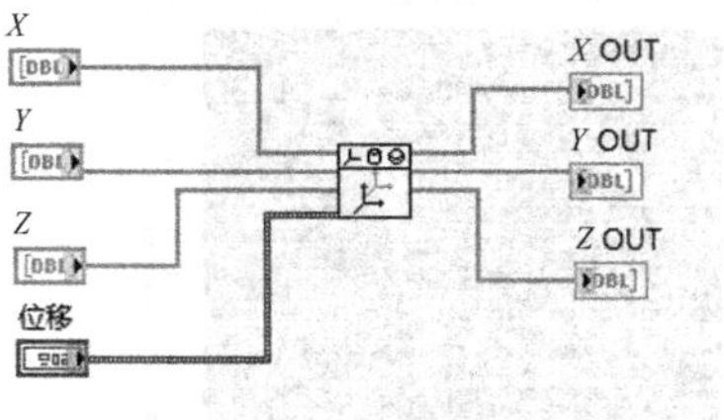

图 5.272　程序框图

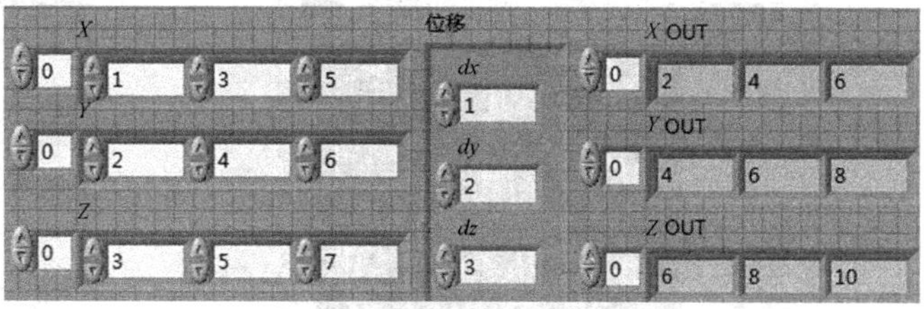

图 5.273　结果

5.8.2　信号分析

1. 信号的生成及频域分析

（1）信号的生成。

信号的生成其实在 LabVIEW 里面很容易实现，在程序面板 | 信号处理 | 信号生成即可看到大量的信号生成函数，如图 5.274 所示。

【例 5.33】　具体事例如下。

示例如图 5.275 所示。

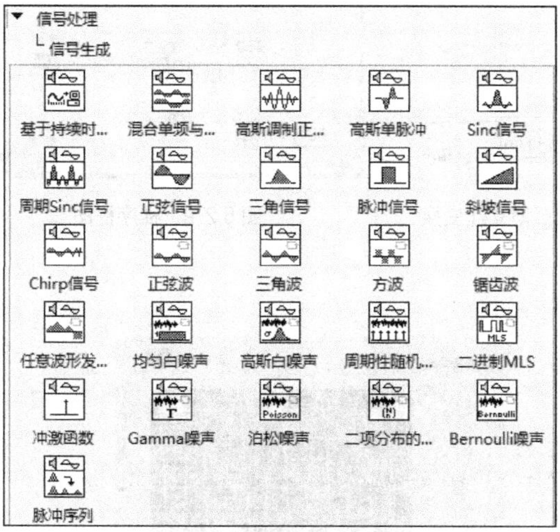

图 5.274　信号生成函数

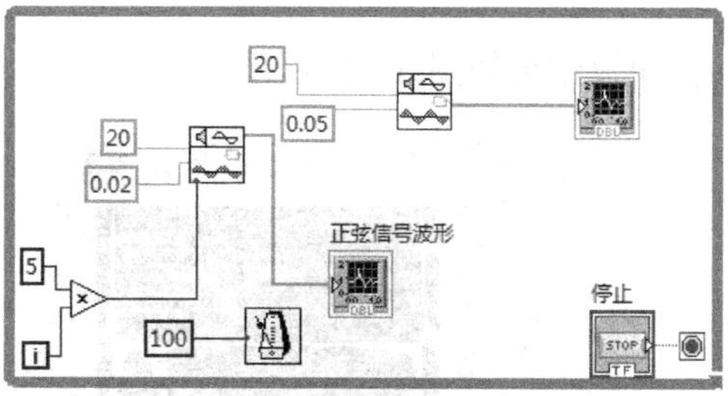

图 5.275　程序框图

其结果如图 5.276 所示。

（2）信号的频域分析。

信号的频域分析是对信号按频率进行分析，这样分析的好处就是对信号可以进行频率的分解，得到几种不同频率下的量值。频率分析的关键是对数据进行相关变换。信号处理函数如图 5.277 所示。我们以傅立叶变换举例。

傅立叶变换是一种非常有用的数学分析方法，它能够对一定范围内的数据进行变换，可以进行各类计算及计算机运算。一般有离散傅立叶变换和快速傅立叶变换两种。我们来介绍快速 FFT 变换。如图 5.278 所示。

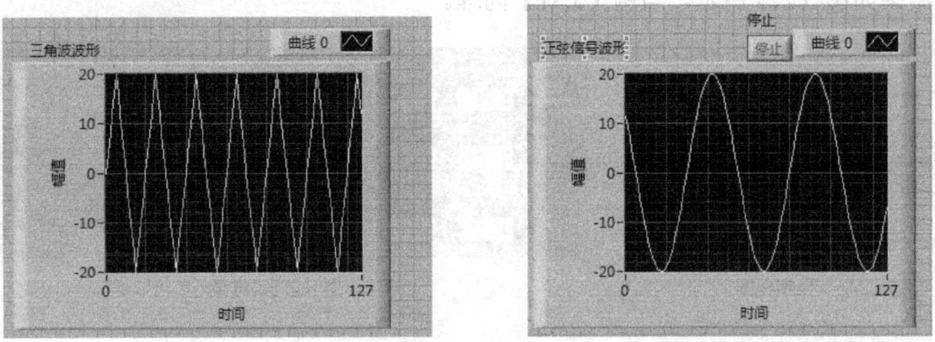

（a）　　　　　　　　　　（b）

图 5.276　结果

计算输入序列 *X* 的快速傅立叶变换（FFT）。通过连线数据至 *X* 输入端可确定要使用的多态实例，也可手动选择实例。

【例 5.34】　先产生信号，然后进行傅立叶变换，并显示在波形图中，如图 5.279 所示。

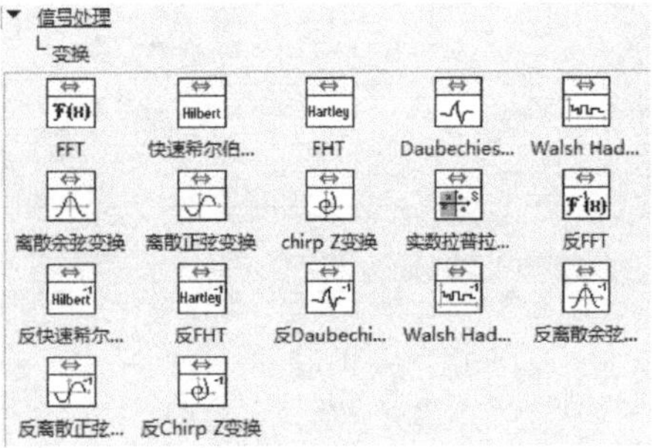

图 5.277　信号处理函数

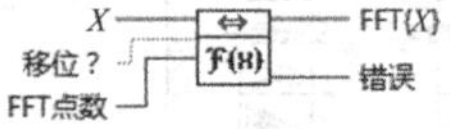

图 5.278　傅立叶变换

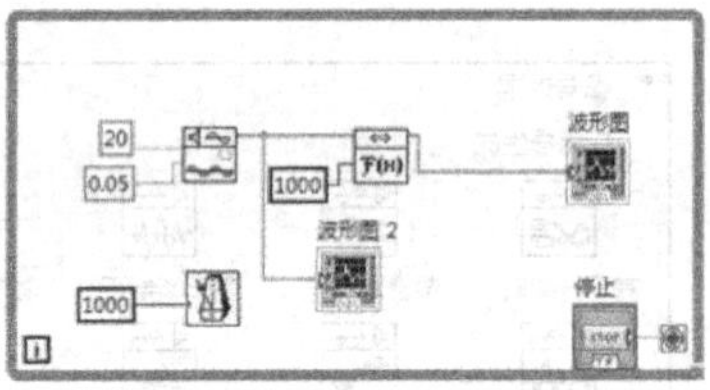

图 5.279　程序框图

前面板结果如图 5.280 所示。

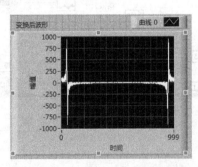

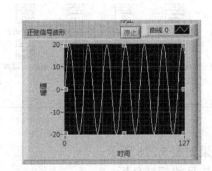

图 5.280　傅立叶变换的演示

2．信号的时域分析

信号的时域分析是在时间域下对信号进行变换、缩放、微分、积分等各类分析运算。时域分析的最大好处是能对信号按不同时间段进行分析，得出最佳需要的分析。

（1）相关性分析。

相关性是两个事物和两个量之间的联系，在正常测量中常表示两种特征的关联程度。在 LabVIEW 中，选择函数选板 | 信号处理 | 信号运算 | 自相关打开，可以用到相关性分析函数，其端口作用如图 5.281 所示。

[DBL] X 是输入序列。

归一化指定用于计算 X 的自相关的归一化方法。

[DBL] Rxx 是 X 的自相关。

其计算公式为： $Rxx(\tau)=\lim\frac{1}{T}\int_0^T x(t)x(t+\tau)d(\tau)$

【例 5.35】 产生一个正弦波形，进行自相关变化。

实例如图 5.282 所示。

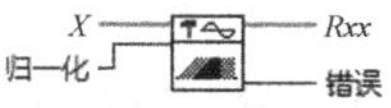

图 5.281 自相关函数

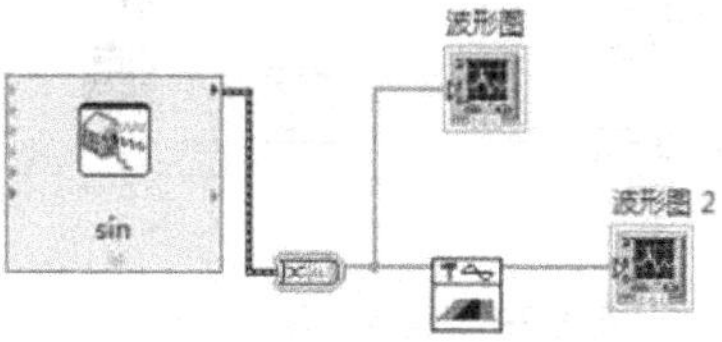

图 5.282 自相关示例

其原始图像与自相关图像如图 5.283 所示。

（2）卷积分析。

卷积运算是线性系统中时域分析的有效方法之一。它可以计算出线性系统中对任何一个激励源的零状态响应即 $y(t)=x(t)*h(t)$，原表达式如下：

$$y(t)=\int_{-\infty}^{+\infty}x(\tau)h(t-\tau)d(\tau)$$

有关卷积函数的各端口介绍如图 5.284 所示。

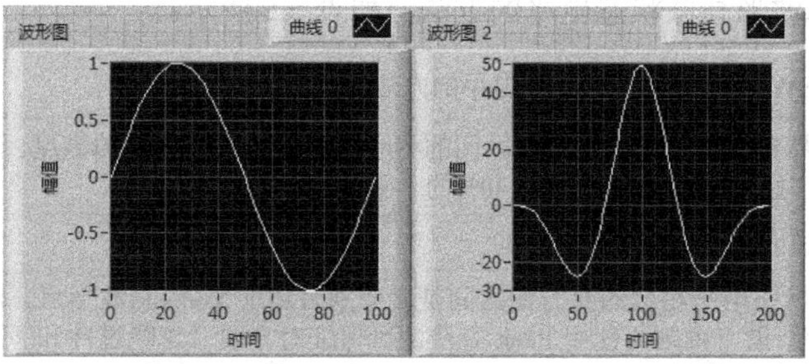

图 5.283 原始图像（右）和自相关结果图（左）

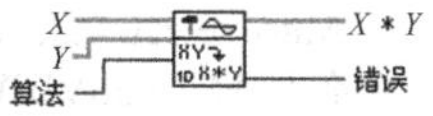

图 5.284 一维卷积函数

[DBL] X 是第一个输入序列。

[DBL] Y 是第二个输入序列。

算法指定使用的卷积方法。算法的值为 direct 时，VI 使用线性卷积的 direct 方法计算卷积；如算法为 frequency domain，VI 使用基于 FFT 的方法计算卷积。如 X 和 Y 较小，direct 方法通常更快。如 X 和 Y 较大，frequency domain 方法通常更快。此外，两个方法数值上存在微小的差异，如表 5.4 所示。

表 5.4　　　　卷积方法

0	direct
1	frequency domain（默认）

X*Y 是 X 和 Y 的卷积。

【例 5.36】　将正弦信号与三角波进行卷积分析，得出结果图像。

示例如图 5.285 所示，假设采样数为 500，幅值为 1。

得出其卷积结果图，如图 5.286 所示。

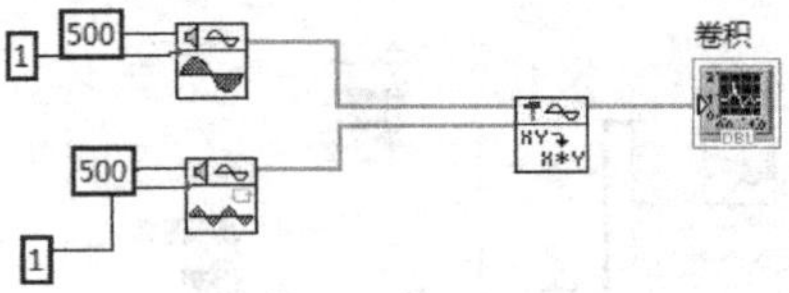

图 5.285　程序框图

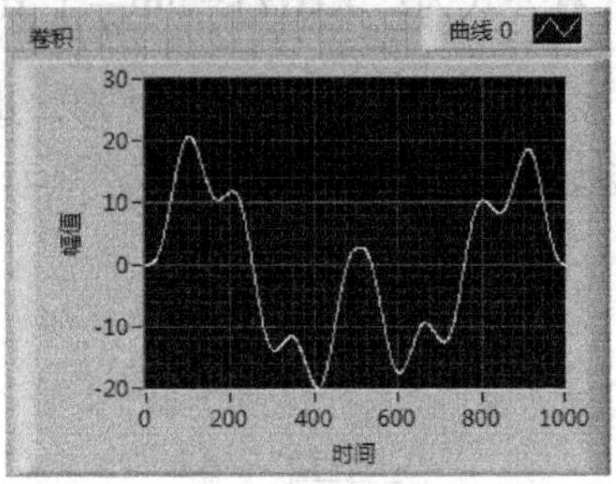

图 5.286　卷积结果

3．幅值及电平分析

幅值和电平分析返回波形或波形数组的幅值、高状态电平和低状态电平。连接至信号输入端的数据类型决定所使用的多态实例。在 LabVIEW 中该函数位于函数选板 | 信号处理 | 信号测量之中，其端口功能介绍如图 5.287 所示。

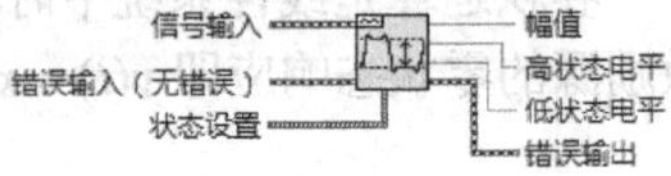

图 5.287　幅值和电平

状态设置。指定用于确定波形高状态电平和低状态电平的方法。对于脉冲和瞬态波形测量，通过状态电平可确定待测量波形特征的时间点。

方法指定。LabVIEW 计算波形高低状态电平的方法，如表 5.5 所示。

表 5.5　　　　LabVIEW 计算波形高低状态电平的方法

0	Histogram：用波形上下区域中具有最多波形点直方图区间的中心高度作为状态电平的高度。波形的上下区域分别为从波峰波谷开始算起，包含峰峰值 40%的上下范围
1	Peak：搜索整个波形的最大和最小高度
2	Auto select（默认）：确定高低状态电平相应的直方图区间是否分别有超过 5%的总波形点。满足条件时，LabVIEW 将返回这些结果。否则，使用 Peak 方法。可保证对方波（忽略过冲和下冲）或三角波（直方图无效）返回有效的结果

直方图大小。指定 LabVIEW 用于确定波形高低状态电平的直方图区间数。如选择 peak 方法，LabVIEW 可忽略该输入。

直方图方法。指定 LabVIEW 计算波形高低状态电平的方法。目前，mode 是唯一可用的直方图。

保留以便以后使用。

信号输入是要测量的波形。

错误输入。表明该节点运行前发生的错误条件。该输入提供标准错误输入。

幅值是高状态电平和低状态电平的差。

高状态电平。指定脉冲或瞬间波形处于最高状态的电平。

低状态电平。指定脉冲或瞬间波形处于最低状态的电平。

【例 5.37】 采集一个正弦波形的幅值和各电平数据。

示例如图 5.288 所示。

其采集结果显示如图 5.289 所示。

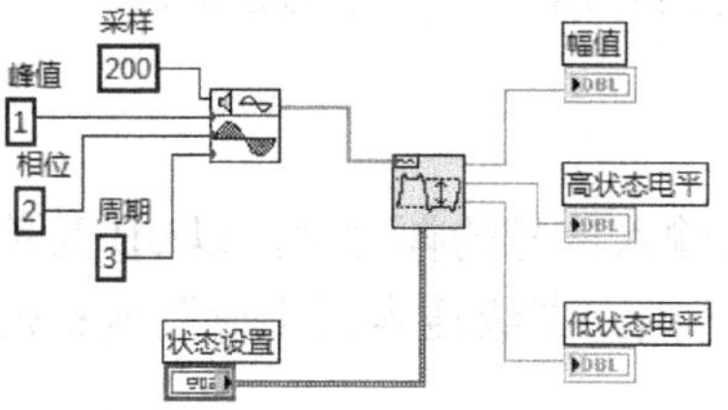

图 5.288　程序框图

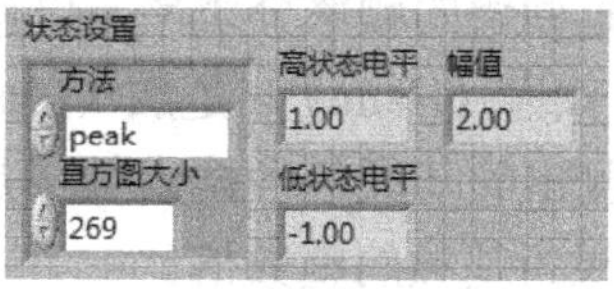

图 5.289　采集结果

4．谐波失真分析

谐波失真分析是输入一个信号，进行完全谐波分析，包括测量基频和谐波，并返回基频和、所有谐波幅值电平，以及总谐波失真（THD），它的接线端口如图 5.290 所示。

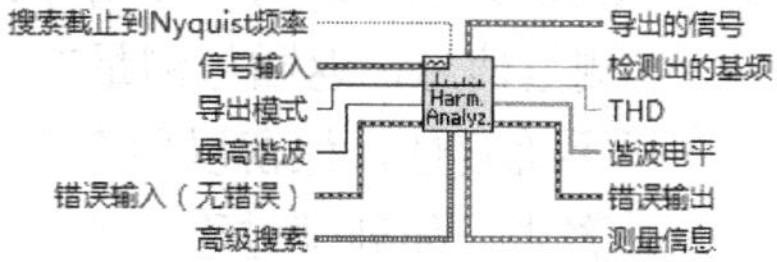

图 5.290　谐波失真分析

搜索截止到 Nyquist 频率默认值为 TURE。如需指定在谐波搜索中仅包含低于 Nyqist 频率（采样频率的一半）的频率，必须将设置改输入为 TURE。如设置改参数为 FALSE，VI 可继续搜索超出 Nyquist 频率的频域，更高的频率成分依据下列等式混叠：

$$混叠\ f=F_s-（f\ 模\ F_s）$$

其中，

$$F_S=1/dt=采样频率$$

信号输入时时域信号输入。

导出模式选择要导出至导出的信号的信号源和幅值，如表 5.6 所示。

表 5.6　　导出模式

0	None——最快计算
1	Input signal——仅限于输入信号
2	Fundamental signal——单频正弦
3	Residual signal——信号负单频
4	Harmonics only——已探测谐波
5	Noise and spurs——信号负音频和谐波

最高谐波控制。用于谐波分析的最高谐波，包括基频。例如，对于三次谐波分析，可

设置最高谐波为 3，以测量基波、二次谐波和三次谐波。

高级搜索。控制频域搜索范围，即中心频率和宽带，用于寻找信号的基频。

近似频率是用于在频域中搜索基频的中心频率。如设置为默认值-1.0，幅度最高的单频可作为基频。

搜索指定频率宽度，格式为采样率的百分数，用于在频域中搜索基频。

导出的信号中包含由导出信号指定的信号。

导出的时间信号是包含导出信号指定的导出时间信号的波形。

导出的频谱（dB）是有导出信号参数指定的导出时间信号的频谱。

f()返回谱的起始频率，以赫兹为单位。

df 返回谱的频率分辨率，以赫兹为单位。

dB 频谱（Hann）a 是加（Hanning）窗的输入信号的幅度谱，以 dB 为单位。

检测出的基频包含搜索频域是检测出的基频。高级搜索用于设置搜索范围。所有谐波的测量结果为基频的整数倍。

THD 包含达到最高谐波是测量到的总谐波失真，包括最高谐波。THD 是谐波的均方根总量与基频幅值的比。如需使用 THD 作为百分比，应乘以 100。

谐波电平包含由测量到的谐波幅值组成的数组，如信号输入以伏特为单位，则幅值也以伏特为单位。数组索引即为谐波次数，包含 0（直流），1（基波），2（二次谐波），…，*n*（*n* 次谐波），包括所有小于等于最高谐波的非负整数值。

测量信息，返回与测量有关的信息，主要是对输入信号不一致的警告。

不确定性，保留以便今后使用。

警告，如处理过程中产生错误，则值为 TURE。

注释，包含当警告为 TRUE 时显示的警告信息。

【例 5.38】 对一个默认三角波进行谐波失真分析。

示例如图 5.291 所示。

接着运行程序，其结果数据如图 5.292 所示。

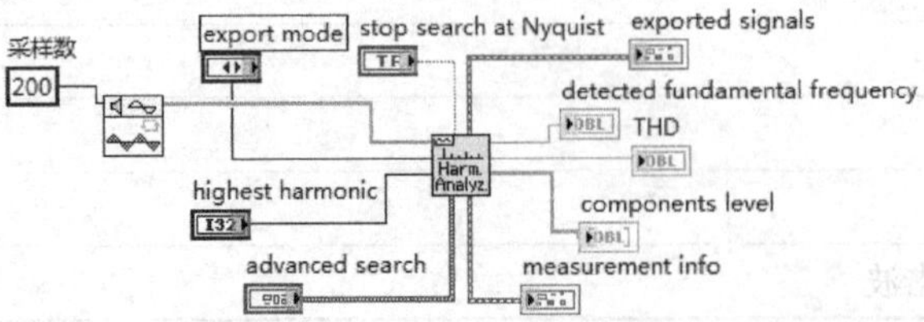

图 5.291 谐波失真分析

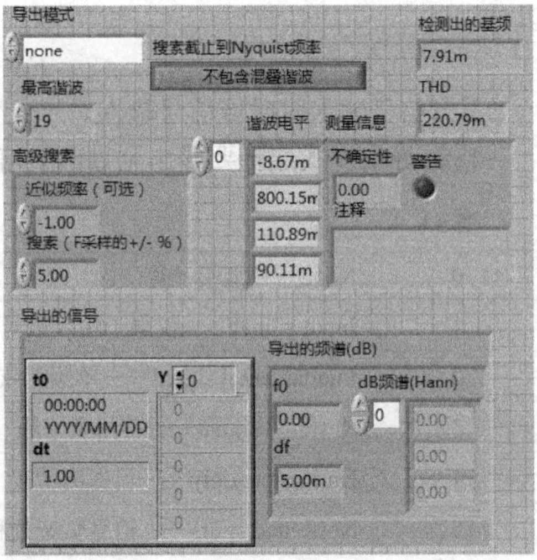

图 5.292 分析结果

5.9 实例

5.9.1 PC 与单个单片机串口通信

本例主要任务是编写 PC 与单个单片机串口通信的 LabVIEW 上位机软件。利用 VISA 子模块。需要实现的功能是 PC 通过串行口将数字（00，01，02，…，FF，十六进制）发送给单片机，单片机收到后回传这个数字，PC 则串行通信正确，否则有错误提示。

实验步骤如下。

（1）启动 NI LabVIEW 程序，选择新建（New）选项中的 VI 项，建立一个新 VI 程序。如图 5.293 所示程序框图和前面板。

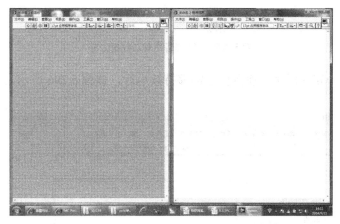

图 5.293 建立一个新 VI 程序

（2）在程序框图放入 VISA 配置串口函数，然后创建 VISA 资源名称，在程序完成后运行程序时，要在前面板的控件 I/O 选择相应的 COM 口。创建数据比特，一般用默认值 9600，如图 5.294、图 5.295 所示。

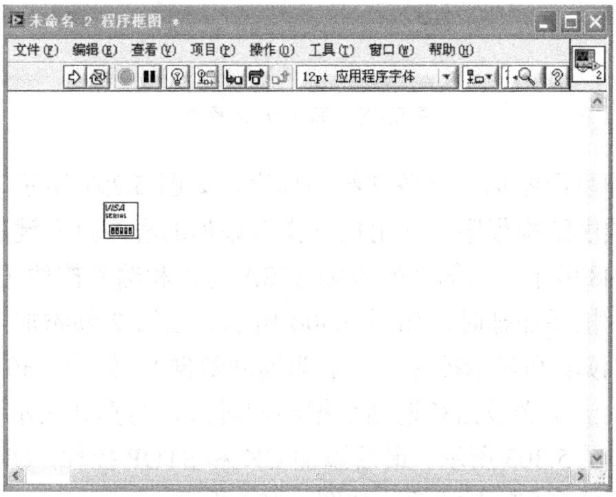

图 5.294 VISA 配置串口

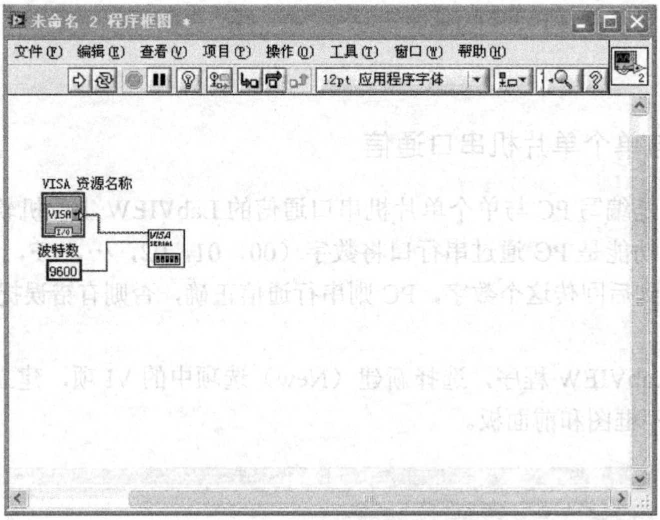

图 5.295 VISA 资源名称和数据比特

（3）添加一个 while 程序，使得程序能够持续运行，如图 5.296 所示。

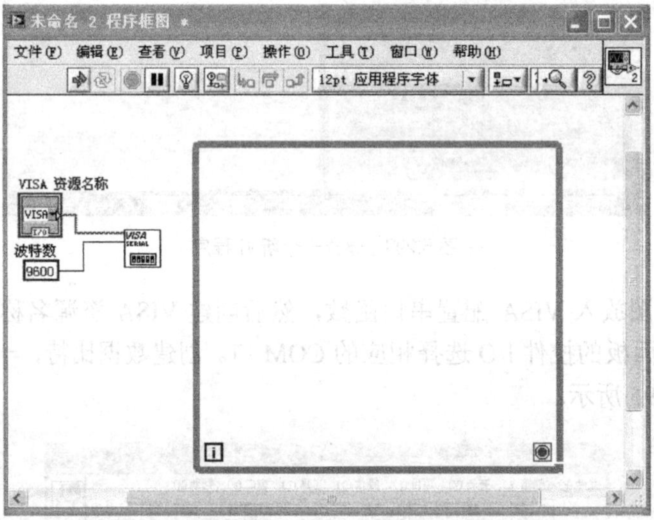

图 5.296 添加 While 程序

（4）在 While 程序里面添加一个条件结构程序，如图 5.297 所示。在条件结构为真的程序里添加一个层叠式顺序结构程序，并用鼠标指着添加的程序点右键选择在后面添加帧，总共添加三次，如图 5.298 所示。在第 0 帧添加 VISA 写入和输入控件（命名为发送数据），如图 5.299 所示。在第 1 帧添加延时，如图 5.300 所示。在第 2 帧添加 VISA 属性节点（选择 Bytes at Port），VISA 读取和显示控件（命名为返回数据），如图 5.301 所示。在第 3 帧内添加一个条件结构程序，当发送数据和返回数据相同时条件为真并显示通信正常，如图 5.302 所示，反之通信异常如图 5.303 所示。最后添加 OK 和 STOP 控件，OK 为程序启动时的空间按钮，如果要终止程序单击 STOP 按钮，如图 5.304 所示。

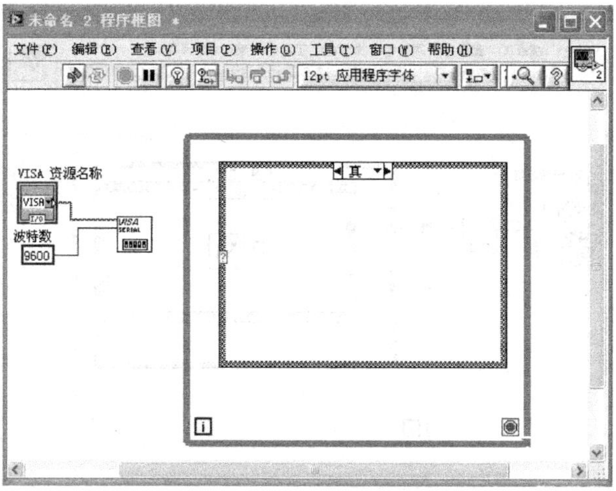

图 5.297　添加条件结构程序

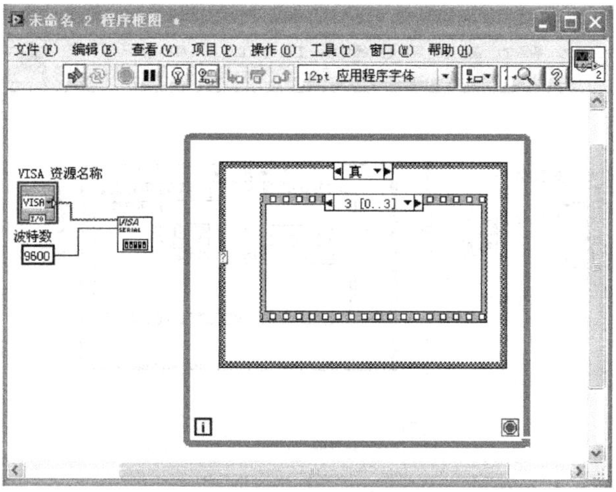

图 5.298　添加层叠式顺序结构程序

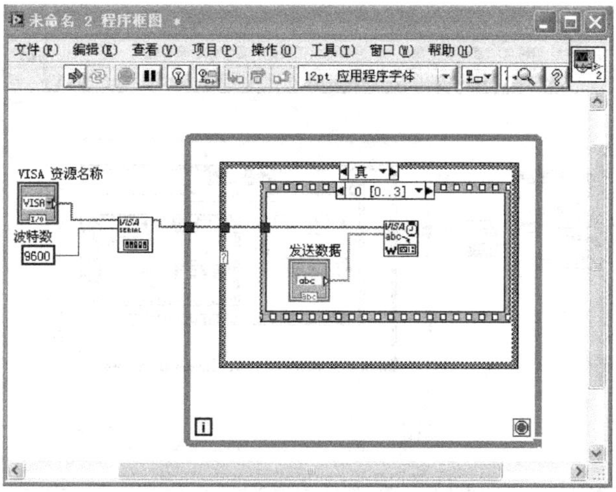

图 5.299　添加 VISA 写入和输入控件

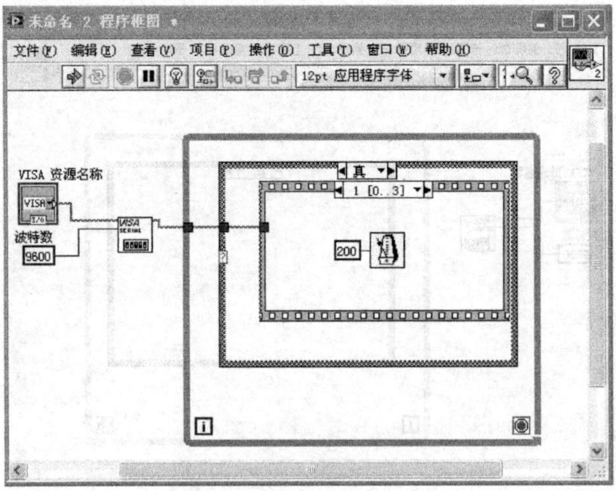

图 5.300　添加等待时间

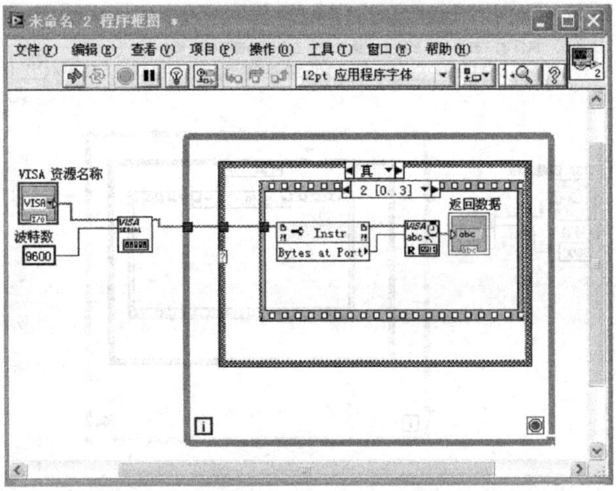

图 5.301　添加 VISA 属性节点，VISA 读取和显示控件

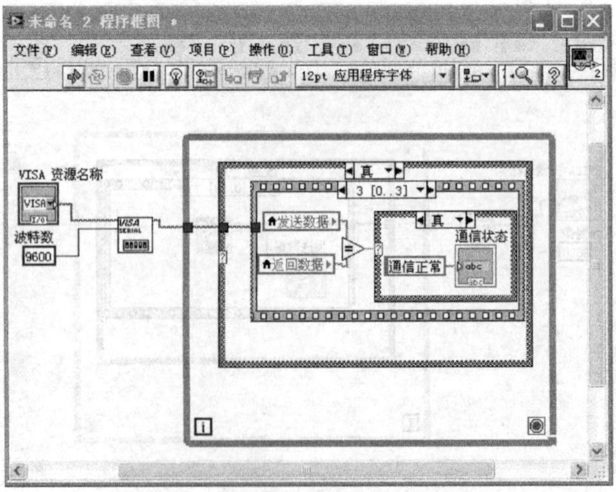

图 5.302　添加条件结构程序（条件为真）

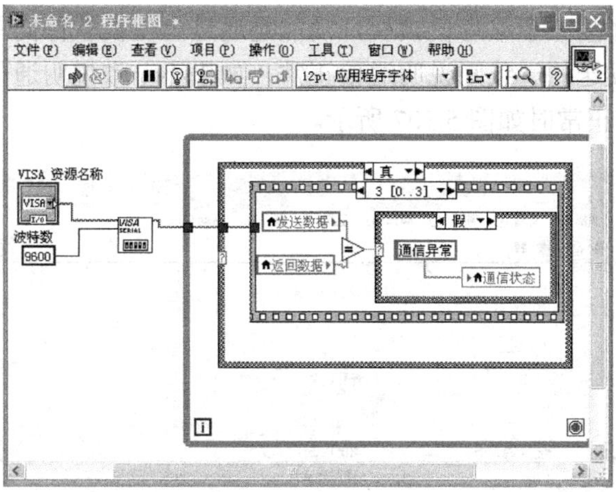

图 5.303 添加条件结构程序（条件为假）

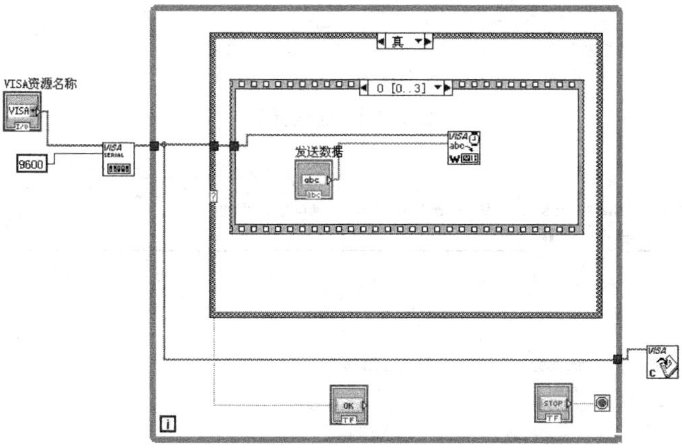

图 5.304 添加 OK 和 STOP 控件

（5）保存程序并命名为 PC 与单个单片机串口通信，如图 5.305 所示。

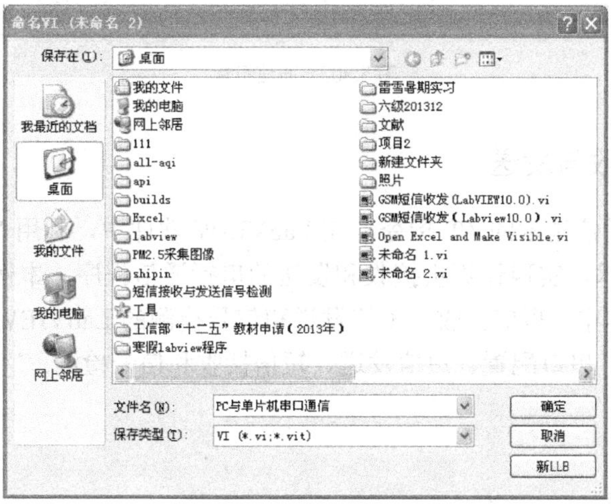

图 5.305 保存程序并命名

（6）演示程序。连接一个单片机模块，功能是通过上位机软件向单片机发送数据，如果单片机返回的数据与发送的一致则说明通信正常，如果不一致说明通信异常。当通信异常时如图 5.306 所示，通信正常时如图 5.307 所示。

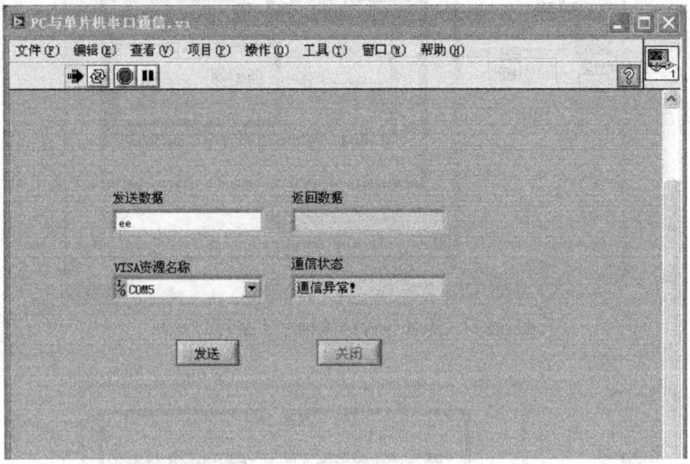

图 5.306 通信异常

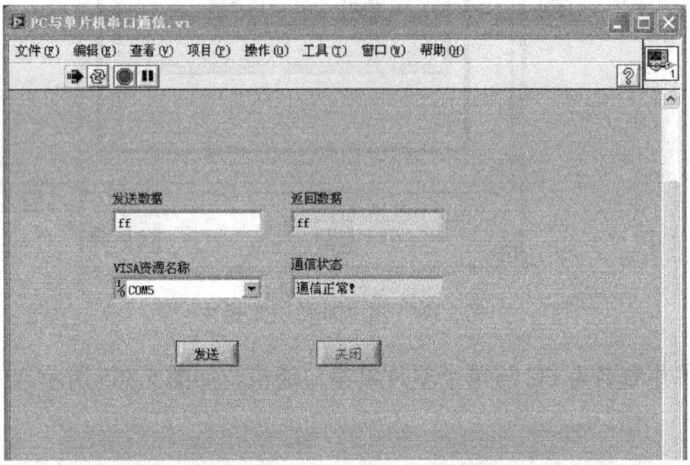

图 5.307 通信正常

5.9.2 短信接收与发送

基于 GSM 无线通信技术的 AT 指令，在 LabVIEW 软件中，利用 VISA 配置串口函数，通过 AT 指令控制技术，实现计算机接收和发送的串行通信程序。本例子中，我们将详细介绍 GSM 模块串口通信中：短信接收、短信发送和信号检测的 LabVIEW 程序设计步骤。主要分为四部分，分别是：串口配置、短信发送、短信接收和信号检测。

1. 串口配置

用到的 AT 指令有：

AT+CSCA SMS service center address（短消息中心地址）；

AT+CMGF=1 回车（采用文本格式发送，如用 PDU 格式，则 AT+CMGF=0）；

AT+CNMI= [ ] [,] [,] [,] [,]（显示信收到的短消息）。

在 LabVIEW 软件中打开新建 VI，进入程序框图，单击鼠标右键出现一个函数面板，找到仪器 I/O 串口，如图 5.308 所示。

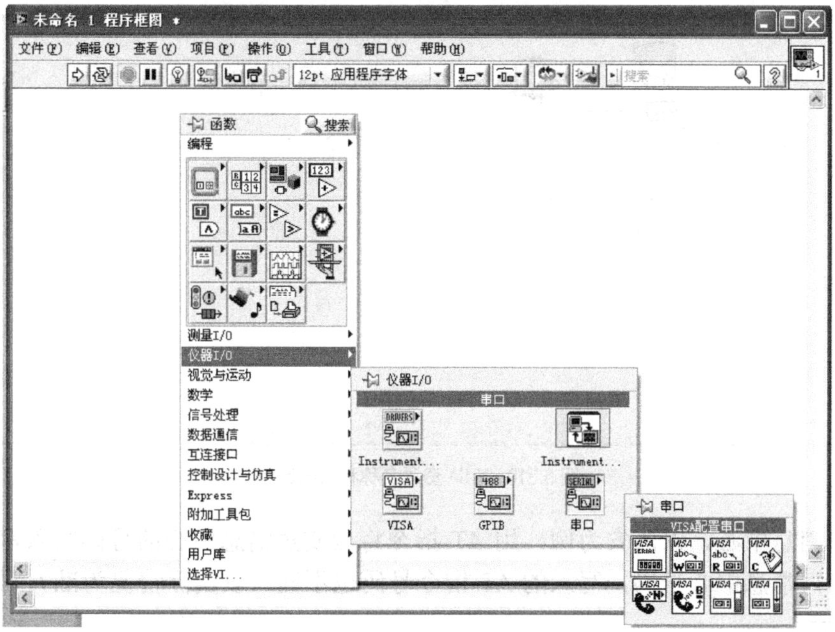

图 5.308 串口查找位置

在程序框图放入 VISA 配置串口函数，然后创建 VISA 资源名称，在程序完成后运行程序时，要在前面板的控件 I/O 选择相应的 COM 口。创建数据比特，一般用默认值 9600，如图 5.309、图 5.310 所示。

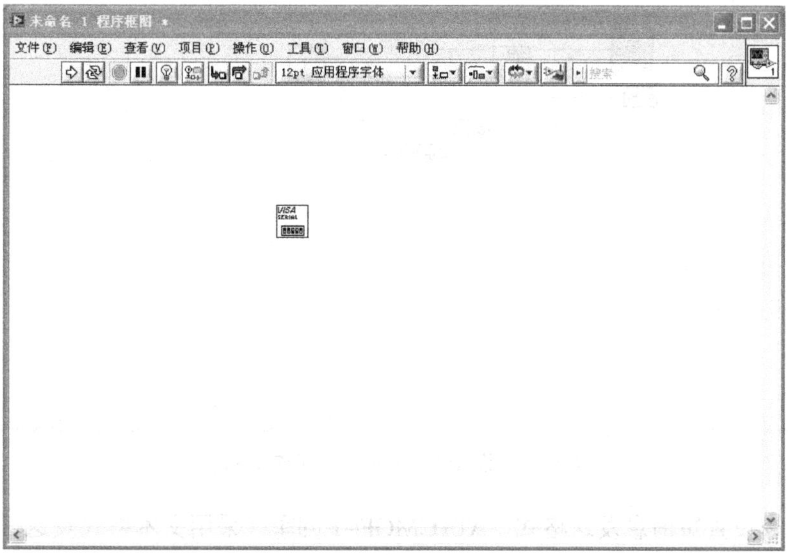

图 5.309 VISA 配置串口

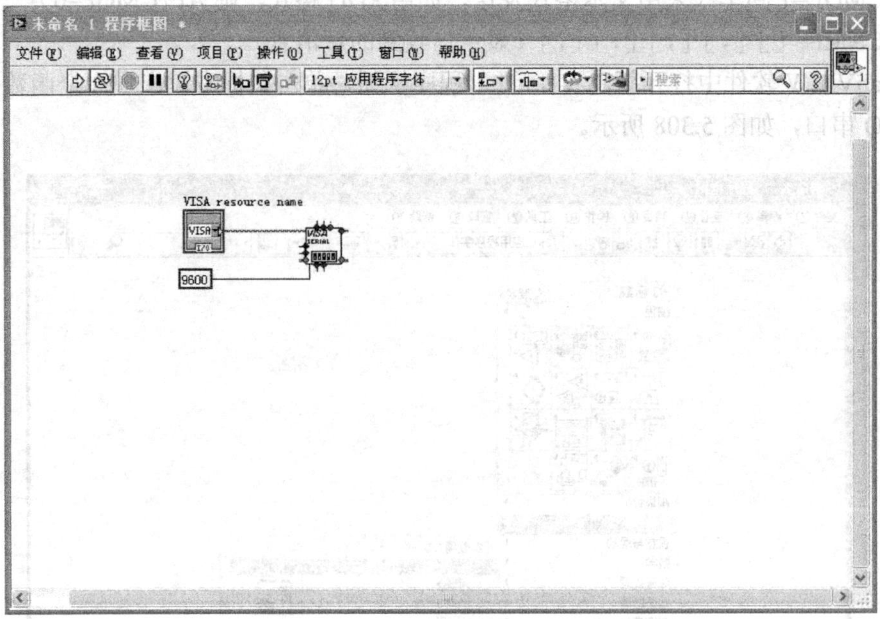

图 5.310 VISA 资源名称和数据比特

设置短消息中心，以西安为例，用 AT 指令将西安短消息中心的号码写入串口。(根据各地不同的短消息中心号码，写入的 AT 指令号码也不同，以实际情况为准)，如图 5.311、图 5.312 所示。

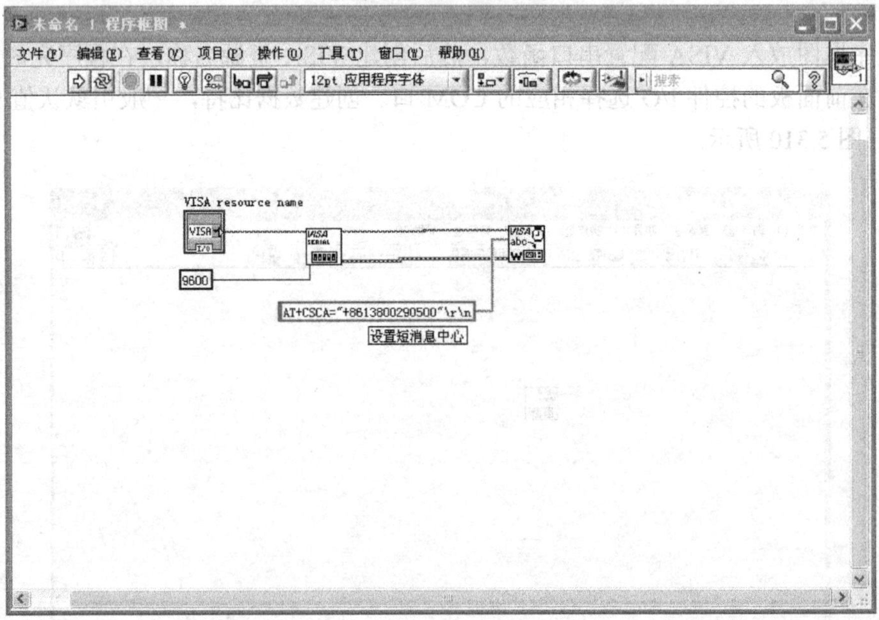

图 5.311 设置短消息中心（以西安为例）

用 AT 指令设置短消息发送格式，AT+CMGF=1 回车（采用文本格式发送，如用 PDU 格式，则 AT+CMGF=0），如图 5.313 至图 5.317 所示。

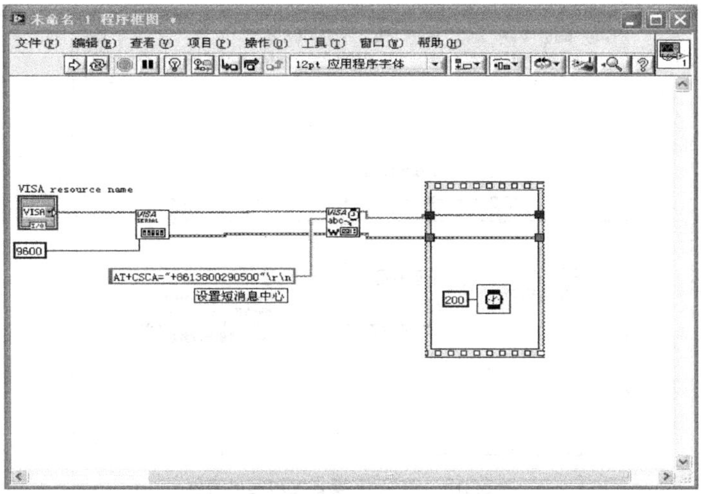

图 5.312 延时

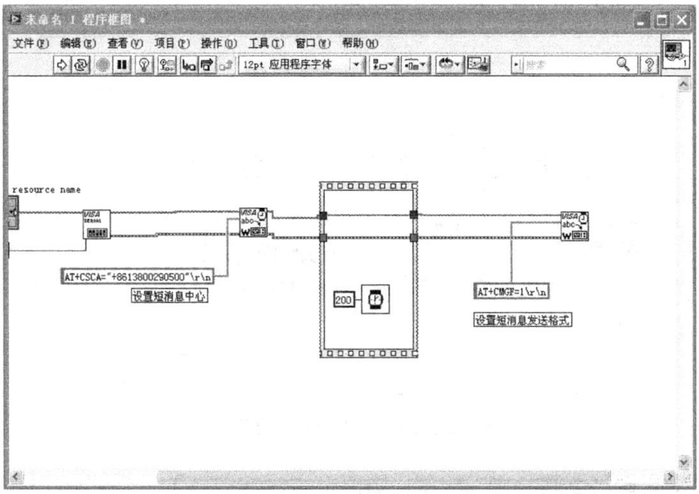

图 5.313 设置短消息发送格式（AT+CMGF=1 // TXT: 1）

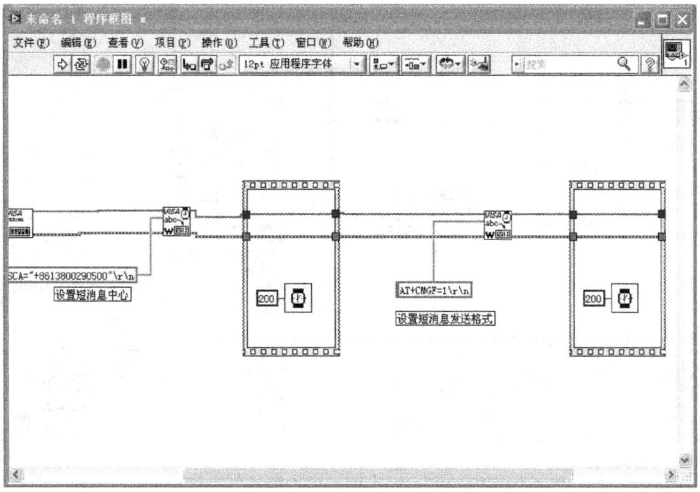

图 5.314 延时

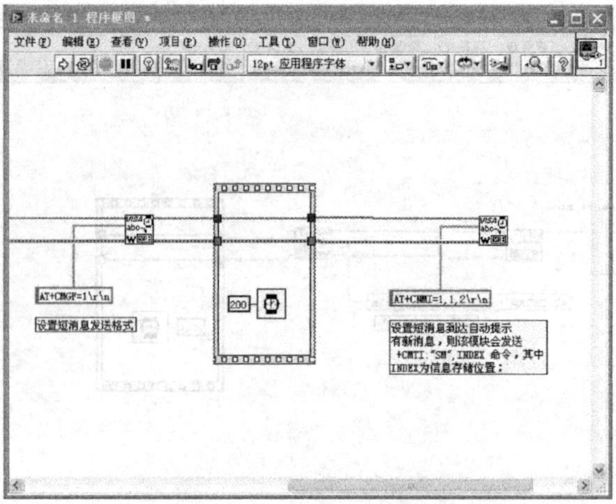

图 5.315 用 TEXT 模式发短信息流程

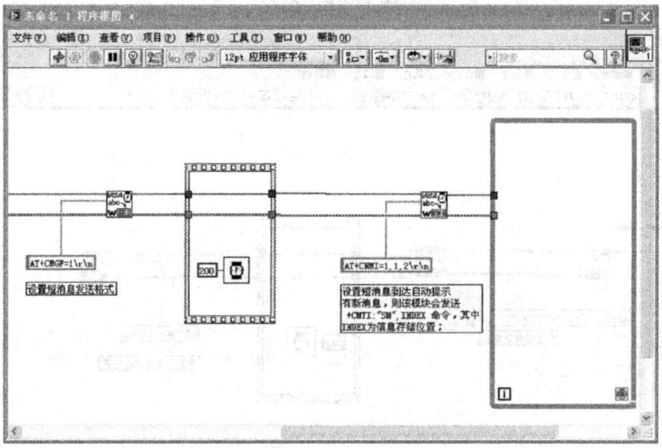

图 5.316 添加 While 程序

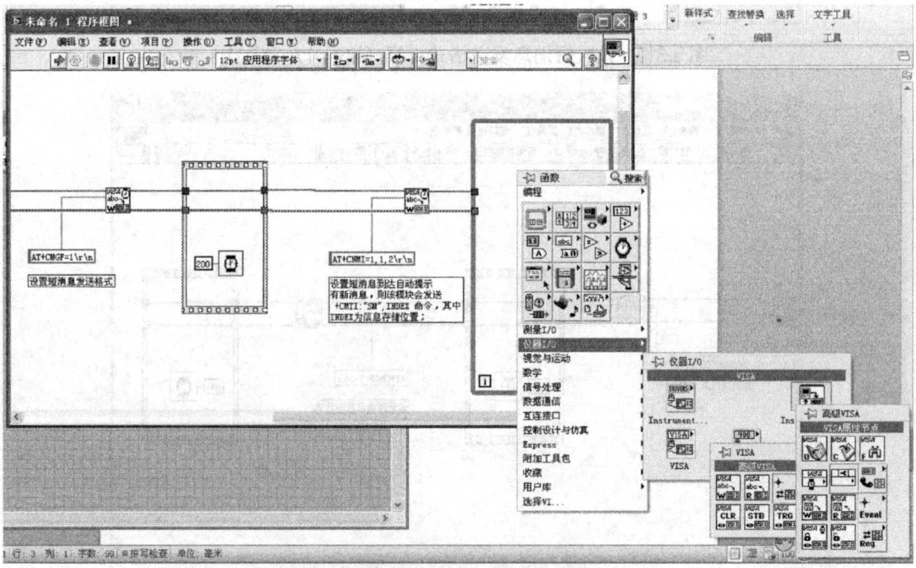

图 5.317 VISA 属性节点

LabVIEW 软件中局部变量，在程序框图界面，右击“编程—结构—局部变量”，生成一个未指定的局部变量，再单击局部变量，选择需要的部件。此时我们选择“string”，如图 5.318 至 5.321 所示。

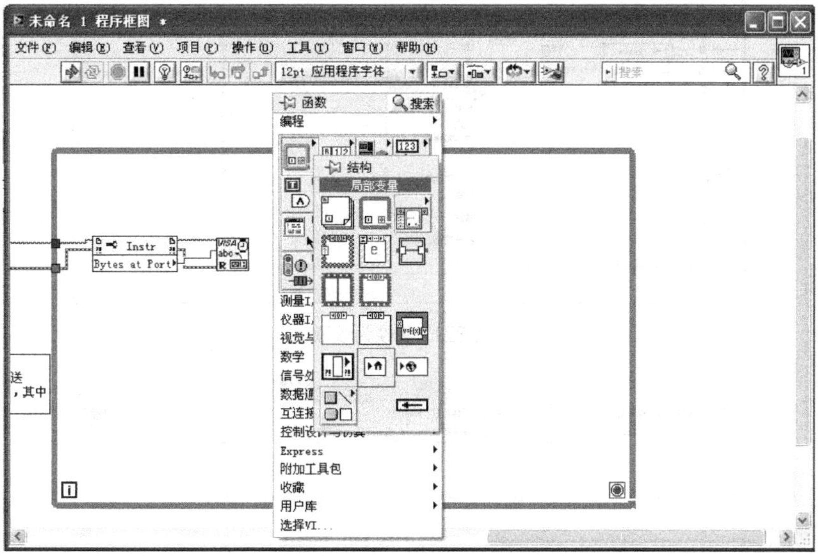

图 5.318 局部变量

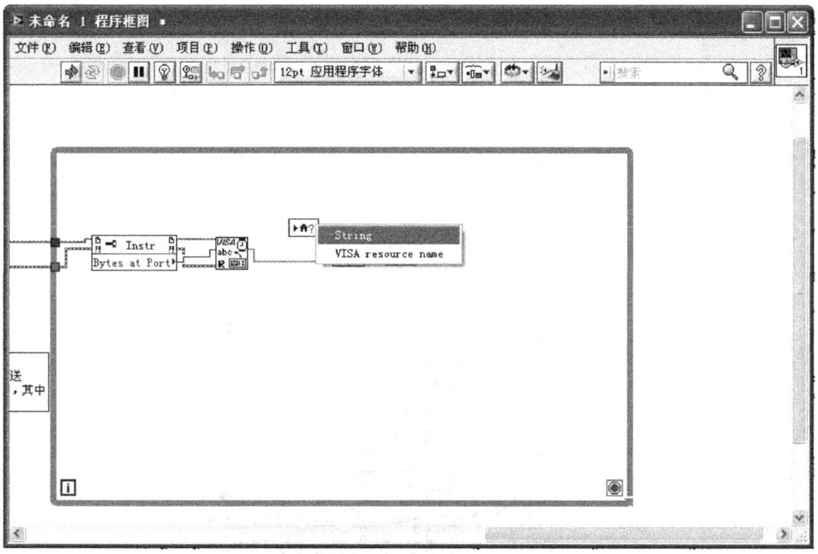

图 5.319 局部变量选择 string

2. 短信发送

用到的 AT 指令有：AT+CMGS Send SMS message（发送短消息）。

对接收到的指令要进行匹配，来确定需要执行哪些功能，我们用到的“匹配模式”函数在函数 | 编程 | 字符串 | 匹配模式，如图 5.322 所示。

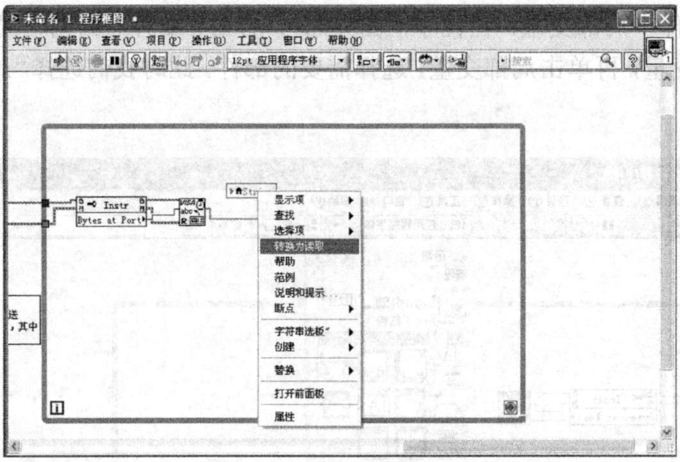

图 5.320　转换为读取

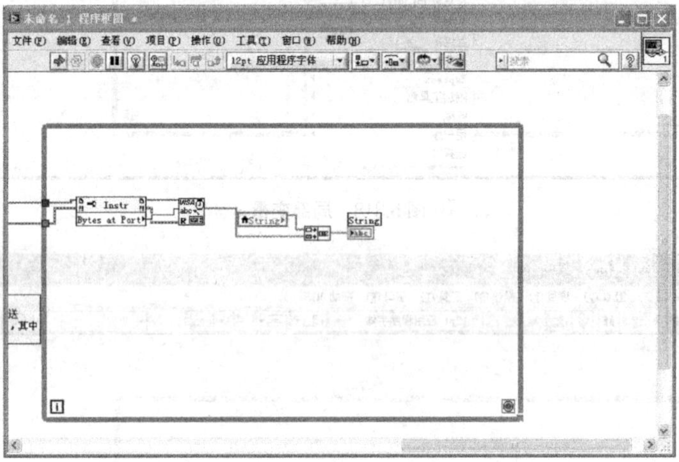

图 5.321　读取 AT 指令

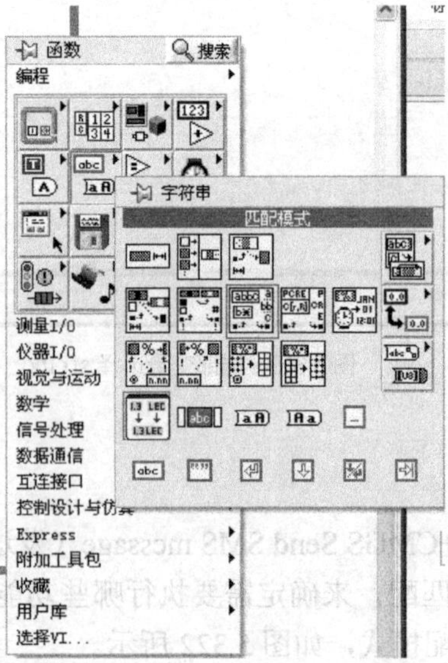

图 5.322　查找匹配模式

当接收到发送短信的指令时，首先判断指令是否为真，如果为真则将前面板控件的发送电话号码和短信内容进行发送。具体步骤如图 5.323 至 5.329 所示。

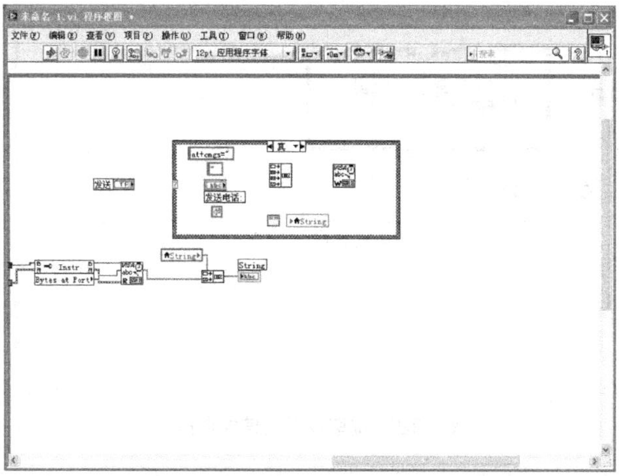

图 5.323 当条件为真时提取发送电话号码指令

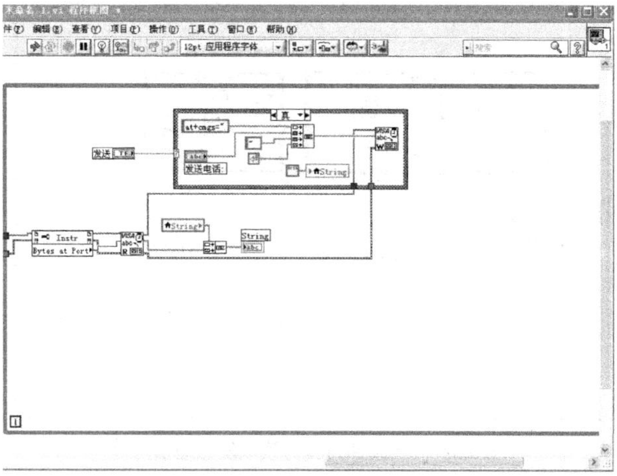

图 5.324 连线

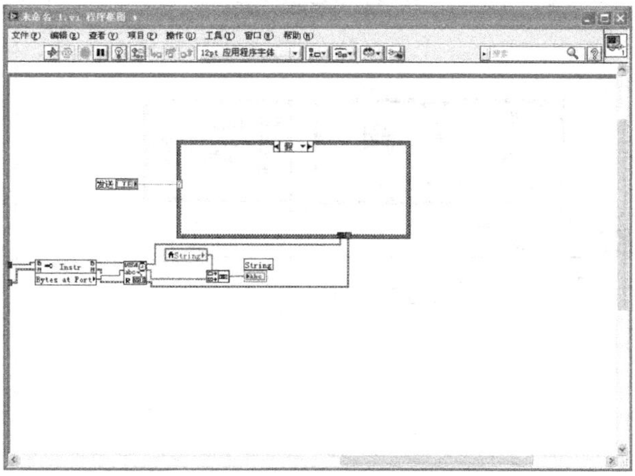

图 5.325 条件为假时

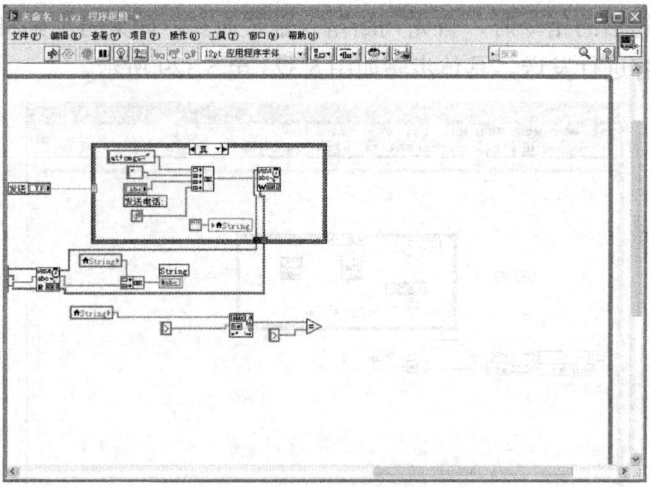

图 5.326　提取发送短信内容指令

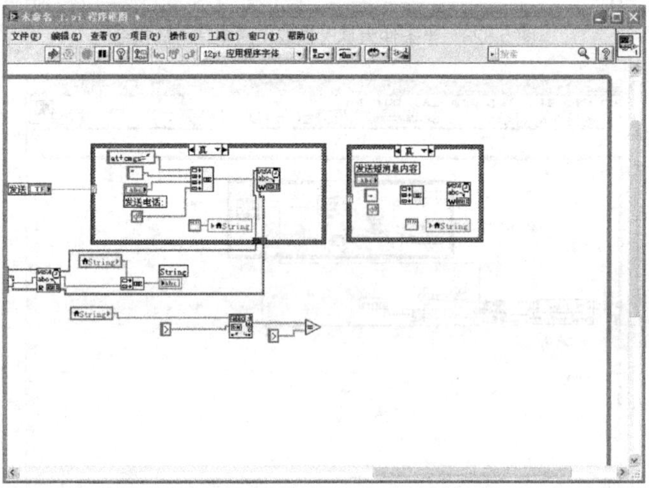

图 5.327　当条件为真时读取发送短信内容

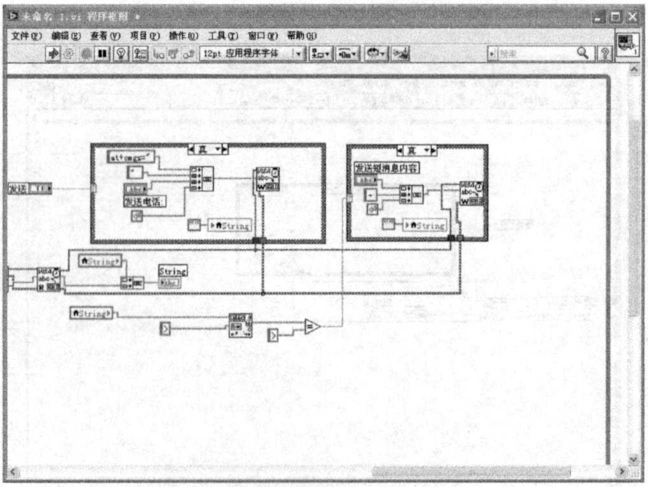

图 5.328　连线

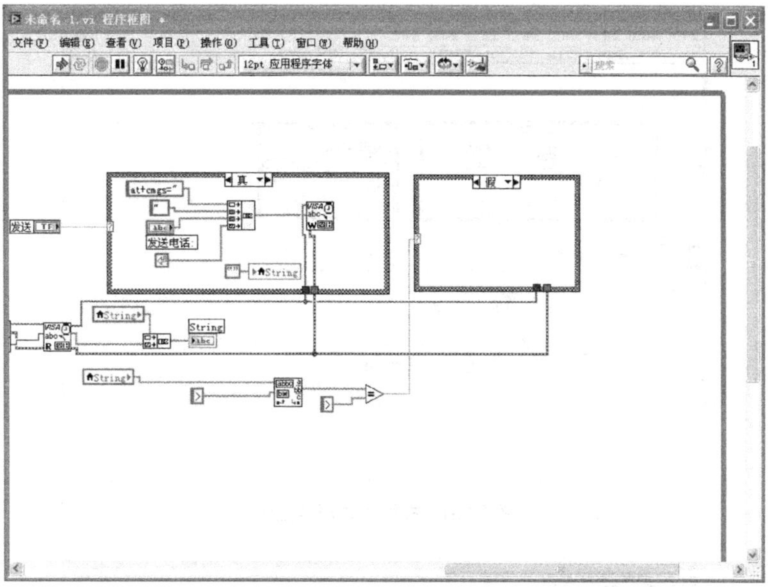

图 5.329　指令为假时

3．接收短信

用到的 AT 指令有：

AT+CMGR Read SMS message（读短消息）；

+CMTI：“SM”，X（X 表示接收短消息的 SIM 卡存储号码）。

对要发送的指令要进行截取字符串，来确定是否需要执行此功能，我们用到的“截取字符串”函数在函数｜编程｜字符串｜截取字符串，如图 5.330 所示。

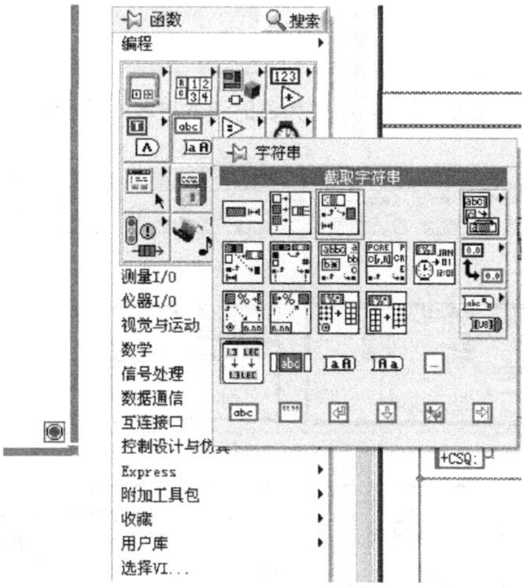

图 5.330　查找截取字符串位置

当获取到正确的接收短信的指令时，要进行短消息内容和号码的接收，我们所需要做的是在发来的信息中如何分别提取出来电号码和短消息内容，并将其显示到相应的显示控件内。具体步骤如图 5.331～图 5.344 所示。

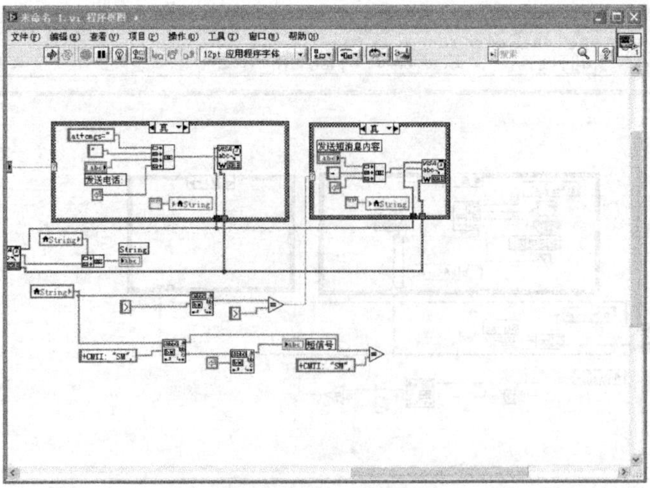

图 5.331 提取接收短信指令

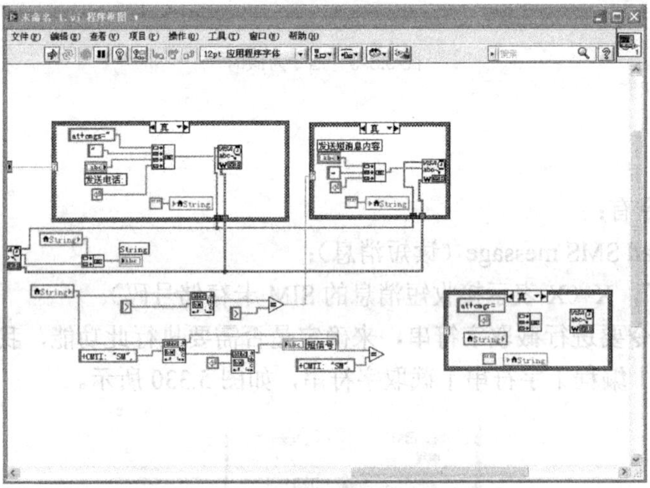

图 5.332 当条件为真时读取接收短信指令

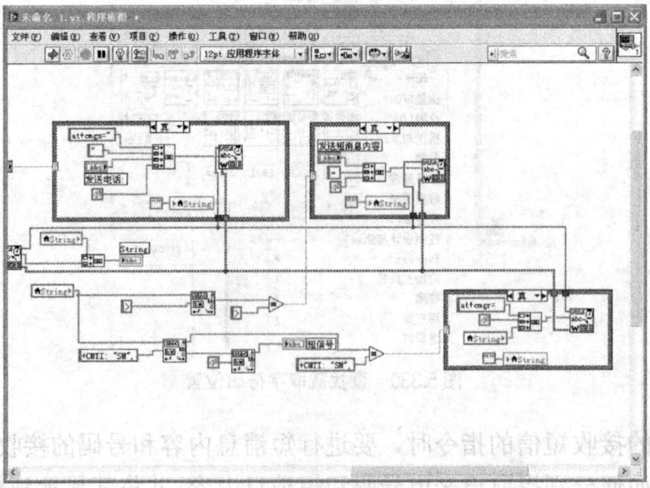

图 5.333 连线

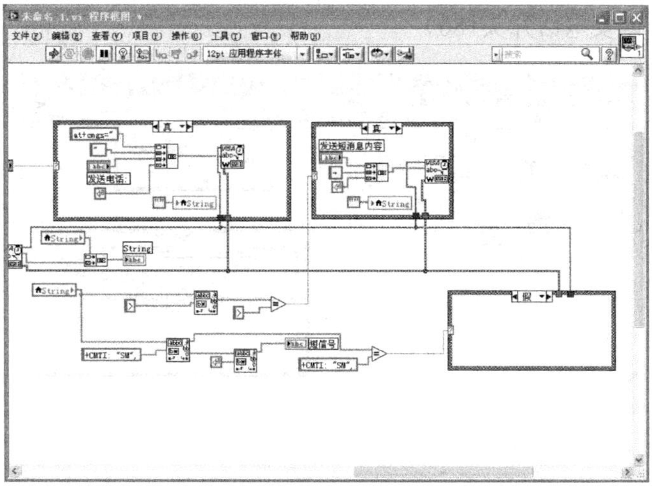

图 5.334　当条件为假时

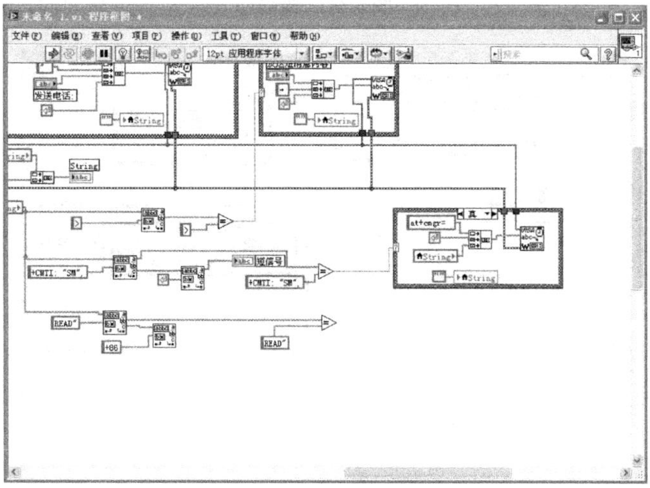

图 5.335　提取接收短信内容指令

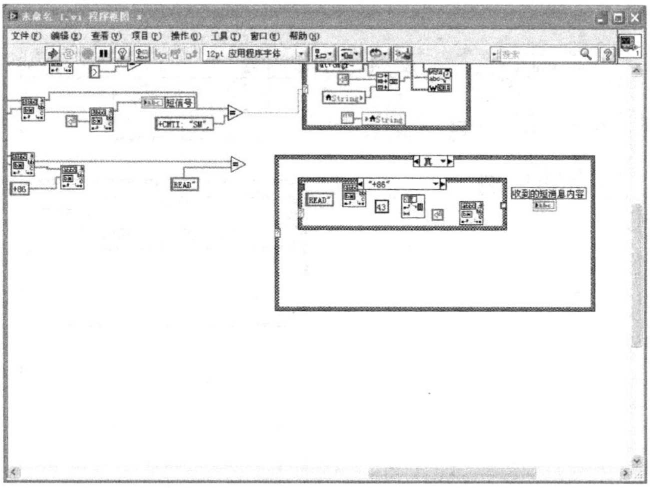

图 5.336　当条件为真时读取收到短信内容

（以西安为例：西安电话开头+86）

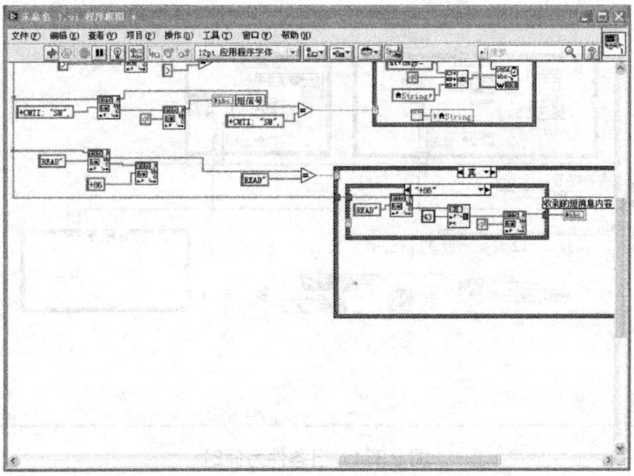

图 5.337　连线

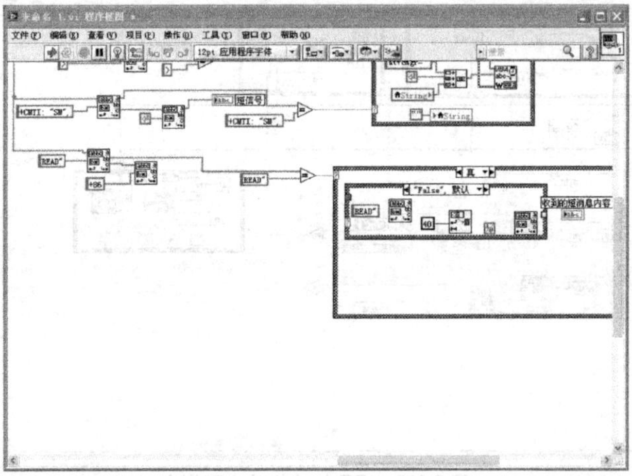

图 5.338　“false”时收到短信内容

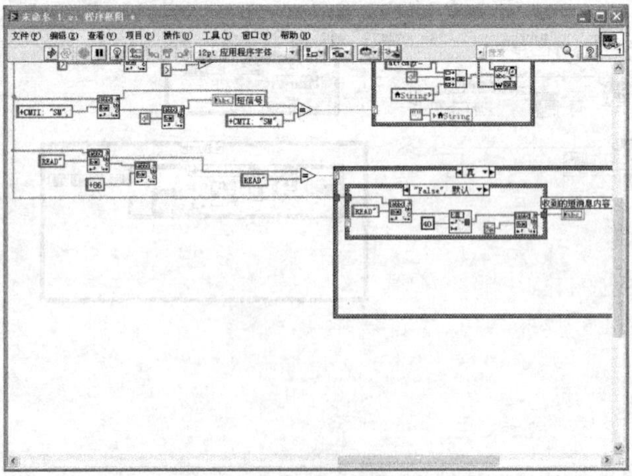

图 3.339　连线

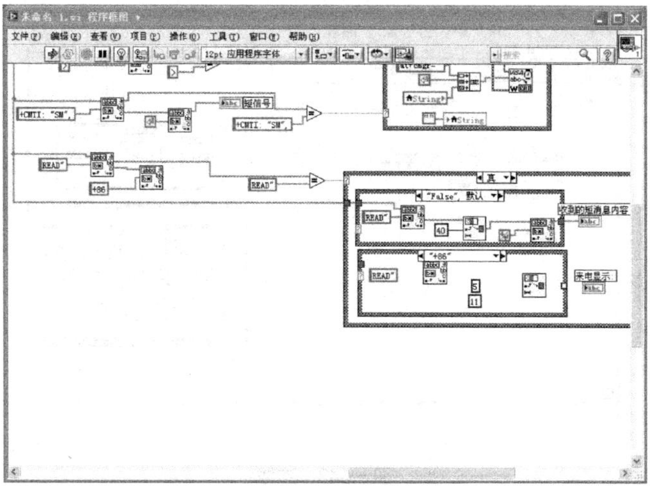

图 5.340 当条件为真时读取来电号码

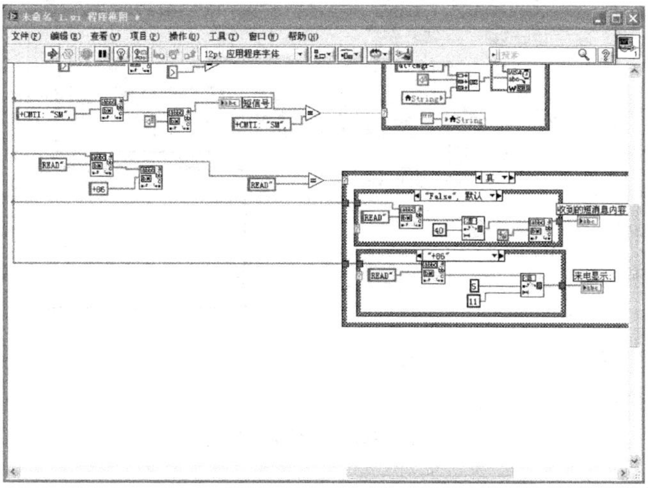

图 5.341 连线

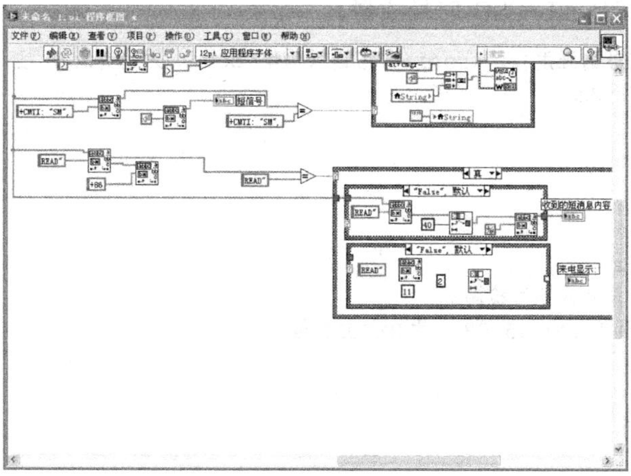

图 5.342 “false”时收到的来电显示

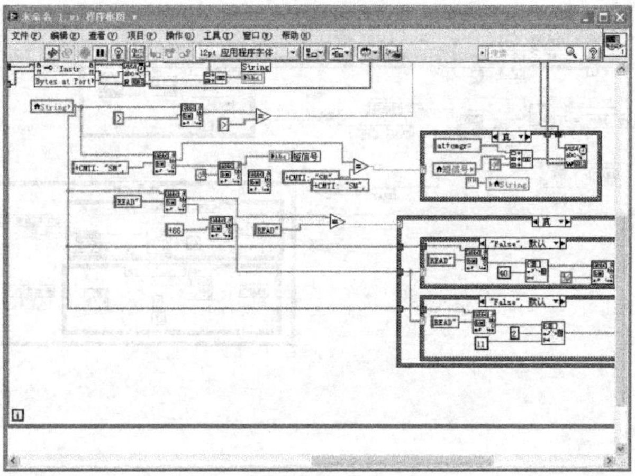

图 5.343　连线

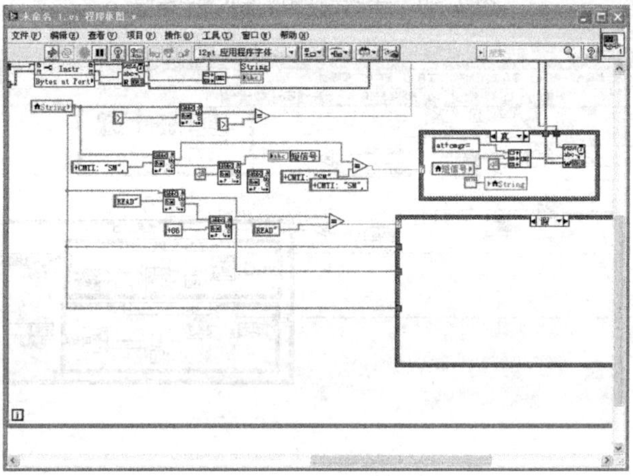

图 5.344　条件为假时

4. 信号强度检测

用到的 AT 指令有是 AT+CSQ 信号质量。

```
该命令用来检测接收信号的强度指示<rssi>和信道误码率<ber>。无论有没有 插入 SIM 卡，
<rssi> : 0 : -113 dBm
1 : -111 dBm
2.
.
.
30 : -109 到-53 dBm
31 : -51dBm 99 : 未知或不可检测
<ber> : 0...7 : 参考 GSM 05.08 中的 RXQUAL 值
99 : 未知或不可检测
命 令:
AT+CSQ & CR（回车）
响 应:
+CSQ: <rssi>, <ber>
OK                    //<rssi> 和<ber> 的值如上定义
```

信号强度检测如图 5.345 至图 5.353 所示。

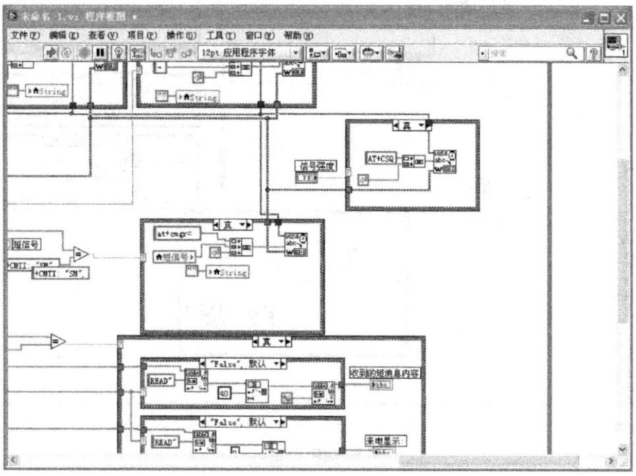

图 5.345 发送信号强度指令

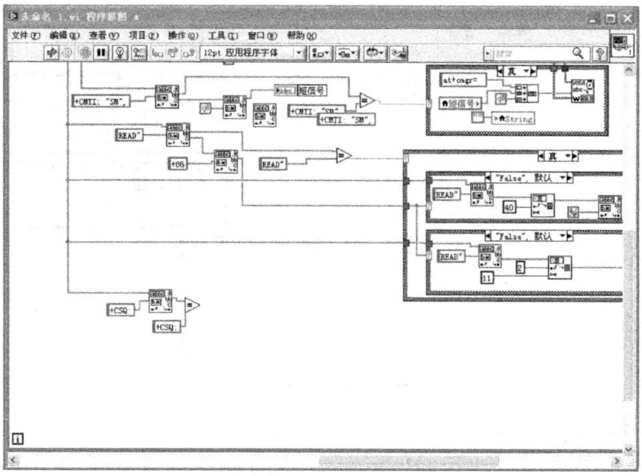

图 5.346 提取信号强度指令

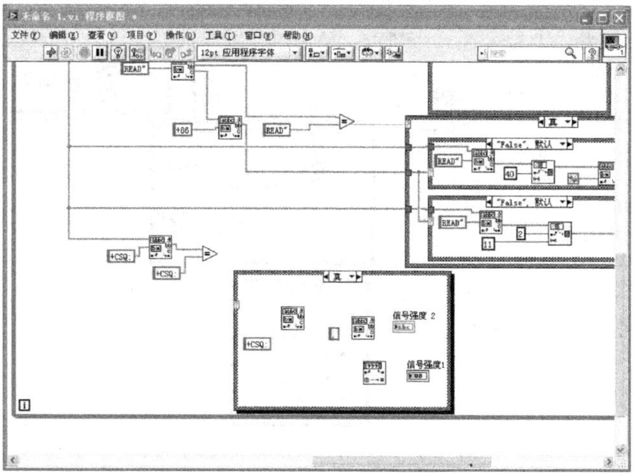

图 5.347 当条件为真时读取信号强度

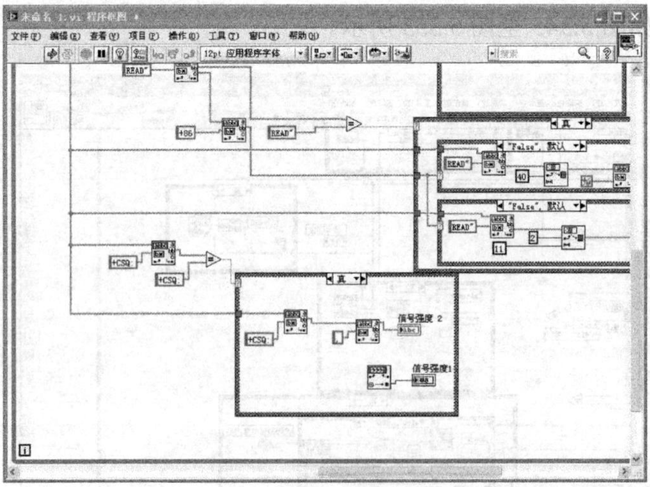

图 5.348 连线

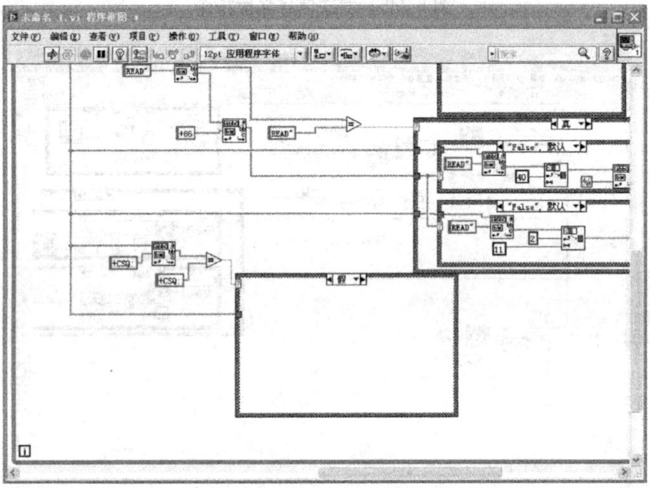

图 5.349 条件为假时

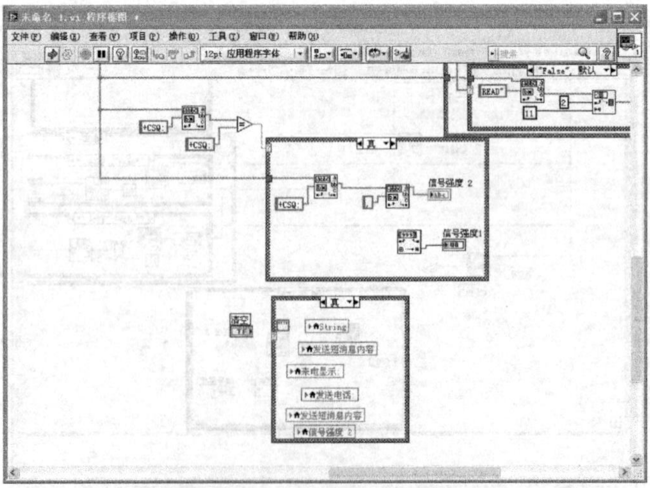

图 5.350 对所有内容进行清空

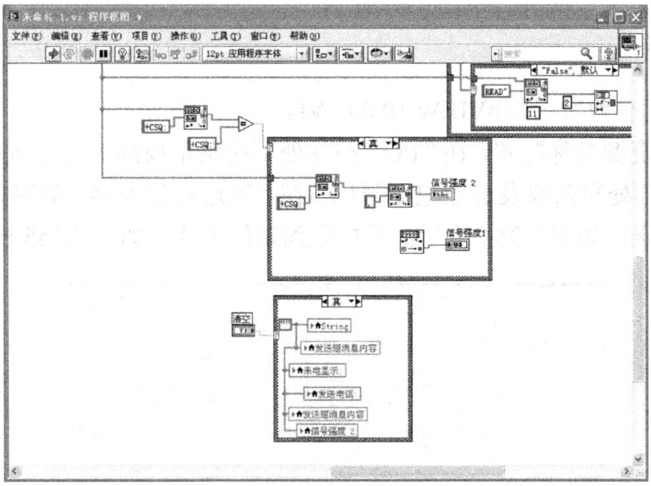

图 5.351　连线

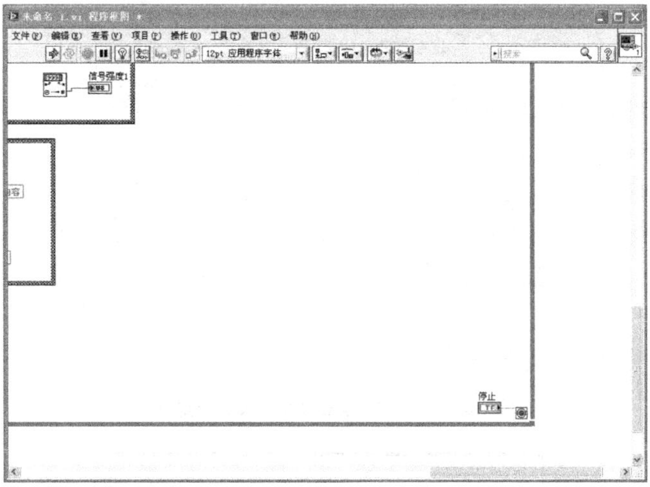

图 5.352　创建停止按钮

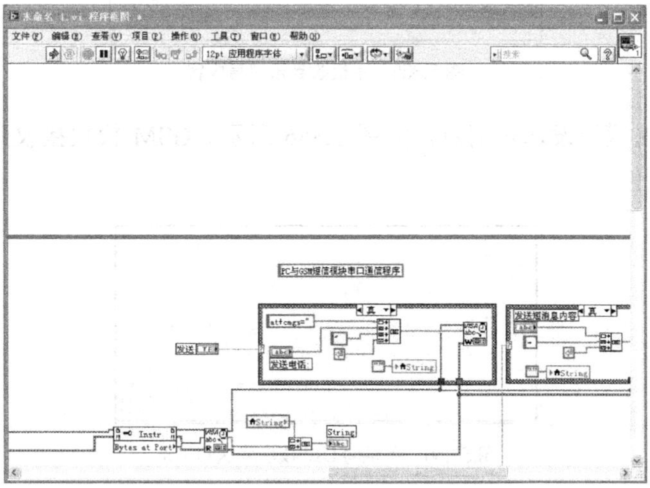

图 5.353　写上标题

5. 保存并演示

保存为 GSM 短信收发（LabVIEW 10.0）.VI。

首先进行串口资源名称配置，在“I/O”控件处下拉菜单找到需要配置的串口，如 COM1。

在“发送电话”处写入要发送的电话号码，在“发送短信内容”处写入发送的短信内容，运行程序，单击发送，如图 5.354 所示。手机收到短信内容，如图 5.355 所示。

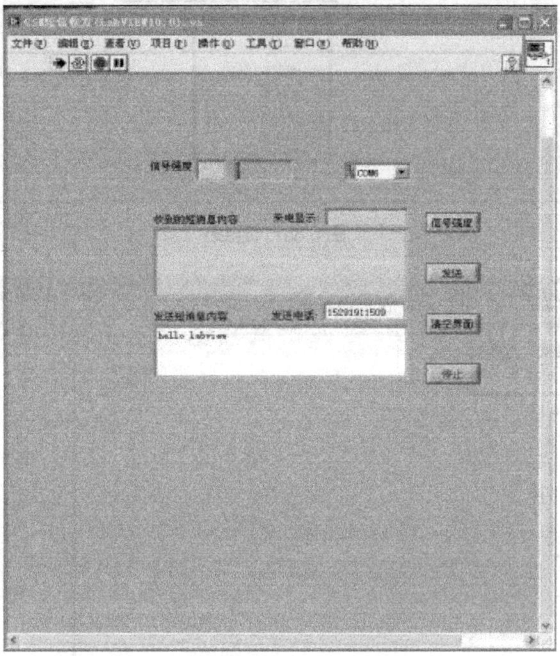

图 5.354 选择串口并发送短消息

图 5.355 手机收到短消息内容

用手机向 GSM 模块发送短消息，如图 5.356 所示。GSM 模块接收到短消息如图 5.357 所示。

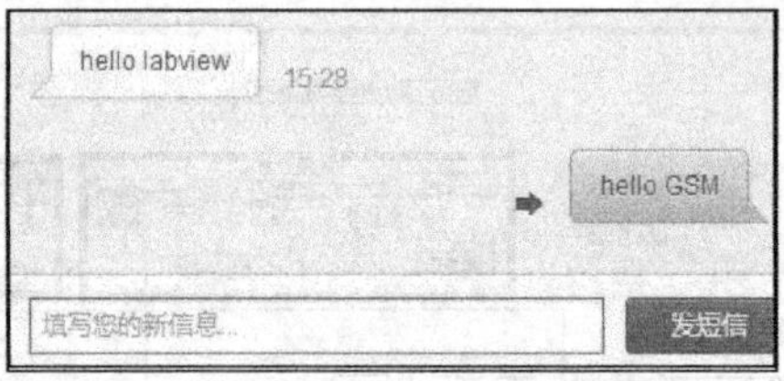

图 5.356 手机向 GSM 模块发送短消息

单击“信号强度”控件，则会显示相应的信号强度数字和进度条，如图 5.358 所示。

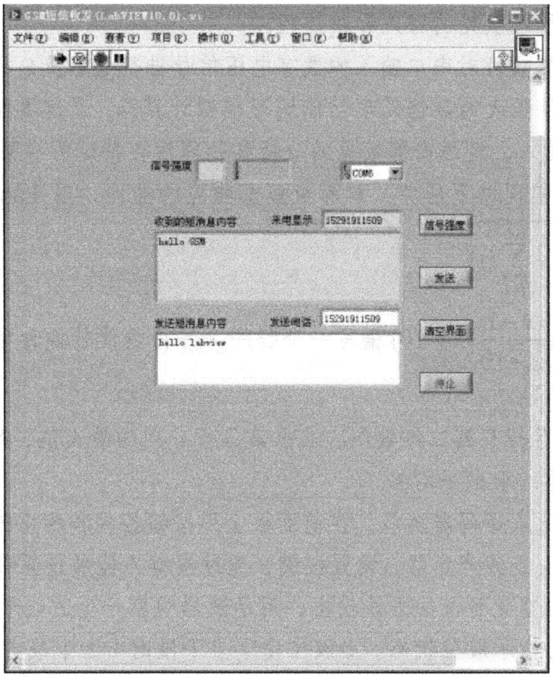

图 5.357 收到手机发来的短消息

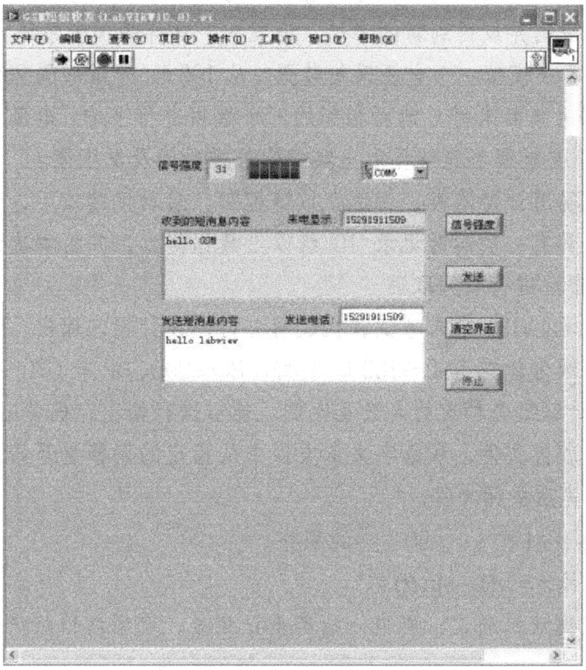

图 5.358 检测信号强度

思考题

1. 利用 LabVIEW 软件将字符串或字符串数组按行写入到文本文件，并读取文件。

2. 用 LabVIEW 软件编写队列的写入和读出程序。

3. 如何使用 LabVIEW 软件对串口输入的数字电压信号进行显示及分析。

4. 应用 LabVIEW 软件强大的数据处理功能编写虚拟计算器，通过界面上的输入按钮或计算机键盘上的数据输入按钮输入，经过内部数据的分析和处理后在特定的屏幕上显示出结果。

5. 创建一个 VI 并实现以下任务：前面板放置相应的控件，用 LabVIEW 基本运算函数实现 $213\times(\frac{156}{109}-147\times\sqrt{(138+\sum_{i=1}^{100}i)})$

6. 利用公式 $y=9\times\frac{x-1}{x-10}(x\neq10)$ 编写一个程序，并将数值转换为字符串显示在前面板，在前面板上画出数值曲线。

7. 用循环随机产生 5 行 9 列二维数组，求出第 3 行 6 列的最大值，第 4 行 2 列的最小值，并将数组转化为一维列向量，求出平均值。

8. 用 LabVIEW 实现三八译码器功能，在前面板上用按钮控件和相应的指示灯表明。

9. 用 LabVIEW 设计一方波产生器，设置按键，通过按键 A 能够设置任意频率与占空比可调的方波，按键 B 能够设置占空比可调的方波输出，用示波器观察产生的波形。

10. 用一个报警器灯指示液位状态。当液位处于上下限时（上下线自行设置），报警器显示绿色。当液位超过上限值时，报警器显示红色，当液位低于下限时，报警器显示黄色。

11. 对字符串进行加密，规则为每隔字母循环平移 4 位，如 E 变为 A，依次类推，并与平移后的前一个字母进行二进制异或得到新的字母，设置一个这样的加密系统。

12. 用随机数发生器来模拟一个电压采集装置，从 100 ms 开始每隔 200 ms 采集一个点，采集 1000 个点。当一个数据采集回来需与前面相邻的三个数据进行平均，电压在采样前经过一个信号处理电路的 40db 放大。要求程序能够显示出实际的采样时间及电压值。

13. 设计一体育竞赛用计时跑表，用两个按键控制，启动按键按下，时钟开始以秒计时，停止键按下，时钟停止。具有一次同时记录 10 组以上数据能力，并将本次记录的所有数据存储在 xml 格式的文本中，供赛后进行查阅取证。

14. 设计某个班级 LabVIEW 期末考试课程试卷分析，设计输入输出，计算并显示平均分、最高分、最低分，输出等级为优秀（90～100）、良好（80～89）、中等（70～79）、及格（60～69）、不及格（60 以下）。并计算每个档次的人数及比例。能够进行输出存档并用打印机打印。

15. 打开一个电子表格文件，从数字文本文件中从指定的偏移量开始，读取指定的数据，将这些数据取反操作，读完后关闭文件。

16. 计算 $y=2x^2+x-1$ 在［1，50］上的积分。

17. 画出笛卡尔曲线 $r=a(1-\sin\theta)$。

18. 用 485 协议实现双机通信，要求一端产生正弦波，利用协议将产生的波形发往另一端，另一端接受并显示波形。

19. 设计一虚拟相敏检波器。

20. 设计 VI，进行水质远程监控，将现场监控工作站采集到的水质的含氧、氮、重金属等污染指数（可通过随机数模拟），通过通信网络发送到控制中心，以实现对污染水情的实时监控。

21. 用 MATLAB 与 LabVIEW 混合编程进行数据插值。

第6章 典型物联网系统设计

本章主要介绍在线超声波测距仪、基于物联网的废气监测仪、基于NRF2401无线模块的温度远程传输系统、水质数据采集与控制模块设计及制作过程，并分别给出了上述四个系统硬件电路及程序源代码，读者可以按书中给出步骤制作出上述四个系统。

本章建议安排理论讲授6课时，实践训练8课时。

6.1 在线超声波测距仪

本节主要介绍如何用单片机、传感器、液晶显示屏等器件制作简单的超声波测距仪。

6.1.1 电子模块准备

设计所需器件如表6.1所示，如图6.1所示。

表6.1　设计所需器件

51单片机最小系统板	程序下载器
1602液晶显示屏	电位器（0～50Ω）
18B20温度传感器	HC-SR04超声波传感器
排针、杜邦线	5 V电源

（1）1602液晶显示屏。

在日常生活中，液晶显示屏已成为很多电子产品的必备器件，如在计算器、万用表、电子表等很多家用电子产品中都可以看到。它的功能主要是显示数字、专用符号和图形，如图6.2所示。

图6.1　设计所需器件

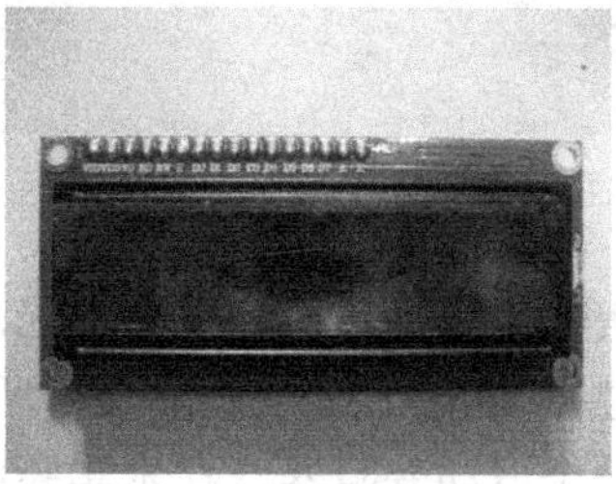

图6.2　1602液晶显示屏

从图 6.2 中我们可以看到，1602 液晶显示屏一共有 16 个引脚，其各个引脚的功能分别如下。

第 1 脚：VSS 接地。

第 2 脚：VDD 接 5 V 正电源。

第 3 脚：V0 为液晶显示器对比度调整端，接正电源时对比度最弱，接地时对比度最高，对比度过高时会产生“鬼影”，使用时可以通过电位器调整对比度。

第 4 脚：RS 为寄存器选择，高电平时选择数据寄存器，低电平时选择指令寄存器。

第 5 脚：RW 为读写信号线，高电平时进行读操作，低电平时进行写操作。当 RS 和 RW 共同为低电平时可以写入指令或者显示地址，当 RS 为低电平 RW 为高电平时可以读忙信号，当 RS 为高电平 RW 为低电平时可以写入数据。

第 6 脚：E 端为使能端，当 E 端由高电平跳变成低电平时，液晶模块执行命令。

第 7～14 脚：D0～D7 为 8 位双向数据线。

第 15 脚：背光电源正极。

第 16 脚：背光电源负极。

（2）超声波传感器 HC-SR04。

VCC：接 5 V 正电源。

GND：接地。

Trig：超声波信号发射端口。

Echo：超声波信号接收端口。

如图 6.3 所示。

（3）温度传感器 18B20。

右边：电源端，接 5 V 正电源。

左边：接地端。

中间：数据端，为温度信息 I/O 口。

如图 6.4 所示。

图 6.3　超声波传感器 HC-SR04

图 6.4　温度传感器 18B20

（4）51 单片机最小系统板，如图 6.5 所示。

（5）电位器（0～50Ω），如图 6.6 所示。

相当于一个滑动变阻器，在本实验中用来控制液晶屏的对比度。

图 6.5 51 单片机最小系统板

图 6.6 电位器

（6）程序下载器。

5V：接电源。

GND：接地。

TXD：接单片机 3.0 口。

RXD：接单片机 3.1 口。

如图 6.7 所示。

（7）杜邦线，如图 6.8 所示。

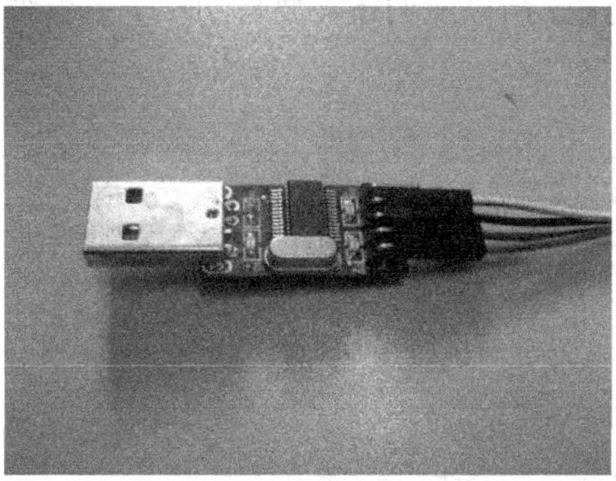

图 6.7 程序下载器

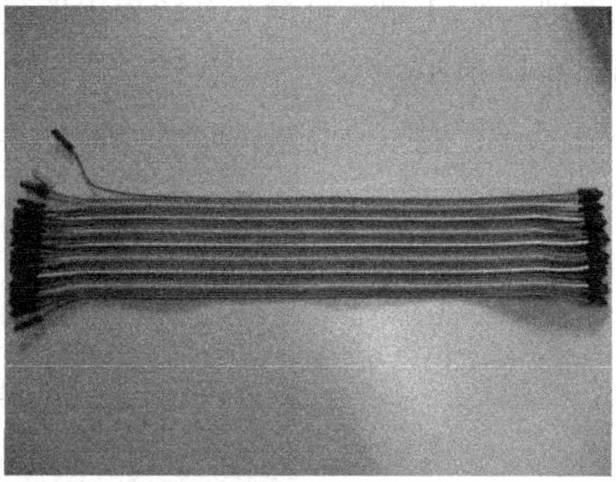

图 6.8 杜邦线

（8）电源，如图 6.9 所示

（9）排针，如图 6.10 所示。

图 6.9 电源

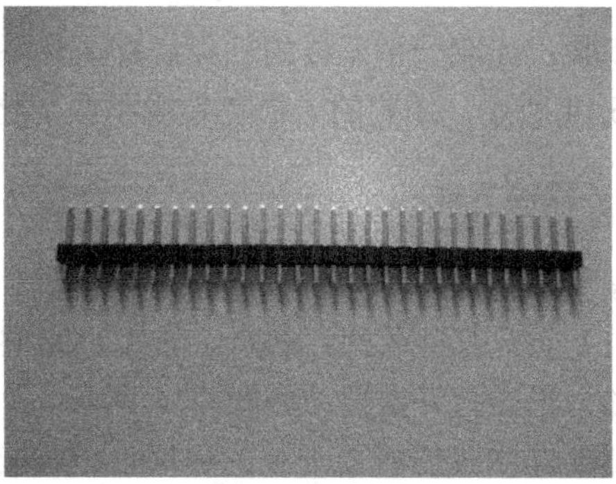

图 6.10 排针

6.1.2 设计步骤

1. 准备工作

（1）在18B20温度传感器、电位器的引脚上焊接排针，如图6.11、图6.12所示。

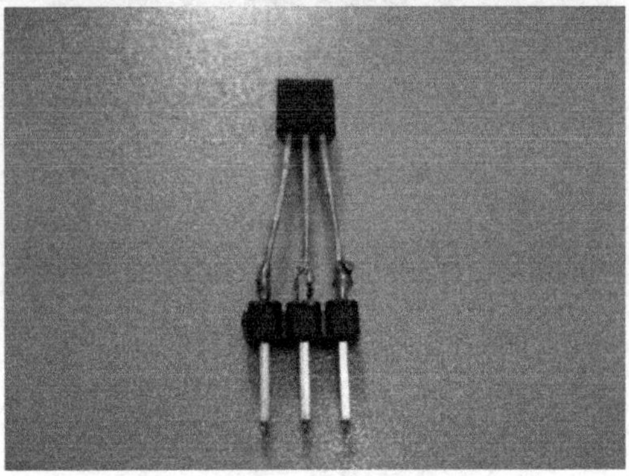

图6.11 焊接排针后的温度传感器

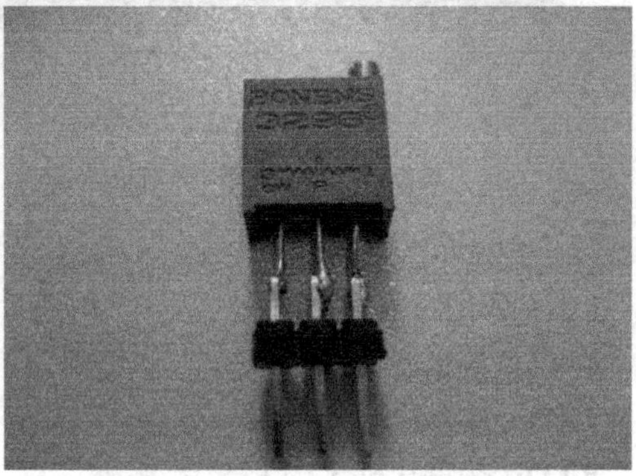

图6.12 焊接排针后的电位器

（2）因为有多个器件（如液晶显示屏、温度传感器、超声波传感器、电位器）都需要接电源或接地，而51单片机最小系统板上的接口有限，所以我们还需要自制一个多引脚的杜邦线，如图6.13所示。

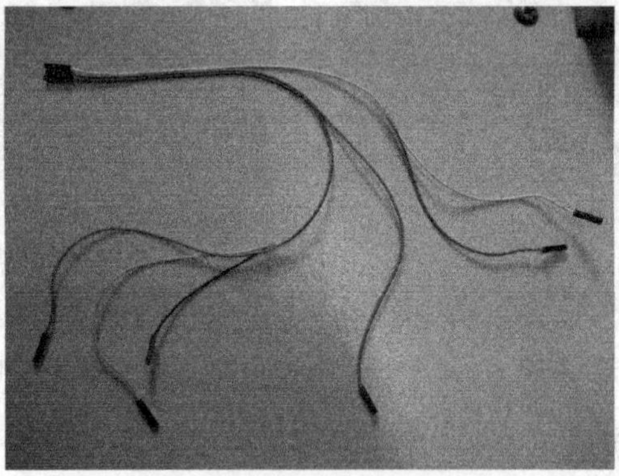

图6.13 自制多引脚杜邦线

步骤：先取一个三根的杜邦线排，然后将其中两根杜邦线分别扩展成三分口和两分口，如图6.14所示，还剩的一根杜邦线不做变化。完成后效果见图6.13。

2. 程序下载

需要事先安装软件STC_ISP_V479d。

（1）首先打开软件，STC_ISP_V479d图标如图6.15所示。

（2）单击打开文件，如图6.16所示。

（3）选中我们所要下载的程序，单击打开。注意，所选择程序的扩展名必须为.hex，如图6.17所示。

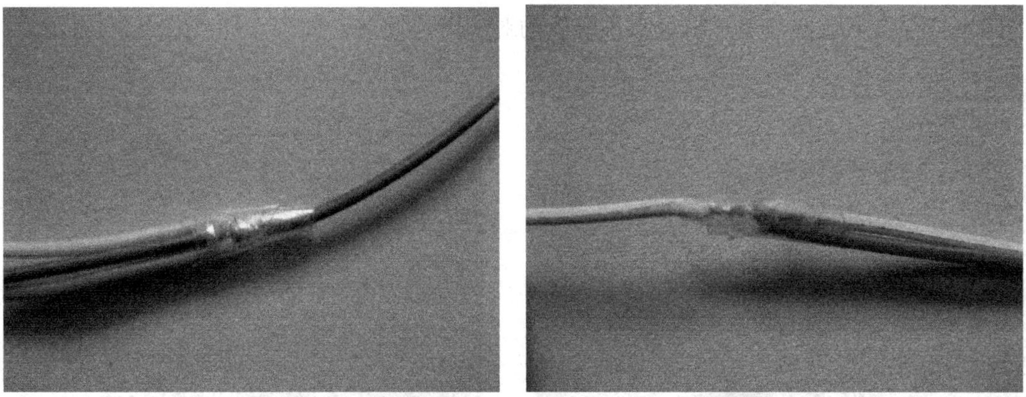

图 6.14 细节展示

图 6.15 STC_ISP_V479d 图标

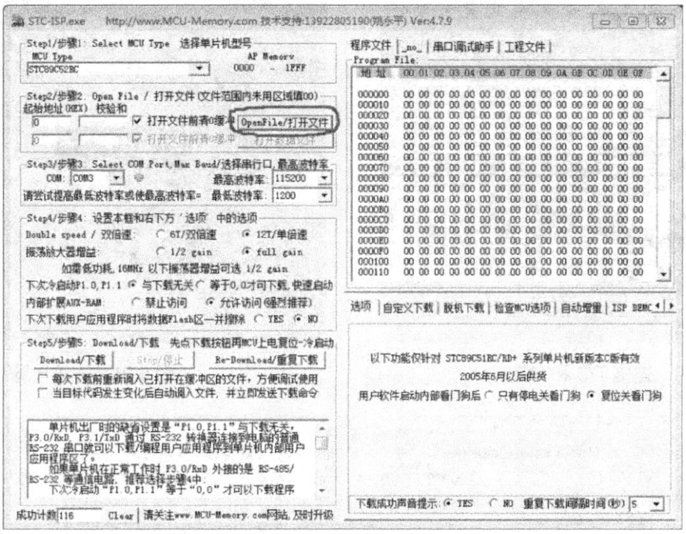

图 6.16 单击打开文件

图 6.17 选择文件

（4）将程序下载器与单片机最小系统板的对应端口连接，如图 6.18 至图 6.20 所示。

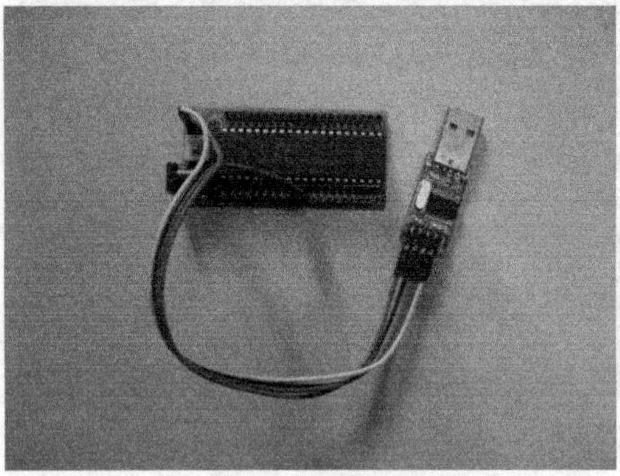

图 6.18　连接下载器

图 6.19　连接 Vcc 和 GND

（5）连接电脑，如图 6.21 所示。

（6）下载程序，如图 6.22 所示。

图 6.20　连接 TXD 和 RXD

图 6.21　连接电脑

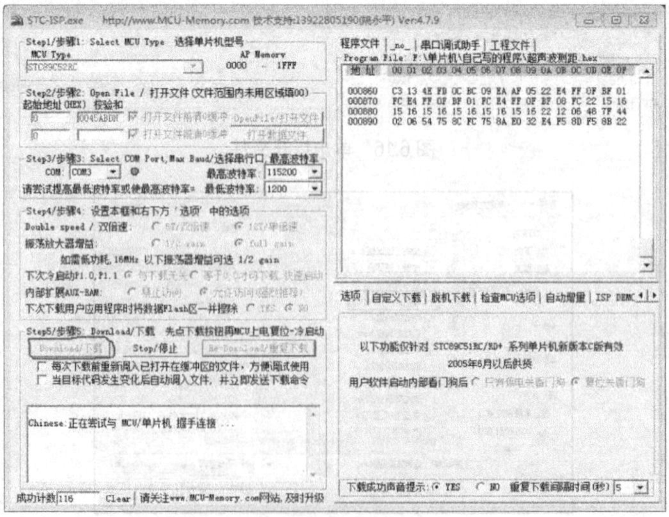

图 6.22　单击下载

（7）单片机在烧写程序时，需要一个上电操作，所以我们在下载程序的过程中，先把一根电源线断开，然后再插回去，如图 6.23、图 6.24 所示。

图 6.23 拔下电源线

图 6.24 再插回电源线

（8）程序下载完成，如图 6.25 所示。

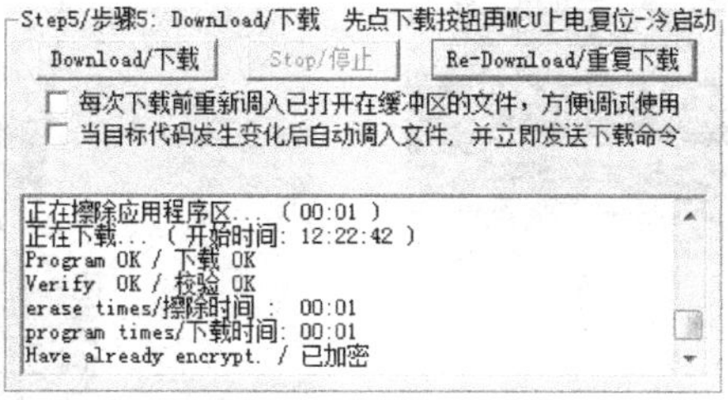

图 6.25 程序下载完成

3. 硬件连接

（1）用八根杜邦线依次连接液晶屏的 D0～D7 管脚，然后再将这八根杜邦线的另一端对应连接到单片机的 P1 口上（D0 接 P1.0，D1 接 P1.1，D2 接 P1.2，D3 接 P1.3，D4 接 P1.4，D5 接 P1.5，D6 接 P1.6，D7 接 P1.7），如图 6.26 至 6.29 所示。

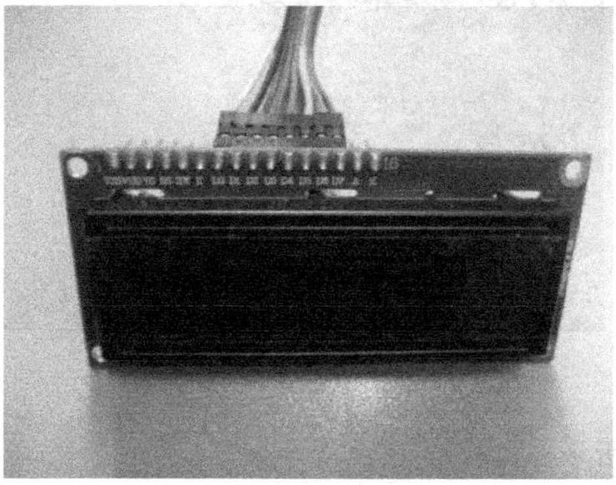

图 6.26 杜邦线连液晶

图 6.27 杜邦线连 P1 口

图 6.28 D0～D7 与 P1 口连接完成

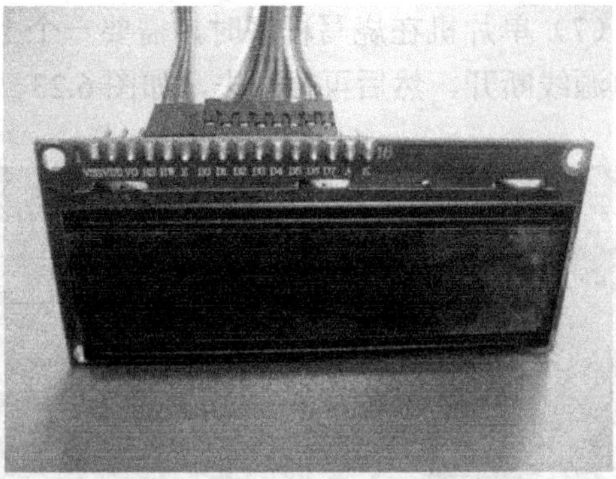

图 6.29 杜邦线连液晶

（2）把液晶屏的 RS、RW、E 管脚与单片机相连，（RS 接 P2.0，RW 接 P2.1，E 接 P2.2）如图 6.30、图 6.31 所示。

图 6.30 杜邦线连 P2 相应口

图 6.31 RS、RW、E 与 P2 相应口连接完成

（3）液晶屏的 VSS、VDD 管脚对应连接到单片机最小系统板上，如图 6.32、图 6.33 所示。

图 6.32 杜邦线连液晶屏

图 6.33 杜邦线连单片机

（4）连接超声波传感器，如图 6.34 至 6.38 所示。

（5）连接电位器，如图 6.39、图 6.40 所示。

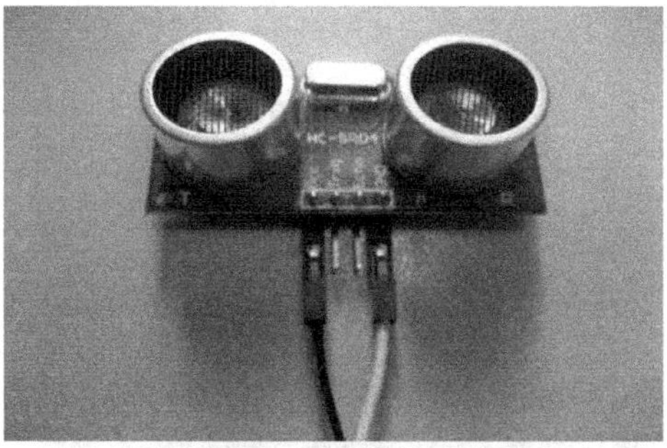

图 6.34 杜邦线连接超声波传感器的 VCC、GND

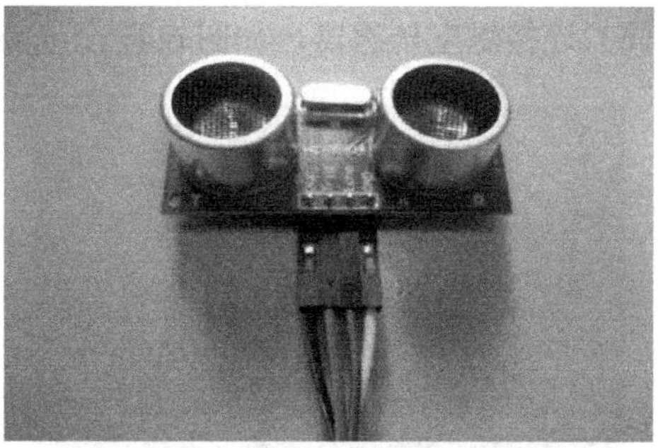

图 6.35 再用两根杜邦线连接超声波传感器的 Trig、Echo

图 6.36 电源端相连 VCC 接 VCC、GND 接 GND

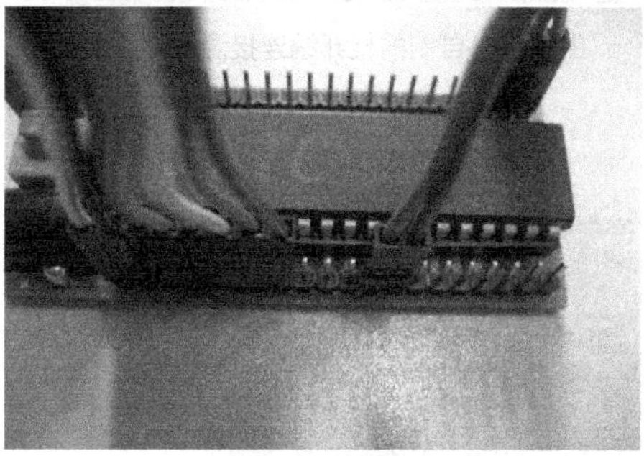

图 6.37 Trig 接 P3.2、Echo 接 P3.3

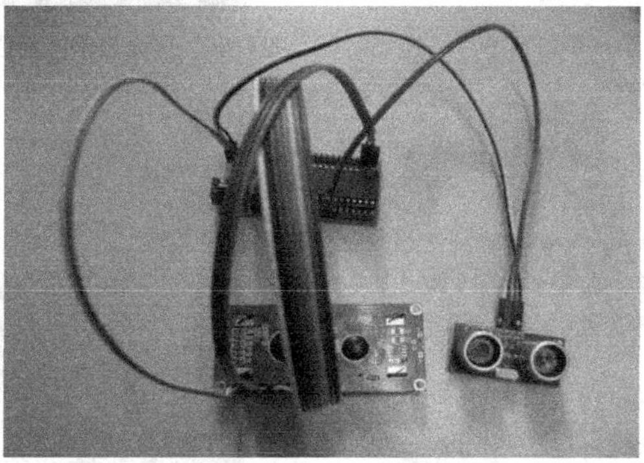

图 6.38 超声波传感器连接完成

图 6.39 杜邦线连接电位器中间管脚

图 6.40 杜邦线连接液晶屏 V0 口

（6）连接温度传感器，如图 6.41 至 6.48 所示。

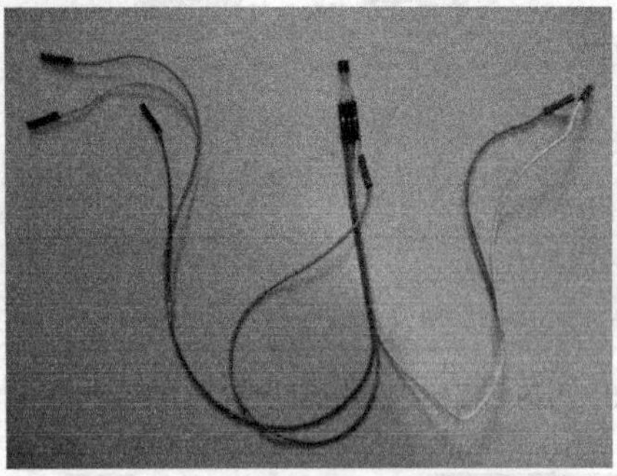

图 6.41 自制的杜邦线连接温度传感器

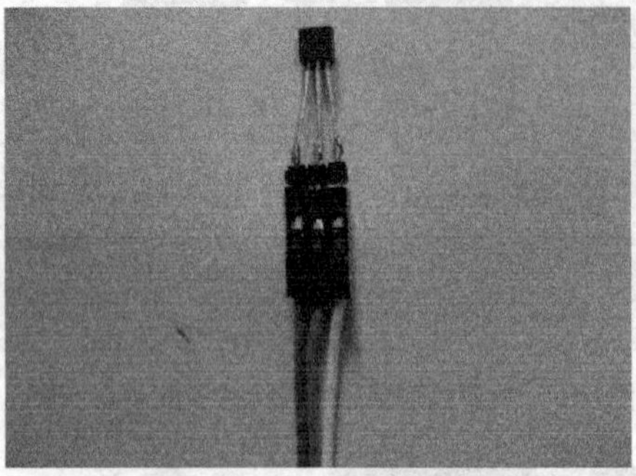

图 6.42 右侧电源端接两分口的杜邦线，中间数据端接单独的杜邦线，左侧地端接三分口的杜邦线

图 6.43 两分口的杜邦线，其中一个口接单片机的 VCC

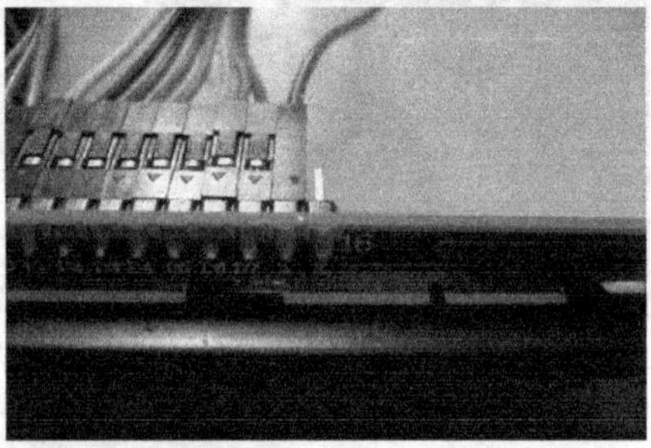

图 6.44 两分口的杜邦线，另一个口接液晶屏的 A 端

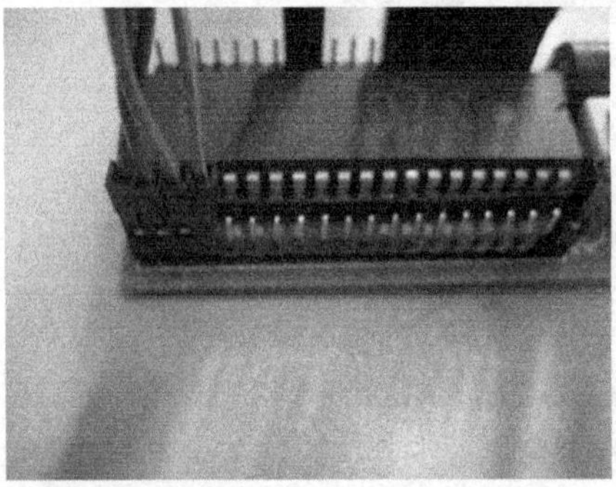

图 6.45 中间数据端接在单片机的 P2.3 口

图 6.46 三分口的杜邦线，其中一个口接单片机的 GND

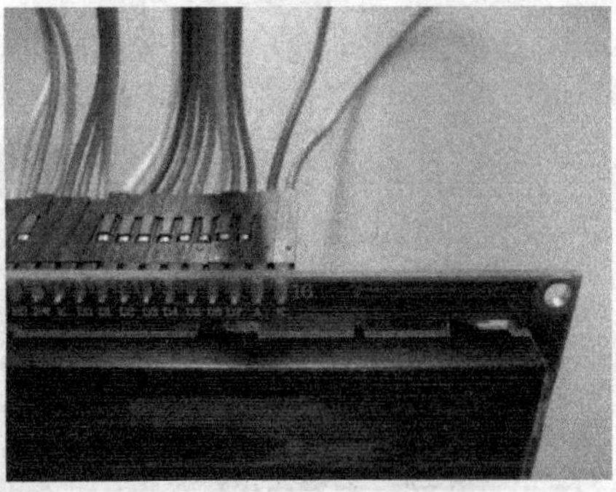

图 6.47 三分口的杜邦线，其中一个口接液晶屏的 K 端

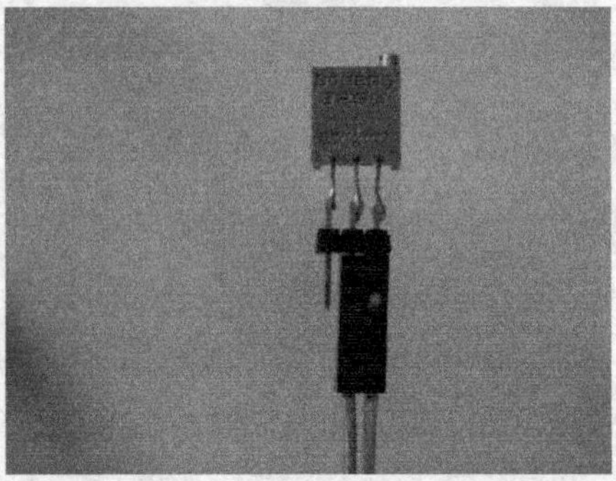

图 6.48 三分口的杜邦线，剩余一个口接电位器

（7）硬件电路连接完成，如图 6.49 所示。

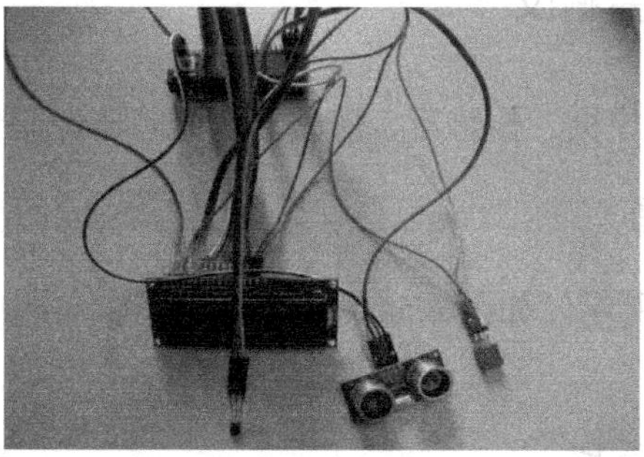

图 6.49 完成结果

4. 效果展示

（1）单片机 5 V 供电，如图 6.50 所示。

（2）实时测距，如图 6.51 至 6.53 所示。

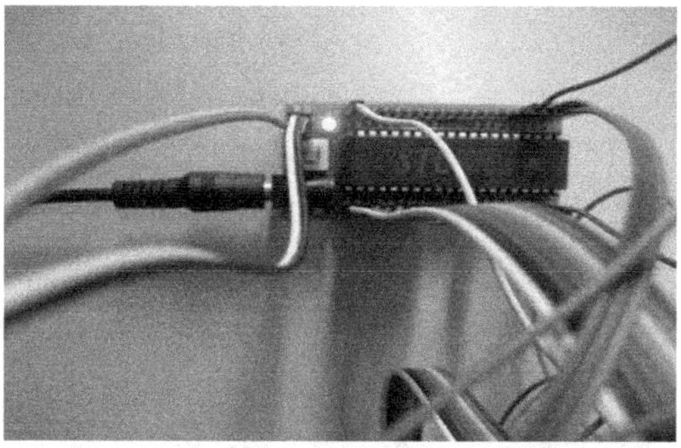

图 6.50 插上电源，打开开关

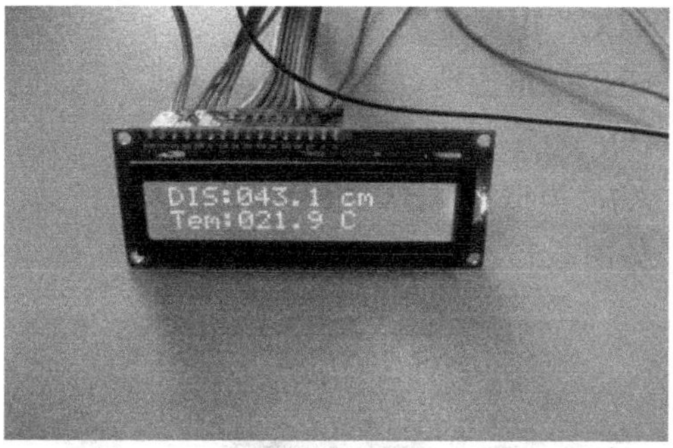

图 6.51 示例一（距离 43.1 厘米，温度 21.9℃）

图 6.52 示例二（距离 12.4 厘米，温度 21.9℃）

图 6.53 示例三（距离 3.9 厘米，温度 21.7℃）

6.1.3 程序分析

程序分析见附录 A。

6.2 基于物联网的废气监测仪

本节主要介绍如何用单片机、传感器、液晶显示屏等器件制作简单的废气检测仪。

6.2.1 电子模块准备

设计所需器件如表 6.2 所示，如图 6.54 所示。

表 6.2　　设计所需器件

51 单片机最小系统板	程序下载器
1602 液晶显示屏	电位器（0～50Ω）
YL-15 MQ2 废气传感器	YL-40 A/D 模块
排针、杜邦线	5 V 电源

1. 废气传感器 YL-15 MQ2

VCC：电源正极（5 V）。
GND：电源地。
D0：数字量输出。
A0：模拟量输出。
如图 6.55、图 6.56 所示。

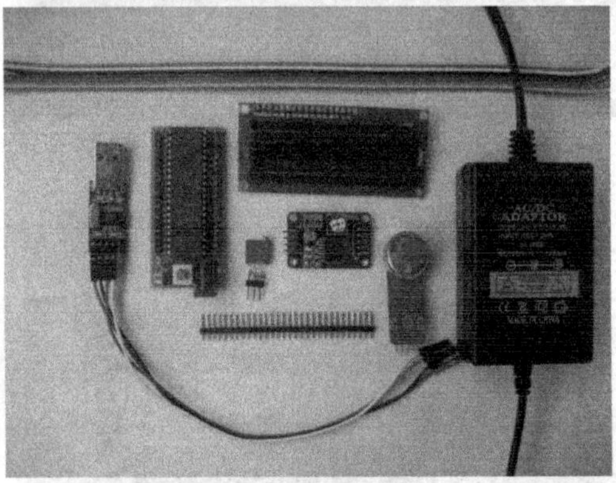

图 6.54　设计所需器件

图 6.55　废气传感器 YL-15 MQ2（正面）

2. A/D 转换模块 YL-40

AIN（0～3）：模拟量输入。
AOUT：模拟量输出。
VCC：电源正极（5 V）。
GND：电源地。
SCL：I^2C 时钟接口。
SDA：I^2C 数据接口。

模块共有三个红色短路帽，分别作用如下:

P4 接上 P4 短路帽，选择热敏电阻接入电路。

P5 接上 P5 短路帽，选择光敏电阻接入电路。

P6 接上 P6 短路帽，选择 0～5V 可调电压接入电路。

如图 6.57 所示。

其他设计所需器材如前节 6.1.1 所述。

图 6.56　废气传感器 YL-15 MQ2（背面）

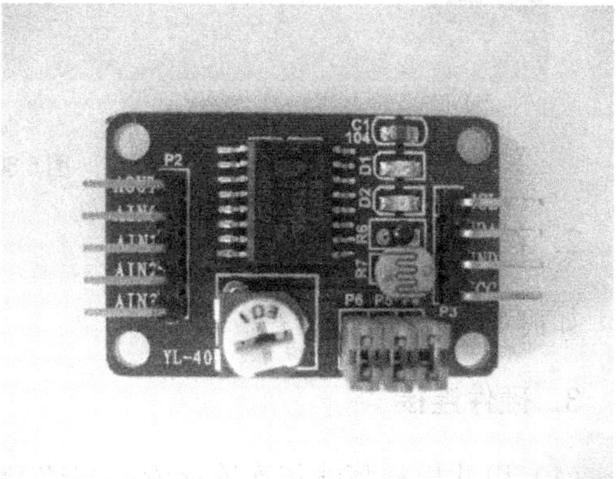

图 6.57　A/D 转换模块 YL-40

6.2.2　设计步骤

1. 准备工作

（1）　在电位器的引脚上焊接排针，如图 6.58 所示。

（2）因为有多个器件（如液晶显示屏、废气传感器、A/D 模块、电位器）都需要接电源或接地，而 51 单片机最小系统板上的接口有限，所以我们还需要自制一个多引脚的杜邦线，如图 6.59 所示。

图 6.58　焊接排针后的电位器

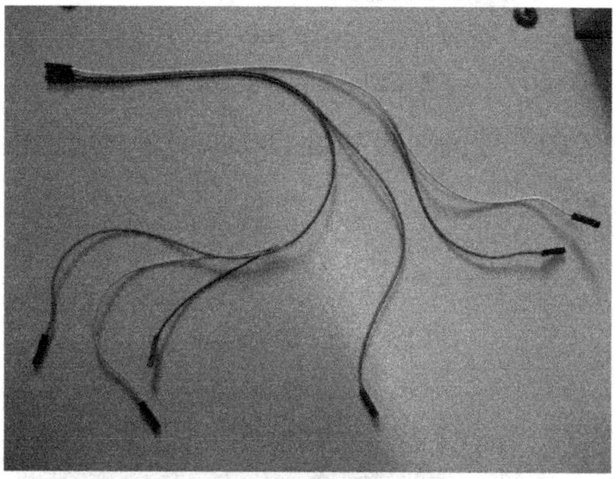

图 6.59　自制多引脚杜邦线

步骤：先取一个三根的杜邦线排，然后将其中两根杜邦线分别扩展成三分口和两分口，如图 6.60 所示，还剩的一根杜邦线不做变化。完成后效果如图 6.59 所示。

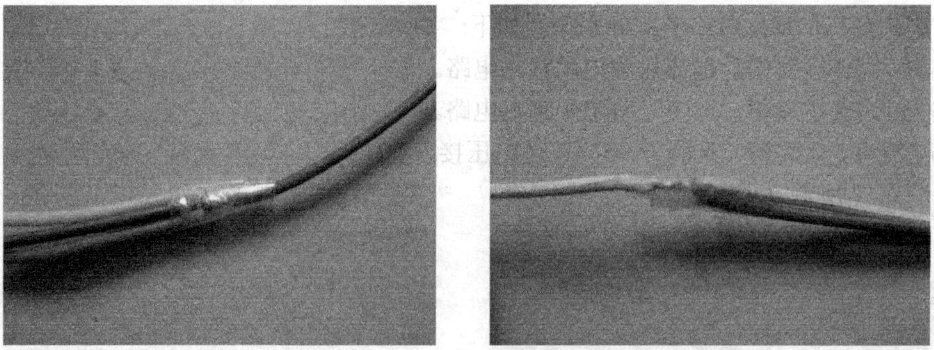

(a)　　　　　　　　(b)

图 6.60　细节展示

2．程序下载

如前节 6.1.2 所示。

3．硬件连接

（1）用八根杜邦线依次连接液晶屏的 D0～D7 管脚，然后再将这八根杜邦线的另一端对应连接到单片机的 P1 口上（D0 接 P1.0，D1 接 P1.1，D2 接 P1.2，D3 接 P1.3，D4 接 P1.4，D5 接 P1.5，D6 接 P1.6，D7 接 P1.7），如图 6.61、图 6.62 所示。

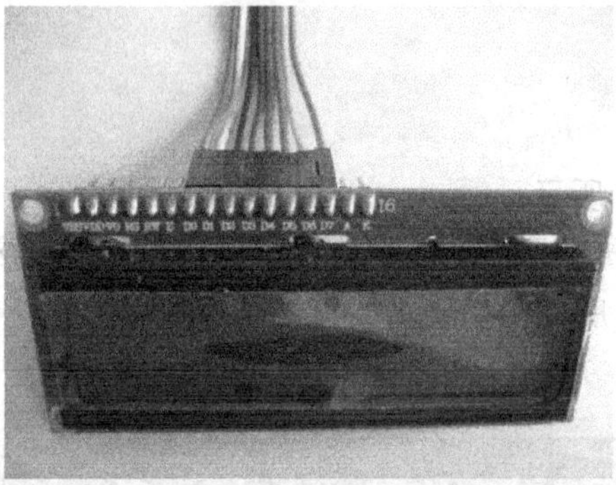

图 6.61　杜邦线连液晶屏

图 6.62　杜邦线连 P1 口

（2）液晶屏的 VSS、VDD 管脚对应连接到单片机最小系统板上，如图 6.63、图 6.64 所示。

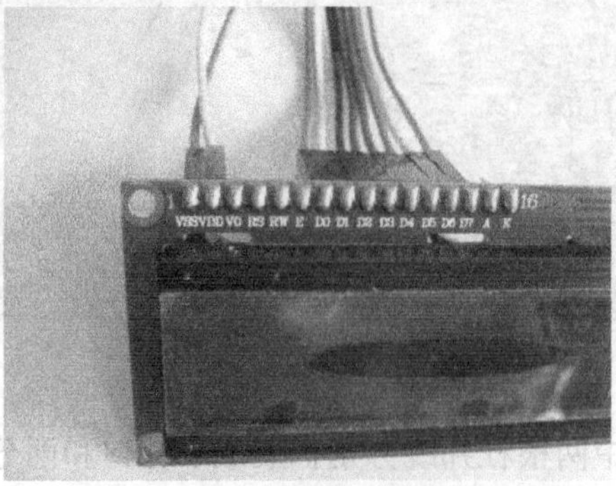

图 6.63　杜邦线连液晶屏

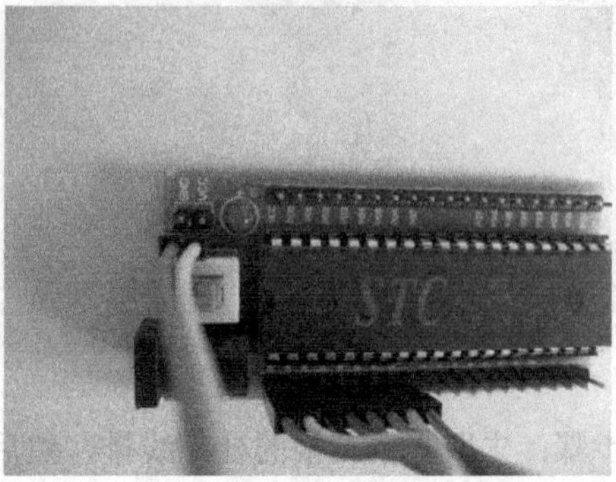

图 6.64　杜邦线连单片机

（3）把液晶屏的RS、RW、E管脚与单片机相连，（RS接P2.0，RW接P2.1，E接P2.2），如图6.65、图6.66所示。

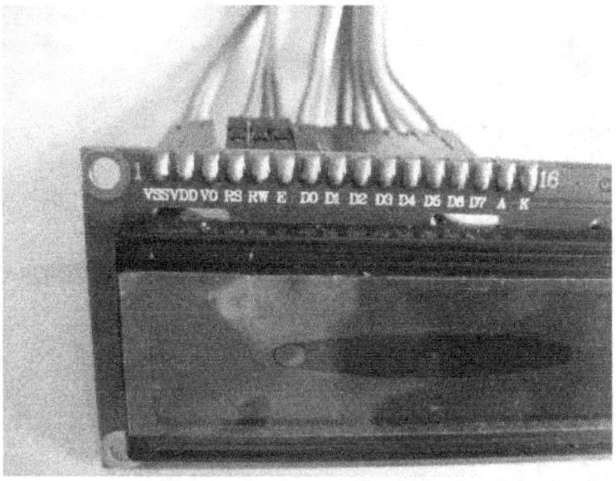

图6.65 杜邦线连液晶

图6.66 杜邦线连P2相应口

（4）把液晶屏的A、K管脚与单片机相连（A接VCC，K接GND），如图6.67至图6.69所示。

图6.67 杜邦线连液晶屏

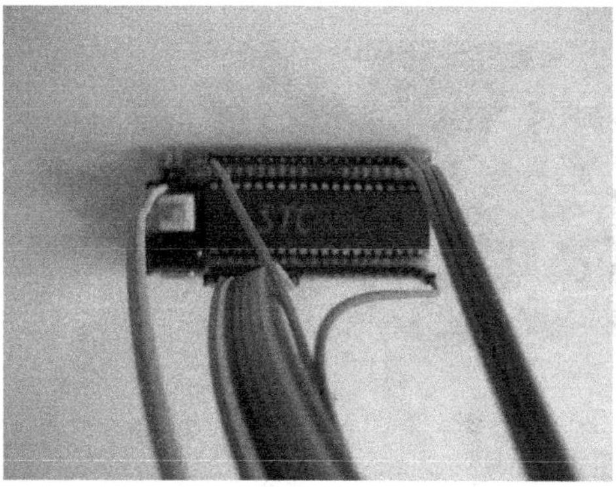

图6.68 杜邦线连单片机

（5）连接废气传感器。

此处需要使用我们事先做好的杜邦线，其中GND端接三分口的，VCC端接二分口的，A0端接单独的，D0端为空，如图6.70所示。

图6.69 液晶连接完成

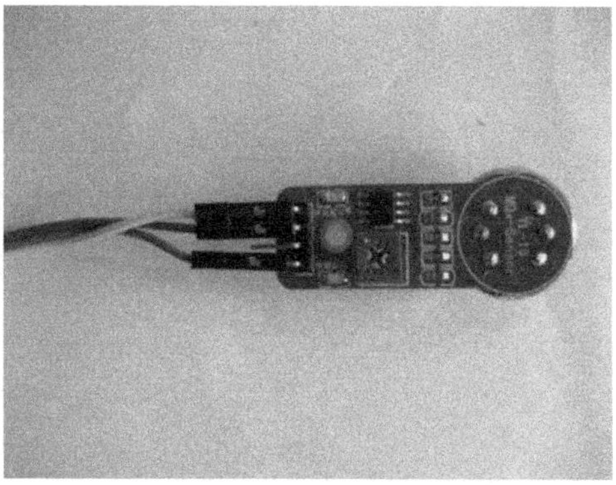

图6.70 自制杜邦线连接废气传感器

（6）连接 A/D 转换模块。

① 废气传感器 A0 口连接 A/D 模块 AIN 1 口，如图 6.71、图 6.72 所示。

图 6.71 废气传感器 A0 口连接 A/D 模块

图 6.72 三分口杜邦线连接 A/D 模块 GND 口

② 三分口杜邦线（共地）分别连接 A/D 转换模块 GND 口、单片机 GND 口、电位器，如图 6.73、图 6.74 所示。

图 6.73 三分口杜邦线连接单片机 GND 口

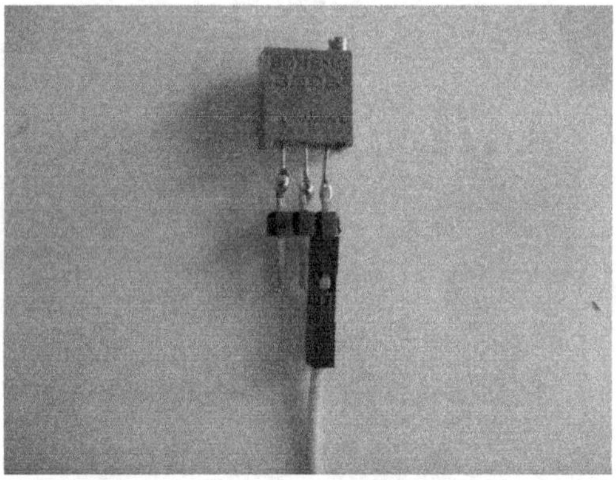

图 6.74 三分口杜邦线连接电位器

③ 二分口杜邦线（共 VCC）分别连接 A/D 转换模块 VCC 口、单片机 VCC 口，如图 6.75、图 6.76 所示。

图 6.75 二分口杜邦线连接 A/D 转换模块 VCC 口

图 6.76 二分口杜邦线连接单片机 VCC 口

④ 用两根杜邦线连接 A/D 转换模块 SCL、SDA 端口（SCL 接 P2.3、SDA 接 P2.4），如图 6.77、图 6.78 所示。

图 6.77　杜邦线连接 A/D 模块

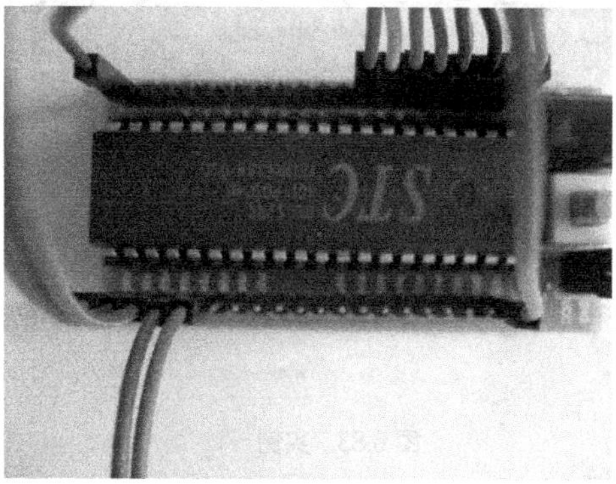
图 6.78　杜邦线连接单片机

（7）连接电位器，如图 6.79、图 6.80 所示。

图 6.79　用一根杜邦线连接电位器中间管脚

图 6.80　另一头连接液晶屏 V0 口

（8）硬件电路连接完成，如图 6.81 所示。

4. 效果展示

（1）单片机 5V 供电。如图 6.82 所示。

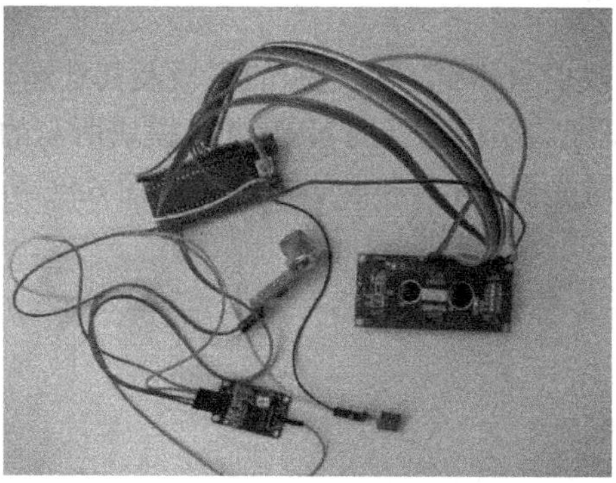
图 6.81　连接完成

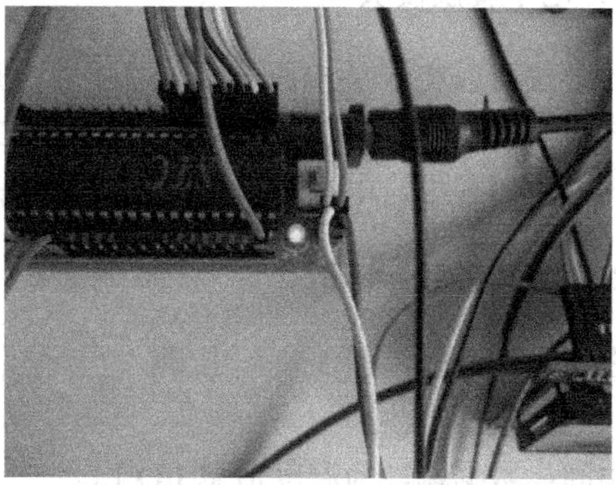
图 6.82　给单片机供电

（2）实测数据显示，如图 6.83、图 6.84 所示。

图 6.83 实例一

图 6.84 实例二

6.2.3 程序分析

程序分析见附录 B。

6.3 基于 NRF2401 无线模块的温度远程传输系统

本节主要简单介绍基于 NRF2401 无线模块的温度远程传输系统。

6.3.1 电子模块准备

设计所需器件如表 6.3 所示，如图 6.85 所示。

表 6.3 设计所需器件

51 单片机最小系统板×2	程序下载器
1602 液晶显示屏	电平转换模块×2
18B20 温度传感器	NRF2401 无线模块×2
杜邦线	5V 电源×2
电阻	排针

1. 电平转换模块

此模块可以将 5 V 电压转换成 3.3 V 电压。我们只需把 5 V 电源的正极及其地端，接在电平转换模块的 5 V 与 GND 端即可，此时从 3.3 V 端口引出的即为 NRF2401 模块所需的 3.3 V 电压。在本例程中，电平转换模块的作用就是同时提供 3.3 V 和 5 V 电压，如图 6.86 所示。

2. 温度传感器 18B20

右边：电源端，接 5 V 正电源。
左边：接地端。
中间：数据端，为温度信息 I/O 口。
如图 6.87 所示。

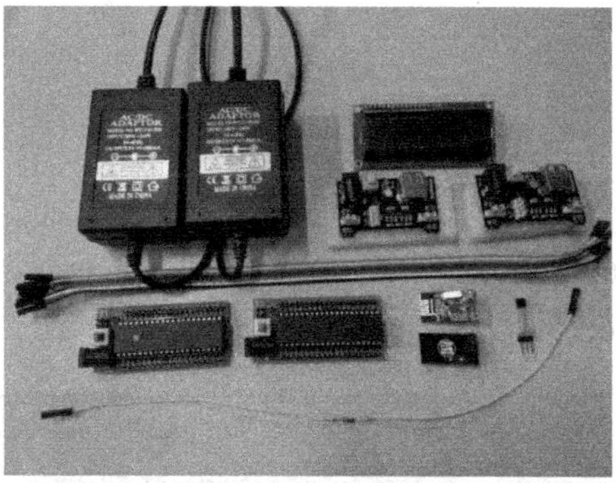

图 6.85 设计所需器件

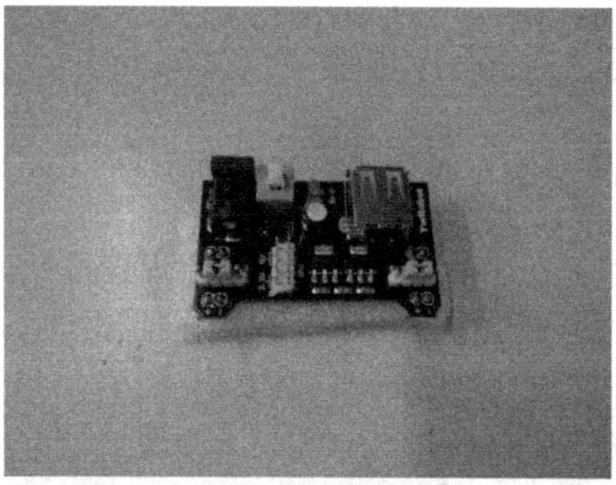

图 6.86 电平转换模块

3. NRF2401 无线模块

NRF2401 是单片射频收发芯片，如图 6.88、图 6.89 所示，工作于 2.4～2.5 GHz ISM 频段，芯片内置频率合成器、功率放大器、晶体振荡器和调制器等功能模块，输出功率和通信频道可通过程序进行配置。芯片能耗非常低，以−5 dBm 的功率发射时，工作电流只有 10.5 mA，接收时工作电流只有 18 mA，多种低功率工作模式，节能设计更方便。其 DuoCeiverTM 技术使 NRF2401 可以使用同一天线，同时接收两个不同频道的数据。NRF2401 适用于多种无线通信的场合，如无线数据传输系统、无线鼠标、遥控开锁、遥控玩具等。

工作电压范围：1.9～3.6 V。

工作温度范围：−40℃～+80℃。

图 6.87 温度传感器 18B20

图 6.88 NRF2401 无线模块实物图

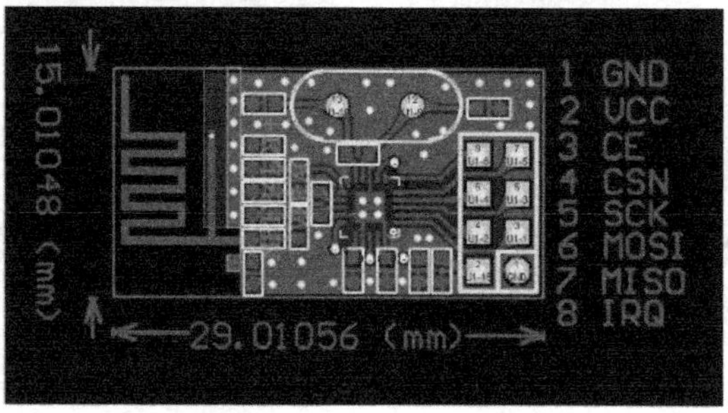

图 6.89 NRF2401 无线模块电路图

6.3.2 设计步骤

1. 准备工作

（1）在 18B20 温度传感器上焊接排针，如图 6.90 所示。
（2）把电阻（10kΩ）焊接在杜邦线上，如图 6.91 所示。

图 6.90 焊接排针后的温度传感器

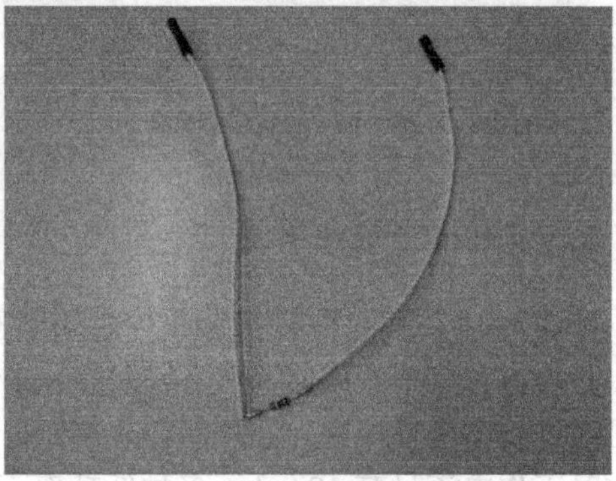
图 6.91 焊接电阻的杜邦线

2. 程序下载

需要事先安装软件 STC_ISP_V479d。
下载过程如上节 6.1.2 所述。
本例程还有一块单片机需要下载程序“2401 接收.hex”，过程同上。

3. 硬件连接

（1）发送模块连接。
此时选用烧写了“2401 发送.hex”文件的单片机最小系统板。
① 连接温度传感器 18B20。首先将其数据端（中间端口）接到单片机的 P2.7 口，然后连接电源端（5V 供电）和接地端到单片机上，如图 6.92、图 6.93 所示。

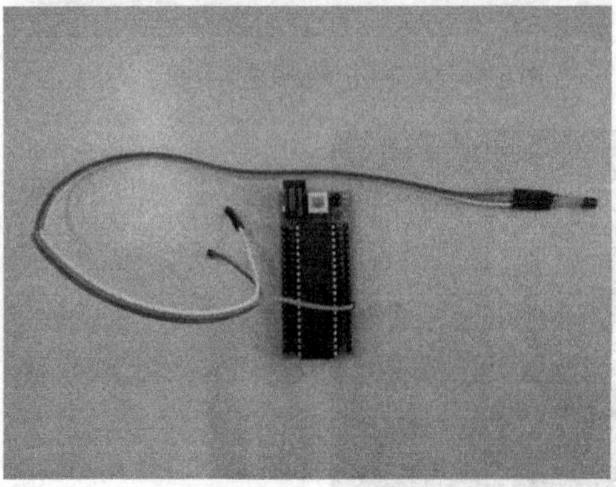
图 6.92 连接 18B20 数据端

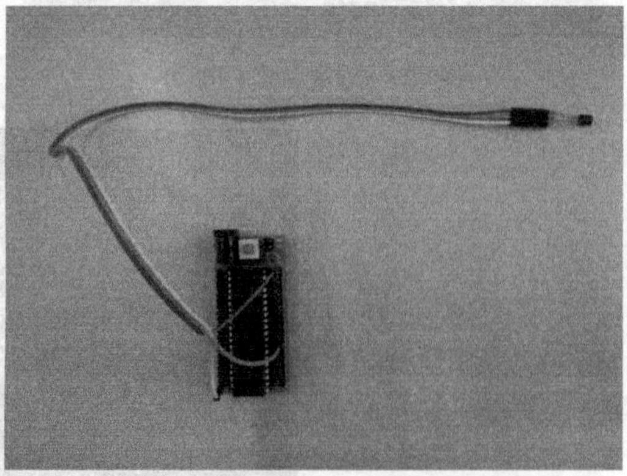
图 6.93 连接 18B20 电源端和接地端

② 连接 NRF2401 无线通信模块。其中 CE 接 P3.2，CSN 接 P3.5，IRQ 接 P3.7，MISO 接 P3.4，MOSI 接 P3.6，SCK 接 P3.3，VCC 接 3.3V 电源，GND 接地，如图 6.94、图 6.95 所示。

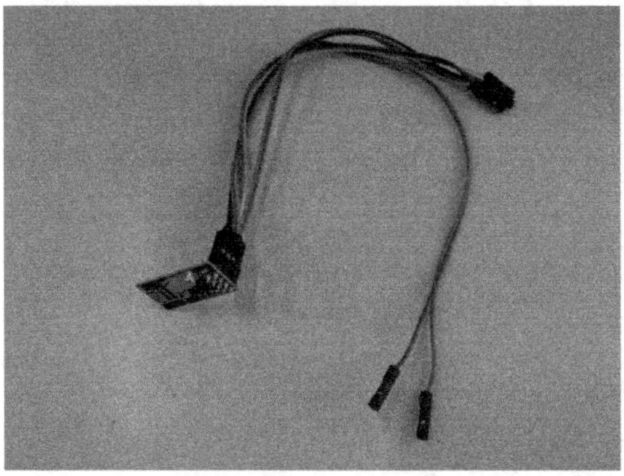

图 6.94　连接 NRF2401 模块

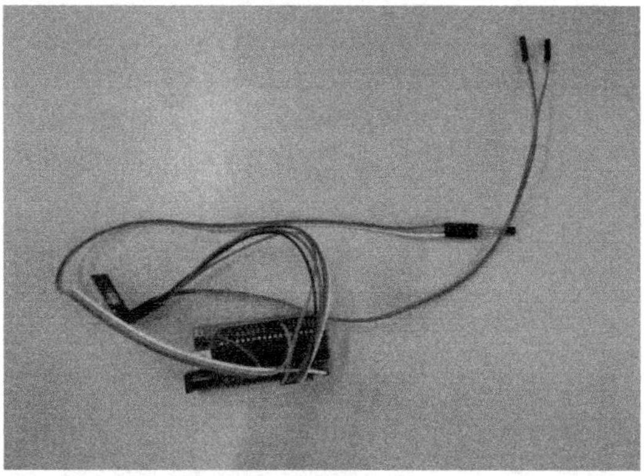

图 6.95　连接 NRF2401 模块到单片机

由于 NRF2401 模块是 3.3V 供电而不是 5V，所以它的电源和接地需要接到电平转换模块（5V 转 3.3V）的 3.3V 输出上，如果直接连在单片机的 5V 输出上边则会烧毁模块，需要特别注意，如图 6.96 所示。

③ 利用单片机上的 5V 输出给电平转换模块供电，以使其输出 3.3V 电压，供 NRF2401 模块使用，如图 6.97、图 6.98 所示。

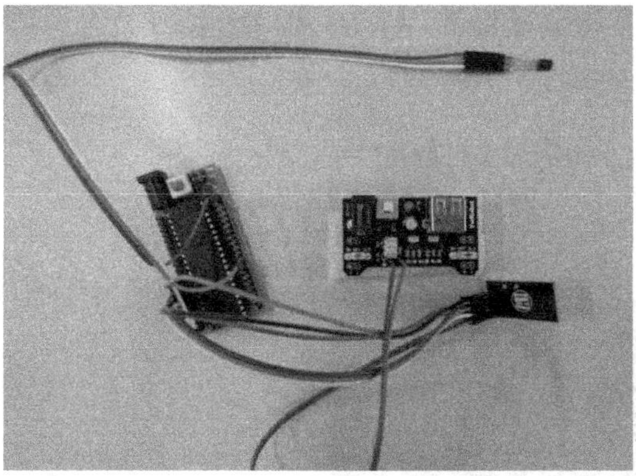

图 6.96　连接 NRF2401 的电源端和接地端，注意是 3.3V 供电

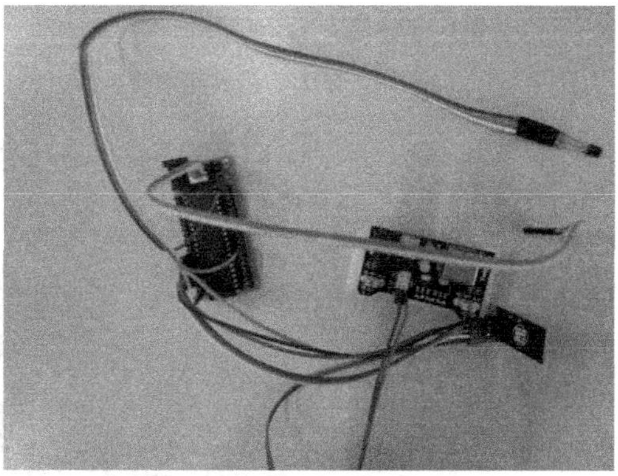

图 6.97　连接单片机的 VCC 和 GND

④ 在发送端还有一个开关，我们设定为 P0.0 口。当 P0.0 口为低电平时（即接地），启动数据的发送。所以我们需要在 P0.0 口连接一根杜邦线，以便接下来的使用，如图 6.99 所示。

⑤ 发送模块连接完成。

（2）接收模块连接。

此时选用烧写了“2401 接收.hex”文件的单片机最小系统板。

① 连接 NRF2401 无线通信模块，步骤同上，所有接口的定义都相同，如图 6.100 至图 6.102 所示。

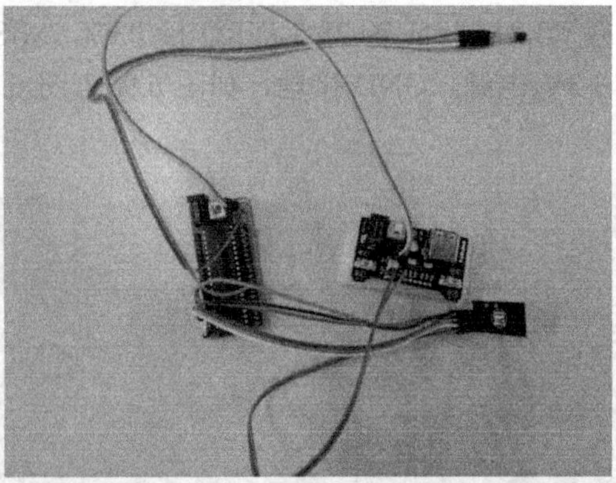

图 6.98 连接电平转换模块的 5V VCC 和 GND

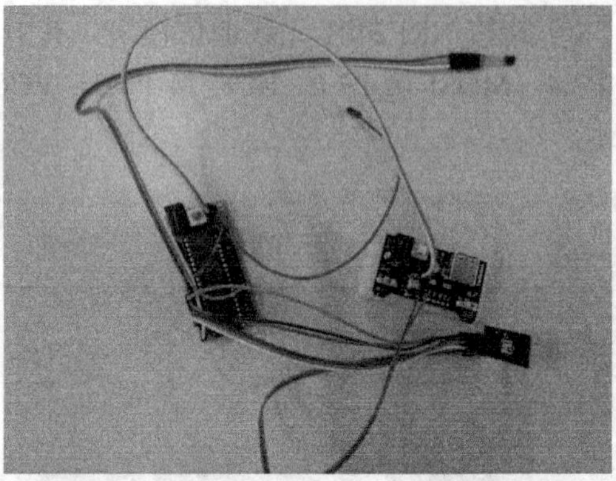

图 6.99 预留开关

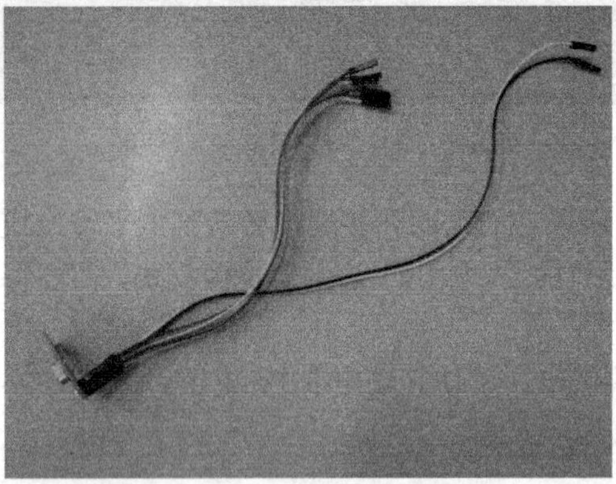

图 6.100 连接 NRF2401 模块

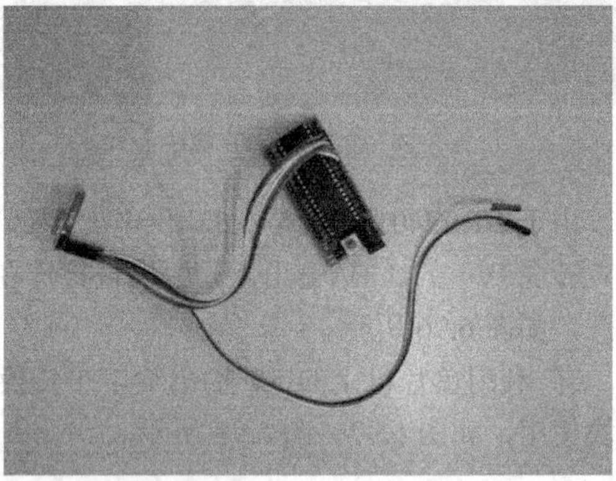

图 6.101 连接 NRF2401 模块到单片机

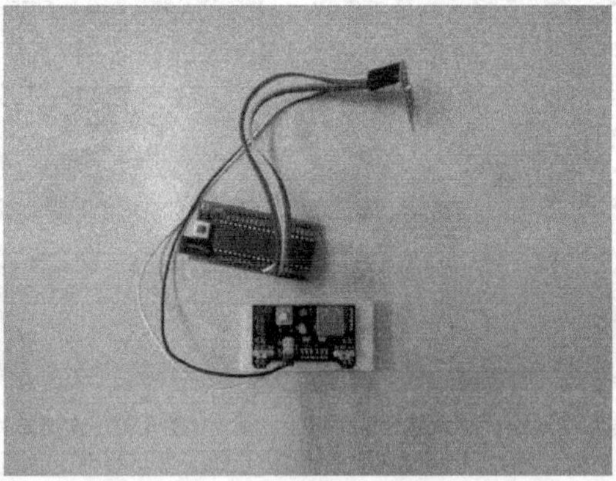

图 6.102 连接 NRF2401 的电源端和接地端，注意是 3.3V 供电

② 连接 1602 液晶显示屏。

用八根杜邦线依次连接液晶屏的 D0～D7 管脚，然后再将这八根杜邦线的另一端对应连接到单片机的 P1 口上（D0 接 P1.0，D1 接 P1.1，D2 接 P1.2，D3 接 P1.3，D4 接 P1.4，D5 接 P1.5，D6 接 P1.6，D7 接 P1.7），如图 6.103、图 6.104 所示。

③ 连接液晶屏的 RS、RW、E 端口，其中 RS 接 P2.0，RW 接 P2.1，E 接 P2.2，如图 6.105、如图 6.106 所示。

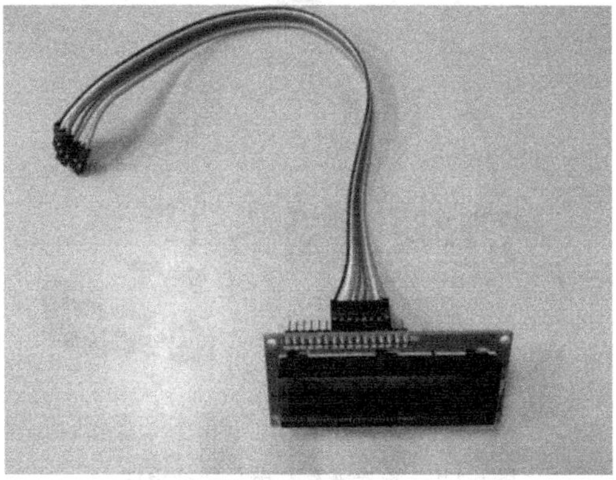

图 6.103　连接液晶

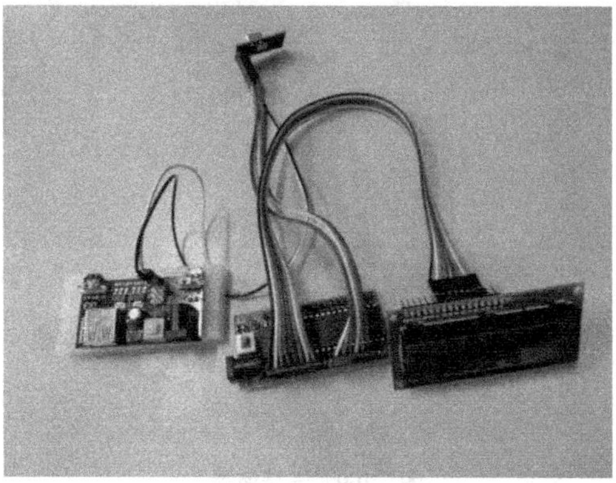

图 6.104　连接液晶和单片机

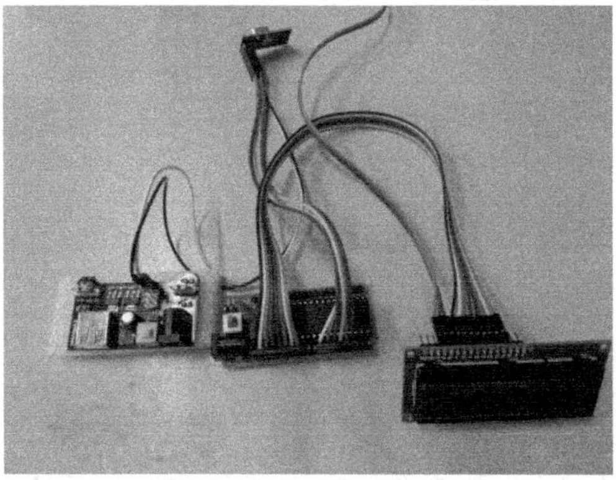

图 6.105　连接液晶

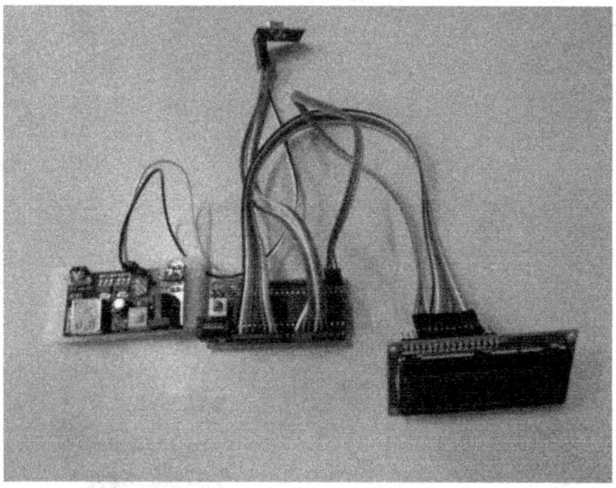

图 6.106　连接液晶和单片机

④ 连接液晶屏的 V0 口（接地），此时我们需要用到事前做好带有 10kΩ电阻的杜邦线，电阻的作用是调节液晶屏的对比度。也可以换成电位器，使其对比度变成可调的，如图 6.107、6.108 所示。

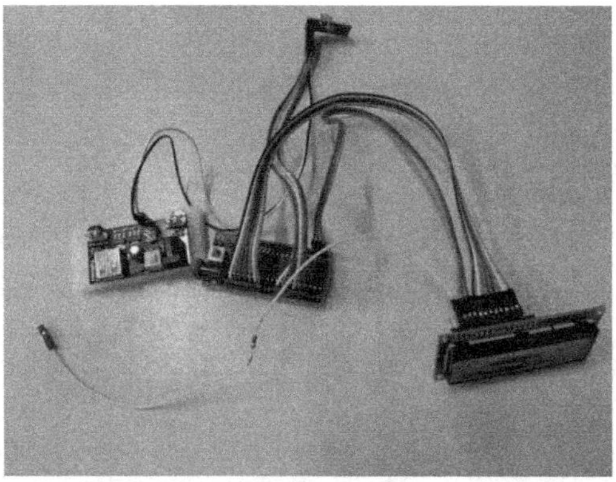

图 6.107　连接液晶

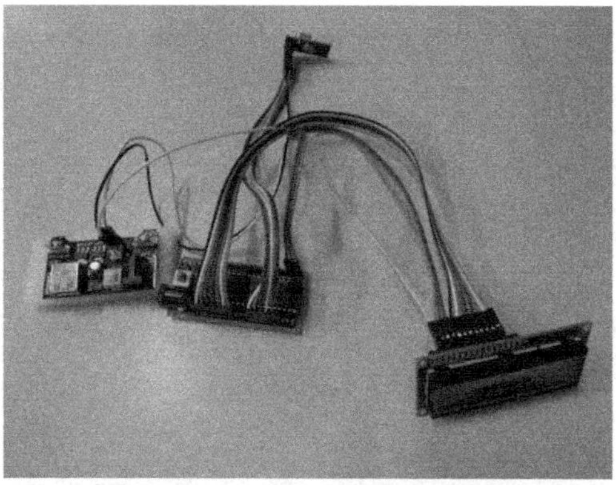

图 6.108　连接液晶和电平转换模块

⑤ 连接 1602 液晶屏的 VSS 和 VDD，其中 VSS 接地，VDD 接电源，如图 6.109、图 6.110 所示。

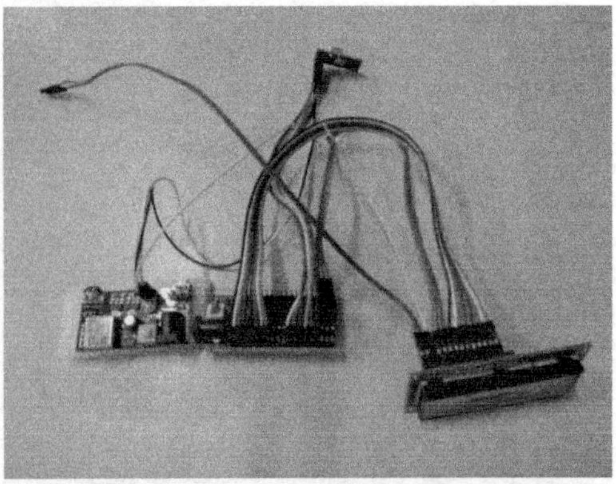

图 6.109　连接液晶

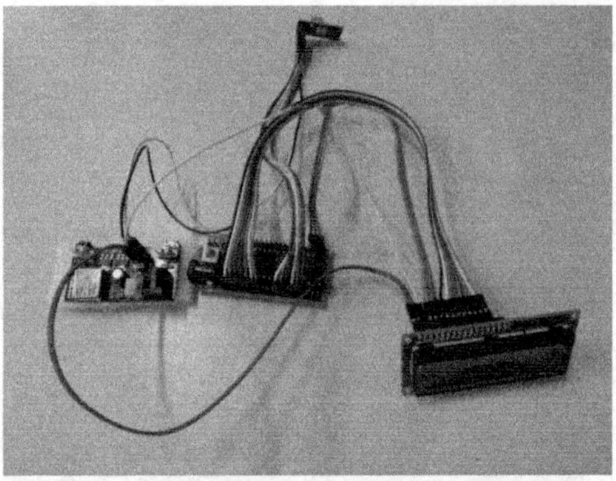

图 6.110　连接液晶和电平转换模块

⑥ 连接 1602 液晶屏的 A、K 端口，其中 A 接 5V 电源，K 接地，如图 6.111、图 6.112 所示。

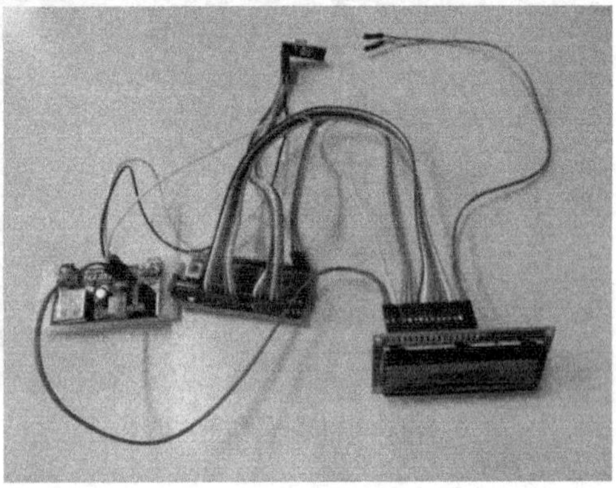

图 6.111　连接液晶

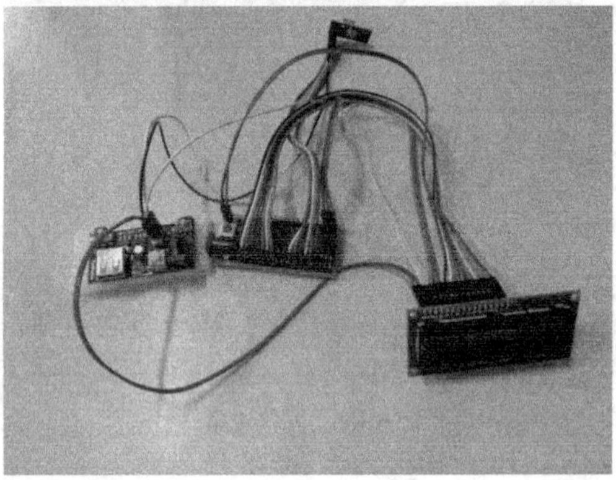

图 6.112　连接液晶和单片机

⑦ 利用单片机上的 5V 输出给电平转换模块供电，以使其输出 3.3V 电压，供 NRF2401 模块使用，如图 6.113、图 6.114 所示。

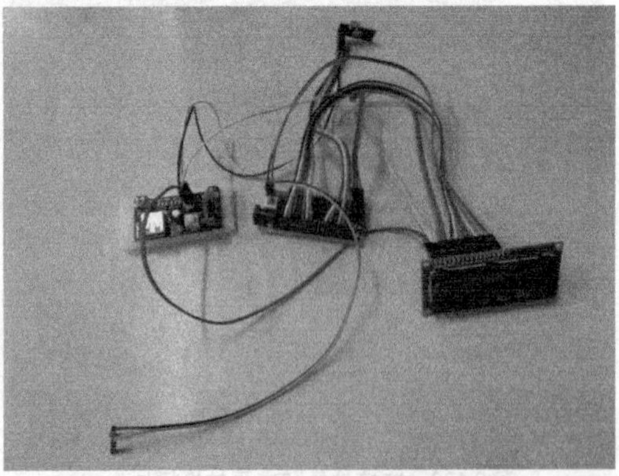

图 6.113　连接单片机 5V 输出和地端

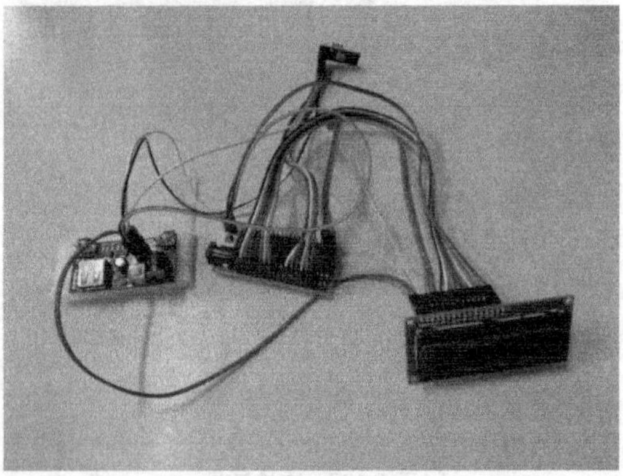

图 6.114　连接电平转换模块 5V 输入和地端

⑧ 接收模块连接完成。

4. 效果展示

（1）先给接收模块供电，并打开单片机最小系统板上的开关。此时并没有温度数据显示，因为发送模块还未发送温度数据，如图 6.115 所示。

（2）给发送模块供电，如图 6.116 所示。

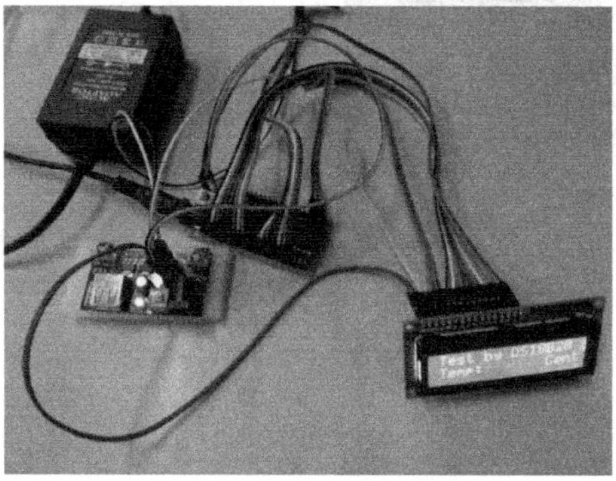

图 6.115　接收模块供电

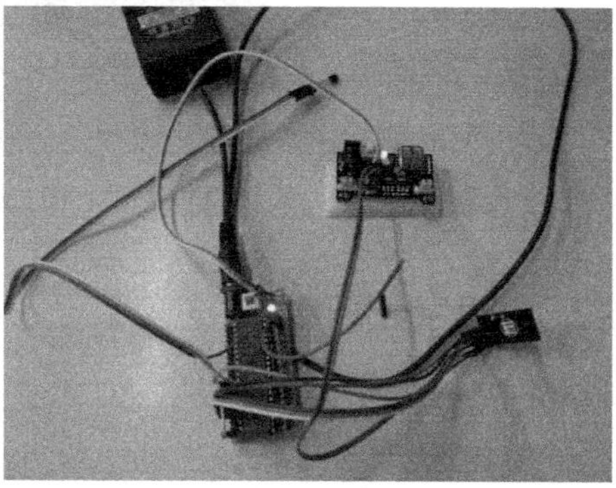

图 6.116　发送模块供电

（3）启动发送数据，将 P0.0 接地，如图 6.117 所示。

（4）启动发送后，接收模块的液晶屏上会实时显示温度传感器所在位置的温度数据。本次例程中，当距离为 15 米时，NRF2401 无线通信模块依然可以正常工作，如图 6.118 所示，示例如图 6.119 至 6.121 所示。

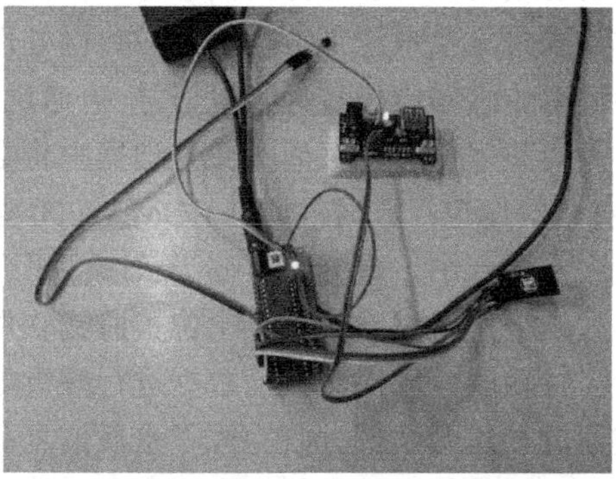

图 6.117　发送模块启动发送

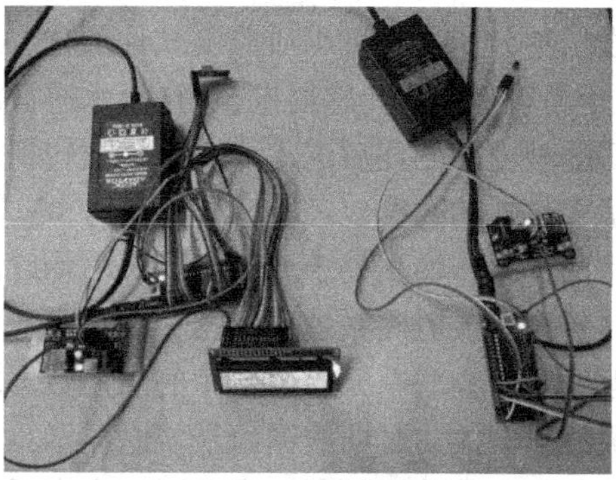

图 6.118　发送、接收模块正常工作

图 6.119　示例一

图 6.120　示例二

图 6.121　示例三

6.3.3　程序分析

程序分析见附录 C。

6.4　水质远程智能化监测系统设计

6.4.1　总体设计

本文设计的水质远程智能化监测系统采用了基于 CDMA2000 1X EVDO 的移动通信网络作为数据通信网络。水质远程智能化监测系统从功能结构上可以划分为两部分：水质数据采集及发送部分和上位机水质监测软件部分。水质数据采集及发送部分由 STM32 微处理器、3G 通信模块与水质传感器电极组成。水质被测参量由传感器电极转换为电信号，再通过放大、平移等处理电路处理后进入 ADC 模数转换器转换为数字信号，接着在微处理器中将数据封装成适合传输的数据包，最后通过驱动 3G 模块发送数据包。数据包通过 CDMA2000 移动通信网络的基站传输到处于 Internet 中的物联网云服务平台中，数据包存储于云服务平台数据库中，整个水质监测系统可以存在多个水质数据远程采集及发送部分；上位机监测软件部分通过互联网对物联网云服务器中的水质数据进行实时获取，并对获取的数据进行解析处理，最后通过直观的实时曲线图给予实时显示。系统通过上述两个部分就完成了水质信息从监测点到监测中心的传输过程，实现了一个水质远程监测系统的完整结构。水质远程智能化监测系统的整体结构框图如图 6.122 所示。

6.4.2　系统硬件设计

1. 硬件整体结构

水质监测系统的硬件是整个监测系统的基础，整体结构如图 6.123 所示。

系统主控制器选用 STM32F103ZET6 微处理器芯片作为主控芯片。STM32 系列微处理器是意法半导体（ST Microelectronics）公司针对具有高性能、低成本以及低功耗要求的嵌入式应用专门开发设计的基于 ARM Cortex-Mx 内核的 32 位微处理器。本系统选用 STM32F103 增强型系列的 STM32F103ZET6 芯片，内核为 ARM Cortex-M3，工作频率为 72MHz，具有

112 个通用输入/输出接口、512 K 字节 Flash 与 64 K 字节 SRAM、4 个通用定时器、2 个基本定时器、2 个高级定时器、3 个 12 位高速 AD 模数转换器、5 个串口、3 个 SPI 接口，能够满足本系统的需求。硬件部分电路以 STM32F103ZET6 微处理器为核心，通过芯片内部集成的 AD 模数转换电路采集 8 路水质模拟传感器数据，使用 I/O 口模拟 1-Wire 接口采集温度传感器数据，使用 SPI 串行外设接口与 SD 卡进行通信，通过 USART 串口驱动 MC509-CDMA2000 无线数据终端，使用普通 I/O 口模拟通信时序驱动液晶屏并且连接键盘。为了便于系统调试，本文将系统中 STM32F103ZET6 最小系统部分、MC509 CDMA2000 数据通信部分及 SD 卡存储部分设计成独立模块。

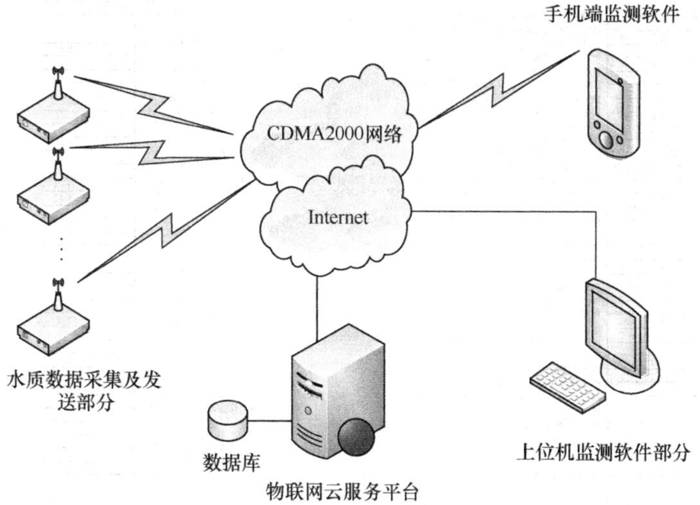

图 6.122 水质远程智能化监测系统的整体结构框图

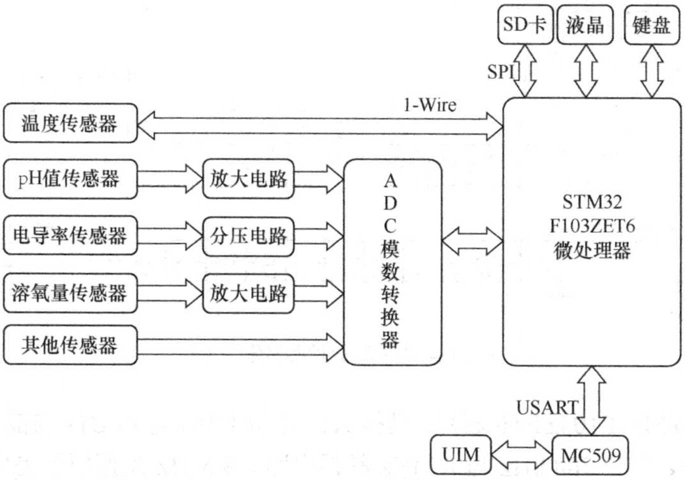

图 6.123 水质监测系统的硬件整体结构图

2. STM32 系统电路

此部分电路构成了使 STM32F103ZET6 微处理器工作的最小系统，是整个水质监测系统的核心，主要由 STM32 处理器部分、电源电路、JTAG 下载调试接口、USB 接口、按键与指示灯电路、串口电路、外扩 SRAM 电路七部分构成。

（1）STM32 最小系统处理器部分原理图如图 6.124 所示。

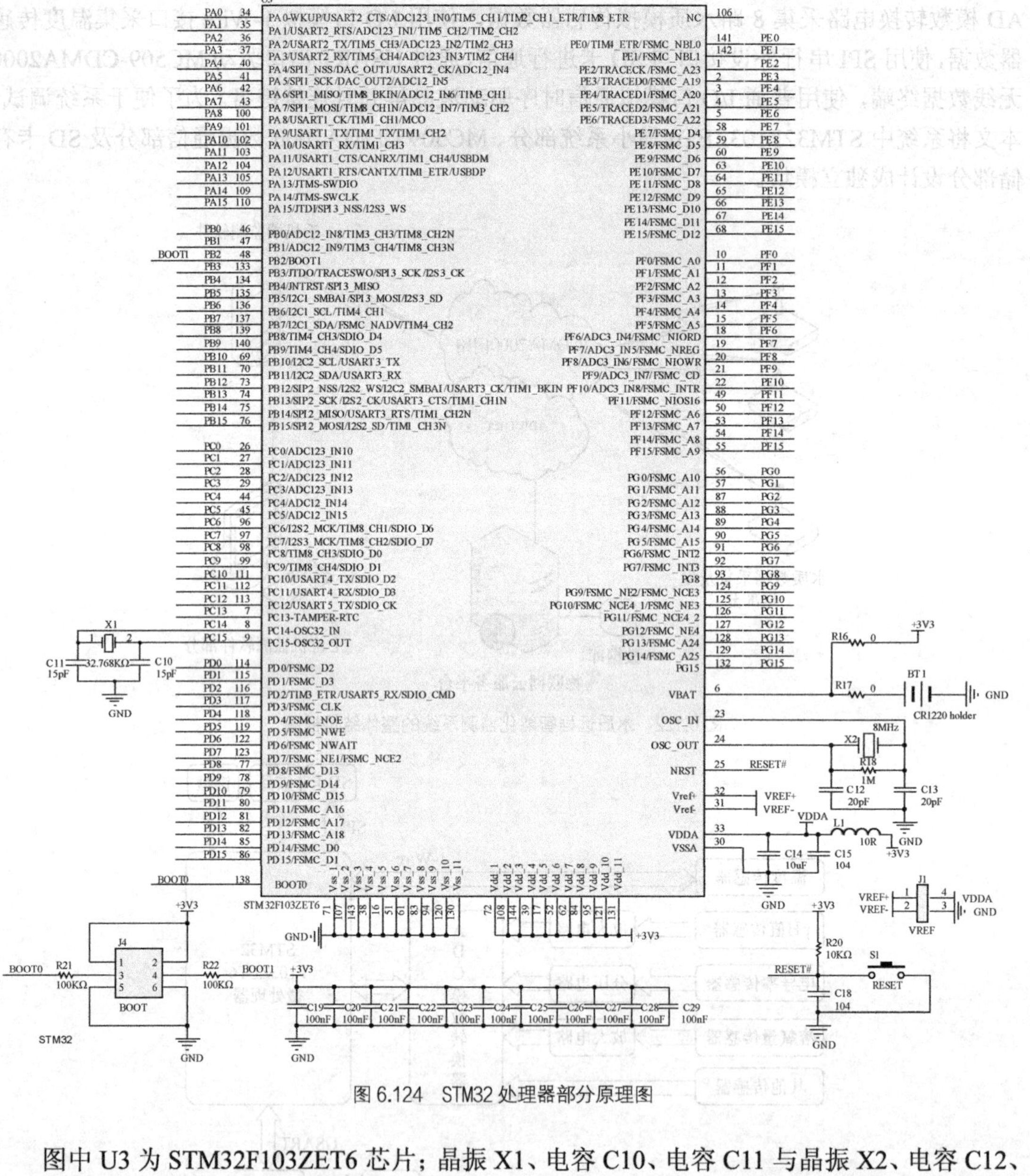

图 6.124　STM32 处理器部分原理图

图中 U3 为 STM32F103ZET6 芯片；晶振 X1、电容 C10、电容 C11 与晶振 X2、电容 C12、电容 C13 分别组成了 32.768 kHz 与 8 MHz 晶振电路。8 MHz 晶振用于提供外部高速时钟信号，主要用来驱动芯片内核，32.768 kHz 晶振用于提供外部低速时钟信号，主要用来驱动看门狗与实时时钟（RTC）；J1 跳线用于选择参考电平；J4 跳线、电阻 R21、电阻 R22 组成了启动选择电路，可以通过跳线配置 STM32 微处理器的启动方式；电阻 R20、电容 C18 及按键 S1 组成了 STM32 微处理器的复位电路，在 STM32 芯片上电及手动按键时提供复位信号；电容 C19～29 均为去耦电容，绘制 PCB 时需尽量放置在芯片的四周以提高系统的稳定性。

（2）STM32 最小系统电源部分原理图如图 6.125 所示。

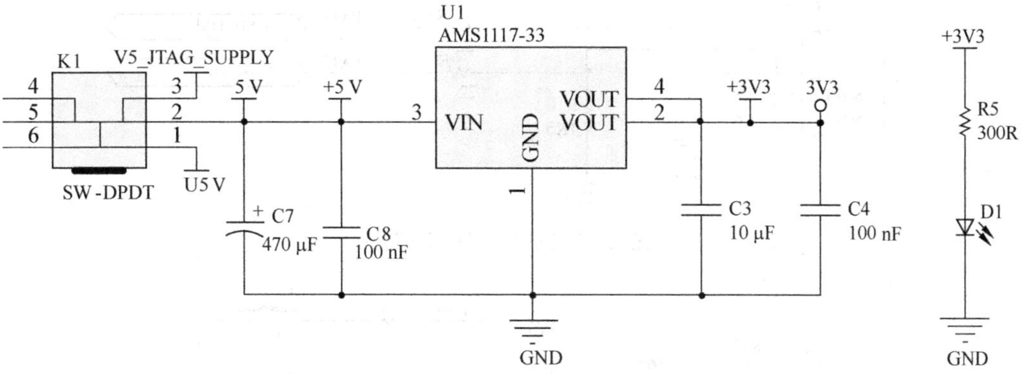

图 6.125　电源部分原理图

STM32 微处理器的工作电压(VDD)为 2.0～3.6V，典型值为 3.3V，通常选用 AMS1117-3.3 稳压芯片将输入的+5V 电源电压转换为 3.3V 电压为 STM32 芯片供电。图 6-125 中 U1 为稳压芯片；K1 为电源开关；发光二极管 D1 为 STM32 系统电源指示灯。

（3）STM32 最小系统 JTAG 下载调试接口部分原理图如图 6.126 所示。

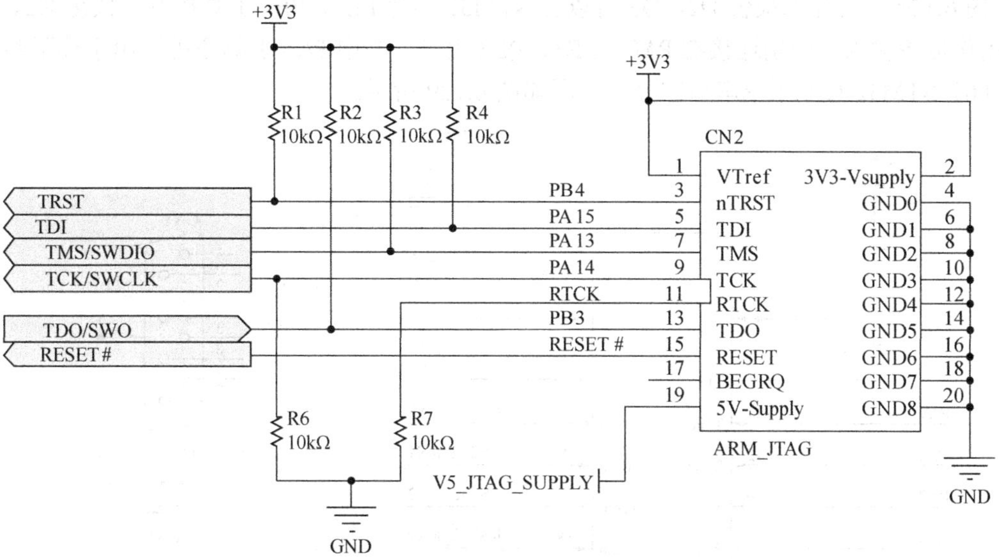

图 6.126　JTAG 下载调试接口部分原理图

图 6.126 中 CN2 为标准的 20 针 JTAG 接口，配合 J-Link 调试器能够通过此接口在线调试 STM32 微处理器芯片以及向 STM32 芯片中下载程序，同时 JTAG 接口通过第 19 引脚同时能够为 STM32 最小系统供电，方便调试。

（4）STM32 最小系统 USB 接口部分原理图如图 6.127 所示。

图 6.127 中 CN3 为 type B 型 USB 接口，在支持 USB 通信的同时，USB 接口也能够为 STM32 最小系统供电。

（5）STM32 最小系统按键与指示灯部分原理图如图 6.128 所示。

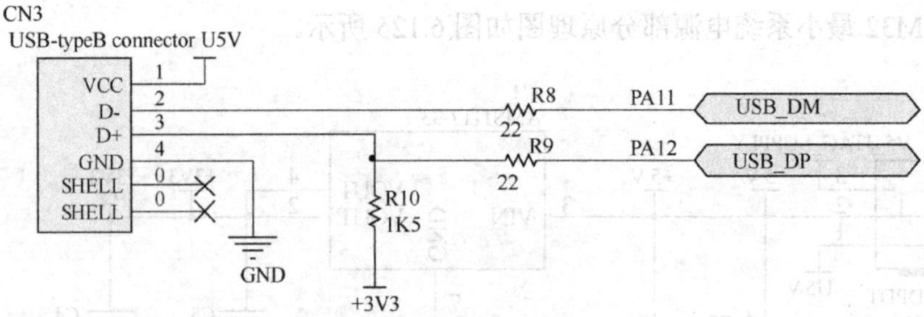

图 6.127　USB 接口部分原理图

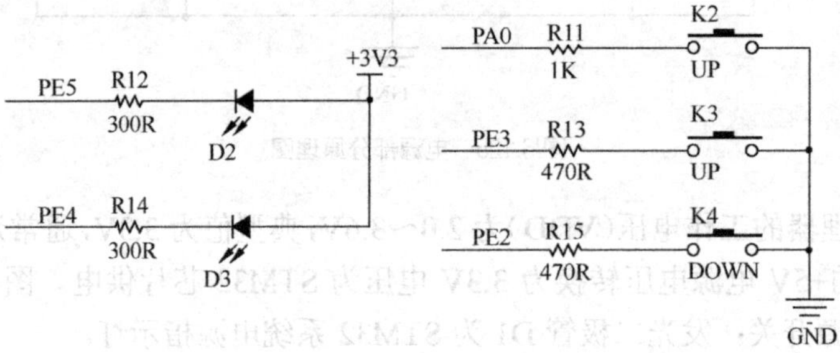

图 6.128　按键与指示灯部分原理图

图 6.128 中发光二极管 D2、D3 可以由 STM32 芯片 PE5、PE4 引脚控制；按键 K2、K3、K4 用作按键输入，分别连接在 PA0、PE3、PE2 引脚，其中 PA0 引脚还可以用于休眠唤醒。

（6）STM32 最小系统串口部分原理图如图 6.129 所示。

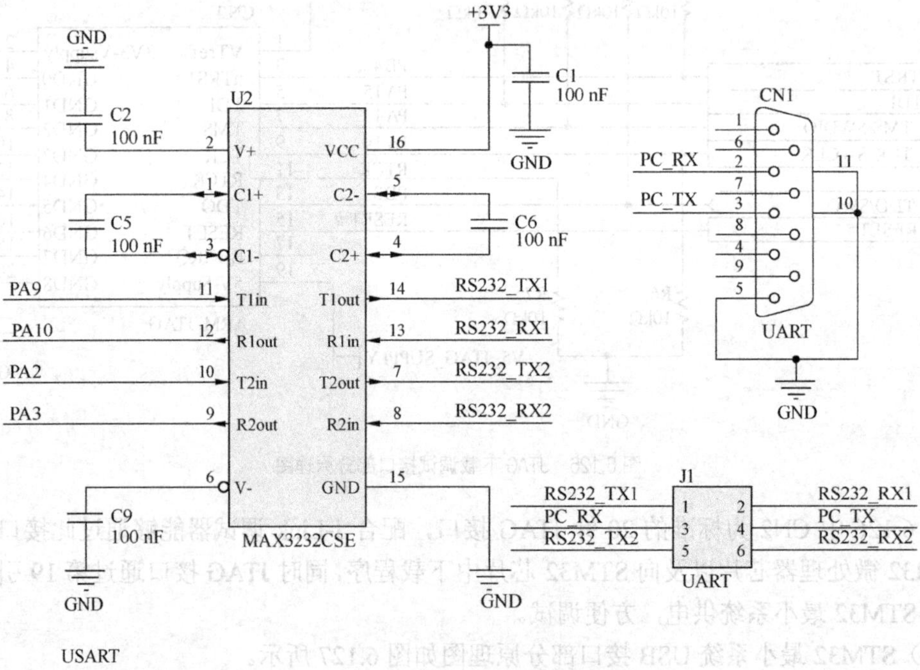

图 6.129　串口部分原理图

图 6.129 中 U2 为电平转换芯片；J1 为串口选择跳线，可以通过跳线选择输出串口 1 或者串口 2。

（7）STM32 最小系统外扩 SRAM 部分原理图如图 6.130 所示。

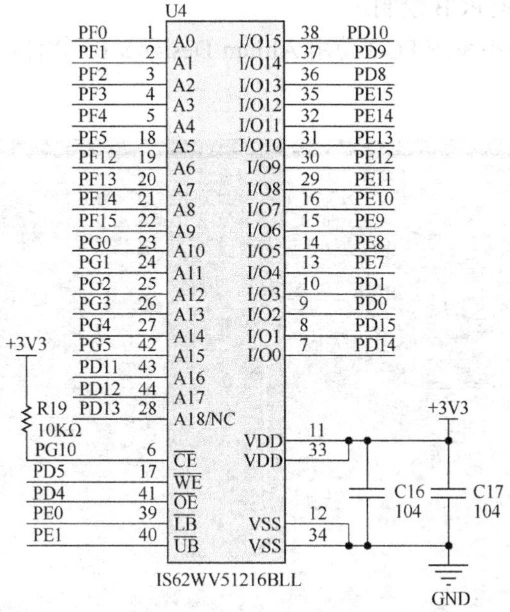

图 6.130　外扩 SRAM 部分原理图

图 6.130 中 U4 为外扩的 SRAM 芯片，型号为 ISWV51216，容量为 1MB，连接在 STM32 的 FSMC（可变静态存储控制器）总线上，扩展了 STM32 的内存，以便应用占用内存较多的任务。

（8）STM32 最小系统 I/O 口引出部分原理图如图 6.131 所示。

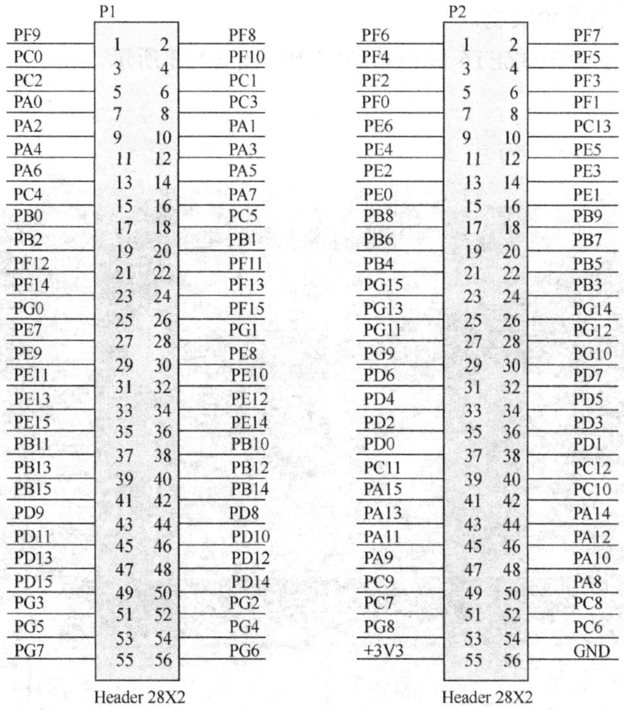

图 6.131　I/O 口引出部分原理图

STM32 最小系统模块通过 P1、P2 两排排针引出了全部的 I/O 接口，方便连接其他设备。

（9）STM32 最小系统 PCB 绘制。

STM32F103ZET6 最小系统 PCB 使用 Altium Designer 09 软件绘制，绘制完成的 PCB 图如图 6.132 所示。

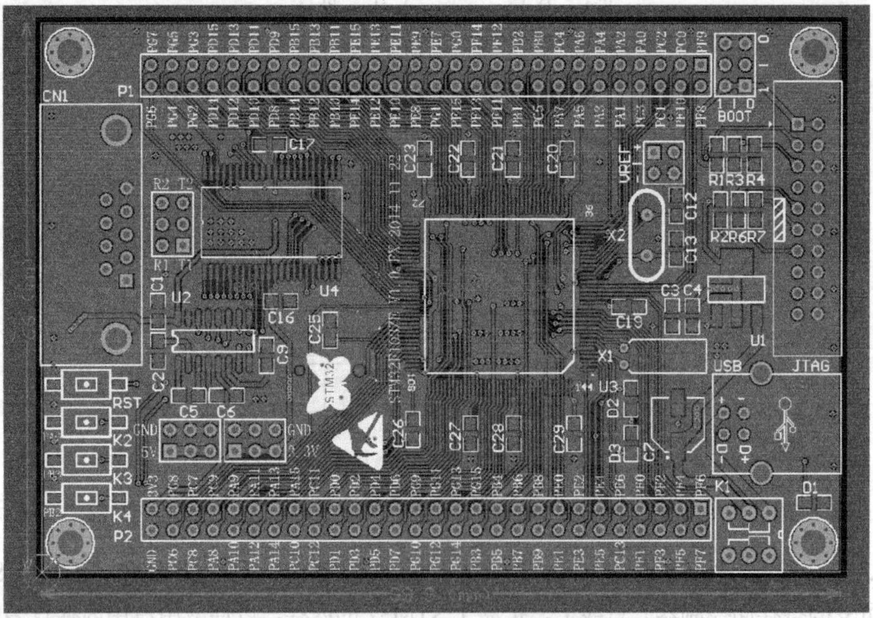

图 6.132 STM32F103ZET6 最小系统 PCB 图

（10）STM32 最小系统实物。

焊接完成的 STM32F103ZET6 最小系统实物如图 6.133 所示。

图 6.133 STM32 最小系统实物图

3. 3G 通信模块电路

此部分电路构成了 MC509 CDMA2000 网络数据通信部分电路，是水质监测系统的网络接口，系统定时采集水质数据并通过此模块发送至物联网服务平台。3G 通信模块由 MC509 数据终端接口电路、电源部分电路、UIM 卡部分电路、3G 模块启动部分电路、串口部分电路五部分组成。

（1）3G 模块 MC509 部分电路原理图如图 6.134 所示。

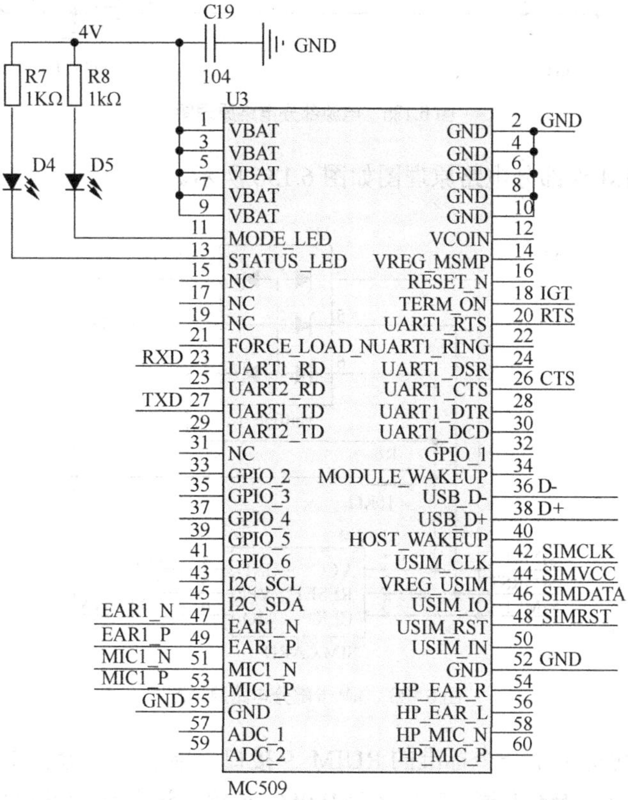

图 6.134　3G 模块 MC509 部分电路原理图

图 6.134 中 U3 为 MC509 数据终端，1、3、5、7、9 为电源引脚，2、4、6、8、10 为地引脚，18 为模块启动引脚，23、27 为串口引脚，36、38 为 USB 数据引脚，42、44、46、48、50 为 UIM 卡接口引脚，D4、D5 为网络状态指示灯。

（2）3G 模块电源部分电路原理图如图 6.135 所示。

MC509 数据终端对工作电源要求较高，推荐工作电压为 3.3～4.2V。当 MC509 数据终端以最大功率传输数据时，工作电流可能瞬时达到 1.5 A，如果电压不稳，此时 MC509 可能会重新启动，因此该部分电路单独采用意法半导体的 L5973D 稳压芯片进行降压。该芯片能够提供最大 2.5 A 的电流，能够达到 MC509 数据终端的要求。L5973D 芯片会固定的从 FB 端输出 1.235V 电压，因此通过 R2 的电流约为 1.235 V/1 K=1.235 mA，同时此电流也是通过 R1 的电流，所以芯片输出的电压约为 1.235 mA*（1 K+1.8 K）=3.458 V，处于 MC509 数据终端推荐的工作电压 3.3～4.2V 之间，数据终端能够正常工作。

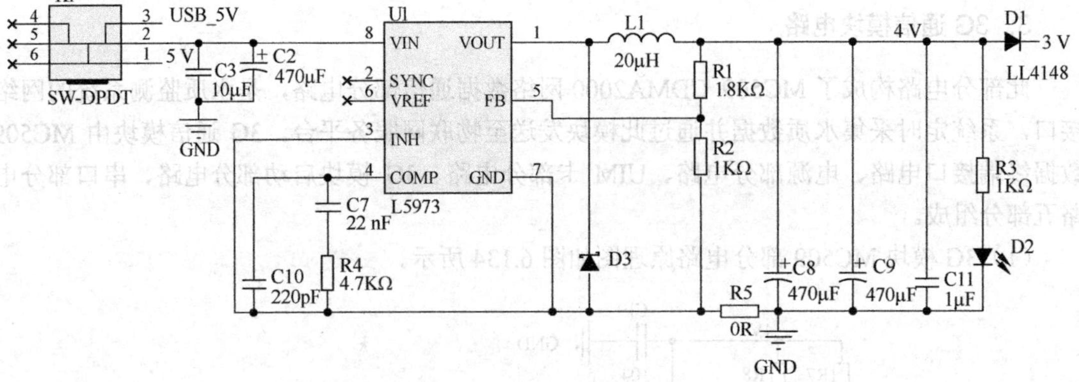

图 6.135　电源部分电路原理图

（3）3G 模块 UIM 卡部分电路原理图如图 6.136 所示。

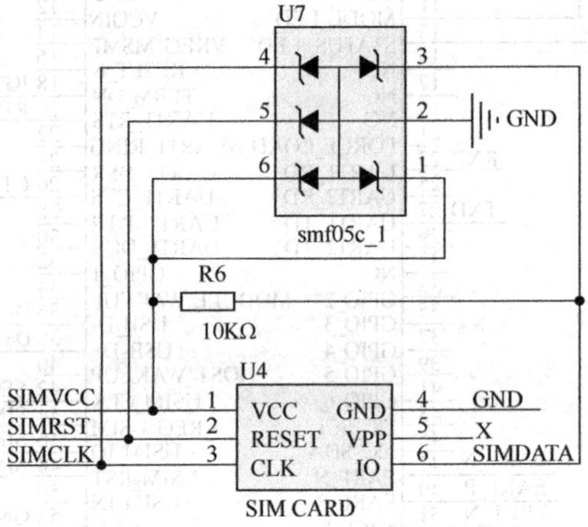

图 6.136　UIM 卡部分电路原理图

MC509 数据终端提供了一个标准的 RUIM 卡接口，能够自动检测 3.0 V 与 1.8 V 的 UIM 卡。图 6.136 中 U4 为 UIM 卡槽，U7 为 SMF05C 芯片，该芯片为五线瞬变电压抑制二极管阵列，能够为 UIM 卡提供静电释放保护。

（4）3G 模块启动部分电路原理图如图 6.137 所示。

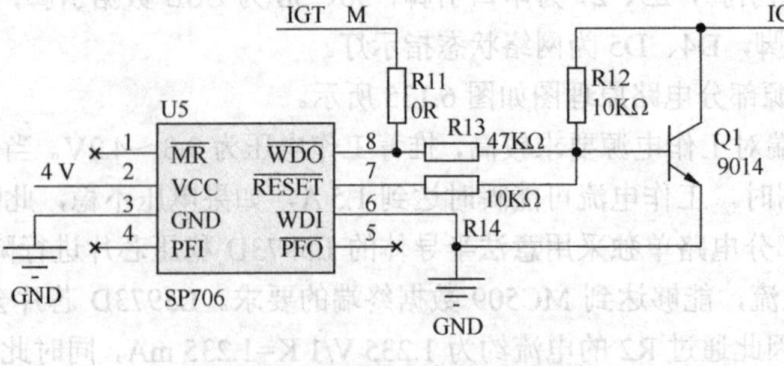

图 6.137　3G 模块启动部分电路原理图

MC509 数据终端 18 引脚为启动引脚，在开机启动时，需要外部提供一个至少 0.5 秒的低电平信号来开启数据终端，此处采用 SP706 专用复位芯片提供该启动信号，以实现数据终端的上电自动启动，同时还可以选择不焊接 SP706 复位芯片而焊接 R11 从外部使用微处理器提供该启动信号。

（5）3G 模块串口缓冲部分电路原理图如图 6.138 所示。

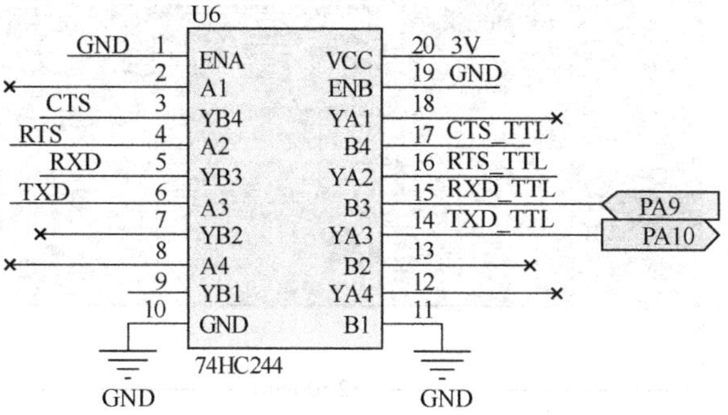

图 6.138 串口缓冲部分电路原理图

MC509 数据终端提供一个全双工 8 线串口，本文所述水质监测系统即使用 STM32 微处理器通过此接口驱动 MC509 数据终端收发数据，由于 MC509 数据终端提供的串口接口电平为 2.6V，且最高不能超过 2.9V，而 STM32 微处理器串口接口电平为 3.3V，所以增加 74HC244 芯片作为缓冲芯片并且隔离两端设备。在本系统中，MC509 数据终端通过串口与 STM32 微处理器串口 1（PA9、PA10）连接。

（6）3G 模块串口电平转换部分电路原理图如图 6.139 所示。

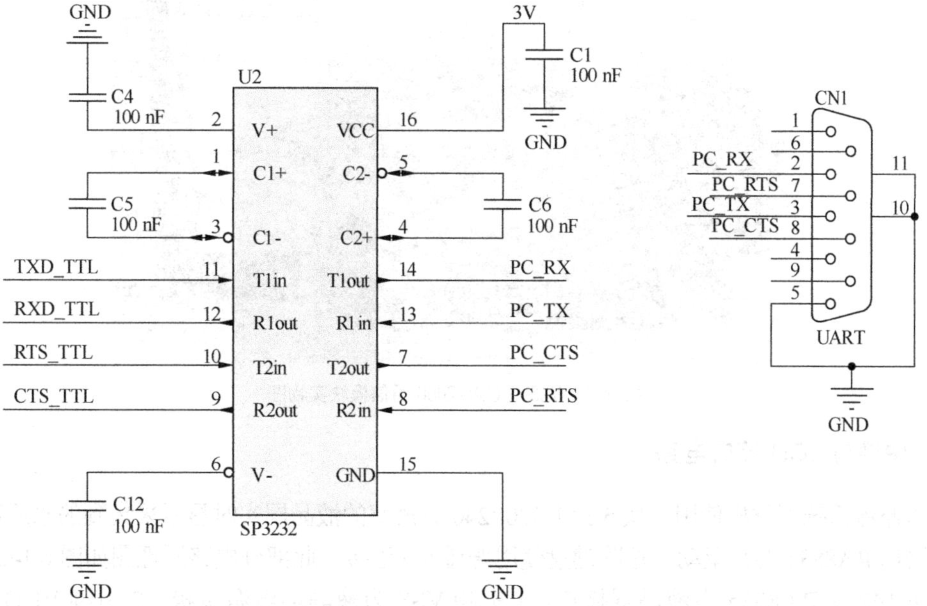

图 6.139 串口电平转换部分电路原理图

此部分电路将 MC509 数据终端串口转换为 232 电平。

（7）3G 模块 PCB 绘制。

绘制完成的 MC509 CDMA2000 通信模块 PCB 图如图 6.140 所示。

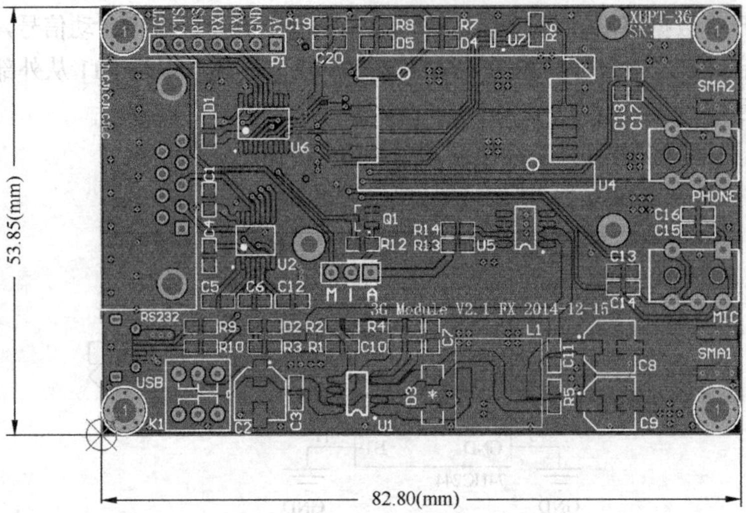

图 6.140　MC509 CDMA2000 通信模块 PCB 图

（8）3G 模块实物。

焊接完成的 MC509 CDMA2000 通信模块实物如图 6.141 所示。

图 6.141　MC509 CDMA2000 通信模块实物图

4．按键与 LCD 接口电路

水质监测系统下位机使用一块 5.1 寸 320×240 分辨率的液晶屏实时显示采集到的水质数据，此液晶屏采用 RA8835 芯片驱动，矩阵键盘使用普通 I/O 连接，此部分电路原理图如图 6.142 所示。

图 6.142 中 RA8835 为液晶屏接口，1 引脚 VSS 为液晶屏电源负极，2 引脚 VDD 为电源正极，与+5 V 相连；3 引脚 V0 为液晶对比度调节引脚，连接至电位器；4 引脚/WR 为液晶屏写信号，与 STM32 微处理器 PE0 相连；5 引脚/RD 为液晶屏读信号，与 STM32 微处理器 PE1 相连；6 引脚/CE 为液晶屏片选信号，与 STM32 微处理器 PE2 相连；7 引脚 A0 为液晶屏指令/数据选择信号，与 STM32 微处理器 PE3 相连；8 引脚/RST 为液晶屏复位信号，与

STM32 微处理器 PE4 相连；9～16 引脚/D0～D7 为液晶屏数据线，与 STM32 微处理器 PD0～PD7 相连；17 引脚未使用；18 引脚 VOUT 为液晶屏负压输出引脚；19 引脚 LEDA 为液晶屏背光正极，与+5 V 相连；20 引脚 LEDK 为液晶屏背光负极，与 GND 相连。

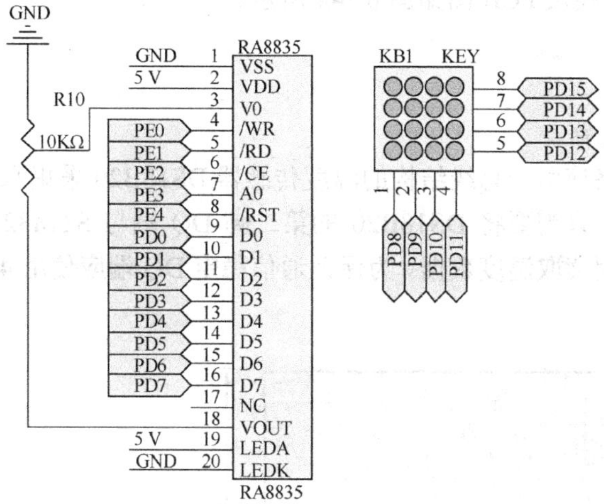

图 6.142 按键与 LCD 接口电路原理图

5. SD 卡模块电路

系统在向物联网服务平台发送数据的同时会将数据备份至SD中根目录的data.txt文本文档中，SD 卡模块电路原理图如图 6.143 所示。

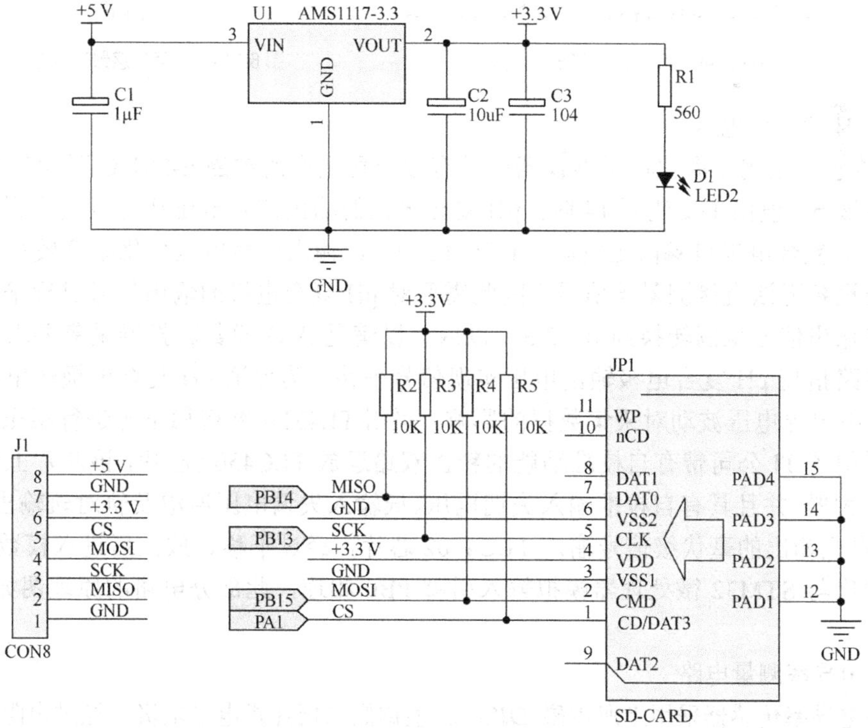

图 6.143 SD 卡模块电路原理图

SD 卡采用 3.3V 供电，一般支持两种接口进行操作模式：SD 卡接口模式与 SPI 接口模式。此处采用连线较少的 SPI 操作方式，在 SPI 方式下 CS、MOSI、MISO 与 CLK 都需要增加上拉电阻。本系统将 SD 卡挂载在 STM32 微处理器 SPI2 接口上。

绘制完成的 SD 卡模块 PCB 图如图 6.144 所示。

6. 传感器电路

（1）温度传感器电路

温度采集部分电路使用一总线结构的温度传感器 DS18B20 采集水质温度数据。该传感器的通信电路非常简洁，只需要将 DS18B20 的第二脚 DQ 端与 STM32 微控制器的通用输入/输出接口相连即可编程读取温度数据。为保证通信稳定 DQ 端应使用 4.7K 电阻上拉，电路原理图如图 6.145 所示。

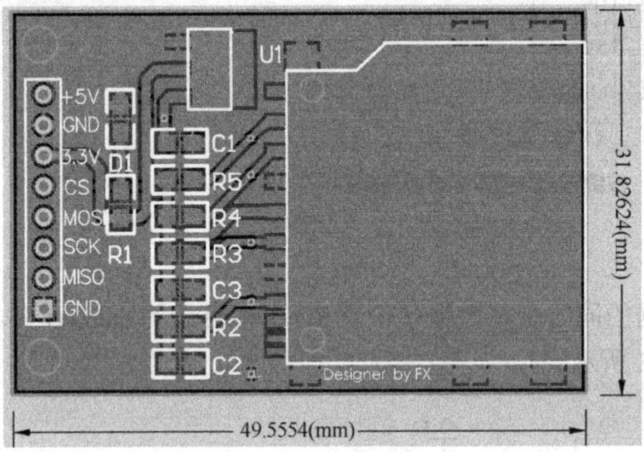

图 6.144　SD 卡模块 PCB 图

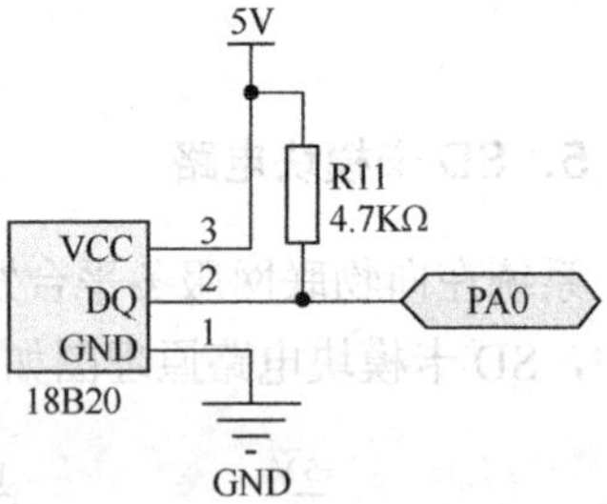

图 6.145　温度传感器硬件电路原理图

（2）pH 值测量电路

pH 传感器采用上海仪电科学仪器股份有限公司生产的雷磁 E-201-C 型 pH 复合电极。当被测溶液 pH 值由 1 变化到 14 时，pH 复合电极的输出信号电压从正值变化到负值，并且由于 pH 复合电极自身内阻较高（10^8～10^{10} Ω），输出信号电压变化幅度较小，一般内阻较小的设备无法直接测量该信号，因此需要对 pH 复合电极的输出信号进行平移、放大处理，将输出信号范围转换到 0～3.3V 以内，以满足 A/D 模数转换器采集要求。使用电阻分压电路抬高 pH 复合电极输出电压实现信号平移，为保证 pH 复合电极输出信号的准确性，减小电源电压波动对采集数据的影响，采用 TL431A 精密稳压源进行稳压。放大电路主要采用了 TI 公司带有自校准功能的精密双路运放 TLC4502 芯片，该芯片上集成有两路运算放大器，并且具有自校准输入失调电压、低输入失调电压温漂及轨对轨输出的特点。pH 复合电极输出的毫伏级信号输入 TLC4502 芯片，经过平移、放大后进入模数转换器，电路的输出与 STM32 微处理器模拟输入引脚 PB0 相连，此部分电路的原理图如图 6.146 所示。

（3）电导率测量电路

水质电导率传感器采用上海雷磁 DJS-1C 型铂黑二极片式电导电极，经过电阻分压后与 STM32 微处理器模拟输入引脚 PB1 相连，电路原理图如图 6.147 所示。

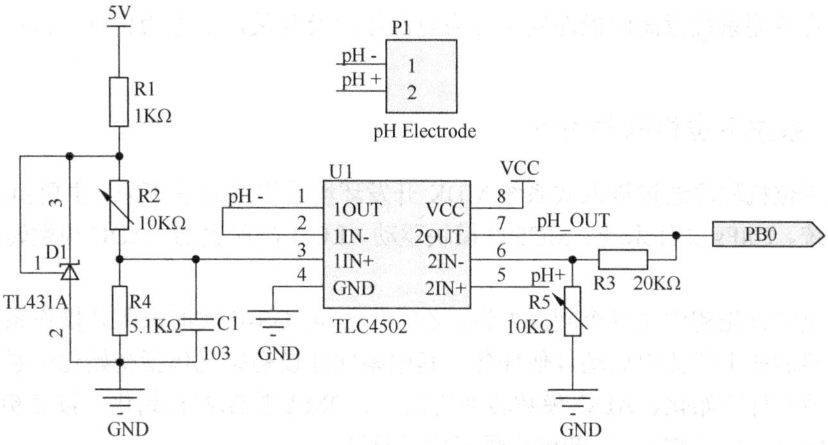

图 6.146 pH 值传感器采集电路原理图

7. 系统硬件实物展示

安装完成的水质远程监测系统样机硬件如图 6.148 所示。

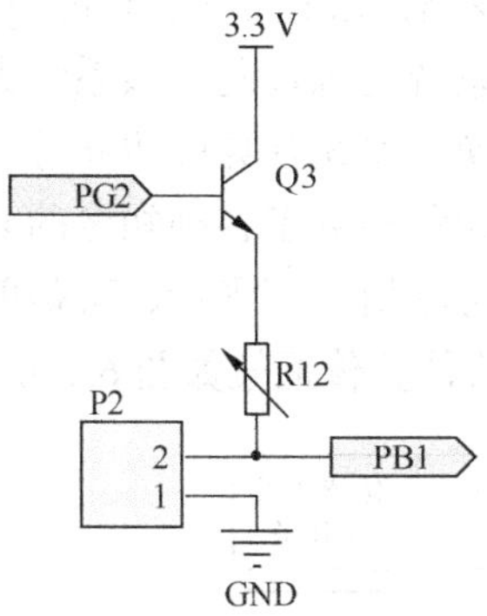

图 6.147 水质电导率测量电路

图 6.148 水质远程监测系统样机硬件正面图

图 6.148 中水质远程监测系统正面面板左侧为 320*240 液晶屏，中间上方为电源指示灯，中间下方旋钮为液晶对比度调节旋钮，右侧上方为按键，右侧下方为 SD 卡插槽。

安装完成的水质远程监测系统样机背面如图 6.149 所示。

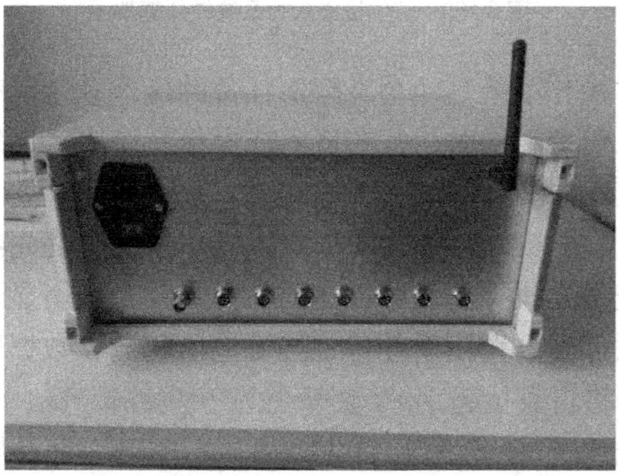

图 6.149 水质远程监测系统样机硬件背面图

水质远程监测系统背面面板左侧上方为电源接口及开关，下方为传感器接口，右上方为天线。

6.4.3 系统下位机软件设计

本系统下位机程序通过嵌入式系统 MDK 开发环境采用 C 语言开发，主要由 μC/OS-II 嵌入式操作系统、FatFs 文件系统、MC509 模块驱动、LCD 显示驱动、ADC 模数转换驱动五部分组成。

系统上电时首先初始化各个硬件外设，之后启动 μC/OS-II 实时嵌入式操作系统并进入系统主任务，然后在主任务中启动其他任务。其中硬件外设初始化包括初始化中断优先级、串口初始化、液晶屏初始化、ADC 模数转换初始化、DMA 控制器初始化、按键初始化、RTC 实时时钟初始化、挂载 SD 卡、初始化温度传感器等。

1. μC/OS 嵌入式操作系统

为了使水质远程监测系统工作更加稳定，下位机软件编程更加灵活、方便，扩展性更好，下位机移植了开源的 μC/OS-II 实时嵌入式操作系统（RTOS）。该系统是一个专门针对嵌入式应用开发的操作系统内核，最早由美国嵌入式系统专家拉伯罗斯发表在 1992 年 Programming Embeddoled Systems 杂志上，并且在该杂志的论坛上公布了系统的源代码。该系统大部分程序均使用标准 C 语言编写。只有与 CPU 硬件相关的任务切换、系统临界段访问等小部分程序采用汇编语言编写，经过多年的发展，μC/OS-II 已经被成功移植到了各种知名的 CPU 上，并且可靠性也非常高，通过了非常严格的测试，具有开源、可移植、可固话、可裁剪、可抢占、多任务、可确定性、稳定可靠多种特点。下位机嵌入式软件整体框架如图 6.150 所示。

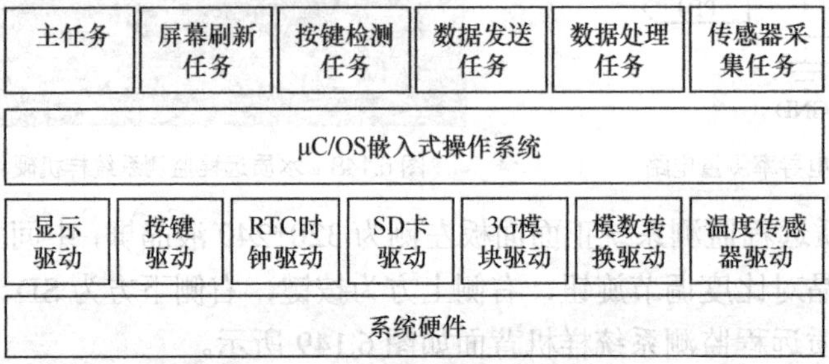

图 6.150　下位机嵌入式系统软件框架图

μC/OS-II 嵌入式实时操作系统是一个支持多任务的操作系统，在操作系统内可以创建多个任务，各个任务通过系统调度同时运行在嵌入式操作系统中。系统在启动时首先初始化各个硬件，之后首先启动主任务。

主任务的优先级为 4，在 μC/OS-II 实时嵌入式操作系统中优先级数值越小优先级越高。主任务是嵌入式操作系统最先执行的任务。在此任务中首先调用显示驱动在液晶屏上显示系统开机 LOGO，之后依次创建屏幕刷新任务、按键检测任务、数据发送任务、数据解析任务及传感器采集任务，最后将自身挂起。

屏幕刷新任务的优先级为 5，运行后首先调用显示驱动在液晶屏上显示水质监测系统界面框架，然后在指定位置每隔 1 秒钟循环更新各个传感器数据、当前实时时钟数据、信号强度数据及网络状态数据，系统下位机界面如图 6.151 所示。

水质监测站		
水质分类:		站点编号:
温度:	℃	系统时间:
pH值:		系统日期:
电导:	us/cm	系统状态:
溶氧:	mg/L	测量周期:
盐度:	%	当前存储:
氨氮:	mg/L	当前电压:
浊度:	NIU	信号强度:
西安邮电大学版权所有		

图 6.151　水质远程监测系统下位机界面框架图

图 6.151 中，左栏温度、pH 值、电导率、溶解氧、盐度、氨氮和浊度等显示项为拟订的显示参数，后期可根据实际需求进行修改；右侧站点编号项显示了每个站点的唯一编号。由于在整个水质监测系统中可以存在很多的水质监测站，站点编号主要用来区分不同的水质监测站点；系统日期及时间项动态显示了该水质监测站的当前时间、日期，主要用于封装数据时的时间戳。系统状态项结合系统状态图标共同表明了系统是否正常、是否处于数据发送状态。测量周期项显示了系统采集并发送水质数据的周期。当前存储项显示了系统当前是否在本地存储水质数据，当插入 SD 卡时该项显示 SD 卡图标，否则显示无。当前电压显示了系统的当前电压值，正常状态下为 3.3V；信号强度项显示了当前 3G 移动通信的信号强度，同时系统处于 3G 状态下还将显示 3G 图标，系统使用 3G 模块发送数据时还将显示数据发送箭头标志。

按键检测任务的优先级为 6，该任务运行后循环检测是否有按键按下，并对按键进行响应。用户通过按键可以对系统进行基本设置。

数据发送任务的优先级为 7，运行后等待发送标志位（此位在网络初始化成功之后且发送状态为真时置 1）。在发送标志位置 1 之后进入每隔 30 秒循环发送数据状态，首先将时间、温度传感器及其他水质传感器数据按照与 YeeLink 物联网云服务平台的通信协议打包、计算数据包大小，然后调用 3G 模块驱动将数据发送至 YeeLink 物联网云服务平台并同时写入到 SD 卡中根目录 data.txt 文本文件中。

数据处理任务的优先级为 8，运行后循环检测是否串口接收完成标志位置位。如果该标志位置位，则解析数据，此任务主要解析 MC509 数据终端上发的 UIM 卡状态指示指令（SIMST）、网络状态指示指令（DSDORMANT）与信号强度指令（RSSILVL）。此外当系统上电时接收到 UIM 卡状态指示指令指示 UIM 卡状态正常时调用 MC509 模块初始化函数初始化网络并更新 STM32 微处理器内部 RTC（Real-Time Clock）实时时钟；当接收到网络状态指示指令时，更新网络状态标志位；当接收到信号强度指示指令时，更新系统信号强度变量。

传感器采集任务的优先级为 9，主要负责采集各种传感器的数值。系统采用的温度传感器 DS18B20 为数字式传感器，通过一线式总线使用微处理器的一个 I/O 口即可读取温度数据，其余模拟传感器都连接在 STM32 微处理器模拟输入引脚通过芯片内部的 ADC 模数转换器采集数据。ADC 模数转换采用 DMA 方式驱动连续采集 8 路模拟数据，传感器采样任务运行后循环将 ADC 模数转换器采样缓冲区的数据按不同的公式转换为水质测量数据。采集的数据使用中值滤波降低数据的不稳定性，即使用 ADC 模数转换器的每个通道连续采集 30 组数据，将排序后取中间值。

2．MC509 模块驱动

在本系统中 STM32 微处理器使用串口 1 控制 MC509 数据终端向 YeeLink 物联网云服务平台（IP 地址为：202.117.128.8）发送数据。首先需要编写串口驱动，配置串口通信波特率为 115200，数据位长度 8 位，无奇偶校验位，停止位 1 位，之后通过串口发送 AT 指令初始化网络，建立本地到物联网云服务器的连接，最后按照物联网云服务平台提供的API文档将封装好的数据向物联网云服务平台发送数据。整个驱动由串口驱动、AT指令、HTTP协议及本文系统自定通信协议等四部分组成。

（1）串口驱动。

本系统使用了华为公司MC509 CDMA2000通信模块来完成数据传输，STM32微控制器可以通过串口使用华为扩展AT指令驱动此模块收发数据，通信模型结构如图6.152所示。

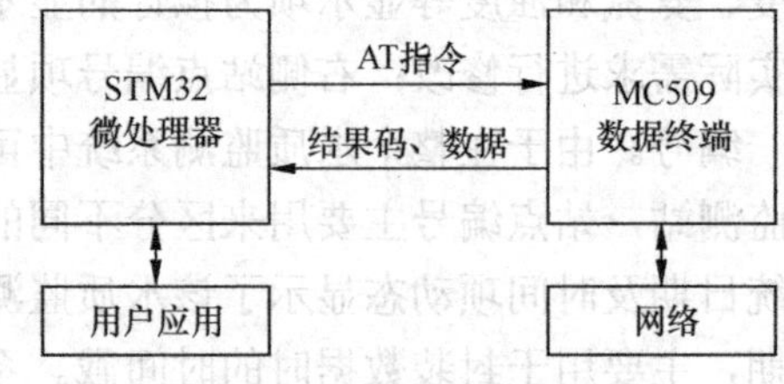

图6.152 AT指令通信模型结构图

AT指令是数据终端对外开放的控制接口，微处理器可以使用该指令控制数据终端进行通信，一般以AT开头，<回车>符结尾；数据终端接到指令后一般立即返回结果，返回数据的格式为：<回车><换行><返回的数据内容><回车><换行>。

由于MC509数据终端在上电时默认会自动向上发送UIM卡、信号强度、模式、网络状态等不需请求且长度不定的信息，并且串口通信容易出现误码。为了保证系统的强壮稳定，本系统对于与MC509数据终端通信的STM32微处理器串口1接收数据设计了中断加超时的接收方法。这样可以保证对随机时间、长度不定数据进行接收，且在一定程度上避免了因为数据误码而导致的死锁。

一般串口发送一字节数据的波形图如图6.153所示。

在波特率为115200的情况下，串口数据位一位大约8.68微秒，如图6.153中T1所示，再加上一位起始位、一位停止位，串口发送一字节数据大约8.68*10=86.8微秒，如图6.153中T2所示。如果发送的数据大于两个字节，那么第二个字节会紧跟着第一个字节，所以只需要判断接收数据两个字节之间的间隔时间即可识别是否接收到完整的一帧数据。

串口1初始化函数主要流程如图6.154所示。

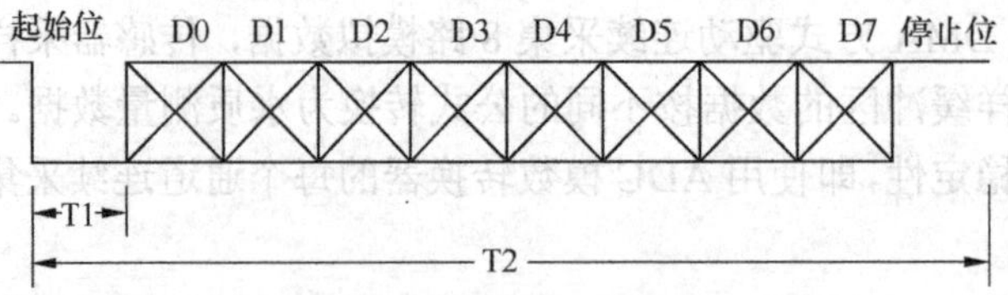

图6.153 串口发送数据波形图

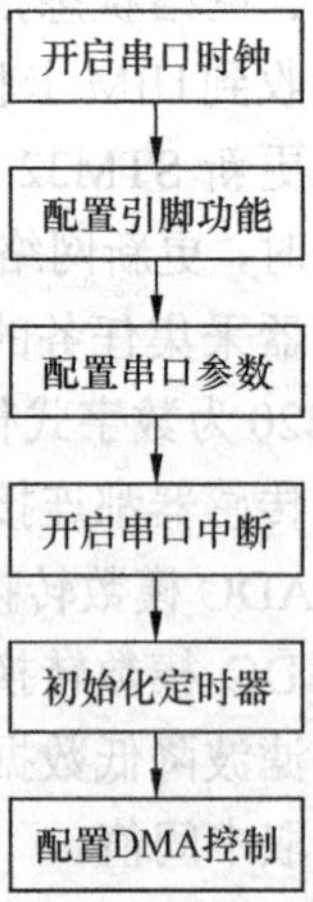

图6.154 串口初始化流程图

串口初始化函数首先开启串口及引脚时钟，之后配置串口引脚功能，配置串口工作波特率等参数，然后开启接串口1收中断，设置定时器4的分频数与计数值使其200微秒定时溢出，最后配置串口1使用DMA方式发送数据。串口1中断部分及定时器中断部分程序如下所示。

```
void USART1_IRQHandler(void)                               //串口中断子处理函数
{
    u8 temp;
    if(USART_GetITStatus(USART1,USART_IT_RXNE) == SET)
    {
        temp = USART_ReceiveData(USART1);
        if(my_usart_buf_index < my_usart_rx_max)      //没有超过缓冲区最大值
        {
            TIM_SetCounter(TIM4,0);
            if(my_usart_buf_index == 0)
            {
                TIM_Cmd(TIM4,ENABLE);
            }
            my_usart_rx_buf[my_usart_buf_index++] = temp;//记录接收到的值
        }else
        {
            TIM_Cmd(TIM4,DISABLE);
            my_usart_buf_flag = 0xffff;               //强制标记接收完成
        }
    }
}
void TIM4_IRQHandler(void)                                 //定时器中断处理函数
{
    if(TIM_GetITStatus(TIM4,TIM_IT_Update) == SET)
    {
        TIM_ClearITPendingBit(TIM4,TIM_IT_Update);
        my_usart_buf_flag = 0xffff;                   //标记接收完成
        TIM_Cmd(TIM4,DISABLE);
    }
}
```

每当有数据到来时会发生串口接收中断，在串口中断函数中将串口数据取出并存入接收缓冲区。接收到第一帧数据时打开定时器并设置计数值为 0，当数据连续接收时每字节都会在中断函数中重置定时器计数值为 0，所以定时器不会溢出。当数据最后一个字节接收完成时，由于没有下一字节继续到来，所以定时器发生溢出。在定时器溢出中断函数中置位串口接收完成标志位、关闭定时器，完成一帧数据的接收。在数据处理函数中检测接收完成标记就可以处理这一帧数据。

串口发送部分采用直接存储器存取方式发送，直接存储器存取方式（DMA）是一种通过 DMA 控制器之间将数据从存储空间复制到另一个储存空间的快速数据交换方式。在数据发送过程中并不需要 CPU 参与，这可以大大减轻 CPU 工作量。此处配置 DMA 从串口发送缓冲区向串口数据寄存器发送数据，当有数据需要发送时，将数据存入发送缓冲区，配置 DMA 发送长度，打开 DMA 即可。

（2）网络数据发送流程。

在本系统网络数据发送中主要使用到的 AT 指令有以下几个。

① AT，串口测试指令，用于检测串口通信是否正常，STM32 微处理器发送 AT，正常情况下数据终端会立即返回 OK。

② ATE0，关闭数据回显指令，用于关闭指令回显，STM32 微处理器发送 ATE0，正常情况下数据终端会立即返回 OK。

③ AT^IPINIT，初始化网络链接指令，初始化成功之后基站会给数据终端分配 IP 地址，以便进行网络通信。STM32 微处理器发送 AT^IPINIT=，"CARD"，"CARD"，正常情况下数据终端在网络初始化完成后返回 OK。

④ AT^IPOPEN，建立 TCP 网络链接指令，本条指令执行成功之后会向目标地址建立一个 TCP 链接。STM32 微处理器发送 AT^IPOPEN=1，"TCP"，"202.117.128.8"，80，5233，表示通过本地 5233 端口向 IP 地址为 202.117.128.8 的主机 80 端口建立 TCP 链接，正常情况下数据终端在连接建立完成后向微处理器返回 OK。

⑤ AT^IPENTRANS，打开透传模式指令，本条指令在 TCP 链接建立之后执行可以打开链接透明传输模式，可以连续地向目标传输数据，在传输完成时发送“+++”即可退出透传模式。STM32 微处理器发送 AT^IPENTRANS=1，正常情况下数据终端会立即返回 OK 并进入透传模式。

⑥ AT^IPCLOSE，关闭网络连接指令，本条指令能够断开一条网络链接。STM32 微处理器发送 AT ^IPCLOSE=1，正常情况下数据终端会立即返回 OK 并端口链接。

⑦ AT^TIME，获取基站系统时间指令，获取成功则会返回当前时间^TIME: 2015/02/26 20:09:36 OK。

⑧ ^SIMST:1，UIM 卡状态指示指令，由 MC509 数据终端在 UIM 状态发生改变时自动上发，1 表示 UIM 卡有效，255 表示 UIM 卡不存在。当 MC509 数据终端启动之后会自动上发一次状态，微处理器检测到此数据表明 MC509 数据终端硬件启动完毕并且 UIM 卡有效，可以进行下一步操作。

⑨ ^DSDORMANT，网络休眠状态指示指令，由 MC509 数据终端在网络状态发生改变时自动上发，0 表示不在休眠状态，1 表示处于休眠状态。

⑩ ^RSSILVL，信号强度指示指令，由 MC509 数据终端在信号强度发生时自动上发，0 表示无信号，20 表示一格信号，40 表示两格信号，60 表示三格信号，80 表示四格信号，99 表示五格信号。

MC509 模块工作流程图如图 6.155 所示。

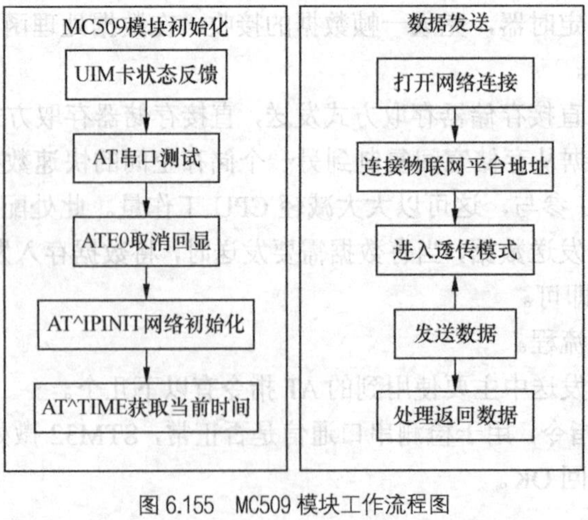

图 6.155　MC509 模块工作流程图

系统上电后首先等待 MC509 反馈 UIM 卡状态。UIM 卡状态反馈为正常状态之后发送 AT 通信测试指令测试串口通信是否正常，接着发送 ATE0 指令取消数据回显以提高通信效率，然后发送 AT^IPINIT=，"CARD"，"CARD"指令初始化网络，网络初始化成功之后就可以发送 AT^IPOPEN=1，"TCP"，"42.96.164.52"，80，8080 指令，使用 TCP 协议连接物联网云服务平台的 80 端口，也就是 HTTP 协议服务接口。连接成功之后发送 AT^IPENTRANS=1 打开发送透传模式，最后紧接着发送封装好的数据。

（3）HTTP 协议。

本系统用来存储数据的物联网云服务平台使用HTTP协议进行数据通信，对于支持HTTP协议的设备向物联网平台发送 JSON 格式数据即可完成添加数据的操作，但是对于只支持 TCP 协议的设备（例如本系统使用的 MC509 CDMA 数据终端），需要使用 TCP 协议连接服务器 80 端口（即 HTTP 端口），模拟 HTTP 协议与 YeeLink 云服务平台进行通信。

HTTP 协议即超文本传输协议，是一种采用了典型的请求、响应模型的通信协议，其通信报文中的所有字段都由 ASCII 码串组成。HTTP 协议共有两类报文：请求报文和响应报文。水质监测系统向物联网云服务器发送的数据属于 HTTP 请求报文，物联网云服务器返回的数据属于 HTTP 响应报文。

① HTTP 请求报文。

一个 HTTP 请求报文由请求行、请求头部、空行和请求数据四个部分组成，请求报文的具体格式如图 6.156 所示。

图 6.156 HTTP 请求报文的一般格式

一个请求报文的第一行必为请求行，请求行中有三个字段，通过空格符分隔，依次为请求方法字段、URL 字段和协议版本字段。其中请求方法用于说明请求的类型，一般常见的有 GET、POST 等方法。GET 方法用于客户端从服务器端读取数据并且一般不包含请求数据部分，客户端即使用此方法向物联网云服务平台请求查询传感器数据。POST 方法用于客户端向服务器端提交大量数据，所要提交的数据位于请求报文请求数据部分，客户端即使用此方法向物联网云服务平台发送传感器数据。URL 字段用于说明需要访问的资源。HTTP 协议版本字段用于说明客户端使用的 HTTP 协议版本。第二行至空行间的数据为请求头部部分，请求头部主要用于记录有关于客户端请求的信息，由请求头部字段名与值组成。请求头部字段名和值之间用英文冒号隔开，请求头按照顺序每行一组依此排列。常见的请求头有：Host 表明了请求 URL 中的主机名；User-Agent 记录了客户端浏览器的类型；Accept 表明了客户端可以接受内容列表；Connection 表示了客户端的连接类型，如果此项目的值为 Keep-Alive，则服务器会保持这个链接一段时间；Content-Length 表明了请求数据的长度。除此之外，对于本系统使用的物联网平台需要在此添加用于身份识别的 API-KEY 请求头，U-ApiKey: <api_key>。空行用于通知服务器请求头到此结束，位于请求头部之后，此行仅有回车符与换行符。如果请求报文具有请求数据，这些数据将位于空行之后，请求数据一般在 POST 方法中使用，适用于需要发送大量数据的时候。

② HTTP 响应报文。

一个HTTP响应报文一般由三个部分组成，包括状态行、消息报头及响应正文。一个HTTP响应报文的第一行必为状态行，依次为 HTTP-Version 协议版本、Status-Code 状态码、Reason-Phrase 状态描述及回车换行符四部分，其中状态码由三位数字组成，第一位数字表示了响应类别。例如常见状态代码：200 OK 表示请求成功，400 Bad Request 表示请求有误，404 Not Found 表示服务器找不到请求资源。

例如，按照 YeeLink 物联网云服务平台的 API 文档说明，在本系统中通过 MC509 模块发送数据“{"key":"0123456789", "value":{"data":123}}”到 YeeLink 物联网平台 6820 号设备的 10731 号泛型传感器的数据如下。

```
POST /v1.0/device/6820/sensor/10731/datapoints HTTP/1.1
U-ApiKey: f7d2d9fe43eba4083 a4b793d8d 2d8e3d
Host: api.yeelink.net
Content-Length: 41
Cookie: CAKEPHP=qd5e4207hmp 680e31 tko fsnj55

{"key":"0123456789", "value":{"data":123}}
```

发送成功之后客户端接收到物联网平台返回的数据如下。

```
HTTP/1.1 200 OK
Server: nginx/1.1.19
Date: Wed, 26 Mar 2014 11:12:11 GMT
Content-Type: text/html
Transfer-Encoding: chunked
Connection: keep-alive
X-Powered-By: PHP/5.3.10-1ubuntu3.6
P3P: CP="NOI ADM DEV PSAi COM NAV OUR OTRo STP IND DEM"
```

(4) 本文通信协议。

本系统采用 YeeLink 平台中泛型传感器存储水质数据，在 HTTP 协议请求报文中请求数据的具体格式如下：

{"key":"0", "value":{"time":"2015/02/02 15:46:15", "data0":18.75, "data1": 1.42, "data2": 7.55, "data3":14.87, "data4": 1.71, "data5": 1.60, "data6": 1.76, "data7": 1.62, "data8": 1.76, "data9": 1.63}}。

其中 key 为监测站的编号，value 中的数据为具体水质数据，time 为此条水质数据的采集时间，data0 为温度数据，data1 为系统当前电压值，data2 为 pH 值数据，data3 为电导率数据，data4 为溶解氧数据，data5 为氯离子数据，data6 为氨氮数据，data7～9 为保留位，用来连接其他的水质传感器扩展功能。

3. FatFs 文件系统移植

本系统将采集到的水质数据向物联网云服务平台发送的同时在 SD 卡中根目录的 data.txt

文本文件中写入一条同样的数据。一般SD卡上的文件系统为FAT32，为了使STM32微处理器能够读写SD卡中的文件，水质监测系统移植了FatFs文件系统。FatFs是一个针对嵌入式应用设计的通用FAT文件系统模块，FatFs具有与Windows FAT文件系统兼容、系统资源占用少、能够支持多个设备、支持长文件名、支持中文、支持多任务操作等特点，并且完全采用标准C语言编写与底层硬件分离，和平台无关，只需要实现一些基本的接口就可以移植到如8051、PIC、AVR、ARM、Z80、78K等低成本微控制器中。FatFs模块层次图如图6.157所示。

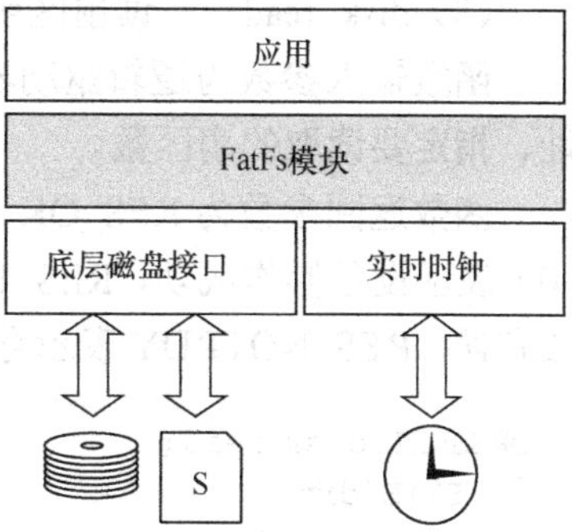

图6.157 FatFs模块层次图

FatFs模块层次的最上层是应用层，应用直接调用FatFs接口函数可以实现磁盘文件的读写操作；中间是FatFs层，FatFs模块实现了FAT的文件读写协议；底层是磁盘驱动层，包括存储媒体的初始化、读写及修改时间的实时时钟（RTC）。

FatFs文件系统模块与硬件驱动是完全独立的，用户只需要编写作为设备控制接口的六个函数即可完成FatFs文件系统的移植，详细的介绍如下。

（1）disk_status——获取存储介质状态函数。

函数输入参数为逻辑驱动器的编号。

函数返回参数为DSTATUS，可能的取值为RES_OK或者STA_NOINIT与STA_PROTECT的组合。STA_NOINIT表示磁盘驱动器未初始化，STA_PROTECT表示设备被写保护。

```
DSTATUS disk_status(BYTE drv)
{
    return RES_OK;//直接返回 RES_OK 表示成功;
}
```

此处由于本系统仅使用了一张已经格式化的SD卡，简单起见此处直接返回RES_OK而忽略其他状态。

（2）disk_initialize——初始化存储介质函数。

函数输入参数为需要初始化的驱动器编号。

函数返回参数为磁盘状态。

```
DSTATUS disk_initialize(BYTE drv)
{
    u8 result =0;
            result = SD_CARD_Initialize();//调用底层 SPI 接口 SD 卡初始化函数
            if(result)
            {
                    SD_SPI_SetSpeedLow();
                    SD_SPI_ReadWriteByte(0xff);
                    SD_SPI_SetSpeedHigh();
            }
            if(result)
            {
            return STA_NOINIT;
```

```
    }
    else return 0;              //初始化成功
}
```

（3）disk_read——读扇区函数。

函数输入参数为逻辑驱动器号、指向存储读取数据数组的指针、起始扇区逻辑块上的地址、指定要读取的扇区数。

函数返回参数为 RES_OK（0）、RES_ERROR、RES_PARERR、RES_NOTRDY。RES_OK（0）表示设备操作成功，RES_ERROR 表示存储设备硬件错误，RES_PARERR 表示输入的参数有误，RES_NOTRDY 表示存储设备没有被初始化。

```
DRESULT disk_read(
    BYTE drv,                   /*物理驱动器号*/
    BYTE *buff,                 /* 数据缓冲区*/
    DWORD sector,               /* 扇区地址(LBA) */
    BYTE count                  /*读取扇区数(1..255) */
)
{
    u8 result=0;
    if(!count)return RES_PARERR;
            result=SD_ReadDisk(buff,sector,count);
            if(result)
            {
                SD_SPI_SetSpeedLow();
                SD_SPI_ReadWriteByte(0xff);
                SD_SPI_SetSpeedHigh();
            }
    if(result == 0x00)return RES_OK;
    else return RES_ERROR;
}
```

（4）disk_write——写扇区函数。

函数输入参数为逻辑驱动器号、要写入数据数组的指针、起始扇区逻辑块上的地址、指定要写入的扇区数。

函数返回参数为 RES_OK（0）、RES_ERROR、RES_WRPRT、RES_PARERR、RES_NOTRDY。RES_OK（0）表示操作成功，RES_ERROR 表示磁盘硬件错误，RES_WRPRT 表示存储媒体被写保护，RES_PARERR 表示输入的参数有误，RES_NOTRDY 表示存储设备没有被初始化。

```
DRESULT disk_write(
    BYTE drv,               /*物理驱动器号(0..) */
    const BYTE *buff,       /* 即将写入的数据 */
    DWORD sector,           /*扇区地址(LBA) */
    BYTE count              /*写扇区数(1..255) */
)
{
u8 result=0;
    if(!count)return RES_PARERR;//
```

```
    result=SD_WriteDisk((u8*)buff,sector,count);
    if(result == 0x00)return RES_OK;
    else return RES_ERROR;
}
```

（5）disk_ioctl——控制存储介质相关特性函数

函数输入参数为指定的逻辑驱动器编号、指定命令的控制代码、指向参数缓冲区的指针。

函数返回参数为 RES_OK（0）、RES_ERROR、RES_PARERR、RES_NOTRDY。RES_OK（0）表示设备操作成功，RES_ERROR 表示硬件错误，RES_PARERR 表示输入的参数有误，RES_NOTRDY 表示设备没有被初始化。

```
DRESULT disk_ioctl(
    BYTE drv,       /*物理驱动器号(0..) */
    BYTE ctrl,      /* 控制码*/
    void *buff      /* 控制数据缓冲区 */
)
{
    DRESULT result;
    if(drv==SD_CARD)//SD 卡
    {
            switch(ctrl)
            {
                case CTRL_SYNC:
                     SD_CS=0;
                     if(SD_WaitReady()==0)result = RES_OK;
                     else result = RES_ERROR;
                     SD_CS=1;
                     break;
                case GET_SECTOR_SIZE:
                     *(WORD*)buff = 512;
                     result = RES_OK;
                     break;
                case GET_BLOCK_SIZE:
                     *(WORD*)buff = 8;
                     result = RES_OK;
                     break;
                case GET_SECTOR_COUNT:
                     *(DWORD*)buff = SD_GetSectorCount();
                     result = RES_OK;
                     break;
                default:
                     result = RES_PARERR;
                     break;
            }
    }else result=RES_ERROR;//仅支持 SD 卡
    return result;
}
```

（6）get_fattime——获取当前时间函数。

函数无输入参数。

函数返回参数为存储当前时间的双字节变量。

```
DWORD get_fattime(void)
{
   return 0;//直接使用默认时间
}
```

此函数主要用于为记录文件属性中的访问时间项提供时间戳，如果应用对文件的访问时间没有必要的要求，简单起见此函数可以直接返回 0。

当这六个函数编写完成后就可以调用 FatFs 文件系统模块的函数来读写文件。本系统用到的函数有如下几个。

① f_mount 函数：该函数用于注册一个工作区，调用其他文件操作函数前应调用该函数。

② f_open 函数：该函数能够创建或打开一个文件对象，写入数据前应打开对应文件。例如，水质数据记录在 SD 卡根目录的 data.txt 文件中，所以在程序中应当调用函数：f_open（&fdst，"0:/data.txt"，FA_CREATE_NEW | FA_WRITE）。当函数返回 FR_OK（0）说明打开 data.txt 文件操作成功；如果文件已经存在则会返回 FR_EXIST，这时应当调用函数：f_open（&fdst，"0:/data.txt"，FA_OPEN_EXISTING | FA_WRITE），完成打开文件 data.txt 操作。

③ f_lseek 函数：该函数能够移动文件读写指针，文件打开后读写指针默认在文件开头，调用此函数将指针移动到文件末尾，向文件中添加数据，否则文件开头的数据将会被覆盖。例如，将文件读写指针移动到目标文件的末尾可调用函数：f_lseek（&fdst，f_size（&fdst））。

④ f_size 函数：该函数能够得到文件的大小，可以配合 f_lseek 函数将文件读写指针移动到目标文件的末尾。

⑤ f_write 函数：该函数能够向文件写入数据。例如，将 my_data_buf 缓冲区数组中的数据存入文件中可调用函数：f_write（&fdst，my_data_buf，sizeof（my_data_buf2） - 1，&bw），当函数返回 FR_OK（0）表明写入成功。

⑥ f_close 函数：该函数与 f_open 函数成对出现，用于关闭使用 f_open 函数打开的文件。例如，当文件已经打开时可调用函数：f_close（&fdst）关闭文件。

4．LCD 显示驱动

水质远程监测系统使用的液晶屏为深圳卓立恩公司生产的 5.1 寸 320*240 点阵屏，该屏幕的驱动芯片为 RA8835，同时支持文本与图形的显示，使用八位并行接口与 STM32 微处理器连接。本系统使用 RA8835 的图形显示区显示所有的内容，液晶屏初始化流程如图 6.158 所示。

如图 6.158 所示，液晶屏初始化函数首先配置引脚，之后复位液晶屏，然后设置了液晶屏的工作状态（包括字符宽高、显示范围、显示区域等），最后打开显示二区并清屏初始化完成。

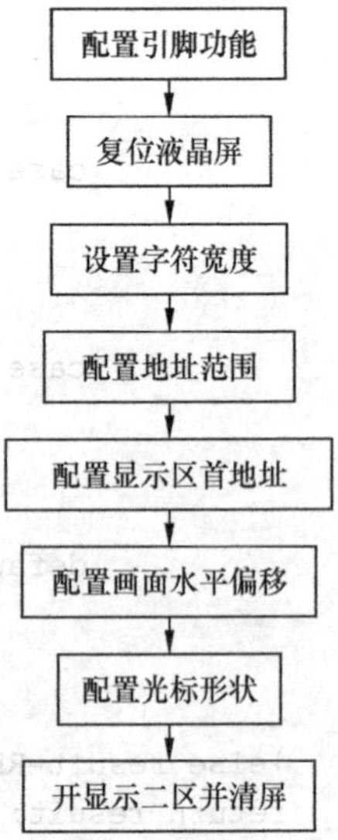

图 6.158 液晶屏初始化流程图

初始化完成后，其他所有的图形显示函数均基于画点函数，该函数能够在屏幕指定位置画点，包括黑色、白色、反色三种颜色，具体程序如下。

```
void GUI_drawpoint(u16 x,u16 y,u8 colour)
{
    u16 dx = x / 8;
    u8 db = 7 - x % 8;
    u16 add = 0x2580 + 40 * y + dx;
    u8 temp = 0x00;
    LCD_WR_COMM(0x46);
    LCD_WR_DATA(add&0xFF);
    LCD_WR_DATA(add >> 8);
    LCD_WR_COMM(0x4C);
    LCD_WR_COMM(0x43);
    temp = LCD_RD_DATA();
    LCD_WR_COMM(0x46);
    LCD_WR_DATA(add&0xFF);
    LCD_WR_DATA(add >> 8);
    LCD_WR_COMM(0x4C);
    LCD_WR_COMM(0x42);
    if(colour == 1)
    {
        LCD_WR_DATA((temp) |(0x01 << db));
    }else if(colour == 0)
    {
        LCD_WR_DATA((temp) &(~(0x01 << db)));
    }else if(colour == 2)
    {
        LCD_WR_DATA((temp)^(0x01 << db));
}
    LCD_WR_COMM(0x42);
}
```

画点函数输入参数为要画点的位置坐标及颜色，首先将输入的坐标转换为光标地址，然后设置光标位置并读出数据，最后根据输入的颜色写入数据完成画点。

5. ADC 模数转换驱动

用于采集水质信息的传感器大多为模拟传感器，所以需要通过模数转换器采集这些传感器的数据。STM32 微处理器芯片上集成有 3 个 12 位的 ADC，共可测量 18 个通道，并且可以设置工作模式。水质传感器通过 ADC 模数转换接口与 STM32 微处理器相连，为提高采集效率系统采用 DMA 方式循环采集 8 路 AD 数据，初始化函数流程如图 6.159 所示。

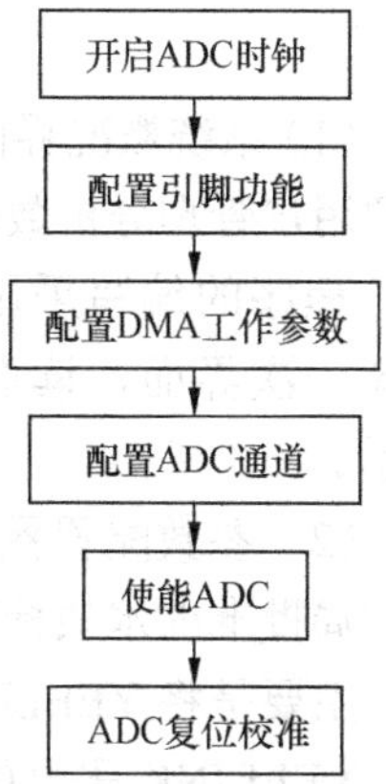

图 6.159　ADC 初始化流程图

如图 6.159 所示，初始化程序首先初始化模拟输入引脚：PB0、PB1、PC0～PC5 作为 8 路模拟量输入接口，之后打开 GPIO、ADC 及 DMA 控制器的时钟，然后配置 DMA 工作方式为从 ADC 外设的数据寄存器传输到内存，使用循环传输模式，之后初始化 ADC、配置各个通道并校准 ADC 完成初始化。启动 ADC

模数转换器后，8 路模数转换数据会不断由 DMA 控制器按顺序搬运至 ADCConvertedValue 数组，其他任务只需要从数组中读取数据即可。

6.4.4 上位机软件设计

多功能水质监测中心是水质监控网络的核心决策部分，负责接收汇总各地监测站的测量数据，实时显示全流域的水质信息，达到区域统筹监控的效果，与监测站组成一个集水质信息采集、传输、存储、查询、分析、超标报警和预测为一体的网络化的信息系统。

本课题的软件设计是网络水质监测上位机平台。要完成这样一个大型的水质监测上位机软件，我们需要将问题进行分解，这里是按照功能来开发各个模块，降低了软件开发难度。另外软件设计思路也很重要，掌握了开发技巧会达到事半功倍的效果。该上位机软件通过功能分解，分别实现各个主要功能模块，开发主 VI，采用事件触发和生产者—消费者数据传输模型，然后通过 LabVIEW 子面板技术来显示各个功能模块的前面板，这样程序实现容易，思路清晰，并且界面显得有条理。上位机平台的具体功能模块如图 6.160 所示。

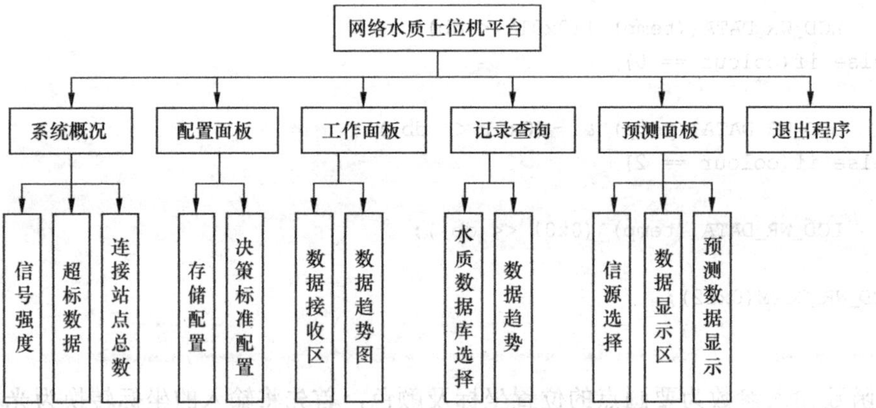

图 6.160 网络水质上位机平台功能模块

（1）系统概况界面功能主要是反映出当前系统的信号强度、超标数据和连接站点的总数，方便用户管理分析数据。

程序的编写采用了事件结构，其中的事件是“超时事件”。每隔 10 秒钟，系统概况刷新一次界面，读取出数据库内的超标数据，超时分支的代码编写程序框图如图 6.161 所示。

（2）参数配置界面功能主要是配置通信端口参数、数据库的存储位置以及根据国家环境保护局批准的水质标准对水质参数进行人工配置。网络上位机参数配置，采用 HTTP 网络通信，主要是将 YEELINK 平台上的水质数据获取到服务器端计算机上。

YEELINK 平台的 API 文档，对数据点 Datapoints 里查看数据点的配置要求是，对 URL（http://api.yeelink.net/v1.0/device/6820/sensor/10731/datapoints）的一个返回指定 Key 的 datapoints。请求参数方式为 GET，返回值是请求的传感器信息，返回值数据格式为 JSON。程序如图 6.162 所示。网络上位机参数配置前面板如图 6.163 所示。

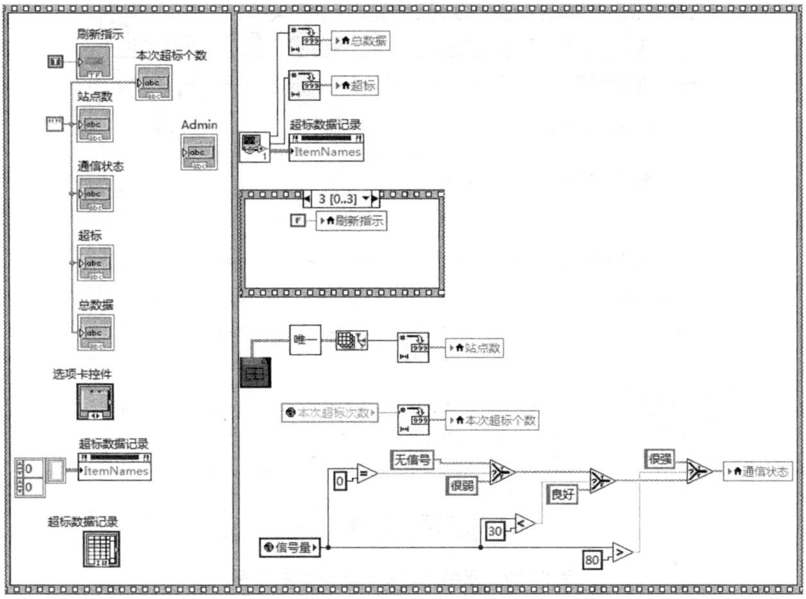

图 6.161 系统概况程序框图

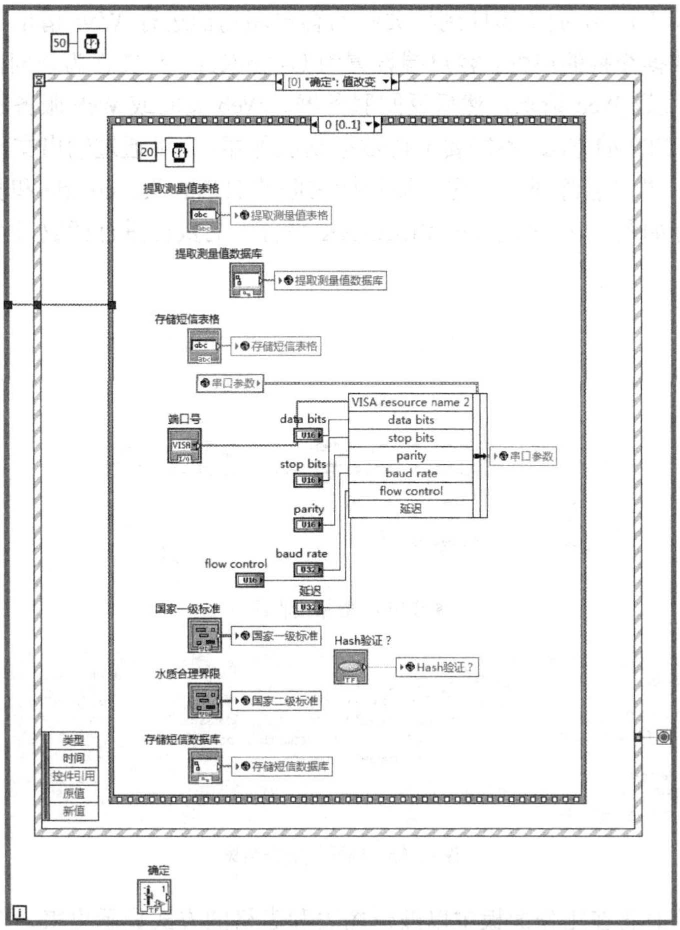

图 6.162 上位机参数配置程序框图

图 6.163 网络上位机参数配置前面板

（3）网络上位机数据接收方法是运用 LabVIEW 软件里的 HTTP 客户端 VI，先打开客户端句柄，再添加头 VI，添加头属性到相关联的客户端句柄进行 Web 请求。头属性用于定义客户端和服务器数据交换的属性。客户端设置为 U-ApiKey，头文件为访问的密码设置。然后用 GET.VI，首先发送 Web 请求，然后返回服务器、Web 页面或 Web 服务的头和 body 内容。该 VI 使用 GET HTTP 的方法，不需要上传数据到服务器，也可通过输出文件保存 body 数据。最后关闭句柄 VI，并且删除所有与客户端句柄关联的 HTTP 头、cookie 和验证凭证信息。数据查看的整体设计如图 6.164 所示。对 YEELINK 平台上的数据进行读取，运行结果如图 6.165 所示。

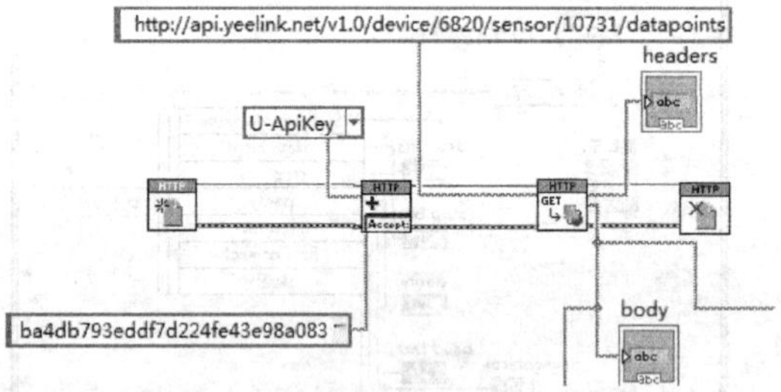

图 6.164 数据接收程序

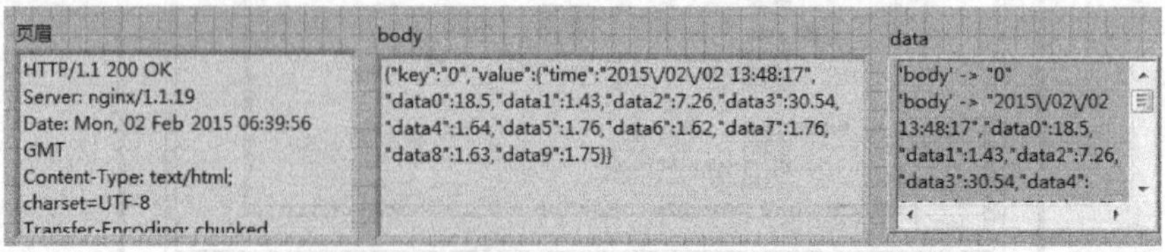

图 6.165 前面板运行结果

接收的水质信息将在工作面板中以波形图表和表格的方式显示出来，以供工作人员随时查看当前水质信息，其程序框图如图 6.166 所示。用“截取字符串”函数对接收到的 body 里的数据进行分类截取，“截取字符串”函数在函数—编程—字符串—截取字符串中。接收到的数据分类截取后存储在相应的设备号、时间、温度、PH 等表格中，并将水质参数用波形图表显示出来，方便工作人员了解水质变化趋势，其前面板如图 6.167 所示。

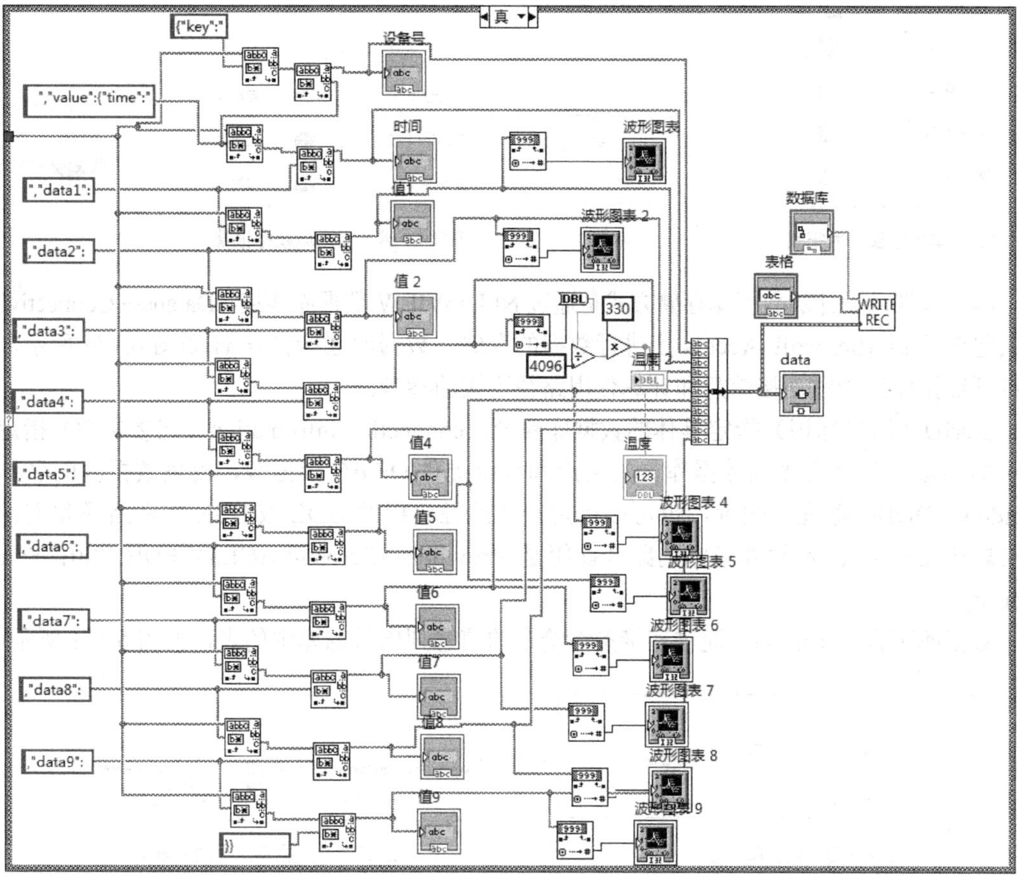

图 6.166　接收数据分类截取程序框图

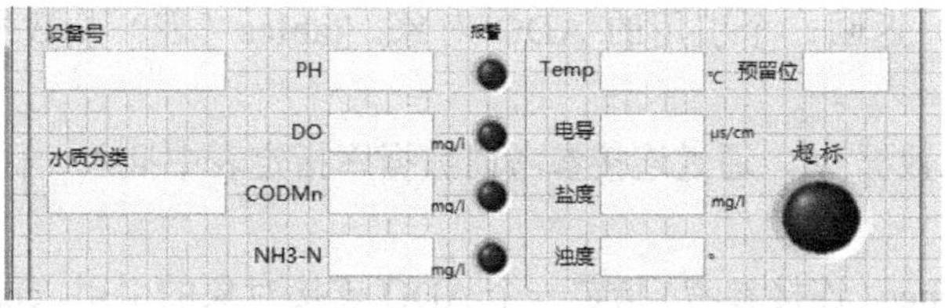

图 6.167　接收数据分类截取前面板

水质报警功能是对接收到的水质信息进行分析处理，按照《地表水环境质量标准》对测量的 PH、溶解氧（DO）、化学需氧量（CODMn）和氨氮（NH3-N）的水质信息分为六类，分别是Ⅰ类、Ⅱ类、Ⅲ类、Ⅳ类、Ⅴ类和劣Ⅴ类。通过分析判断得到水质为哪一类，并输出显示在前面板表格中，如果超出国家给定的水质判断标准，则水质就会显示无法判断。如果出现单个水质参数超标，其相应的参数后面的报警灯就会变红。如果整体水质参数超标，则总的水质超标指示灯就会变红。这样方便工作人员了解水质的具体情况，提高效率，及时应对水质污染的出现，减少工作量。

配置面板中配置各个水质项目的阈值，当某项目的水质超过所设定的阈值，其项目后面的报警灯就会变亮，如图 6.168 所示。如果水质分类达到劣Ⅴ类，总的超标报警灯就会变亮，如图 6.169 所示。

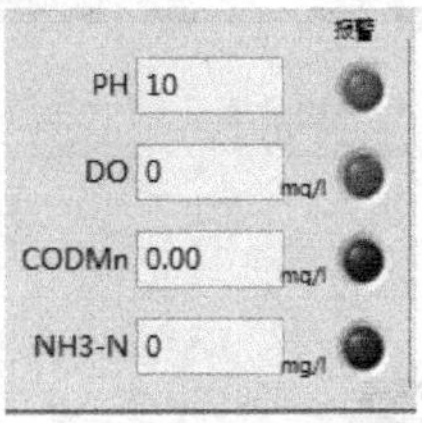

图 6.168 单个水质项目报警

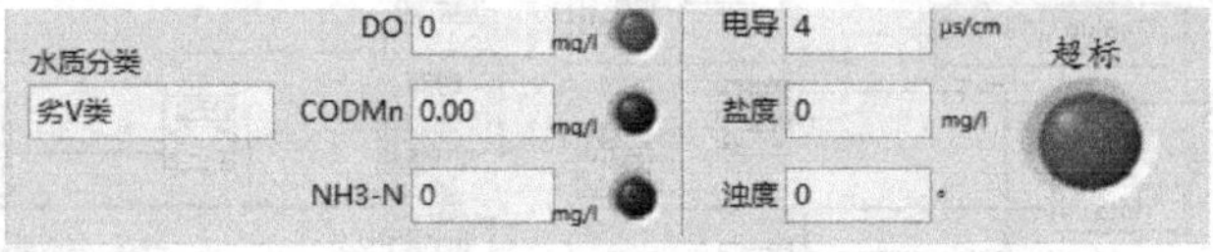

图 6.169 劣Ⅴ类水质超标报警

（4）本课题设计的数据库存储方式是通过 NI LabVIEW 数据库连接（Database Connectivity）工具包连接到 Microsoft Access 上进行数据的存储。数据库连接打开 vi 如图 6.170 所示，用来打开数据库连接的连接信息和计算使用路径连接的参考。

userID（用户标识）指定具体的数据库路径。connection information（连接参考）指定要使用的连接字符串连接到数据库，为用户和系统提供 ODBC 数据源，提供数据源的名称由 Windows ODBC 管理员配置，也可以指定一个路径前缀的 UDL 或 DSN 文件路径和文件名称=或 filedsn =,。本软件指定的路径前缀是 Provider=Microsoft.ACE.OLEDB.12.0；Persist Security。

数据库工具清单表 vi，通过连接参考给定的信息列出数据库中的表，如图 6.171 所示。

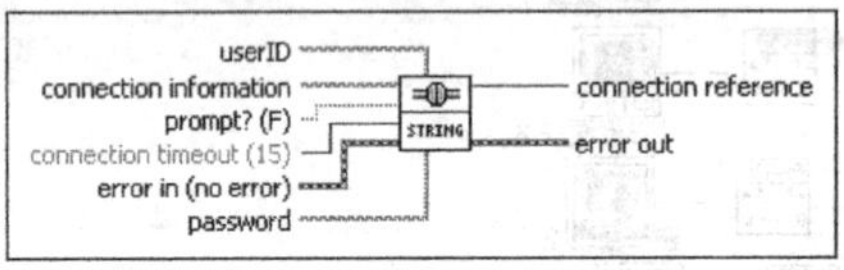

图 6.170 数据库连接打开 vi

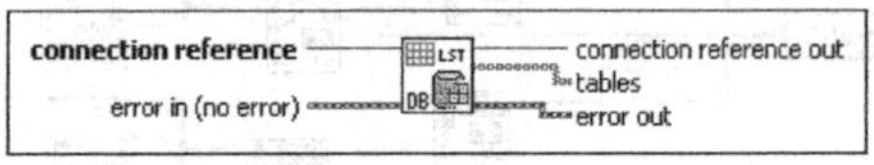

图 6.171 数据库工具清单表 vi

connection reference（连接参考）指定一个 ADO 连接对象的引用。connection reference out（连接参考输出）返回一个引用的 ADO 对象。tables（表）从数据库中返回一组指定表名的数组。

数据库工具插入数据 vi，通过连接参考向数据库指定表中插入一行新数据，如图 6.172 所示。

connection reference（连接参考）指定一个 ADO 连接对象的引用。connection reference out（连接参考输出）返回一个引用的 ADO 对象。tables（表）根据指定的表的名称向数据库中插入数据，如果返回 create table？（创建表？）则输入是正确的，如果返回 create table？（F）（创建表？F）则表明此表不存在，那么 vi 试图创建新表。columns（列）是将数组插入表中的列，连接一个空数组，用来输入表中的所有列。

数据库工具创建表 vi，通过连接参考在数据库中创建一个新表，表和列的输入描述了表的名称和表中的每一列的属性，如图 6.173 所示。

connection reference（连接参考）指定一个 ADO 连接对象的引用。connection reference out（连接参考输出）返回一个引用的 ADO 对象。tables（表）在数据库中创建表的名称。column information（列信息）指定群集列，并对每一列进行描述。

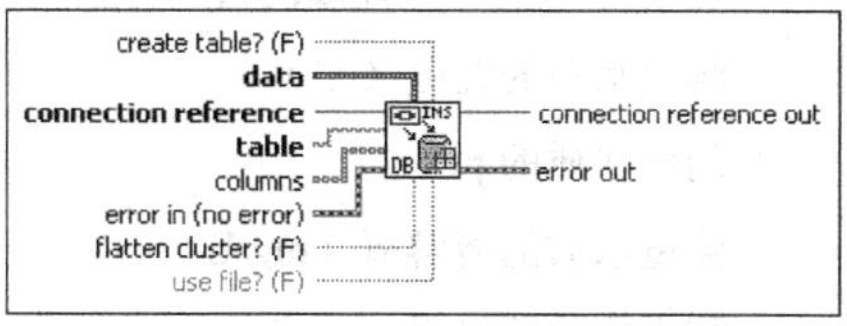

图 6.172 数据库工具插入数据 vi

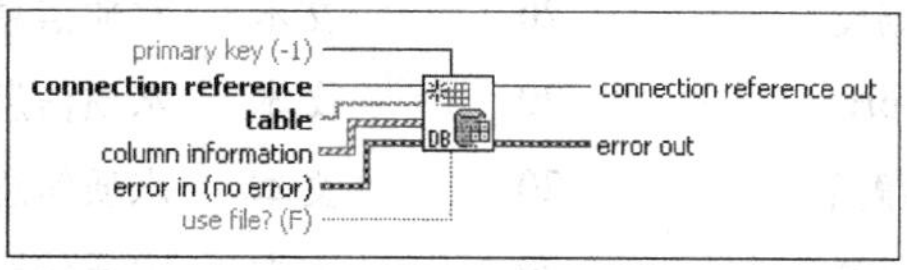

图 6.173 数据库工具创建表 vi

数据库工具关闭连接 vi，通过切断连接参考来关闭数据库连接通道。如图 6.174 所示。

connection reference（连接参考）指定一个 ADO 连接对象的引用。error in（错误输入）描述该节点运行之前出现的错误条件，这个输入提供标准错误的功能。error out（错误输出）包含错误信息，提供标准错误输出功能。

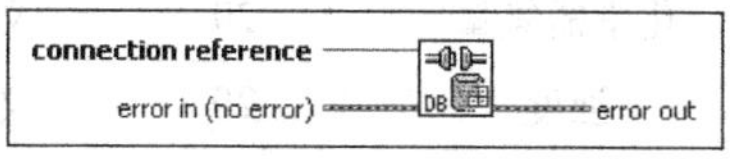

图 6.174 数据库工具关闭连接 vi

整体的数据存储程序如图 6.175 所示。数据库连接打开 vi 连接指定的数据库，当判断无错误输出连接数据库工具清单表 vi，信息列出数据库中的表，用搜索一维数组函数查找数据库中的表是否含有给定表格中指定的表，如果存在则将数据存储在指定表格的数据库，如果不存在，则创建新的表格。创建新表格用数据库工具创建表 vi 来创建新表格，tables（表）连接上指定的表格，在数据库中创建表的名称并对每一列进行描述。然后用数据库工具插入数据 vi，将采集到的水质信息数据插入到数据库中。最后，用数据库工具关闭连接 vi，关闭数据库连接通道。

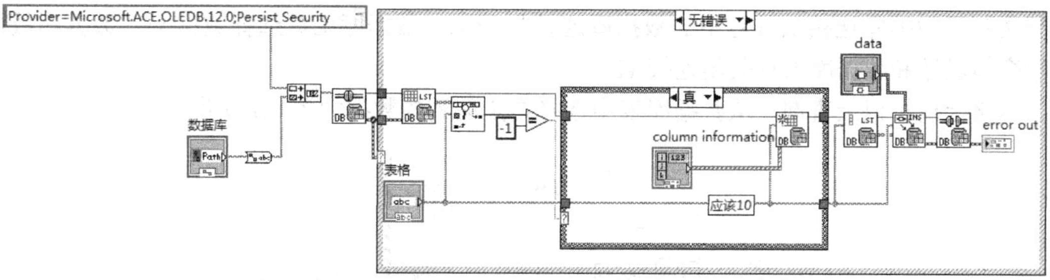

图 6.175 数据存储到数据库程序

存储到数据库中的数据有整个监控网络的当前和历史水质数据。

LabVIEW 多功能水质监测上位机软件在接收各地水质数据后，系统对所有记录信息进行特征值提取、比对、判断记录信息的合法性。之后其将合法的记录解释为水质数据，进行参量提取与存储，并在监控中心界面上进行实时更新处理。如果接收到的合法数据超过规定水域的国家标准则发出警告信息，并将该条信息单独存储，方面工作人员查阅。因此本系统需要以下数据表：网络水质记录表如表 6.4 所示，记录的数据信息如图 6.176 所示。

表 6.4　　　　网络数据记录表

字段名称	字段大小	类型	表示信息	详细内容
设备号	32	文本	主键	该项由数据库自身填写
时间	32	文本	数据监测时间	记录测量数据时的时间

续表

字段名称	字段大小	类型	表示信息	详细内容
温度	20	文本	水质信息	测量水质的温度（℃）
pH	20	文本	水质信息	测量水质的 pH
溶解氧	20	文本	水质信息	测量水质的溶解氧（mg/L）
氨氮	20	文本	水质信息	测量水质的氨氮（mg/L）
盐度	20	文本	水质信息	测量水质的盐度（mg/L）
电导	20	文本	水质信息	测量水质的电导（μg/cm）
化学需氧量	20	文本	水质信息	测量水质的化学需氧量（mg/L）
浊度	20	文本	水质信息	测量水质的浊度（°）
值 9	20	文本	预留值	为以后增加监测量预留窗口

设备号	时间	值1	值2	值3	值4	值5	值6	值7	值8
0	2014\/01\/21 20:08:03	22.56	1.39	0.59	0.00	0	0	1	1.48
0	2014\/01\/01 00:02:05	1.19	1.39	1.65	1.57	1.74	1.61	1.76	1.62
0	2014\/01\/28 18:51:42	1.19	1.39	1.65	1.57	1.74	1.62	1.76	1.63
0	2014\/01\/28 18:52:12	1.19	1.39	1.65	1.57	1.74	1.62	1.76	1.62
0	2014\/01\/28 18:56:55	1.19	1.39	1.65	1.57	1.74	1.62	1.77	1.63
0	2015\/02\/01 12:29:25	18	1.42	7.41	15.27	1.69	1.59	1.75	1.62
0	2015\/02\/01 12:55:58	18.18	1.43	7.24	32.37	1.62	1.76	1.63	1.77
0	2015\/02\/01 12:56:29	18.18	1.43	7.27	28.45	1.66	1.58	1.74	1.62

图 6.176　网络数据库数据

（5）记录查询功能是对数据库中存储的历史水质信息进行查询。用户通过输入数据库路径和所要查询的站点，可以将指定的水质信息以表格和波形图表形式显示在前面板中。这一功能用到了数据库连接工具包中的数据库连接打开 vi、数据库工具选择数据 vi、数据库数据功能变体函数和数据库工具关闭连接 vi。

网络上位机记录查询，从数据库表中选择指定的列的数据如图 6.177 所示。

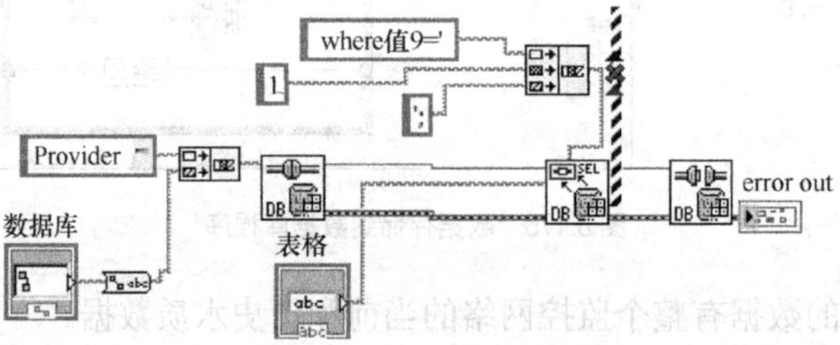

图 6.177　从数据库中选择数据

采用事件结构函数，当单击接收数据按钮时，值改变，进入指定的事件结构中，对从数据库选择的数据进行分类处理并显示出来。应用数据库数据功能变体函数将数据库变量转换为虚拟仪器数据类型中指定的类型。用变体至数值转换函数将数据库中读取的数据转换为类型中指定的 LabVIEW 数据类型。在此变体放入循环中连接上数据库工具选择 vi 中的 data，用表格显示出来。循环外数据接口连接上索引数组函数，索引出需要显示的数值，并放入循环中进行十进制数字符串至数值转换，最后用波形图表显示。后面的几组数据同样用此方法显示出波形图表。具体程序如图 6.178 所示。前面板如图 6.179 所示。

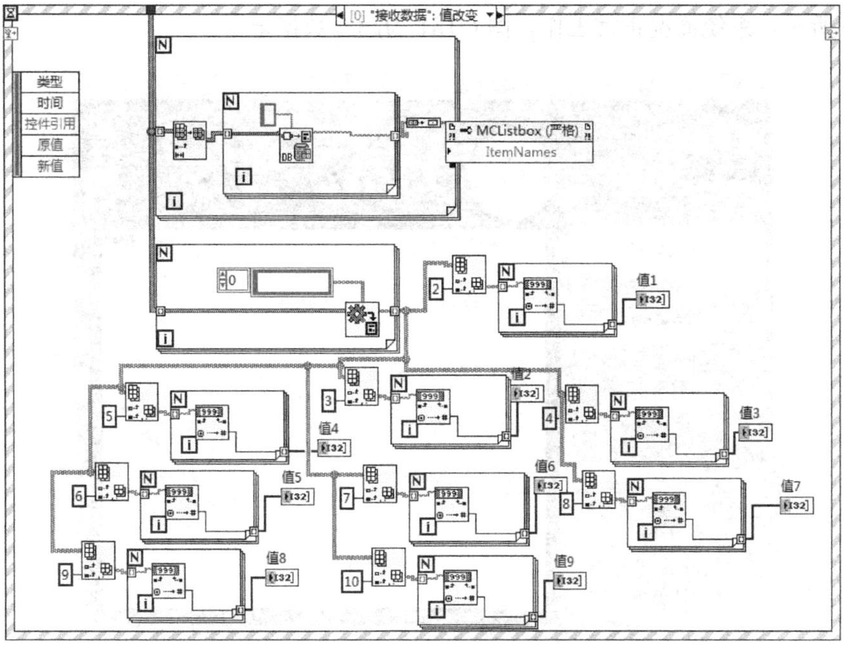

图 6.178 数据显示为表格和波形图表

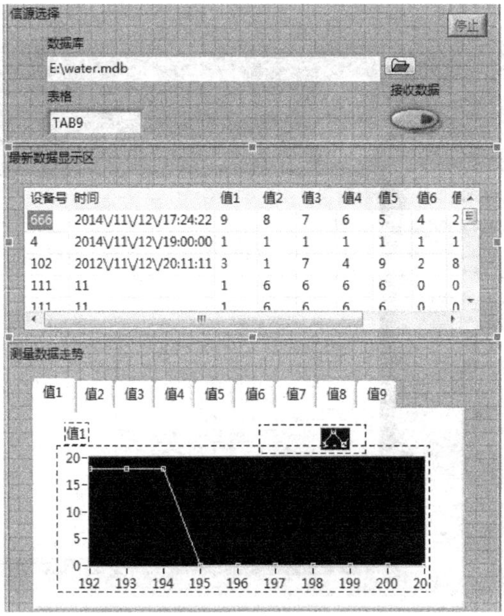

设备号	时间	值1	值2	值3	值4	值5	值6	值
666	2014\/11\/12\/17:24:22	9	8	7	6	5	4	2
4	2014\/11\/12\/19:00:00	1	1	1	1	1	1	1
102	2012\/11\/12\/20:11:11	3	1	7	4	9	2	8
111	11	1	6	6	6	6	0	0

图 6.179 网络上位机记录查询前面板

6.4.5 网络通信功能测试

1. 系统概况

系统概况显示了系统的当前运行概况，包含了移动通信模块通信信号状态、当前连接的站点数目、本次采集超标数据条数等信息。在超标数据记录栏中可以看到超标数据的汇总。

如图 6.180 所示，系统概况正常工作。图 6.181 为超标数据记录。

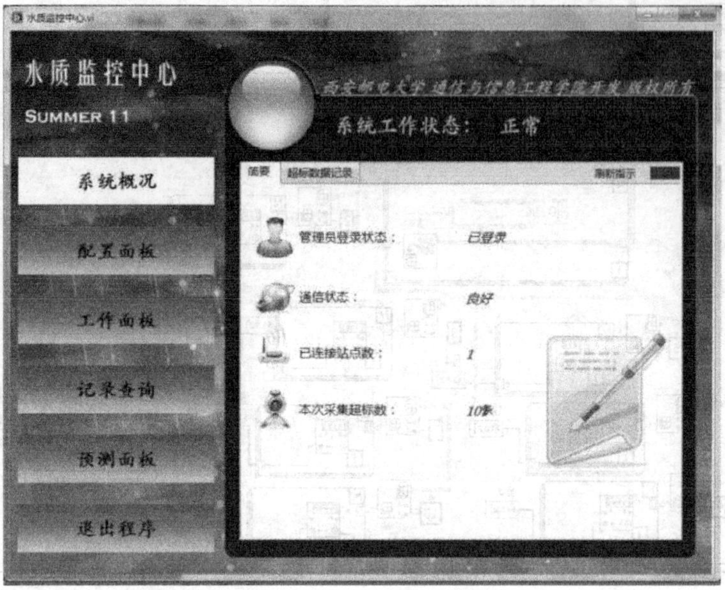

图 6.180　系统概况面板

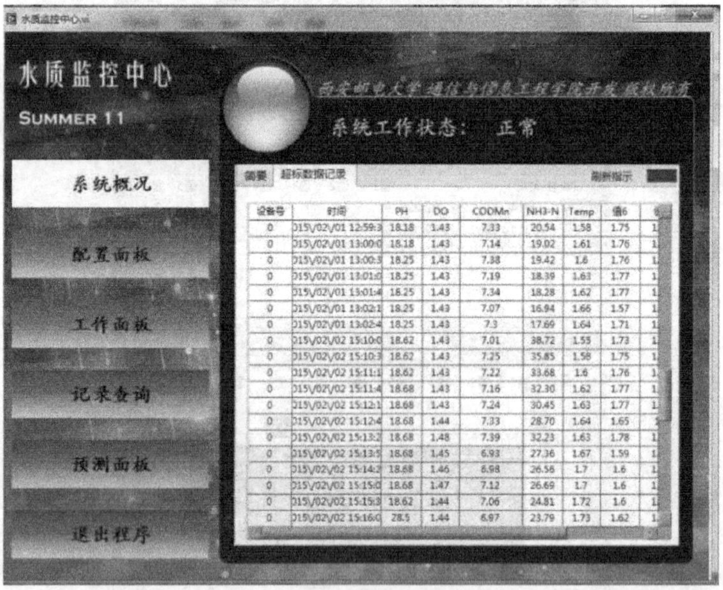

图 6.181　超标数据记录

2. 配置面板

配置面板配置出接收数据存储的数据库位置和表格名称，并对水质合理界限进行决策标准配置，填写好水质参数的上下界限单击保存设置，配置就完成了。当接收到的水质参数超出配置好的水质合理界限的范围时，在工作面板将会显示报警状态。如图 6.182 所示，配置面板正常工作。

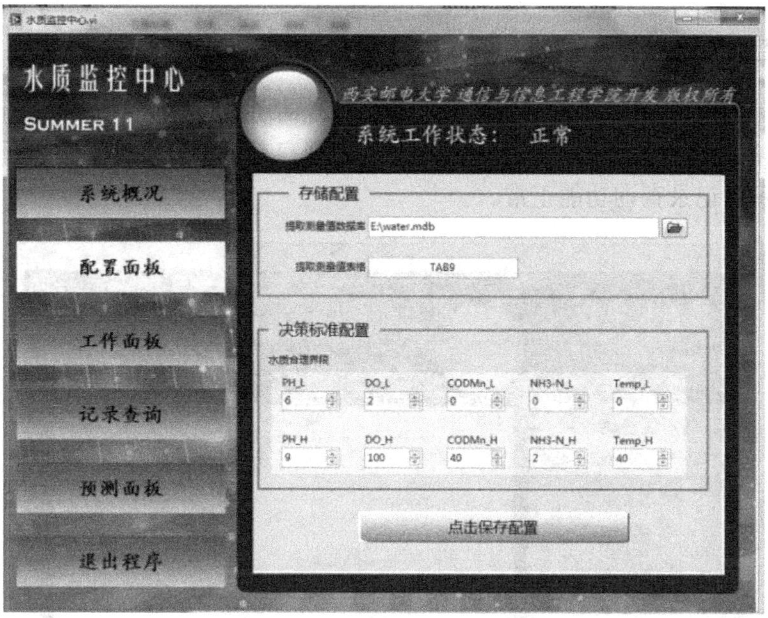

图 6.182 配置面板（正常状态）

3. 工作面板

工作面板是监控软件的主要工作界面，可动态实时显示监测站的水质数据，并提供波形图表折线图分析功能。如图 6.183 所示，工作面板正常工作时，数据接收区显示了实时在线接收的监测站点的水质参数，并对接收的水质信息进行水质分类，当接收到的水质信息超出配置的界限时，各个水质参数后面对应的报警灯就会变红，如果水质超标，总的超标报警灯就会变红。

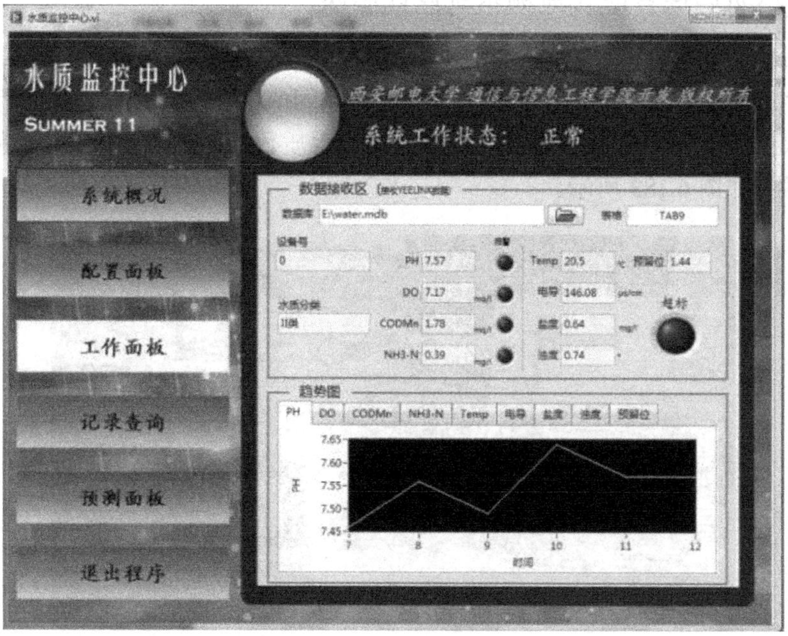

图 6.183 工作面板（正常状态）

4．记录查询

记录查询功能就是将数据库中指定表格的设备号的所有信息读取并显示出来，在此会对查询的指定设备号的数据进行波形图表显示，能使观察者更加直观地了解水质信息的变化。如图 6.184 所示，记录查询功能正常。

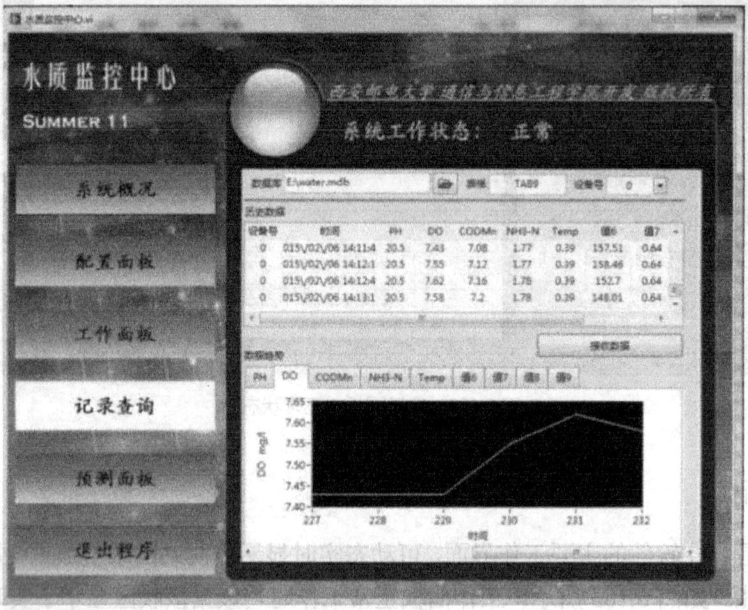

图 6.184 记录查询

6.4.6 水质远程智能化监测系统设计总体

将水质远程监测系统硬件开启并处于采集发送工作状态，打开上位机软件，系统整体测试实物图如图 6.185 所示。在上位机软件 URL 网址栏中填入申请的 YeeLink 云服务平台设备地址及 API-KEY，单击获取数据按键即可开始监测水质数据，连续运行一段时间后上位机软件采集到的数据如图 6.183 所示。

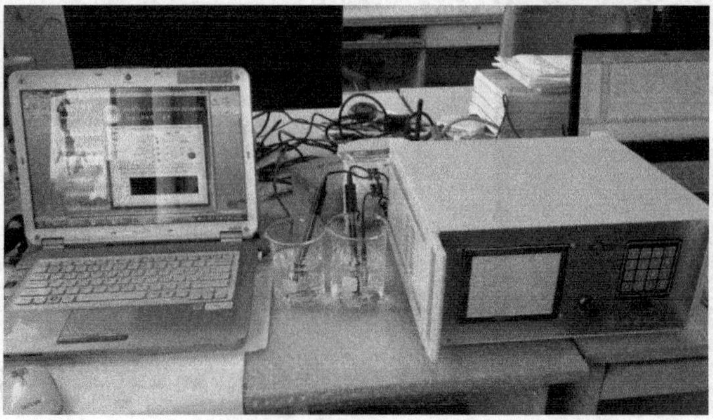

图 6.185 网络上位机软件与硬件的测试

思考题

1. 简述超声波传感器的工作原理。

2. 试购买超声波测距仪所需器件，按书中所述制作过程完成在线超声波测距仪的制作及调试。

3. 尝试改变超声波测距仪的C语言程序，使1602液晶屏的第一行显示温度值，第二行显示距离信息。

4. MQ-2废气传感器可以监测哪些气体？可以用于哪些领域？

5. 试购买基于物联网的废气监测仪所需器件，按书中所述制作过程完成在线废气监测仪的制作及调试。

6. 尝试改变废气监测仪的C语言程序，加入报警功能。当废气浓度超过预警值时，系统报警。

7. NRF24L01无线通信模块的工作频率是多少？

8. 试购买基于NRF24L01无线模块的温度远程传输系统所需器件，按书中所述制作过程完成温度远程传输系统的制作及调试。

9. 尝试改变温度远程传输系统的C语言程序，使1602液晶屏上的信息从右向左滚动显示。

10. 参考书中所介绍的四个物联网系统，试设计及制作在线远程电压测试仪及在线水质监测仪。

附录A 在线超声波测距仪程序

```
#include<reg52.h>
#define uchar unsigned char
#define uint unsigned int
#define ulong unsigned int
uchar table0[] = "DIS:000.0 cm     ";        //距离
uchar table1[] = "Tem:000.0 C      ";        //温度
uchar num;
uchar flag=0;
sbit Trig = P3^2;  //超声波传感器 Trig 管脚定义为 P3^2 口，为超声波信号发送端
sbit Echo = P3^3;  //超声波传感器 Echo 管脚定义为 P3^3 口，为超声波信号接收端
sfr WDT=0xe1;      //看门狗
sbit DS=P2^3;      //温度传感器 18B20 中间的管脚，为信号 I/O 口
sbit rs=P2^0;      //寄存器选择位，将液晶 1602 的 RS 管脚定义为 P2.0 口
sbit rw=P2^1;      //读写选择位，将液晶 1602 的 RW 管脚定义为 P2.1 口
sbit en=P2^2;      //使能信号位，将液晶 1602 的 E 管脚定义为 P2.2 口
sbit BF=P0^7;      //忙碌标志位 ，将 BF 定义为 P0.7 引脚
void lcd_init(void);                   //lcd 初始化函数
void write_com(uchar com);             // lcd 写命令函数
void write_data(uchar date);           // lcd 写数据函数
void display(void);                    //显示函数
void screen(void);                     //显示 table0[]和 table1[]
void frame(void);                      //显示 string1[]和 string2[]
void delay(uint count);                //延时子函数
void delay_10us(void);                 //延时子函数
void dsreset(void);                    //温度传感器 18b20 初始化
bit tmpreadbit(void) ;                 //读一位数据
uchar tmpread(void);                   //读一字节数据
void tmpwritebyte(uchar dat);          //写数据
void tmpchange(void);                  //开始数据转换
uint tmp(void);                        //开始读取寄存器中的温度
void initModule(void);
void delay_20us(void);
void StartModule(void);
ulong averageDistance(void);
uint write_distance(void);
void StartModule()     //超声波传感器发送一次声波信号
```

```
{
        Trig = 1;
        delay_20us();
        Trig = 0;
}
void delay_20us()       //延时
{
       uchar a, b, c;
       for (a=0; a<1; a++);
       for (b=0; b<1; b++);
       for (c=0; c<8; c++);
}
void initModule()       //将计数器 T1 清零
{
       TH1 = 0x00;
       TL1 = 0x00;
}
void lcd_init()
{
    TMOD=0x91;                    //10010001, T1 方式字段 GATE 位为 1, 即 T1 的工作受 TR1 和
P3^3 控制, T0 只由 TR0 控制。TH0/1 与 TL0/1 构成十六位计数容器
    TH0=(65536-800)/256;          //给计数器 T0 赋初值
    TL0=(65536-800)/256;
    EA=1;                         //开总中断
    ET0=1;                        //开 T0 的中断
    TR0=1;                        //T0 开始工作
    write_com(0x38);              //调用 void write_com ( ) 子函数,并带入对应参数
    write_com(0x0c);
    write_com(0x06);
    write_com(0x80);
}
void screen(void)                 //读取要显示的数据
{
        for(num = 0;num < 4;num++)
    {
       write_data(table0[num]);
    }

}
void display(void)                      //显示子函数
{
       screen();                        //读取要显示的数据
    write_com(0x80 + 0x04);                 //写指令, 操作液晶显示
    for(num = 4;num < 16;num++)
    {
       write_data(table0[num]);         //写数据, 给 P0 口赋距离值
    }
}
void write_com(uchar com)               //写指令, 操作液晶显示 1602
{
    delay(10);                          //防止 1602 繁忙
```

```
    rs = 0;                           //寄存器选择位,将RS位定义为P2.0引脚
    en = 0;                           //使能信号位，将E定义为P2.2引脚
    P1 = com;                         //给P1口赋值
    rw = 0;                           //读写选择位，将RW定义为P2.1引脚
    delay(5);
    en = 1;
    delay(5);
    en = 0;
    delay(5);
}
void write_data(uchar date)           //写数据
{
    delay(10);                        //防止1602繁忙
    rs = 1;
    en = 0;
    P1 = date;
    rw = 0;
    delay(5);
    en = 1;
    delay(5);
    en = 0;
    delay(5);
}
void delay(uint count)                //延时
{
  uint i;
  while(count)
  {
    i=200;
    while(i>0)
    i--;
    count--;
  }
}
void delay_10us()                     //10us延时函数
{
    uchar i;
    i--;
    i--;
    i--;
    i--;
    i--;
    i--;
}
void intT0(void) interrupt 1          //给T0赋初值
{
    TH0=(65536-800)/256;
    TL0=(65536-800)%256;
}
void dsreset(void)                         //18B20温度传感器复位，初始化函数
{
```

```
  uint i;
  DS=0;
  i=103;
  while(i>0)i--;
  DS=1;
  i=4;
  while(i>0)i--;
}
bit tmpreadbit(void)            //读 1 位数据函数
{
   uint i;
   bit dat;
   DS=0;i++;                    //i++ for delay
   DS=1;i++;i++;
   dat=DS;
   i=8;while(i>0)i--;
   return (dat);
}
uchar tmpread(void)             //读 1 字节函数
{
  uchar i,j,dat;
  dat=0;
  for(i=1;i<=8;i++)
  {
    j=tmpreadbit();             //读 1 位数据函数赋给 j
    dat=(j<<7)|(dat>>1);        //读出的数据最低位在最前面，这样刚好一个字节在 DAT 里
  }
  return(dat);
}
void tmpwritebyte(uchar dat)    //向液晶 18b20 写一个字节数据函数
{
  uint i;
  uchar j;
  bit testb;
  for(j=1;j<=8;j++)
  {
    testb=dat&0x01;
    dat=dat>>1;
    if(testb)       //write 1
    {
      DS=0;
      i++;i++;
      DS=1;
      i=8;while(i>0)i--;
    }
    else
    {
      DS=0;         //write 0
      i=8;while(i>0)i--;
      DS=1;
      i++;i++;
```

```
    }
  }
}
void tmpchange(void)          //液晶 18B20 开始获取数据并转换
{
  dsreset();                  //温度传感器初始化
  delay(1);
  tmpwritebyte(0xcc);         //写跳过读 ROM 指令
  tmpwritebyte(0x44);         //写温度转换指令
}
uint tmp()                    //读取寄存器中存储的温度数据
{
  float tt;
  uint temp;
  uchar a,b,c;
  dsreset();                  //温度传感器初始化
  delay(1);
  tmpwritebyte(0xcc);         //向 1820 写一个字节数据函数
  tmpwritebyte(0xbe);
  a=tmpread();                //读低 8 位
  b=tmpread();                //读高 8 位
  temp=b;
  temp<<=8;                   //两个字节组合为 1 个字
  temp=temp|a;
  c=(temp&3968)>>11;
  if(c==31)
  {
       flag=1;                //最后在显示子函数中要判断 flag 的值
  }
  temp=temp&2047;
  tt=temp*0.0625;             //温度在寄存器中是 12 位，分辨率是 0.0625
  temp=tt*10+0.5;             //乘 10 表示小数点后只取 1 位，加 0.5 是四舍五入
  return temp;
}
void main(void)               //主函数(程序从这里开始)
{
       uchar A0,A1,A2,A3,A2t,a;     //定义变量为无符号字符型，分配内存空间
       uint temp1,Dis;              //定义变量为无符号整型，分配内存空间
       a=0;
        WDT=0x25;                   //看门狗,防止死循环
       lcd_init();                  //开中断，赋初值，写指令(设置定时器 0)
       write_com(0x01);             //给液晶显示模块写指令
       Trig = 0;                    //首先拉低超声波传感器 Trig 管脚
       EX1 = 1;                     //启用 P3^3 口接收中断信号，即为接收 Echo 信号
       while(1)
       {
              initModule();         //将计数器 T1 清零
              StartModule();        //超声波传感器发送一次声波信号
              delay_20us();         //延时，避免声波由发射端发出后，直接被接收端捕获，得到
错误的距离信息
              TR1 = 1;                   //T1 开始计时
```

```
        while(!Echo);                   //检测是否收到回波信号
        while(Echo);                    //收到回波信号
        TR1 = 0;                            //T1 停止计时
    Dis=(TH1 * 256 + TL1)/6;        //由 T1 记下的时间差，计算理想距离
    tmpchange();                    //开始获取温度数据并转换
    temp1=tmp();                    //寄存器中转换后的温度值赋给 temp1
    A0=temp1/1000%10;               //温度千位
    A1=temp1/100%10;                //温度百位
    A2t=temp1%100;                  //温度十位和个位
    A2=A2t/10%10;                   //温度十位
    A3=A2t%10;                      //温度个位
    temp1/=10;                      //temp1 除以 10 再赋回给 temp1
    Dis=Dis+temp1*Dis/400000;       //通过温度校正距离
    table1[4]=A0+0x30;              //table1[]表示温度
    table1[5]=A1+0x30;
    table1[6]=A2+0x30;
    table1[8]=A3+0x30;
    A0=Dis/1000%10;                 //距离千位
    A1=Dis/100%10;                  //距离百位
    A2t=Dis%100;                    //距离十位和个位
    A2=A2t/10%10;                   //距离十位
    A3=A2t%10;                      //距离个位
    table0[4]=A0+0x30;              //table0[]表示距离
    table0[5]=A1+0x30;
    table0[6]=A2+0x30;
    table0[8]=A3+0x30;
display();
WDT=0x35;}                          //调用显示子函数，写入距离、温度的值
                                    //WDT 看门狗，防止死循环

 }
```

附录 B 基于物联网的废气监测仪设计程序

```
#include<reg52.h>
#include <intrins.h>
#define  NOP()   _nop_()   /* 定义空指令 */
#define  _Nop()  _nop_()   /*定义空指令*/
#define uchar unsigned char
#define uint unsigned int
#define  PCF8591 0x90                                   //PCF8591 地址
uchar table0[] = "gase Rata       ";                    //humidity;
uchar table1[] = "Rata:00000ppm      ";                 //temperature;
// 变量定义
#define MAX 3500
unsigned char  D;
uchar SHU[5];
sbit    SCL=P2^3;     //I2C  时钟
sbit    SDA=P2^4;     //I2C  数据
sbit Bing=P2^5;
sbit rs=P2^0;         //寄存器选择位,将 RS 位定义为 P2.0 引脚
sbit rw=P2^1;         //读写选择位, 将 RW 定义为 P2.1 引脚
sbit en=P2^2;         //使能信号位, 将 E 定义为 P2.2 引脚
sbit BF=P1^7;         //忙碌标志位 , 将 BF 定义为 P0.7 引脚
bit ack;              /*应答标志位*/
unsigned char date;
extern bit ack;
uchar num;
void lcd_init(void);                          //lcd 初始化函数
void write_com(uchar com);                    // lcd 写命令函数
void write_data(uchar date);                  // lcd 写数据函数
void display(void);                           //显示函数
void screen(void);                            //显示 table0[]和 table1[]
//void frame(void);                           //显示 string1[]和 string2[]
void delay(uint count);
//void delay_10us(void);
extern void Start_I2c();//起动总线函数
extern void Stop_I2c();//结束总线函数
extern void Ack_I2c(bit a);//应答子函数
extern void  SendByte(unsigned char  c);//字节数据发送函数
```

```
  extern bit ISendStr(unsigned char sla,unsigned char suba,unsigned char *s,unsigned
char no) ;                                //有子地址发送多字节数据函数
  extern bit ISendStrExt(unsigned char sla,unsigned char *s,unsigned char no);
                                          //无子地址发送多字节数据函数
  extern unsigned char RcvByte();         //无子地址读字节数据函数
  bit ISendByte(unsigned char sla,unsigned char c);
  unsigned char IRcvByte(unsigned char sla);
  /*******************************************************************
  LCD 显示函数
  *******************************************************************/
  void lcd_init()
  {
     TMOD=0x01;          //00000001  C/T=0 时，工作在定时方式，M0 与 M1 决定计数方式：TH0 和
TL0 成为两个 8 位计数器
     TH0=(65536-800)/256;
     TL0=(65536-800)/256;
     EA=1;               //开总中断
     ET0=1;              //开 T0 的中断
     TR0=1;              //T0 开始工作
     write_com(0x38);
     write_com(0x0c);    //不带光标
     write_com(0x06);
     write_com(0x80);
  }
  void screen(void)
  {
         for(num = 0;num < 4;num++)
     {
        write_data(table0[num]);     //table0[] = "gase Rata"
     }
     write_com(0x80 + 0x40);              //换行
     for(num = 0;num < 4;num++)
     {
        write_data(table1[num]);     //table1[] = "Rata:00000ppm"
     }
  }
  void display(void)
  {
        screen();
     write_com(0x80 + 0x04);
     for(num = 4;num < 16;num++)
     {
        write_data(table0[num]);
     }
     write_com(0x80 + 0x40 + 0x04);
     for(num = 4;num < 16;num++)
     {
        write_data(table1[num]);
     }
  }
```

```
void write_com(uchar com)                 //写指令
{
   delay(10);                        //防止1602繁忙
   rs = 0;                           //寄存器选择位，将RS位定义为P2.0引脚，写指令
   en = 0;                           //使能信号位，将E定义为P2.2引脚
   P1= com;
   rw = 0;                           //读写选择位，将RW定义为P2.1引脚
   delay(5);
   en = 1;
   delay(5);
   en = 0;
   delay(5);
}
void write_data(uchar date)          //写数据
{
   delay(10);                        //防止1602繁忙
   rs = 1;                           //写数据
   en = 0;
   P1 = date;
   rw = 0;
   delay(5);
   en = 1;
   delay(5);
   en = 0;
   delay(5);
}
void delay(uint count)               //delay
{
  uint i;
  while(count)
  {
   i=200;
   while(i>0)
   i--;
   count--;
  }
}
void intT0(void) interrupt 1
{
   TH0=(65536-800)/256;
   TL0=(65536-800)%256;
}
/**********************************************************************
                  起动总线函数
函数原型: void  Start_I2c();
功能:     启动I2C总线，即发送I2C起始条件。
开始信号：SCL为高电平时，SDA由高电平向低电平跳变，开始传送数据。
这些信号中，起始信号是必需的，结束信号和应答信号，都可以不要。
**********************************************************************/
void Start_I2c()
```

```
{
  SDA=1;         /*发送起始条件的数据信号, SDA=P2^4  I2C 数据*/
  _Nop();
  SCL=1;            //SCL=P2^3;   I2C 时钟
  _Nop();           /*起始条件建立时间大于 4.7us,延时*/
  _Nop();
  _Nop();
  _Nop();
  _Nop();
  SDA=0;            /*发送起始信号*/
  _Nop();           /* 起始条件锁定时间大于 4µs*/
  _Nop();
  _Nop();
  _Nop();
  _Nop();
  SCL=0;            /*钳住 I2C 总线, 准备发送或接收数据 */
  _Nop();
  _Nop();
}
/*********************************************************************
                   结束总线函数
函数原型: void  Stop_I2c();
功能: 结束 I2C 总线,即发送 I2C 结束条件.
结束信号: SCL 为高电平时, SDA 由低电平向高电平跳变, 结束传送数据。
*********************************************************************/
void Stop_I2c()
{
  SDA=0;        /*发送结束条件的数据信号*/
  _Nop();       /*发送结束条件的时钟信号*/
  SCL=1;        /*结束条件建立时间大于 4µs*/
  _Nop();
  _Nop();
  _Nop();
  _Nop();
  _Nop();
  SDA=1;        /*发送 I2C 总线结束信号*/
  _Nop();
  _Nop();
  _Nop();
  _Nop();
}
/*********************************************************************
              字节数据发送函数
函数原型: void  SendByte(UCHAR c);
功能: 将数据 c 发送出去, 可以是地址, 也可以是数据,发完后等待应答, 并对
        此状态位进行操作(不应答或非应答都使 ack=0)。
         发送数据正常, ack=1; ack=0 表示被控器无应答或损坏。
*********************************************************************/
void  SendByte(unsigned char  c)
{
```

```
  unsigned char  BitCnt;
   for(BitCnt=0;BitCnt<8;BitCnt++)          /*要传送的数据长度为 8 位*/
     {
      if((c<<BitCnt)&0x80)SDA=1;       /*判断发送位*/
        else  SDA=0;
      _Nop();
      SCL=1;                           /*置时钟线为高，通知被控器开始接收数据位*/
       _Nop();
       _Nop();                         /*保证时钟高电平周期大于 4μs*/
       _Nop();
       _Nop();
       _Nop();
      SCL=0;
     }
     _Nop();
     _Nop();
     SDA=1;                            /*8 位发送完后释放数据线，准备接收应答位*/
     _Nop();
     _Nop();
     SCL=1;
     _Nop();
     _Nop();
     _Nop();
     if(SDA==1)ack=0;
        else ack=1;                    /*判断是否接收到应答信号*/
     SCL=0;
     _Nop();
     _Nop();
}
/*****************************************************************
                字节数据接收函数
函数原型: UCHAR  RcvByte();
功能: 用来接收从器件传来的数据，并判断总线错误(不发应答信号),
        发完后请用应答函数应答从机。
******************************************************************/
unsigned char   RcvByte()
{
  unsigned char  retc;
  unsigned char  BitCnt;
  retc=0;
  SDA=1;                          /*置数据线为输入方式*/
  for(BitCnt=0;BitCnt<8;BitCnt++)
      {
        _Nop();
        SCL=0;                    /*置时钟线为低，准备接收数据位*/
        _Nop();
        _Nop();                   /*时钟低电平周期大于 4.7μs*/
        _Nop();
        _Nop();
        _Nop();
```

```
        SCL=1;                       /*置时钟线为高使数据线上数据有效*/
        _Nop();
        _Nop();
        retc=retc<<1;
        if(SDA==1)retc=retc+1;       /*读数据位,接收的数据位放入 retc 中 */
        _Nop();
        _Nop();
      }
   SCL=0;
   _Nop();
   _Nop();
   return(retc);
 }
 /*********************************************************************
                     应答子函数
 函数原型: void Ack_I2c(bit a);
 功能: 主控器进行应答信号(可以是应答或非应答信号, 由位参数 a 决定)。
 应答信号: 接收数据的 I2C 在接收到 8 bit 数据后, 向发送数据的 I2C 发出特定的低电平脉冲, 表示已收
到数据。CPU 向受控单元发出一个信号后, 等待受控单元发出一个应答信号, CPU 接收到应答信号后, 根据实
际情况作出是否继续传递信号的判断。若未收到应答信号, 由判断为受控单元出现故障。
 *********************************************************************/
 void Ack_I2c(bit a)
 {
   if(a==0)SDA=0;                   /*在此发出应答或非应答信号 */
   else SDA=1;
   _Nop();
   _Nop();
   _Nop();
   SCL=1;
   _Nop();
   _Nop();                          /*时钟低电平周期大于 4μs*/
   _Nop();
   _Nop();
   _Nop();
   SCL=0;                           /*清时钟线, 钳住 I2C 总线以便继续接收*/
   _Nop();
   _Nop();
 }
 /********************************************************************
 ADC 发送字节[命令]数据函数
 ********************************************************************/
 bit ISendByte(unsigned char sla,unsigned char c)
 {
    Start_I2c();              //启动总线
    SendByte(sla);            //发送器件地址
    if(ack==0)return(0);
    SendByte(c);              //发送数据
    if(ack==0)return(0);
    Stop_I2c();               //结束总线
    return(1);
```

```
}
/****************************************************************
ADC读字节数据函数
****************************************************************/
unsigned char IRcvByte(unsigned char sla)
{  unsigned char c;
   Start_I2c();          //启动总线
   SendByte(sla+1);      //发送器件地址
   if(ack==0)return(0);
   c=RcvByte();          //读取数据0
   Ack_I2c(1);           //发送非就答位
   Stop_I2c();           //结束总线
   return(c);
}
main()
{
//    float f_Data;
      float Data_Value;        //定义各种类型的变量
      unsigned int Wda;
      uchar a1,a2,a3,a4,a5;
      lcd_init();              //初始化
      delay(200);              //延时
      while(1)
      {
      /********以下AD-DA处理*************/
         ISendByte(PCF8591,0x41); //ADC发送字节[命令]数据函数
         D=IRcvByte(PCF8591);     //ADC0 模数转换1
      // f_Data=(D*5.0)/255.0;
         Data_Value=300+(D/255.0)*4700;
         Wda=Data_Value;
         if(Wda>=MAX)             //超量程
             Bing=0;
         else
             Bing=1;
         a1=Wda/10000%10;         //万位
         a2=Wda/1000%10;          //千位
         a3=Wda/100%10;           //百位
         a4=Wda/10%10;            //十位
         a5=Wda%10;               //个位
         table1[5]=a1+0x30;       //数据值
         table1[6]=a2+0x30;
         table1[7]=a3+0x30;
         table1[8]=a4+0x30;
         table1[9]=a5+0x30;
         display();               //显示子函数
   }
}
```

附录C 基于NRF2401无线模块的温度远程传输系统设计程序

1.发送部分

```
#include <reg52.h>
#include <api.h>
#include<intrins.h>    //包含_nop_()函数定义的头文件
#define uchar unsigned char
#define uint unsigned char
/****************************************************/
#define TX_ADR_WIDTH   5   // 5字节宽度的发送/接收地址
#define TX_PLOAD_WIDTH 4   // 数据通道有效数据宽度
uchar code TX_ADDRESS[TX_ADR_WIDTH] = {0x34,0x43,0x10,0x10,0x01}; // 定义一个静态
发送地址  特别要注意是先写低位地址，例如你在设置地址的时候，应该低位不同，而不是高位不同。
uchar RX_BUF[TX_PLOAD_WIDTH];
uchar TX_BUF[TX_PLOAD_WIDTH];
uchar flag;
uchar DATA = 0x01;
/**********************************************************/
uchar bdata sta;           //bdata就是可位寻址内部数据存储区      不但可以按照标准的无符
号字符型访问，还能通过以下定义分别访问其每一个位。
sbit  RX_DR    = sta^6;
sbit  TX_DS    = sta^5;
sbit  MAX_RT = sta^4;
/****************************************************/
/****************************************************
函数: init_io()
描述:
   初始化IO
/****************************************************/
void init_io(void)
{
      CE  = 0;         // 待机
      CSN = 1;         // SPI禁止
      SCK = 0;         // SPI时钟置低
```

```
        IRQ = 1;          // 中断复位
 }
/************************************************/
/***********************************************
函数: delay_ms()
描述:
   延迟 x 毫秒
/************************************************/
void delay_ms(uchar x)
{
    uchar i, j;
    i = 0;
    for(i=0; i<x; i++)
    {
       j = 250;
       while(--j);
         j = 250;
       while(--j);
    }
}
/************************************************/
/***********************************************
函数: SPI_RW()
描述:
   根据SPI协议，写一字节数据到nRF24L01，同时从nRF24L01
      读出一字节
      此函数    既写入   又读取
/************************************************/
uchar SPI_RW(uchar byte)
{
       uchar i;
       for(i=0; i<8; i++)                // 循环8次
       {
              MOSI = (byte & 0x80);      // byte最高位输出到MOSI
              byte <<= 1;                // 低一位移位到最高位  左移
              SCK = 1;                   // 拉高SCK，nRF24L01从MOSI读入1位数据，同时
从MISO输出1位数据
              byte |= MISO;              // 读MISO到byte最低位
              SCK = 0;                   // SCK置低
       }
    return(byte);                        // 返回读出的一字节
}
/************************************************/
/***********************************************
函数: SPI_RW_Reg()
描述:
   写数据value到reg寄存器
/************************************************/
uchar SPI_RW_Reg(uchar reg, uchar value)
{
       uchar status;
```

```
        CSN = 0;                     // CSN 置低，开始传输数据
        status = SPI_RW(reg);        // 选择寄存器，同时返回状态字
        SPI_RW(value);               // 然后写数据到该寄存器
        CSN = 1;                     // CSN 拉高，结束数据传输
        return(status);              // 返回状态寄存器
}
/**************************************************/
/**************************************************
函数：SPI_Read()
描述：
    从 reg 寄存器读一字节
/**************************************************/
uchar SPI_Read(uchar reg)
{
        uchar reg_val;
        CSN = 0;                     // CSN 置低，开始传输数据
        SPI_RW(reg);                     // 先选择寄存器
        reg_val = SPI_RW(0);         // 然后从该寄存器读数据  //??? 看时序 0 应当是随便写入
        CSN = 1;                     // CSN 拉高，结束数据传输
        return(reg_val);             // 返回寄存器数据
}
/**************************************************/
/**************************************************
函数：SPI_Read_Buf()
描述：
    从 reg 寄存器读出 bytes 个字节，通常用来读取接收通道
        数据或接收/发送地址
/**************************************************/
uchar SPI_Read_Buf(uchar reg, uchar * pBuf, uchar bytes)
{
        uchar status, i;
        CSN = 0;                         // CSN 置低，开始传输数据
        status = SPI_RW(reg);            // 选择寄存器，同时返回状态字
        for(i=0; i<bytes; i++)
        pBuf[i] = SPI_RW(0);             // 逐个字节从 nRF24L01 读出
        CSN = 1;                         // CSN 拉高，结束数据传输
        return(status);                  // 返回状态寄存器
}
/**************************************************/
/**************************************************
函数：SPI_Write_Buf()
描述：
    把 pBuf 缓存中的数据写入到 nRF24L01，通常用来写入发
        射通道数据或接收/发送地址
/**************************************************/
uchar SPI_Write_Buf(uchar reg, uchar * pBuf, uchar bytes)
{
        uchar status, i;
        CSN = 0;                         // CSN 置低，开始传输数据
        status = SPI_RW(reg);            // 选择寄存器，同时返回状态字
        for(i=0; i<bytes; i++)
```

```
        SPI_RW(pBuf[i]);          // 逐个字节写入 nRF24L01
        CSN = 1;                  // CSN 拉高，结束数据传输
        return(status);           // 返回状态寄存器
  }
  /**************************************************/
  /**************************************************
  函数：RX_Mode()
  描述：
     这个函数设置 nRF24L01 为接收模式，等待接收发送设备的数据包
  /**************************************************/
  void RX_Mode(void)
  {
        CE = 0;                                              //写配置寄存器只有在掉电模式
和待机模式下可操作
        SPI_Write_Buf(WRITE_REG + RX_ADDR_P0, TX_ADDRESS, TX_ADR_WIDTH); // 接收设
备接收通道 0 使用和发送设备相同的发送地址
        SPI_RW_Reg(WRITE_REG + EN_AA, 0x01);                 // 使能接收通道 0 自动应答
        SPI_RW_Reg(WRITE_REG + EN_RXADDR, 0x01);             // 使能接收通道 0
        SPI_RW_Reg(WRITE_REG + RF_CH, 40);                   // 选择射频通道 0x40
        SPI_RW_Reg(WRITE_REG + RX_PW_P0, TX_PLOAD_WIDTH);    // 接收通道 0 选择和发送
通道相同有效数据宽度
        SPI_RW_Reg(WRITE_REG + RF_SETUP, 0x07);              // 数据传输率 1Mbps，发射功率
0 dBm，低噪声放大器增益
        SPI_RW_Reg(WRITE_REG + CONFIG, 0x0f);                // CRC 使能，16 位 CRC 校验，
上电，接收模式
        CE = 1;                                              // 拉高 CE 启动接收设备
  }
  /**************************************************/
  /**************************************************
  函数：TX_Mode()
  描述：
     这个函数设置 nRF24L01 为发送模式，（CE=1 持续至少 10 μs），
        130 μs 后启动发射，数据发送结束后，发送模块自动转入接收
        模式等待应答信号。
  /**************************************************/
  void TX_Mode(uchar * BUF)
  {
        CE = 0;
        SPI_Write_Buf(WRITE_REG + TX_ADDR, TX_ADDRESS, TX_ADR_WIDTH);     // 写入发
送地址
        SPI_Write_Buf(WRITE_REG + RX_ADDR_P0, TX_ADDRESS, TX_ADR_WIDTH); // 为了应
答接收设备，接收通道 0 地址和发送地址相同
        SPI_Write_Buf(WR_TX_PLOAD, BUF, TX_PLOAD_WIDTH);                  // 写数据
包到 TX FIFO
        SPI_RW_Reg(WRITE_REG + EN_AA, 0x01);                 // 使能接收通道 0 自动应答
        SPI_RW_Reg(WRITE_REG + EN_RXADDR, 0x01);     // 使能接收通道 0
        SPI_RW_Reg(WRITE_REG + SETUP_RETR, 0x0a);    // 自动重发延时等待 250 μs+86 μs，
自动重发 10 次
        SPI_RW_Reg(WRITE_REG + RF_CH, 40);           // 选择射频通道 0x40
        SPI_RW_Reg(WRITE_REG + RF_SETUP, 0x07);      // 数据传输率 1Mbps，发射功率 0
dBm，低噪声放大器增益
```

```
        SPI_RW_Reg(WRITE_REG + CONFIG, 0x0e);       // CRC 使能，16 位 CRC 校验，上电
发送模式
        CE = 1;
  }
  /**************************************************/
  /**************************************************
  函数：Check_ACK()
  描述：
     检查接收设备有无接收到数据包，设定没有收到应答信
        号是否重发
  /**************************************************/
  uchar Check_ACK(bit clear)
  {
        while(IRQ);
        sta = SPI_RW(NOP);                          // 返回状态寄存器
        if(MAX_RT)
           if(clear)                                // 是否清除 TX FIFO，没有清除在复位 MAX_RT
中断标志后重发
               SPI_RW(FLUSH_TX);
        SPI_RW_Reg(WRITE_REG + STATUS, sta);     // 清除 TX_DS 或 MAX_RT 中断标志
        IRQ = 1;
        if(TX_DS)
           return(0x00);
        else
           return(0xff);
  }
  /**************************************************/
  /**************************************************
  函数：CheckButtons()
  描述：
     检查按键是否按下，按下则发送一字节数据
  /**************************************************/
  void CheckButtons()
  {
        P3 |= 0x00;
        if(!(P0 & 0x01))                            // 读取 P3^0 状态  按键
        {
           delay_ms(20);
           if(!(P0 & 0x01))                         // 读取 P3^0 状态
           {
               TX_BUF[0] = ~DATA;                   // 数据送到缓存
               TX_Mode(TX_BUF);                     // 把 nRF24L01 设置为发送模式并发送数据
               Check_ACK(1);                        // 等待发送完毕，清除 TX FIFO
               delay_ms(250);
               delay_ms(250);
               RX_Mode();                           // 设置为接收模式
               while(!(P1 & 0x01));
               DATA <<= 1;
               if(!DATA)
                   DATA = 0x01;
           }
```

```
    }
}
/***************************************************/
//DS18B20 温度检测
/****************************************************
函数功能：延时 1ms
(3j+2)*i=(3×33+2)×10=1010(微秒)
***************************************************/
void delay1ms()
{
   unsigned char i,j;
       for(i=0;i<4;i++)
        for(j=0;j<33;j++)
         ;
 }
/****************************************************
函数功能：延时若干毫秒
入口参数：n
***************************************************/
 void delaynms(unsigned char n)
 {
   unsigned char i;
      for(i=0;i<n;i++)
        delay1ms();
 }
/*****************************************************************
以下是 DS18B20 的操作程序
 *****************************************************************/
sbit DQ=P2^7;
unsigned char time;    //设置全局变量，专门用于严格延时
/****************************************************
函数功能：将 DS18B20 传感器初始化，读取应答信号
出口参数：flag
***************************************************/
bit Init_DS18B20(void)
{
 bit flag;           //储存 DS18B20 是否存在的标志，flag=0，表示存在；flag=1，表示不存在
 DQ = 1;                         //先将数据线拉高
 for(time=0;time<2;time++)       //略微延时约 6 微秒
    ;
 DQ = 0;                         //再将数据线从高拉低，要求保持 480~960μs
 for(time=0;time<200;time++)     //略微延时约 600 微秒
    ;                            //以向 DS18B20 发出一持续 480~960μs 的低电平复位脉冲
 DQ = 1;                         //释放数据线（将数据线拉高）
  for(time=0;time<10;time++)
    ;                //延时约 30us（释放总线后需等待 15~60μs 让 DS18B20 输出存在脉冲）
 flag=DQ;            //让单片机检测是否输出了存在脉冲（DQ=0 表示存在）
 for(time=0;time<200;time++)    //延时足够长时间，等待存在脉冲输出完毕
     ;
 return (flag);      //返回检测成功标志
}
```

```
/*************************************************
函数功能: 从 DS18B20 读取一个字节数据
出口参数: dat
*************************************************/
unsigned char ReadOneChar(void)
 {
          unsigned char i=0;
          unsigned char dat;  //储存读出的一个字节数据
          for (i=0;i<8;i++)
           {
             DQ =1;          // 先将数据线拉高
             _nop_();        //等待一个机器周期
             DQ = 0;         //单片机从 DS18B20 读书据时,将数据线从高拉低即启动读时序
              dat>>=1;
             _nop_();        //等待一个机器周期
             DQ = 1;         //将数据线"人为"拉高,为单片机检测 DS18B20 的输出电平作准备
             for(time=0;time<2;time++)
           ;                     //延时约 6μs, 使主机在 15μs 内采样
             if(DQ==1)
               dat|=0x80;        //如果读到的数据是 1, 则将 1 存入 dat
              else
                  dat|=0x00;     //如果读到的数据是 0, 则将 0 存入 dat
                                 //将单片机检测到的电平信号 DQ 存入 r[i]
             for(time=0;time<8;time++)
                  ;              //延时 3μs,两个读时序之间必须有大于 1μs 的恢复期
          }
        return(dat);             //返回读出的十进制数据
}
/*************************************************
函数功能: 向 DS18B20 写入一个字节数据
入口参数: dat
*************************************************/
WriteOneChar(unsigned char dat)
{
       unsigned char i=0;
       for (i=0; i<8; i++)
           {
            DQ =1;           // 先将数据线拉高
            _nop_();         //等待一个机器周期
            DQ=0;            //将数据线从高拉低时即启动写时序
            DQ=dat&0x01;     //利用与运算取出要写的某位二进制数据,
                             //并将其送到数据线上等待 DS18B20 采样
           for(time=0;time<10;time++)
               ;             //延时约 30μs, DS18B20 在拉低后的约 15~60μs 期间从数据线上采样
            DQ=1;            //释放数据线
            for(time=0;time<1;time++)
                 ;           //延时 3us,两个写时序间至少需要 1us 的恢复期
            dat>>=1;         //将 dat 中的各二进制位数据右移 1 位
           }
         for(time=0;time<4;time++)
                  ;          //稍作延时,给硬件一点反应时间
```

```
}
/***************************************************
函数功能: 做好读温度的准备
***************************************************/
void ReadyReadTemp(void)
{
    Init_DS18B20();             //将 DS18B20 初始化
        WriteOneChar(0xCC); // 跳过读序号列号的操作
        WriteOneChar(0x44); // 启动温度转换
      for(time=0;time<100;time++)
            ;               //温度转换需要一点时间
        Init_DS18B20();     //将 DS18B20 初始化
        WriteOneChar(0xCC); //跳过读序号列号的操作
        WriteOneChar(0xBE); //读取温度寄存器,前两个分别是温度的低位和高位
}
void send_char(unsigned char txd) // 传送一个字符
{
     SBUF = txd;
     while(!TI);                   // 等特数据传送
     TI = 0;                       // 清除数据传送标志
}
/***************************************************
函数: main()
描述:
   主函数
***************************************************/
void main(void)
{
     unsigned char TL;                 //储存暂存器的温度低位
   unsigned char TH;                   //储存暂存器的温度高位
     init_io();                        // 初始化 IO
     RX_Mode();                        // 设置为接收模式
         TMOD = 0x20;                  // 定时器 1 工作于 8 位自动重载模式, 用于产生波特率
        TH1 = 0xFD;                    // 波特率 9600
        TL1 = 0xFD;
        SCON = 0x50;                   // 设定串行口工作方式
        PCON &= 0xef;                  // 波特率不倍增
        TR1 = 1;                       // 启动定时器 1
        IE = 0x0;                      // 禁止任何中断
P3 |= 0x00;
     while(1)
     {
        ReadyReadTemp();               //读温度准备
        TL=ReadOneChar();              //先读的是温度值低位
        TH=ReadOneChar();              //接着读的是温度值高位
     if(!(P0 & 0x01))                  // 读取 P1^0 状态
     {
        delay_ms(20);
        if(!(P0 & 0x01))             // 读取 P1^0 状态
        {
            TX_BUF[0] = TL;  // 数据送到缓存
```

```
            TX_BUF[1] = TH;
            send_char(TL);
            send_char(TH);
            TX_Mode(TX_BUF);            // 把 nRF24L01 设置为发送模式并发送数据
            Check_ACK(1);               // 等待发送完毕，清除 TX FIFO
            delay_ms(250);
            delay_ms(250);
            RX_Mode();                  // 设置为接收模式
        }
    }
        }
    }
/***************************************************/
```

2.接收部分

```
#include <reg52.h>
#include <api.h>
#include<intrins.h>
#define uchar unsigned char
#define uint unsigned char
unsigned char code digit[10]={"0123456789"};   //定义字符数组显示数字
unsigned char code Str[]={"Test by DS18B20"};       //说明显示的是温度
//unsigned char code Error[]={"Error!Check!"};      //说明没有检测到 DS18B20
unsigned char code Temp[]={"Temp:"};           //说明显示的是温度
unsigned char code Cent[]={"Cent"};            //温度单位
unsigned char TN;           //储存温度的整数部分
unsigned char TD;           //储存温度的小数部分
unsigned char TL;           //温度低位
unsigned char TH;           //温度高位
/****************************************************/
#define TX_ADR_WIDTH   5   // 5 字节宽度的发送/接收地址
#define TX_PLOAD_WIDTH 4   // 数据通道有效数据宽度
uchar code TX_ADDRESS[TX_ADR_WIDTH] = {0x34,0x43,0x10,0x10,0x01};
 // 定义一个静态发送地址    特别要注意是先写低位地址，例如你在设置地址的时候，应该低位不同，而
不是高位不同。
uchar RX_BUF[TX_PLOAD_WIDTH];
uchar TX_BUF[TX_PLOAD_WIDTH];
uchar flag;
uchar DATA = 0x01;
 /***************************************************/
uchar bdata sta;
sbit  RX_DR     = sta^6;
sbit  TX_DS     = sta^5;
sbit  MAX_RT = sta^4;


/***************************************************/
/***************************************************
函数: init_io()
描述:
```

```
   初始化 IO
/*************************************************/
void init_io(void)
{
      CE  = 0;          // 待机
      CSN = 1;          // SPI 禁止
      SCK = 0;          // SPI 时钟置低
      IRQ = 1;          // 中断复位
}
/*************************************************/
/************************************************
函数: delay_ms()
描述:
   延迟 x 毫秒
/*************************************************/
void delay_ms(uchar x)
{
   uchar i, j;
   i = 0;
   for(i=0; i<x; i++)
   {
     j = 250;
     while(--j);
        j = 250;
     while(--j);
   }
}
/*************************************************/
/************************************************
函数: SPI_RW()
描述:
   根据 SPI 协议, 写一字节数据到 nRF24L01, 同时从 nRF24L01
      读出一字节
      此函数    既写入   又读取
/*************************************************/
uchar SPI_RW(uchar byte)
{
      uchar i;
      for(i=0; i<8; i++)                   // 循环 8 次
      {
            MOSI = (byte & 0x80);          // byte 最高位输出到 MOSI
            byte <<= 1;                    // 低一位移位到最高位  左移
            SCK = 1;                       // 拉高 SCK, nRF24L01 从 MOSI 读入 1 位数据, 同时
从 MISO 输出 1 位数据
            byte |= MISO;                  // 读 MISO 到 byte 最低位
            SCK = 0;                       // SCK 置低
      }
   return(byte);                           // 返回读出的一字节
}
/*************************************************/
/************************************************
```

```
函数: SPI_RW_Reg()
描述:
   写数据 value 到 reg 寄存器
/*************************************************/
uchar SPI_RW_Reg(uchar reg, uchar value)
{
      uchar status;
      CSN = 0;                   // CSN 置低, 开始传输数据
      status = SPI_RW(reg);      // 选择寄存器, 同时返回状态字
      SPI_RW(value);             // 然后写数据到该寄存器
      CSN = 1;                   // CSN 拉高, 结束数据传输
      return(status);            // 返回状态寄存器
}
/*************************************************/
/*************************************************
函数: SPI_Read()
描述:
   从 reg 寄存器读一字节
/*************************************************/
uchar SPI_Read(uchar reg)
{
      uchar reg_val;
      CSN = 0;                   // CSN 置低, 开始传输数据
      SPI_RW(reg);                   // 先选择寄存器
      reg_val = SPI_RW(0);       // 然后从该寄存器读数据  //??? 看时序 0 应当是随便写入
      CSN = 1;                   // CSN 拉高, 结束数据传输
      return(reg_val);           // 返回寄存器数据
}
/*************************************************/
/*************************************************
函数: SPI_Read_Buf()
描述:
   从 reg 寄存器读出 bytes 个字节, 通常用来读取接收通道
      数据或接收/发送地址
/*************************************************/
uchar SPI_Read_Buf(uchar reg, uchar * pBuf, uchar bytes)
{
      uchar status, i;
      CSN = 0;                       // CSN 置低, 开始传输数据
      status = SPI_RW(reg);          // 选择寄存器, 同时返回状态字
      for(i=0; i<bytes; i++)
      pBuf[i] = SPI_RW(0);           // 逐个字节从 nRF24L01 读出
      CSN = 1;                       // CSN 拉高, 结束数据传输
      return(status);                // 返回状态寄存器
}
/*************************************************/
/*************************************************
函数: SPI_Write_Buf()
描述:
   把 pBuf 缓存中的数据写入到 nRF24L01, 通常用来写入发
      射通道数据或接收/发送地址
```

```
/*************************************************/
uchar SPI_Write_Buf(uchar reg, uchar * pBuf, uchar bytes)
{
      uchar status, i;
      CSN = 0;                       // CSN置低，开始传输数据
      status = SPI_RW(reg);          // 选择寄存器，同时返回状态字
      for(i=0; i<bytes; i++)
      SPI_RW(pBuf[i]);               // 逐个字节写入nRF24L01
      CSN = 1;                       // CSN拉高，结束数据传输
      return(status);                // 返回状态寄存器
}
/*************************************************/
/*************************************************
函数：RX_Mode()
描述：
   这个函数设置nRF24L01为接收模式，等待接收发送设备的数据包
*************************************************/
void RX_Mode(void)
{
      CE = 0;                                          //配置寄存器只有在掉电模式和
待机模式下可操作
      SPI_Write_Buf(WRITE_REG + RX_ADDR_P0, TX_ADDRESS, TX_ADR_WIDTH); // 接收设
备接收通道0使用和发送设备相同的发送地址
      SPI_RW_Reg(WRITE_REG + EN_AA, 0x01);             // 使能接收通道0自动应答
      SPI_RW_Reg(WRITE_REG + EN_RXADDR, 0x01);         // 使能接收通道0
      SPI_RW_Reg(WRITE_REG + RF_CH, 40);               // 选择射频通道0x40
      SPI_RW_Reg(WRITE_REG + RX_PW_P0, TX_PLOAD_WIDTH);    // 接收通道0选择和发送
通道相同有效数据宽度
      SPI_RW_Reg(WRITE_REG + RF_SETUP, 0x07);          // 数据传输率1Mbps，发射功率
0 dBm，低噪声放大器增益
      SPI_RW_Reg(WRITE_REG + CONFIG, 0x0f);            // CRC使能，16位CRC校验，
上电，接收模式
      CE = 1;                                          // 拉高CE启动接收设备
}
/*************************************************/
/*************************************************
函数：TX_Mode()
描述：
   这个函数设置nRF24L01为发送模式，（CE=1持续至少10 μs），
      130 μs后启动发射，数据发送结束后，发送模块自动转入接收
      模式等待应答信号。
*************************************************/
void TX_Mode(uchar * BUF)
{
      CE = 0;
      SPI_Write_Buf(WRITE_REG + TX_ADDR, TX_ADDRESS, TX_ADR_WIDTH);     // 写入发
送地址
      SPI_Write_Buf(WRITE_REG + RX_ADDR_P0, TX_ADDRESS, TX_ADR_WIDTH); // 为了应
答接收设备，接收通道0地址和发送地址相同
      SPI_Write_Buf(WR_TX_PLOAD, BUF, TX_PLOAD_WIDTH);                  // 写数据
包到TX FIFO
```

```
        SPI_RW_Reg(WRITE_REG + EN_AA, 0x01);             // 使能接收通道 0 自动应答
        SPI_RW_Reg(WRITE_REG + EN_RXADDR, 0x01);     // 使能接收通道 0
        SPI_RW_Reg(WRITE_REG + SETUP_RETR, 0x0a);    // 自动重发延时等待 250 μs+86 μs,
自动重发 10 次
        SPI_RW_Reg(WRITE_REG + RF_CH, 40);            // 选择射频通道 0x40
        SPI_RW_Reg(WRITE_REG + RF_SETUP, 0x07);      // 数据传输率 1 Mbit/s，发射功率 0
dBm，低噪声放大器增益
        SPI_RW_Reg(WRITE_REG + CONFIG, 0x0e);         // CRC 使能，16 位 CRC 校验，上电
        CE = 1;
 }
 /**************************************************/
 /**************************************************
 函数: Check_ACK()
 描述:
    检查接收设备有无接收到数据包，设定没有收到应答信
        号是否重发
 /**************************************************/
 uchar Check_ACK(bit clear)
 {
        while(IRQ);
        sta = SPI_RW(NOP);                      // 返回状态寄存器
        if(MAX_RT)
           if(clear)                            // 是否清除 TX FIFO，没有清除在复位 MAX_RT
中断标志后重发
                SPI_RW(FLUSH_TX);
        SPI_RW_Reg(WRITE_REG + STATUS, sta);     // 清除 TX_DS 或 MAX_RT 中断标志
        IRQ = 1;
        if(TX_DS)
            return(0x00);
        else
            return(0xff);
 }
 /**************************************************/
 /*************************************************
  串口
 *************************************************
 void send_char(unsigned char txd)  // 传送一个字符
 {

    TMOD = 0x20;                        // 定时器 1 工作于 8 位自动重载模式，用于产生波特率
        TH1 = 0xFD;                     // 波特率 9600
        TL1 = 0xFD;
        SCON = 0x50;                    // 设定串行口工作方式
        PCON &= 0xef;                   // 波特率不倍增
        TR1 = 1;                        // 启动定时器 1
        IE = 0x0;                       // 禁止任何中断
        SBUF = txd;
        while(!TI);                     // 等特数据传送
        TI = 0;                         // 清除数据传送标志
 }
 /****************************************************************************
```

```
以下是对液晶模块的操作程序
*************************************************************************/
sbit RS=P2^0;  //寄存器选择位，将RS位定义为P3.0引脚
sbit RW=P2^1;           //读写选择位，将RW位定义为P3.1引脚
sbit E=P2^2;            //使能信号位，将E位定义为P3.2引脚
sbit BF=P0^7;           //忙碌标志位，，将BF位定义为P0.7引脚
/*****************************************************
函数功能：延时1ms
(3j+2)*i=(3×33+2)×10=1010(微秒)，可以认为是1毫秒
*****************************************************/
void delay1ms()
{
   unsigned char i,j;
       for(i=0;i<4;i++)
        for(j=0;j<33;j++)
         ;
 }
void delay(uint a)
{
      uint x,y;
      for(x=a;x>0;x--)
         for(y=110;y>0;y--);
}
/*****************************************************
函数功能：延时若干毫秒
入口参数：n
*****************************************************/
 void delaynms(unsigned char n)
 {
   unsigned char i;
      for(i=0;i<n;i++)
         delay1ms();
 }
/*****************************************************
函数功能：将模式设置指令或显示地址写入液晶模块
入口参数：dictate
*****************************************************/
void WriteInstruction (unsigned char com)
{
      delay(5);
      RS=0;  //写指令
      E=0;
      P1=com;
      RW=0;
      delay(5);
      E=1;
      delay(5);
      E=0;
      delay(5);
}
/*****************************************************
```

```
函数功能：指定字符显示的实际地址
入口参数：x
***************************************************/
 void WriteAddress(unsigned char x)
 {
    WriteInstruction(x|0x80); //显示位置的确定方法规定为"80H+地址码 x"
 }
/***************************************************
函数功能：将数据(字符的标准 ASCII 码)写入液晶模块
入口参数：y(为字符常量)
***************************************************/
 void WriteData(unsigned char date)
 {
       delay(5);
       RS=1;   //写数据
       E=0;
       P1=date;
       RW=0;
       delay(5);
       E=1;
       delay(5);
       E=0;
       delay(5);
}
/***************************************************
函数功能：对 LCD 的显示模式进行初始化设置
***************************************************/
void LcdInitiate(void)
{
       WriteInstruction(0x38);      //显示模式设置
       WriteInstruction(0x0c);      //开显示，开光标，光标闪烁
       WriteInstruction(0x06);      //当写入数据的时候光标右移
       WriteInstruction(0x80);      //第一行开头显示
       WriteInstruction(0x01);
}
/***************************************************
函数功能：显示说明信息
***************************************************/
void display_explain(void)
 {
      unsigned char i;
              WriteAddress(0x00);           //写显示地址，将在第 1 行第 1 列开始显示
                i = 0;                      //从第一个字符开始显示
                 while(Str[i] != '\0')      //只要没有写到结束标志，就继续写
                 {
                       WriteData(Str[i]); //将字符常量写入 LCD
                       i++;               //指向下一个字符
                       delaynms(100);     //延时 100 ms 较长时间，以看清关于显示的说明
                 }
}
/***************************************************
函数功能：显示温度符号
***************************************************/
```

```
void display_symbol(void)
 {
     unsigned char i;
               WriteAddress(0x40);                //写显示地址，将在第2行第1列开始显示
                    i = 0;                        //从第一个字符开始显示
                      while(Temp[i] != '\0')  //只要没有写到结束标志，就继续写
                      {
                         WriteData(Temp[i]);  //将字符常量写入LCD
                         i++;                 //指向下一个字符
                         delaynms(50);        //延时1ms给硬件一点反应时间
                      }
}
/***************************************************
函数功能：显示温度的小数点
***************************************************/
void  display_dot(void)
{
      WriteAddress(0x49);          //写显示地址，将在第2行第10列开始显示
      WriteData('.');              //将小数点的字符常量写入LCD
      delaynms(50);                   //延时1ms给硬件一点反应时间
}
/***************************************************
函数功能：显示温度的单位(Cent)
***************************************************/
void  display_cent(void)
{
        unsigned char i;
             WriteAddress(0x4c);           //写显示地址，将在第2行第13列开始显示
                  i = 0;                        //从第一个字符开始显示
                    while(Cent[i] != '\0')       //只要没有写到结束标志，就继续写
                    {
                        WriteData(Cent[i]);//将字符常量写入LCD
                        i++;               //指向下一个字符
                        delaynms(50);      //延时1ms给硬件一点反应时间
                    }
}
/***************************************************
函数功能：显示温度的整数部分
入口参数：x
***************************************************/
void display_temp1(unsigned char x)
{
 unsigned char j,k,l;         //j,k,l分别储存温度的百位、十位和个位
     j=x/100;                 //取百位
     k=(x%100)/10;            //取十位
     l=x%10;                  //取个位
     WriteAddress(0x46);      //写显示地址,将在第2行第7列开始显示
     WriteData(digit[j]);     //将百位数字的字符常量写入LCD
     WriteData(digit[k]);     //将十位数字的字符常量写入LCD
     WriteData(digit[l]);     //将个位数字的字符常量写入LCD
     delaynms(50);            //延时1ms给硬件一点反应时间
 }
 /***************************************************
```

```
函数功能：显示温度的小数数部分
入口参数：x
***************************************************/
 void display_temP3(unsigned char x)
{
  WriteAddress(0x4a);           //写显示地址,将在第 2 行第 11 列开始显示
       WriteData(digit[x]);     //将小数部分的第一位数字字符常量写入 LCD
       delaynms(50);                //延时 1ms 给硬件一点反应时间
}
/***************************************************
函数：main()
描述：
   主函数
/***************************************************/
void main(void)
{
       init_io();                       // 初始化 IO
       RX_Mode();                       // 设置为接收模式
       LcdInitiate();                   // 将液晶初始化
       delaynms(5);                     // 延时 5 ms 给硬件一点反应时间
       display_explain();
       display_symbol();                // 显示温度说明
   display_cent();                      // 显示温度的单位
       while(1)
       {
           sta = SPI_Read(STATUS);      // 读状态寄存器
         if(RX_DR)                      // 判断是否接受到数据
           {
              SPI_Read_Buf(RD_RX_PLOAD, RX_BUF, TX_PLOAD_WIDTH);  // 从 RX FIFO
读出数据
              flag = 1;
           }
           SPI_RW_Reg(WRITE_REG + STATUS, sta);    // 清除 RX_DS 中断标志
           if(flag)                     // 接受完成
           {
              flag = 0;                 // 清标志
              send_char(RX_BUF[0]) ;
              send_char(RX_BUF[1]) ;
              delay_ms(250);
              TH=RX_BUF[1];
              TL=RX_BUF[0];
              TN=TH*16+TL/16;       //实际温度值=(TH*256+TL)/16,即：TH*16+TL/16
                                    //这样得出的是温度的整数部分，小数部分被丢弃了
              TD=(TL%16)*10/16;        //计算温度的小数部分,将余数乘以 10 再除以 16 取整,
                                    //这样得到的是温度小数部分的第一位数字(保留 1 位小数)
              display_temp1(TN);       //显示温度的整数部分
              display_temP3(TD);       //显示温度的小数部分
              display_dot();           //显示温度的小数点
            delaynms(10);
            }
       }
}
/***************************************************/
```

参考文献

[1] 吴功宜，吴英．物联网工程导论［M］．北京：机械工业出版社，2012.

[2] 杨刚，沈沛意，等．物联网理论与技术［M］．北京：科学出版社，2012.

[3] 胡铮．物联网［M］．北京：科学出版社，2010.

[4] 刘化君，刘传清．物联网技术［M］．北京：电子工业出版社，2010.

[5] 宗平．物联网概论［M］．北京：电子工业出版社，2012.

[6] 黄玉兰．物联网概论［M］．北京：人民邮电出版社，2011.

[7] 王志良，王粉花．物联网工程概论［M］．北京：机械工业出版社，2011.

[8] 马建．物联网技术概述［M］．北京：机械工业出版社，2011.

[9] 吴大鹏，舒毅，等．物联网技术与应用［M］．北京：电子工业出版社，2012.

[10] 熊茂华，熊昕．物联网技术与应用开发［M］．西安：西安电子科技大学出版社，2012.

[11] 杨军．无线传感网络节点定位算法综述［J］．仪器仪表标准化与测量，2012，1，38-41.

[12] 刘杰，董淑福，等．无线传感器网络节点定位问题研究［J］．传感器世界，2012，06，23-26.

[13] 陈淦．无线传感器网络定位技术研究［J］．软件导刊，2009，12，130-132.

[14] 郑对元，等．精通 LabVIEW 虚拟仪器程序设计［M］．北京：清华大学出版社，2012.

[15] 陈锡辉，张银鸿，等．LabVIEW 程序设计从入门到精通［M］．北京：清华大学出版社，2007.

[16] 谷树忠、刘文洲、姜航，等．Altium Designer 教程——原理图、PCB 设计与仿真［M］．北京：电子工业出版社，2011.

[17] 李瑞、耿立明．Altium Designer 14 电路设计与仿真从入门到精通［M］．北京：人民邮电出版社，2014.

[18] 周冰、李田、胡仁喜，等．Altium Designer Summer 09 从入门到精通［M］．北京：机械工业出版社，2011.